H. C. Allen
Nosoden

H.C. Allen

Nosoden

übersetzt von
Dr. Thomas von Grudzinski

Barthel & Barthel Verlag
Berg am Starnberger See

Satz: Werkstätten des Barthel & Barthel Verlag
Druck: EOS-Druckerei, St. Ottilien

ISBN 3-88950-036-6

Inhalt

Vorwort zur deutschen Ausgabe

77 Jahre nach der Originalausgabe erscheint nun die erste deutsche Übersetzung dieses klassischen Werkes. Es lehrt diese Tatsache zweierlei:

Die homöopathischen Arbeiten von Qualität sind zeitlos gültig, sie kommen nie zu spät (im Gegensatz zu so manchen Werken der Schulmedizin, die schon am Tage ihres Erscheinens veraltet sind).

Die deutsche Homöopathie hat einen Niedergang erlitten; aber es besteht begründete Hoffnung, daß nun, wo es sich offensichtlich lohnt, ein so umfangreiches Buch zu übersetzen und herauszubringen, dieser Niedergang in einen echten und dauerhaften Aufschwung umschlägt.

Besonders hervorgehoben sei das Kapitel über die Röntgenstrahlen (X-ray). Auch viele homöopathische Ärzte werden davon überrascht sein, daß schon vor so langer Zeit die homöopathisch potenzierten Strahlen geprüft und angewendet worden sind.

Doch sind es nicht allein die praktisch-therapeutischen Perspektiven, die die Lektüre der Prüfungsprotokolle so erregend machen: Wenn eines Tages ganz neuartige, nicht mechanistisch ausgerichtete Forschungen über die Grundlagen der Wirkweise homöopathischer Mittel einsetzen werden – und wer bezeifelt, daß dieser Tag kommen wird? – dann dürften die erstaunlichen Tatsachen über die potenzierten Röntgenstrahlen (ebenso wie die über den potenzierten Magnetismus) einen der Ausgangs- und Stützpunkte bei der Erforschung dieses heute noch im Dunklen verborgenen, riesigen Gebietes bilden.

Für die deutsche Ausgabe wurden eine Reihe offensichtlicher Fehler stillschweigend korrigiert. Die von *Hahnemann* stammenden Symptome (Ambra, Magnet) wurden im modernisierten deutschen Originalwortlaut aufgenommen.

Möge das Buch nun gekauft, benutzt und wertgeschätzt werden; möge es die einzelnen Ärzte, die kommenden Forscher und die ganze Homöopathie beflügeln.

Dr. med. Thomas von Grudzinski
Möttingen

In Memoriam

Dr. *Henry C. Allen* wurde als Sohn von *Hugh und Martha Billings Allen* in Nilestown bei London, Ontario, geboren. Väterlicherseits war er ein Abkömmling der angesehenen Vermonter Familie *Ira und Ethan Allen,* die beide in der Revolution Berühmtheit erlangten. Mütterlicherseits waren die *Billings* eine bekannte Familie unter den Kolonialisten der Massachusetts Bay und ein Urgroßvater von Dr. *Allen* war Besitzer des Landes, auf dem das heutige Salem erbaut worden ist. Nach dem Verkauf des Besitzes zog die Familie nach Deerfield, Connecticut Valley, wo sie lebte, als die Indianer diesen Teil des Landes plünderten und verwüsteten.

Er ging in London zur Schule, wo er später auch eine Zeitlang als Lehrer arbeitete. Seine medizinische Ausbildung bekam er am *Western Homeopathic College,* Cleveland, Ohio, (jetzt *Cleveland Homeopathic College*), wo er 1861 promovierte, und später am *College of Physicians and Surgens of Canada.* Bald nach seiner Promotion trat er der Vereinigten Armee bei und diente als Chirurg unter General *Grant.*

Nach dem Krieg berief man ihn auf den Lehrstuhl für Anatomie an seiner Alma Mater in Cleveland. Hier begann er dann Medizin zu praktizieren. Später verließ er Cleveland und nahm den gleichen Lehrstuhl am *Hahnemann Medical College* in Chicago an. 1868 bot man ihm den Lehrstuhl für Chirurgie als Nachfolger von Dr. *Beebe* an, doch lehnte er ab. Dann zog er nach Brantfort, Ontario, wo er am 24. Dezember 1867 *Selina Louise Goold* heiratete, die ihn mit seinen beiden Kindern *Franklin Lyman Allen* und *Helen Marian Allen Aird* überlebte. 1875 zog er nach Detroit, Michigan, 1880 als Professor für Materia Medica an der Universtität von Michigan nach Ann Arbor, wo er bis 1890 blieb; danach lebte er bis zu seinem Tod in Chicago. 1892 gründete er das *Hering Medical College and Hospital,* an dem er bis zu seinem Tode, am 22. Januar 1909, Dekan und Professor für Materia Medica war.

Dr. *Allen* war Ehrenpräsident des *American Institute of Homeopathy;* Mitglied der *International Hahnemannian Association;* der *Illinois Homeopathic Medical Association;* der *Englewood Homeopathic Medical Society; der Regular Homeopathic Medical Society of Chicago;* Vizepräsident ehrenhalber des *Cooper Club of London,* England; Ehrenmitglied der *Michigan, New York, Pennsylvania* und *Ohio State Medical Societies* und Ehrenmitglied der *Homeopathic Society of Calcutta,* Indien.

Viele Jahre lang war er Besitzer und Herausgeber der *Medical Advance.* Neben vielen Artikeln für diese und andere Zeitschriften schrieb er zahlreiche Bücher, darunter die folgenden: „Keynotes of Leading Remedies", das kürzlich auf die Liste der Pflichtlektüre für die Studenten der *Canadian Medical Colleges* gesetzt wurde; „The Homeopathic Therapeutics of Intermittent Fever"; „Therapeutics of Tuberculous Affections"; schließlich beendete er die Überarbeitung von Boenninghausens Slip Repertory, das er auf den neuesten Stand brachte und für die Arbeit in der Praxis einrichtete.

Die Abhandlung über die Nosoden, sein letztes Werk, beendete er erst kurz vor seinem Tod. Es ist das Ergebnis jahrelanger Studien und Erfahrungen; die Symptomatologie vieler Nosoden wurde von ihm geprüft und bestätigt. Seine Beobachtungen sind hier zum ersten Mal veröffentlicht.

Franklin Lyman Allen

Adrenalin (Sarcode)

Extrakt der Nebennieren; die chemische Formel ist C_3H_3 A_2O_3. Es bildet glänzende, prismatische Kristalle, die bei einer Temperatur von 207° C schmelzen. Es ist am besten löslich in warmem Wasser. Es hat einen bitteren Geschmack, der eine Empfindung von Taubheit an der Zungenspitze zurückläßt. In verdünnten Säuren besitzt es eine ausgeprägte Affinität zu Sauerstoff. Wenn es der Luft ausgesetzt wird, verwandelt es sich in Oxyadrenalin, das giftig ist, obwohl es nicht die Eigenschaften von Adrenalin besitzt. Diese chemische Verwandlung, die sich ständig in den Geweben abspielt, ist die Ursache für die vorübergehende Wirkung des Mittels.

Mehrere Fälle von Morbus Addison wurden durch Adrenalin geheilt und andere in ihrem Verlauf gestoppt. Die meisten dieser Fälle stammen von nicht-homöopathischen Ärzten, und es wurde mit großen Dosen der Rohsubstanz behandelt. Nur sehr wenige Fälle wurden von Homöopathen mitgeteilt; tatsächlich sagt *Raue*, daß er nicht in der Lage war, in unserer Literatur einen einzigen authentischen Fall einer Heilung dieser Krankheit zu finden. Bis jetzt besitzen wir nur eine einzige Mittelprüfung, die 1904 von Studenten des *New York Homöopathic College* unter der Leitung von *Dr. V.L. Getman* mit den folgenden Prüfern durchgeführt wurde: *M. W. Macduffie, W. G. LaField, G. H. Clapp, J. B. G. Custis, Jr., G. C. Birdsall* und *R. C. Miller*. Die Protokolle der Prüfer fehlen.

Gemüt. – Verzagt und nervös; fehlendes Interesse an irgend etwas; kein Ehrgeiz; Abneigung gegen geistige Arbeit; fehlende Entschlossenheit.

Abneigung gegen geistige Arbeit, kann seine Gedanken nicht konzentrieren.

Kopf. – Heißer Kopfschmerz der linken Seite, erstreckt sich nach rechts, < durch Lesen und am Morgen, mit einem Gefühl, als ob die Augen überanstrengt sind.

Stirnkopfschmerz supraorbital mit verstopfter Nase und geröteten Augen.

Brennende Hitze im Kopf, Gefühl, als wolle er die Augen weit öffnen.

Kopfschmerz, der sich über den ganzen Kopf erstreckt, aber < auf der linken Seite und über den Augen quer über der Stirn.

Wacht mit Kopfschmerzen über den Augen und der linken Kopfseite auf, als wolle er die Augen weit öffnen und Druck auf sie ausüben.

Dumpfer Schmerz des ganzen Kopfes, manchmal rechtsseitig, manchmal linksseitig, erstreckt sich aber immer zu den Augen und verursacht ein Gefühl, als wolle er die Augen weit öffnen.

Heftige Schmerzen > durch Druck auf die Augen.

Kopfschmerz mit Übelkeit und Hitze im Gesicht ohne Rötung, < am Abend, er kehrt jedoch wieder, sobald der Druck weggenommen wird.

Kopfschmerz erstreckt sich zu den Ohren.

Alle Kopfschmerzen < am Nachmittag oder Abend; abends treten sie gegen 19 Uhr auf und lassen erst nach durch Gehen im Freien oder durch Schlaf.

Treten die Schmerzen am Nachmittag auf, ist die Zeit 15 Uhr, stets > durch Gehen im Freien, gewisse Erleichterung durch Essen und Schlafen, nicht so vollständig wie durch Gehen im Freien.

Auch stärkerer Kopfschmerz > durch Druck auf die Augen und weites Öffnen der Augen und < durch geistige Anstrengung und auf Aufenthalt im Zimmer.

Dumpfer Kopfschmerz über den Augen; Völlegefühl im Kopf.

Neuralgische Kopfschmerzen; die Schmerzen beginnen an der Gehirnbasis, ziehen nach vorn über den Kopf zur Stirn und an die Seiten; sie sind anfänglich schießend und scheinen direkt unter der Kopfhaut zu sitzen, sie treten um 11 Uhr auf und dauern bis 15 oder 16 Uhr und verschwinden durch Essen, im Freien, < in geschlossenen, warmen Räumen.

Das Gehirn fühlt sich geschwollen an, als ob es zu groß für den Schädel wäre.

Blutandrang zum Gehirn tagsüber.

Dumpfer Schmerz in den Augäpfeln mit Kopfschmerz, > durch Druck auf die Augen und Reiben.

Kopfschmerz setzt um 11 Uhr ein, dauert bis 0.30 Uhr, > durch Essen.

Völlegefühl des Kopfes nachmittags und abends.

Hitzewellen über Gesicht und Kopf am Abend, das Gesicht war aber nur leicht gerötet.

Dumpfes Gefühl im Kopf von 15 bis 18 Uhr.

Stirnkopfschmerz.

Augen – Gefühl von Überanstrengung; gerötet; Gefühl, als wolle er die Augen weit öffnen oder Druck auf sie ausüben.

Schmerz im rechten Auge.

Druck auf die Augen und weites Öffnen > den Kopfschmerz.

Hyperämie der Konjunktiven verschwindet fast sofort bei lokaler Anwendung; hierdurch werden Operationen möglich.

Schmerzen in den Augäpfeln, > durch Druck und Reiben.

Ohren – Schmerzen im linken Ohr begleiten den Kopfschmerz; zeitweilig scharfer Schmerz in beiden Ohren.

Jucken und Kitzeln im rechten Ohr, > durch Bohren mit dem Finger im Ohr.

Nase – Verstopft, Völlegefühl in der Nase.

Gelatineartiger Schleim aus den Choanen, schwer abzulösen.

Beim Gehen an die kalte Luft reichlich wässrige Absonderung aus der Nase, < rechts; im Zimmer fühlt sich die Nase voll und verstopft an.

Leichte Verstopfung der Nase mit einem Völlegefühl an der Nasenwurzel.

Gesicht – Fühlt sich gerötet an, ist aber nicht rot.
Hitzewellen über Gesicht und Kopf; während des ganzen Abends erhitzt.

Mund – Schlechter Geschmack beim Erwachen.
Der Mund ist gefüllt mit dunkelbraunem Schleim, der einen unangenehmen Geschmack hat.
Die Zunge ist weiß belegt, Ränder und Spitze rot.
Die Zunge ist vorn frei; der Mund trocken.
Die Zunge ist zeitweilig hinten weiß belegt.

Hals – Viel Räuspern, um den Hals frei zu machen.
Stimmbänder entzündet; Kehlkopfkatarrh, reichliche Absonderung eines weißlichen, gelatineartigen Schleimes, der schwer abzulösen ist, aus den Rachendrüsen.
Rechte Seite geschwollen und empfindlich, rot und entzündet, < durch Schlucken.

Magen – Aufstoßen nach dem Essen.
Verstärkter Appetit.
Empfindung von Übelkeit, als ob er erbrechen muß.
Schmerzen im Magen von rechts nach links ziehend, plötzlich kommend und gehend.
Übelkeit vor dem Essen, trotzdem ist der Appetit gut, wenn er einmal zu essen begonnen hat.
Verstärkter Appetit; Heißhunger.
Weniger Durst als gewöhnlich.
Zeitweilig Durst auf große Mengen, verstärkt am Abend.

Abdomen – Rumpeln und Kollern in den Gedärmen.

Stuhl – Abgang von übelriechenden Flatus.
Stuhl geht leicht, braun, halb fest, wird schnell entleert, mit fauligem Geruch.
Plötzlich herausspritzender Durchfall; in einer Minute ist alles vorbei, anschließend Brennen im Anus.

Urin – Starker Geruch, heiß und Brennen bei der Miktion; häufig, reichlich, hell.

Brennen vor und während der Miktion.

Plötzlicher dringender Drang zu urinieren.

Urinmenge vermindert, feste Bestandteile vermehrt.

Natriumoxalatkristalle vermehrt, während für die Dauer der Prüfung Natriumurat auftrat und deutlich auffiel, keine Zylinder.

Zu Beginn vorhandene Eiterkörperchen verschwanden; keine Epithelien.

Hämaturie mit starken Schmerzen in der Nierengegend; geheilt.

Häufigere Miktion als gewöhnlich.

Männer. – Spermatozoen (im Urin?) zu Beginn und während des ersten Teils der Prüfung, verschwinden gänzlich.

Sexualtrieb verstärkt, ohne Erektion.

Erektionen; lüsterne Träume während der ganzen Nacht verursachen Aufwachen aus dem Schlaf.

Samenverlust am frühen Morgen ohne irgendwelche nachteiligen Wirkungen.

Atmung – Husten durch Reizung in der Suprasternalgrube.

Auswurf von gelatineartigem Schleim, der schwer abzulösen ist.

Zunahme der Atembewegungen, bald gefolgt von Erstickung und Tod durch Lähmung der Medulla und des N. vagus (Rohsubstanz).

Rücken – Schmerzen, besonders auf der linken Seite; > durch Geradesitzen oder Geradeliegen.

Extremitäten – Leichte rheumatische Schmerzen das Bein hinunter.

Linker Fuß, linkes Bein und linkes Gesäß schlafen leicht ein und fühlen sich taub an; diese Taubheit erstreckt sich auf beide untere Extremitäten, ist aber < links.

Arme und Beine schlafen leicht ein, Taubheit und Prikkeln von unten nach oben.

Hühneraugen an den Zehen.

Gliederschmerzen beim Gehen am Morgen; Schmerzen in den Waden.

Rheumatische Schmerzen im linken Ellenbogen und kleinen Finger beim Erwachen.

Heftige Krämpfe in der rechten Ferse 10 Minuten andauernd, dann dasselbe in der linken Ferse, anschließend Magenschmerzen.

Die Beine sind müde und schmerzen, besonders in den Waden und unterhalb der Knie.

Die Knöchel fühlen sich schwach und müde an.

Schmerzhafte Schwellung des rechten Daumens, entwickelt sich zu einem Panaritium.

Ermüdungsschmerzen in Armen und Beinen beim Erwachen.

Dumpfe Schmerzen in den Armen und Beinen.

Gewebe – Mächtige lokale Wirkung auf dilatierte Blutgefäße.

Wenn es in den Kreislauf injiziert wird, kontrahieren sich die Arterien und der Blutdruck steigt.

Protrahierte Kontraktion der gesamten Muskulatur. Wiederholte Injektionen verursachen bei Tieren Atherombildung und Herzfehler.

Die Haut wird bronzefarben; starker Kräfteverlust; rasche Abmagerung; äußerst schneller Puls; unregelmäßige Unterbrechung des Herzschlages; ausgeprägte allgemeine Anämie.

Schlaf – Starke Schläfrigkeit.

Schläfrig am Abend und nach einem guten Nachtschlaf.

Stumpfheit und Schläfrigkeit von 15 Uhr bis 18 Uhr.

Fieber. – Hitzewellen über Gesicht und Kopf.

Ambra Grisea
(Ambergris)

Zweifelhafter Herkunft, jahrelang konnte es nicht sicher klassifiziert werden; wahrscheinlich handelt es sich aber um eine Nosode oder ein Krankheitsprodukt aus den Eingeweiden des Pottfisches *(Physeter Macrosephalus)*. Man findet es oft an der Oberfläche des Meeres treibend oder angeschwemmt an der Baltischen Küste oder den Küsten von Madagascar und Sumatra. Die besten Proben aber sind vielleicht die, welche die Walfischer herausschneiden, und die man in Boston und anderen Walfanghäfen findet. Es hat viele Eigenschaften von Darm-oder Gallekonkrementen, und man hat es für ein Produkt der Leber gehalten; wahrscheinlich ist es eine fettige Exkretion der Gallenblase. Es wurde 1827 von Hahnemann eingeführt; er prüfte es zusammen mit seinem Freund, dem Freiherrn von Gersdorff, der persönlich fast die Hälfte der Symptome beitrug.

Das sogenannte *Oil of Amber* (von *Dr. Holcombe* bei Singultus verwendet) ist Oleum Succinum und darf nicht mit Ambergris verwechselt werden.

Charakteristika – Für Kinder, besonders junge Mädchen, die erregbar, nervös und schwach sind; Nervenleiden, alte Menschen, „Nervenzerrüttung"; vorzeitiges Altern; allgemeine funktionelle Schwächung. Erkrankungen des Lebensbeginnes und -endes.

Dürre, dünne, abgemagerte Menschen, die sich leicht erkälten; „ausgetrocknet"; nervöse, dünne, magere Frauen (Secale); nervöses, galliges Temperament.

Große Traurigkeit, sitzt tagelang da und weint.

Große Schüchternheit ist sehr charakteristisch; verlegen in Gesellschaft im Krankenzimmer.

Die Nähe anderer Menschen, selbst die der Krankenschwester, ist unerträglich beim Stuhlgang; häufiger Stuhldrang, es kommt aber kein Stuhl und das macht sie ängstlich.

Nach beruflichen Schwierigkeiten schlaflos, muß aufstehen (Cimic., sep.).

Geht müde zu Bett, ist aber schlaflos, sobald der Kopf das Kissen berührt.

Schwäche; Mattigkeit; Taubheit einzelner Teile; einseitige Beschwerden.

Ranula mit fauligem Geruch (Thuj.).

Kältegefühl im Bauch (Calc.); einzelner Teile.

Kann in Gegenwart anderer Menschen nicht urinieren (Nat-m.).

Metrorrhagie bei sehr geringfügigen Anlässen – nach einem langen Spaziergang, nach jedem harten Stuhlgang usw.; Nymphomanie; starkes Jucken, besonders im Wochenbett.

Flour; *dicker, bläulich-weißer Schleim,* besonders oder nur nachts (Caust., merc., nit-ac.).

Heftiger Husten; in Krampfanfällen, mit Aufstoßen und Heiserkeit; < durch Sprechen oder lautes Lesen (Dros., phos., tub.); abends ohne, morgens mit Auswurf (Bry., carb-v., hep., hyos., phos., puls., sep.); Keuchhusten, aber ohne jauchzende Einatmung; < wenn viele Menschen in der Nähe sind.

Beziehungen – Antidote zu Ambra grisea sind Camph., coff., nux-v., puls., staph., x-ray.

Ambra ist ein Antidot zu Staph., speziell gegen das wollüstige Jucken am Scrotum.

Vergleichsmittel – Calc., nat-c., tub. Kälte des Abdomens;

Asaf., cast., psor., valer, x-ray Reaktionsmangel;

Coca, ferr. Schüchternheit und Erröten;

Mosch., valer. Ohnmacht, hysterisches Asthma;

Act-sp., ign. nächtlicher Husten;

Iod., nux-v., tub. dünne, abgemagerte, nervöse, reizbare Menschen;

Ars., tub. asthmatische Leiden;

Phos. Asthma, nervöse, reizbare, schwache, leicht erregbare Patienten, groß und schlank;

Bov. Blutfluß alle paar Tage in der Mitte zwischen den Perioden;

Lach., rhus-t., sep. < durch Überheben;

Chin., coff., croc., ign., puls., sec., staph., sulph. nervöse hysterische Erkrankungen;

Jod, kali-bi., Jucken hinter dem Brustbein bei heftigem, quälendem, anfallsweisem Husten.

Carb-v. und petr. bei Reaktionsmangel in akuten Krankheiten.

In Fällen von Frauen, die extrem nervös sind und bei akuten Krankheiten Reaktionsmangel aufweisen.

VERSCHLECHTERUNG – Warme Getränke, warme Zimmer;
abends im Liegen, besonders auf der schmerzlosen Seite Arn., bry., calc., puls., rhus-t.;
lautes Sprechen oder Lesen;
Musik;
die Nähe vieler Menschen;
nach dem Erwachen Lach., sep..

BESSERUNG – Nach dem Essen;
in der kalten, freien Luft;
kaltes Essen und Trinken;
Aufstehen aus dem Bett, Liegen auf den kranken Teilen.

Schmerzen: Reißend, ziehend, spießend; mit Druckempfinden. Das Kind ist schwach, grämlich und imbezil, dünn und abgemagert. Es sieht wie ein kleiner, ausgetrockneter, alter Mann aus.

Die Haare werden grau und fallen aus; das Gedächtnis wird unzuverlässig; geistige Trägheit; Gehör, Geruch und Sehen beginnen zu versagen; Nervosität, Angst, Melancholie; Abneigung gegen Gesellschaft oder Gleichgültigkeit gegen die Familie und die Angelegenheiten des Lebens sind Stufen auf dem Weg zur Senilität. Durch mangelhafte Assimilation werden die Gewebe ausgemergelt; durch schwachen Blutumlauf kommt es zu Kälte der Extremitäten, Taubheitsgefühl und Schwindel. Diese Zeichen seniler Hinfälligkeit können in kleinerem oder größerem Ausmaß in jedem Lebensalter angetroffen werden. Dies ist dann die Sphäre von Ambra. *(Farrington).*

Gemüt – || Gedächtnisschwäche.

|| Auffassungsvermögen langsam, muß alles drei- oder viermal lesen und versteht es dann immer noch nicht.

| Kann nicht gründlich über etwas nachdenken, kommt sich dumm vor.

Verwirrung des Kopfes; des Hinterkopfes..

| Das Denken fällt schwer am Morgen.

|| Der Phantasie bemächtigen sich Zerrbilder, Fratzen, Teufelsgesichter, welche er nicht loswerden kann.

Aufgeregt; sie sprach ungewöhnlich viel, redselig, war dadurch sehr angegriffen, konnte die Nacht nicht schlafen, oder Abneigung gegen Sprechen und Lachen.

Große Niedergeschlagenheit; verzweifelt, möchte nicht leben.

Zwang, bei äußerst unangenehmen Dingen zu verweilen; dadurch schlaflos.

| Schwermut, sitzt tagelang da und weint; mit großer Schwäche, Nachlassen der Muskelkraft, Schmerz im Kreuz und Verstopfung.

|| Furcht, geisteskrank zu werden.

Verzweiflung; Lebensüberdruß.

Qualvolle Angst und Schweiß am ganzen Körper, nachts.

Angst, Bedrückung, nervöse Schwäche mit Reizbarkeit und Ungeduld.

| Nach beruflichen Schwierigkeiten schlaflos, muß aufstehen und umhergehen (Rhus-t., sep.).

Bei geistigen Arbeiten Hastigkeit.

|| Verlegenes Verhalten in Gesellschaft; Erröten, Scheu (Ferr., tub., x-ray.). Husten < wenn viele Menschen in der Nähe sind.

Die Nähe anderer Menschen verschlimmert die Symptome.

Sensorium – | Schwindel mit dem Gefühl, als läge eine Last auf dem Kopfe; < nach Schlaf, < nach dem Essen.

| Wegen Schwindel und Schwächegefühl im Magen mußte sie liegen.

Musik treibt ihm das Blut nach dem Kopf.

| Arge Schwäche im Kopf mit Schwindel.

Kopf – Druck in der Stirn mit Furcht, geisteskrank zu werden.

Reißen in der linken Schläfe bis oben auf dem Kopf, auf dem rechten Stirnhügel und hinter dem linken Ohr.

Höchst empfindliches Reißen oben auf dem Scheitel und wie in der ganzen oberen Hälfte des Gehirnes, mit Gesichtsblässe und Kälte der linken Hand.

Drückendes Ziehen vom Nacken herauf und durch den Kopf nach vorne zu, während vorzüglich Druck unten im Hinterkopf bleibt.

Eingenommenheit im Hinterkopf.

Reißende Schmerzen überwiegen im Kopf.

|| Musik treibt ihm das Blut nach dem Kopf.

Arge Schwäche im Kopf mit Schwindel.

|| Haarausfall, das Haar wird frühzeitig grau.

|| Auf der rechten Seite des Kopfes eine Stelle, wo die Haare beim Befühlen wie wund schmerzen.

Die Kopfhaut fühlt sich morgens beim Aufwachen wund an; danach Taubheitsgefühl, das sich über den ganzen Körper ausbreitet.

Augen und Sehen – Trübes Sehen, wie durch einen Nebel.

Druck und Beißen im Auge wie von hineingeratenem Staub; Tränenfluß.

Druck auf den schwer zu öffnenden Augen und Schmerz derselben, als wenn sie zu fest geschlossen gewesen wären, besonders früh.

Jucken am Augenlid, als würde sich ein Gerstenkorn entwickeln.

Ohren und Hören – | Brausen und Pfeifen im Ohre, nachmittags.

| Taubheit des einen Ohres.

Knistern und Knirren im linken Ohr, als wenn man eine Taschenuhr aufzieht.

| Das Gehör läßt nach, mit Kälteempfindung im Bauch.

Heftig reißender Schmerz im Ohrläppchen und hinter demselben.

Reißen im rechten Ohr.

Kribbeln, Jucken und Kitzeln in den Ohren.

|| Musik verschlechtert den Husten.

| Musik treibt ihm das Blut nach dem Kopf.

Nase – | Getrocknetes Blut sammelt sich in der Nase.

| Nasenbluten, besonders früh.

|| Nasenbluten während der Menses.

| Reichliches Nasenbluten früh im Bett, an mehreren aufeinanderfolgenden Tagen.

Die Nase ist verstopft und schmerzt, als ob sie innen wund wäre.

Lang andauernde Trockenheit der Nase, häufige Reizung wie von Niesen.

Gesicht – Gesichtsblässe mit Kopfschmerz.

Fliegende Hitze im Gesicht.

Hitze im Gesicht mit Frost anderer Teile.

Reißen im oberen Teil des Gesichts, besonders neben dem rechten Nasenflügel.

Pickel und Jucken am Backenbart.

Schmerzhafte Backengeschwulst am Oberkiefer mit Klopfen im Zahnfleisch.

Gelbsüchtiges Gesicht.

Krampfhaftes Zucken der Gesichtsmuskeln, im unteren Teil des Gesichtes; am Abend im Bett.

Heiße Lippen.

Morgens beim Aufwachen sind die Lippen taub und trokken.

Krampf in der Unterlippe.

Zähne und Zahnfleisch – Ziehender Schmerz bald in diesem, bald in jenem Zahn, der sich vom Warmen verstärkte, vom Kalten für den Augenblick verging, vom Kauen sich nicht verstärkte und nach dem Essen verging; dabei war das Zahnfleisch auf der inneren Seite geschwollen.

| Zahnfleischbluten.

Mund – Morgens beim Erwachen bitterer Geschmack im Mund.

Nach Milchtrinken säuerlicher Geschmack im Mund.

Unter der Zunge wundschmerzender Knäuel wie kleine Gewächse.

||| Ranula.

Zunge bläulich, bleifarben (Ars.).

| Mundgeruch, schlimmer morgens.

Bläschen im Mund, die wie verbrannt schmerzen; unter der Zunge Knäuel wie kleine Gewächse, die wund schmerzen; Beißen und Schrunden im inneren Mund; wegen des Schmerzes konnte sie nichts Hartes essen.

Ansammlung von Speichel und stechender Schmerz im Mund beim Essen von fester Nahrung (Ph-ac.)

Früh beim Erwachen Zunge, Mund und Lippen wie taub und ganz trocken (Taubheitsempfinden im Hals, mag-s., sulph.).

Die Zunge ist graugelb belegt.

Hals – | Empfindung von Roheit in der Gegend des Gaumensegels.

Roheit im Hals mit Husten.

Reißender Schmerz am Gaumen bis ins linke Ohr.

Trockenheit des Halses am Morgen.

Halsweh beim Leerschlucken und durch äußerlichen Druck, mit Spannen an den Halsdrüsen, als wenn sie geschwollen wären, nicht aber beim Schlucken der Speisen.

| Halsweh nach Zugluft. Es sticht vom Hals ins rechte Ohr und schmerzt besonders beim Bewegen der Zunge.

Kitzel im Hals, der zum Husten reizt.

Jucken im Hals und an der Schilddrüse während des Hustens.

| Ansammlung von gräulichem Schleim im Hals, der schwierig zu räuspern ist, begleitet von Rohheit.

Räuspern des Schleimes aus dem Rachen führt zu Erbrechen und Würgen.

Papelartiger Ausschlag im Hals.

Beißen hinten im Rachen, außer beim Schlucken.

Beim Schleimräuspern aus dem Rachen fast unvermeidliches Würgen und Erbrechen.

Magen – Durstlosigkeit.

Nach dem Essen: | Husten und Gähnen oder Würgen; Angst; Drücken im Halsgrübchen, als stecke da noch Speise, die nicht hinuntergeht (Speisen bewegen sich langsam nach unten und geraten in den Kehlkopf, kali-c.); die Speisen werden empfunden bis sie in den Magen gelangen (Alum., bry., phos.).

| Verschlechterung durch warme Getränke, besonders durch warme Milch.

Besserung nach dem Essen: Zahnschmerzen; Drücken in der Brust; Frost etc.

Nach Milchtrinken säuerlicher Geschmack im Mund; Sodbrennen.

Aufstoßen mit und ohne Husten.

| Aufstoßen entweder leer, sauer oder bitter.

Beim Gehen im Freien Sodbrennen mit versagendem Aufstoßen.

Aufstoßen mit Husten, so daß es fast zum Würgen kommt.

Aufstoßen beseitigt Drücken in der Nabelgegend.

Schlucksen.

Kälteempfindung in der Magengegend.

Nach dem Kälteeinfluß bei einer Schlittenfahrt litt er 14 Jahre lang Sommer wie Winter an Kältegefühl in der Magengegend; ohne Erleichterung hatte er alle Arten von Kissen und Wärmern benutzt; geheilt in 24 Stunden.

Beim Gehen im Freien Sodbrennen mit versagendem Aufstoßen; durch Trinken von Milch, besonders warmer Milch.

Jeden Abend Empfindung wie von verdorbenem Magen und kratziges Aufsteigen bis zum Kehlkopf wie Sod.

Übelkeit nach dem Frühstück.

Übelkeit und Würgen beim Schleimräuspern aus dem Rachen.

Drücken in der Nabelgegend mit Sodbrennen, was durch Aufstoßen vergeht.

Drücken im Magen und unter den Rippen.

Spannung und Druck oder Stechen und Drücken in der Magengegend.

Erschütterung in der Magengegend beim Husten.

Schwächegefühl im Magen mit Schwindel; wegen Schwäche im Magen und Schwindel mußte sie sich hinlegen.

Abdomen – Drückender Schmerz an einer kleinen Stelle im rechten Unterleib, in der Lebergegend, doch nicht beim Befühlen zu spüren.

Reißender Schmerz in der Milzgegend, als ob etwas abgerissen ist.

Schmerzen in der Gegend rechts unter den Rippen, > beim Draufliegen.

Spannung und Aufgetriebenheit im Unterleib nach jedem Essen und Trinken, selbst nach jedem Schluck Flüssigkeit.

Aufgetriebener Leib; starke Blähungsansammlung, die vergeht, ohne daß eine Blähung abgeht.

||| Kältegefühl im Leib.

| Kältegefühl einer Seite des Leibes (links); auch mit Taubheitsempfindung.

Kolik, manchmal anschließend Durchfall.

Drücken tief im Unterbauch nach dem Stuhlgang.

Stuhl und Anus – Reichlicher, weicher, hellbrauner Stuhl nach Verstopfung, die einige Tage dauerte.

Verstopfung: häufiger vergeblicher Drang wie bei Nux vomica, aber begleitet von einem umschriebenen Kältegefühl im Leib und von viel Angst beim Stuhlgang, so daß die Patienten durch die Nähe anderer Menschen im Raum in große Qualen versetzt werden (Nähe anderer Menschen unerträglich beim Urinieren: Nat-m.); nach dem Stuhlgang Schmerzen tief im Unterbauch; Jucken und Beißen im Anus, was durch Reiben vergeht.

Durchfall nach Kolik.

Stuhl nicht hart, trotzdem groß.

||| Häufiger vergeblicher Stuhldrang; hierdurch wird sie sehr ängstlich, dabei wird die Nähe anderer Menschen unerträglich.

| Viel Blutabgang mit dem Stuhl.

Jucken im Anus.

Stechen im Anus.

Nach dem Stuhl Drücken tief im Unterbauch.

Urin – Nachts viel Urinieren (Lyc.) und auch morgens nach dem Aufstehen.

Schmerz im Rektum und zugleich in der Blase.

Urin riecht sauer; Urin trübe schon während des Lassens.

| Urin schon beim Lassen trübe, gelbbraun und setzte einen braunen Satz ab, während der helle Harn darüber gelb war; kaffeesatzartiges Sediment.

| Sauer riechender Urin.

Er uriniert dreimal mehr als er trinkt, besonders früh; danach ein dumpfer Schmerz in der Nierengegend.

Empfindung, als gingen einige Tropfen aus der Harnröhre ab.

| Brennen, Beißen, Kitzeln und Jucken an der Scham und in der Harnröhre beim Urinieren.

Männliche Geschlechtsorgane – | Ein achtzigjähriger Mann bekommt Asthma, als er einen Koitus versucht.

Impotenz.

Früh beim Erwachen heftige Erektion ohne Wollustempfindung bei äußerlicher Taubheit der Geschlechtsteile.

Heftiges Wollustgefühl im Inneren der Geschlechtsorgane.

Ein juckender Pickel über den männlichen Geschlechtsorganen.

| Wunde Rohheit zwischen den Oberschenkeln.

| Wollüstiges Jucken am Scrotum.

Weibliche Geschlechtsorgane – Nymphomanie: oft mit Ausfluß bläulich-weißem Schleimes, < nachts; Stechen in der Scheide geht dem Ausfluß voraus.

|| Brennen in den Geschlechtsteilen mit Abgang einiger Tropfen Blut.

| Stiche in der Ovargegend beim Einziehen oder Eindrücken des Leibes.

||| Abgang von Blut zwischen den Menses bei jedem geringfügigen Anlaß, nach jedem harten Stuhlgang oder nach einem Spaziergang, der etwas länger als gewöhnlich dauert.

Während der verfrühten Menses, wird der linke Unterschenkel ganz blau von aufgetriebenen Krampfadern unter pressendem Schmerz im Unterschenkel.

Hinlegen verschlechtert die Symptome des Uterus.

Es soll eine Erschlaffung des Uterus hervorrufen.

Menses unterdrückt.

|| Menses zu früh und zu reichlich.

| Menses treten sieben Tage zu früh ein.

| Starkes Jucken an den Schamteilen, sie muß reiben.

| Wundheit und Schwellung der Schamlippen und Jucken daran.

|| Brennen, Beißen, Kitzeln und Jucken an der Scham und in der Harnröhre beim Urinieren.

| Dickschleimiger, weißer Fluor von Tag zu Tag vermehrt oder nachts Ausfluß bläulich-weißen Schleimes; vor jedem Ausfluß ein Stich in der Scheide.

Während der Schwangerschaft: nervös, unruhig; Jucken der Scham.

Drohender Abort.

Kindbettklampsie.

Vermindert die Stärke der Wehenschmerzen.

| Im Wochenbett hartnäckige Verstopfung und schmerzhafter Drang; Leib aufgebläht, hierdurch viel Angst; so nervös, daß sie nicht in der Nähe anderer Menschen, auch nicht der Krankenschwester Stuhlgang versuchen kann.

Revillout vergleicht die allgemeine Wirkung von Ambra mit der von Kali bromatum. Die Wirkung von Ambra tritt schneller ein, die von Kali bromatum dauert aber länger. Ambra ist deshalb vorzuziehen bei der Beseitigung heftiger Reflexvorgänge, kindlicher Krämpfe und Kindbettklampsie. Ambra beruhigt in schöner Weise die nervöse Unruhe der Schwangerschaft und beugt damit Krämpfen vor; es verzögert auch Uteruskontraktionen.

Revillout empfiehlt Ambra in der Schwangerschaft:

1. zur Vorbeugung der Eklampsie;
2. zur Verminderung zu starker Wehenschmerzen;
3. bei verfrühten Wehen oder drohendem Abort.

Zu häufig und in zu großen Dosen gegeben kann Ambra aber auch eine Erschlaffung des Uterus hervorrufen. In großen Dosen gegeben kann Ambra im allgemeinen Krämpfe gleich welcher Ursache beseitigen und, indem es die Nervosität vermindert, wirkt es günstig auf nervöse Menschen, Kinder und junge Mädchen.

Wir haben hier also einen weiteren Fall von unfreiwilliger Homöopathie. Ambra ruft beim Gesunden Brennen in den Geschlechtsteilen mit Abgang einiger Bluttropfen hervor; die Menses setzen einige Tage zu früh ein; es ruft Blutabgang außerhalb der Menses hervor, auch weißen Ausfluß und wahrscheinlich auch eine Ovariitis. Ebenso bewirkt es Zucken in Muskelpartien, Krämpfe, Unruhe, Unsicherheit, Angst, Bedrückung, nervöse Schwäche mit Reizbarkeit und Ungeduld, Rucken und Zucken in den Gliedmaßen mit Kälte des Körpers und großer Schwäche, einen Zustand, den man so oft bei Frauen und erregbaren, schwachen Kindern zusammen mit Schlaflosigkeit findet; viele Träume, ängstliches Erwachen, unruhiger Schlaf nachts, allgemeine Unruhe, Reizbarkeit, Angst und Verzweiflung.

ATMUNG – | Kitzeln im Kehlkopf mit Krampfhusten.

| Kitzeln im Hals, Kehlkopf und in der Luftröhre, hierdurch heftiger Husten.

Die Stimme ist rauh und heiser, es sammelt sich zäher, dicker Schleim im Hals, der leicht durch Husten ausgeworfen wird.

| Jucken, Kratzen und Wundheit des Kehlkopfes und der Luftröhre.

Lautes Lesen oder Sprechen verschlimmert den Husten.

Jucken in der Schilddrüse; Jucken hinter dem Brustbein ruft Husten hervor.

Engheit in der Brust, sie kann nicht tief atmen und nicht ausgähnen.

Beklemmung der Brust und im Rücken zwischen den Schulterblättern, die durch Essen kurzzeitig nachläßt.-

Druckgefühl in der Brust, schlimmer während der Ausatmung.

| Asthma alter Menschen und bei Kindern.

|| Asthma tritt auf, während er einen Koitus versucht.

| Pfeifen in der Brust beim Atmen.

|| Luftnot beim Husten, der krampfartig ist; Blutandrang zum Kopf.

HUSTEN – Krampfhusten, sie bekommt Luftnot; mit Blutandrang zum Kopf; schließlich kommt etwas Schleim herauf.

||| Husten in krampfartigen Anfällen.

| Hohler, krampfartiger, bellender Husten; schlechter durch lautes Lesen oder Sprechen; mit Würgen nach dem Essen.

| Krampfhusten älterer oder abgemagerter Menschen.

| Hustenanfälle kommen aus der Tiefe der Brust, hervorgerufen durch heftiges Kitzeln im Hals, abends ohne, morgens mit Auswurf eines im allgemeinen gräulich-weißen, selten gelben Schleimes von salzigem oder saurem Geschmack; zäher gräulicher Schleim; schlimmer am Morgen.

||| Heftiger Krampfhusten mit häufigem Aufstoßen und Heiserkeit; mit Schmerzen in der Milzgegend, als ob etwas abgerissen wäre.

Heben einer schweren Last verschlimmert den Husten.

| Husten nur nachts, hervorgerufen durch übermäßige Reizung im Hals.

Husten mit Aufstoßen von Luft, wodurch der Patient fast erstickt (Lach.).

| Jeden Abend Husten mit Schmerzen unter den linken Rippen, als würde da etwas losgerissen.

Ansammlung von gräulichem Schleim, der schwierig auszuräuspern ist, begleitet von Rohheit und fast zwanghaftem Würgen und Erbrechen.

Husten schlimmer, wenn viele Menschen in der Nähe sind.

Husten verursacht Erschütterung in der Magengrube.

| Husten mit Abmagerung.

| Eine Art Keuchhusten; krampfartig, aber ohne jauchzende Inspiration, < nach dem Hinlegen.

| Tiefer, trockener Husten, das Wasser läuft im Munde zusammen, anschließend Kratzen im Hals.

Würgen und Erbrechen, wenn Schleim aus dem Hals geräuspert wird.

Sputum gelb-weiß, cremeartig; Sputum coctum.

Schleimansammlung im Hals ist schwierig abzuhusten.

Alter Husten.

Kratzen und Kitzeln im Hals, Kehlkopf und entlang der Luftröhre verursachen heftigen Husten mit der Empfindung von festhaftendem Schleim in der Luftröhre; beim Atmen Pfeifen in der Brust; rauhe und heisere Stimme; Schleimansammlung im Hals, schwierig abzuhusten.

Husten meist nur nachts durch heftige Reizung mit Erschütterung der Magengrube; Husten manchmal in Krampfanfällen mit Bedrückung der Brust, Luftnot, großer Unruhe und anschließendem reichlichen Aufstoßen, eine Art Keuchhusten.

Bei nervösen Menschen verursacht es Kitzeln im Kehlkopf und Anfälle von Krampfhusten; Pfeifen in der Brust; kurze, krampfartige Atmung; qualvolle Herzangst und krampfartiges Herzklopfen.

Brust und Lungen – Schmerz im unteren Teil der rechten Brust, erleichtert durch Liegen auf dem Rücken.

Ein Stich in der Brust bis in den Rücken.

Beklemmung der Brust und im Rücken zwischen den Schulterblättern, die durch Essen kurzzeitig nachläßt.

Drückendes Gefühl tief in der rechten Brust; auch in der linken Brust oder im Oberteil der Brust.

Pfeifen auf der Brust.

Empfindung wie Rohheit in der Brust.

Reißender Druck in der linken Brustseite.

Jucken in der Brust.

Engheit in der Brust; sie kann nicht tief atmen und nicht ausgähnen.

Empfindung eines Klumpens in der Brust.

In der Brust über der Herzgrube ein drückender Zerschlagenheitsschmerz; durch Aufstoßen erleichtert.

Ein heftiger, stumpfer, den Atem versetzender Stich in der rechten Brust.

Ein Brennen in den äußeren Teilen der Brust.

Drücken im Oberteil der Brust, kommt in regelmäßigen Anfällen.

Herz und Puls – | Ängstlichkeit am Herzen bis zur Atemhemmung, mit fliegender Hitze, Drücken beginnend am Herzen.

Herzklopfen beim Gehen im Freien mit Gesichtsblässe.

| Bei starkem Herzklopfen Drücken in der Brust, als wenn da ein Klumpen läge oder die Brust da verstopft wäre.

Puls beschleunigt mit Aufwallen.

Er spürt den Puls im Körper; es fühlt sich an wie das Ticken einer Uhr.

Brust aussen – Brennen auf der Brust.

Nacken und Rücken – Spannen an den Halsdrüsen, als wären sie geschwollen.

Brennen im linken Schulterblatt.

Reißen in der linken oder in beiden Schultern.

Rheumatischer Schmerz in der rechten Seite des Rückens.

Schmerzhaftes Spannen in den Lendenmuskeln.

Im Kreuz beim Sitzen Stiche.

|| Steifheit im Kreuz nach dem Sitzen.

| Schmerz im Kreuz mit Verlust von Muskelkraft und Verstopfung.

Obere Extremitäten – Reißen im linken Schultergelenk.

Ziehen und wie verrenkt und gelähmt in der Schulter.

| Die Arme schlafen leicht ein beim Draufliegen, wenn irgendetwas in den Händen getragen wird, oder nachts; mit Taubheit besonders des linken Armes in Ruhe; Prickeln im Daumen.

Reißende Schmerzen in Schulter, Ellbogen, Unterarm und Hand.

Schwäche der Finger nachts.

Stiche in den Händen und Fingern wie von Stechfliegen.

Ziehen in den Fingern und dem Daumen.

Jucken in den Handtellern.

Krämpfe in den Händen, manchmal nur, wenn sie irgend etwas ergreifen.

Die Haut der Fingerspitzen ist schrumpfig.

Reißen, Stechen oder Jucken in den Spitzen der Finger und des Daumens.

Die Haut der Finger fühlt sich gespannt an.

Lange Zeit eiskalte Hände.

| Kälte der linken Hand mit Kopfschmerz.

| Brüchige Fingernägel, bei einem sehr alten Mann; sie wurden weich, biegsam und rosa.

Untere Extremitäten – Reißen in der linken und dann auch in der rechten Hüfte.

Spannen im Oberschenkel, als wenn die Sehnen zu kurz wären.

Reißen in Gesäß, Hüfte, Knie, Bein, Knöchel und Fuß.

Schwere der Beine.

Strammen in den Beinen.

Eingeschlafenheitsgefühl in den Beinen; er hat keinen festen Tritt.

Krampf in den Beinen und Wadenkrampf fast jede Nacht.

Kalte Füße.

Gichtiger Schmerz im Großzehenballen.

Jucken im Innern der Fußsohle, durch Kratzen nicht zu beseitigen.

| Wund und roh zwischen den Oberschenkeln, | und in den Kniekehlen.

Das linke Bein wird blau durch aufgetriebene Krampfadern während der Menses.

Reißende oder rheumatische Schmerzen an Stellen aller Gliedmaßen.

Ungemeines Zucken in allen Gliedern und Kälte des Körpers nachts.

Unruhe in allen Gliedern, wie ein Kribbeln, mit Ängstlichkeit, nur am Tag.
Müdigkeit mit schmerzhaftem Wehtun aller Glieder.

Nerven – Trismus neonatorum.
Ruhelosigkeit.
| Rucken und Zucken.
Konvulsionen.
Epilepsie.
| Krämpfe bei Kindern.
| Krämpfe und Zucken in den Muskelpartien.
Krampfleiden.
| Arme und Glieder schlafen leicht ein.
| Mattigkeit früh im Bett.
Ohnmacht.
| Mattigkeit des ganzen Körpers; Einsinken in den Knien, als ob sie nachgäben; Schwäche in den Füßen, wie Gefühllosigkeit; sie mußte liegen wegen Schwächegefühl im Magen.
Äußerste Erschöpfung nach schleichenden Fiebern.
Chlorose.
| Verlust von Muskelkraft.
Schwindel und hysterische Apoplexie.
Lähmungsleiden.
Taubheitsgefühl des ganzen Körpers.
Vom Gehen im Freien Unruhe des Blutes und schnellerer Blutumlauf, bei größerer Schwäche des Körpers.
Vom vielen Sprechen starke Müdigkeit, Kopfschmerz als läge ihr eine große Last auf dem Kopfe; Schlaflosigkeit; sie fühlte sich sehr beklommen; Angst und Schweiß; Beben und Zittern; Nervosität und Reizbarkeit.

B. W., 58 Jahre alt, beleibt, rotes Gesicht, rechte Seite seit 5 Jahren gelähmt; geht mühsam, zieht den rechten Fuß nach; Schwindel; hat seit fünf Jahren das Gefühl, als laste ein schweres Gewicht auf seinem Scheitel; schlimmer nach dem

Schlaf; schlaflos nach ein Uhr; Gedächtnisschwund; Verlust des Geruchssinnes; Taubheitsempfindung an der Haut der rechten Seite; kalter Schweiß der Extremitäten, rechter Fuß kälter als der linke; Übelkeit im Leib; hat viel Kummer gehabt. Con., ign., verb.: wenig Erleichterung. Ambra 200 (zwei Gaben trocken) beseitigte die Schmerzen am Scheitel, den Schwindel und die Übelkeit.

Schlaf – | Kann nicht schlafen, muß aufstehen; Quälerei wegen beruflicher Schwierigkeiten; Schlaflosigkeit bei Geschäftsleuten.

Er kann nachts nicht schlafen und weiß nicht warum.

|| Schläfrig beim Zubettgehen; sobald aber der Kopf das Kissen berührt, ist er stundenlang hellwach, unruhig, wirft sich hin und her oder ist einfach unfähig, die Augen zu schließen.

Unruhiger Schlaf mit ängstlichen Träumen.

Ärgerliche, ängstliche Träume und Sprechen im Schlaf, wacht angstvoll auf.

Schlaflos nach ein Uhr.

Schlimmer durch zu wenig Schlaf.

Zucken der Glieder verhindert Schlaf, mit Kälte.

Unruhiger Schlaf wegen Kälte des Körpers und Zucken in allen Gliedern.

Fast jede Nacht Wadenkrämpfe.

Schlimmer nach dem Schlaf: Schwindel; Empfindung einer Last auf dem Scheitel; keuchender Husten, Schwächegefühl; Mundtrockenheit; Müdigkeit, Gefühl, als wenn die Augen sehr fest geschlossen wären.

Beim Erwachen: Wundheit der Kopfhaut; Lippen taub und trocken; bitterer Geschmack im Mund.

In der Frühe im Bett: Nasenbluten; starke Mattigkeit.

Temperatur und Wetter – < durch Wärme: Zahnschmerzen.

> durch Kälte: Zahnschmerzen.

< in warmen Räumen: Husten.

> durch Bewegen im Freien.

< durch warme Getränke.

Nach Zugluft: Halsweh.

Beim Gehen im Freien: Sodbrennen; Herzklopfen; Unruhe des Blutes; < Schwäche.

Erkältet sich und unterdrückte das Schwitzen, nach einem Gewittersturm mit Nordwind ins Gesicht; quälender Husten mehrere Wochen lang.

FIEBER – | Frost, Müdigkeit und Schläfrigkeit vormittags, was durch Essen verging; Kälte der Haut des ganzen Körpers; außer Gesicht, Hals und Genitale. Frost einzelner Körperteile mit Hitze des Gesichtes. Beängstigende Hitze im Gesicht alle Viertelstunden; | am heftigsten gegen Abend.

Starker Schweiß nachts, schlimmer nach Mitternacht und am stärksten auf der kranken Seite.

Starker Schweiß, besonders am Leib und an den Oberschenkeln, während körperlicher Bewegung.

Bösartiges Fieber.

HAUT – || Jucken.

Gelbsüchtiges Gesicht.

Brennen in der Haut.

Die Haut der Fingerspitzen ist schrumpfig.

Eine Warze am Finger tut wie wund weh.

Taubheitsgefühl der Haut.

Brennender Bläschenausschlag.

Lepröse Beschwerden.

Juckende Pickeln am Backenbart.

Wund und roh zwischen den Beinen und in den Kniekehlen.

Aufgetriebene Krampfadern am Bein während der Menses.

Bringt den juckenden Ausschlag wieder hervor.

Nervöses Jucken am ganzen Körper, besonders an den Schleimhautöffnungen.

Anthracinum (Milzbrand-Gift)

Alkoholischer Auszug des Milzbrand-Giftes, hergestellt aus der Milz milzbrandkranker Schafe. Eine Nosode, die von der alten und auch von einer Mehrheit der neuen Schule verworfen wird, trotz ihrer Heilwirkung, die unsere Theorie bestätigte, und trotz ihrem erwiesenen großen Nutzen für die Praxis. Obwohl Anthracinum noch nicht geprüft wurde, rechtfertigen die häufige Anwendung und die Verifizierung seiner toxischen Symptome durch einige unserer besten Praktiker seine Aufnahme. Die erste Präparation wurde nach *Herings* Vorschlägen (*Stapfs Archiv,* 1830) von Dr. *G.A. Weber* hergestellt und mit dem erstaunlichsten Erfolg bei einer Rinderpest angewendet. Er heilte jeden Fall damit, auch angesteckte Menschen. Sein Bericht, eine kleine Abhandlung von 114 Seiten, wurde 1836 bei *Reclam*, Leipzig, veröffentlicht. Er wurde damals nicht beachtet. Erst der begabte *Dr. P. Dufresne,* der Begründer der *Bibliotheque Homöopathique,* Genf, benutzte es und verhinderte die Ausbreitung der tödlichen Krankheit in einer Herde von Schafen (für die die Krankheit tödlicher ist als für andere Haustiere) und heilte den Schäfer ebenfalls (*Biblioth. Homöop. de Geneve,* Januar und Februar 1837).

Die Entdeckung der Bakterien und ihrer unglaublich raschen Vermehrung schien wichtiger als die Heilung von Vieh und der Verlust von Millionen von Dollar durch diese Krankheit. Frankreich erlitt 1842 einen Verlust von über 7 Millionen Francs, und ein kleiner Bezirk in Deutschland verlor jedes Jahr sechzigtausend Taler durch die Rinderpest; in Sibirien starben 1785 hunderttausend Pferde an ihr; im Jahre 1800 verlor ein kleiner Bezirk siebenundzwanzigtausend Pferde.

Strahlungswärme, die schon viele Jahre zuvor von *Hering* für die Behandlung anderer Infektionskrankheiten vorgeschlagen worden war, wurde auf äußerst genialem Wege von *Pasteur* als ein Mittel gegen die Vermehrung von Bakterien entdeckt. Jetzt dürfte die Wärme (wie bei Tollwut) zusammen mit der Nosode ausreichen, um jeden Fall zu heilen.

Dr. Käsemann hatte den Mut, 1852 Anthracinum bei Gangrän einzuführen, und *Dr. Raue* gab es seit 1858 bei Karbunkeln (siehe sein Buch *Pathologie und Diagnose*) und bei gangränösem Panaritium (siehe *Journal of Clinics,* 4, 142).

Alle Symptome, die durch das Gift beim Menschen hervorgerufen wurden, sind aufgenommen, weil auch die Symptome von Schlangenbissen und die toxischen Symptome von Arsen, Opium und anderen Mitteln sich in zahlreichen Fällen als nützlich erwiesen haben.

Dr. Hering sagt: „Absolut rechtschaffene und über alle Zweifel glaubwürdige homöopathische Praktiker haben schon vor langem Milzbrand in Schafherden und bei deren Schäfern durch Anthracinum, eine alkoholische Tinktur aus dem Blut der bakterienhaltigen Milz, geheilt. Selbstverständlich tötete der Alkohol die Bakterien; was aber in der Lösung blieb, heilte die Krankheit bei Mensch und Tier."

Dies beweist schlüssig:

1. daß das reine Gift und seine alkoholische Lösung ähnliche pathogenetische Eigenschaften besitzen müssen; deshalb muß man zu einer Prüfung von Anthracinum alle Symptome von unkompliziertem Milzbrand addieren; zu denen von Hydrophobinum die Symptome eines jeden Falles von reiner Tollwut, zu denen von Syphilinum alle jene von reiner Syphilis. usw. usw.

2. daß Bakterien nicht die Ursache, sondern die Folge der Krankheit sind, ein Grundsatz, den wir bezüglich aller Parasiten, die mit gestörter Gesundheit in Verbindung gebracht werden, für wahr halten, und daß folglich deren Vernichtung durch lokale Maßnahmen nicht gleichbedeutend ist mit der Heilung der Krankheit selbst.

Charakteristika – Bei Karbunkeln, bösartigen Ulzera und Leiden mit *Ulzerationen, Verschorfungen und unerträglichem Brennen.*

Schmerzhafte Drüsenschwellungen, zelluläre Gewebeverhärtungen; Peritonsillarabszeß bei Milzbrand.

Wenn Arsenicum oder das bestgewählte Mittel die brennenden Schmerzen eines Karbunkels oder einer malignen Ulzeration nicht erleichtert, studiere Anthracinum.

Blutungen: aus Mund, Nase, Anus oder den Sexualorganen; scharz, dick, teerartig, schnell zersetzt (Crot.).

Septisches Fieber, rascher Kräfteverlust, verlangsamter Puls, Delirium und Ohnmacht (Pyrog.).

Gangränöse Ulzera; Panaritium, Karbunkel; gangränöses Erysipel von malignem Typ.

Panaritium; schwerste Fälle, mit Verschorfung und schrecklich brennendem Schmerz (Ars., carb-ac., euph., lach.).

Maligne Pusteln; *schwarze oder blaue Bläschen;* oft tödlich in 24 oder 48 Stunden (Echi., lach., pyrog.).

Karbunkel: *mit schrecklich brennenden Schmerzen;* Austritt von jauchigem, ekelhaft riechendem Eiter.

Furunkel und alle Arten von Eiterbeulen, großen und kleinen. Einige Formen von Akne; aufeinander folgende Herde von Eiterbeulen oder Karbunkeln an allen Körperteilen, beseitigt die Neigung.

Sektionswunden, besonders bei Neigung zu gangränöser Entwicklung; septisches Fieber, ausgeprägte Erschöpfung (Ars., echi., pyrog.).

Verdächtige Insektenstiche; wenn die Schwellung ihre Farbe verändert und von der Wunde ausgehende rote Streifen den Verlauf der Lymphgefäße markieren (Echi., lach., pyrog.).

Septische Entzündung durch Absorption von Eiter oder anderer giftiger Substanzen, mit brennendem Schmerz und großer Erschöpfung (Ars., echi., euph., pyrog.).

Epidemische Milzkrankheiten bei Rindern, Pferden und Schafen.

Üble Wirkungen des Einatmens fauliger Dünste des Fäulnisfiebers oder des Sektionsraumes; Vergiftung durch stinkenden Atem (Echi., pyrog.).

Hering sagt:„Den Karbunkel eine chirurgische Krankheit zu nennen, ist die größte Absurdität. Eine Inzision ist immer schädlich und oft tödlich. Nie ging ein Fall unter richtiger Behandlung verloren und Karbunkel sollten immer ausschließlich durch innere Medizin behandelt werden.“

Beziehungen – Antidote zu Anthracinum sind apis., ars., camph., carb-ac., carb-v., kreos., lach., puls., pyrog., rhus-t., sal-ac., sil., bei malignen septischen Zuständen.

Vergleichsmittel – Anthraci-b., anthraci-s., ars., carb-an., carb-v., echi., euphr., tarent-c.,. bei furchtbaren Krebsschmerzen, Karbunkel oder Erysipel.

Anthracinum folgt gut auf: Ars., carb-ac., phos., ph-ac., phyt., sec. bei brennenden Geschwürschmerzen.

Gute Folgemittel sind: Aur-m., fl-ac., hecla., nat-m., bei Knochenschwellung des Unterkiefers

Sil. bei Zellulitis und postoperativen Drüsenleiden.

Gemüt – | Angst, besonders in der Herzgegend.

|| Delirium.

|| Erregung.

|| Verlust des Bewußtseins.

|| Depression mit Erschöpfung und Frost.

|| Glaubt, sie spürt den Tod kommen.

Tiere jaulen, beißen, rennen herum, werden äußerst erregt; anschließend Lähmungssymptome.

| Abneigung gegen Arbeit.

Kopf – Benommenheit im Kopf wie von Betäubungsmitteln.

|| Verwirrung.

| Schwindel

|| Schwindel mit Schmerz im Kopf.

Verlust des Bewußtseins.

||| Kopfschmerz, als ob Dampf mit einem Hitzeschmerz durch den Kopf zöge *(fumée de douleur chaude)*: zwei Schäfer, die sich bei ihrer Herde ansteckten.

| Der Kopf ist in einer unbeschreiblichen Art erkrankt.

|| Unangenehmes Gefühl im Kopf, leichtes Frösteln, mildes Fieber.

|| Wenn sie bei vollem Bewußtsein sind, klagen sie über große Schmerzen im Kopf.

|| Schmerz im Kopf, Schwindel; innerer Milzbrand.

|| Hier und da in allen Teilen des Gehirns kleine und große Blutungen embolischen Ursprungs; nach Tod durch Milzbrand.

|| Hirnhäute zeigen umschriebene oder symmetrisch angeordnete blutige Infiltrationen.

|| Kopfschmerz mit Frost. Gehirnsymptome mit Karbunkel.

| Flüchtige Gangrän.

Geringe Schwellung an den Schläfen und Backen, erstreckt sich durch die Schädelnähte und Foramina der Orbita zur Dura und Pia mater.

Karbunkel meist am Kopf, neben den Ohren oder Schläfen.

Flüchtige Gangrän. Kopf geschwollen (beim Schwein).

| Schwellung des Kopfes (Schaf).

Augen und Sehen – || Starke Pupillenerweiterung; innerer Milzbrand.

|| Eine blasse, gelbliche oder grünliche Schwellung, wenn an den Lidern, halb durchsichtig.

| Eine blasse Rötung oberhalb der Brauen quer über die Stirn.

Ohren und Gehör – || Klingeln in den Ohren; innerer Milzbrand.

Gangränöse Parotitis, nach Scharlach.

| Schwellung, erstreckt sich nach hinten über den rechten Kieferwinkel, der nicht getastet werden konnte, bis hinauf in die Nähe des Ohres.

NASE UND GERUCH – Nase geschwollen und rot, sie riecht faulig.

|| Blutunterlaufene Stellen an der Nasenschleimhaut.

| Intensive Rötung der Nasenhälfte, erstreckt sich bis zur Backe.

GESICHT – | Erysipelartige, dunkelbraune Rötung und Schwellung über der gesamten rechten Gesichtsseite, der Nase und einem Teil der linken Backe; die Schwellung ist sehr hart, die Rötung verschwindet nicht unter Fingerdruck.

| Rötung erstreckt sich von der Nase zur Backe.

| Konnte den Unterkiefer nicht wie gewöhnlich bewegen.

| Konnte den Mund nur so weit öffnen, daß die Zungenspitze herauskam.

| Konnte den Mund überhaupt nicht öffnen.

| Reißen im rechten Unterkiefer.

|| Schwellung beginnt in der Gegend der rechten Unterkieferdrüse.

| Eine steinartige Schwellung um den rechten Unterkiefer, der Innenraum des Unterkiefers ist zur Hälfte ausgefüllt, sie erstreckt sich fast über die Hälfte der Backe und entstellt das Gesicht; nach hinten dehnt sie sich bis über den Kieferwinkel aus; sehr wenig Schmerz, nicht gerötet, aber scharf abgesetzte Ränder.

| Eine Schwellung erstreckt sich vom Innenrand des linken Unterkiefers über den ganzen Hals vor und über den Rand des rechten Unterkiefers bis auf die Höhe der Oberfläche der rechten unteren Molaren.

| Eine große steinartige, harte, blasse Schwellung um den rechten Unterkiefer herum, fast schmerzlos, entstellt das Gesicht.

| Drüse unter dem Kinn schmerzhaft geschwollen.

ZÄHNE UND ZAHNFLEISCH – | Bei einer Inzision neben dem zweiten Molaren fließt eine Menge jauchiger, stinkender, brauner Flüssigkeit heraus.

Geschmack Zunge – | Fader Geschmack.

|| Zunge oft mit einem dicken braunen Belag; trocken.

Mund – | Übler Mundgeruch.

| Mund konnte nicht geöffnet werden.

Verstärkter Speichelfluß.

|| Dauernde Blutung aus dem Mund; das Blut gerinnt schlecht; bei innerem Milzbrand.

|| Dunkelrote, blutige Ecchymosen im Mund.

|| Hämatome in der Schleimhaut der Mundwinkel und der Nase; innerer Milzbrand.

Der Mundboden ist durch eine Schwellung angehoben, die so hart wie Kallus ist; sie erstreckt sich nach hinten zu den Parotiden und reicht oben bis zur Höhe des äußeren Unterkieferrandes.

|| Oberflächlich verschorfte Pusteln im Mund, nach dem Tod.

Hals – || Das submuköse Gewebe, besonders im Rachen und um den Kehlkopf herum, ist verdickt und ödematös.

| Die Gegend des Halses um den Kehlkopf herum bis zum Mund ist geschwollen.

Die submaxillaren, laryngealen und retro-pharyngealen Drüsen sind infiltriert, hyperämisch, mit hämorrhagischen Herden durchsetzt, gräulich oder dunkel schwärzlich-rot gefärbt und beträchtlich vergrößert.

| Die rechte Tonsille schmerzt.

Peritonsillarabszeß.

|| Infiltrative Halsentzündung; um die Schwellung herum ein scharf abgesetzter Rand.

|| Leichte Schluckbeschwerden; innerer Milzbrand.

| Schlucken außerordentlich schwierig.

| Konnte nicht schlucken, großer Durst.

Appetit – Verminderter Appetit, mit Hitze.

|| Appetitverlust mit Frost.

|| Appetitverlust und Magenschmerzen; innerer Milzbrand.

||| Appetitverlust, auffällig bei jedem Patienten.

Durst mit Hitze.
| Sehr großer Durst, kann aber kaum schlucken.
| Symptom von fauligem Wasser.

MAGEN – Aufstoßen, Übelkeit und Brechneigung.
|| Übelkeit und Erbrechen mit Frost.
Erbricht Mengen von Galle und Schleim.
|| Erbrechen, gefolgt von Durchfall.
Übelkeit und Erbrechen, anschließend starke Leibschmerzen.
| Druck und Brennen in der Magengegend.
|| Magenschmerzen.
|| Wände des Magens und der Därme ödematös und wolkig rot verfärbt.
|| Die Schleimhäute des Magens und der Därme sind rötlich, geschwollen, mit einzelstehenden oder gruppierten ödematösen, blutigen, erhabenen Infiltrationen, von der Größe einer Linse bis zu der einer Kaffeebohne, mit einer gräulichen oder grünlich-gelben Oberfläche und einem völlig verschorften Zentrum.
|| Zahlreiche eigenartige hämorrhagische, oberflächlich verschorfte Infiltrationen des Magens und der Därme, innerer Milzbrand.

ABDOMEN – | Empfindung als wäre das Zwerchfell nach vorn gedrängt.
| Empfindung von Angst und Zusammenschnüren, am stärksten in der Herzgegend; Leber überfüllt, hier und da leichte Blutungen, Milz mäßig vergrößert, weich, blutgefüllt, dunkel gefärbt.
|| Milzvergrößerung.
|| Epidemische Milzkrankheit bei Rindern oder Pferden.
Je nach dem, wie es die Symptome erfordern, nach oder vor arsenicum, carb-ac. oder euph.
|| Dieselbe Krankheit bei Schafen. Bei der akuten Form ist *Anthracinum suum,* bei der chronischen Form *Anthracinum ovium* besser.

Plötzliche Schwäche mit starkem Bauchweh, vor allem im Epigastrium, mit Erbrechen, kalten Gliedern und dumpfem Kopf.

|| Bauchschmerz mit Frost.

|| Kolikartige Schmerzen; innerer Milzbrand.

| Ein Pferd brach mit einer Kolik zusammen und zeigte keine Bewegungen außer ab und zu ein Beugen des Kopfes zum Abdomen.

|| Mykosis intestinalis; Milzbrand mit Darmbefall.

|| Eine dünne Flüssigkeit in den Därmen, leicht blutig gefärbt.

|| Das Bindegewebe im Mesenterium und Retroperitonealraum ist infiltriert, gallertartig und gelblich-rötlich verfärbt.

|| Mäßige seröse oder sero-hämorrhagische Ergüsse und subpertioneale Blutunterlaufungen.

|| Einfache hämorrhagische Infarzierungen und Herde an verschiedenen Stellen der Därme.

|| Seröse und sero-hämorrhagische Infiltrationen im Bindegewebe des Peritoneums und Mesenteriums, der Magen- und Darmwände und der Schleimhäute.

|| Die Drüsen des Mesenteriums und des Retroperitonealraumes sind bis zum Umfang einer Walnuß vergrößert; sie bilden schwärzlich-rote Massen, die durch ein gallertartiges Bindegewebe zusammengehalten werden und mit Serum infiltriert sind.

Dunkelrote Karbunkel im Omentum.

|| Eigenartige Herde von Pusteln und Karbunkeln im Darmtrakt.

|| Schwellung des Bauches; innerer Milzbrand.

Rektum und Stuhl – Erbrechen, anschließend schmerzloser, oft blutiger Durchfall.

Durchfall mit Bauchschmerz.

|| Durchfall.

|| Erbrechen, anschließend schmerzloser, mäßiger, mehr oder weniger anstrengender, oft blutiger Durchfall; innerer Milzbrand.

|| Mit dem Durchfall manchmal ein choleraartiger Zusammenbruch; innerer Milzbrand.

Verzögerter Stuhl.

Harnorgane – || Nieren geschwollen, mit Ödemen, übersät mit kleinen Blutungen, vergrößert; Blutunterlaufungen in den Schleimhäuten des Nierenbeckens.

Atmung – || Angestrengte, schnelle und krampfartige Atmung; innerer Milzbrand.

Lungen – Pulmonale Hyperämie, Blutungen.

|| Leichte seröse Ergüsse in die Pleurahöhle.

|| Subpleurale Blutungen mit Überfüllung der Gefäße und einer dunklen Verfärbung des Parenchyms.

|| Ödeme der mediastinalen Lymphdrüsen.

Herz, Puls und Kreislauf – Herzschlag schnell, aber schwach.

| Ihr Herz schlägt völlig unregelmäßig.

|| Das Herz schlägt stärker, betonter und wird mehr empfunden.

| Der Puls ist schnell, klein, mit heftiger Herzaktion; weich.

| Klein und fiebrig.

| Weicher und selten schneller Puls.

|| Verfärbte Linien über den Venen oder rote Linien und Striche über dem Verlauf der Lymphgefäße.

|| Zyanose; innerer Milzbrand.

|| Das Blut ist von der Farbe dunkelroter Kirschen, im allgemeinen flüssig oder enthält einige lose Gerinnsel.

|| Das Blut gerinnt nicht.

Nacken und Rücken – Die Drüsen der Achsel sind geschwollen und schmerzhaft.

| Haselnußgroße Schwellung im Nacken, brennend und feuerrot, spitz und hart.

||| Karbunkel am Rücken; 2,5 cm x 1,4 cm groß; verschorft, reichlicher Ausfluß von jauchigem, ekelhaft riechendem Eiter; Blutvergiftung durch Absorption von Eiter.

Hydrorachitis *(Grubbe, Kreuzdrehe)*, eine Schafkrankheit.

Obere Extremitäten – Tetanische Krämpfe der oberen Extremitäten; innerer Milzbrand.

| Arme und Hände sind mit einem schorfartigen Ausschlag bedeckt, voller Risse, die Eiter und eine scharfe Flüssigkeit absondern, mit schmerzhaftem, unerträglichem Jukken; eine Zeitlang durch die alte Schule behandelt, war er mit erschreckender Heftigkeit wieder ausgebrochen. Nach Anthracinum schälten sich die Krusten ab und flogen wie Schnee herum.

| Die ganze linke Hand (außer den Fingern) geschwollen, hochrot.

Sehr schmerzhaft; die Röte erstreckte sich über die ganze Hand und sogar über das Handgelenk und ein roter Streifen zog den Unterarm hinauf.

| In der Mitte der Handfläche ein großes Bläschen, das bei Eröffnung eine gelbe, wässrige Flüssigkeit absondert.

|| Panaritium, die schlimmsten Fälle mit Verschorfen; heftige quälende Schmerzen und große Schwäche.

| Panaritium.

Untere Extremitäten – | Oberschenkel livide verfärbt bis zum Gesäß, hart und schmerzhaft; Unterschenkel dunkelblau, Füße ödematös; beim Aufbrechen sondern die Bläschen eine übelriechende, jauchige Flüssigkeit ab.

| Der ganze Oberschenkel war geschwollen, am meisten oberhalb vom Knie, und ebenso der Fuß.

| Livide Rötung am unteren Teil des ganzen Oberschenkels, bis zum Gesäß reichend, hart und schmerzhaft.

| Über dem Knie Rötung, Schwellung und Schmerz und später eine große schwarze Blase an der Innenseite des Oberschenkels, die sich zehn Zentimeter nach oben und innen

erstreckte; nach Eröffnung sonderte sie eine blutige wässrige Flüssigkeit ab.

| An der Außenseite des Knies eine große, fluktuierende Schwellung, auf Druck Ausfluß einer schrecklich stinkenden, gangränösen, jauchigen Flüssigkeit.

| Aus offenen Stellen am Unterschenkel, die von einer Fraktur herrühren, kommt reichlich stinkender Eiter (wie kariöser Knochen).

| Bläulich-braune Flecken, die aufbrechen.

| Das ganze Bein schwärzlich-blau; die Gegend der Blasen (die törichterweise aufgestochen worden waren) abgestorben; Ausfluß von reichlicher, ekelhafter, jauchiger Flüssigkeit.

| Handgroße Geschwüre an den Beinen; kein Antipsorikum hatte Erleichterung gebracht; Anthracinum half rasch.

Faulige Geschwüre.

| Fuß ödematös.

An den ödematösen Stellen verfärbte Linien über dem Verlauf der Venen.

|| Heftige Schmerzen in den Beinen und Gelenken mit Fieber; innerer Milzbrand.

Beine wie geschlagen.

Beine schwach.

Nerven – || Große Ruhelosigkeit.

Anfälle von Zittern.

Einzelne Muskeln fangen zu zittern an.

|| Epileptiforme Krämpfe; innerer Milzbrand.

|| Klonische Krämpfe, Trismus oder Opisthotonus; manchmal bei schweren Fällen.

Klonische Krämpfe.

|| Tetanische Krämpfe in den oberen Extremitäten.

|| Opisthotonus; innerer Milzbrand.

Schwäche und Depression mit Schmerz in den Gliedern.

|| Schwäche mit Frost.

|| Große Schwäche mit Fieber.

|| Schwäche und Depression mit Schmerzen in den Gliedern und allgemeinem Krankheitsgefühl, anschließend Störungen im Verdauungstrakt: innerer Milzbrand.

Schwäche und Schweiß am ganzen Körper.

| Vollständige Erschöpfung, sie glaubt den Tod zu fühlen.

|| Choleraartiger Zusammenbruch nach Durchfall.

Kollaps mit erschwerter Atmung; Verlust des Bewußtseins; Tod.

|| Plötzlicher Tod nach einem heftigen Kollaps.

|| Zyanose, Ersticken und außerordentlich heftiger Kollaps, anschließend Tod in all den Fällen, bei denen Blutungen auftraten.

|| Ausgeprägter Rigor mortis nach dem Tod.

Schlaf – || Somnolenz; innerer Milzbrand.

Konnte wegen Schmerzen nicht schlafen.

| Schlaflosigkeit.

Unruhiger Schlaf.

| Unruhig, bei Nacht gereizt.

|| Unruhiger Schlaf, mit Frost.

Delirium, Sopor, anschließend Tod.

Kurzer Schlaf, der nicht erfrischt, eher einem Stupor ähnelnd.

Fieber – || Frösteln, mit Schwäche, Kopfschmerz, anschließend allgemeines Unwohlsein, Verlust des Appetits, unruhiger Schlaf, große Schwäche und Depression, nach acht oder zehn Tagen Karbunkel, die meisten an Arm, Unterarm und Kopf.

|| Ausgeprägter Frost, anschließend Bauchschmerz, Übelkeit, Erbrechen, nach zwei oder drei Tagen Kollaps, Zynose und Tod.

|| Leichte Fröste mit Fieber und einer eigenartigen Empfindung im Kopf.

Bei großer Kraftlosigkeit, Frostigkeit und Schmerzen in den Gliedern Fieberanstieg und Schwäche, Angst, Unruhe,

Schwindel, Delirium, benommener Kopf; verhaltener Stuhl, spärlicher Urin; Haut trocken, später mit kaltem Schweiß bedeckt.

|| Leichte Temperaturerhöhung; innerer Milzbrand.

|| Fieberkurve: leichtes Fieber am Anfang, wird oft von hohem Fieber abgelöst; große Schwäche, Delirium, Erregung, Verwirrung.

| Mäßige Hitze, wenig Durst, allgemeiner Schweiß.

| Sehr hohes Fieber.

| Hitze, Durst, wenig Appetit, leidend und geschwächt.

| Fieber mit Durchfall.

Fieber mit Schwitzen.

|| Schweiß am ganzen Körper mit Schwäche.

| Neigung zum Schwitzen; ziemlich klebrig.

| Reichlicher Schweiß.

|| Kalter Schweiß in schweren Fällen.

Fieberkurve wie bei Typhus, mit rasch sinkendem Puls, Kräfteverlust, Ohnmacht, Delirium.

Haut – Dunkelrote Flecken (Schaf).

Ecchymosen.

Zyanose.

Haut der befallenen Teile entweder hart oder teigig.

| Haut trocken, heftig juckend und brennend.

| Unerträgliches Jucken an Armen und Händen.

| Jucken bei trockener Haut; heftig, als ob vom Wahnsinn befallen (Pferde).

| Krustiger, nässender Ausschlag mit außerordentlich heftigem Jucken.

| Krustiger Ausschlag mit Absonderung einer scharfen Flüssigkeit.

Ein kleiner roter Fleck, manchmal mit einem schwärzlichen Punkt in der Mitte, wird allmählich immer empfindlicher; er muß kratzen, er rötet sich immer mehr, schwillt an und bildet eine kleine Pustel oder einen Fleck.

|| Ein kleiner roter Fleck wie von einem Flohstich mit einem zentralen schwarzen Punkt schwillt allmählich an und verwandelt sich in eine juckende Papel mit einem kleinen, klaren, rötlichen oder bläulichen Bläschen an der Spitze, das sich allmählich vergrößert.

|| Die wunden Flecken trocknen aus, werden braun und livide und es bildet sich ein Schorf.

Durch entzündliche Schwellung der umgebenden Haut bildet sich ein roter oder violetter erhabener Rand, um diesen ein bläulicher oder blaßgelber Ring, auf welchem kleine, hanfsamengroße Bläschen erscheinen, die die zentrale Verschorfung umgeben.

|| Bei einer Vergrößerung des runden, dicken Schorfes von einem halben Zentimeter auf drei Zentimeter dehnt sich der erhabene Rand ebenfalls aus.

Wunde Hautstellen trocknen und mumifizieren, aber neue Bläschen bilden sich überall drum herum.

|| Kleine und große epidermale Bläschen, mit Serum gefüllt.

| Bläschen an der Handfläche.

|| Die sekundär aufgetretenen Bläschen enthalten eine gelbliche, rötliche und schwärzliche Flüssigkeit.

|| Auf der Pustel ein linsengroßes Bläschen mit einer klaren, hellgelben, später rötlichen oder bläulichen Flüssigkeit.

| Schwarze oder blaue Bläschen.

|| Schwarze Bläschen, tödlich in vierundzwanzig oder achtundvierzig Stunden.

| Große schwarze Blase an der Innenseite des Oberschenkels.

|| Bei mehr als einem Detritus ist das ganze geschwollen wie ein Erysipel, und wenn man es aufschneidet, sieht es aus wie *Vespajas* der italienischen Dermatologen.

| Erysipelartige Entzündung um den Karbunkel.

| Gangränöses Erysipel.

| Erysipelartige Form von chronischem Milzbrand.

| Pocken bei Schafen.

Eingedellte Pusteln mit gelber oder bläulicher Umgebung, die Delle ist dunkelrot auf hämorrhagischem Untergrund.

Wenn die wunde Stelle aufgekratzt wird, trocknet sie aus, wird braun und livide und hinterläßt eine Narbe.

|| Die kompakten oder teigig-weichen Papeln oder Pusteln um die Verschorfung herum oder neben ihr sind erbs- bis nußgroß.

|| Die Papel platzt bald und enthüllt einen dunkelroten Grund.

|| Manchmal sehen die Bläschen mehr wie Furunkel aus; eine eiterartige Ansammlung befindet sich unter der Epidermis, welche sich auflöst und zerfallenes Material zum Vorschein bringt.

|| Papeln und Pusteln mit ausgedehnter ödematöser und phlegmonöser Infiltration der benachbarten Haut und des subkutanen Gewebes.

|| Die Milzbrandpusteln dringen tief in das subkutane Zellgewebe vor.

|| Die Milzbrandpusteln sind meist im Gesicht, an Unterarm, Händen, Fingern, Nacken, weniger oft an den Ohren und selten an bedeckten Stellen.

Milzbrandkarbunkel mit typhoiden Symptomen.

| Kleine Karbunkel; innerer Milzbrand.

| Karbunkel.

|| Dunkelroter Karbunkel, fettig, oft mehr zerfressen als ulzeriert.

Umschriebene Karbunkel, harte große Knoten.

Verstreute, erysipelartige Karbunkel.

|| Karbunkel an Arm, Unterarm und Kopf.

||| Karbunkel mit schrecklich brennenden Schmerzen oder Absonderung eines jauchigen, ekeligen Eiters.

||| Milzbrandkarbunkel geheilt durch Anthracinum, bei täglicher Gabe und auch äußerlicher Anwendung in vier Tagen.

Ansteckender Milzbrand.

| Am siebenten Tag nach der Mittelgabe bilden sich verschiedene größere und kleinere Öffnungen, die wässriges, manchmal blutiges Material absondern, sehr wenig Eiter; die Schwellungen waren am Grund weniger hart.

| Alle Öffnungen verschmolzen zu einer einzigen und sonderten viel Eiter ab.

| Nach Einnahme einer homöopathischen Gabe wegen maligner Ulzera plötzlich stärkstes Unwohlsein, es bildete sich unterhalb des Knies ein schwarzes Bläschen mit einer Schwellung drum herum, fiebriger Schüttelfrost im ganzen Körper.

| Ulcus excedens (Schaf).

| Äußerst bösartige gangränöse Ulzera (Schaf).

| Chronische Form von Milzbrand mit knotigen Indurationen unter der Haut.

|| Große Verschorfungen an der Haut.

Bacillinum *

Gemüt – Schweigsam, mürrisch, schnippisch, verdrießlich, reizbar, depressiv und melancholisch bis zum Wahnsinn.
Leidet mürrisch, jammert und klagt; neigt zu Furcht, speziell vor Hunden.

Kopf – Heftiger Kopfschmerz tief im Kopf, der von Zeit zu Zeit wiederkehrt und Ruhigstellung erzwingt; < Schütteln des Kopfes.
Schreckliche Schmerzen im Kopf als hätte er einen festen Eisenring um ihn herum; zitternde Hände, Empfindung feuchter Kleider am Rückgrat; völlige Schlaflosigkeit.
Meningitis.
Kopfflechte.
Alopezia areata.

Augen – Ekzematöse Veränderungen der Augenlider.

Gesicht – Schmerzlose, entzündete Pickel auf der linken Wange, die von Zeit zu Zeit aufbrechen und viele Wochen lang bleiben.

Zähne – Schmerz in den Zähnen, besonders in den unteren Schneidezähnen (die alle gesund sind), wird an den Wurzeln empfunden, besonders beim Heben oder Vorschieben der Unterlippe; sehr empfindlich gegen Luft.
Zähneknirschen im Schlaf.
Schlecht entwickelte Zähne.

Hals – Kitzeln im Rachen, zwanghafter Husten.

Magen – Dyspepsie mit Blähungen und kneifenden Schmerzen unter den Rippen der rechten Seite in der Mamillarlinie.

Abdomen – Fieber, Abmagerung, Schmerzen und Unbehagen im Bauch, Ruhelosigkeit bei Nacht, die Drüsen in bei-

* Siehe Einführung des Kapitels *Tuberculinum*

den Leisten sind vergrößert und verhärtet; schreit im Schlaf auf; Erdbeerzunge.

Tabes mesenterica; spricht im Schlaf; Zähneknirschen; schlechter Appetit; blaue Hände; überall verhärtete und tastbare Drüsen; Trommelbauch; Anschwellung der Milzregion.

Die Leistendrüsen sind verhärtet und sichtbar; sehr starke Schweiße; chronischer Durchfall.

Stuhl und Anus – Plötzlicher Durchfall vor dem Frühstück mit Übelkeit.

Heftige Blutungen aus den Därmen, Husten.

Hartnäckige Verstopfung.

Viele übelriechende Flatus.

Stichartige Schmerzen durch Hämorrhoiden.

Harnorgane – Vermehrter Urin, hell, mit weißem Sediment.

Muß nachts mehrmals zum Wasserlassen aufstehen.

Atmungsorgane – Leichter, ermüdender, trockener Husten.

Harter Husten, der den Patienten schüttelt, mehr im Schlaf, aber er wacht dadurch nicht auf.

Stechen im Kehlkopf mit plötzlichem Husten.

Einmaliger Husten morgens beim Aufstehen aus dem Bett.

Wacht nachts durch Husten auf; müheloser Auswurf.

Auswurf von nicht flüssigem, leicht sich ablösendem, dikkem Schleim aus den Luftwegen, ein oder zwei Tage später sehr klarer Klang der Stimme.

Scharfe Schmerzen in der Präkordialgegend lassen die Atmung stocken.

Sehr scharfe Schmerzen im linken Schulterblatt, < Hinlegen nachts im Bett, > durch Wärme.

Nacken und Rücken – Die Nackendrüsen sind vergrößert und empfindlich.

Untere Extremitäten – Schmerz im linken Knie beim Gehen; verschwindet wieder nach Fortsetzung des Gehens über eine kurze Strecke.

Knotige Entzündung des Knies.

Allgemeines – Große Schwäche, wollte nicht gestört werden.

Schlaf – Schläfrig bei Tag, ruhelos bei Nacht, viele Träume.

Fieber – Hitzewelle (bald nach der Gabe), etwas Schweiß, heftige Schmerzen tief im Kopf.

Cholesterinum ($C_{26}H_{44}O$)

Dem verstorbenen *Dr. Wilhelm Ameke* aus Berlin verdanken wir die erste Erwähnung dieses Heilmittels. Auf seine Anregung hin benutzte *Dr. Burnett* die niedrigeren Potenzen mit mehr oder weniger Erfolg über mehrere Jahre. Er berichtet darüber in seinem Buch *Diseases of the Liver.* Leider wurde das Mittel im Wechsel mit oder vor anderen Mitteln gegeben, so daß die Beweiskraft seiner klinischen Wirksamkeit doch stark beeinträchtigt ist.

Swan scheint durch *Burnetts* Arbeiten auf das Mittel aufmerksam geworden zu sein und potenzierte es, wobei er einen Gallenstein für die Zubereitungen verwendete. Wie bei vielen der anderen ursprünglich von *Swan* eingeführten Nosoden war die Arbeit notwendigerweise empirisch, doch versichert er nach vielen Versuchen, daß es „fast spezifisch für Gallensteinkoliken ist und die Schmerzen sofort erleichtert". Und dies nach Fehlschlägen mit Nux, Cinchona, Carduus, Podophyllum und anderen offensichtlich gut gewählten Mitteln.

Yingling berichtet über einige Heilungen von Gallensteinkoliken und anderer Leberkrankheiten in *Medical Advance,* Seite 549, August 1908, und gelangt zur Schlußfolgerung:

> Bei Gallenkoliken leidet der Patient so sehr, daß es fast unmöglich ist, Symptome aufzunehmen. In solchen Fällen, wenn ich kein gut gewähltes Mittel geben kann, verlasse ich mich in letzter Zeit auf Cholesterinum, und es hat auch bis jetzt nie versagt. Es sollte eine Mittelprüfung mit ihm durchgeführt werden. Bis dahin kann man es an Stelle von Morphium in solchen Fällen benutzen, wo die Symptome für eine gründliche Mittelwahl nicht aufgenommen werden können. Wo man in einem Fall routinemäßig vorgehen muß, was ja manchmal vorkommt, sollte man meiner Meinung nach spekulativem, homöopathischem Vorgehen den Vorzug geben. Es ist äußerst unwahrscheinlich, daß jemand, der an einer Gallenkolik leidet, sehr lange wartet, bis der Arzt den Fall aufgenommen hat.

Clarke gibt an, es komme vor im Blut, im Gehirn, im Eigelb, in den Samen und Keimlingen von Pflanzen, am reichlichsten aber in der Galle und in Gallensteinen. Es tritt auf in Form von Kristallen mit einem Perlenschimmer und fühlt sich fettig an. Es ist löslich in Alkohol und Äther.

Ameke behauptet, er habe das Mittel mit großem Nutzen in solchen Fällen angewendet, die als Leberkrebs diagnostiziert worden waren, oder bei denen die Leber so vergrößert war, daß Bösartigkeit vermutet wurde.

Burnett behauptet, zwei Fälle von Leberkrebs mit Cholesterin geheilt zu haben und „solche Lebervergrößerungen, die wegen ihrer Unbeeinflußbarkeit oder der langsamen Besserung auf gut gewählte Mittel den Gedanken an Krebs aufkommen ließen.“ Wenn also die Diagnose zweifelhaft ist, und besonders wenn der Patient mehrere Gallenkoliken durchgemacht hat, wirke Cholesterinum, so meint er, sehr befriedigend und oft verblüffend.

Yingling berichtet die folgenden Fälle:

Frau, 60 Jahre alt. Häufige Attacken von Gallensteinen mit Beteiligung der Leber und der Magengegend.

Die Attacken beginnen und enden plötzlich.

Drängender Schmerz in der Gegend des Gallenganges.

Erbrechen von viel geruchloser, heißer Flüssigkeit.

Starke Blässe, dann Gelbverfärbung.

Ausgeprägte Säure des Magens seit der letzten Attacke.

Hin- und herziehender Rheumatismus; Schmerzen < bei feuchtem, regnerischem Wetter.

Kein Appetit; Nahrung verursacht Übelkeit.

In der Lebergegend Wundschmerz bei Berührung oder Erschütterung, < beim Liegen auf den Seiten.

Vor den Attacken reichlich Urin; danach spärlich und dunkel.

Zunge schmutzig belegt, gelblich-weiß.

Das Herz wird sehr schwach, man kann den Puls kaum tasten, sehr schwach, unfähig, tief zu atmen.

Diese Frau war im Verlauf eines Jahres praktisch geheilt mit verschiedenen Potenzen von Cholesterinum, von C 2000 bis XMM.

Mann, 64 Jahre alt, schied seit drei Jahren Gallensteine aus.

Erbricht Galle und wird sehr gelb.

Morphium hatte jedesmal so verheerende Nachwirkungen, daß er fast eine Woche lang nicht arbeiten konnte. Eine Attacke fesselte ihn mehrere Wochen ans Bett und erst nach langer Zeit erholte er sich von den schlimmen Folgen.

Leber sehr empfindlich und schmerzhaft; Druck ist sehr schmerzhaft, am schlimmsten in der Gegend des Gallenganges.

Beugen oder jede plötzliche Bewegung verschlimmert.

Er hatte als junger Mann schwere Attacken von Wechselfieber.

Er ist groß und stattlich.

Cholesterinum C 2000 erleichterte nicht nur sofort die akuten Attacken, sondern hat faktisch eine Heilung bewirkt.

Diphtherinum

Viele brilliante Heilungen von Diphtherie und postdiphtherischen Lähmungen gehen auf das Konto von Diphtherinum. Bevor es jedoch seinen Platz unter den Heilmitteln der homöopathischen Materia Medica einnehmen kann, muß es noch wie alle anderen Heilmittel der entscheidenden Prüfung unterzogen werden, nämlich der sorgfältigen und gründlichen Prüfung der dynamisierten Potenzen in ihrer Wirkung auf den Gesunden. Bis jetzt wurde es, wie auch sein großer Verwandter, das Antitoxin, nur klinisch und empirisch angewendet, allerdings mit dem entscheidenden Unterschied, daß seine Wirkung dynamisch und die des Antitoxins chemisch-katalytisch ist.

Trotzdem ist die empirische Anwendung des Behringschen Antitoxins ein großer Fortschritt gegenüber den früheren empirischen Methoden und hat sich als ein Segen für die Menschheit erwiesen.

Die hier angegebenen Indikationen haben hauptsächlich klinischen Charakter und sind nur vorläufig gültig, bis sie durch Prüfungen verifiziert oder widerlegt werden.

Charakteristika – Besonders geeignet für die strumöse Diathese, für skrofulöse, psorische oder tuberkulöse Patienten, die zu katarrhalischen Erkrankungen des Halses und der Atemwege neigen.

Patienten mit schwacher oder erschöpfter Lebenskraft, die deshalb sehr empfänglich für das Diphtherievirus sind; wenn die Erkrankung von Beginn an zu Malignität tendiert (Lac-c., merc-cy.).

Schmerzlose Diphtherie; ausschließlich oder fast nur objektive Symptome; der Patient ist zu schwach, zu apathisch oder zu entkräftet, um zu klagen; Sopor oder Stupor, der aber leicht zu lösen ist, wenn man den Patienten anspricht (Bapt., sulph.).

Dunkelrote Schwellung der Tonsillen und der Gaumenbögen; die Ohrspeicheldrüse und die Halsdrüsen sind stark geschwollen; der Atem sowie der Ausfluß aus Hals, Nase und Mund sind äußerst übelriechend; die Zunge ist geschwollen, sehr rot und wenig belegt.

Diphtherische Membrane, dick, dunkelgrau oder bräunlich-schwarz; Temperatur niedrig oder unter normal, Puls schwach und schnell, Extremitäten kalt und ausgesprochen schwach; der Patient liegt halb benommen; die Augen sind matt, betäubt (Apis, bapt.).

Nasenbluten oder ausgeprägte Erschöpfung vom allerersten Krankheitsbeginn an (Ail., apis, carb-ac.); Kollaps fast sofort bei Beginn (Crot., merc-c.); Puls schwach und schnell; die vitalen Reaktionen sind sehr schwach.

Kein Schluckschmerz, Flüssigkeiten werden aber erbrochen oder kommen zur Nase heraus; die Atemluft riecht schrecklich übel.

Wenn der Fall von Anfang an verloren aussieht und *die sorgfältigst ausgewählten Mittel keine Erleichterung oder dauerhafte Verbesserung bringen.*

Kehlkopfdiphtherie, nach chlor., kali-bi. oder lac-c.

Post-diphtherische Lähmung – besonders wenn das Antitoxin angewendet wurde; viele dieser Fälle wurden geheilt, nachdem caust., gels., nux-v., sec. und die bestgewählten Mittel versagt hatten.

Bei post-diphtherischer Lähmung und Rückenmarksleiden nach Diphtherie wurden viele brilliante Heilungen durch die Potenzen bewirkt. In allen Fällen von Diphtherie gelten dieselben Indikationen wie für das Antitoxin.

Eine unfreiwillige Prüfung mit Diphtherinum (Von *J.E. Frash*).

Ein neun Jahre altes Mädchen bekam am 13. November nach Kontakt mit einem Fall von maligner Diphtherie prophylaktisch drei mal täglich elf Tage lang Diphtherinum C1000

(Skinner). Sie bekam daraufhin Frost, hohe Temperaturen und ein rotes Gesicht. Sie klagte über Müdigkeit und Kälte, starke Schluckschmerzen und am 12. Tag waren die Tonsillen und die Rückwand des Pharynx mit einer schmutzig-graugelblichen Membran bedeckt, die vertikal gefurcht war, wie die Oberfläche eines aufgerichteten Waschbrettes.

Beginnend am Donnerstag, den 14. November 1907, bekam sie acht Tage lang dreimal täglich *ein* Pulver, dann zwei Tage lang zwei mal täglich.

Am 23. November klagte sie über Müdigkeit, dreimal setzte sie sich hin, um auszuruhen.

24. November, legte sich wegen Müdigkeit hin, war aber nach einer Weile wieder ausgelassen.

25. November, 39,4° C Temperatur, Puls 148, voll, mit Klopfen der Karotiden, Augen leuchtend, Gesicht gerötet, die Mitte der Wangen fast purpurrot.

Hals dunkelrot, keine Membran; an der Hinterwand des Halses jedoch eine gelbe schmutzig-cremige Verfärbung mit einer trockenen Membran die vertikal gefaltet ist.

Montagnacht spricht sie mit weit geöffneten Augen im Schlaf. Eingebildete Dinge sollen aus dem Zimmer entfernt werden, und man soll „diese Leute aus dem Zimmer schmeißen".

Sie saß aufrecht und suchte unter ihrem Bettzeug den Schnürriemen für ihre Schulbücher.

26. November, Temperatur 38,4° C, Puls 116, die Membran heller und feucht, in der Mitte des Halses dünn.

27. November, Temperatur 37,3° C, Puls 100. Der Hals wird von der Mitte her frei. Zucken einzelner Glieder, der Schulter oder eines Fingers.

28. November, Temperatur 38,4° C, Puls 116. Die Mutter soll ihre Hand halten. Zunge weißlich, mit äußerst roter, feuchter Spitze.

29. November, Temperatur 38,4° C, Puls 116, übelriechender Atem.

30. November, Temperatur 37,4° C, Puls 100. Membran weiß und mehr vorn. Der Hals wird von der Mitte der Hinterwand her frei. Zunge weißlich belegt mit roten Papillen; sehr rote Zungenspitze mit einem dunkelroten Fleck in der Mitte der roten Spitze. Sie schlief in der letzten Nacht bis 4.00 Uhr früh gut, dann war sie unruhig und wach; sie veränderte ihre Lage, bewegte oft Arme und Beine, schnarchte und zeigte eine fächerartige Bewegung der Nasenflügel. Die Haut schien trocken, die Stirn entlang des Haaransatzes feucht, als sie einschlief.

ALLGEMEINES – Wechselnde Temperatur, sehr wenig Schmerz, senkrecht gefaltete Membrane, die beim ersten Erscheinen an der Rückwand des Halses saß, sich dann bis zur Tonsillengrenze ausbreitete, und die dann ebenfalls von der Mitte der Rückwand des Pharynx her auch wieder zu verschwinden begann.

In der Mitte der Zungenspitze war ein sehr dunkelroter Fleck, ebenso ein sehr dunkelroter oder purpurroter Fleck in der Mitte der äußerst roten Wangen.

Die Membran von einem Fall maligner Diphtherie wurde mit Milchzucker bis zur sechsten Zentesimale verrieben und dann von *Swan* potenziert. Diese Potenzen waren äußerst wirksam, nicht nur bei maligner Diphtherie, sondern auch in allen Fällen postdiphtherischer Lähmung und verwandter Nervenleiden, die durch Benutzung des Antitoxins entstanden waren.

ELEKTRIZITÄT
(Atmosphärische und statische)

Caspari und seine Mitarbeiter stellten die durch natürliche und künstliche Elektrizität hervorgerufenen Symptome zusammen und publizierten sie das erste Mal in *Hom. Bibliot.* Später wurden sie auch von *Jahr* veröffentlicht und kürzlich wieder mit Zusätzen von *Clarke.* Jeder Arzt kennt die extreme Empfindlichkeit mancher Menschen gegen das elektrische Fluidum und die Beschwerden, an denen sie vor oder bei einem Gewitter oder in der Nähe eines elektrischen Stromes leiden.

Die Potenzen werden aus mit Strom gesättigtem Milchzucker hergestellt.

Charakteristika – Intensive, nervöse Angst: schüchtern, furchtsam, Seufzen; schreit aus nervöser Furcht; Weinanfälle.

Fürchtet sich vor dem Nahen eines Gewitters; leidet seelische Qualen vor und bei einem elektrischen Sturm.

Schwere und Lähmung der Glieder und des ganzen Körpers; fühlt sich, als ob sie eine Tonne wiegt.

Bei einer Erkältung sollten weder Elektrizität noch elektrothermische Bäder angewendet werden, besonders wenn die Brust beteiligt ist; es wurden tödliche Verläufe beobachtet.

Beziehungen – *Antidote:* Morphinum aceticum, besonders in potenzierter Form.

Clarke sagt: „Ich habe gefunden, daß Phosphor das beste Antidot gegen die Wirkung von Stürmen ist."

Vergleichsmittel – Psor., tub., x-ray. zur Beseitigung der Empfindlichkeit.

Gemüt – || Weinen, schüchtern, furchtsam; seufzt, lautes Aufschreien wegen nervöser Furcht.

Anfälle von bedrückender Angst.

Starke innere Unruhe; ängstlich, ruhelos.

Furcht beim Herannahen eines Gewitters; Furcht, innere Pein, besonders der Brust; nervöse Erregung.

|| Unwillkürliches hysterisches Lachen. Raserei. Schlechte Laune. Kann die Zeit nicht erfassen. Auffassung langsam und schwierig. Leidet seelische Qualen vor und bei einem elektrischen Sturm.

|| Verlust des Gedächtnisses.

Sensorium – Verlust des Bewußtseins.

|| Verlust des Empfindungsvermögens.

Herumblicken mit verstörten Augen.

Stumpfheit des Kopfes.

|| Abstumpfung. Schwindel, besonders beim Bücken.

Kopf – || Kopfschmerz; Druck in der Stirn von oben nach unten wie von einem Stein.

Spießen vom Scheitel zur rechten Seite des Kopfes.

| Reißen vom Nacken bis zur Stirn.

Schmerzhafte Krämpfe im Kopf.

Wundschmerz im Hinterkopf.

Unangenehmes Stoßen, meist im Hinterkopf.

Brausen im ganzen Vorderkopf.

Empfindung von Betäubung der rechten Seite des Kopfes.

Äusserer Kopf – Prickeln in der Kopfhaut.

Wogende Empfindung unter der Kopfhaut.

Gefühl von Kälte am Scheitel.

Stechendes Jucken des Kopfes und der Oberschenkel.

Der Haarwuchs ist beträchtlich verstärkt.

Augen – Nagen im linken Auge oder heftiges Ziehen, das sich zur Stirn erstreckt.

Empfindung, als ob die Augen tief im Kopf wären.

Empfindung, als käme etwas aus den Augäpfeln heraus.

|| Entzündung der Augen; reichlicher Tränenfluß.

Wildes Rollen der Augäpfel.

Zusammenziehen der krankhaft erweiterten Pupillen.

Trübes Sehen.

|| Blindheit.

Verbessertes Sehen (Heilwirkung).

| Schwarzer Punkt vor dem rechten Auge.

|| Alles sieht gelb aus.

Ein dunkles Zimmer sieht hell erleuchtet aus.

OHREN – Spießen im rechten Ohr vom Hals her.

Ziehen von den Unterkiefern in die Ohren.

Röte und Hitze des Ohres.

Schwellung des inneren Ohres.

Eitern und kleine Geschwüre im äußeren Gehörgang.

|| Bläschen hinter den Ohren, gefüllt mit einer scharfen Flüssigkeit.

Sausen in den Ohren oder Empfindung, als wären sie mit einem Propfen verstopft.

NASE – Prickeln in der Nase oder Druck von innen nach außen.

| Geruchsverlust.

Ausfluß einer milchigen Flüssigkeit aus der Nase.

GESICHT – Ausdruck von Schrecken.

Schwellung des Gesichtes.

Schorf im Gesicht, an den Armen und am Körper.

| Große Bläschen auf den Wangen.

Aufgesprungene Lippen.

Ausschlag um Mund und Kinn.

ZÄHNE – Reißen in den oberen Zähnen vom Kopf her kommend.

Schmerz, wie von einer subkutanen Ulzertion in alten Zahnfächern der Molaren.

Schneller Zahnwuchs.

MUND, RACHEN UND HALS – Wundheit der inneren Wangen.

|| Verstärkter Speichelfluß.

|| Schaum im Mund.

|| Die Zunge ist sehr empfindlich, besonders an der Spitze.

|| Schwellung der Zunge.

Verlust der Sprache, Unfähigkeit zu artikulieren.
Bläschen am Gaumen, die Epidermis löst sich ab.
Ständiges Kitzeln im Hals.
Entzündung des Rachens.

Appetit – Verstärkter Appetit.

Magen, Übelkeit und Erbrechen – || Sodbrennen.
Speichelfluß.
Übelkeit, auch nach einem Essen.
Verlangen zu erbrechen.
Erbrechen mit Halsweh.
Bluterbrechen.
Völlegefühl im Magen nach einer leichten Mahlzeit.
Krampfartiges Zusammenziehen des Magens.

Abdomen – || Schneiden im Leib bei Herannahen eines Gewitters.

Stuhl – Schwarz-gelbe flüssige Stühle mit einem fauligen Geruch.
Hochziehen der Hoden beim Stuhlgang.
Zusammenziehen des Anus nach dem Stuhlgang.
Heftiges Drücken im Anus (während der Menses).
Brennen am Anus, blutende Hämorrhoiden.

Harnorgane – Empfindung, als würde die Blase platzen.
|| Häufige Miktion.
Harninkontinenz.
Abgang von Blut mit dem Urin.

Weibliche Geschlechtsorgane – Auftreten der Menses (während eines elektrischen Bades).
| Schwarzes und dickes Menstruationsblut.
Reichliche Menses, mit Drücken im Rektum.
Leukorrhoe, erst dünn, dann dick, mit Koageln von der Größe einer Haselnuß.

Larynx und Trachea – Husten mit heftigem Kitzeln im Hals und Drücken in der Stirn von innen nach außen.

Atmung – Keuchende Atmung.

Lebenslanges Asthma mit Herzklopfen und Ohnmachtsneigung.

Brust – Frösteln in der linken Brustseite.

Herzklopfen mit Fieber oder mit Kopfschmerz oder mit drückender Angst und hellrotem Gesicht.

Schmerzhafte schnelle Bewegung von der Herzgegend durch die Brust.

Brust und Arme werden steif, fast gelähmt; kann nicht gehen.

Schwere und Steife der Brust und Schultern, sie fühlen sich steinhart an.

Puls schnell und kräftig.

Aussetzender Puls.

Beschleunigter Kreislauf.

Rücken – Kriechen in der Wirbelsäule.

| Furunkel am Rücken und Nacken.

Ziehen durch das Schulterblatt wie mit einem Faden.

Ameisenlaufen in einem Muskel, der durch Eiterung verkürzt war.

Stiche in einer geschwollenen Halsdrüse.

Obere Extremitäten – Beißen in der rechten Schulter, verschwindet in der Bettwärme.

|| Schreckliche Schmerzen in den Armen und unteren Extremitäten.

Zucken oder Reißen in den Arm- und Handgelenken.

|| Lähmung eines Armes.

Schwellung eines Armes.

Krustige Geschwüre an den Armen und Beinen.

Heftiges Zucken im Oberarm.

| Zittern der Hände.

Schwellung der Hand, auch Rötung, kann plötzlich auftreten.

Roter, glatter Fleck an der Hand.

Weißlicher, juckender Fleck in der rechten Handfläche.

|| Taubheitsempfindung in den Fingerspitzen.

Bläschen am Finger, gefüllt mit einer grünlichen, blutigen Flüssigkeit, die sich entleert.

Untere Extremitäten – Empfindung im Oberschenkel, als hätte sich das Fleisch vom Knochen abgelöst.

Schwanken der Knie.

Prickeln im Knie bis zum Fuß hinunter.

Roter, brennender Fleck am Knie, wie wund, oder auch juckende Erhebung am Knie.

Prickeln oder Mattigkeit in der Tibia.

Rote Flecken an der Haut.

|| Brennen in den Füßen bis zu den Knien hinauf, besonders nachts.

Kälte der Beine bis zum Bauch hinauf, im Sommer bei einem kalten Wind.

Zittern und ein Gefühl von Ermüdung in den Füßen.

Empfindung von Taubheit und Vergrößerung in den Füßen, als ob sie eingeschlafen wären.

Prickeln in den Fußsohlen.

Empfindung eines breiten Ringes um die Knöchel.

Bei einem Gewitter trappeln die Füße rasch auf dem Boden, es kann nicht unterdrückt werden, auch nicht wenn der Ehemann auf den Knien sitze.

Leidet stark unter elektrischen Schlägen, die durch den linken Fuß und die ganze linke Körperseite bis zum Kopf ziehen, es wiederholt sich bei jeder Entladung irgendeines Gewitters.

·**Schlaf** – Gähnen mit Schauer über den ganzen Körper.

Schlaflosigkeit zwei Monate lang.

Fieber – Schauer über den Körper, jeden Morgen, mit Gähnen.

Frösteln, dann trockene, kurze Hitze.

Häufiger Wechsel von Frösteln und Hitze, bei Halsweh.

Frösteln mit reichlichem Schweiß, mit schmerzhaften Krämpfen im Kopf und den Rücken entlang.

Wärme in den Teilen, die vom elektrischen Schlag berührt werden.

Hitze durch den ganzen Körper mit Frösteln bei Bewegung.

Hitze in den Teilen, die von den Funken berührt worden waren.

Sehr starker Nachtschweiß bei einem arthritischen Patienten, ohne Erleichterung; Schweiß mit Angst während eines Gewitters.

Haut – Jucken oder Prickeln am ganzen Körper.

Heftige Schmerzen und Schwellung eines Fußes, der vor zwölf Jahren erfroren war.

Rote Pickel an den von den Funken berührten Stellen.

Weiße Bläschen.

Ekzemartiger Ausschlag an den Gelenken.

|| Die Haut wird schwärzlich.

|| Ecchymosen.

Allgemeines – || Schmerzen in den Gliedern.

|| Ziehen durch alle Glieder, erstreckt sich zu den Finger- und Zehenspitzen.

Schock durch den ganzen Körper, ausgehend von den Bakkenknochen.

Prickeln in den elektrifizierten Teilen.

Heftiges Brennen in den Teilen, die mit der Elektrode in Berührung sind.

|| Allgemeine Mattigkeit nach einer Mahlzeit.

Erschlaffung der Nerven und Muskeln.

|| Ohnmacht.

|| Steifheit der Glieder.

|| Lähmung einzelner Glieder, besonders der Beine.

|| Zittern der Glieder, besonders derer, die einen elektrischen Schock bekommen hatten.

Sehnenhüpfen.

Schmerzhafte Krämpfe den Rücken entlang von unten nach oben.

Veitstanz.

Verschlimmerung der epileptischen Anfälle.

Leidet sehr unter Lähmung des Nerven- und Muskelsystems.

Schwereempfindung, als wöge sie eine Tonne.

Das folgende wurde von *Seward* mitgeteilt (Trans. C.N.Y.S. *Medical Advance,* 1891, S. 150):

Eine Frau war wegen einer Teillähmung des linken Armes mit Elektrizität behandelt worden. Während eines Gewitters fühlte sie einen schweren elektrischen Schock durch den linken Fuß und die gesamte linke Körperhälfte bis zum Kopf, der sich bei jeder stärkeren elektrischen Entladung wiederholte. Danach schmerzten die linke Seite und die Glieder noch tagelang. Die vorausgegangene elektrische Behandlung hatte sie empfindlicher gemacht. Diese schlechte Wirkung dauert oft jahrelang oder sogar lebenslang, wenn nicht ein Antidot gegeben wird.

Eine junge Frau nahm bei einer Erkältung ein elektrothermisches Bad und entwickelte bald danach eine akute Tuberkulose. Sie starb trotz der besten homöopathischen Behandlung.

Eine Frau nach der Menopause hatte eine elektrische Behandlung bekommen. Anfangs war sie zu Fuß zur Behandlung gekommen. Bald war sie zu schwach zum Gehen, ihre Brust wurde schwach und schmerzhaft, die Arme waren steif und fast gelähmt; der ganze Körper war schwer und schwach.

Eine junge verheiratete Frau hatte mehrere Wochen lang eine allgemeine und eine lokale elektrische Behandlung der Gebärmutter bekommen, ohne Besserung. Sie klagte über ein Schweregefühl, „als ob sie eine Tonne wöge".

Eine Frau hat vor sechs oder sieben Jahren einen atmosphärischen elektrischen Schlag bekommen und litt seither bei jedem Gewitter, selbst wenn es noch kilometerweit entfernt war. Es wirkte sich im ganzen Körper aus, am schlimmsten aber in den unteren Extremitäten. Bei jedem Gewitter „trappelten“ ihre Füße auf den Boden und auch ihr Ehemann, der sich auf ihre Knie setzte, konnte es nicht verhindern. Sie bekam drei oder vier Gaben Morph. 200 und hat in den folgenden zehn Jahren Auswirkungen eines Gewitters nicht mehr erlebt.

Mein Sohn nahm während einer gewöhnlichen Erkältung ein elektrothermisches Bad. Bald danach fühlte er eine Schwere und Steifheit der Brust und der Schultern, wie er es noch nie erlebt hatte; seine Brust und die Schultern fühlten sich an wie „Marmor“. Es entwickelte sich eine unheilbare Tuberkulose, und er starb nach zwei Jahren. Ich selbst wußte über ein Jahr lang nicht, daß er dieses Bad genommen hatte.

Ein Bruder von *Dr. Hawley* zog sich während eines Aufenthaltes in New York im November 1890 eine schwere Erkältung zu, der ein rheumatisches Fieber folgte; er wurde ohne Erfolg homöopathisch behandelt; nach elektrothermischen Bädern verschlechterte sich die Krankheit. Er wurde nach Syracruse gebracht und dort von *Drs. Hawley, Miller* und *Seward* mit geringem oder gar keinem Erfolg behandelt. Er litt sehr, seine willkürliche Muskulatur und das Nervensystem waren durch die Elektrizität gelähmt; er konnte sich nicht bewegen und auch nicht selber essen. Er wurde nach Illinois heimgebracht und im Mai, sechs Monate später, konnte er etwas gehen, indem er seine Füße nachzog. Er stürzte und hatte eine Lungenblutung. Der Doktor sagte, daß keine Hoffnung auf Heilung bestünde und gab ihm als Palliativum Morphium in Wasser. Einige Minuten nach der ersten Gabe sagte der Patient: „Ich kann meine Hände so gut wie noch nie seit der elektrischen Behandlung benutzen“, und er genas unter der Wirkung des Antidotes.

Lac caninum

Wie Lachesis und viele andere bekannte Polychreste der Materia Medica stieß auch dieses Mittel auf den heftigsten Widerstand aus Unwissenheit und Vorurteilen. Jahrelang wurde es als eines dieser Mode- oder Pseudomittel betrachtet, woran man glauben müsse; seine wunderbaren therapeutischen Kräfte haben dann langsam, aber sicher jedes Hindernis überwunden.

Im Altertum wurde es erfolgreich von *Dioscorides, Rhasis* und *Plinius* angewendet und *Sextus* empfahl es für die Abtreibung des Fetus. *Sammonicus* und *Sextus* priesen es bei Photophobie, Otitis und anderen Augen- und Ohrenleiden. *Plinius* behauptete, es heile Geschwüre des inneren Muttermundes. Weiterhin wurde es als Antidot gegen viele tödliche Gifte verwendet.

Sein Gebrauch wurde dann neu angeregt durch *Reisig*, New York, dem es bei einer Europareise als Mittel für Halskrankheiten angepriesen wurde und der es nach seiner Rückkehr erfolgreich bei einer Epidemie bösartiger Diphtherie einsetzte. Er machte *Bayard, Wells* und *Swan* auf die wunderbaren Ergebnisse aufmerksam, die er bei dieser Epidemie behalten hatte, und regte sie zu einer Prüfung an.

Reisig potenzierte es bis zur siebzehnten Zentesimalpotenz, aus der dann die Potenzen von *Swan* und *Fincke* hergestellt wurden. Der Ärztestand ist *Swan* zu großem Dank verpflichtet für die unermüdliche Arbeit an diesen Prüfungen, die mit der dreißigsten, zweihundertsten und höheren Potenzen durchgeführt und in einem kleinen, von *Swan* und *Berridge* herausgegebenen Band veröffentlicht wurden, der dann später auch von *Medical Advance* nachgedruckt wurde. Die Prüfungen haben ihm einen Platz unter den homöopathischen Polychresten gesichert und die klinische Genauigkeit der Beobachter des Altertums bestätigt.

Charakteristika – Für nervöse, ruhelose, hochempfindliche Organismen.

Wandernde Symptome, Schmerzen flüchten ständig von einer Gegend zur andern (Kali-bi., puls., tub.); *sie wechseln alle paar Stunden oder Tage von einer Seite zur andern.*

Sehr vergeßlich, *abwesend;* macht Einkäufe und geht ohne sie weg (Agn., anac., caust., nat-m.).

Benutzt beim Schreiben zu viele Wörter oder nicht die richtigen; läßt die Endbuchstaben oder einen Buchstaben mitten im Wort aus; kann sich geistig nicht auf das Lesen oder das Studium konzentrieren; sehr nervös (Bov., graph., lach., nat-c., sep.).

Schwermütig, hoffnungslos; sie denkt, ihre Krankheit ist unheilbar; hat unter den Lebenden keinen Freund, für nichts lohnt es sich zu leben; kann jeden Moment in Tränen ausbrechen (Aur., calc., cimic., lach.).

Ärgerlich, reizbar; das Kind weint und schreit die ganze Zeit, besonders nachts (Jal., nux-v., psor.).

Furcht vor Alleinsein (Kali-c.); vor dem Sterben (Ars.); vor Geisteskrankheit (Lil.); die Treppe hinunterzufallen (Bor.).

Chronischer Trübsinn; sieht in allem so schwarz, daß es gar nicht mehr schwärzer geht (Lyc., psor., puls.).

Anfälle von Raserei, Fluchen und Schimpfen beim geringsten Anlaß (Lil., nit-ac.); sehr widerwärtig; haßerfüllt.

Schnupfen mit Ausfluß von dickem, weißem Schleim.

Das eine Nasenloch ist verstopft, das andere ist frei und läuft; die Seiten wechseln; der Ausfluß ist scharf, Nase und Oberlippe sind rot (All-c., arum-t.). Jucken des Gaumens (Puls., wye.).

Diphtherie und Mandelentzündung; die Symptome *wechseln wiederholt auf die andere Seite.*

Halsweh und Husten *beginnen und enden häufig mit den Menses;* gelbe oder weiße Flecken; schmerzhafte Schwellung der Unterkieferdrüsen.

Hals: empfindlich gegen äußere Berührung (Lach.); < durch Leerschlucken (Ign.); ständige Neigung zu Schlukken, *schmerzhaft,* meist unmöglich (Merc.); *die Schmerzen erstrecken sich zu den Ohren* (Hep., ign., kali-bi., merc., phyt.); Beginn auf der linken Seite (Lach.).

Glänzendes, glattes Aussehen diphtherischer Ablagerungen, von Schanker und Geschwüren.

Sehr hungrig, kann nicht genug essen, um den Hunger zu stillen; nach dem Essen so hungrig wie zuvor (Calc., casc., cina, lyc., stront.).

Sinkendes Gefühl im Epigastrium; *Ohnmachtsgefühl im Magen.*

Menses: zu früh; zu reichlich; das Blut fließt in Strömen, ist hellrot, zäh und fadenziehend (dunkel, schwarz, fadenziehend, Croc.); Brüste geschwollen, schmerzhaft und empfindlich vor und während der Menses (Con.).

Stuhl: Trotz Drang kommt nichts außer einem Flatus oder kleinen schwarzen Bällchen.

Flatus aus der Vagina (Brom., lyc., nux-m., sang.).

Brüste: entzündet, schwer, schmerzhaft; < durch die leichteste Erschütterung und gegen Abend; muß sie festhalten, wenn sie die Treppe hinuntergeht (Bry.).

Nützlich in fast allen Fällen in denen es nötig ist, den Milchfluß versiegen zu lassen (Asaf.); um ihn wieder einsetzen zu lassen oder zu verstärken (Lac-d.).

Empfindung, als würde sie der Atem verlassen, wenn sie sich hinlegt; muß aufstehen und gehen (Am-c., grin., lach.).

Milchverlust beim Stillen ohne erkennbaren Grund (Asaf.).

Heftiges Herzklopfen beim Liegen auf der linken Seite, > beim Drehen auf die rechte Seite (Lach., tab.).

Die Geschlechtsorgane sind leicht erregbar durch Berührung, Druck beim Sitzen oder Reibung beim Gehen (Cinn., coff., mur., plat.).

Sie scheint auf Luft zu gehen, beim Liegen scheint sie das Bett nicht zu berühren (Asar.); die Beine scheinen zu schweben (Stict.).

Rückenschmerzen; stark, unerträglich, quer oberhalb der Sakralgegend, erstrecken sich zum rechten Gesäß und Ischiasnerv; < durch Ruhe und im Anfang von Bewegungen (Rhus-t.); Schmerzen des Rückgrates von der Gehirnbasis bis zum Steiß, *sehr empfindlich gegen Berührung oder Druck* (Chin-s., phos., zinc.).

Beziehungen – Ähnliche Mittel: Apis., con., kali-bi., lach., murx., puls., sep., sulph., tarent. und x-ray.

Wahrscheinlich bietet kein Mittel der Materia Medica eine wertvollere Pathogenese der Halssymptome und lohnt eine sorgsame Untersuchung mehr.

„Wirkt am besten als einzelne Gabe; bei Wiederholung sollte es in genauen Abständen gegeben werden.“ – *Nichols.* Diese Beobachtung wurde oft bestätigt.

Lachesis und andere Schlangengifte sind sehr ähnlich.

Vergleichsmittel – Ambr., lach., nat-m., staph. schlechtes Gedächtnis für Gelesenes, nicht aber für andere Dinge.

Bov., graph., hep., lach., lyc., nat-c., nat-m., nux-v., sep., tub. vergeßlich beim Schreiben, benutzt viele Wörter oder nicht die richtigen.

Anac., caust., con., dulc., lach., nat-m., sep. geistig abwesend.

Calc., chin., graph., hep., lach., lyc., med., nat-c., nat-m., nux-v., sep., syph. kann die Hälfte der Zeit nicht korrekt sprechen.

Am-c., calc., sep., sulph., tub. nennt den Gegenstand den er sieht, statt den, an den er denkt.

Nux-v., sil., sulph. äußerst ruhelos, kann sich nicht aufs Lesen oder auf ihre Gedanken konzentrieren, will alles liegen lassen, sobald sie es angefangen hat.

Calc., pall., sep. sie weint aus Furcht, sie könne sich die Schwindsucht zuziehen.

Med., plat., gesteigerte Sinnesempfindungen. – *Lippe.*

Aur., nux-v., rhus-t. Kopfschmerz < bei kaltem Wind und > im warmen Zimmer.

Calc. Kopfschmerz < durch Lärm, > durch Ruhe; verwirrtes Gefühl im Kopf.

Acon., bell., calc., gels., nat-m., ruta, stram. braucht Licht, verträgt aber kein Sonnenlicht.

Kali-bi., teucr., thuja Wundheit und Verkrustung der Nasenlöcher.

Nat-m. Lippen trocken und blutend.

Apis, lach. Hals empfindlich gegen äußere Berührung.

Ign. < durch Leerschlucken.

Bell., calc., carb-an., lyc., nit-ac., phos., phyt., psor. die Brüste wie voll von sehr harten Klumpen; sehr schmerzhaft beim Treppenrauf- und -runtergehen.

Calc., murx. empfindlich gegen Druck.

Merc. empfindlich gegen tiefen Druck.

Bell., bry., calc., phyt. Wundheit und Vergrößerung.

Merc-i-r. kleine, runde oder unregelmäßige, grau-weiße Geschwüre an Rachen und Tonsillen.

Apis, diph., merc-cy. diphtherische Membrane und Ablagerungen an der Uvula.

Chel., dig., ign., petr., sep. Empfindung von Leere und Schwäche im Magen.

Bry., kali-bi., nux-v. Schmerz, wie von einem Stein oder unverdautem Essen im Magen.

Apis, lip., lyc., pall. Schmerz in der rechten Ovarialgegend.

Am-c., carb-v., grin., opium sobald er in Schlaf fällt, stoppt die Atmung.

Asar., chin., coff., nat-m., nux-v., opium, ph-ac., rhus-t., spig., stict., stram., thuja scheint auf Luft zu gehen, scheint beim Liegen das Bett nicht zu berühren.

Lach., Lac-d., Sang., Sil. träumt davon, eine Reise zu machen;
Sec. spreizt die Finger in Krämpfen weit auseinander.
Nic., tab., tub. die Netzhaut behält die Eindrücke von Dingen, das Ohr die Eindrücke von Lauten.
Dubois., hyos., lyc. roter Fleck vor den Augen.
Brom., lyc., nux-m., nux-v., sang. Flatus aus der Vagina.
Bor., sanic. < beim Treppe hinuntergehen.

VERSCHLECHTERUNG: am Morgen des einen und am Abend des nächsten Tages; während der Menses (Halsweh); nachts; kalte Winde und kalte, scharfe Luft; Bewegung; Streckung der Glieder; nach dem Schlaf; Berührung des äußeren Halses; Berührung der Brüste ruft sexuelle Erregung hervor; beim Treppe hinabsteigen.

BESSERUNG: Anwendung von Kälte; Ruhe; Hinlegen; Wärme; Beugen der Glieder; warme Räume.

Die Arbeit eines Künstlers

Dr. Wm. P. Wesselhoeft sagte einmal: „Man kann das Gedenken an *Dr. Adolph Lippe* nicht besser ehren, als seinen großen Scharfsinn bei der Anwendung der Heilmittel zu zeigen."

Zu einem anerkannten Meister unserer Kunst wurde er nicht nur durch sein umfangreiches Wissen um die feineren und unscheinbareren Indikationen der Mittel, wie sie in unserer Materia Medica niedergelegt sind, oder durch seine verständige Untersuchung der Patienten, sondern vor allem die freiere und souveränere Anwendung unseres Gesetzes erhob ihn in den Rang eines wahren Künstlers. Rasch stieg er selbst in den allerkompliziertesten Fällen zum Kern der Symptome vor, und man konnte sein Vorgehen nie sorglos oder hastig nennen. Es erinnerte mich an die Worte eines bedeutenden

Künstlers: „Die Hauptschwierigkeit bei den meisten Malern ist, daß sie *zu viel* sehen und dabei durch die unzähligen Einzelheiten verwirrt werden, so daß ihre Arbeit ohne Charakter bleibt, und sie am Ende trotz ihren Mühen wenig vorzuweisen haben."

Er kannte den Wert unserer Kunst so gut, daß die Banalitäten jeder Krankheit von ihm fast instinktiv vermieden wurden und er nie Zeit mit der Aufnahme wertloser Zeichen verlor. In jedem Fall suchte und fand er mit ungewöhnlicher Geschwindigkeit den springenden Punkt. Er wahrte und lebte den größten Gedanken des Meisters: „Die Arbeit des Arztes gilt nur den Patienten, nicht den Krankheiten."

Die Heilung des folgenden Falles wird zeigen, was ich mit „freierer und souveränerer Anwendung unseres Heilgesetzes" meine: Ich hatte den Patienten länger als achtzehn Monate ohne Erfolg behandelt, außer dem einen, daß seine starke Erkältungsneigung geringer geworden war.

Ich gebe jetzt meinen Berich vom Dezember 1881 wieder:

G. R., 45 Jahre; hellbrünett, zehn Jahre verheiratet, äußeres Erscheinungsbild gesund.

Seit sechs Jahren kein Samenerguß beim Koitus.

Gelegentlich nächtliche Ejakulation.

Erektion gewöhnlich schwach, hört beim Koitus auf.

Brennen im Damm, schlechter nach dem Zubettgehen und beim Darandenken.

Ziehende Schmerzen in den Hoden, mit Schwächeempfindung der Genitalien.

Gelegentlich juckender, trockener Ausschlag im Schritt und innen oben an den Oberschenkeln und am Anus.

Zusammen mit der Schwächeempfindung der Genitalien fühlen sich die Augen schwach.

Sehr empfindlich gegen Kälte und Wetterwechsel.

Erkältet sich leicht, gewöhnlich leidet er zunächst unter trockener Nase und trockenem Hals, dann unter wässrigem Katarrh und Niesen, oder er hat Schmerzen an verschiedenen Stellen des Körpers und der Glieder, die ihren Sitz häufig wechseln.

Vor zwanzig Jahren hatte er Malaria.

Er hatte nie Gonorrhoe, Syphilis oder andere Ausschläge als die oben erwähnten.

Alle anderen Funktionen sind normal.

Bei einem Besuch in Philadelphia konsultierte er auf meinen Rat hin *Dr. Lippe.*

Dr. Lippe schrieb mir den folgenden Brief:

„Ich stelle fest, daß ihr Patient ungefähr vor zehn Jahren Diphtherie hatte und mit ungeeigneten Quecksilberpräparaten und Gurgelmitteln von Dr. ... behandelt wurde. Charakteristisch war, daß das Leiden von einer Seite zur anderen wanderte und schließlich zur ursprünglichen Seite zurückkehrte. Es folgte große Schwäche, fast eine Lähmung, und er meint, er habe seit dieser Krankheit seine volle Kraft und Stärke nie mehr wiedergewonnen. Seine akuten Erkältungen zeichnen sich immer durch wandernde Schmerzen und Wechsel des Ortes aus. Ich habe ihm eine Dosis von Lac-c. CM gegeben. Es könnte noch eine Dosis Pulsatilla nötig werden."

Es reicht die Feststellung, daß mein Patient die empfohlene Dosis Pulsatilla nie mehr gebraucht hat.

Drei Monate nach der Konsultation in Philadelphia war seine Frau schwanger. Sie hat seither zwei bemerkenswert gesunde Kinder geboren.

Soweit uns bekannt ist, macht Lac-c. keine sexuelle Schwäche. Dies aber störte *Dr. Lippe* sehr wenig bei seiner Wahl. Er schaute tiefer und fand die Ursache und das Mittel. *Dies ist wahre homöopathische Pathologie.* Alles Wissen der Welt über die spezielle Pathologie dieses Falles hätte niemanden zum passenden Mittel führen können. Dem homöopathischen Künstler hat es sich aber enthüllt und ein Mann gewann seine Zeugungsfähigkeit wieder und wurde nach zehnjähriger Impotenz Vater zweier Kinder.

Mrs. J.E.B., 29 Jahre, blond. Spürt seit einer Woche eine Krankheit nahen; müde, matt, niedergeschlagen.

Schlaflos, ruhelos, dreht sich ständig im Bett herum, weil es sich so hart anfühlt.

Um 14.00 Uhr Fieber, das die ganze Nacht andauert; Frösteln bei Bewegung; Wangen gerötet und heiß.

Wundheit des ganzen Körpers; „alles schmerzt“.

Hals trocken, Durst auf kalte Getränke, hierdurch Erleichterung.

Reichlicher Speichelfluß; etwas zäh und salzig, befeuchtet während des Schlafes das Kissen; häufiges Schlucken.

Hals: scharfe Schmerzen beim Schlucken, < rechte Seite; Nacken äußerlich empfindlich.

Schmerz und Wundheit begannen auf der rechten Seite, erstreckten sich dann zur linken.

Tonsillen geschwollen, rot, glänzend, hellgelbe Membrane vor allem auf der rechten Seite, bestehend aus stecknadelkopfgroßen Punkten; sie sieht aus wie der Deckel einer Pfefferbüchse; 25 oder 30 Punkte an der rechten Tonsille, halb so viele an der linken; Punkte und größere unregelmäßige Flecke hinten am Rachen und an den Gaumenbögen.

Unangenehmer Atem, wie er für schwerere Formen von Diphtherie charakteristisch ist: Lac-c. 45M, eine Gabe.

Die folgenden nicht im Mittelbild vorkommenden Symptome wurden geheilt: Empfindung, als sei das Bett zu hart; Frost bei Bewegung; Schmerzen überall; große Müdigkeit; Verlangen nach kalten Getränken und Erleichterung hierdurch. – *Stuart Close.*

Thommie H. – Drei Wochen nach einem Diphtherianfall, bei dem sich Lac caninum als Heilmittel erwiesen hatte und den ich der *Society* vorgetragen hatte, wurde ich wegen einer Lähmung der Nackenmuskeln konsultiert, die schon so ausgeprägt war, daß der Kopf nach vorn fiel und auf dem oberen Brustbein ruhte. Flüssigkeit kam durch die Nase wieder heraus, und es bestand eine ausgeprägte Schwäche der oberen Rückenmuskeln. Phos. auf Grund allgemeiner Überlegungen.

6. August – Der Vater bringt den Jungen nun in viel schlechterem Zustand.

Drei Wochen nach Genesung von der Diphtherie: Lähmung der Nackenmuskeln so ausgeprägt, daß der Kopf nach vorn fällt und auf dem Brustbein ruht. Flüssigkeit kommt durch die Nase wieder hoch, ausgeprägte Schwäche der oberen Rükkenmuskeln. Die Lähmung wird immer stärker, mit Schwanken beim Gehen; Steife und Wundheit der Nackenmuskeln. Obwohl offensichtlich indiziert, hatten Phos. und Rhus-t. versagt. Eine Gabe von Lac caninum heilte die Diphtherie und besserte die Lähmung. – *Baker.*

Gemüt – | Sehr vergeßlich; benutzt beim Schreiben zuviele Wörter oder nicht die richtigen; sehr nervös.

| Läßt beim Schreiben Endbuchstaben oder Buchstaben in einem Wort aus; nennt den Gegenstand, den er sieht, statt den, an den er denkt.

Findet es sehr schwierig, mit Verständnis alles zu lesen, was geistige Mühe erfordert.

| Geistig sehr abwesend; macht Einkäufe und geht ohne sie fort; will einen Brief zur Post bringen, kommt aber mit ihm nach Hause zurück.

Kann sich nicht daran erinnern, was sie liest, wohl aber an andere Dinge.

| Kann ihre Gedanken nicht sammeln; verwirrtes Gefühl.

| Sehr ruhelos; kann ihre Gedanken nicht auf das Lesen konzentrieren; will alles wieder sein lassen, sobald sie es begonnen hat.

| Ist besessen von dem Gedanken, daß alles, was sie sagt, gelogen ist; es scheint sehr schwierig zu sein, die Wahrheit

zu sagen, ständig mißtraut sie Dingen; beim Lesen verändert sie sofort die Bedeutung, läßt Dinge aus oder fügt sie hinzu.

Jedesmal wenn ein Symptom auftritt, ist sie ganz sicher, daß das nicht dem Mittel zuzuschreiben ist, sondern daß es sich um eine tief verwurzelte Krankheit handelt.

| Gefühl, geisteskrank zu werden, wenn sie still sitzt und nachdenkt; manchmal hat sie die schrecklichsten Bilder vor dem geistigen Auge (nicht immer Schlangen), hat entsetzliche Furcht, daß diese wirkliche Gestalt annehmen und vor ihren Augen erscheinen.

|| Glaubt, daß jedermann auf sie herabsieht, daß sie im Leben bedeutungslos ist, und fühlt sich hierdurch verletzt.

|| Bildet sich ein, daß sie die Nase von jemand anderem trägt.

|| Bildet sich ein, sie sei schmutzig.

| Bildet sich ein, Spinnen zu sehen.

Hat am Morgen das Gefühl, sie sei sehr klein; am Abend dasselbe beim Gehen.

Wachte bei Tageslicht auf mit dem Gefühl, sie sei eine abscheuliche, schreckliche Ansammlung von Krankheit (die Brüste waren erkrankt); konnte es nicht ertragen, irgendeinen Körperteil anzusehen, nicht einmal die Hände, weil das ihr Gefühl von Abscheu und Entsetzen verstärkte; sie konnte es nicht ertragen, daß irgend ein Körperteil einen anderen berührte, mußte sogar die Finger spreitzen (kann es nicht ertragen, daß ein Fuß den anderen berührt, Lac-f.); hatte das Gefühl, wenn sie nicht irgendwie aus ihrem Körper herauskäme, würde sie bald wahnsinnig werden; konnte an nichts Anderes, als an ihren eigenen Zustand denken; fühlt sich schwach und als ob die Nerven völlig zerrüttet sind.

|| Nach einer Inhalationsnarkose wegen einer Zahnextraktion sehr eigenartige Empfindungen im Kopf (wie bei Eintritt der Narkose); manchmal bildet sie sich ein, der Herzschlag oder die Atmung hörten auf, oder sie versetzt sich

auf andere Weise selbst in Schrecken und bekommt hierdurch heftigen Herzschlag; gelegentlich sehr niedergeschlagen und hat die Wahnidee, sie verlöre ihren Verstand.

Nach den Menses, bildet sich alles mögliche über Schlangen ein.

Wacht des Nachts mit der Empfindung auf, sie läge auf einer großen Schlange.

Empfindung oder Wahnidee, sie sei von tausenden von Schlangen umgeben, einige würden in der Haut wie Blitze auf- und abschießen; einige in der Haut scheinen lang und dünn zu sein; fürchtet sich, die Füße auf den Boden zu setzen, weil sie auf die Schlangen treten könnte und diese sich dann um ihre Beine krümmen und winden würden; mag nicht hinter sich schauen aus Furcht, sie würde dort Schlangen sehen; sie träumt nicht von ihnen und wird nach Einbruch der Dunkelheit selten von ihnen belästigt; beim Zubettgehen fürchtete sie sich, die Augen zu schließen aus Furcht, eine große Schlange von der Größe ihres Armes würde sie ins Gesicht schlagen.

Sorgt sich, daß während der Menses aufgetretene Pickel sich als kleine Schlangen erweisen, die sich umeinanderwinden.

Schreckliche Visionen, Furcht, sie würden wirkliche Gestalt annehmen; beim Stillsitzen und Nachdenken.

Wenn sie sich bei Tag oder Nacht hinlegt, fängt sie an, darüber nachzudenken, wie schrecklich es wäre, wenn ein sehr scharfer Schmerz, wie von einem Messer, durch sie gehen würde, und der Gedanke daran verursacht große seelische Qualen.

|| Anfälle von Raserei, Fluchen und Schwören bei der kleinsten Provokation.

|| Kann es nicht ertragen, für einen Moment alleingelassen zu werden.

|| Kein Verlangen zu leben.

Ängstlich.

Furcht vor Krankheit; vor Schwindsucht; vor Herzkrankheit.

Sitzt und schaut unter Stühle, Tisch, Sofa und alle Gegenstände im Zimmer in der grauenvollen Erwartung, irgendein schreckliches Ungeheuer herauskriechen zu sehen, und sie hat dabei das Gefühl, sie werde wahnsinnig, wenn es herauskommt; im Dunkeln fürchtet sie sich nicht, nur bei Licht kann sie sich vorstellen, daß sie die Ungeheuer sieht.

||| Zwei- oder dreimal täglich Anfälle von Weinen.

|| Das Kind weint und schreit die ganze Zeit, besonders nachts, und läßt sich durch nichts beruhigen.

|| Wenn Anfälle starker Nervosität nahen, möchte sie ihre Kleider herunterreißen; legt ihre Ringe ab; kann nicht ertragen, daß irgend etwas sie berührt, besonders über dem linken Ovar, wo sie ständig die Bettdecke hebt.

| Niedergeschlagenheit, bezweifelt ihre Fähigkeiten und ihren Erfolg, glaubt, sie wird eine Herzkrankheit bekommen und daran sterben.

|| Dauernder Trübsinn; alles scheint so schwarz, daß es gar nicht schwärzer werden kann.

|| Düstere Gefühle, < wenn die Kopfschmerzen schlimmer werden.

|| Furcht, sie könne unfähig werden, ihren Pflichten nachzukommen.

|| Furcht vor dem Tod mit ängstlichem Gesichtsausdruck.

|| Sehr nervös; ständige Furcht; ein Gefühl, als würde sie gerade in Ohnmacht fallen.

|| Wacht unglücklich auf, und ist gezwungen, aufzustehen und sich irgendwie zu beschäftigen; Furcht, sie werde verrückt.

Hat manchmal große Furcht, die Treppe hinunter zu fallen.

| Sehr ärgerlich und reizbar, nur so lange die Kopfschmerzen andauern.

|| Nach dem Aufwachen sehr reizbar, weint ständig.

| Sehr schäbig und haßerfüllt; schreibt alle möglichen Gemeinheiten und verächtlichen Dinge an ihre besten Freunde.

|| Leicht erregt.

|| Zu erregt, um eine Untersuchung des Halses zuzulassen.

|| Fühlt sich schwach und nervlich so zerrüttet, daß sie es nicht ertragen kann, wenn ein Finger den anderen berührt.

|| Äußerst nervös und reizbar.

|| Sehr leicht erschreckt.

Maud R., 10 Jahre alt, hellbrunett, Eltern gesund, fiel vor eineinhalb Jahren beim Spielen nach vorn und verletzte sich die Brust. Damals dachte sich niemand etwas dabei. Als sie dann aber zu mir gebracht wurde, war sie blaß, abgemagert und launisch, sie hatte kein Verlangen zu spielen. Der Schlaf war durch Angstträume gestört, tagsüber bettelte sie ihre Mutter herzzerreißend an, sie zu sich zu nehmen, weil sie solche Angst habe. Sie hat ein Gefühl, als ob *Schlangen auf ihrem Rücken* wären. Auf meine Anweisung hin bekam sie eine Dosis Lac-c. 50M trocken auf die Zunge. Nach 24 Stunden wurde das Kind lebhafter und heiterer, und sehr bald verschwanden alle unnormalen Empfindungen und kamen nie mehr zurück. – *E. T. Balch, Hom. Phys.*

Kopf – | Schwindel mit leichter Übelkeit.

|| Nach Einatmen diphtherischer Atemluft Leichtigkeit im Kopf mit Prickeln am Scheitel und leichter Halsentzündung.

|| Ständiges Geräusch im Kopf, sehr verwirrend; < nachts und während der Menses.

|| Wacht nachts mit der Empfindung auf, das Bett sei in Bewegung; unbeschreiblich schlimmes Geräusch im Kopf; erster Gedanke beim Aufwachen, daß die Kopfseite des Bettes sich hin- und herbewegt; hierdurch werden ihr

Qualen verursacht; sie fand aber heraus, daß alles von Innen her kam.

| Stirnkopfschmerz.

Kopfschmerz, zunächst an der einen Seite der Stirn, dann an der anderen.

| Beim Hinausgehen in kalten Wind schrecklicher Schmerz in der Stirn, als ob sie zerspringen würde, > durch Betreten des warmen Zimmers.

||| Nach Mitternacht sehr heftiger Stirnkopfschmerz und ein durchdringender Schmerz am Scheitel.

||| Kopfschmerz an Stirn und Hinterkopf, < durch Drehen der Augäpfel nach oben.

|| Kopfschmerz über den Augen, < beim Nähen.

| Kopfschmerz: nachmittags, gewöhnlich über dem linken Auge; über dem linken Auge beim Aufwachen.

Schmerz in der Stirn, nachmittags zuerst auf der linken Seite dann auf der rechten Seite, im Allgemeinen über dem linken Auge.

Klopfender Schmerz genau über der rechten Schläfe, dann scharfer Schmerz in der rechten Augenhöhle und in der rechten Schläfe, der schnell verschwindet.

|| Schmerzen und Klopfen in den Schläfen.

|| Kopfschmerzen meist durch die Schläfen, stechend, schneidend; manchmal auf der rechten, manchmal auf der linken Seite beginnend; wechselt immer von einer Seite zur anderen.

Migräne im Nacken beginnend; der Schmerz setzt sich allmählich in der rechten oder linken Stirn fest, < beim Erwachen.

Schmerzen der linken Hinterkopfgegend, zieht beim Bewegen des Kopfes nach oben.

Scharfer Schmerz wie ein Stich in der rechten Schläfe, um 7 Uhr.

| Schmerzen im Kopf tagsüber, erst auf der einen, dann auf der anderen Seite, scheinen völlig unerträglich zu sein; > anfangs beim Gehen an die Luft, dann aber bald wieder <

|| Kopfschmerz unterhalb der Augen, erstreckt sich über den ganzen Kopf und die oberen Schultern.

|| Starker Druck auf das Gehirn.

| Stand morgens mit schwerem, dumpfem Stirnkopfschmerz auf, um 9 Uhr heftiger, scharfer Schmerz oben am Kopf, der vom Nacken kam und sich dann über den Kopf nach vorn erstreckte; der Schmerz ist so stark, daß er mit den Händen oben auf den Kopf drückt; Nacken steif; Beugen des Kopfes nach vorn oder Hinlegen verursacht Blutandrang und Zunahme des Schmerzes; die Schmerzen verschwinden wieder für kurze Zeit und beginnen von Neuem, entweder in der Stirngegend oder im Nacken oder am ganzen Kopf zugleich; wenn der Schmerz an der Stirn sitzt, verursacht er Tränenfluß.

|| Stechende Schmerzen vom Hinterkopf zur Stirn; schlagend.

Stechender Schmerz durch Stirn und Augen.

|| Kopfschmerzen scheinen unerträglich und sind begleitet von Schmerz in der Lendengegend; alle Schmerzen hören auf, sobald der Hals <.

| Kopfschmerz < durch Lärm oder Sprechen; > durch Ruhe; verwirrtes Gefühl im Kopf.

Starker Kopfschmerz, verschwindet durch Anwendung von kaltem Wasser, kehrt jedoch bald wieder, aber nicht so stark.

Scharfer, schneidender Schmerz in einer Zickzacklinie von der rechten Seite der Stirn zu einem unklaren Punkt am Hinterkopf; plötzlich, manchmal wiederholt; sobald sie ihn spürt, legt sie zur Seite, womit sie sich gerade beschäftigt, und legt sich hin, weil sie eine unbestimmte Furcht hat, er werde wiederkommen; wenn es Nacht ist, geht sie sofort zu Bett; hat starke Furcht vor dem Schmerz, obwohl er nicht sehr heftig ist; kehrte mehrere Tage lang wieder.

Scharfer, klopfender Schmerz in der rechten Seite der Stirn; dann in der linken Seite, leicht.

Kopfschmerz über dem linken Auge beim Erwachen und starker Schmerz im Becken, am meisten ausgeprägt über dem rechten Ovar.

Neuralgischer Schmerz in der linken Seite des Kopfes, anschließend ein Schleier über dem linken Auge, will ihn wegreiben; nicht > durch Reiben.

Kopfschmerz im oberen Teil der Stirn mit Empfindung eines breiten Bandes, das fest an die Stirn gepreßt ist, von einer Schläfe zur anderen.

Kopfschmerz über beiden Augen, erstreckt sich nach hinten über das linke Ohr.

Leichter Druck am Scheitel und über den Augen, am Tag bevor die Menses aufhörten.

Dumpfer Schmerz in der rechten Schläfe und im rechten Auge mit Druck auf den Scheitel, während der Menses.

Steifheit im Hinterkopf beim Drehen des Kopfes mit Wundschmerz bei Druck.

Schmerz des Hinterkopfes mit schießenden Schmerzen, die sich zur Stirn erstrecken.

Kopfschmerz beginnt im Hinterkopf (dritter Tag) und erstreckt sich zum Scheitel und zur Stirn.

Empfindung, als ob das Gehirn abwechselnd zusammengezogen und entspannt ist, rasch, mehrere Male; gewöhnlich nur im Liegen; mehrere Male während der ganzen Prüfung.

Kopf ist sehr wund und juckt fast die ganze Zeit.

Wunde Pickel an der Kopfhaut, die nässen und einen Schorf bilden, bei Berührung äußerst schmerzhaft und auch beim Kämmen, < nachts.

Sehr starker Kopfschorf, länger als eine Woche.

Klopfen in Stirn und Schläfen, am Ende nur in den Augen; Augen während des Kopfschmerzes sehr empfindlich gegen Licht; Augäpfel wund und schmerzhaft, die Schmerzen erstrecken sich tief nach hinten in das Gehirn.

Kopfschmerz beginnt morgens am ganzen Kopf gleichzeitig (zweiter Tag), den ganzen Tag über ein dumpfes, schweres, verwirrtes Gefühl im Kopf, das gegen Abend zu einem heftigen Schmerz wird und sich in den Augen und Schläfen festsetzt.

Kopfschmerz schlimmer durch Bewegen und Bücken; besser durch kalte Anwendungen.

|| Wacht häufig mit Migräne auf, die im Nacken zu beginnen scheint.

|| Migräne, beginnend im Nacken; der Schmerz setzt sich allmählich in der rechten oder linken Stirn fest.

Augen – Scharfer Schmerz in der Augenhöhle hinter dem rechten Auge, anschließend Schmerzhaftigkeit in der rechten Schläfe; beides geht vorüber.

Stechender, scharfer Schmerz um das linke Auge.

Schwere des Oberlides mit Schmerz über dem linken Auge; Brennen im linken Auge, Verkleben der linken Lider (Rheumatismus).

Augen leicht geschwollen; reichlicher Tränenfluß; mit Katarrh.

Schauen auf verschiedene Gegenstände verursacht Augenschmerzen.

Prickelnde Empfindung in den Augäpfeln; Augen empfindlich gegen kalte Luft.

Die Oberlider sind sehr schwer, kann kaum die Augen offenhalten; sehr schläfrig.

Schmerz in den Augen beim Lesen; anschließend ein Schleier vor den Augen, der scheinbar weggewischt werden muß, bevor sie wieder sehen kann.

| Die Netzhaut neigt dazu, die Eindrücke von Gegenständen oder Farben festzuhalten; oder vom zuletzt angeschauten Gegenstand wird etwas in den nächsten projiziert.

|| Sieht Gesichter vor ihren Augen, < im Dunkeln; das Gesicht, das sie am meisten verfolgt, ist eines, das sie wirklich gesehen hat.

Gelegentlich kleine schwebende Scheiben vor den Augen; die Ränder der Scheiben zeigen die Primärfarben.

| Beim Lesen sieht die Seite nicht sauber aus, sondern sie scheint mit verschiedenen blassen, gelben, grünen, roten und andersfarbigen Flecken bedeckt zu sein.

Beim Schauen auf einen Gegenstand sieht sie gelegentlich rote Flecken an ihm.

Beim Schauen auf einen Gegenstand glaubt sie, ein Objekt neben oder außerhalb der Sehachse durch das Gesichtsfeld wandern zu sehen; wenn sie es aber fixiert, ist es weg; es scheint immer ein kleines Objekt zu sein, || wie eine Ratte oder ein Vogel, manchmal in der Luft.

Schwellung und Entzündung der Ober- und Unterlider beider Augen, < links.

Gefühl von Müdigkeit in den Augen, beträchtlicher Tränenfluß – beide Augen –, gerötete Konjunktiven, Augäpfel wund, schmerzend; die Schmerzen erstrecken sich tief in den Kopf hinein, mit Kopfschmerz; Schmerzen in den Augen > durch kalte (feuchte) Anwendungen; Augen empfindlich gegen künstliches Licht.

|| Augen empfindlich gegen Licht.

|| Braucht Licht, verträgt aber kein Sonnenlicht.

|| Sieht große Augen und kriechende Dinge.

|| Hat Schwierigkeiten, Gegenstände zu unterscheiden; beim Lesen laufen die Buchstaben zusammen.

|| Nachdem sie die Augen angestrengt hatte, sieht sie beim Blick in einen Spiegel neben einer Gasbeleuchtung einen grünen Fleck oder ein grünes Band vor ihrem linken Auge, das Band verläuft schräg abwärts vom linken Auge zur rechten Backe.

|| Eckige oder runde, grüne oder braune Flecken vor dem linken Auge bei hellem Sonnenlicht; manchmal leuchtender Fleck vor dem linken Auge.

|| Hat häufig die Empfindung eines Schleiers vor den Augen; mit Schwindel, und dabei sieht sie einen kleinen, dunklen Gegenstand, wie eine Maus oder einen Vogel, der sich ihr von links her nähert.

|| Schleier über den Augen beim Lesen oder bei scharfem Schauen.

|| Augen verwischt.

|| Schwerer Schmerz in den Augäpfeln mit Druck nach außen.

|| Brennen im linken Auge.

|| Augen wässrig und mit Ausfluß.

|| Augen trüb und glanzlos.

|| Dunkelbraune Ringe unter den Augen.

|| Nicht ödematöse Schwellung der Ober- und Unterlider; Rosafärbung der Unterlider; am deutlichsten rechts.

|| Schwere des linken Oberlides, mit Schmerz über dem linken Auge.

| Oberlider sehr schwer, konnte kaum die Augen offen halten.

|| Die linken Lider sind verklebt.

Ein dumpfer Schmerz im rechten Augapfel mit der Empfindung von Trockenheit und der Neigung zu Tränenfluß.

Ohren – Schmerz im rechten Ohr, manchmal stark.

Sehr scharfer Schmerz im rechten Mittelohr beim Gehen im Wind; mußte das Ohr mit der Hand bedecken, hierdurch vollständige Erleichterung; auch rechts scharfer Schmerz.

Tagsüber kein Schmerz, wachte nachts aber mehrmals auf wegen Wundschmerz im mittleren und äußeren Ohr der Seite, auf der sie lag; der Schmerz vergeht, sobald der Druck weggenommen ist.

|| Grüner, geruchloser Ausfluß.

Die Stimme hallt wider wie in einem großen, leeren Raum; mit Schmerz in der Stirngegend, zuerst über dem linken Auge und dann über dem anderen.

|| Die Geräusche scheinen sehr weit weg zu sein.

Klingeln im rechten Ohr.

Nachts ein Summen im rechten Ohr.

Geräusche in den Ohren; Empfindung als wären die Ohren voll; Schmerzen in beiden Ohren.

|| Mehr als andere Mittel bessert es Taubheit aufgrund erblicher Syphilis.

Zum ersten Mal in ihrem Leben Ohrschmerz, rechts; Schmerz tief im Ohr, < durch kalte Luft; mußte das Ohr ständig bedeckt halten; Ohrschmerz > durch Druck mit der Fingerspitze in den Gehörgang; äußeres Ohr wund und schmerzhaft; Wundheit und Schwellung der rechten Gesichtshälfte vom Ohr abwärts bis zur Gegend der Ohrspeicheldrüse und dem Unterkieferwinkel; Wundheit erstreckt sich vom rechten Ohr abwärts seitlich am Hals entlang zur rechten Schulter, schmerzhaft beim Drehen des Kopfes.

Nase – | Rechte Seite der Nasenscheidewand wund; am nächsten Tag ist die Nase wund, dauernde Neigung, in der Nase zu bohren und den Schorf abzukratzen; am sechsten Tag ist die Nase immer noch wund und am siebenten Tag sehr schmerzhaft bei Berührung; am achten Tag aber löste sich der Schorf aus der Nase, und sie war so gesund wie immer.

Linkes Nasenloch zuerst trocken, dann dünner jauchiger Ausfluß, Nasenlöcher wund.

Verstopftes Gefühl in Nase und Hals.

Wässriger Ausfluß, anschließend Trockenheitsgefühl in der Nase.

| Flüssiger Katarrh aus beiden Nasenlöchern mit Völlegefühl im oberen Teil der Nase.

||| Reichlicher nächtlicher Ausfluß wie Gonorrhoe, färbt das Kissen grünlich-gelb.

||| Die eine Seite der Nase ist verstopft, die andere frei, zeitweilig kommt dünner Schleim heraus und dünnes Blut;

dieser Zustand wechselt, erst ist die eine Seite verstopft und die andere fließt, dann umgekehrt.

Schlechter Geruch in der Nase.

Kann den Geruch von Blumen nicht ertragen; er scheint ihr einen Schauer über den Rücken zu jagen.

Alle Getränke kommen durch die Nase wieder heraus, nichts wird hinuntergeschluckt.

|| Flüssigkeiten kommen beim Trinken durch die Nase wieder heraus.

Ausfluß klaren, weißen Schleimes aus der Nase und Niesen.

|| Nase kalt.

|| Nasenbluten: beim Sprechen oder Schlucken; um 16 Uhr, immer wieder in Abständen.

| Viel Niesen.

| Kopf so verstopft, daß sie kaum atmen kann.

| Verstopftes Gefühl im Kopf, als ob sie eine schwere Erkältung im Kopf hätte.

| Ausfluß aus der Nase; Nasenlöcher und Oberlippe wund.

||| Schnupfen mit Ausfluß von dickem, weißem Schleim.

| Schnupfen; dauernder wässriger Ausfluß aus der Nase; Nasenlöcher und Oberlippe wund.

|| Die Nase wurde so schlimm, daß eine Zerstörung der Knochen befürchtet wurde; mehrmals täglich Ausfluß von blutigem Eiter; Wundschmerz der Nasenknochen bei Druck.

|| Zwei sehr schlimme Eiterherde, einer unter der linken Seite der Nase und einer im linken oberen Nasenloch; beide wurden reif und entleerten Eiter und Blut und verschorften danach; vor der Entleerung schießender Schmerz.

Stinknase, durch Quecksilber oder Syphilis, bei gesprungenen Mundwinkeln und Nasenflügeln und bei ausgeprägter Angina mit Auftreten von glänzenden Schleimmembranen.

Gesicht – Rechte Backe brennt wie Feuer und ist rot, nachdem er aus der Kälte hereinkam.

Schmerz wie von einem Messerstich von unter dem linken Jochbein bis zum Scheitel.

Brennen und Röte des Gesichtes.

Trockenheit und Abschälen der Lippen.

|| Knacken des Unterkiefers beim Essen.

|| Das Gesicht drückt große Angst aus.

|| Blasse und sorgenvolle Miene.

|| Das Gesicht ist sehr rot und dann plötzlich blaß.

| Gesicht gerötet; Wangen rot.

| Dunkelbraune Ringe unter den Augen.

|| Gesicht rot, geschwollen und heiß; brennt, fühlt sich trokken an.

|| Morgens, der linke Oberkiefer fühlt sich wund an; die meiste Zeit ist dort ein dumpfer Schmerz, < durch Bewegung des Oberkiefers; manchmal klopfender Schmerz, brennende, klopfende, schmerzende Hitze, volles Gefühl; kann ihre Zahnprothese wegen Wundheit und Schwellung des Oberkiefers nicht tragen; eine Verschärfung der Schmerzen führt zu Wundheit des ganzen Gesichtes; Schmerzen > durch warme Anwendungen, aber nur Kälte > Wundheit.

|| Runder, roter Fleck unter dem rechten Backenknochen, brennt bei Berührung.

|| Rötung der linken Backe.

| Trockenheit und Abschälen der Lippen; obwohl trocken und ausgedörrt, ist der Mund dauernd voll von schaumigem Speichel.

|| Das Mittel scheint am meisten auf die Unterlippe zu wirken und Fieberbläschen hervorzubringen.

|| Die Unterkieferdrüsen sind geschwollen.

|| Schwellung der linken Ohrspeicheldrüse mit Halsentzündung und Appetitverlust.

|| Zuerst wird die Ohrspeicheldrüse befallen, dann erstreckt sich die Krankheit auch auf die anderen Drüsen des Nakkens; Hals und seitlicher Nacken nicht schmerzhaft bei äußerer Berührung.

|| Schwellung der Ohrspeicheldrüse wandert von rechts nach links, noch häufiger aber von links nach rechts.

Zähne – Schmerz in den linken oberen Molaren, erstrecken sich durch die linke Schläfe durchs linke Ohr.

Zähne empfindlich gegen kaltes Wasser.

|| Zahnfleisch geschwollen, ulzeriert, zurückgezogen, blutend, Zähne lose; während der Prüfung bei gleichzeitiger Mangelernährung.

|| Anfallsweiser, nagender Schmerz in den linken oberen Schneidezähnen, vorübergehend besser durch Kälte.

Oberes und unteres Zahnfleisch sehr wund und rot.

Zahnschmerz: Heftiger Schmerz kommt jede Nacht plötzlich gegen 22.30 Uhr. Er fängt unmittelbar nach dem Hinlegen oder dem Warmwerden im Bett an. Mußte zur Erleichterung aufstehen und im Zimmer umhergehen. Der Schmerz begann in einem sehr verfaulten rechten unteren Molaren, erstreckte sich bald auf alle anderen Zähne der rechten Seite; > durch kaltes Wasser. Der Schmerz kam einen Monat lang jede Nacht; die Zähne waren empfindlich, als ob sie zu lang oder zu groß wären. Oft wurde es Tag, bevor ich etwas schlafen konnte. Ich empfand einen dumpf nagenden Schmerz, als ob ein Wurm am Zahn nagt. Er kam immer zur gleichen Zeit, gleichgültig ob ich früh, spät oder gar nicht zu Abend aß. Wenn ich früher zu Bett ging und einschlief, weckte mich der Schmerz um 22.30 Uhr.

Mund – Zunge braun belegt.

Zunge hinten und in der Mitte dick und schmutzig belegt, nicht an den Rändern, welche leuchtend rot sind; um 9 Uhr sieht die Zunge gefleckt aus.

Geschmack faulig; nach Blei, nachmittags.

Schwellung der linken Unterzungendrüse; Ranula.
Mund und Hals mit aphthösen, gelblich-weißen Geschwüren bedeckt, die leicht bluten.
Jucken des Gaumes (Puls., wye.)
Gaumen sehr wund mit Bläschen, die aufbrechen und lose Haut übrig lassen; jede gewürzte Nahrung verursacht starke Schmerzen.
Die Innenseite der Unterlippe ist empfindlich und wund und sieht sehr rot aus.
| Mund sehr trocken, ohne Durst.
Speichel; vermehrt, leicht zäh; lief während des Schlafes aus dem Mund.
| Mund voll von schaumigem Schleim, aber dauernde Neigung zu schlucken.
| Schaumiger Schleim im Mund, < durch Gehen ins Freie und nach dem Essen.
Sehr übelriechender Atem
Das Sprechen ist sehr schwierig, und es besteht eine Neigung, durch die Nase zu sprechen (nervöses Halsleiden).
|| Nichts schmeckt natürlich, außer gesalzener Nahrung.
| Fauliger Geschmack im Mund.
|| Zunge im allgemeinen rot und feucht.
| Zunge weißlich belegt, außer an den Rändern, die rot sind.
| Zunge belegt, sieht schmutzig aus, von der Mitte bis zur Wurzel.
Zunge belegt, weißliche Ränder, Mitte und Wurzel dunkler.
|| Zunge stark belegt und an der Spitze trocken; schmutzig belegt, gelblich-weiß und schleimig; trocken; dick belegt, gräulich-weiß.
| Zunge weißlich-grau belegt, darunter sieht sie bläulich aus.
|| Leicht gelber Belag auf der Zunge.
| Zunge braun belegt.
|| Die Artikulation fällt schwer, weil die Zunge halb gelähmt ist, so daß sie beim Schnellsprechen stottert; muß sehr langsam sprechen.

|| Merkwürdigerweise Rasseln im Mund genau neben der Zunge; beim Versuch, den Mund freizuräuspern, rasselt dauernd Schleim schnell die Zunge entlang; die Aussprache war bis zur Unverständlichkeit verwaschen und jedes Wort, das sie zu sprechen versuchte, wurde von diesem schnellen und dauernden Rasseln an der Zunge begleitet.

|| Übelriechender, fauliger Atem.

|| Mund trocken und ausgedörrt; trinkt wenig und oft.

| Vermehrter Speichel, welcher leicht zäh ist.

| Mund dauernd voll von schaumigem Speichel, Lippen trokken und ausgedörrt.

|| Dauerndes Spucken und Sabbern, sehr reichlich, hierdurch werden Haut und Brust wund.

| Im Schlaf läuft Speichel aus dem Mund und benässt das Kissen.

|| Stomatitis; Mundfäule; Noma, wunder Mund.

Zunge weiß belegt, übelriechender Atem; Empfindung von einem Haar rechts hinten im Mund, welches sie vergeblich wegzuwischen versucht; reichlicher Auswurf von Speichel.

Hals – Peritonsillarabszeß; wechselt die Seiten; dicke, zähe Stücke diphtherischer Membrane lösen sich ab, und dauernd bilden sich wieder neue Membrane; so große und gespannte Schwellung im Hals, daß der Mund nicht geschlossen werden konnte.

| Halsweh; mit starkem Kopfschmerz; Schmerz erstreckt sich zur Brust; trocken und wund; tiefrote Verfärbung an einer Seite des Halses gegenüber den Tonsillen; auf der linken Seite; beide Seiten schmerzen bei äußerlichem Druck.

Halsweh, die Seiten wechseln, beginnend und endend mit den Menses.

Gefühl eines Klumpens im Hals, welcher sich beim Schlucken abwärts bewegt, aber wieder hochkommt; Hals < rechte Seite; < beim Speichelschlucken; nachdem der Hals wieder besser wurde, verschlechterte er sich eines Abends plötzlich wieder stark, diesmal aber auf der linken Seite.

Dauernde Neigung zum Schlucken, welches einen Schmerz verursacht, der sich zum rechten Ohr erstreckt.

Frost bei Bewegung; überall Schmerzen; starke Müdigkeit; wünscht sich Erleichterung durch kalte Getränke; Bett zu hart.

Kurz vor dem Zubettgehen, begann der Hals sich roh und wund anzufühlen; schlechter Schlaf; am nächsten Morgen fühlte sich der Hals voll und wund an, etwas < rechts; dies dauerte zwei Tage, dann schien es sich abwärts zur Brust hin fortzusetzen.

|| Hals sehr empfindlich gegen äußerlichen Druck.

|| Empfindung, als würde sich der Hals schließen und sie würde ersticken, die Empfindung ist zwischen Hals und Nase; Gefühl, als sei etwas im Hals entweder vergrößert oder erschlafft; wünscht den Mund offen zu halten, weil sie sonst erstickt; kann mitunter nicht schlucken, weil im Hals eine Art von Muskelkontraktion zu sein scheint.

|| Stark ausgeprägte Lähmungssymptome; sobald er einzuschlafen begann, hörte die Atmung auf, und er wurde nur dadurch am Leben gehalten, daß man ihn wachhielt; offensichtlich wurde die Atmung nur durch den Willen aufrechterhalten.

|| Das Sprechen ist sehr schwierig, und es besteht die Neigung, durch die Nase zu sprechen.

||| Schlucken sehr schwierig, schmerzhaft, fast unmöglich; Flüssigkeiten kommen durch die Nase wieder heraus.

|| Die Uvula ist verlängert und sehr stark geschwollen, mit diphtherischem Belag; Tonsillen geschwollen und belegt; Flecken an der Rückseite des Halses, sie erstrecken sich bis zum harten Gaumen; übler diphtherischer Geruch.

| Dauernde Neigung zu Schlucken, hierdurch Schmerz, der sich zu beiden Ohren erstreckt.

|| Prickelnde Empfindung im Hals, als wenn er voller Spießchen wäre.

Prickeln und schneidende Schmerzen durch die Tonsillen beim Schlucken, schießen hinauf zu den Ohren.

| Schmerzen im Hals drängen zum linken Ohr.

|| Akuter Schluckschmerz, einmal auf der rechten Halsseite, dann wieder auf der linken Seite.

|| Hals > nach kalten oder warmen Getränken; < durch Leerschlucken.

|| Hals empfindlich.

| Kitzeln und ein zusammenziehendes Gefühl im oberen Teil des Halses, hierdurch dauernder trockener und kurzer Husten.

|| Empfindung eines Balles oder runden Körpers links im Hals mit dem Gefühl, er könnte mit einem Messer beseitigt werden.

Empfindung von Muskelkontraktionen im Hals; mitunter Unfähigkeit zu schlucken.

|| Ausgeprägte Empfindung eines Klumpens links im Hals, beim Schlucken erstreckt sich der Schmerz zum Ohr.

|| Empfindung eines Klumpens rechts im Hals mit dem Gefühl, sie könne ihn mit den Fingern packen und herausziehen; dazu ein sehr ärgerliches prickelndes und stechendes Gefühl; dauernde Neigung, den Speichel zu schlukken, hierdurch Wundheit im Hals.

|| Klumpen links im Hals unter der Tonsille; er verursacht eine Vergrößerung, die beide Gaumenbögen ausfüllt und fast bis zur rechten Seite reicht.

|| Die meisten Schmerzen beim Schlucken von fester Nahrung, keine Abneigung gegen kalte Getränke; feste Nahrung scheint beim Schlucken einen Klumpen passieren zu müssen, mit Wundschmerz, der sich bis zum linken Ohr und in das Ohr hinein erstreckt.

| Wundheit des Halses beginnt mit einem Kitzeln.

| Der Hals fühlt sich roh an.

|| Empfindung von Roheit, anfangs gewöhnlich links im Hals.

| Der Hals fühlt sich trocken und rauh an, wie von heißer Flüssigkeit verbrüht.

|| Der Hals fühlt sich verbrannt und verzogen an, wie verätzt.

| Schmerzen rechts im Hals in der Gegend der Tonsille.

|| Hals und Mund beim Aufwachen schmerzhaft trocken.

|| Hals sehr trocken und wund, sehr entzündet, < rechts; Gaumen rot, Uvula verlängert; Schlucken sehr schmerzhaft.

|| Hals wund, ödematös, geschwollen, Tonsillen stark geschwollen.

| Der Hals sieht besonders glatt, glänzend und rot aus.

|| Halsweh, Schmerzen im ganzen Körper und in den Gliedern, starker Kopfschmerz.

| Halsweh links; beide Seiten schmerzen bei äußerlichem Druck.

|| Halsweh rechts, tief unten, erstreckt sich zum Ohr; Schluckschmerz; empfindlich gegen äußerlichen Druck; leichter Schnupfen.

|| Hals wund, geschwollen, rot und glänzend.

|| Wunder Fleck links im Hals, nur nachts bis 1 Uhr; in der nächsten Nacht das gleiche rechts im Hals; tritt nach 1 Uhr nicht wieder auf.

| Krusten an der Haut, darunter gräulich-gelbes Material; Schleimfollikel des Halses erhaben und geschwollen, bedeckt mit weißlichem, cremefarbigem Schleim, mehrmals am Tag blutiger Eiter aus der Nase; Nasenknochen auf Druck wund.

| Teilweise Urinverhaltung; Hals wund und ödematös geschwollen; am nächsten Morgen Puls 130 pro Minute; Temperatur 38,9° C; Tonsillen stark geschwollen; starke Abneigung gegen Essen und Trinken.

||| Wundheit des Halses, die mit einer kitzelnden Empfindung einsetzt, hierdurch dauernd Husten; dann Empfindung eines Klumpens auf der einen Seite, hierdurch andauerndes Schlucken; dieser Zustand geht völlig vorüber und

setzt dann auf der anderen Seite ein, wechselt mehrere Male und kehrt schließlich auf die Ausgangsseite zurück; dieses Halsweh beginnt und endet häufig mit den Menses.

|| Über mehrere Jahre hin nach einer Diphtherie Halsweh direkt vor den Menses; kleine gelblich-weiße Exsudatflekken an den Tonsillen der betroffenen Seite, mit starken Schluckbeschwerden und scharfen Schmerzen, die ins Ohr ziehen; diese Flecken finden sich auch an der Rückwand des Halses und der Uvula, einige sind ziemlich gelb und einige weiß; wenn man sie abkratzt, bluten sie.

| Kurz vor dem Zubettgehen, begann der Hals sich roh und wund anzufühlen; schlief schlecht; am nächsten Morgen fühlte der Hals sich voll und wund an, etwas < rechts; dieser Zustand dauerte zwei Tage, dann schien er sich abwärts zur Brust fortzusetzen.

| Morgens beim Aufwachen fühlte der Hals sich andauernd wund an und als ob zwei Klumpen wie Eier darin wären, besonders beim Schlucken; kaltes Wasser schien für einen Augenblick zu bessern; bei der Untersuchung am Abend waren beide Tonsillen stark geschwollen und sehr rot; < links, an der linken Tonsille fanden sich umschriebene Flecken.

| Rechte Tonsille rot und geschwollen; nagende Schmerzen der Tonsille; < nachts; träumt von einer Schlange im Bett.

||| Tonsillen entzündet und sehr wund, rot und glänzend, sie verschließen fast den Hals; Trockenheit des Rachens und Halses; Schwellung der Unterkieferdrüsen.

| Peritonsillarabszeß direkt vor dem Aufgehen, verschwand ohne aufzugehen in ungewöhnlich kurzer Zeit; das Leiden war von einer Seite zur anderen und wieder zurückgewandert; ist nicht wiedergekehrt.

| Halsweh, wird rasch schlimmer; Fieber; Schluckbeschwerden; < rechts; rechte Tonsille stark entzündet, leuchtend rot und stark vergrößert, an der inneren Oberfläche gelb-

lich-grauer Fleck; der ganze Rachen, Uvula und Gaumensegel sind stark entzündet; der Fleck wurde größer und andere bildeten sich im Rachen; die linke Tonsille wurde fast so groß wie die rechte; übler Geruch; danach heller, scharlachfarbener Ausschlag an Gesicht, Hals, Händen und Brust, wie Scharlach; kann fast nicht mehr schlukken, besonders keine Flüssigkeiten; Abneigung gegen Flüssigkeit; besonders gegen Wasser.

|| Peritonsillarabzeß; die Eiterung bewegte sich von der linken zur rechten Tonsille, dann von der rechten zur linken und wieder zurück zur rechten, dann waren beide Tonsillen gleichzeitig befallen; dann verschlechterte sich wieder die eine und dann wieder die andere; die ganze hintere Halspartie war ödematös geschwollen und erhaben wie ein unüberwindliches Hindernis; es lösten sich dicke, zähe Stükke der diphtherischen Membran ab, und ständig bildeten sich neue Membrane; so große und stramme Schwellung im Hals, daß der Mund nicht geschlossen werden konnte.

|| Scheimhautfollikel erhaben oder geschwollen und mit einem weißlichen, cremefarbigen Schleim bedeckt.

|| Die ganze Schleimhaut des Halses geschwollen, dunkelrot, mit grauen Flecken und kleinen, unregelmäßigen begrenzten Geschwüren; die Schleimhaut schälte sich gelegentlich ab; Sprechen und Schlucken sehr schmerzhaft; < nach dem Schlaf.

|| Weiße Geschwüre an den Tonsillen.

| Halsweh, beginnend an der linken Tonsille, diese ist geschwollen und ulzeriert; der Hals fühlt sich geschwollen und roh an, prickelnde und schneidende Schmerzen schießen beim Schlucken durch die Tonsillen; Unterkieferdrüsen wund und geschwollen und Schmerzen im linken Ohr; die meisten Schmerzen beim Schlucken von fester Nahrung; die Nahrung scheint einen Klumpen überwinden zu müssen; keine Abneigung gegen kalte Getränke; beim Trinken kommt Flüssigkeit durch die Nase heraus.

|| Halsweh beginnt an der linken Tonsille, die geschwollen und ulzeriert war und eine mit einem weißen Fleck bedeckte Einsenkung aufwies; später erstreckte sich die Krankheit auf den Gaumen und die rechte Tonsille, die betroffenen Stellen waren rot und glänzend.

|| Der Hals war stark entzündet und fast zugeschwollen, graue diphtherische Flecken links im Hals.

|| Halsweh, Geschwüre an der Innenfläche beider Tonsillen, Tonsillen rot und leicht vergrößert, der übrige Hals trokken.

|| Die Geschwüre nehmen an Größe und Zahl zu, die umgebende Schleimhaut aber sieht besser aus.

|| Kleine, runde oder unregelmäßige grau-weiße Geschwüre an Tonsillen und Rachen, beidseits.

|| Tonsillen so stark geschwollen, daß sie fast den Hals verschließen.

|| Die rechte Tonsille ist mit einer aschgrauen Membrane bedeckt, die sich entlang des freien Gaumenrandes bis zur Uvula erstreckt, welche schon befallen war; am folgenden Tag hatte die Membrane die Mitte überschritten und der ganze Gaumenbogen war befallen, sie reichte weit hinunter bis zur linken Tonsille.

|| Rechte Tonsille roh, geschwollen; grau-weiße Membrane an rechter Tonsille und Gaumen.

|| Die ganze rechte Tonsille ist von einem diphtherischen Fleck bedeckt.

|| Beide Tonsillen geschwollen und mit Exsudatflecken bedeckt, wie Schimmelpilz auf einem Einmachglas.

|| Zunge, Rachen und Tonsillen geschwollen und mit einem schmutzigen Belag bedeckt.

|| An beiden Tonsillen ein sehr dickes Exsudat, welches fast die ganze Oberfläche bedeckt; bei der Untersuchung wurde unabsichtlich ein großes Membranstück von einer Tonsille abgelöst, danach starke Blutung an der betreffenden Stelle.

|| Starkes Halsweh, Tonsillen vergrößert, besonders links, sehr große, weiße Flecken; Tonsillen und Rachen tief purpurrot; fauliger Mundgeruch; nachdem sich die Flecken abgelöst hatten, war der Hals sehr wund, roh und blutig.

|| Starkes Halsweh, < links, große grünliche Geschwüre an beiden Tonsillen, um die Geschwüre herum grau-weißes Exsudat, die anderen Stellen sind tief purpurrot; beidseits äußerliche Schwellung; nachdem das Exsudat an den Tonsillen verschwunden war, blieb eine rote und blutige Oberfläche zurück.

|| Weiße Flecken wie Fliegeneier an beiden Tonsillen, sie erstrecken sich von dort nach hinten in den Hals; Tonsillen vergrößert und tiefrot; der Hals fühlte sich so voll an, daß sie glaubte, sie würde nachts ersticken, und konnte deshalb nicht schlafen; beim Schlucken von Toast etwas Schmerz, der Hals schien aber nachher freier zu sein; sie mußte den Toast herunterwürgen.

|| Durch das Gurgeln mit warmem Wasser kam ein faseriger Schleim heraus.

|| Die ganze Halsschleimhaut ist hoch entzündet und geschwollen und die Drüsen beider Seiten sind vergrößert.

|| Pseudomembran im Hals, dick, grau oder leicht gelb, oder dunkel und fast schwarz, oder weiß und glänzend, fast wie Perlen oder Fischschuppen.

|| Dunkelrote, entzündete Kapillarstreifen im Rachen, gefolgt von glatten glänzenden Ablagerungen oder einer klebrigen Membrane; der halbe Gaumenbogen ist gefüllt mit klebrigem, fauligem Speichel.

||| Porzellanweiße, diphtherische Membrane; die Halsschleimhaut glänzt wie glasiert; die Membrane gehen mehrmals auf einer Seite zurück und erscheinen auf der anderen Seite; Verlangen nach warmen Getränken, die durch die Nase wieder herauskommen können; postdiphtherische Lähmung.

| Glattes, glänzendes Aussehen des Halses; die Membrane tendieren dazu, die Stelle im Rachen zu wechseln.

|| Die Geschwüre im Hals glänzen wie Silber, die Symptome wechseln die Seiten; nicht sehr ausgeprägte Kruppsymptome; nach Verschwinden des Exsudates blieb eine tiefe Aushöhlung zurück.

|| Die diphtherischen Ablagerungen sehen wie glasiert aus; an wechselnden Stellen Exsudate, mal hier, mal dort.

|| Dicke membranöse Massen am weichen Gaumen, links; diphtherische Massen bedecken die Uvula und die Rachenrückwand; am folgenden Tag ist die Membrane am weichen Gaumen dicker; an Uvula, Rachenhinterwand und Gaumenbögen schmutzigbraun, ausgedehnter und sehr übelriechend; das Schlucken ist sehr schwierig; ein großes Membranstück, welches sie zu ersticken drohte, wurde mit der Pinzette entfernt; am folgenden Morgen hatte sich an dieser Stelle eine zweite Membrane gebildet und die Rachenwände waren mit einem schmutziggrauen Exsudat bedeckt; Uvula fast schwarz und grobe Membranfetzen hängen von ihr herunter.

| Am Morgen sehr starkes Halsweh; rechte Tonsillen mit Geschwüren und Flecken bedeckt, die sich über den Gaumen erstreckten und die linken Tonsille bedeckten; am nächsten Tag erstreckte sich die Membrane über die Rachenhinterwand; Uvula verlängert, dabei Frost, hohes Fieber, Schmerzen im Kopf, in Rücken und Gliedern, starke Unruhe und extreme Schwäche. Dieser Zustand wurde als „schwere Diphtherie" diagnostiziert, er besserte sich aber rasch.

|| Halsweh, aber nur geringe Schwellung, Tonsillen sehr leicht vergrößert; Wundheit im Hals, erst vorwiegend rechts, dann links; ausgeprägte diphtherische Membrane an beiden Seiten des Halses auf einem entzündeten roten Untergrund, 2 cm lang, einen halben Zentimeter breit und 1 cm dick. Der Vorderrand ist schmutziggelb; das Zentrum ist

mehr organisiert, perlenartig glitzernd, weiß wie Elfenbein; die Membrane an der rechten Seite scheint fester und dichter zu sein, sie verschwand später.

| Starke Fröste, Kopfschmerz, Schmerz in Rücken und Gliedern, Ruhelosigkeit und Halsweh; drei Tage später war die rechte Tonsille mit einer aschgrauen Membrane bedeckt, die sich entlang des Gaumenrandes zur Uvula erstreckte, welche schon befallen war; eigenartiger diphtherischer Geruch im Zimmer; kleiner Puls; Haut feucht kalt, rasche Erschöpfung der Lebenskraft; am nächsten Tag bedeckte die Membrane den ganzen Gaumenbogen und reichte hinunter bis zur linken Tonsille.

| Gaumen und Rückwand des Rachens mit einer gräulich-gelben Ablagerung bedeckt, deren größter Teil bald wieder verschwand, das Ganze dauerte nur ungefähr eine Stunde; nachmittags besserte sich der Hals sehr, die Ablagerung war fast verschwunden, nachts aber wieder Verschlechterung.

|| Der Hals war mit einer diphtherischen Membrane bedeckt; Uvula verlängert, geschwollen und mit schwarzen und weißen oder grauen diphtherischen Ablagerungen bedeckt; die Rachenrückwand war bis zum harten Gaumen vollständig bedeckt; sehr übler Geruch, die linke Außenseite des Halses war geschwollen und lag fast auf dem gleichen Niveau mit dem Unterkiefer; das Schlucken war sehr schwierig; als der Hals anfing besser zu werden, schien die Krankheit sich durch den ganzen Verdauungstrakt hindurchzuarbeiten, denn die Uvula und andere Teile waren sehr stark geschwollen und jeden Moment erfolgten unwillkürliche Absonderungen diphtherischen Materials von der Uvula und aus dem Rektum.

| Ein diphtherischer Membranfleck erschien zuerst an der rechten Tonsille, dann an der linken und wechselte häufig die Seiten; Schwellung des Halses (Unterkieferdrüsen und Lymphdrüsen) wechselte in ähnlicher Weise die Seiten; <

bei und nach einem kalten Nordoststurm; Kitzeln im Hals beim Trinken; die eine Nasenseite verstopft, die andere frei mit zeitweiligem Ausfluß von dünnem Schleim und dünnem Blut; auch dieser Zustand der Nase wechselte die Seite; nicht ödematöse Schwellung der Augenlider, rötliche Verfärbung des Unterlides, besonders des rechten Auges; Atmung heiser und kruppartig, zeitweilig hört die Atmung ganz auf; häufiges Schnaufen, welches nur durch den Mund möglich ist; hartnäckige Verstopfung, häufiger Drang, mit stechenden Schmerzen im Rektum, keine Kraft zum Austreiben; Stuhl dick, weißlich, unverdaut, schuppig, hart, konnte es nicht ertragen, einen Moment alleingelassen zu werden; sah große Augen und kriechende Dinge; braucht Licht, verträgt aber nicht das Sonnenlicht; Urin spärlich, selten, kein Drang, kaffeefarben; 80% Eiweiß und viel Schleim; in 24 Stunden weniger als 140 ml.

| Fieber; gebadet in warmen Schweiß, besonders um Gesicht, Hals und Hände; ängstlicher Ausdruck; Augen wässrig und mit Ausfluß; möchte in den Armen der Mutter aufsitzen; weint und widersetzt sich allen Versuchen, es zu stillen; langt nach Wasser; weigert sich aber, es zu nehmen; Atmung heiser; weint flüsternd und gebrochen, oft ohne jeden Laut; Puls 170; Zunge, Rachen und Tonsillen geschwollen und mit einem schmutzigen Belag bedeckt; sabbert aus dem Mund; Hals empfindlich gegen äußere Berührung; eine dicke, schmutzige, graue diphtherische Membrane bedeckt den freien Rand der Epiglottis und setzt sich nach beiden Seiten fort. Das Kind weigert sich zu schlucken und prustet die Medizin wieder hinaus, einiges kommt durch die Nase wieder heraus.

| Wundheit des Halses mit starker Hitze; der Puls konnte kaum gezählt werden; so vollständige Schwäche, daß der Patient sich sogar weigerte, eine Anstrengung zur Einnahme der Medizin zu machen; Temperatur 39,2° C; große

äußerliche Empfindlichkeit des Halses; Symptome nach dem Schlaf; ein sehr dickes Exsudat bedeckt fast die ganze Oberfläche beider Tonsillen, nach gewaltsamer Ablösung beträchtliche Blutung.

| Hals hochentzündet, geschwollen, fast zu; graue diphtherische Flecken an der linken Halsseite; Atmung schwierig, manchmal Erstickungsanfälle, Puls 140, Gesicht gerötet, geschwollen und heiß; Zunge trocken und mit dickem, gräulich-weißem Belag.

| Am dritten Tag Schwellung der rechten Tonsille mit einem kleinen diphtherischen Fleck, der übrige Hals entzündet; am vierten Tag sind beide Tonsillen geschwollen und mit diphtherischen Flecken bedeckt, mit Schluckbeschwerden; hohes Fieber, Ruhelosigkeit, schreit auf und spricht im Schlaf; klagt über Schmerzen in Kopf, Rücken und Gliedern; hellroter Ausschlag an der Brust und um den Hals, der sich am fünften Tag über den ganzen Körper und die Beine erstreckte; die Krankheit war jetzt auf dem Höhepunkt; an der Haut große, dunkelrote Flecken mit einem purpurroten Rand; Schwellung des ganzen Körpers; rechts Membrane, Schwellung und Wundheit; Schlucken unmöglich; klagt über starken Durst, weigert sich aber zu trinken; typischer Geruch im Zimmer; an der rechten Seite ließ die Wundheit nach und begann an der linken; linke Tonsille und Rachenhinterwand mit einer Membrane bedeckt; diese greift auf die Choanen über; beim Schlucken ausgeprägte Empfindung eines Klumpens im linken Hals mit Schmerz, der sich zum linken Ohr erstreckt; Zunge schmutzig, gelbweiß und schleimig belegt; keine Schwäche; die Besserung setzte am siebten Tag ein und die Mittelgabe wurde unterbrochen.

| Schmerzen in Gliedern, Kreuz und Kopf verschwinden, der Hals wird schmerzhafter, sieht aber besser aus, oft nehmen die Geschwüre an Zahl und Größe zu, die umgebende Schleimhaut sieht aber sauberer aus; < durch Leer-

schlucken; der innere Hals fühlt sich steif an; > nach warmen oder kalten Getränken, kein Durst, aber trockener Mund; Schmerz drängt zum linken Ohr; rechte Tonsille rot und geschwollen mit grau-weißer Membrane, die auch am Rachen sitzt; Nasenbluten beim Sprechen oder Schlucken, in einem Fall; Schweiß am ganzen Körper; starke Erschöpfung mit Vergiftungsgefühl; häufiges Urinieren, Urin dunkel; Ruhelosigkeit der Beine und des ganzen Körpers; trockenes, brennendes Gesicht; dauerndes Spucken und Sabbern; die Geschwüre sind klein, rund oder unregelmäßig begrenzt; grau-weiß; Stimme heiser, unterbrochen durch Schwäche und Heiserkeit.

|| Der Hals war mit einer Substanz gefüllt, die wie Schmierkäse aussah, Hals, Zunge, Gaumen, Zahnfleisch und Wangen waren vollständig mit dieser Substanz ausgekleidet; Mund und Hals waren mit losen Teilchen gefüllt; schrecklicher Geruch.

| Schwere; Magen gebläht und wundschmerzhaft; Vergrößerung der Tonsillen, linke Tonsille <; fühlt sich schwach; kann nichts essen oder trinken ohne Schmerz in der Magengrube; Kurzatmigkeit und allgemeine Mattigkeit.

|| Die Membrane löste sich aus dem Hals und es folgte eine sehr schwere, hellrote intestinale Blutung; die Blutung ließ nur langsam nach, und im Hals erschien wieder eine Membrane; dieser Vorgang wiederholte sich mehrmals einige Tage lang.

|| Dicke Pseudomembrane, grau, gelb oder dunkel, die umgebende Schleimhaut ist dunkel oder gelb, manchmal < auf einer Seite, oder die Entzündung wechselt die Seiten, gewöhnlich < links.

|| Dicke Pseudomembrane, gelblich-grau, oft grünlich.

|| Entzündung des Rachens mit völliger Zerstörung des Epithels, zähem Speichel, Hitze der Hände; Zwang, ständig die Stellung zu wechseln.

|| Eine dicke, schmutzig-graue diphtherische Membran bedeckt den freien Rand der Epiglottis und setzt sich an beiden Seiten fort.

|| Die Uvula ist ziemlich frei von der Membrane, aber sehr wund und blutend.

| Uvula belegt (in sieben Fällen).

|| Nach Ablösen der Membrane ist die Schleimhaut rot und blutig, mit vermehrtem Schlucken.

|| In den meisten Fällen von Diphtherie beginnen die Halssymptome rechts.

|| Entzündung, Geschwüre und Schwellung wandern von Seite zu Seite, gewöhnlich < links.

||| Diphtherie und Kehlkopfdiphtherie.

Sie wachte um vier Uhr nachts auf (zweiter Tag) mit dem Gefühl, sie bekäme eine Halsentzündung; Roheit und Wundheit rechts im Hals.

Schwellungsgefühl im Hals.

Gefühl, als ob sie etwas abhusten müsse, konnte aber nichts heraufbringen.

Empfindung eines Säckchens (Klumpens?) rechts im Hals, welches sich beim Schlucken abwärts zu bewegen schien und dabei gegen die Schleimhaut kratzte oder rieb; nach dem Schlucken war es wieder da.

Rachen und Tonsillen sehr rot und wund.

Die rechte Tonsille erschien vom Rand zur Mitte gefältelt und verzogen.

Kleiner, schwarzer, stecknadelkopfgroßer Fleck in der Mitte der rechten Tonsille.

Zwei längliche Geschwüre an der rechten Tonsille in der Nähe des Innenrandes.

Am dritten Tag Ring kleiner, gelber Bläschen um jedes Geschwür herum, welche später das Aussehen einer Pseudomembran annahmen.

Pseudomembran an der rechten Tonsille, nicht aber links.

Die linke Tonsille wurde am zweiten Tag wund und entzündete sich, die rechte war nicht annähernd so schmerzhaft; am Abend wieder Schmerz und Wundheit rechts, links Erleichterung. Dieser Wechsel von Seite zu Seite hielt eine Woche lang an, dann verschwanden die schmerzhaften Symptome ganz.

Jedes Schlucken schmerzhaft, am schlimmsten aber das Schlucken fester Speisen.

Der Schluckschmerz erstreckt sich zum Ohr.

Halsschmerzen < in kalter Luft.

Der Hals fühlt sich bretthart an.

Gefühl eines Klumpens im Hals, der sich beim Schlucken abwärts bewegt, danach jedoch zurückkehrt; Hals < rechts.

Eine fünfzig Jahre alte Dame, Witwe, Mutter von einem Kind, hat Syphilis und litt viel unter Entzündungen und Geschwüren des Rachens und der Tonsillen, welche von Abszessen völlig zerklüftet waren. Im letzten Monat hatten Schmerz und Wundheit täglich die Seite gewechselt. Sie war wegen dieser Krankheit lange Zeit ohne Erfolg von einem angeblichen Homöopathen behandelt worden.

Sie bekam vier Gaben Lac caninum C200, zwei Gaben täglich, dann setzte die Besserung ein, und in zehn Tagen war sie gesund und blieb es ohne zusätzliche Medikamente.

„Von rechts nach links und von links nach rechts, täglich." – *Wakeman.*

Einer meiner Fälle war der kleine Moody, der „zum drittenmal" (so sagte man mir) Scharlach hatte. Sein Hals war voller großer, fauler, grau-gelber Flecken, äußerst starke Schluckschmerzen nach dem Schlaf und durch das Schlucken saurer Früchte, Klumpengefühl im Hals, Unruhe, Delirium mit unklaren Ängsten, beträchtlicher, jukkender, hellroter, feiner Ausschlag an Gesicht und Brust mit trockener Haut. (Ich habe noch keinen Fall von ziemlich eindeutiger Diphtherie erlebt, bei dem nicht zu irgendeinem Zeitpunkt ein Ausschlag auftrat.) Eine Gabe Lac-c. CM. trocken und 48 Stunden später ein Pulver M führten rasch zur Heilung, ohne ein anderes Mittel.

Bei der Beschreibung von Lac-c. in Fällen von Diphtherie habe ich immer das folgende sehr interessante Symptom aus der Originalprüfung berücksichtigt. „Es dauerte 24 Stunden vom Erscheinen bis zum völligen Verschwinden der Flecken im Hals". Beim Verschreiben warte ich 24 Stunden, bevor ich die Gabe wiederhole oder den Fall noch einmal durchgehe. Wenn nach 24 Stunden keine Besserung eingetreten ist und die Symptome immer noch auf Lac-c. weisen, gebe ich eine weitere Gabe in einer anderen Potenz. So erhielt ich viel schnellere und befriedigendere Ergebnisse, als wenn ich das Mittel in Wasser und alle 3 oder 4 Stunden wiederholt habe. – *Nichols.*

Appetit – Appetit verbessert; verstärkt.

Sie kann ihren Hunger nicht stillen.

| Verlangen nach scharf gewürzten Gerichten, was bei ihr sehr ungewöhnlich ist; sie benutzte Pfeffer, Senf und reichlich Salz.

| Kein Appetit.

| Beträchtlicher Durst.

Starker Hunger auf große Mengen, oft.

|| Bittet um Milch und trinkt viel davon.

Abneigung gegen alles Süße.

Kein Appetit oder Durst.

|| Durst nach kleinen Mengen, aber oft, weil der Hals so trokken und heiß ist.

|| Durst.

|| Großer Durst auf große Mengen, oft.

|| Verlangen nach lauwarmem Wasser mit einer Prise Salz.

|| Abneigung gegen Flüssigkeit, besonders Wasser.

|| Appetit- und Kraftlosigkeit; Abneigung gegen Nahrung, besonders fette.

MAGEN – | Übelkeit mit Kopfschmerz beim Erwachen; dauert den ganzen Vormittag an.

Übelkeit, > durch Aufstoßen von Luft.

Um 17 Uhr starke Übelkeit beim Rauchen einer Zigarette mit heftigem Schmerz in der Magengrube; glaubte, er muß erbrechen, aber das Gefühl verging nach 4 oder 5 Minuten.

Um 10.15 Uhr Gefühl von Leere und Schwäche in der Magengrube; am folgenden Tag das gleiche um 18 Uhr.

| Gefühl von Schwäche und Sinken in der Magengrube morgens beim Erwachen.

Gefühl, als ob das Gewicht eines Steines im Magen drückt.

||| Starke Schwäche des Magens und Übelkeit.

||| Übelkeit im Beginn einer Diphtherie.

|| Der fast dauernd vorhandene diphtherische Ausfluß aus Mund und Nase hörte nahezu auf, und sie bekam beinahe sofort Anfälle von Magenweh und erbrach gelegentlich Membranteile.

|| Häufige Anfälle von schwerem Erbrechen und in der übrigen Zeit dauernd Übelkeit und Furcht zu essen.

|| Nagendes Hungergefühl nicht > durch Essen; alles, was sie ißt, außer Fisch, verschlimmert; der Gedanke an Milch macht sie krank.

| Dyspeptische Schmerzen wie von einem Stein oder unverdautem Essen in der Magengrube um 21.45 Uhr; anschließend ein stechender Schmerz in der rechten Lunge, direkt unter der Brustwarze.

| Brennen im Epigastrium; Druckgefühl vom Gewicht eines Steines im Magen; sehr durstig; Bauch geschwollen und brennend, mit abwärtsdrängenden Schmerzen; schleimige, gelbe, flüssige Stühle; Puls 100; Schmerzen und Klopfen in den Schläfen; rote Flecken an der linken Wange; roter runder Fleck unter dem rechten Backenknochen, bei Berührung brennend; kein Appetit, verträgt keine Speisen; der Unterkiefer kracht beim Essen.

|| Magen empfindlich und gebläht; kann nichts ohne Schmerz in der Magengrube essen oder trinken.

|| Pochen in Magen und Gedärmen.

|| Heftiges Klopfen in der Gegend des Solarplexus; wenn es sehr heftig wurde, was täglich mehrere Stunden lang geschah, schien es sich bis zum Kopf fortzusetzen oder zu erstrecken; dann überwogen Schwindel und ein Leichtigkeitsgefühl des Kopfes, was sie zum sofortigen Hinlegen zwang, weil sie sonst zu Boden gestürzt wäre.

|| Magenschmerzen oder Herzschmerzen, < während der Menses, so daß sie zu Boden sank, kam und verschwand plötzlich.

ABDOMEN – Schmerz in der rechten Beckenhälfte; während er andauerte, war die linke Hälfte schmerzlos.

Schmerz und Brennen in der linken Hälfte des Bauches und des Beckens mit Schweregefühl und Ziehen auf dieser Seite; die Kleidung wird als sehr schwer empfunden.

|| Spannungsgefühl in der linken Leiste; mag nicht gehen oder stehen, weil es das Gefühl verstärkt; > durch Anziehen der Beine gegen den Bauch.

Hochakuter Schmerz in der linken Leiste, erstreckt sich nach links oben zum Beckenkamm; > durch Stuhlgang; manchmal ist der Schmerz im Verlauf des Rektums lokalisiert.

Bauch geschwollen und empfindlich gegen tiefen Druck, welcher auch Übelkeit hervorruft; diese verschwindet, wenn der Druck weggenommen wird.

Hat das Gefühl, als würden Bauch und Brust überall fest zusammengepreßt, als ob die Haut kontrahiert wäre.

Bauch sehr empfindlich gegen Druck und das Gewicht der Kleidung, vergeht durch Ausziehen der Kleider, während sehr reichlicher Menses.

Aussetzen der Schmerzen im Bauch.

Schmerz im Becken, im Allgemeinen über dem rechten Ovar.

Kopfschmerz (links) beim Erwachen und starker Schmerz im Becken, am meisten am rechten Ovar.

I Druck von innen nach außen, als ob der Bauchinhalt buchstäblich herausgepreßt würde, direkt oberhalb des Beckens.

Empfindung beim Gehen, als ob der Bauch platzen würde.

II Heftiger brennender Schmerz im rechten Hypochondrium, in der Iliakalgegend und den entsprechenden Stellen des Rückens, erstreckt sich quer über den Rücken zur linken Bauchseite; < wenn sie auf den Füßen oder ermüdet ist, > durch Hinlegen.

I Bauch sehr hart und geschwollen, abends.

II Bauch geschwollen und brennend mit abwärtsdrängenden Schmerzen.

II Äußerst starke Hitze im Bauch.

I Heftig schießender Schmerz im Bauch, erstreckt sich in alle Richtungen.

II Heftiger scharfer Schmerz in der linken Bauchhälfte mit Übelkeit beim Vorwärtsneigen.

II Schmerzen und Brennen in der linken Hälfte des Bauches und Beckens mit Schweregefühl und Ziehen auf dieser Seite, die Kleidung fühlt sich schwer an.

II Schmerz im Becken, gewöhnlich in der Gegend des rechten Ovars.

II Kopfschmerz über dem linken Auge beim Erwachen und starker Schmerz im Becken, am ausgeprägtesten am rechten Ovar.

II Schmerzen im Bauch, < durch Vorwärtsbeugen; > durch Zurücklehnen.

II Beißen in der rechten Leiste; die Schmerzen scheinen in den Beckenknochen, im Uterus und in den Gliedern zu sitzen.

I Hochakuter Schmerz in der linken Leiste, erstreckt sich nach links aufwärts zum Beckenkamm, > durch Stuhlgang; manchmal Schmerz im Dickdarmverlauf.

Stuhl und Rektum – Häufiger Stuhldrang während der ganzen Prüfung.

Bei Abgang von weichem Stuhl starker Tenesmus; das Rektum versagt, nicht etwa aus Kräfteverlust, sondern als ob er die Feces nicht austreiben könnte, weil sie so weich sind und wie Lehm an den Wänden kleben.

Verstopfung; gelegentlich normaler Stuhlgang; heftiger Stuhlgang, aber es kommt nichts außer Winden oder mitunter ein oder zwei kleine, wie Schafkot aussehende Stückchen; beträchtliche Gasansammlung im Bauch mit Kollern, aber niemals irgendwelche Schmerzen.

Reichlicher Durchfall mit kolikartigem Schmerz; wässriger Durchfall, reichlich, kommt mit großem Nachdruck heraus.

Starke Verstopfung vor und nach den Menses; Därme sehr gut arbeitend (kein Durchfall) während der Menses.

|| Schleimige, flüssige, gelbe Stühle.

| Verstopfung.

|| Hartnäckige Verstopfung; häufiger Drang mit stechendem Schmerz im Rektum, keine Kraft zum Austreiben; Stuhl reichlich, weißlich, unverdaut, schuppig und hart.

Häufiger Drang, es kommen nur Flatus oder kleine, schwarze Bällchen.

Harnorgane – Urinieren verursacht heftigen Schmerz in der Harnröhre, welcher rasch vergeht.

Nach dem Urinieren Empfindung, als ob die Blase noch voll wäre; andauernder Drang zu urinieren.

Häufiger Drang zu urinieren, welcher Schmerzen in der Blase verursacht, wenn ihm nicht sofort nachgegeben wird; eine dumpfe, taube Empfindung; wenn nicht > durch Urinieren, breitet sie sich über den Bauch und die linke Seite bis zu den Fingerspitzen aus; niemals im Kopf; träumte des Nachts von dem Schmerz und wachte mehrmals auf und mußte urinieren, um ihn zu erleichtern.

| Ständiger Drang zu urinieren, reichlicher Urin, häufig; nachts träumt sie vom Urinieren und wacht mit dem unmittelbaren Bedürfnis zu urinieren auf; ein weniger kräftiger und gesunder Mensch würde wahrscheinlich das Bett naßgemacht haben.

(Nächtliches Einnässen, ein Spezifikum).

|| Dauernder Drang zu urinieren, mit heftigem Schmerz.

| Dauernde Neigung zu urinieren welche aber beherrscht wurde, weil das Urinieren heftigen Schmerz verursachte, wenn der Urin mit der Vulva in Berührung kam.

| Urin ungewöhnlich häufig und dunkel.

| Häufiges Urinieren; besonders nachts; spärlich, dunkel, rotes Sediment.

|| Urin sehr spärlich und dunkel.

| Urin dunkel, mit dickem, rötlichem Sediment, das sich in unterschiedlich gefärbten Kreisen am Boden und an den Seiten des Gefäßes ablagerte.

|| Urinieren sehr schwierig.

|| Uriniert nur einmal in 24 Stunden und dann reichlich, aber mit einigen Schwierigkeiten und mit leichter Reizung.

|| Urin spärlich, selten, kaffeefarben, kein Drang zu urinieren, weniger als 150 ml in 24 Stunden, 80% Eiweiß, mit viel Schleim.

|| Kein Urin in 47 3/4 Stunden, Blase ziemlich voll, Glieder schrecklich geschwollen und beim Urinieren sehr starke Reizung.

|| Das Urinieren wird teilweise unterdrückt.

| Dauernder Drang zu urinieren, Urin spärlich.

Männliche Geschlechtsorgane – Ziemlich ausgeprägter Sexualtrieb.

Rechter Samenstrang ganz unten bei Berührung wund.

| Schanker an der Vorhaut, an der linken Seite des Frenums; Penis stark geschwollen; Schanker wie ein blumenkohlartiger Auswuchs, rot, glatt und glänzend, schnell granulierend von der Mitte zum Rand hin.

(Kleine wunde Stelle an der Mündung der Harnröhre; um die Urethra herum ist die Glans teilweise offen ulzeriert, mit sehr üblem Geruch und mit äußerst quälendem Schmerz; rotes, glänzendes Aussehen.)

|| Gonorrhoische Schmerzen, aussetzend, im vorderen, mittleren oder hinteren Teil der Harnröhre; als die Gonorrhoe sich bessert, setzt ein Katarrh ein.

|| Großer Schanker am Penisrücken mit einer pilzartigen Bakterienmasse, die die ganze Korona der Glans bedeckt, anfangs von schimmerndem, weiß glänzendem Aussehen, später mit einem Pilz bedeckt und wie voll entwickelte Aphthen aussehend, die Ränder der Vorhaut sind geschwollen und mit juckenden Knoten bedeckt.

| Penis sehr stark geschwollen, an der Glans ein Schanker wie ein blumenkohlartiger Auswuchs von ca. 1$^1/_2$ cm Durchmesser; er war rot, glatt, glänzend; kein Schmerz; nach einer Woche erschienen zwei kleine, tiefe, saubere Schanker mit scharfen Rändern und mit dem gleichen glänzenden Aussehen.

|| Kleine, wunde Stelle an der Harnröhrenmündung; wurde ständig schlechter; die Vorhaut war ca. $^1/_2$cm weit befallen, und Teile der Glans bildeten um die Harnröhre herum ein offenes Geschwür, das einen äußerst üblen Geruch ausströmte und äußerst quälende Schmerzen bereitete; jeden Abend um 22.00 Uhr Blutung und auch am Tag beim Ausziehen der Kleidung; ständiger Drang zu urinieren mit starkem Schmerz; 14 Tage lang kein Schlaf, rotes, glänzendes Aussehen.

| Vorhaut ca. 3 mm weit befallen, Teile der Glans um die Harnröhre herum bilden ein offenes Geschwür, das einen äußerst fauligen Geruch ausströmt; quälender Schmerz; jeden Abend um 22.00 Uhr Blutung und auch tagsüber beim Ausziehen der Kleidung; dauernder Drang zu urinieren, begleitet von starkem Schmerz; hatte 14 Tage lang

nicht geschlafen; rotes, glänzendes Aussehen des Geschwüres.

|| Bubonen und Schanker.

Weibliche Geschlechtsorgane – Menses spärlich; am ersten Tag schrecklich verstimmt und ungeduldig, heftige, krampfartige Schmerzen in der Uterusgegend, hierdurch Übelkeit; gelegentliche Schmerzen in der Gegend des linken Ovars, sie ziehen den oberen Teil des Oberschenkels hinunter; alle diese Schmerzen > durch Rückwärtsbeugen; Schmerz in der rechten Lumbalregion, wenn sie sich auch nur für eine kurze Zeit vorwärtsbeugt (wie beim Nähen); verschwindet völlig durch Rückwärtsbeugen.

Menses anfangs spärlich; mit Schmerz im linken Ovar.

Menses sehr reichlich; Abdomen sehr empfindlich gegen Druck und das Gewicht der Kleidung, vergeht durch Ablegen der Kleidung.

Mehrere Fälle membranöser Dysmenorrhoe.

Dysmenorrhoe, Schmerz in der linken Leiste mit Abwärtsdrängen und Nervosität.

Tagsüber Leukorrhoe, nicht aber nachts, auch nicht nach einem langen Spaziergang.

Leichte Leukorrhoe tagsüber, < beim Stehen oder Gehen.

Starker Schmerz in der Gegend des rechten Ovar, verging durch einstündigen Ausfluß hellroten Blutes und kam nicht wieder.

Nachmittags aussetzende, scharfe Schmerzen in der Gegend des rechten Ovar.

Dauernder Schmerz im rechten Ovar.

Scharfe Schmerzen beginnend im linken Ovar und blitzartiges Stechen zur Gegend des rechten Ovar oder auf die linke Seite hinauf und den Arm hinunter oder manchmal beide Oberschenkel hinunter, gewöhnlich aber das linke Bein hinunter bis zum Fuß, welcher taub ist; wehenartige Schmerzen; dabei große Ruhelosigkeit der Arme und Beine und starker Schmerz der Lumbalregion; (nach vier Tagen vorzeitige Wehen).

|| Scharfe, schneidende Schmerzen wie von einem Messer, das vom Muttermund aufwärts schneidet, und als diese nachließen, Empfindung, als ob Nadeln im Uterus nach oben stechen.

| Flatus aus der Scheide.

Druck am vorderen Teil der Vulva, vergeht durch Sitzen; Empfindung, als ob alles an der Vulva herauskommt, mit häufigem Drang zu urinieren und Beißen in der Harnröhre.

| Jucken in der linken Seite der Schamlippen mit rauhem Ausschlag links in der Scheide, mit scharfer, sehr wundmachender Leukorrhoe.

Starke Schwellung der linken Schamlippe und schrecklicher Schmerz beim Urinieren (durch Gonorrhoe).

| Sehr schmerzhafte Wundheit der Vulva, erstreckt sich zu den Armen, kommt sehr plötzlich gegen Mittag und dauert ungefähr zwei Stunden; kam wieder am Abend; konnte nicht gehen, stehen, sitzen; > durch Liegen auf dem Rücken und möglichst weites Spreizen der Knie.

| Rohe und übelriechende Wundheit beidseits zwischen Schamlippe und Oberschenkel in den Hautfalten; < beim Gehen, sie hielt sich lieber dauernd ruhig; diese wunden Stellen sind mit einem übelriechenden, weißen Exsudat bedeckt.

Äußerst starke Erregung der Geschlechtsorgane; sehr < durch die leichteste Berührung, z. B. durch Berühren der Brust mit der Hand oder durch den Druck an der Vulva beim Sitzen oder die leichte Reibung, wie sie durch Gehen verursacht wird.

Äußerst quälende Nachwehen, erstrecken sich zu den Oberschenkeln, ziemlich < rechts.

Menses sehr fadenziehend und klebrig, sie kann sich nicht von ihnen säubern.

Urinieren verursacht starken Schmerz an der Vulva, wenn auch nur der kleinste Tropfen Urin mit ihr in Berührung kommt.

Brüste sehr wund und empfindlich gegen Druck, ein oder zwei Tage lang während der Menses.

| Brüste sehr wund und schmerzhaft mit scharfem, stechendem Schmerz in der Gegend des rechten Ovars, welcher sich zum Knie erstreckt; sehr schmerzhaft; muß das Bein gebeugt halten (ein Tag nach einer Fehlgeburt im sechsten Monat).

Dauernder Schmerz in den Brüsten, sie fühlen sich sehr wund an beim Treppauf- oder Treppabgehen.

Dauernder Schmerz in den Brustwarzen.

Brüste empfindlich gegen tiefes Eindrücken.

Brüste schmerzhaft; sie fühlen sich an, als wären sie voller sehr harter Klumpen, < durch Treppauf- und Treppabgehen.

Milchschwund beim Stillen ohne ersichtliche Ursache.

Galaktorrhoe (aus vielen Gründen).

Läßt bei stillenden Frauen die Milch versiegen.

Wurde einer stillenden Frau wegen Geschwüren im Hals gegeben, es heilte den Hals und ließ die Milch fast völlig versiegen.

Nach zwei Gaben von CM rasche Verkleinerung der Brüste und Abnahme der Milchmenge; bei einer Frau, die ihr Kind abstillen wollte.

Hitze in der Gegend der Ovarien und des Uterus (während der Menses); Ovarien vor den Menses entzündlich und gestaut; besonders rechts, mit extremer Wundheit und Empfindlichkeit, welche jede Stellung und Bewegung unmöglich machen, selbst das Atmen ist schmerzhaft.

|| Schmerz im Bauch, gewöhnlich in der Gegend des rechten Ovar.

|| Scharfer Schmerz im rechten Ovar.

| Nachmittags scharfe Schmerzen in der Gegend des rechten Ovar, aussetzend.

| Heftiger Schmerz in der Gegend des rechten Ovar, > durch Ausfluß hellroten Blutes.

| Schmerz in der Gegend des linken Ovar; über dem Unterbauch.

|| Dauernder brennender Schmerz in der Gegend des linken Ovar, erstreckt sich zum linken Bein und sogar bis zum Fuß.

| Uterus entzündlich und gestaut, äußerst wund und schmerzhaft, hierdurch in jeder Stellung und bei jeder Bewegung, ja selbst beim Atmen Schmerz.

|| Parenchymatöse Metritis (zwei Fälle), bei dem einen war der Uterus dreimal so groß wie normal, rund wie eine Kugel und der Körper sehr hart, die Zervix war durch die veränderte Form des Körpers obliteriert; Uterus empfindlich.

|| Viel Schmerz vor und nach den Menses, heftiger Kopfschmerz und völlige Erschöpfung während des ersten Tages.

|| Schmerz in der Uterusgegend, erstreckt sich nach abwärts zur Innenseite der Oberschenkel über die halbe Entfernung bis zum Knie, das rechte Bein fühlt sich taub an.

| Schmerz in der Uterusgegend, den ganzen Tag über, keine besondere Erstreckung, außer abwärts zur inneren Seite der Oberschenkel, die halbe Strecke bis zum Knie.

|| Heftiger Schmerz in der ganzen Uterusgegend, mit reichlichem gelbem, braunem und blutigem Ausfluß, zwei Wochen nach den Menses; starker Schmerz und Vergrößerung des linken Ovars, dessen Vorwölbung man sehen konnte.

| Blut hellrot und fadenziehend, heiß wie Feuer, kommt in Güssen und klumpt leicht; dauernder abwärtsdrängender Schmerz, als käme alles aus der Vulva heraus.

|| Sechs Wochen lang Uterusblutung; Schmerzen in den Ovarien wechseln die Seite, genauso wie der chronische Kopfschmerz.

|| Retrovertierter Uterus.

||| Menses: vierzehn Tage zu früh, reichlich; sieben Tage zu früh, kommt in Güssen, spärlich, aussetzend, hellrot und fadenziehend, vorher gehen viele Flatus aus den Därmen ab; sehr fadenziehend und klebrig, kann sich schlecht von ihnen säubern.

||| Starke Vergrößerung der Brüste mit Empfindlichkeit gegen Berührung, vor den Menses.

|| Menses versiegen beinah; während der Menses viel Schmerz im rechten Oberschenkel und im Uterus, dauernder Stuhldrang, sehr niedergeschlagen.

| Dysmenorrhoe, der Bauch ist selbst gegen das Gewicht der Kleidung empfindlich, Flatus aus der Vagina.

| Membranöse Dysmenorrhoe.

| Halsweh setzt häufig mit den Menses ein und hört auch mit ihnen wieder auf.

| Leukorrhoe, tagsüber sehr reichlich, nachts aussetzend; weißlicher und wässriger Ausfluß; Schmerz im Kreuz; sehr reizbar, < durch Stehen oder Gehen.

|| Abwärtsdrängen, als ob alles durch die Scheide herausfiele, mit sehr häufigem Drang zu urinieren und Beißen in der Harnröhre.

|| Starke Schwellung der linken Schamlippe und schrecklicher Schmerz beim Urinieren; durch Gonorrhoe.

|| Übler Geruch von den Geschlechtsorganen.

|| Druck auf die Schamlippe verursacht eine leichte Blutung; die Menstruation begann ganz normal.

|| Starke Reizung in der Gegend von Vulva und Rektum.

| Urinieren verursacht heftigen Schmerz in der Vulva, wenn auch nur der kleinste Tropfen Urin mit ihr in Berührung kommt.

| Jucken der Vulva.

| Brüste sehr wund, empfindlich gegen den leichtesten Druck; während des ganzen Abends ein dumpfer andauernder Schmerz.

| Brüste sehr schmerzhaft, aber keine Knoten; die Schmerzen werden durch den kleinsten Stoß hervorgerufen; sie muß die Brüste festhalten, wenn sie die Treppen steigt oder abwärts geht; Brüste < gegen Abend, hält sie ihren Arm in natürlicher Stellung, verursacht der Druck beträchtlichen Schmerz.

| Brüste sehr schmerzhaft und wund; Gefühl, als seien sie voll harter Klumpen, sehr schmerzhaft beim Treppensteigen oder Abwärtsgehen.

|| Wundheit und Vergrößerung der Brüste.

| Die Brüste scheinen sehr voll zu sein.

| Dauernder Schmerz in den Brustwarzen.

Die Nachwehen sind sehr heftig und schießen die Oberschenkel hinab.

Knoten und Zusammenballungen in der Brust, nach einer Fehlgeburt.

Galaktorrhoe.

Milchverlust beim Stillen, ohne erkennbaren Grund.

Nützlich in allen Fällen, wenn Abstillen erwünscht ist.

Eine stillende Frau bekam es wegen Halsgeschwüren. Es heilt den Hals und brachte die Milch fast zum Versiegen.

Atmungsorgane – Leichte Heiserkeit, dann und wann eine Veränderung der Stimme, nach Gehen, aber nur von kurzer Dauer.

Husten durch Kitzeln im vorderen oberen Teil des Kehlkopfes, < beim Sprechen und auch im Liegen.

Husten durch Kitzeln unter dem mittleren Teil des Brustbeines.

Husten mit Schmerz und Bedrückung der Brust; er schüttelt sie am ganzen Körper.

Verlust der Stimme, kann nicht flüstern (Pharyngitis).

Ausgeprägte Wundheit bei Berührung des Kehlkopfes (Diphtherie).

Empfindung, als gehe ihr der Atem aus, als sie sich hinlegte und zu schlafen versuchte; mußte jede Nacht aufspringen und sich für ungefähr eine Stunde in Bewegung halten.

|| Verlust der Stimme.

|| Der Hals macht ihr starke Schmerzen, wenn sie laut liest oder mehr als gewöhnlich spricht: Es schien fast so, als ob er sich verstopfte, und sie fühlte sich sehr heiser, aber ohne Wundheit; es besteht ein Völlegefühl und Würgen.

|| Unfähig, laut zu sprechen; Schmerzgefühl beim Sprechen.

|| Die Atmung war heiser, das Weinen flüsternd und gebrochen, oft lautlos.

|| Extreme Heiserkeit und ein kitzelndes, würgendes Gefühl, < durch Umhergehen.

|| Stimme heiser und rauh; unterbrochen durch Schwäche und Heiserkeit.

|| Kehlkopf empfindlich gegen Druck.

|| Zusammenschnüren im unteren Teil des Kehlkopfes, wie ein Finger, der quer über dem Hals liegt; Empfindung, als ob quer an der Hinterwand des Halses ein Hindernis ist.

|| Schwieriges Atmen; abends schwere Erstickungsanfälle.

|| Schreckliche Dyspnoe unmittelbar nach dem Schlaf, anfangs auf der linken Brust; wegen der Dyspnoe mußte sie sich mit größter Anstrengung aufrichten, um Luft zu bekommen; bei jedem Anfall scharfer Schmerz in der Herzgegend.

|| Atmung heiser und kruppartig, mitunter setzt sie ganz aus, bevor sie durch eine gewaltsame Anstrengung wieder einsetzt.

|| Die Atmung ist oft schnarchend und nur durch den Mund möglich.

|| Kurzatmig.

|| Atmung sehr schwierig, konnte nicht flachliegen.

|| Atmung sehr mühsam.

|| Lautes Schnarchen im Schlaf.

|| Empfindung, als gehe ihr der Atem aus, als sie sich hinlegte und zu schlafen versuchte; muß jede Nacht aufspringen und ungefähr eine Stunde lang herumgehen.

| Husten durch Kitzeln im Hals; nachmittags ziemlich heiser.

| Husten durch Kitzeln vorn oben im Kehlkopf, > durch Sprechen und Hinlegen.

|| Husten durch Reizung im oberen Hals, < durch Hinlegen des Nachts, auch nach Essen, Trinken und Sprechen; mit Wundheit der linken Halsseite und dauerndem Drang zu urinieren.

|| Husten bei tiefem Einatmen, nicht beim Schlucken.

|| Harter, metallischer Husten.

|| Kruppartiger Husten, ein trockenes, heiseres Bellen, das durch die geschlossenen Türen überall im Haus zu hören ist.

|| Husten und Dyspnoe.

|| Dauernder Husten, begleitet von Wundheit.

|| Auswurf von reichlichem, klebrigem, zähem, weißem Schleim, mit Schnupfen.

Brust – Schreckliche Dyspnoe, gleich nach dem Schlaf, anfangs auf der linken Brust; wegen der Dyspnoe mußte sie sich mit größter Anstrengung aufrichten, um Luft zu bekommen; während jeder dieser Attacken scharfer Schmerz in der Herzgegend; nach Einnahme der Medizin hatte sie nur noch einen Anfall von Dyspnoe und nur noch auf der rechten Brust Schmerzen (akuter Rheumatismus).

Gefühl, als seien die Lungen fest an der Brust, < beim Schreiben.

Schlüsselbein empfindlich gegen Berührung.

Stechender Schmerz in der rechten Lunge direkt unterhalb der Brustwarze, vorher Schmerz in der Magengrube wie von einem Stein oder unverdautem Essen.

Scharfer Schmerz in der rechten Brust um 16.00 Uhr.

Gefühl von Bedrückung und Enge hinter dem Brustbein mit dem Drang, einen tiefen Atemzug zu machen.

|| Scharfer, einschneidender Schmerz zwischen den Schulterblättern, erstreckt sich durch das Brustbein, mit einem Gefühl von Druck oder Zusammenziehen der Brust, nachmittags.

|| Zittern, Zucken und Flattern durch die Lungen mit einem tauben, prickelnden Gefühl am ganzen Körper, an Armen und Beinen.

|| Puls so schnell, daß er kaum gezählt werden konnte.

|| Puls 130.

Unregelmäßiges Herzklopfen, hierdurch Kurzatmigkeit.

|| Bei geringsten Anlässen schneller Herzschlag.

| Puls schnell, voll und kräftig, mit Schmerzen in Brust und Hals.

|| Schwacher Puls.

|| Puls 130, drahtig, schwach.

|| Puls schnell und schwach; 100; 149; 170; 130-140; fast verschwunden.

|| Puls 117.

|| Puls schnell.

NACKEN UND RÜCKEN – Steifer Nacken.

Scharfer, neuralgischer Schmerz unter dem rechten Schulterblatt.

Lahmheit und schneidender Schmerz unter dem linken Schulterblatt, < durch Umdrehen im Bett.

Scharfer, schneidender Schmerz unter dem linken Schulterblatt, welcher vorwärts durch die Lunge schießt.

Fast den ganzen Tag lang Rückenschmerzen zwischen den Schulterblättern; < nach Erwärmung, etwas > durch Beugen nach hinten.

Schmerz im Kreuzbein, < durch Bücken, > durch Beugen nach hinten, mit Schwäche; dieser Schmerz erstreckte sich zur linken Seite des Beckens (wobei er im Rücken aufhörte), zur Innenseite der Oberschenkel, sechs Stunden später blutige Leukorrhoe, die plötzlich einsetzt, und die Schamlippen äußerst empfindlich macht.

Wirbelsäule tut von der Gehirnbasis bis zum Steiß weh (Pharyngitis).

|| Schmerz im Genick.

|| Schwäche in den Muskeln des oberen Rückens.

|| Wandernde Schmerzen im Genick, mit Steife.

Steife und Wundheit der Nackenmuskeln.

|| Der Nacken tut weh, deshalb möchte sie ihren Kopf nach vorn beugen; die ganze Wirbelsäule empfindlich.

Lähmung der Nackenmuskeln, so daß der Kopf nach vorn fällt und auf dem oberen Teil des Brustbeins ruht.

|| Die Wirbelsäule tut von der Gehirnbasis bis zum Steiß weh.

|| Hitze, Schmerz und Klopfen im Kreuz.

|| Schmerz im Rücken.

Sie wacht mit heftigem Schmerz im unteren Teil des Rükkens auf, oft dauert es fünf Minuten, bevor sie sich strekken kann; die Schmerzen vergehen, wenn sie eine kurze Zeit gearbeitet hat, und kommen erst am Morgen wieder.

|| Starker, unerträglicher Schmerz quer über dem Steißbein, erstreckt sich zum rechten Gesäß und den rechten Ischiasnerv hinab; der Schmerz ist so stark, daß sie nicht schlafen oder ruhen kann; gleichzeitig diphtherisches Halsweh rechts mit Kloßgefühl, konnte nichts Festes schlucken.

Obere Extremitäten – Schmerzhafte Schwellung und Verhärtung der linken Achseldrüse mit Eiterung; zur gleichen Zeit setzten die Menses ein.

Schmerzen den rechten Arm hinunter und in den Fingern, die sich verkrampft anfühlen; sie scheint in der rechten Hand nicht die volle Kraft zu haben.

| Durch Zugluft am Abend plötzliche heftige Schmerzen in der rechten Schulter, die so stark sind, daß sie beim Auskleiden vor dem Zubettgehen den Arm nicht heben konnte, wie bei einer Verrenkung.

|| Zwei Warzen am kleinen Finger.

Rechtes Handgelenk lahm und schmerzhaft.

Scharfe, schießende Schmerzen im rechten Daumenballen.

Scharfer Schmerz um den linken Arm, wie von einem schneidenden Instrument; hauptsächlich an der Impfnarbe; zog von dort zum linken Ellbogen und verschwand (45 Minuten nach der ersten Gabe).

Zittern der linken Hand wie bei Zitterlähmung.

Erwachte des Nachts und fröstelte sehr stark, mit scharfem Schmerz in der linken Hand und dem Gefühl, als sei der linke Arm eingeschlafen; dauerte 15 Minuten lang.

Handflächen und Fußsohlen brennend heiß.

|| Zwei Warzen am kleinen Finger verschwanden.

Schmerzhafte Ausschläge in den Achseln, wie feuchter Herpes, extrem schmerzhaft beim Waschen.

Die Handvenen sehen blauer als gewöhnlich aus, sie sind geschwollen.

Empfindung, als krieche ein Insekt an Schultern und Nakken, gelegentlich an den Händen.

Achselschweiß, färbt die Kleidung leuchtend orange, geruchlos.

| Sehr übelriechender Achselschweiß, der die Kleidung braun färbt.

Handgelenke sehr lahm, besonders rechts, wo scharfe Schmerzen sich vom Daumen zum kleinen Finger erstrecken.

|| Neuralgische Schmerzen in den Schultern, erst links dann rechts; dann umgekehrt.

|| Schmerz in der einen oder der anderen Schulter.

|| Die Schultern und Arme tun weh.

|| Teillähmung des linken Armes, die Hand kann nicht zum Kopf gehoben werden; beim Versuch scharfe Schmerzen im Arm unterhalb der Schulter.

|| Die linke Hand schwillt an und ist taub, mit Zittern, Zukken und Flattern durch die Lungen; taube und prickelnde Empfindung am ganzen Körper, an Armen und Beinen.

| Scharfer Schmerz in der linken Hand, der linke Arm fühlt sich wie eingeschlafen an.

|| Zittern der linken Hand wie bei Zitterlähmung.

|| Die Finger sind äußerst kalt, nicht aber der Rest der Hand.

Häufige Schmerzen in allen Knochen.

Schmerzen in den Gelenken der linken Hand, im linken Sprunggelenk und im linken Knie; stärkster Schmerz, Schwellung und Rötung. Am Vortage ähnliche Schmerzen und Schwellungen im rechten Sprunggelenk und rechten Knie; der Schmerz war scharf und stechend, wanderte mal hierhin und mal dorthin, < durch jede Bewegung.

|| Schmerz in der linken Schulter, erstreckt sich quer hinüber zur rechten; konnte den Arm kaum bewegen.

Untere Extremitäten – Wenige Tage vor den Menses wurden die Innenseiten beider Oberschenkel beim Gehen rot und schmerzhaft, anschließend bildeten sich dort große, flache und rote Pickel; die Wundheit verging bald, die Pickel aber blieben.

Varizen außen am rechten Oberschenkel von der Hüfte bis zum Knie.

Taubheitsempfindung im linken Bein mit starker, brennender Hitze, bei Berührung aber kühl; hervorgerufen durch Druck.

Steife in den Oberschenkeln, < durch Bewegungsversuche nach dem Sitzen.

Starke Schwellung der Venen an Füßen und Sprunggelenken.

Füße geschwollen und sehr wund, hierdurch beträchtlicher Schmerz beim Gehen.

Taubheit und Lähmungsgefühl innen an beiden Knien, erstreckt sich zu beiden großen Zehen.

|| Schmerz in der rechten Hüfte und im rechten Bein beim Gehen, mit Zittern des Beines und leichtem Unsicherheitsgefühl, besonders beim Abwärtsgehen von Treppen.

|| Gelenkrheumatismus rechts in der Hüfte und besonders im Kniegelenk; sie saß in einem Lehnstuhl, konnte sich nicht bewegen und klagte über beißende, schneidende Zerschlagenheitsschmerzen in beiden Gelenken und in der Lendengegend, die befallenen Gelenke waren geschwollen; die Schmerzen verschlimmerten sich nachts durch die kleinste Bewegung, durch Berührung und den Druck der Bettwäsche; am nächsten Tag waren die Schmerzen und die Schwellung zur linken Hüfte und zum linken Kniegelenk gewandert, die rechte Seite war fast frei; am Tag darauf waren sie wiederum links fast vollständig verschwunden und hatten wieder die rechte Hüfte und das rechte Knie befallen; sie klagte, stöhnte und seufzte über ihr Leid und den befürchteten Ausgang der Krankheit.

| Rheumatische Schmerzen in der linken Hüfte und entlang des Ischiasnervs; wandernde Schmerzen im oberen Nakken mit Steife; Schmerzen in der einen oder in der anderen Schulter; Schmerz über dem linken Auge und Schwere der Augenlider; Empfindlichkeit gegen Licht.

| Starker, unerträglicher Schmerz quer über der Sakralregion, erstreckt sich zum rechten Gesäß und den Ischiasnerv hinab; vor Schmerz konnte sie nicht schlafen oder ruhen (Ischias).

|| Teillähmung des rechten Beines durch Fehlgeburt; muß eine Krücke benutzen; das Bein ist taub und steif, sie kann es aber nicht längere Zeit stillhalten; Gefühl der Besserung, wenn sie es an den Bauch zieht.

Das rechte Ovar ist immer wieder wund, und manchmal schießt der Schmerz das Bein hinunter bis zum Fuß.

Taube Schmerzen, hauptsächlich in den Fußknöcheln, < in Ruhe, mit Schwellung; die Knöchelvenen sind ausgedehnt; > durch Anwendung starker Hitze (Rheumatismus).

Ekthym am rechten Bein.

|| Dauernde Schmerzen in Gliedern und Rücken.

Schwankt beim Gehen.

Rheumatismus beginnt in den Fußsohlen und zieht von Gelenk zu Gelenk, von Seite zu Seite, < jeden Abend, durch Bewegung und Berührung; tauber Schmerz in den Fußknöcheln; Brennen der Hände und Füße nachts (Ovarialschmerzen).

|| Kann kein Stückchen gehen; Zittern durch den rechten Oberschenkel und das Gefühl, als gäbe der ganze Unterkörper nach; Gefühl, als sei etwas quer über den unteren Teil der Gedärme gespannt.

|| Ischias.

|| Beine kalt bis zu den Knien.

| Zerschlagenheitsschmerz in den Fußsohlen, Steife der Sprunggelenke, der Knie- und Hüftgelenke und gelegentlich starke aufsteigende Schmerzen; in den Sprunggelenken Schmerzen wie von einem drückenden, stumpfen Pflock; Gelenke steif und wund, empfindlich gegen Berührung; < durch Wärme und die kleinste Bewegung; später sind die Knie und dann auch die Hüften befallen; anfangs war das linke Sprunggelenk betroffen, dann nach einigen Stunden das rechte bei nachlassendem Schmerz im linken, und so ging es weiter mit Knien und Hüften; gleich nach dem Schlaf setzt eine schreckliche Dyspnoe ein, anfangs auf der linken Brustseite; sie muß sich deshalb mit einer gewaltigen Anstrengung aufrichten, um Luft zu bekommen, scharfer Schmerz in der Herzgegend; Urin spärlich und dunkel; Schmerz rechts im Hals; allgemein < um 17.00 Uhr.

|| Nach Einwirkung kalter Nachtluft in betrunkenem Zustand, scharfe, schießende Schmerzen, < durch jede Bewegung, mit Schwellung im rechten Knie und rechten Sprunggelenk; am nächsten Tag sind das linke Knie, das linke Sprunggelenk und die linke Hand äußerst schmerzhaft, mäßig geschwollen und leicht gerötet; am Tag danach Besserung im linken Sprunggelenk und im linken

Knie, doch sind die rechte Schulter und der rechte Ellbogen in ähnlicher Weise befallen.

| Tauber Schmerz, hauptsächlich in den Fußknöcheln, < in Ruhe, mit Schwellung; die Venen der Fußknöchel sind angeschwollen; < durch Anwendung starker Hitze.

|| Fast ständiger Schmerz in der rechten Hüfte.

|| Ekthym: Wundheit des rechten Beines, stark juckend; dann schwillt die Entzündung an, es bilden sich Bläschen und Eiterung setzt ein; anschließend Sekretion von klarer Lymphe, dann folgt Eiter; schließlich Schorf und Schuppen, die sich allmählich in eine kleieartige Abschilferung verwandeln; die Narben lassen eine depigmentierte Haut zurück.

|| Ruhelosigkeit.

|| Krämpfe in den Füßen.

| Schmerzen in den Gliedern, wie zerschlagen.

|| Zerschlagenheitsschmerzen in den Fußsohlen erschweren das Gehen; nach zwölf Tagen verließen die Schmerzen plötzlich die Fußsohlen und verlagerten sich ins rechte Kniegelenk, sie waren beißend und lanzinierend, das Gelenk war leicht geschwollen; sie konnte das betroffene Glied nicht bewegen, weil die kleinste Bewegung die Schmerzen verstärkte, ebenso die Berührung oder der Druck der Bettwäsche; am folgenden Tag war das linke Kniegelenk in gleicher Weise befallen, das rechte >; am Tag danach wieder das rechte, während im linken der Schmerz nachgelassen hatte; anschließend die gleichen Symptome abwechselnd an beiden Hüftgelenken, genau wie bei den Knien wechselten Schmerzen und Schwellung täglich zwischen linkem und rechtem Gelenk und umgekehrt; auch lanzinierende Schmerzen in der linken Brust; nach vier Tagen die gleichen Symptome wie an den unteren Extremitäten an den Handgelenken, und wieder wechselten die Symptome von einer Körperseite zur anderen; er kann sich im Bett nicht selbst bewegen; er muß

aufschreien wegen der schneidenden Schmerzen; Verstopfung, Schlaflosigkeit, kein Fieber; Schmerzen und Schwellung < jeden Abend, nachts, durch Bewegung, Berührung und Druck der Bettdecke; Taubheitsschmerzen hauptsächlich in den Sprunggelenken.

|| Brennen der Hände und Füße nachts.

Nachts krampfender Schmerz in der rechten Wade. Mußte deshalb aufstehen und sie reiben, hierdurch <; hatte diese Krämpfe eine Woche lang jede Nacht.

Ein Knoten in der rechten Wade (objektiv und subjektiv) im Krampf; Empfindung, als würde jemand einen Stock in der Wade hin und her drehen. (Früher hatte sie nur während einer Schwangerschaft vor mehreren Jahren Krämpfe.)

„Wunder Schmerz", mit leichtem Klopfen an der Außenkante und teilweise auch an der Sohle des rechten Fußes, äußerst quälende Schmerzen, die in Anfällen kommen und gehen; durch Gehen wurden sie anscheinend nicht beeinflußt. Die Schmerzen kamen ziemlich oft, vielleicht jede halbe Stunde, dauerten ein paar Momente und vergingen dann wieder. Die Schmerzen machten ihr ziemlich viel Ärger und zwangen sie manchmal, sich plötzlich auf den Boden zu setzen und den Fuß zu halten; während des Schmerzanfalls konnte sie auf dem Fuß nicht stehen. Der Schmerz kam und verging ziemlich plötzlich, hinterließ aber für kurze Zeit ein wundes Gefühl. Lac caninum CMM in Wasser, einen Teelöffel voll alle drei Stunden, beseitigte die Symptome. Nach der ersten Gabe kam es zu einer deutlichen Verschlechterung, die Schmerzen wanderten mehr an die Fußsohle und waren viel heftiger. Kurz nach der zweiten Gabe war sie beschwerdefrei. Sie nahm nur diese zwei Gaben und blieb bis heute völlig beschwerdefrei.

Haut – Empfindung, als krieche ein Insekt an Schultern und Nacken, gelegentlich an beiden Händen.

| Herpesartiger Ausschlag in beiden Achseln mit hellbräunlichem Schorf, äußerst schmerzhaft beim Waschen; Ausschlag überwiegend in der rechten Achsel; beide Ausschläge gingen einem Schmerz in den Schamlippen voraus, welcher wiederum von einem blutigen Ausfluß aus der Scheide gefolgt war.

Jede Schramme wird wund.

Ichthyosis mit kleieartiger Abschuppung der Haut.

Glattes, glänzendes und rotes Aussehen der Geschwüre an Schienbein und Handgelenk.

Krusten an der Haut, unter denen sich gräulich-gelber Eiter bildete, welcher ausgedrückt wurde.

Leichte Rauhigkeit an der Stirnhaut, wie von zahllosen Pikkeln.

|| An Gesicht, Händen, Nacken und Brust hellroter Ausschlag, genau wie bei Scharlach.

| Der Hals ist voller großer, schmutziger, grau-gelber Flekken; das Schlucken ist besonders nach dem Schlaf und beim Schlucken von (sauren) Früchten schmerzhaft; Kloßgefühl in der Mitte des Halses; Ruhelosigkeit, Delirium mit unbestimmten Ängsten; beträchtlicher, hellroter, feiner Ausschlag an Gesicht und Brust; Jucken bei trockener Haut.

|| Leuchtende Scharlachröte an Brust und um den Nacken herum; am folgenden Tag am ganzen Körper, außer an den Beinen, die jedoch in der Nacht bedeckt gewesen waren; an der Haut bildeten sich große Flecken von dunkelroter Farbe, begrenzt von purpurner Verfärbung, wie man es in bösartigen Fällen sieht, der Körper schien geschwollen zu sein.

|| Diphtherie mit oder anschließend an Scharlach.

|| Ichthyosis mit kleieartiger Hautabschilferung.

| Kleine Hautflecken an Brust, Handgelenken und rechtem Knie.

| Winzige Hautflecken wie von Flohstichen.

|| Mehrere Furunkel links.

|| Hautkrusten, unter denen sich gräulich-gelber Eiter bildete, der herausgedrückt wurde.

SCHLAF – Starkes Schlafbedürfnis.

|| Schrie auf und redete im Schlaf.

| Sie findet keine behagliche Lage im Bett; sie weiß nicht, wo sie ihre Hände lassen soll, damit sie sie nicht stören; schläft schließlich auf dem Gesicht ein.

|| Träumte, eine große Schlange sei im Bett.

|| Liegt nachts mit an den Bauch angezogenen Beinen; Ruhelosigkeit; < nach dem Schlaf.

Symptome < nach dem Schlaf.

|| Schlaflosigkeit durch emotionelle Anspannung, mit völliger nervöser Schwäche.

Nachts sehr ruhelos, es ist schwierig, eine bequeme Lage zu finden; schläft im allgemeinen auf dem Rücken mit den Händen über dem Kopf.

| Gestörter Schlaf, sehr schlaflos; nachts sind die Glieder kalt.

|| Kann nicht schlafen, weil sie eine Stunde lang nach dem Zubettgehen zu kalt ist, mit starker Nervosität.

| Konnte die Bettdecke nicht über ihrem Körper ertragen.

|| Ist schlaflos und weint dauernd.

|| Nachts ruheloser Schlaf, schlechte Träume.

Schlief spät ein; reichlicher Schweiß im Schlaf; fühlte sich die ganze Nacht fiebrig; morgens > in jeder Hinsicht.

| Träumt häufig sie uriniere und ist beim Aufwachen kurz davor und muß sich sofort Erleichterung verschaffen.

|| Träumt davon, sie trete eine Reise an, sei von ihrer Gruppe getrennt, müsse eine längere Strecke gehen und treffe gerade rechtzeitig am Bahnhof ein, um den Zug abfahren zu sehen.

|| Verschlechterung der Symptome nach dem Schlaf.

FIEBER – Frostgefühl den ganzen Tag über.

Inneres Frösteln bei äußerlicher Wärme.

Kälteschauer laufen den Rücken hinunter, Hände eiskalt (beim Betreten des Hauses um 16 Uhr; 18.30 Uhr vollständig > nach einem guten Abendessen).

|| Fieber und Frösteln einige Tage lang, alle paar Stunden steigt und sinkt das Fieber.

| Hohes Fieber morgens beim Erwachen mit Schweiß.

Trockene, heiße Haut.

| Schwächende Schweiße nach dem Schlaf.

| Wacht nachts mit kaltem Schweiß auf, mit schrecklichen Ahnungen.

Schwitzte die ganze Nacht über beträchtlich, der Schweiß hatte einen üblen Geruch.

|| Starke Schüttelfröste.

| Fühlt sich fiebrig.

|| Fieber, ist in warmen Schweiß gebadet, besonders an Gesicht, Hals und Händen.

|| Starke Hitze.

|| Mäßiges Fieber.

|| Fieber.

|| Hohes Fieber.

|| Trockene, weiße Haut.

|| Fieber kommt jeden Nachmittag wieder.

|| Fieber 38,9° C, 39,3° C, 39,4° C, 39,6° C.

|| Feuchtkalte Haut.

|| Wacht nachts mit kaltem Schweiß auf, mit schrecklichen Ahnungen.

|| Schwitzte die ganze Nacht beträchtlich, der Schweiß hatte einen üblen Geruch.

Abends fiebrig.

Hitzewellen beginnen in der Brust und erstrecken sich über Gesicht und Kopf, dabei bricht sie in Schweiß aus, der in Kürze trocknet; das Gesicht wurde als erstes feucht und auch wieder trocken.

Gefühl, als triefe die ganze Brust von Schweiß, obwohl sie nur etwas feucht ist.

Nerven – Ruhelosigkeit.

| Abneigung gegen die kleinste Anstrengung, würde am liebsten nur schlafen; große Müdigkeit.

|| Schwere, Schwäche und allgemeine Mattigkeit.

|| Tiefe Schwäche der Lebenskraft.

| Allgemeine Schwäche und sehr ausgeprägte Niedergeschlagenheit.

|| Starke Erschöpfung mit „Vergiftungsgefühl".

|| So tiefe Kraftlosigkeit, daß sie sich weigert, eine Anstrengung zu machen, um die Medizin einzunehmen.

|| Morgens ist sie so kraftlos, daß sie sich im Bett nicht umdrehen kann; so müde.

|| Sehr schwach.

|| Schwächeanfälle jeden Morgen, verbunden mit großer Nervosität.

|| Oft fühlt sie sich, als ob sie die Kontrolle über ihre Glieder verliert.

|| Teillähmung bei einem Kind nach Diphtherie; konnte nicht gehen, überall Schmerzen, Husten, Stimmlosigkeit, Appetitverlust und Abmagerung.

|| Sie scheint auf Luft zu gehen; beim Liegen scheint sie das Bett nicht zu berühren.

| Sie leidet unter sehr unangenehmen, nervösen Symptomen; sie ist nicht niedergeschlagen, aber schwach und mit den Nerven so herunter, daß sie es nicht ertragen kann, wenn ein Finger den anderen berührt, oft fühlt sie sich, als verlöre sie die Kontrolle über ihre Glieder; Empfindung, als mache der Hals zu, die Empfindung sitzt zwischen Hals und Nase; Empfindung, als sei im Hals etwas vergrößert oder lose, und sie hat den Drang, den Mund aufzulassen; Sprechen schwierig; Neigung, durch die Nase zu sprechen, kann manchmal nicht sprechen, wie durch eine Art Muskelkontraktion im Hals; Schlaf ruhelos, wacht häufig mit Migräne auf, die im Nacken zu beginnen scheint; wacht auf mit starken Schmerzen im unteren Rücken; der

Schmerz vergeht, wenn sie eine kurze Zeit arbeitet, und kehrt erst am nächsten Morgen wieder; die Nerven sind sehr überreizt, sie fürchtet, ihren Pflichten nicht nachkommen zu können.

Das Vorurteil, das viele ehrenwehrte Männer gegen die Anwendung dieses Mittels hegen (ebenso wie gegen Lachesis, weil ihnen die Urtinktur nicht zur Verfügung stand) würde bald einer Dankbarkeit für seine exzellenten Wirkungen weichen, wenn sie es bei gewissen schrecklichen linksseitigen Kopfschmerzen ausprobierten. Zwei Mittel der Materia Medica übertreffen seine Pathogenese bei Symptomen in Folge von Überanstrengung der Augen, bei Schwachsichtigkeit und Ziliarneuritis, nämlich Onosmodium bei Leiden durch Überanstrengung der Augen bei Kindern und Spigelia bei Neuralgien der linken Augenhöhle.

Eingeführt und geprüft wurde es von *Swan* mit der 17., 30., 200. Potenz. Seine vollständige Pathogenese wurde in *Medical Visitor,* Aug. 1893, und in *Homeopathic World,* Vol. 18, Seite 151, publiziert. Dorther stammen auch die hier aufgeführten Symptome.

Lac defloratum (entrahmte Kuhmilch)

Dr. Samuel Swan gebührt das Verdienst, als erster die Möglichkeiten dieser Substanz in potenzierter Form erkannt zu haben, als er einen Bericht von *Donkin* las, der die Rohsubstanz erfolgreich bei der Behandlung von Diabetes, Albuminurie und anderen Nierenleiden eingesetzt hatte. Er potenzierte die Milch und begann mit Prüfungen an sich selbst und einer Patientin, die er mit der M- und CM-Potenz von einem chronischen Leiden geheilt hatte. Später führte dann *Dr. Laura Morgan* auf seine Anregung hin mit ihren Freunden ausführliche Prüfungen durch. Bemerkenswerterweise verifizierten diese Prüfungen nicht nur viele der Behauptungen *Donkins*, sondern fast jedes Symptom konnte auch klinisch bestätigt werden, besonders die eigenartigen Kopfschmerzen, die hartnäckige Verstopfung und die ungewöhnlichen und unregelmäßigen Menses.

Bekanntlich enthalten die chemischen Bestandteile der Milch kleine Mengen von Salzen und Geweben des Tieres, von dem sie stammt. Daraus können wir schließen, daß sein Wirkungsbereich sich mit dem dieser Salze deckt. Bei Lac defloratum finden wir „geistige Niedergeschlagenheit und Weinen“, „Durst auf große Mengen und oft“, „periodischen Kopfschmerz zunehmend und abnehmend mit der Sonne“, und „hartnäckige Verstopfung und Fissurschmerz“ von Natrium muriaticum. Ähnliches trifft auch auf andere Salze zu.

Grauvogl weist darauf hin, daß hydrogenoide und kalte Kinder keine Milch bekommen sollten, und *Burnett* behauptet, daß eine Milchdiät, selbst mit entrahmer Milch, nach dem ersten Lebensjahr sie für Erkältungen anfällig macht. Zweifellos verhindert Milch bei vielen Menschen, bei Kindern und Erwachsenen, eine gesunde Ernährung, führt bei einigen zu Abmagerung, bei anderen zu Fettsucht, in anderen Worten, zu einer Konstitution, die der tuberkulösen Diathese ähnelt oder in sie mündet.

Die tiefsitzende Anlage zu nervösen Erscheinungen, wie sie in seiner Pathogenese festgestellt und bei der Behandlung vieler hartnäckiger, chronischer Krankheiten bestätigt wurde, rechtfertigt eine sorgfältigere Untersuchung dieses wenig bekannten und verwendeten Mittels.

Charakteristika – Krankheiten mit fehler- und mangelhafter Ernährung, mit Leiden der Nervenzentren.

Niedergeschlagen; ihm liegt nichts mehr am Leben; hat keine Furcht vor dem Tode, ist aber sicher, daß er im Sterben liegt.

Migräne: beginnt in der Stirn, erstreckt sich zum Hinterkopf, morgens beim Aufstehen (Bry.); *intensives Klopfen* mit Übelkeit, Erbrechen, *Sehverlust* und hartnäckiger Verstopfung (Epig., iris, sang.); < durch Geräusche, Licht, Bewegung (Mag-m., sil.); äußerste Kraftlosigkeit; > durch Druck, durch festes Einbinden des Kopfes (Arg-n., puls.); reichlicher, heller Urin.

Globus hystericus; Gefühl von einer großen Kugel, die vom Magen zum Hals aufsteigt und ein Erstickungsgefühl hervorruft (Asaf., kalm.).

Erbrechen; unstillbar, ohne Beziehung zum Essen; zuerst von unverdauten Speisen, stark sauer, dann von bitterem Wasser; *Schwangerschaftserbrechen* (Lac-c., psor.).

Verstopfung: mit vergeblichem Drang (Anac., nux-v.); Stuhl trocken und hart (Bry., sulph.); *Stuhl: große Mengen, hart, starkes Pressen, zerreißt den Anus* (Nat-m., sanic.); schmerzhaft, zwingt ihn zum Schreien.

Eine Frau hatte 10 bis 12 Einläufe täglich gemacht, oft vergingen 4 oder 5 Wochen ohne eine Entleerung; 15 Jahre lang Verstopfung.

Menses: verzögert; unterdrückt *durch Eintauchen der Hände in kaltes Wasser* (Con.); *ein Glas Milch unterdrückt den Fluß sofort bis zur nächsten Periode* (vergleiche Phos.).

Große Ruhelosigkeit, starkes und langes Leiden durch *Schlafmangel* (Cocc., nit-ac.).

Fühlt sich völlig erschöpft, gleichgültig ob sie etwas tut oder nicht; große Müdigkeit beim Gehen.

Empfindung, als ob sie von kalter Luft angeblasen wird, sogar während sie zugedeckt ist; als ob die Bettwäsche feucht ist.

Wassersucht: durch organische Herzkrankheiten; durch chronische Leberleiden; durch weit fortgeschrittene Albuminurie; nach intermittierendem Fieber.

Fettsucht: fettige Degeneration.

Abmagerung, sowohl örtlich wie auch allgemein.

BEZIEHUNGEN – Antidote: Ign., nux-v.

VERGLEICHSMITTEL – lac-ac., lac-c., lac-v., sacch-l.

Nat-m. Diabetes, Albuminurie, Kopfschmerz, Verstopfung, unregelmäßige Menses und Herzleiden, besonders im Klimakterium.

Cocc. Reise- oder Seekrankheit und Kopfschmerzen während der Menses.

Cact. doch fehlt das Gefühl von Zusammmenschnüren wie von einer eisernen Hand.

Nux-m. Schwere des Kopfes, der jedoch nach links fällt.

Calc., kali-c., nat-s., tub. Kinder erkälten sich leicht, sind frostig, hydrogenoide Konstitution.

Calc., caps., ferr., graph., tub. Neigung zur Fettsucht.

Ars., chin., graph., iod., lyc., nat-m., phos., sil., stann., sulph., tub. allgemeine Abmagerung.

Arn., hyper. bei Verletzungen.

Con., phos. unterdrückte Menses.

Verschlechterung – Hinlegen; äußerliche Hitze; Bewegung, besonders Gehen oder die Arme über den Kopf strecken (Ohnmacht); Druck (Ohnmacht); kaltes Wasser (Menses unterdrückt); Hinsetzen (auch wenn es noch so sanft erfolgt).

Besserung – Druck (Schmerz in den Augen); festes Einbinden des Kopfes.

Gemüt – Gedächtnisverlust; Gleichgültigkeit, Abneigung gegen körperliche oder geistige Anstrengung.

| Niedergeschlagen; das Leben ist ihm gleichgültig; fragt, wie man am unauffälligsten und sichersten den eigenen Tod beschleunigen kann.

Kopfschmerz und Niedergeschlagenheit > durch Unterhaltung.

Niedergeschlagenheit und Weinen mit Herzklopfen.

| Bildet sich ein, daß all ihre Freunde sterben werden und sie in ein Kloster gehen muß.

Tiefe Melancholie.

Möchte niemanden sehen und zu niemandem sprechen.

Kann sich nur mit äußerster Willensanstrengung daran erinnern, was sie gelesen hat.

Wankelmut.

Größte Verzweiflung wegen der Krankheit, er ist sicher, daß er in 24 Stunden tot sein wird.

Fürchtet den Tod nicht, ist aber sicher, daß er im Sterben liegt.

Große Niedergeschlagenheit, weint sehr leicht.

Niedergeschlagenheit, die durch Unterhaltung nicht zu zerstreuen ist.

Gedächtnisverlust, kann sich von einem Absatz zum anderen nicht mehr erinnern, was sie gelesen hat.

Kopf – Leichter Kopf mit Klopfen in den Schläfen.

| Schwindel: beim Heben des Kopfes vom Kissen; < durch Hinlegen und besonders durch Drehen des Kopfes im Liegen, sie muß sich dann aufsetzen.

Kopfschmerz, vorher trübes Sehen.

Starker Schwindel beim Öffnen der Augen im Liegen, < beim Aufstehen; die Gegenstände scheinen sich rasch von links nach rechts zu bewegen, dann wieder bewegen sie sich, als ob sie von unten nach oben *in allen Richtungen* hochgeworfen worden wären (geheilt).

| Ohnmacht und Übelkeit, wenn sie morgens die Füße auf den Boden setzt.

| Kopfschmerz, zuerst in der Stirn, erstreckt sich dann zum Hinterkopf, sehr stark, quälend und unerträglich; starke Lichtscheu, selbst gegen Kerzenlicht; tödliches Krankheitsgefühl am ganzen Körper, mit Übelkeit und Erbrechen, < durch Bewegung oder Aufsetzen; sehr frostig, keine Besserung durch äußerliche Wärme; häufiges und reichliches Urinieren von sehr hellem Urin.

| Nach Verletzung Schmerz im Kopf; starker Schmerz in der Stirn, direkt über den Augen; sehr übelriechender Atem; schlechter Appetit, Übelkeit; während eines Anfalls schläft sie manchmal stundenlang; starker Schmerz quer über den Rücken; Urin dunkel und dick.

| Übelkeit und manchmal Erbrechen, welches >; Schmerz in der Stirn, als ob der Kopf platzen würde, mit Blindheit; Schmerz > durch straffes Einbinden des Kopfes; < durch Licht und Geräusch; Verstopfung, große Stühle; kalte Hände und Füße.

Kopfschmerz; < während der Menses; < durch Sprechen; wechselt ab mit Mandelentzündung.

|| Klopfender Stirnkopfschmerz (über den Augen), Übelkeit, Erbrechen und hartnäckige Verstopfung; besonders bei anämischen Frauen.

Kopfschmerz und Schmerzen in den Augen; als ob sie mit Steinchen gefüllt sind; < durch Schließen der Augen; reichlicher Urin.

| Trübes Sehen, wie von Wolken vor den Augen; reichlicher Urin; Völlegefühl im Kopf; leichte Übelkeit in der

Magengrube; blasses Gesicht; kalte Füße; Kälte des Rükkens.

|| Starker Schmerz am Austrittspunkt des Nervus supraorbitalis, der Schmerz verteilt sich von dort über die Stirn; der Anfall beginnt mit Frost, beschleunigtem Puls, Gesichtsrötung und Luftaufstoßen aus dem Magen (geheilt).

| Starker Kopfschmerz, mit der Empfindung, als wäre das Schädeldach 10 cm angehoben, und das Gehirn käme heraus; Kopf fühlt sich heiß an; Schmerz < durch Bewegung; Gefühl, als ob sich das Fleisch von den Gesichtsknochen und deren Ränder voneinander gelöst hätte und als ob die Knochenkanten hervorragten; 5 Min. nach Gabe von Lac defloratum Besserung, am nächsten Morgen war alles vergangen.

| Kopfschmerz zunächst in der Stirn, erstreckt sich dann durch den Hinterkopf, macht sie fast wahnsinnig.

| Starker Schmerz in der Stirn und durch den Kopf, < im Scheitel, nachher fühlte sich der Kopf wie zerschlagen an (geheilt).

| Morgens Übelkeit und das Gefühl von einer schmerzhaften Kugel in der Mitte der Stirn (geheilt).

|| Allgemeiner Wundschmerz des Kopfes durch Husten hervorgerufen.

| Zu Beginn scharfer Schmerz an der Herzspitze, wie wenn ein Messer auf- und niederschneidet; dies dauert wenige Sekunden, anschließend merkwürdiges Gefühl im Kopf; die Stirn fühlt sich äußerst schwer an, mit einer dumpfen Empfindung über den Augen und beträchtlichem Klopfen, das am ausgeprägtesten an den Seiten des Kopfes ist; der übrige Kopf fühlt sich sehr leicht an, trübes Sehen; kann nur den Lichtschein erkennen, nicht die Gegenstände; gleichzeitig ausgeprägter Kräfteverlust; kann nicht stehen, sondern fällt rückwärts und ist für 2 oder 3 Minuten völlig bewußtlos; die Schwäche vergeht nur allmählich, anschließend Weinen, Herzklopfen und starke Nie-

dergeschlagenheit; bildet sich ein, daß alle ihre Freunde bald sterben werden und sie ins Kloster gehen muß; sie kann jederzeit einen Anfall hervorrufen, wenn sie die Arme hoch über den Kopf streckt, oder durch Druck in die Lenden; die Anfälle kommen um 19.30 Uhr.

| Nach einem leichten Frühstück Stirnkopfschmerz mit Übelkeit; sehr blasses Gesicht, selbst die Lippen sahen weiß aus; Erbrechen zunächst von Speisen, dann von Schleim und bitterem Wasser, tödliche Übelkeit in der Magengrube, < durch Aufstehen aus dem Bett; jede halbe Stunde reichlicher Urin; Urin farblos wie Wasser; starker Durst; starkes Klopfen im Scheitel.

| Periodischer Stirnkopfschmerz, als wolle der Kopf bersten, begleitet von gewaltigen Anstrengungen zu erbrechen, seltener von Erbrechen; Hände und Füße kalt; Durchfall wechselt mit Verstopfung; letztere überwiegt; Appetitverlust; Speisengeruch oder Denken an Speisen verursacht Übelkeit; Zunge feucht, weiß belegt; Durstlosigkeit; immer < während der Menses; Menses spärlich und von Koliken begleitet.

| Die Anfälle kommen alle acht Tage; während eines Anfalls kann sie nicht essen oder trinken und auch kein Licht oder Geräusche ertragen; mag nicht einmal sprechen; ausgeprägte Schwäche, < während der Menstruation; wenn die Schmerzen vergehen, tritt Entzündung der Tonsillen auf; Zunge weiß und kein Appetit auf Speisen.

| Heftiger Stirnkopfschmerz; Übelkeit und manchmal Erbrechen morgens beim Aufstehen oder jederzeit beim Aufrichten aus einer zurückgeneigten Stellung oder bei Bewegung. Hartnäckige Verstopfung; dauerndes Frösteln, selbst in der Nähe des Feuers; Urin reichlich und wässrig oder spärlich und stark verfärbt; starker Schmerz durch die ganze Wirbelsäule; starker Durst auf große Mengen; große Niedergeschlagenheit; plötzlicher Kräfteverlust um 17 Uhr; Hautfarbe rosenrot, mit Schwellung von Gesicht,

Nacken, Armen und Körper, gewöhnlich am Morgen, während des Tages und abends.

| Starker Schmerz über den Augen mit starkem Klopfen in beiden Schläfen, Gefühl, als seien sie mit Steinchen gefüllt; Augäpfel sehr schmerzhaft, beim Schließen der Augen verstärkt der Druck der Lider den Schmerz; die Lidränder fühlen sich wie zusammengezogen an und rufen die Empfindung von einem straffen Band hervor, das quer über den Augapfel gespannt ist; Schmerz über der linken Hüfte; Verstopfung und reichlicher Urin während des Anfalls.

| Der Schmerz beginnt morgens vor dem Aufstehen unterhalb des inneren Endes der rechten Augenbraue und darüber; gleich nach dem Aufstehen wanderte der Schmerz in den Augapfel; < bis zum Nachmittag, zu welcher Zeit der Schmerz unerträglich wurde; < durch Gehen und besonders durch Hinsetzen, auch wenn es sehr vorsichtig erfolgte, auch durch die Wärme des Feuers oder durch Bükken, > durch Druck; bei Druck auf die Schläfen starke Pulsation der Arterien; der Schmerz verschwand völlig bei Sonnenuntergang und kehrte nicht vor dem nächsten Tage wieder. Licht verschlimmerte ihn nicht. Das Auge sah ganz normal aus. Lac-f. hatte keine Wirkung. Etwas Erleichterung durch Sol. und Oxyg. (geheilt durch Lac defloratum CM).

| Der Schmerz war so heftig, daß sie die Augen mit ihren Händen bedeckte und sie ins Kissen drückte.

| Jahrelang heftiger Kopfschmerz; heftiger Schmerz über den Augen; starkes Klopfen in den Schläfen.

| Allgemeiner wunder Schmerz des Kopfes, hervorgerufen durch Husten.

| Klopfen in den Schläfen.

| Migräne mit Magenbeschwerden.

Kopfschmerz, auch pressend, an unterschiedlichen Stellen; im allgemeinen am schlimmsten im Hinterkopf.

Schmerzen in der Stirn.

Heftiger Stirnkopfschmerz mit starkem Klopfen in den Schläfen, dabei Übelkeit, verschwindet mit der Übelkeit und der Hitze, läßt ein Zerschlagenheitsgefühl im Kopf zurück.

Nachmittags heftiger Stirnkopfschmerz, verschwindet während einer Unterhaltung; der Schmerz war direkt über den Augen.

Heftiger Stirnkopfschmerz über den Augen, < durch plötzliches Bücken, mit Niedergeschlagenheit und einer starken Neigung zu weinen; verschwand während einer Unterhaltung.

Den ganzen Tag über Kopfschmerz, schlimmer am Nachmittag.

Kopfschmerz und Niedergeschlagenheit; der Kopf fühlt sich schwer an, mit ausgeprägter Neigung, nach rechts zu fallen.

Morgens fühlte sich der Kopf sehr schwer an und fiel auf die rechte Seite, weil die Nackenmuskeln ihn nicht aufrecht halten konnten.

Kopfschmerz am Nachmittag und Schwere abends.

Dauernder dumpfer Schmerz direkt über den Augen.

Kopfschmerz am ausgeprägtesten über dem linken Auge und in den Schläfen, erstreckt sich gelegentlich in die Augen und ruft reichlichen Tränenfluß hervor.

Der Kopf fühlt sich groß, wie ausgedehnt an (geheilt).

Hitzewellen in Gesicht und Kopf.

Schmerz in der linken Stirn über dem linken Auge.

Jahrelang heftiger Kopfschmerz, heftige Schmerzen über den Augen, starkes Klopfen in den Schläfen (geheilt).

Die Stirn fühlt sich äußerst schwer an.

Schweregefühl in Stirn und Augen.

Kopfschmerz mit Druck am Scheitel; Schmerz über den Augen.

Dumpfer, schwerer Schmerz über Schläfen und Stirn, erstreckt sich zum Hinterkopf.

Brennen oben auf dem Kopf.

Empfindung an der Gehirnbasis, als würde Druck ihr Erleichterung verschaffen.

Kalte Füße und Hände während des Kopfschmerzes.

Zerschlagenheitsgefühl im Kopf, hervorgerufen durch Husten.

Starke, widerliche, gemischte, ziehende, zupfende und stechende Schmerzen mit Delirium nach Gabe von Lac-d.M.

Schwindel mit Übelkeit und Erbrechen.

Starker, andauernder Schmerz mit Wundheit und Schwere des ganzen Kopfes; das Gesicht ist totenblaß, schreckliche Schwäche und Mattigkeit.

Nach Lac-d.XM in Wasser, in kurzen Abständen wiederholt setzte im Kopf eine sonderbare Empfindung von Erleichterung ein, die sich spürbar durch den ganzen Körper fortsetzte, als wäre sie in ihren Nerven und verließe den Körper durch die Füße. Nach einem guten Nachtschlaf fühlte sie sich am nächsten Morgen vollständig wohl, aber träge.

Nase – Während der Kopfschmerzen Schnupfen und offensichtlich eine Mandelentzündung. Migräne.

Nachmittags Katarrh der rechten Nase, kommt ganz plötzlich und verschwindet vor dem Morgen.

Nachmittags Katarrh in beiden Nasen.

Katarrh beider Nasen dauert bis zum 19. Tag.

Schmerzhafter Druck und Engegefühl an der Nasenwurzel mit Katarrh; das Engegefühl wurde geheilt, nicht aber der Katarrh.

Schmerzhafte Trockenheit der Nasenlöcher.

Gesicht – Gesicht sehr blaß und bläulich mit dunklen Ringen um die Augen. Migräne.

Gesicht sehr blaß, die Augen sehen schwer aus. Migräne durch unterdrückte Menses.

Während der ganzen Prüfung, besonders aber morgens, oder wenn der Kopfschmerz oder Übelkeit überwogen, war sie extrem blaß, ja von tödlicher Gesichtsblässe.

Hitzewellen in Kopf und Gesicht, besonders in der linken Wange.

Während der Prüfung morgens tödliche Gesichtsblässe, so ausgeprägt, daß man sie nach dem Grund dafür fragte.

Sehr blaß, selbst die Lippen schauen weiß aus. Migräne.

Gesicht blaß. Migräne.

Morgens beim Aufstehen tödliche Gesichtsblässe. Migräne.

Sehr blaß, mit Schwindel. Chininvergiftung.

Gerötetes Gesicht. Unterdrückte Menses durch Eintauchen der Hände in kaltes Wasser.

Morgens blasses Gesicht; Lippen und Fingerspitzen weiß. Verstopfung.

Gefühl, als ob sich das Fleisch von den Gesichtsknochen und deren Ränder voneinander gelöst hätten und als ob die Knochenkanten hervorragten. Kopfschmerz.

Pickel an Gesicht und Stirn. Intermittierendes Fieber.

Empfindung von schmerzhaftem Ziehen im Gesicht, als ob etwas die Backen nach unten zieht. Diabetes.

Gelbes, teigiges Aussehen des Gesichtes. Diabetes.

Die extreme Nervosität, die schlaflosen Nächte, der allgemeine Aspekt und Ausdruck wiesen auf eine tiefsitzende cerebrale Störung hin. Beginnende Gehirnerweichung.

Muskelzucken im Gesicht.

Ekzemartiger Ausschlag bei einer bleichen, dyspeptischen Frau.

Abgezehrt, mager und extrem bleich mit dunklen Flecken unter den Augen.

Gesicht, Nacken, Arme und Körper allgemein rosenrot verfärbt, mit Schwellung, jedoch kein Jucken oder Brennen.

Lippen trocken und ausgedörrt.

Während der Kälteempfindung sah das Gesicht blau aus.
Hitzewellen in Gesicht und Kopf.
Gesicht rosenrot verfärbt, mit Schwellung (geheilt).

Mund – Die Zunge ist trocken und klebt am Gaumen.
Weißer Belag auf der ganzen Zunge.
Anfangs ist die Zunge dick belegt.
Zunge weiß belegt, feucht, kein Durst. Migräne.
Zunge weiß belegt; geschmacklos. Migräne.
Zunge rot und ohne Epithel.
Bitterer unangenehmer Geschmack im Mund. Migräne.
Süßer, Übelkeit erregender Geschmack im Mund.
Sehr trockener Mund.
Der Atem riecht süßlich.
Übelriechender Atem. Kopfschmerz.
Zunge weißlich-gelb. Beginnende Gehirnerweichung.
Zunge und Epithel zeigen eine düsterrote Verfärbung und sind später mit Aphthen bedeckt.
Zunge mitunter weiß belegt und rauh.
Mundtrockenheit ohne Durst.
Trockenheit von Mund, Rachen und Nasenlöchern mit unstillbarem Durst.
Den ganzen Tag über süßlicher Geschmack im Mund.
Übelkeit erstreckt sich vom Mund in den Magen.
Der Mund ist feucht, klebrig und schaumig, besonders während einer Unterhaltung (geheilt).

Zähne – Zahnfleisch schwammig, Zähne lose. Diabetes.
Zähneknirschen im Schlaf bei Magenschmerz, Kopfschmerz und Erbrechen.
Schwammiges, blutendes Zahnfleisch.
Die Zähne sind lose, besonders die Schneidezähne.

Hals – Schmerzhafte Trockenheit von Nasenlöchern, Rachen und Mund; mit unstillbarem Durst auf kaltes Wasser; sobald das erste Glas ausgetrunken ist, bittet er um ein zweites (nach neun Stunden, erster Tag).

Globus hystericus; Gefühl von einer großen Kugel, die von einem Punkt am Unterrand des Brustbeins zum oberen Ende der Speiseröhre aufsteigt und ein sehr quälendes Erstickungsgefühl hervorruft.

Der ganze Hals ist wund, schlimmer beim Schlucken, mit leichtem, hackendem Husten.

Schmerzhafte Trockenheit von Rachen, Nasenlöchern und Mund mit unstillbarem Durst.

AUGEN – Leichte Lichtscheu. Migräne.

Schmerz mit Zucken im linken inneren Canthus, < durch Lesen oder Nähen.

Schmerz in den Augen, wenn er zum ersten Mal ins Helle kommt, läßt bald nach.

Die Gegenstände scheinen sich schnell von links nach rechts zu bewegen, dann wieder bewegen sie sich, als ob sie von unten in alle Richtungen nach oben hochgeworfen worden wären (geheilt).

Schmerz in den Augen, wenn er zum ersten Mal ins Helle kommt.

Starker Schmerz in den Augen, wenn er zum ersten Mal ins Helle kommt; läßt rasch nach; beim Schließen der Lider wegen der Helligkeit Schmerz in den Augäpfeln wie vom Druck der Lider.

Trübes Sehen, wie von einer Wolke vor den Augen. Migräne.

Starke Lichtscheu, selbst bei Kerzenlicht. Migräne.

Die Oberlider fühlen sich sehr schwer an; den ganzen Tag über schläfrig.

Trübes Sehen; kann nur den Lichtschein erkennen, nicht die Gegenstände. Ohnmachtsanfälle.

Gefühl, als ob die Augen voller Steinchen wären. Kopfschmerz.

Augäpfel sehr schmerzhaft; beim Schließen der Augen verstärkt der Druck der Lider den Schmerz und verursacht einen schmerzhaften Druck, die Lidränder fühlen sich zusammengezogen an und rufen die Empfindung hervor, als sei ein straffes Band quer über den Augapfel gespannt. Kopfschmerz.

Lichtscheu bei Sonnenlicht, in beiden Augen; rote Augen, Tränenfluß; links > rechts.

Sehr trübes Sehen. Diabetes. Nephritis.

Kann keine Helligkeit ertragen. Beginnende Gehirnerweichung.

Reichlicher Tränenfluß, hervorgerufen durch einen Schmerz in den Schläfen, der sich in die Augen erstreckt (geheilt).

Schmerz in und über den Augen.

Die Augäpfel sind sehr wund.

Verwischtes Sehen vor einem Kopfschmerzanfall (geheilt).

Ohren – Geräusche sind sehr unangenehm. Migräne.

Erträgt weder Geräusche noch die Stimmen anderer Menschen. Beginnende Gehirnerweichung.

Leichte Taubheit auf beiden Ohren, zwei oder drei Abende.

Starke Blässe von Gesicht, Ohren und Lippen, im allgemeinen morgens.

Magen – Der Appetit ist nicht so gut wie gewöhnlich, alles schmeckt gleich.

Konnte nicht die Treppen hinuntergehen oder etwas essen, wenn man es ihr anbot.

Fühlte sich hungrig und schwach, konnte aber wegen Appetitmangel nichts essen; der Gedanke an Speisen machte ihr Übelkeit.

Übelkeit und Brechreiz nach dem Aufstehen, die Übelkeit kehrte tagsüber mehrmals wieder.

Heftiges Würgen und Brechneigung; jedoch ohne Erfolg; alle sechs Stunden wiederkehrend unbeschreibliche Übelkeit.

Erfolgloses Würgen.

Längere Zeit über treten die Übelkeit und das erfolglose Würgen jeden Morgen nach dem Aufstehen wieder auf.

Übelkeit mit gelegentlichem Erbrechen, das Erleichterung verschafft. Migräne.

Heftiges Würgen, selten Erbrechen; beim letzten Anfall konnte sie nur erbrechen, wenn sie den Finger tief in die Kehle steckte. Migräne.

Appetitverlust, Speisengeruch oder der Gedanke an Speisen macht ihr Übelkeit. Migräne.

Kann während der Anfälle weder essen noch trinken. Migräne.

Tödliche Übelkeit und Erbrechen, die Übelkeit dauert gewöhnlich drei oder vier Tage. Migräne.

Gefühl tödlicher Übelkeit und häufiges Erbrechen von grüner, wässriger Flüssigkeit und von Schleim. Migräne.

Tödliche Übelkeit im Magen. Diabetes mellitus.

Erbricht etwas, würgt aber noch länger; die ganze Zeit Übelkeit. Migräne.

Starker Durst. Migräne.

Leichte Übelkeit in der Magengrube. Migräne.

Tödliche Übelkeit im ganzen Körper mit Übelkeit und Erbrechen < durch Bewegung oder Aufrichten im Bett. Migräne.

Morgens Übelkeit. Migräne.

Starker Durst; möchte die ganze Zeit trinken und trinkt ein ganzes Glas auf einmal.

Völliger Appetitverlust. Kopfschmerz.

Übelkeit. Kopfschmerz. Drohende frühzeitige Wehen.

Übelkeit und manchmal Erbrechen, morgens beim Aufstehen, oder wenn sie sich irgendwann tagsüber aus einer zurückgeneigten Stellung aufrichtet, oder durch Bewegung. Migräne.

Starker Durst auf große Mengen und oft. Migräne.

Tödliche Übelkeit mit oder ohne Erbrechen. Obstipation.

Kann nicht Milch trinken, ohne daß sie Migräne bekommt.

Gleich nach der Gabe (XM) reichliches, geschmackloses Aufstoßen.

Starker Durst. Diabetes.

Heißhunger. Diabetes.

Starke Dyspepsie und ein Gefühl, als würde er nach Nahrungsaufnahme zerplatzen. Glomerulonephritis.

Magenverstimmung mit quälender Blähsucht, starkes Herzklopfen, schwieriges Atmen und starker Schwindel, so daß sie nur unter Schwierigkeiten durch das Zimmer gehen konnte. Glomerulonephritis.

Das Mittel ist unschätzbar bei funktionellen Störungen und Krankheiten des Magen-Darm-Traktes, besonders bei bestimmten Formen von Durchfall und bei Hypochondrie mit Durchfall; auch bei Fällen von Katarrh und Geschwüren des Magens.

Wenig oder gar kein Appetit, und auch wenig Durst. Beginnende Gehirnerweichung.

Saures Aufstoßen.

Heftiger Schmerz im Epigastrium und links unter den Rippen.

Unstillbares Erbrechen, das keine Beziehung zu den Mahlzeiten hat.

Krämpfe im Epigastrium.

Heftiger Schmerz in der Magengrube; selten tiefer, verursacht durch Müdigkeit.

Starke Auftreibung und Säure des Magens ohne Empfindlichkeit.

Erbrechen erst von stark sauren, unverdauten Speisen, dann von bitterem Wasser und schließlich von bräunlichen Klumpen, die sich in Wasser auflösen und wie Kaffeesatz aussehen, geruchlos, aber von bitterem Geschmack.

Tödliche Übelkeit, kann nicht erbrechen, stöhnt und schreit und empfindet Qualen; starke Ruhelosigkeit mit Kälteempfindung, obwohl die Haut heiß war; normaler Puls.

Morgendliche Übelkeit während der Schwangerschaft, tödliche Übelkeit im Magen beim Aufwachen, Schwindel und Sodbrennen beim Aufstehen, Obstipation.

Chronische Gastroenteritis mit chronischem Durchfall und Erbrechen.

Während des Kopfschmerzes etwas Übelkeit und viel Würgen.

Während des Kopfschmerzes Übelkeit und häufiges Erbrechen von grünlicher, wässriger, bitterer Flüssigkeit.

Blähung im Epigastrium mit Asthma, so daß er kaum atmen konnte, anschließend harter, drückender Schmerz in der Gegend des vierten Halswirbels; fand nur zeitweilig Erleichterung durch eine Bewegung der Gedärme.

Starker Durst, möchte die ganze Zeit trinken, trinkt immer ein ganzes Glas auf einmal; Mundtrockenheit (geheilt).

Unstillbarer Durst nach kaltem Wasser, verlangt ein zweites Glas, sobald er das erste ausgetrunken hat. Süßer Geschmack im Mund.

Übelkeit oder ein tödliches Krankheitsgefühl im Magen, kehrt alle sechs Stunden wieder und dauert ungefähr eine Stunde lang; die Übelkeit stieg vom Magen zum Mund auf und bewirkte Aufstoßen von bitterer Luft, was sofort Erleichterung verschafft; Essen rief die Übelkeit nicht hervor und beeinflußte sie auch nicht, das periodische Auftreten hatte offensichtlich keine Beziehung zu anderen Dingen; die periodische Wiederkehr dauerte drei Tage lang; sie beschrieb die Übelkeit als tödliches Krankheitsgefühl im ganzen Körper; sie erbrach nicht, es war selbst durch Brechmittel äußerst schwierig, Erbrechen hervorzurufen; während der Übelkeit bestand starke innere Hitze, ebenso heftiger Stirnkopfschmerz mit starkem Klopfen in den Schläfen; Übelkeit, Hitze und Kopfschmerz verschwanden gleichzeitig und ließen ein Zerschlagenheitsgefühl im Kopf zurück.

Die Übelkeit war so unerträglich, daß sie das Mittel nicht weiter einnahm.

Während der Übelkeit Schwäche.

Starker Durst, möchte dauernd etwas trinken, aber nur wenig auf einmal.

Starker Durst, nach dem Trinken Frost.

Sehr wenig Appetit.

Abends Übelkeit.

Morgens ein hohles Schwächegefühl im Magen, verbunden mit leichter Übelkeit; verschwand, als sie ins Freie ging.

Gleich nachdem sie ins Bett gebracht wurde, erbrach sie Speisen, später Schleim und bitteres Wasser. Migräne.

Schreckliches, tödliches Krankheitsgefühl in der Magengrube mit Würgen oder Erbrechen, < durch Aufrichten im Bett. Migräne.

Starke innere Hitze während der Übelkeit.

Während der Übelkeit heftiger Stirnkopfschmerz mit starkem Klopfen.

Tödliche Übelkeit mit Würgen oder Erbrechen, so schrecklich und unerträglich, daß die Prüfung abgebrochen werden mußte.

Die Übelkeit wird sofort durch Aufstoßen bitterer Luft gebessert.

Übelkeit und Erbrechen, anschließend tödliches Krankheitsgefühl, sowohl ohne Übelkeit wie auch ohne Erbrechen, < durch Aufsitzen im Bett. Die Krankheit wird als schrecklich bezeichnet.

Dyspepsie (geheilt).

Magenverstimmung und das Gefühl, als würde sie nach Nahrungsaufnahme platzen.

Ohnmacht und Erbrechen, wenn sie morgens die Füße auf den Boden setzt (geheilt).

Abdomen – Abwärtsdrängender Schmerz in Bauch und Rücken. Nach unterdrückten Menses.

Empfindung eines Gewichtes und von Ziehen links im Becken; schlimmer am nächsten Tag.

Gewicht und ein Ziehen links im Becken mit brennendem Schmerz, etwas erleichert, wenn sie sich nach rechts lehnt, < durch Kleiderdruck oder wenn die Hand oder der Arm auf der Stelle liegt.

Ziehender Schmerz mit Hitze quer über den unteren Bauch und Abwärtsdrängen. Migräne.

Kann den Druck des Armes oder der Hand auf dem Bauch nicht vertragen. Migräne.

Starke Müdigkeit vom Gehen, verursacht durch Schweregefühl im Bauch wie von einem Stein. Migräne.

Bauch sehr wund und empfindlich gegen Berührung.

Schmerz über der linken Hüfte. Kopfschmerz.

Empfindung, als wäre der Bauch mit Wasser gefüllt, nimmt ihm den Atem wie ein Krampf.

Ziehende Schmerzen quer über der Uterusregion mit Hitze und Abwärtsdrängen in der Gegend beider Ovarien; kann den Druck des Armes oder der Hand auf dem Bauch nicht ertragen; starker Schmerz im unteren Bauch während der Menses, keine Stellung schafft Erleichterung; heftige Entzündung in der Ileozökalgegend mit starkem Schmerz, Schwellung, Empfindlichkeit, Kotansammlung und heftigem Erbrechen.

Chronische Gastritis und Enteritis mit chronischer Diarrhoe und Erbrechen.

Starker Schmerz quer über dem Nabel mit Kopfschmerzen. Blähsucht.

Dauernder Schmerz in der Stirngegend; morgens Übelkeit; morgens beim Aufstehen tödliche Gesichtsblässe; dauernde Schmerzen in Hand- und Fußgelenken; dicke, pastöse Schwellung unter den Fußknöcheln; ziehende Schmerzen mit Hitze quer über dem unteren Bauch und Abwärtsdrängen; häufiger, spärlicher, heller Urin; drückendes Abwärtsdrängen in der Gegend beider Ovarien; kann den

Druck des Armes oder der Hand auf dem Bauch nicht ertragen; leicht gelbliche Leukorrhoe, ausgeprägte Mattigkeit und Abneigung gegen Anstrengung; Niedergeschlagenheit, ihm liegt nichts mehr am Leben; fragt, wie man am schnellsten und sichersten seinen Tod beschleunigen kann. Hatte jahrelang unter Blähungen im Epigastrium gelitten, verbunden mit Asthma, so daß er kaum atmen konnte (geheilt).

Stuhl und Rektum – Während der ersten vier Tage kein Stuhlgang.

Das Rektum fühlt sich mit Kot vollgepreßt an, er ist aber unfähig, ihn auszustoßen.

Die Gedärme bewegten sich etwas, aber nur mit größter Anstrengung und einigen Einrissen im Anus, der Stuhl war sehr groß und hart.

Die Gedärme rührten sich wieder, aber mit den gleichen Einrissen im Anus, Stuhl sehr groß und hart; während der Stuhl austritt, muß sie vor Schmerz schreien; mit dem Stuhl kommt eine beträchtliche Menge Blut. Die Verstopfung war so stark, daß sie eine Dosis *Nux-v.* 15M *(Finkke)* nahm, wodurch sie innerhalb von 24 Stunden Erleichterung hatte.

Gewohnheitsmäßige Verstopfung; Stühle groß. Migräne.

Wechsel von Durchfall und Verstopfung, letztere überwiegt. Migräne.

Vier Tage lang Verstopfung; Stuhl trocken, hart, geht unter großen Schmerzen in kleinen Klumpen ab; Beißen des Anus nach dem Stuhl.

Obstipation. Kopfschmerzen. Drohende, vorzeitige Wehen.

Starke Obstipation. Migräne.

15 Jahre lang sehr starke Verstopfung; hatte sich angewöhnt täglich 10-12 Einläufe zu machen, oft vergingen 4 oder 5 Wochen ohne Stuhlgang.

In höheren Potenzen hat das Mittel eine starke Wirkung auf die Leber, wie man an der weißen Farbe der Faeces sehen kann. (Beobachtung *Swans*).

Es verursacht in den meisten Fällen von Diabetes Verstopfung, selten Durchfall.

Verstopfung setzte ein und dauerte eine Woche. Stuhl trokken, hart, in kleinen Klumpen, viel Schmerz und Brennen im Anus nach dem Stuhlgang.

Während der Verstopfung dauernd kalt, so daß sie blau aussah, Hände und Füße fühlten sich so kalt an, als ob sie abgestorben wären, auch zusätzliche Kleidung oder der Ofen konnten sie nicht erwärmen. Wachte nachts durch die Kälte auf.

Obstipation (geheilt).

Sie ist meist verstopft, auf dem Höhepunkt ist sie sehr frostig und kann nicht warm werden (geheilt).

Häufiger, aber vergeblicher Stuhldrang, hatte einen spontanen Stuhlabgang täglich ohne Drängen.

Verstopfung mit chronischem Kopfschmerz.

Verstopfung mit äußerst harten, lachsfarbenen Stühlen.

Verstopfung, der durch keine Dauerbehandlung beizukommen war.

So starke Verstopfung, daß weder Einläufe noch die kräftigsten Abführmittel irgendetwas nützten.

Nach 48 Stunden gelbliche oder lachsfarbene Stühle.

Heftiger Schmerz in Rektum und Ischias nach jedem Drängen zum Stuhlgang.

Verstopfung, Faeces trocken und hart.

Gelegentlicher Durchfall, Durchfall und Darmkollern, hervorgerufen durch die Behandlung.

Große und harte Stühle, werden nur mit größter Anstrengung abgesetzt und reißen den Anus ein, wobei er vor Schmerz schreien muß, beträchtliche Mengen Blut.

Häufiger, aber vergeblicher Stuhldrang.

Verstopfung mit chronischem Kopfschmerz, die kräftigsten Abführmittel waren nutzlos; Faeces trocken und hart, gingen nur mit größter Anstrengung ab, Einrisse im Anus, schreit vor Schmerz, beträchtliche Mengen Blut gehen mit ab; chronisch.

Dauernde Verstopfung, > nur durch Abführmittel und Einläufe, mit heftigen Migräneanfällen; der Schmerz sitzt zuerst in der Stirn und erstreckt sich dann zum Hinterkopf, er ist unerträglich stark; große Lichtscheu, selbst bei Kerzenlicht; tödliches Krankheitsgefühl im ganzen Körper mit Übelkeit und Erbrechen, < durch Bewegung oder Aufsitzen; Frost, nicht > durch äußerliche Wärme; häufiges und reichliches Urinieren von sehr hellem Urin.

Stirnkopfschmerz; tödliche Übelkeit mit oder ohne Erbrechen; morgens Gesichtsblässe, auch Lippen und Fingerspitzen sind weiß; Kälte am ganzen Körper.

Ist allgemein verstopft und auf dem Höhepunkt sehr frostig; kann nicht warm werden.

Urin – Sehr starker Urinfluß, entweder von hohem spezifischem Gewicht oder wässrig, farblos und von niedrigem spezifischem Gewicht, in beiden Fällen aber stark mit Zucker gesättigt.

Uriniert reichlich jede halbe Stunde, Urin völlig farblos, spezifisches Gewicht 1005; Trommer-Test auf Zucker positiv.

Häufiges Urinieren, Urin spärlich und sehr hell.

Uriniert jede halbe Stunde reichlich, Urin farblos wie Wasser; nach Lac-d. M wurde der Urin während der Nacht stark gefärbt und spärlich, aber ohne Sediment; morgens normal. Migräne. (Mrs. P., 71 Jahre alt.)

Reichlicher Urin. Migräne. Kopfschmerz.

Reichliches und häufiges Urinieren von sehr hellem Urin. Migräne.

Häufiger, spärlicher, heller Urin. Migräne.

Urin sehr hell gefärbt, hat keine Kontrolle über die Blase; Urin kommt in Tropfen oder in Güssen mit der Empfindung sehr heißen Wassers; unfreiwilliges Urinieren, jede Nacht wird das Bett naß.

Urin sehr dunkel und dick. Kopfschmerzen.

Urin reichlich und wässrig oder spärlich und stark gefärbt. Migräne.

Häufiges, spärliches Urinieren. Drohende vorzeitige Wehen.

Urin spärlich; niedriges spezifisches Gewicht, enthält ein Drittel Eiweiß; kleine und große Zylinder, Leukozyten. Epithelzellen und Fettkügelchen. Glomerulonephritis.

Zucker im Urin; spezifisches Gewicht von 1035-1040; 3 bis $4^1/_2$ Liter täglich. Diabetes.

Ruft reichlichen Urinfluß bei Glomerulonephritis hervor.

Urinieren unterbrochen, muß sich anstrengen.

Urin braun und trübe, Menge fast normal. Beginnende Gehirnerweichung.

Häufiges Urinieren.

Eiweiß im Urin; spezifisches Gewicht in zwei Fällen 1014, 1016.

Häufiges und reichliches Urinieren, Urin farblos, natürlicher Geruch, kein Kopfschmerz, aber starker Schwindel, < beim Öffnen der Augen oder Aufsitzen im Bett.

Urin blaß, strohfarben, ohne Sediment beim Abkühlen.

Jede halbe Stunde völlig farbloser, reichlicher Urin; spezifisches Gewicht 1005 (6 Stunden nach Gabe von Lac-d. LM normalisierten sich Farbe und Menge des Urins).

Während des Kopfschmerzes reichlicher Urin.

Eiweiß im Urin, mehrere Fälle wurden geheilt.

Häufiger und reichlicher Urin (jede halbe Stunde fast 1l); Urin farblos, natürlicher Geruch; ohne Kopfschmerz, jedoch starker Schwindel, < durch Öffnen der Augen oder Aufsitzen im Bett. (Spezifisches Gewicht 1010, salziger

Geschmack, leicht saure Reaktion; Trommer-Test auf Zucker positiv.)

Dauernder Schmerz in der Nierengegend, erstreckt sich um die Seiten herum zur Hüftgegend und zur Blase, ebenso von der Sakralgegend abwärts zum Gesäß und von dort zu den Oberschenkeln. Der Schmerz war brennend und keine Stellung schaffte Erleichterung; < durch Hinlegen.

Männliche Geschlechtsorgane – Manneskraft und Fortpflanzung aufgehoben.

Weibliche Geschlechtsorgane – Die Menses, gewöhnlich spärlich und verspätet, waren jetzt weniger verspätet und mehrere Monate lang verstärkt.

Menses immer spärlich und mit Koliken verbunden. Migräne.

Die gerade einsetzenden Menses wurden durch Naßwerden im Regen unterbrochen. Durch das Mittel kamen sie mit etwas grimmigen Schmerzen für eine kurze Zeit wieder; vorher waren sie schmerzlos gewesen.

Die Menses, die gerade eingesetzt hatten, hörten plötzlich ganz auf, obwohl sie gewöhnlich drei Tage lang dauerten.

Menses zwei Tage zu früh, spärlich und mit einem starken Schmerzgefühl im unteren Bauch verbunden, Stellungswechsel oder Ablegen der Kleider schafft keine Erleichterung.

Leicht gelbliche Leukorrhoe mit leichtem Jucken der Vulva.

Leicht gelbliche Leukorrhoe. Migräne.

Die Leukorrhoe ist ausgeprägter.

Die Leukorrhoe hört fast völlig auf.

Drückendes Abwärtsdrängen in der Gegend beider Ovarien. Migräne.

Menses unregelmäßig, zu häufig, spärlich. Ohnmachtsanfälle.

Drei oder vier Monate nach Beendigung der Prüfung sagte ihr Mann, ein Arzt, sie sei schwanger; sie wurde sehr dick, die Brust, aus der später Milch lief, war voll, sie spürte Kindsbewegungen; sie überschritt um eine Woche den angenommenen Termin. Die Untersuchung zeigte einen harten, spitzen und erdbeerförmigen Muttermund. Nach einer Gabe Lac-d. XM nahm sie allmählich ab und alle Symptome verschwanden.

Drohende vorzeitige Wehentätigkeit; Geschlechtsteile geschwollen, reichlicher, klebriger, schleimiger Ausfluß, Muttermund weich und dilatiert, Scheitellage, gelegentliche, unregelmäßige, abwärtsdrängende Schmerzen; kindlicher Puls 158.

Menses unregelmäßig, manchmal sehr dunkel und spärlich, manchmal farbloses Wasser. Intermittierendes Fieber.

Abort im 2. Monat; 3 Fälle.

Menses eine Woche verzögert, mit Blutandrang zum Kopf, kalten Händen, Übelkeit und Schwindel; nach einer Hochpotenz von *Lac defloratum* setzte der Fluß am nächsten Morgen wieder ein, spärlich, mit Rückenschmerzen, mit der Empfindung von einem Gewicht und von Ziehen in der Gegend des linken Ovar.

Wunder Schmerz in der Gegend des linken Ovar (geheilt mit Lac-d. CM).

Leichte Verstärkung des Sexualtriebes.

Menses fünf Tage zu früh.

Hellroter Fluß.

Morgendliche Übelkeit in der Schwangerschaft; tödliches Krankheitsgefühl im Magen beim Erwachen; Schwindel und Sodbrennen beim Aufstehen; Verstopfung, Trinken von einem Glas Wasser während der Menstruation beendet den Fluß sofort bis zur nächsten Periode (Mrs. B., Medizinstudentin, brünett, 33 Jahre alt).

Die Menses hören am zweiten Tag plötzlich ganz auf, die gewöhnliche Dauer ist 4 Tage.

Jucken der Vulva.

Gewicht und Ziehen links im Becken (Ovarialgegend) mit einem Brennen, das etwas erleichtert wird, wenn sie sich nach rechts lehnt, < durch den Druck der Kleider oder wenn die Hand oder der Arm darauf liegt.

Ziehender Schmerz quer über der Uterusregion mit Hitze, drückendes Abwärtsdrängen in der Gegend beider Ovarien. Kann den Druck der Hand oder des Armes auf dem Bauch nicht ertragen. Starker Schmerz im Unterbauch während der Menstruation, keine Stellung erleichtert. Heftige Entzündung in der Ileozökalgegend mit starkem Schmerz, Schwellung, Empfindlichkeit, Kotansammlung und heftigem Erbrechen (geheilt).

Sexualtrieb und Fortpflanzungsfunktion sind aufgehoben.

|| Durch Eintauchen der Hände in kaltes Wasser sind die Menses unterdrückt, mit starkem Schmerz in der Uterusregion, starkem Kopfschmerz, Weh am ganzen Körper, Fieber und Gesichtsröte. Nach Gabe von Lac-d. M in Wasser, ein Teelöffel voll nachts, verging der Kopfschmerz, und sie schlief die ganze Nacht. Am nächsten Morgen leichter Fluß; sie nahm einen weiteren Teelöffel voll, und um 10 Uhr flossen die Menses normal, und sie war schmerzfrei.

Mrs. Y., 42 Jahre alt, blond, leidet manchmal vor, manchmal nach den Menses, dieses Mal am Ende der Periode unter einem „verwundenden Kopfschmerz“, der an allen Stellen des Kopfes auftreten kann. Es schmerzt nicht gleichzeitig am ganzen Kopf, sondern an unterschiedlichen Stellen zu verschiedenen Zeitpunkten. Im allgemeinen ist der Druck oder das Weh schlimmer wenn es im Hinterkopf sitzt, dann bekommt sie eine Übelkeit im Magen und fühlt sich am ganzen Körper krank. Häufiger sitzt der Schmerz in der Stirn, er ist aber nur unerträglich im Hinterkopf. Sie kann den Schmerz nicht beschreiben, er erscheint ihr wie ein starkes „Verwunden“ oder wie

Druck. Nachher sind die Augen wie wund. Er dauert 24 Stunden. Sie wußte schon gestern, daß sie ihn heute haben würde, konnte aber nicht sagen, warum. Diesmal dauerte er vier oder fünf Stunden. Menses hellrot. Die Brüste fühlen sich wund an, < durch freies Hängen. Ausgeprägte Verstopfung. Sonst keine anderen Schmerzen oder Beschwerden. *Lac defloratum* DMM, eine Gabe, trocken auf die Zunge.

Innerhalb kürzester Zeit, in ein paar Augenblicken, fühlte sie sich „überall dick“, die Venen waren gestaut und fühlten sich voll an. Sie wurde frostig (äußerst charakteristisch für das Mittel). Große Erleichterung im Kopf während der ersten paar Minuten, als sie aufstand, war der Kopf schlimmer, mit unmittelbarer Erleichterung nach dem Hinlegen. Im Verlaufe von 1 1/2 Stunden waren die Beschwerden völlig verschwunden. Eine Stunde nach der Gabe arbeiteten die Gedärme normal. Klingeln in ihrem rechten (tauben) Ohr. Keine Beschwerden bei der nächsten Periode.

Brüste – Die Brüste nehmen an Umfang ab, nach der Prüfung normalisierten sich Umfang und Festigkeit wieder.

|| Die Brüste nehmen an Umfang ab, verminderter Milchfluß bei stillenden Frauen, innerhalb von 12 bis 24 Stunden bewirkte das Mittel immer ein Wiedereinsetzen des Milchflusses.

Die Brüste nahmen zwei Drittel an Umfang ab und wurden schlaff, mit Substanzverlust.

Die Brüste nahmen an Umfang ab, verminderter Milchfluß bei stillenden Frauen.

Bewirkte Milchfluß bei einem vollbusigen Mädchen.

|| Empfindliche Abnahme des Brustumfanges, welcher sich nach der Prüfung wieder normalisierte.

Kehlkopf und Larynx – Zusammengezogenes Gefühl im Hals, hierdurch dauernder Drang zum Husten.

Zusammengezogenes Gefühl im Hals, hierdurch ständiger hackender Husten ohne Auswurf.

Tagsüber kurzer, trockener Husten mit schwierigem Auswurf von kleinen Schleimklümpchen, wodurch der Husten erleichtert wird. Fieberfreie Phase bei Wechselfieber.

Husten, hervorgerufen durch eine Zerschlagenheitsempfindung im Kopf.

Brust – Beim Hinlegen ist die Atmung beeinträchtigt; verlängerte Einatmung und kurze schnelle Ausatmung.

Lange Einatmung und kurze Ausatmung beim Hinlegen.

Plötzliches und heftiges Herzklopfen mit Hitzewellen, hervorgerufen durch irgendwie ungewöhnliche Geräusche oder Anblicke; fühlt sich manchmal äußerst nervös.

Herzklopfen und Hitzewellen, besonders in der linken Gesichtshälfte und Wange.

Scharfer Schmerz an der Herzspitze, als würde ein Messer auf- und niederschneiden; dauert wenige Sekunden. Ohnmachtsanfälle.

Leidet an Blähungsanfällen im Epigastrium, immer mit Asthmaanfällen verbunden, so daß er kaum atmen kann, anschließend gewöhnlich harter, drückender Schmerz in der Gegend des vierten Halswirbels; Druck um die Brust (aber nicht wie die eiserne Faust bei *Cactus*) mit Dyspnoe; immer verstopft; alle Symptome leichter durch Abführmittel.

Etwas Herzklopfen mit Hitzewellen in Kopf und Gesicht.

Wundheit der Brust mit starkem Druck.

In einem Fall von Hypertrophie des linken Ventrikels mit Herzklopfen senkte das Mittel den Puls und beruhigte das Herz.

Kurzer, trockener Husten mit schwierigem Auswurf kleiner Schleimklümpchen, hierdurch Erleichterung des Hustens.

Druck um das Herz (nicht wie der Griff von *Cactus*) mit Dyspnoe und dem sicheren Gefühl, daß er in den nächsten 24 Stunden sterben wird.

Scharfer Schmerz an der Herzspitze, wie wenn ein Messer auf- und abschneidet; vorher Schwere des Kopfes, trübe Augen, Klopfen in den Schläfen und Herzklopfen.

Herzklopfen und Hitzewellen, besonders links an Gesicht und Nacken.

Puls schnell und schwach.

RÜCKEN – Zwischen den Schulterblättern läuft Frost auf und ab. Migräne.

Fröste kriechen den Rücken entlang und zwischen den Schultern. Migräne.

Beträchtlicher Rückenschmerz etwas unterhalb einer gedachten Linie zwischen den Darmbeinkämmen.

Kreuzweh; erstreckt sich bis zwischen die Schulterblätter, < beim Sitzen, etwas erleichtert beim Gehen; dauerte 2 Tage lang. (12 Stunden nach der letzten Gabe am dritten Tag).

Kälte im Rücken. Migräne.

Dauernder Schmerz im Kreuz, beginnt in der Nierengegend, wandert dann oberhalb der Hüften um die Seiten herum zur Blasengegend; ebenfalls abwärts von der Nierengegend zum Gesäß und von dort abwärts zu den Oberschenkeln; dieser Schmerz ist intensiv brennend, keine Stellung schafft Erleichterung, < durch Hinlegen.

Symmetrische Flecken von Herpesausschlag beiderseits am Nacken, mit Jucken und Brennen nach Kratzen.

Starker Schmerz quer über den Rücken. Kopfschmerz.

Große Schwäche der linken Nackenmuskeln, wodurch der Kopf nach rechts fällt.

Starker Schmerz durch die ganze Wirbelsäule. Migräne.

Kreuzschmerz. Drohende vorzeitige Wehen.

Bohrender Schmerz, wund wie zerschlagen und klopfend in der rechten Niere, erstreckt sich als ein dumpfes Weh zu der rechten Hüfte, zur Wirbelsäule, zum rechten Schulterblatt und quer über die rechte Bauchseite zur Blase; anschließend befiel der bohrende Schmerz auch die linke

Niere mit leichtem, wehem Schmerz; Rückenschmerz quer über dem Kreuzbein, viel schlimmer in der Mitte, ein brechender Schmerz; alles < durch Bewegung.

Harter, drückender Schmerz am vierten Halswirbel; Fröste kriechen den Rücken entlang zwischen den Schulterblättern.

Starker, brennender Schmerz im Kreuz, er beginnt in der Nierengegend, wandert dann oberhalb der Hüften um beide Seiten herum zur Leiste, ebenso von der Nierengegend abwärts durch das Gesäß zu den Oberschenkeln hinunter; der Schmerz ist brennend, keine Stellung schafft Erleichterung.

Häufig tritt ein dumpfer, weher Schmerz in der Lendengegend auf, mit undefinierbarer Unpäßlichkeit.

Tagsüber fühlt sich der Rücken gewöhnlich kalt an. Fieberfreies Stadium bei intermittierendem Fieber.

Dumpfer, schwerer und weher Schmerz über den Lenden. Diabetes.

Dauernder Schmerz im Kreuz (geheilt).

UNTERE EXTREMITÄTEN – Nachts Jucken der Knie.

Als das schwächliche Krankheitsgefühl plötzlich aufhörte, begannen beide Fersen zu schmerzen.

Ein Hühnerauge am rechten kleinen Zeh wurde sehr schmerzhaft und wund, als sie sich morgens den Schuh anzog; verging rasch.

Kalte Füße. Migräne.

Pastöse Schwellung unter den Fußknöcheln. Migräne.

Entlang der Rückseite der Oberschenkel erstrecken sich Schmerzen zu den Fersen; Schmerzen in den Fußspitzen, als wäre der Knochen quer über dem Fußrücken gebrochen; diese Schmerzen in den Beinen und Füßen treten auf, sobald sie die Füße morgens belastet; sie wird dann ohnmächtig, ihr wird übel, und sie muß sich hinlegen; sie muß sich drei- oder viermal wieder hinlegen, bevor sie sich anziehen kann.

Empfindungsverlust an der Vorderseite der Oberschenkel. Diabetes.

Wehe Schmerzen in Hand- und Fußgelenken.

Nächtliche Krämpfe in den Beinen. Glomerulonephritis.

Die Beine sind stark geschwollen. Glomerulonephritis.

Als der Schwächeanfall vergangen war, begannen beide Fersen zu schmerzen.

Schwäche und Weh in den Sprunggelenken, pastöse Schwellung unter den Knöcheln (geheilt).

An den Fußrändern ist die Haut verdickt (geheilt).

Taubheit und Empfindungsverlust außen und vorn an den Oberschenkeln (geheilt).

Ödeme der unteren Extremitäten (geheilt).

Empfindungslosigkeit der Glieder (geheilt).

Kälte und Taubheit der Glieder.

Taubheit und Empfindungsverlust an der Außen- und Vorderseite der Oberschenkel.

Kalte Hände und Füße während des Kopfschmerzes.

Fieber – Fühlte sich den ganzen Tag über kalt, saß am Feuer, jedoch ohne andauernde Erleichterung.

Allgemeine Kälte des Körpers, die Fingernägel sahen blau aus wie bei Schüttelfrost; selbst ein dicker Schal konnte das Frösteln nicht unterdrücken.

Sie war kalt und hatte den ganzen Tag über böse Ahnungen.

Sie hatte eine ruhelose Nacht, die Füße wurden die ganze Nacht nicht warm.

Die natürliche Wärme kehrte erst nach Wochen wieder.

Hände und Füße allgemein kalt. Migräne.

Kalte Hände und Füße. Migräne.

Kälte und Blässe der ganzen Körperoberfläche. Migräne.

Dann und wann Frostempfindung; kalte Hände. Kopfschmerz durch unterdrückte Menses.

Hände und Füße sind sehr kalt. Migräne.

Während der letzten drei Tage der Verstopfung war sie dauernd kalt, so daß sie blau aussah, Hände und Füße fühlten sich kalt, wie abgestorben an; tagsüber trug sie einen Schal und saß am Feuer, wurde aber auch hierdurch nicht warm; das Kältegefühl weckte sie nachts auf.

Frost nach Trinken.

Abends zweimal Frost; kein Fieber.

Fühlte sich den Abend über sehr frostig und innerlich kalt, als ob der Körper mit Eis gefüllt wäre.

Sehr frostig, äußerliche Wärme schafft keine Erleichterung. Migräne.

Dauerndes Frösteln, auch in der Nähe des Feuers. Migräne.

Dauernde Kälte während der Verstopfung, so daß sie blau aussah, Hände und Füße fühlten sich kalt, wie abgestorben an; auch durch extra Kleidung und am heißen Ofen wurde sie nicht warm; die Kälte weckte sie nachts auf.

Extreme Kälte, aber ohne Schütteln oder Frösteln; auch durch extra Kleidung oder einen heißen Ofen wurde sie nicht warm. Chininvergiftung.

Fieber. Unterdrückte Menses durch Eintauchen der Hände in kaltes Wasser.

Kälte am ganzen Körper. Obstipation.

Gegen 19 oder 20 Uhr überfällt sie ein so starkes Schlafbedürfnis, daß sie sich hinlegen muß; gegen 21 Uhr setzt ein sehr heißes Fieber ein; während des Fiebers schläft sie; das Fieber dauert fast bis zum Morgen an, sie erwacht mit reichlichem Schweiß, der die Bettwäsche gelb färbt und sehr schwer auszuwaschen ist.

Schläft zehn Minuten nach jeder Gabe ein und wacht eine Stunde später mit reichlichem Schweiß auf.

Sie ist allgemein verstopft, auf dem Höhepunkt ist sie sehr frostig und kann nicht warm werden.

Temperatur 37,8° C. Beginnende Gehirnerweichung.

Wechsel von Hitzewellen und Kälte.

Fiebrig und durstig.

Maligner Typhus.

Rhazes empfiehlt das Mittel bei allen hektischen Fiebern.

Heißes Fieber um 21 Uhr, es dauert bis zum nächsten Morgen, sie wacht mit reichlichem Schweiß auf, der die Bettwäsche gelb färbt und schwer auszuwaschen ist.

Hektisches Fieber; maligner Typhus.

Gefühl, als sei die Bettwäsche feucht.

Hitzewellen in Kopf und Gesicht, besonders in der linken Wange.

Brennende Empfindung im Becken mit Gefühl eines Gewichtes.

Starke innerliche Hitze während der Übelkeit.

Schweiß in den Handflächen, besonders in der rechten.

Puls schnell und schwach.

Frösteln.

Extreme Kälte der Fingerspitzen, welche weiß aussahen.

Schlaf – Sie ist die ganze Zeit schläfrig, wird aber durch unangenehme Träume sehr gestört. Nach unterdrückten Menses.

Schläft nur wenig. Migräne.

Schläft beim Treppensteigen oder Aufstehen ein.

Den ganzen Tag über schläfrig.

Manchmal schläft sie stundenlang während der Kopfschmerzanfälle.

Sehr absurde Träume. (Erste Woche).

Träumte, daß er eine Reise antreten mußte und den Zug zu verpassen drohte. (Vierte und fünfte Nacht.)

Träumte, daß sie mit ihrer Tochter zum Grand Union Depot, welches eineinhalb Meilen entfernt lag, aufbrach und daß man ihr sagte, sie habe nur zehn Minuten Zeit, um dort hinzugelangen; daß sie fast die ganze Strecke lief und gerade noch rechtzeitig eintraf, um den Zug abfahren zu sehen; sie erwachte so erschöpft, als sei der Traum Wirklichkeit gewesen. (Dies war das Schlüsselsymptom für die Heilung des Falles).

Schlaflos, nächtliche Ruhelosigkeit durch unstillbaren Durst. Diabetes.

Nachts schlaflos, schläfrig tagsüber. Diabetes.

Nachts ohne Schlaf, schlief aber gegen Morgen gelegentlich ein. Diabetes.

Fast völlige Schlaflosigkeit. Diabetes.

Ziemlich nervös und schlaflos. Beginnende Gehirnerweichung.

Starke Schlaflosigkeit.

Zwei Wochen lang ausgeprägte Schlaflosigkeit.

Wacht plötzlich auf, grundlos hellwach, schläft bald wieder ein.

Schlaflosigkeit in der ersten Nachthälfte, wenig Schlaf gegen Morgen.

Die ganze Zeit über sehr schläfrig, kann sich nur mit Mühe wach halten.

Große Schlafsucht.

Ein Kältegefühl weckte sie auf.

Manchmal schlief sie stundenlang.

Große Ruhelosigkeit und extremes, lang hingezogenes Leiden unter nächtlicher Schlaflosigkeit (geheilt).

Haut – Rosenrote Haut mit Schwellung von Gesicht, Nakken, Armen und des ganzen Körpers, morgens, tagsüber und abends, kein Jucken oder Brennen. Migräne.

Empfindung, als wäre die Bettwäsche feucht.

Empfindung, als werde sie von kalter Luft angeblasen, selbst wenn sie warm zugedeckt ist.

Ausgetrocknete Haut. Diabetes.

Bläßliche Hautfarbe, ein ekzemartiger Ausschlag verschwand und ließ eine völlig reine, fleckenlose Haut zurück; sie war Dyspeptikerin, nach Verschwinden des Ausschlages aber beschwerdefrei.

Abgezehrt, dünn und äußerst blaß mit dunklen Flecken unter den Augen.

Die Haut wurde wunderbar rein nach Anwendung von Magermilch.

Nachts Jucken beider Knie.

Jucken der Vulva.

Ein Hühnerauge am rechten kleinen Zeh war während der Prüfung jeden Morgen schmerzhaft und wund.

Symmetrische Flecken von Herpesausschlag beiderseits am Nacken, juckend und brennend nach Kratzen, verschwanden während der Prüfung (geheilt).

Trockene, ausgedörrte Haut.

Taubheit und Empfindungsverlust an der Außen- und Vorderseite der Oberschenkel.

Nerven – Große Mattigkeit und Abneigung gegen Anstrengung.

| Große Ruhelosigkeit und extremes und lang hingezogenes Leiden unter nächtlicher Schlaflosigkeit.

| Fühlt sich völlig übermüdet und erschöpft, gleichgültig ob sie etwas tut oder nicht; große Müdigkeit durch Gehen.

| Großer Kräfteverlust, beginnend mit einem scharfen, schneidenden Schmerz an der Herzspitze; die Stirn fühlt sich schwer an, mit einem dumpfen Gefühl über den Augen und Klopfen hauptsächlich in den Schläfen, der übrige Kopf fühlt sich leicht an.

Allgemeines – Einige Symptome dauerten bis zu sechs Wochen nach der letzten Gabe.

Gewöhnlich schlank, wurde sie nach dem Mittel dick. Migräne.

Sie fühlt sich so müde und matt, daß sie sich im Bett kaum umdrehen kann; bei jedem Versuch, die Glieder zu benutzen, fangen diese fast an zu zittern. Kopfschmerz durch unterdrückte Menses.

Es besteht die Tendenz, sich dauernd nach rechts zu neigen.

Abends fühlte sie sich plötzlich sehr krank, konnte nicht aufsitzen, kein spezieller Schmerz, aber Erschöpfung.

Abends um 20 Uhr stellte sich dasselbe schwächliche Krankheitsgefühl wie am zwölften Tag ein, aber es dauerte nicht so lange und hörte plötzlich auf.

Abends um 20 Uhr stellten sich dieselben Schwächesymptome wie am zwölften und dreizehnten Tag ein.

Gegen 19.30 Uhr beschleicht sie ein Gefühl von Müdigkeit und Erschöpfung, das allmählich zunimmt und in so starker Erschöpfung endet, daß sie nicht aufstehen oder -sitzen kann; gleichzeitig fühlt sich der Kopf sehr schwer an und fällt nach rechts; auch hat sie den Wunsch, gestreckt auf der rechten Seite zu liegen; das Gefühl vergeht rasch im Verlaufe einer Stunde, nachher hat sie keinerlei Beschwerden mehr und fühlt sich wohl und sehr kräftig.

Während der Prüfung Abmagerung, besonders ausgeprägt im Schrumpfen der Brüste, die nachher wieder ihre ursprüngliche Form und Festigkeit zurückgewannen.

Kann nicht links liegen.

Fühlt sich übermüdet und erschöpft, gleichgültig ob sie etwas tut oder nicht.

Drei- bis viermal wöchentlich Ohnmachtsanfälle, anfangs unregelmäßig, schließlich immer um 19.30 Uhr; sie kann einen Anfall hervorrufen, wenn sie die Arme hoch über den Kopf streckt oder in die Lenden drückt.

Großer Kräfteverlust; kann nicht stehen, sondern fällt rückwärts und bleibt zwei oder drei Minunten lang völlig bewußtlos; die Schwäche läßt im Verlaufe einer halben Stunde langsam nach. Ohnmachtsanfälle.

Plötzlicher Kräfteverlust um 17 Uhr. Migräne.

Weher Schmerz am ganzen Körper. Unterdrückte Menses durch Eintauchen der Hände in kaltes Wasser.

Kann nicht mehr als 400m gehen, ohne sich auszuruhen. Diabetes.

Sobald sie morgens auf die Füße kommt, fällt sie in Ohnmacht und ihr wird übel, sie muß sich hinlegen, sie muß sich drei- oder viermal wieder hinlegen, bevor sie sich anziehen kann.

Müdigkeit, Mattigkeit, Empfindung vermindert. Diabetes.

Energieverlust, Müdigkeit bei Anstrengung; fühlt sich dauernd stumpf, schwer und müde. Diabetes.

Kälte und Taubheit der Glieder. Diabetes.

Schlapp, Neigung zur Fettsucht. Diabetes.

Große Müdigkeit bei der kleinsten Anstrengung. Diabetes.

Sehr dick mit großen Schwierigkeiten beim Atmen. Glomerulonephritis.

Sehr anämisch. Glomerulonephritis.

Große Mattigkeit und Abneigung gegen Anstrengung.

Große Müdigkeit durch Gehen.

Fühlte sich innerlich kalt und frostig, als wäre der Körper mit Eis gefüllt.

Abmagerung während der Prüfung, besonders an den Brüsten, die aber später ihre natürliche Gestalt wiedergewannen.

Große Niedergeschlagenheit, weint sehr leicht.

Zucken der Rumpfmuskeln.

Fühlte sich gelegentlich äußerst nervös.

Gewichtsverlust in mehreren Fällen.

Großer Kräfteverlust, beginnend mit einem scharfen, schneidenden Schmerz an der Herzspitze, anschließend eigenartiges Gefühl im Kopf, die Stirn fühlt sich schwer an mit einer dumpfen Empfindung über den Augen und Klopfen, hauptsächlich über den Schläfen, der übrige Kopf fühlt sich leicht an, trübes Sehen; kann nur den Lichtschein erkennen, nicht die Gegenstände. Kräfteverlust, fällt rückwärts und ist bewußtlos. Der Anfall geht schnell vorbei, anschließend Weinen, Herzklopfen und große Niedergeschlagenheit. Sie kann den Anfall jederzeit hervorrufen, wenn sie die Hände über den Kopf erhebt oder in die Lenden drückt. Bei einem siebzehnjährigen Mädchen, deren Menses unregelmäßig waren (geheilt).

Undefinierbare Unpäßlichkeit, gewöhnlich nicht mit einem lokalen Leiden verbunden, außer einem dumpfen, wehen Schmerz in der Lendengegend.

Große Erschöpfung der Muskeln, wie auch der Nerven.

Nach geringen Anstrengungen müde und erschöpft, kann selbst kleine Strecken nicht zurücklegen, ohne sich auszuruhen.

Lustlosigkeit und Abneigung gegen körperliche oder geistige Anstrengung.

Große Ruhelosigkeit und extremes und lang hingezogenes Leiden durch nächtliche Schlaflosigkeit.

Zunehmende Abmagerung, die schließlich extrem wird.

Unnatürliche und mangelhafte Ernährung.

Energieverlust.

Übermäßige Fettsucht bei einer Frau (geheilt).

Kann lange Strecken gehen ohne Müdigkeit und ohne sich auszuruhen.

Eine Frau bekam nach dem Trinken von Milch jedesmal Migräne (geheilt).

Von *Hippokrates* empfohlen bei Phthise, Gicht, besonders wenn die Gelenke befallen sind, auch bei Ischias und Fluor.

Gilt als das beste und sicherste Mittel bei allen Formen von Wassersucht, bei Asthma, wenn es durch Emphysem und Lungenkatarrh hervorgerufen wird, bei hartnäckiger Neuralgie, deren Ursachen im Verdauungstrakt liegen, bei Leberkrankheiten, einfacher Hypertrophie und fettiger Degeneration und allgemein bei Krankheiten, denen eine mangelhafte Ernährung zugrunde liegt, oft als Folge versteckter subakuter Entzündungen des Magens oder des Darmes mit nachfolgenden Störungen der nervösen Zentren.

Es erwies sich als souveränes Heilmittel in Fällen von Wassersucht bei hypertrophierter Leber oder nach intermittierendem Fieber.

Deutliche Besserung wurde in folgenden Fällen beobachtet: Wassersucht durch organische Herzkrankheiten; alte Leberbeschwerden; weit fortgeschrittene Glomerulonephritis.

Geräusche werden als sehr störend empfunden.

|| Schmerz beginnt quer über der Kreuzbeingegend, wandert dann oberhalb der Hüften um beide Seiten herum zur Leiste und an der Innenseite der Oberschenkel hinunter, manchmal bis zu den Füßen (mehrere geheilte Fälle).

Bell Barnum, 13 Jahre alt, dunkles Haar: Ein Jahr lang hatte sie zeitweilig heftige Kopfschmerzen und starke Schmerzen in der Nabelgegend; ebenso Schmerzen, die an der Rückseite der Oberschenkel zu den Fersen wanderten. Schmerzen in den Fußspitzen, als wären die Knochen quer über dem Fußrücken gebrochen.

Diese Schmerzen in Beinen und Füßen traten auf, sobald sie morgens die Füße belastete, sie fiel dann in Ohnmacht, ihr wurde übel, und sie mußte sich hinlegen. Sie mußte sich dreioder viermal hinlegen, bevor sie sich anziehen konnte (geheilt). Drei oder vier Monate später trat der Kopfschmerz wieder auf und wurde auch diesmal durch Lac defloratum geheilt.

J. Martin litt jahrelang unter Blähungen, die manchmal im Epigastrium lokalisiert waren, immer in Verbindung mit einem Asthmaanfall, so daß er kaum atmen konnte; anschließend hatte er einen harten, drückenden Schmerz in der Gegend des vierten Halswirbels. Diese Symptome wurden nur durch Einnahme von Abführtabletten gebessert, er war dauernd verstopft (geheilt).

Caroline Betz, Deutsche, 18 Jahre alt: Gegen 19 oder 20 Uhr wird sie so schläfrig, daß sie sich um 21 Uhr hinlegen muß. Es setzt ein sehr heißes Fieber ein. Während des Fiebers schläft sie; das Fieber dauert bis zum Morgen; sie erwacht dann mit reichlichem Schweiß, der die Bettwäsche gelb färbt und schwer auszuwaschen ist.

Tagsüber fühlt sich ihr Rücken gewöhnlich kalt an; kurzer trockener Husten mit schwierigem Auswerfen von kleinen Schleimklumpen, was den Husten erleichtert. Unregelmäßige Menstruation, manchmal sehr dunkel und spärlich, manchmal farbloses Wasser. Pickel im Gesicht und an der Stirn. Lac defloratum M am 8. November. Nach der ersten Gabe war sie frei von allen Symptomen. 14. November: Die Menses sind noch nicht fällig.

Lac felinum
(Katzenmilch)

Gemüt – Große Niedergeschlagenheit.
Sehr mürrisch gegenüber jedermann.
Furcht, die Treppen hinunter zu fallen, jedoch ohne Schwindel.
Krankhafte Gewissenhaftigkeit; jeder kleine Fehler erscheint als ein Verbrechen.
Wahnidee, daß die Ecken der Möbel oder alle spitzen Gegenstände in der Nähe ihr in die Augen hineinfahren; das Symptom ist rein psychisch; es ist nicht so, daß in ihren Augen die Gegenstände zu nah erscheinen (Asthenopie).

Kopf – Dumpfer Schmerz in der Stirn in der Gegend der Augenbrauen.
Schwere in der Stirn.
Schwerer Druck in den Seiten des Kopfes und im Scheitel.
Pulsieren im Kopf mit einer Empfindung von Hitze in der Stirn und von Zusammenziehen quer über dem Nasenrükken.
Akuter Schmerz am Scheitel.
Akute Schmerzen in der Stirngegend.
Früh am Morgen starker Schmerz am Scheitel und links im Kopf; er beginnt direkt vor dem Scheitel mit einer Hitzewelle, die sich ungefähr 2 cm in die Stirn erstreckt und den starken Schmerz nach sich zieht; Hitze und Schmerz breiten sich dann wie ein Schleier über die linke Seite abwärts aus, wobei sie aber nie die Mittellinie überschreiten, erfassen die halbe Nase und die Kiefer und erstrecken sich ins Ohr; sie muß vor Schmerz die Augen schließen; vor Schmerz preßte sie den Kopf fest an die Brust, und ihre Qualen waren so groß, daß sie den Kopf fest in die Hände drückte und schreiend durch das Haus von Zimmer zu

Zimmer lief (nach der 17. Potenz). Akuter Schmerz über dem linken Auge und der Schläfe.

Kopfschmerz < durch Lesen.

Scharfe lanzinierende Schmerzen wandern alle zehn Minuten an der linken Kopfseite in einer Zickzacklinie vom Scheitel abwärts zum linken Ohr.

Schmerz beginnt mit einem Frostgefühl an der Nasenwurzel; ein kalter Schmerz, der die Mittellinie aufwärts zum Scheitel wandert und dann zum Ohr (wie beim vorhergehenden Symptom).

Kopfschmerz über den Augen.

Schmerz in Stirn, Hinterkopf und der linken Kopfseite mit Steife der Nackenwülste (Splenius und Trapezius) und Hitze im Scheitel; der Schmerz in der Stirn besteht aus einem schweren Drücken über den Augen (Kopfschmerz).

Starker Schmerz vom Kopf den Unterkiefer entlang, bewirkt Speichelfluß.

Kribbeln oben am Gehirn (Asthenopie).

Gewicht auf dem Scheitel (Asthenopie).

Schrecklicher Kopfschmerz, der den linken Augapfel bis zur Mitte des Gehirns durchdringt, mit Schmerz in der linken Supraorbitalgegend, erstreckt sich durch das Gehirn zum Scheitel (Kopfschmerz).

Brennen in der linken Schläfe in der Nähe des Auges, < nachts (Keratitis).

Augen – Scharfer, lanzinierender Schmerz durch die Mitte des linken Augapfels, der nachher innerlich sehr wund ist, ruft reichlichen Tränenfluß hervor (durch Lac-f. LM).

Augenbrauen und Augenlider drücken schwer nach unten, als wären sie bleiern.

Neigung, die Augen geschlossen zu halten.

Die Augen fühlen sich eingesunken an und das linke Auge wässert gelegentlich.

Zucken innen am äußeren Ende des linken Oberlides.

(Zucken der Augenlider).

Ziliarneuralgie.

Scharfer, lanzinierender Schmerz in der Mitte des rechten Augapfels, erstreckt sich nach außen zur Schläfe und in die Stirngegend über dem Auge, mit starker Lichtscheu, Röte der Konjunktiven und Tränenfluß; < durch Lesen oder Schreiben; der Schmerz scheint innen im Augapfel zu sitzen, erstreckt sich von dort zur Hinterwand der Augenhöhle und dann zu den Schläfen, mit Klopfen; trübes Sehen beim Lesen; auch Verstopfung, Appetitverlust, Mattigkeit in den Beinen (Chorioiditis).

(Großen Erfolg hatte ich bei Augenkrankheiten mit heftigem Schmerz hinten in der Augenhöhle, der auf Chorioiditis hindeutet. – *Swan*).

Wenn er etwas fixiert, liest oder schreibt, stechender Schmerz von den Augen bis fast zum Hinterkopf; viel < im rechten Auge (Asthenopie).

Beim Lesen laufen die Buchstaben zusammen, mit dumpfem, wehem Schmerz hinter den Augen oder schießendem Schmerz in den Augen; verwischtes Sehen und schießender Schmerz < rechts; die Symptome wurden durch Erkältung oder Übermüdung hervorgerufen (Asthenopie).

Schmerz in den Augen, erstreckt sich nach hinten in den Kopf, äußerst scharf, mit einem Gefühl, als erstreckten sich die Augen nach hinten; starke Scheu vor natürlichem oder künstlichem Licht; jede anhaltende Blendung ruft diesen Schmerz hervor (gebessert).

Stechender Schmerz in der Mitte des rechten Auges, der nach hinten zieht, < nachts (Keratitis).

In Linkslage fühlt sich das rechte Auge an, als bewege es sich umher und sei zu schwer, mit starkem Schmerz.

(Hornhautgeschwür).

Lichtscheu.

Das linke Auge fühlt sich morgens heiß und zugeklebt an.

Weißer Fleck am Außenrand der linken Hornhaut, auf den von der Bindehaut her rote Gefäße zulaufen und schießende Schmerzen von dem Fleck zum Hinterkopf.

Schmerz in der Unterwand der rechten Augenhöhle, wie wund, empfindlich bei Berührung, Schießen im rechten Auge.

Rechtes Auge entzündet mit Schießen nach hinten, wo der weiße Fleck ist; linkes Auge ebenfalls entzündet, aber ohne Schießen.

Gerstenkorn im linken Oberlid.

Zwei Gerstenkörner im rechten Oberlid.

Jedes Jahr im September verschlechtern sich die Augen.

Augenschmerz durch Gasbeleuchtung.

(Mehrere Fälle von Hornhautgeschwüren wurden geheilt.)

Weißliches Hornhautgeschwür rechts über der Pupille; die rechten Lider sind rot und geschwollen; Tränenfluß rechts. Ein stechender Schmerz erstreckt sich nach hinten in die Mitte des rechten Auges, < nachts. In Linkslage fühlt sich das rechte Auge an, als bewege es sich herum und sei zu schwer, mit heftigem Schmerz. Beim Sehen mit dem rechten Auge scheint alles in einen weißen Nebel gehüllt zu sein. Lichtscheu rechts. Fühlt sich dauernd erschöpft.

Mr. E., 28 Jahre alt, chronische Iritis; in den letzten drei Jahren hatte er abwechselnd rechts und links sechs Anfälle. Der erste Anfall dauerte 5 Wochen; die Intervalle zwischen den Anfällen dauerten 5 bis 8 Monate. Man hatte ihn für unheilbar erklärt.

26. März 1888: Das rechte Auge ist stark entzündet; nachts dumpfer, weher Schmerz; Schießen vom rechten Auge zu Schläfe und Augenbraue, < zwischen 3 und 5 Uhr. Das Sehen ist sehr nebelig. Die Iris sieht rot aus. Vor dem rechten Auge ein schwarzer Fleck, der sich bei Sonnenlicht mit dem Auge bewegt. Lac felinum CM. Allmähliche und deutliche Besserung, das Sehen ist weniger nebe-

lig, das Auge sieht gesund aus; beim Aufwachen Empfindung von Sand im rechten Auge; die schwarzen Flecken sind verschwunden; kann jetzt Gedrucktes lesen. – *Berridge.*

Rechtes Auge entzündet; dumpfer, weher Schmerz nachts.

Schießen vom rechten Auge zu Schläfe und Augenbraue, < zwischen 3 und 5 Uhr.

Sehen sehr nebelig.

Iris rot.

Ein schwarzer Fleck vor dem rechten Auge, der sich im Sonnenlicht mit dem Auge bewegt.

Beim Aufwachen Empfindung von Sand im rechten Auge.

Nase – Kann den Geruch von Muscheln, die sie sonst sehr gern mag, nicht ertragen und kann sie auch nicht essen.

Zähne – Schmerzen in all den Zähnen, die von dem heißen Kopfschmerz ergriffen werden.

Mund – Gefühl, als sei die Zunge von einem heißen Getränk verbrüht.

Rötung unter der Zunge, am Zahnfleisch und in der ganzen Mundhöhle.

Wundheit und Empfindung von Geschwüren an Zunge und Gaumen.

Im Mund scheinen alle Teile zusammenzukleben, sie lösen sich nur durch Dazwischenpressen von Luft oder Speichel.

Verlust des Geschmackes.

Metallischer Geschmack im Mund.

Speichelfluß, Zunge vergrößert und Zahneindrücke an den Rändern.

Kleine weiße Geschwüre bedecken die Zunge und die ganze Mundhöhle.

Verlängerung des Gaumens.

Sehr wunder Mund.

(Mundtrockenheit.)

Hals – Zäher Schleim im Rachen.

Faseriger, zäher Schleim im Rachen, kann ihn nicht hochräuspern und muß ihn schlucken; wenn er ausgebrochen wird, ist er gelb.

Zwischen Kopf und Hals ist dicker, gelber, zäher, faseriger Schleim im Rachen, der sich nur schwer auswerfen läßt und einen widerlich süßen Geschmack hat.

Die Rachenhinterwand ist leicht entzündet, Gefühl von Wundheit.

Magen – Kein Appetit.

Fühlt sich nach dem Essen geschwollen an; muß sich ausziehen und die Kleidung lösen.

Starker Drang, Papier zu essen.

Direkt unterhalb des Gürtels ist der Magen wund, < links.

Gelegentlich leichte Übelkeit.

Hitze im Epigastrium.

Starke Wundheit und Empfindlichkeit des Epigastriums.

Abdomen – Schmerz in Bauch und Rücken, als begännen die Menses.

Schmerz in den Därmen.

Um Mitternacht Empfindung eines kalten Bandes über dem Unterbauch.

Schweres Gewicht und Abwärtsdrängen im Becken, als ob der Uterus fällt, als ob sie nicht gehen könnte; < beim Stehen.

Bei Druck Schmerz im Becken durch die Hüften, wie wenn sie die Arme in die Hüften stemmt.

Stuhl und Rektum – Spontaner Stuhlgang, aber sehr langsam, um 2 Uhr.

Stuhl lang, zäh, schlüpft zurück, wenn der Druck nachläßt.

Scheinbare Unfähigkeit des Rektums, den Inhalt auszutreiben.

Harnorgane – Häufiger Drang zu urinieren, Urin sehr hell.

(Hemmung beim Urinieren, muß warten.)

Weibliche Geschlechtsorgane – Leukorrhoe, hörte am dritten Tag auf und kehrte am vierten Tag wieder.

Wildes Jucken innen und außen an der Vulva; gelber Fluor.

(Zerrender Schmerz im linken Ovar).

Atmungsorgane – Trockenheit der Stimmritze.

Brust – Sehr starke Bedrückung beim Atmen, hält mehrere Tage an; das tiefe Einatmen ist sehr schwierig, weil die oberen Teile der Lungen allein zu atmen scheinen.

Obere Extremitäten – Schmerz rechts im linken Handgelenk bei Benutzung des Zeigefingers.

Untere Extremitäten – Der linke Fuß fühlt sich kalt an, wenn er vom rechten Fuß berührt wird.

Beinweh.

Schlaf – Trägheit, Schläfrigkeit, Gähnen.

Schwerer, tiefer Schlaf, ist schwer aufzuwecken.

Träumte von einem Erdbeben.

Fieber – Abwechselnd Kälte und Hitze, beide dauern nur kurze Zeit.

Allgemeines – Die ganze rechte Seite fühlte sich von Kopf bis Fuß schrecklich schwach, schwer und schmerzhaft an, weshalb er nur schwer gehen konnte.

(Dauerndes nervöses Zittern, besonders der Hände, wie bei Trinkern.)

Lac vaccinum
(Kuhmilch)

Eingeführt und geprüft von *Dr. J. C. Boardman* aus *Trenton, New Jersey*, er benutzte *Swans* 200. Potenz. Viele Menschen haben eine starke Unverträglichkeit gegen Milch. Sie bekommen Kopfschmerz, „Galligkeit", Darmblähungen und hartnäckige Verstopfung. Diese Wirkungen der Milch, besonders der charakteristische Kopfschmerz und die Verstopfung, zeigten sich auch in der Prüfung und wurden klinisch bestätigt. Man sollte auch daran erinnern, daß Milch die Harnsäurediathese bewirkt oder verstärkt und damit die rheumatische Tendenz fördert. Auch sollte man das Mittel bei Diabetes prüfen, weil es Durst und Polyurie hat.

Bei manchen sehr empfindlichen Frauen besteht eine ausgeprägte Wirkung auf die Funktion der Sexualorgane; die Menses werden unterdrückt durch Eintauchen der Hände in kaltes Wasser; nach einem Glas Milch sind die Menses bis zur nächsten Periode sofort unterdrückt, ein deutliches Anzeichen für die Idiosynkrasie. *Burnett* hält es für klinisch erwiesen, daß Kinder, die vor Beendigung der Zahnung viel Milch trinken, sehr anfällig gegen Erkältungen werden.

Das potenzierte Mittel produziert, wie Natrium muriaticum, auch dann seine charakteristischen Symptome, wenn der Prüfer es gleichzeitig in der Rohform zu sich nimmt.

Gemüt – Allgemeine Nervosität, Niedergeschlagenheit, Gefühl, als bekäme er gleich schlechte Nachrichten.

Geistige Verwirrung, die noch lange nach der Prüfung andauert.

Geistige Schwäche, die so plötzlich auftrat, daß sie ihre Gedanken nicht mehr sammeln konnte, um ihre Symptome aufzuschreiben.

Geistige Verwirrung, konnte ihre Gedanken nicht ausdrükken.

Stumpf, schwach, verwirrt, mit Zittern des ganzen Körpers.

Kopf – Schwindel, beim Schließen der Augen fällt sie rückwärts.

Eine kriechende Empfindung, eine schraubenartige oder vertikale Bewegung begann über dem linken Auge und setzte sich nach oben zum Scheitel fort; dann begann die gleiche Bewegung oder das gleiche Gefühl 5 cm hinter dem linken Ohr und wanderte in ähnlicher Weise aufwärts zum Scheitel; Druck am Scheitel mit Hitzeempfindung, wenn die Hand aufgelegt wurde (1 Stunde).

In beiden Schläfen gleichzeitig Gefühl eines Feuerballs (20 Minuten).

Alle diese Symptome verschwanden, nur nicht der Schmerz oben auf dem Kopf, der sich anfühlte, als liege dort ein schweres Gewicht, und der gelegentlich auch gleichzeitig einen scharfen Charakter hat (3 1/2 Stunden).

Wachte morgens mit einem wehen Schmerz am ganzen Kopf auf, am stärksten im Hinterkopf.

Völle des Kopfes, als sei er zu groß und zu schwer.

Schwindel.

Augen – Dumpfer Schmerz über dem rechten Auge und ein sehr leichtes, dumpfes Gefühl über dem linken Auge.

Dann und wann ist das Sehen jeweils nur für einen kurzen Moment verwischt, trübe oder undeutlich.

Blindheit beider Augen, die drei- oder viermal hintereinander auftrat, jeweils nur eine Sekunde dauerte, dann völlig verschwand und in beiden Schläfen, oben auf dem Kopf, am linken Ohr und im Nacken unter dem linken Ohr einen Schmerz hinterließ (2 1/2 Stunden).

Ohren – Die Ohren fühlen sich verstopft an; sie fühlt sich auf beiden Ohren taub, obwohl sie so gut wie immer hören kann.

Mund – Die Zunge ist schmutzig-gelb belegt und fühlt sich ausgetrocknet an.

Saurer Geschmack.

Saurer Speichel färbt das Taschentuch gelb.

Flache, weiße und eingesunkene Geschwüre an der Zunge; diese ist geschwollen, äußerst empfindlich und an den nicht ulzerierten Stellen mit weißem Schleim bedeckt; der Atem ist äußerst übelriechend, auch das Innere der Wangen und die Tonsillen sind mit Geschwüren bedeckt; Schlucken schmerzhaft.

Hals – Empfindung eines Pflocks im Hals oder Kehlkopf.

Appetit – Durst auf kaltes Wasser in großen Mengen; trank am Abend drei Becher voll.

Magen – Schwellung oder Blähung des Magens (3. Tag).

Um 10.30 Uhr saurer Geschmack; Übelkeit, aber kein Erbrechen (1 Stunde).

Zusammenziehender, drückender Schmerz in der Magengrube, > durch äußerlichen Druck.

Aufstoßen.

Abdomen – Vom Brustbein ausgehender Schmerz erstreckt sich über das Abdomen bis 2 cm unter den Nabel.

Ständige, unerträgliche Blähsucht, beginnt eine Stunde, nachdem sie mittags ein Glas Milch getrunken hat, und dauert den ganzen Nachmittag.

Darmkollern, mit lautem, geräuschvollem Rumpeln.

Stuhl – Hartnäckige Verstopfung; Stuhl hart und trocken; in fest zusammengepreßten Bällen; wird nur unter größter Anstrengung entleert.

Abgang großer Mengen stinkender Flatus, hierdurch Erleichterung.

Harnorgane – Der Urin war morgens nicht vermehrt, aber dunkelrot, ohne Sediment.

Ein großer Metallöffel voll Urin wurde 20 Minuten lang gekocht; danach war eine Menge Eiweiß sichtbar, ungefähr ein Viertel des ganzen Volumens; spezifisches Gewicht 1030.

Gestern färbte der Urin das Indikatorpapier von blau nach rot; heute färbte er es von rot nach blau (13. Tag).

Mußte nachmittags jede Viertelstunde urinieren, jedesmal große Mengen; sie mochte nicht über die Straße zu einem Geschäft gehen, weil sie fürchtete, der Harndrang würde sie unterwegs überwältigen; in der nächsten Nacht verging das Symptom völlig.

Während weniger Tage wechselte die Dichte des Urins von 1018 bis 1028, Farbe klar, geruchlos, saure Reaktion.

Häufiges Urinieren von klarem, fast farblosem Urin, kein Sediment.

Weibliche Geschlechtsorgane – Weiße, wässrige Leukorrhoe, Schmerz im Kreuzbein.

Trinken von einem Glas Milch unterdrückt die Menses sofort bis zur nächsten Periode.

Menses unterdrückt, ausgelöst durch Eintauchen der Hände in kaltes Wasser.

„Schwangerschaftserbrechen mit Verlangen nach Essen, > durch Trinken von Milch."

Atmungsorgane – Empfindung eines Pflocks im Hals oder Kehlkopf.

Brust – Scharfer Schmerz an einem schillinggroßen Fleck in der Mitte der Brust beidseits des Brustbeins mit Erstikkungsgefühl. Später brennendes Gefühl an derselben Stelle.

Der gleiche Schmerz erstreckt sich 13 cm weiter nach unten über den Bauch (ungefähr 2 cm unterhalb des Nabels); die Blase schien er nicht einzubeziehen; kein Rumpeln, kein Flatus.

Scharfe Schmerzen in der linken unteren Brust oder in der Gegend des linken unteren Lungenlappens; der Schmerz dauerte nur einen Moment und kehrte nicht wieder (5. Tag).

Ungefähr 8 cm unter dem rechten Schlüsselbein setzte in der Brust ein scharfer Schmerz ein; er erstreckte sich nach oben zur rechten Schulter, dann den Arm und den Unterarm hinunter zum Daumen, dann verschwand er.

Rücken – Schmerzen im Kreuzbein.

Heftiger, dumpfer, weher Schmerz in der Lendengegend; mehrmals ruft der Prüfer aus: „Oh, wie tut mein Rücken weh!"

Obere Extremitäten – Die Finger beider Hände zittern und beben wie bei äußerster Schwäche, besonders wenn sie ausgestreckt werden.

In beiden Händen und Füßen gleichzeitig eine feuchte, klebrige Kälte.

Ungefähr 8 cm unter der Spitze des linken Schulterblattes scharfer Schmerz; er wandert nach oben zur linken Schulter, dann den Arm und Unterarm zu den vier Fingern der linken Hand hinunter, dann verschwindet er.

Gleich danach weher Schmerz im Hüftgelenk, der auch bald verging.

Untere Extremitäten – Durchbohrender oder lanzinierender, aber nicht heftiger Schmerz in beiden Hüftgelenken.

Weher Schmerz zieht an der Außenseite beider Oberschenkel entlang bis zu den Knien.

Weher, wie rheumatischer Schmerz in beiden Knien; er begann in beiden Knien gleichzeitig, war rechts aber stärker (5. Tag).

Beim Treppensteigen Zittern oder Beben der Knie oder so starke Schwäche, daß sie keinen Schritt vorwärts mehr machen konnte.

Wehe Schmerzen von den Knochen beider Hüftgelenke gleichzeitig zu den Füßen; brennendes Gefühl in beiden Füßen.

Alle Gelenke, besonders die Knie, fühlen sich schwach und kraftlos an, als ob sie halb betrunken wäre.

Kurze, rheumatische Schmerzen in den Knien und Fußwurzelgelenken beim Gehen.

Schlaf – Schlief die ganze Nacht gut und wachte morgens schmerzfrei auf (8.30 Uhr).

Sie fühlt sich im ganzen Kopf schwer, stumpf, weh und schläfrig, möchte schlafen gehen.

Der Gang ist schwankend.

Muß sich dazu zwingen, wach zu bleiben.

Muß sich zwingen, die Augen offen zu halten, denn wenn sie sie schließt, kann sie nicht verhindern, daß sie rückwärts auf den Boden niederstürzt.

Sieben Stunden später gab sie an, sie fühle sich immer noch schläfrig und hätte den ganzen Tag über jederzeit sofort einschlafen können.

Allgemeine Ruhelosigkeit und schlechte Träume.

Träumt davon, eine Leiche aufzubahren.

Fieber – Die Hände werden heiß und trocken, eine ausgeprägte fiebrige Hitze der Hände.

Kopfschmerz links, erstreckt sich vom Nacken nach oben auf den Kopf, mit Frostgefühl.

Leichtes Fieber am ganzen Körper mit Feuchtigkeit an beiden Händen und einem Weh in beiden Beinen gleichzeitig von den Oberschenkeln abwärts zu den Knien.

Nachts Fieber, anschließend überall reichlicher Schweiß; vor dem Fieber Frostgefühl, das an den Schultern begann und dann von den Füßen zum Kopf hochlief; Kopfschmerz.

Haut – Braune, fettig aussehende Krusten, besonders in den Mundwinkeln.

Allgemeines – Die Schmerzen in Brust, Bauch, Hüften, Oberschenkeln und Knien wurden rechts und links gleichzeitig empfunden.

Miss H. nahm eine Gabe Lac-c. M *(Fincke)*. Sie bewirkte häufiges Urinieren von reichlichem, klarem, fast farblosem Urin, ohne Sediment. Weiße, wässrige Leukorrhoe; Schmerzen im Kreuzbein; Empfindung eines Pflocks in Hals oder Kehlkopf; saurer Geschmack; saurer Speichel färbt das Taschentuch gelb; zusammenziehender, drükkender Schmerz in der Magengrube, > durch äußerlichen Druck.

Sie fühlte sich so plötzlich geistig und körperlich erschöpft, daß sie ihre Gedanken nicht mehr sammeln oder einen Stift verwenden konnte, um die Symptome aufzuschreiben; ich mußte sie deshalb beobachten, ihr Fragen stellen und die Symptome aufschreiben; kurz vor Ende der Prüfung war sie geistig so verwirrt, daß sie ihre Gedanken nicht mehr wahrnehmen oder ausdrücken konnte; auf Fragen konnte sie nur noch kurze und direkte Antworten geben; zum Niederschreiben der Symptome reichte die körperliche Kraft nicht mehr aus. Im Verlaufe von zwei Stunden besserten sich alle Symptome allmählich, es bestand aber immer noch ein allgemeines Zittern oder Beben des ganzen Körpers und der Finger. Nach 6 $^1/_2$ Stunden war sie bis auf die starke körperliche Schwäche beschwerdefrei; geistig war sie wieder normal.

Lyssin (Hydrophobinum; Speichel eines tollwütigen Hundes)

Es wurde 1833 von *Hering* geprüft und eingeführt, 50 Jahre vor *Pasteurs* Experimenten mit dem Serum.

Die Frage, ob tierischer Speichel giftig oder ungiftig ist, war lange Zeit wissenschaftlich umstritten. *Trevinarus* beobachtete, daß sich menschlicher Speichel durch Vermischung mit einer Eisenlösung rot färbt; und *Gmelin* entdeckte, daß diese Verfärbung durch Sulphozyanat verursacht wird. Die Kontroverse drehte sich um die folgenden Überlegungen: Weil Zyansäure ein Gift ist, muß auch Sulfozyanat eines sein und natürlich auch seine Verbindungen mit Alkalien; wenn es aber ein Gift ist, kann es sich nicht im Speichel befinden. Schon Jahre vor dieser Entdeckung, hatte *Oken* behauptet: „Speichel ist Gift". Die Entdeckungen von *Liebig* und anderen Chemikern zeigten nun aber, daß Sulphozyansäure in Schafen, Hunden und vielen anderen Tieren vorkommt.

Die Experimente von *Bernard* und anderen, veröffentlicht in *Virchows Archive,* 1858, bewiesen, daß das Sulphozyanat der Pottasche aus dem Speichel von Tieren unter bestimmten Bedingungen als Gift wirkt. *Bernard* meinte, es sei nur der Fall, wenn es in Zellgewebe eingeführt würde. Hierin irrte er sich zweifellos, irregeleitet durch die Analogie mit dem Schlangengift. Doch schreibt *Weir Mitchell* in seinen „Untersuchungen über das Klapperschlangengift" auf Seite 14: „Trotz wiederholten Experimenten konnte ich keine Spur von Sulphozyanat im Klapperschlangengift entdecken".

Der Afrikaforscher *Livingston* hat über einen giftigen Löwenbiß berichtet; ähnliches erzählt man in Ostindien über den Tigerbiß. Seit undenklichen Zeiten ist es in jeder ländlichen Gegend bekannt, daß der Biß einer wütenden Katze giftig ist und seine Wirkungen oft schwer, ja tödlich sind. Dies gilt auch für den Biß anderer Tiere, Menschen eingeschlossen, wenn er in einem Wutanfall erfolgt.

Hering gibt aus einem französischen Journal den Fall eines neunzehnjährigen Farmers wieder, der von einem wütenden Enterich in die Lippe gebissen wurde, während er ihn auf dem Schoß hielt. Er erkrankte am selben Tag, verschlechterte sich rasch und starb wenige Wochen später. Auch schreibt er, daß „der Biß eines nicht tollwütigen Hundes schwer heilende Geschwüre nach sich zieht." Des weiteren ist bekannt, daß nach dem Biß eines tollwütigen Hundes nicht nur die Bißwunde in ungewöhnlich kurzer Zeit heilt, sondern, wie verschiedene Ärzte beobachtet haben, sogar die übliche Ätzung keine Entzündungsneigung zeigt und rasch abheilt. Wir dürfen dies für ein pathognomonisches Symptom des noch latent wirkenden Lyssins halten; dasselbe gilt für die Lepra, bevor sie ausbricht.

1878, 1879 und 1880 erschienen nun die Arbeiten von *Pasteur*:

Seine Experimente bewiesen, daß der bösartige Milzbrand durch Bakterien verursacht ist.

Impft man ein Tier mit wenigen Tropfen einer Flüssigkeit, die das Bakterium enthält, entwickelt sich die Krankheit mit erstaunlicher Schnelligkeit, und das Tier stirbt in ein oder zwei Tagen. Doch bilden Hühner, wie er behauptet, eine Ausnahme von dieser Regel. Wenn man sie nämlich gleichzeitig impft, bleiben sie völlig gesund. *Pasteurs* Erklärung für diese eigenartige Tatsache stützt sich darauf, daß Vögel eine höhere Körpertemperatur als alle anderen Warmblütler haben. Die Körpertemperatur der am schnellsten von Milzbrand befallenen Tiere bewegt sich zwischen 33° C und 35° C, während die Temperatur der Hühner zwichen 42° C und 43° C liegt. Als *Pasteur* nun die Körpertemperatur der Hühner nach der Impfung absenkte, konnte er beobachten, daß sie wie alle anderen

Tiere an Milzbrand starben. Durch weitere Experimente fand er heraus, daß die Vermehrung der Bakterien durch eine Temperatur von 44° C oder höher gestoppt wird. Alle diese Tatsachen führten ihn dazu, Strahlungswärme als das beste lokale Mittel gegen die Vermehrung der Bakterien einzusetzen. Auf demselben Prinzip basiert das Hausmittel, bei Schlangenbissen ein getötetes und aufgeschnittenes Huhn auf die Bißstelle zu legen, und es durch ein anderes zu ersetzen, sobald es kalt geworden ist. Man sagt, daß in den Ebenen des Westens, wo sehr häufig Klapperschlangenbisse vorkommen, fast jeder Fall so geheilt werden konnte; die um 10° C höhere Temperatur schien bei Klapperschlangenbissen und auch bei Milzbrand ausreichend zu sein.

Im Juni 1831 veröffentlichte *Hering* in *Stapfs Archiv*, Band 10, datiert vom 18. Juni 1830, einen Brief, in dem er feststellt: „Die Prüfung des Schlangengiftes könnte den Weg zur Vorbeugung gegen Tollwut und Pocken weisen, indem man nämlich deren entsprechende krankheitserregende Gifte prüft." Und auf Seite 30 desselben Bandes: „Das gleiche gilt für die Psora."

Es sei daran erinnert, daß *Herings* unvergeßliche Prüfung von Lachesis 1828 begann, und daß er drei Jahre lang mit dem Mittel experimentierte, bevor er schließlich veröffentlichte; es waren also offensichtlich seine Erfahrungen mit der Prüfung des Schlangengiftes, die ihn zu der Anregung inspirierten, die Prüfung von Lyssin, Variolinum, Psorinum und anderer Nosoden könnten wertvolle Mittel für die Behandlung vieler unserer hartnäckigen Krankheiten ergeben. Sobald er von der Richtigkeit seiner Idee überzeugt war, begann er auch schon mit der Ausführung.

Zunächst mußte er einen tollwutkranken Hund finden. Die Gelegenheit ergab sich am 27. August 1833, als ein deutscher Bäcker ihn zur Untersuchung eines Hundes in sein Haus bat. Die folgende Beschreibung, wie er einen tollwutkranken

Hund einfing und den Speichel zu Prüfzwecken gewann, ist einem Aufsatz *Herings* entnommen:

„Es war ein mittelgroßer, weiblicher, kastanienbrauner Terrier, nicht älter als 2 oder 3 Jahre, mit 2 oder 3 Monate alten Jungen. Er war 10 Tage vorher (am 17. August) auf der Straße von einem streunenden Hund gebissen worden, der alles um ihn herum angefallen hatte und kurz danach wegen Tollwut getötet worden war. Der Besitzer des Terriers, der diesen retten wollte, hatte den fremden Hund mit einem Stock erschlagen, nachdem er eins der Jungen getötet hatte und ein anderes schon in den Fängen hatte. Beim Versuch, die Jungen zu schützen, hatte die Mutter drei blutige Wunden empfangen. Das Tote trug sie in ihrer Schnauze von der Straße in den Hof. Seitdem war sie irgendwie verändert, fuhr aber fort, die restlichen Jungen zu säugen. Eines von diesen war auch gebissen worden. Insgesamt war sie bis zum gestrigen Tag (26. August) unverändert, als sie plötzlich begann, nach ihren Jungen zu schnappen und sie zu beißen. Der Besitzer hielt sie sofort für tollwutverdächtig und legte sie im Hof an ein Seil. Sie biß mehrmals und versuchte, sich zu befreien. Der Zustand verschlechterte sich rasch, und sie fing an, auf alles loszugehen. Ihre Stimme war vollkommen verändert. Am Abend des 26. August begann sie in einer merkwürdigen Art zu heulen und gegen die Türen anzurennen. Sie schüttelte häufig den Kopf und kratzte mit den Vorderpfoten den Boden auf, dann verdrehte sie ganz merkwürdig den Kopf. Sie tauchte die Schnauze in den Wassernapf, als ob sie vergeblich zu schlucken versuche.

Als ich sie am 27. August sah, war sie rasend, sie schnappte und biß, hatte einen wilden Blick, gerötete Augen, schaumigen Speichel um die Schnauze und befand sich offensichtlich im Endstadium. Ein leeres Mehlfaß wurde von hinten über sie gestülpt. Um noch etwas von dem Speichel zu gewinnen, wurde das Faß an einer Seite etwas gelüftet, bis sie, um herauszuschlupfen, den Kopf zwischen den Rand des Fasses und den Boden zwängte. Sie schien in krampfartigen Bewegungen zu liegen, wie bei Ärger oder Wut; während mit einer Feder so viel Speichel wie möglich von der Schnauze und von den Zähnen abgenommen wurde (ein Teil wurde in Milchzucker, ein Teil in Alkohol gegeben), ließen die Bewegungen nach, der Hund lag ruhig und erschöpft, atmete kurz und schnell, die Augen waren geschlossen. Noch während die Feder in der Schnauze war, und der Bäcker das Faß festhielt, sprang der Hund plötzlich auf, schnappte und versuchte, auf die Füße zu kommen; der Besitzer verhinderte aber die Flucht. Als genug Speichel gesammelt war, ließen wir den Kopf wieder zurückschlüpfen und legten ein schweres Gewicht auf das Faß. Dann wurde der Hund mit Hilfe von Seilen in eine vorbereitete Kiste gesteckt und zusammen mit den zwei Jungen zu mir nach Hause gebracht.

Am folgenden Morgen war das Muttertier tot. Meine Mitbewohner verweigerten die Einwilligung zu einer Sektion. Die beiden Jungen wurden dem Besitzer zurückgebracht, sogar das Gebissene blieb gesund. Noch am Abend hatte ich sie an der frisch hergestellten 6. Zentesimalpotenz riechen lassen. Natürlich zieht kein echter Hahnemannianer, wie Verleumder behaupten, die Schlußfolgerung *Post hoc ergo propter hoc,* noch die genauso dümmliche: Obwohl es zeitlich folgte, kann es nicht durch das Mittel verursacht sein.

Der in der oben beschriebenen Weise gewonnene Speichel wurde am selben Tag verrieben, ein Tropfen mit 100 Grain Milchzucker genau nach *Hahnemanns* Anweisungen, bis zur dritten Zentesimale potenziert; weiter dann mit Wasser und Alkohol, dann mit Alkohol allein bis zur 6. Zentesimale und schließlich bis zur 30.

Ausgehend von der alkoholischen Urtinktur wurde einige Wochen später für vergleichende Experimente ein Tropfen in der üblichen Weise nochmal potenziert. Der restliche, an Federstückchen befindliche, für Impfzwecke gesammelte Speichel wurde eines Nachts heimlich von meiner Hauswirtin entwendet und ins Feuer geworfen.

Ich gebe hier alle diese Einzelheiten wieder, weil sie vielleicht anderen nützen können, die die Möglichkeit haben, Speichel von einem anderen Hund zu gewinnen. Zu Vergleichszwekken wäre es gut, Speichel von einem männlichen Tier zu verwenden.

Wie auch bei Lachesis wurden schon während des stundenlangen Verreibens Symptome beobachtet, die später in den Prüfungen der niedrigeren Potenzen bestätigt wurden: Die eigenartigen Furchtgefühle wurden so stark, daß in den späteren Prüfungen die höheren Potenzen vorgezogen wurden. Die Ergebnisse wurden zum ersten Mal in *Archives,* 15, I., S. 33, 1836, veröffentlicht."

Aufgenommen wurden die Prüfungssymptome von *Schmid* und *Behlert** und die von *John Redmond Cox* aus dem Jahre 1853.

Damals war in einer öffentlichen Versammlung der Vorschlag gemacht worden, die Ärzte sollten die Mittel zunächst an sich selber prüfen, wie es doch ihre erste Pflicht wäre, um das Stigma der Feigheit von dem Berufsstand zu nehmen. Dr. *Cox* bot nicht nur sich selbst, sondern auch seine ganze Familie und seine Freunde für eine Prüfung an und lieferte uns die vielleicht beste Prüfung, die je mit Lyssin gemacht wurde;

* Ein engagierter Student aus Allentown, ein Mr. *Schmid*, führte eine sehr gute Prüfung durch; und einer unserer engsten Freunde (ein erfahrener Prüfer, ein früherer Graveur, ein Mr. *Behlert*, der damals ein gelähmter Mann war) überzeugte alle seine Bekannten, ein Dutzend Frauen und Mädchen und einige Knaben, die höheren Potenzen zu prüfen. Keiner der Prüfer wußte etwas über die Herkunft des Mittels, und alle wurden täglich sorgfältig untersucht, wie *Hahnemann* es vorschreibt.

auch stellte er die Originalprüfungstagebücher zur Verfügung. Viele der wertvollsten Symptome stammen von den Prüfungen, die *Hering* an sich selbst durchführte. Er mußte aber die Prüfungen wegen schrecklichster Furchtgefühle abbrechen.

Dr. *Knerr* führte 1869 an einer Frau, die von einem Hund in das Fleisch des rechten Armes gebissen worden war, einige wertvolle Prüfungen durch.

Dr. *Lippe* heilte einen wichtigen Fall, bei dem er von einem Symptom geleitet wurde, das nur durch Bisse hervorgerufen wird, niemals aber in einer Prüfung beobachtet wurde. Seine Beobachtung wurde jedoch durch viele andere gute Beobachter bestätigt. Einige durch den Biß tollwutkranker Hunde bewirkte Symptome wurden deshalb auch mit aufgenommen.

Pasteurs Verabreichungsmethode unterscheidet sich stark von der der Homöopathen; er geht aber insofern nach homöopathischen Grundsätzen vor, als er versucht, das Virus im Körper durch Einbringung einer Modifikation desselben Virus zu neutralisieren. Durch seine Experimente gewann er eine äußerst verstärkte Form des Tollwutgiftes aus dem Rükkenmark von Kaninchen. Dann modifizierte er dessen Stärke in verschiedenen Stufen, indem er es kürzere oder längere Zeit der Luft aussetzte. Patienten, die an sein Institut kamen, wurden anfangs mit der schwächsten und später mit der stärksten „Vakzine“ geimpft und anschließend für „geheilt“ erklärt. Die „Heilung“ ist jedoch äußerst ungewiß, weil der Grad der Empfänglichkeit für das Gift in jedem Einzelfall unbekannt ist, und viele Hunderte der geimpften Patienten an der Krankheit starben. Man gestand dann ein, daß *Pasteurs* erste Methode zu stark sei, und modifizierte sie; viele Patienten waren an den Impfungen gestorben. Ich habe einen dieser Fälle untersucht. Die Symptome waren so eindrucksvoll, daß sich eine Beschreibung lohnt.

Der Patient war der 29 Jahre alte *Arthur Wilde* aus Rotherham. Ich wurde von seiner Mutter gerufen, die ihn während der ganzen Krankheit pflegte. Er war von einem tollwutkranken Mann heftig gebissen und ganz gegen seinen Willen überredet worden, zu *Pasteur* zu gehen. Einige Tage nach dem Biß begann er mit der Kur und kehrte am 19. Oktober 1886 zurück. Am Sonnabend, den 30. Oktober, klagte er über eine Prickelempfindung unterhalb der rechten Rippen, wo die Injektionen gemacht worden waren. Druck erleichterte den Schmerz etwas. Am Abend erbrach er, das Erbrechen dauerte an, und er wurde sehr schwach. Am Montag war er weiter geschwächt, das Erbrechen dauerte an, Ruhelosigkeit; Haut kühl, Schweiß; livide Verfärbung. Alle paar Stunden Zuckungen, manchmal mehr, manchmal weniger heftig; am deutlichsten am Bauch. Von Montag bis Donnerstag machte er ein eigenartiges lautes Geräusch, etwa so wie ein Fuhrmann, „Psss“, „Huu“, obwohl er nie mit Pferden zu tun gehabt hatte. Er wirkte völlig hilflos. Donnerstagnacht hörte das Erbrechen auf, und er fing an, ziemlich stark zu schäumen. Am frühen Mittwochmorgen begann er, heiser zu sprechen. Seine Atmung, die die ganze Zeit über eigenartig gewesen war – wenn er jenes eigenartige Geräusch machte, hielt er den Atem längere Zeit an und machte dann einige schnelle Atemzüge – wurde Mittwoch um 3 Uhr sehr schlecht. Er starb kurz nach 12 Uhr, offensichtlich bis zum Schluß bei vollem Bewußtsein, obwohl er in den letzten Stunden nicht mehr sprechen konnte. Das Schäumen hatte bis zum Tode zugenommen, und er war offensichtlich daran erstickt.

Ähnlich verlief der Fall von *Goffi,* vom St. Thomas Hospital, der nach einem Katzenbiß zu *Pasteur* geschickt wurde. Nach seiner Rückkehr erkrankte er. Anfangs wurde die Diagnose Landry-Paralyse gestellt, schließlich aber durch Experimente bewiesen, daß es sich um „paralytische Tollwut“ nach Impfung handelte. Wegen dieser und anderer „Unglücksfälle“ hatte man die Stärke der „Vakzine“ vermindert. – *Clarke.*

50 Jahre nach den Experimenten *Herings* setzte also *Fast Pasteurs* Arbeit mit dem Tollwutvirus ein. Weil er aber die Rohsubstanzen benutzte, endeten viele seiner Fälle tödlich, genauso wie *Kochs* Experimente mit Tuberkulin. Man findet in der Medizin keine besseren Beispiele für wissenschaftliche Präzision und ihre erfolgreiche klinische Demonstration als die Arbeiten dieser beiden Männer. Die homöopathischen Methoden aber erwiesen sich nicht nur als genau und wissenschaftlich, sondern darüber hinaus auch als sicher und wirksam.

Der folgende Fall stammt aus *El Siglo Medico:*

> Schließlich konnte er nicht mehr schlucken. Gewaltsam mußte er davon abgehalten werden, die Krankenschwestern zu beißen. Weil er nichts Besseres mehr wußte, bot der Arzt dem Jungen schließlich ein Stück Agave an, das er von der das Krankenhaus umgebenen Hecke abgeschnitten hatte. Zur großen Überraschung langte der Junge danach und aß es gierig, fast ohne zu kauen, auf. Am Abend waren die Anfälle deutlich schwächer geworden, obwohl sie genauso häufig auftraten. Die Besserung war langsam, aber dauerhaft. Am vierten Tag nahm er etwas Nahrung zu sich, fuhr aber weiter fort, die Agave zu kauen und den Saft zu schlucken. Am fünften Tag war er wieder bei Bewußtsein, verlangte aber immer noch Agave. Am achten Tag wollte er keine mehr, weil „sie so bitter schmeckt und im Mund brennt."

Fagus: Furcht vor Flüssigkeiten; reichlicher Speichelfluß; Schwellung des Mundes; starker Stirnkopfschmerz; Zittern, Konvulsionen mit periodischen Krämpfen; Steifheit und Kälte; deutet auf die gleiche Art Nervenreizung hin, wie sie durch das Tollwutgift hervorgerufen wird.

Lachesis ist eng verwandt (< durch Sonne; bläuliche Verfärbung von Wunden und Geschwüren; Reizbarkeit; < durch feuchtwarme Luft; durch Berührung und Druck; < nach dem Schlaf; *Clarke* fügt hinzu: „Obwohl der späte Wirkungseintritt von Lyssin in auffallendem Kontrast zur blitzartigen Schnelligkeit des Schlangengiftes steht“).

Charakteristika – Der Anblick oder das Geräusch von fließendem Wasser oder Wasserausschütten verschlimmert alle Beschwerden.

Lyssophobie; Furcht, geisteskrank zu werden; äußerst furchtsam.

Bläuliche Verfärbung von Wunden (Lach.)

Beschwerden durch überstarken Sexualtrieb (nach Abstinenz Con.).

Seelische Erregung oder beunruhigende Nachrichten verschlimmern immer (Gels.).

Kann keine Sonnenhitze ertragen (Gels., glon., lach., nat-m.).

Konvulsionen: durch blendendes oder an Wasser oder Spiegeln reflektiertes Licht (Stram.), sogar durch Denken an irgendwelche Flüssigkeiten; durch den leichtesten Luftzug.

Kopfschmerz: durch Bisse von Hunden, gleichgültig ob tollwütig oder nicht; chronische, durch seelische Erregung oder Anstrengung; < *durch das Geräusch von fließendem Wasser oder durch helles Licht.*

Speichelfluß; klebrig, zähflüssig und schaumig in Mund und Hals, mit dauerndem Spucken (Hydr.).

Halsweh, dauernder Drang zu schlucken (Lac-c., merc.).

Schwieriges Schlucken, sogar Speiseröhrenkrämpfe durch Schlucken von Flüssigkeiten; Brechreiz beim Schlucken von Wasser.

Dauernder Drang zu urinieren beim *Anblick von fließendem Wasser* (Canth., sulph.); Urin spärlich, trübe, zuckerhaltig.

Uterusprolaps; viele mehrere Jahre alte Fälle wurden geheilt.

Leukorrhoe, reichlich, läuft die Beine hinab (Alum., syph., tub.).

Schmerzhafter Koitus durch Empfindlichkeit der Scheide.

Beziehungen – Vergleichsmittel: Agave., bell., canth., fagus., hyos., lach., stram. bei Tollwut.

Antidote: Agave., cocc., nux.

Lyssin antidotiert die Wirkungen von Bissen nicht tollwütiger Tiere.

Verschlechterung durch Bücken; Sonnenhitze; die leichteste Berührung; Luftzug oder Ventilator; warme, feuchte Luft.

Lyssin wirkt analog zu vielen tierischen Giften und fast allen Schlangengiften, besonders Lachesis und Vipera.

Vergleichsmittel: Apis, bell., gels., glon., lach., nat-c. Sonnenhitze oder Sommer.

Lach. bläuliche Verfärbung von Wunden und Geschwüren, Empfindlichkeit gegen Druck oder Berührung, rasche, blitzartige Wirkung.

Cocc., con., gels. aufsteigende Lähmung.

Adren., bell., gels., sol-n-m. Atmungslähmung.

Cocc., sanic. schlechte Auswirkungen von Wagenfahren und Seekrankheit.

Canth., sulph. Drang zu urinieren beim Anblick von fließendem Wasser.

Stram. Konvulsionen durch blendenes Licht.

Helon. spürt den Uterus.

Hell., hep., hyos. hastiges Sprechen und Trinken.

Gels. beunruhigende Neuigkeiten.

Agar., arg-n., lil-t., sep. Uterusprolaps.

Camph., helo., verat. innerliche Kälte.

Es folgt gut auf: Arg-n., con., gels., hyos., stram., lach.

Auf Lyssin folgen gut: Gels., nat-c., nat-m. und die Schlangengifte.

Verschlechterung – *Anblick oder Geräusch von Wasser;* helles, blendendes Licht (Stram.); Fahren im Wagen (Cocc., sanic.; besser durch Nit-ac.).

Besserung – Neigen des Kopfes nach hinten > Nackenschmerzen; Hitze, heißer Dampf oder heißes Wasser; Warmbaden; kalte Luft > Kopfschmerz.

Gemüt – Kurzer Bewußtseinsverlust.

Bewußtseinsverlust, manchmal im Frühstadium, gewöhnlich aber erst kurz vor dem Tode.

Sieht und hört die Personen in seiner Umgebung nicht.

| Das Gedächtnis für einzelne Worte ist deutlich verbessert.

Eigenartiges Gefühl im Kopf, mit Gedächtnisverlust.

Kann nicht so gut wie gewöhnlich eine Unterhaltung führen, spielt aber besser Schach; mag lieber nachdenken, als reden; gar nicht lebhaft.

Gegen seinen Willen kommt ihm der Gedanke, etwas Schreckliches werde geschehen; er fühlt den Zwang, unverantwortliche Dinge zu tun, zum Beispiel ein Kind, das er auf seinen Armen trägt, durch das Fenster zu werfen.

Er wird das unbeschreiblich quälende Gefühl nicht los, daß ihm etwas Schreckliches geschehen wird.

Anfälle von geistiger Abwesenheit, greift nach falschen Dingen, weiß oft nicht, was er sagt, benutzt falsche Worte, die nur eine entfernte klangliche Ähnlichkeit mit dem richtigen haben.

Sie erkennen den furchtbaren Charakter der Krankheit und sprechen häufig auffallend rasch und scharf artikuliert über den drohenden tödlichen Ausgang.

In ruhigen Zwischenphasen antwortete er richtig auf Fragen, erkannte die umstehenden Personen und bat sie aus einer Ahnung des bevorstehenden Todes heraus, für ihn zu beten und ihn nicht allein zu lassen.

Die Mehrzahl der Patienten hat keine vernünftige Vorstellung von der wirklichen Ursache ihres Leidens und versichert ganz entschieden, daß die Narbe keine Bedeutung hat und ihnen keine Schmerzen macht.

Sehr häufig besteht ein Zustand gesteigerter geistiger Erregung, erkennbar an der schnellen Auffassung, der erstaunlichen Schärfe der Verstandes und an der Geschwindigkeit, mit der Fragen beantwortet werden.

Er wundert sich im Traum, mit welcher Gewandtheit er sich in elegantem Latein ausdrücken kann.

Es kommt ihr vor, als beeinflußten sie zwei völlig unterschiedliche Gedankenstränge gleichzeitig.

Eine gewisse Verwirrung, Unstetigkeit und Schwäche des Geistes.

Das Denken ist für ihn sehr schwer, manchmal unmöglich.

Unfähig zu geistigen Anstrengungen und ihrer überdrüssig; Schulaufgaben, die ihr früher Vergnügen machten, mußte sie liegenlassen.

Der Ideenkreis ist stark eingeschränkt, sich selbst überlassen, beschäftigt er sich dauernd mit denselben Dingen und bringt ständig innerhalb kürzester Zeit und immer auf die gleiche Weise dieselben Gedanken vor.

Träge und stumpf, nachts ruhelos.

Wahnideen und Halluzinationen im Gespräch; zwischendurch ist er bei klarem Bewußtsein, und die geistigen Funktionen sind voll erhalten.

Sie glauben, sie seien durch die Mitwirkung der umgebenden Personen auf ihren gegenwärtigen, erbärmlichen Zustand reduziert.

Sie glauben, sie würden beschimpft, und verteidigen sich heftig gegen Angriffe und Beleidigungen, die aber nur in ihrer Phantasie existieren.

Bildet sich ein, er werde von verschiedenen Personen, die gar nicht anwesend sind, geschlagen.

Sie tobt gegen den Hund, der sie gebissen hat; bildet sich ein, er sei in ihrer Nähe, und kämpft, als wolle sie ihn vertreiben.

Glaubt, er sei ein Hund oder ein Vogel; läuft auf und ab, zwitschert und zirpt, bis er ohnmächtig umfällt.

Einbildung, sie sähen verschiedene nicht vorhandene Gegenstände, Tiere und Menschen.

Beklagt sich bitterlich darüber, daß man das Feuer angemacht hat und daß der Ofen raucht, obwohl überhaupt kein Feuer da ist; ein anderer wollte ständig, daß ein Fenster geschlossen würde, welches nicht offen war.

Eigenartige Gedanken und Vorstellungen während der Schwangerschaft.

Leichte Anfälle und Delirium (in fortgeschrittenen Stadien); die Patienten vergessen häufig ihre Freunde und Verwandten; Delirium, verbunden mit dauerndem Reden.

Leichtes Delirium und Wahnideen, bildet sich ein, die Ärzte seien zwei junge Mädchen, die sie besuchen kämen.

Delirium < nachts.

Hält im Delirium Ansprachen; glaubt, er sei eine bedeutende Autorität.

Ihm kommen verrückte Ideen, z. B. ein Glas Wasser, das er in der Hand hält, jemanden ins Gesicht zu schütten, oder sich mit einem Messer ins eigene Fleisch zu stoßen und Ähnliches.

Sein Wahn nimmt düstere Züge an.

Mania spermatica; bei Hengsten.

Neigt zu beleidigenden Ausdrücken, zankt seine Freunde aus, schlägt und beschimpft die umgebenden Personen.

Neigung zu Grobheiten und Beleidigungen, beißt und schlägt.

Eine Art Wildheit des Temperamentes.

Starker und unkontrollierbarer Drang, gewisse Dinge zu tun: alles, was sich in erreichbarer Nähe bewegt, anzuspringen und zu beißen (Hund).

Sie ist nachtsüber dauernd versucht, in ihr Kissen zu beißen.

Sie streitet hartnäckig ab, jemals gebissen worden zu sein.

Nachtsüber endloser Redefluß.

Die Redeweise ist angestrengt, knapp und pathetisch.

Sie schrieb an den Arzt: Voller Ungeduld warte ich darauf, daß sie mir und meinen Kindern etwas zu essen geben.

Nach einem Ohnmachtsanfall schrieb er auf ein Stückchen Papier: Ich bin von allen verlassen; selbst die Vögel des Himmels schauen mich nicht an, noch füttern sie mich, wenn ich hungrig bin; ich hungere mit den Jungen und dürste mit ihnen; mein Nest ist aus Schmutz gemacht; nicht durch eigene Mühen bekam ich es, sondern ich vertrieb sie aus ihren Nestern und sitze dort mit den Weibchen und den Jungen.

Sie sang mehr als üblich, aber unfreiwillig, ohne sich irgendwie glücklich oder heiter zu fühlen.

Geht den ganzen Tag über im Haus herum und singt; bewegt sich mit größerer Lebhaftigkeit und Präzision als gewöhnlich.

Seufzen; mit bedrückendem Atem; mit Herzschmerz.

Erklärt unter tiefem Seufzen, daß sie Höllenqualen erleide.

Bejammert in größter Angst ihre Unfähigkeit, den quälenden Durst zu stillen, und versucht begierig, durch verschiedene Kniffe zu trinken.

Weinte ziemlich viel, bevor sie zu Bett ging.

Weint bitterlich wegen Kopfschmerz.

Vor, nach und während der Anfälle kreischt sie, oder stößt unartikulierte Laute äußerster Verzweiflung aus.

Während der Anfälle schnappende Kieferbewegungen von unwillkürlichem und krampfartigem Charakter.

Ruhige Patienten spucken in die Spucknäpfe, die Erregteren spucken den Speichel in alle Richtungen.

Beißen, Schnappen mit Krämpfen.

Sie schickte ihren Ehemann weg, weil sie ihn beißen wollte, und fügte zur Drohung auch gleich die Tat, indem sie sich selbst in den Arm biß.

Ein Teppich, der für den Hund in den Zwinger gelegt worden war, wurde von ihm zerfetzt, bis er nur noch aus losen Wollhaufen bestand.

Verzweifelte Anstrengung, die Kette zu zerreißen; Hund.

Sie brechen aus ihren Ställen aus, rasen wütend herum und springen über Gräben und Zäune. Tollwut bei Schafen.

Er warnte die umgebenden Personen, seine Atemluft nicht einzuatmen, weil sie verdorben sei, nach faulen Eiern stinke, schlimmer als Cholera, und ihnen schaden könne.

Beantwortet keine Fragen.

Abneigung, die Kopfhaltung zu ändern; zwei unterschiedliche Gedankenstränge waren gleichzeitig in ihrem Kopf, der Gedanke, sie könne ihren Kopf nicht bewegen (wenn sie sich hinlege), und gleichzeitig die positive Überzeugung, daß sie sich nur dazu entschließen müsse, und es dann auch könne.

Keine Angst vor Hunden, mag sie aber nicht sehen, weil der Anblick die Furcht wieder weckt. (Lyssophobie, nach Biß von einem nicht tollwütigen Hund.)

Kann andere nicht singen oder Äpfel essen hören.

Heiterkeit, fühlte sich, als habe er erfreuliche Nachrichten erhalten.

Gelegentlich heiter, dann wieder verdrießlich, beide Gefühle verschwinden sofort, wenn er sich unterhält.

Kopfschmerz macht ihn sehr unruhig.

Fühlt sich den ganzen Tag über niedergeschlagen und sehr schwach.

Niedergeschlagen, als würde etwas geschehen.

Ein Anfall seelischer Niedergeschlagenheit und Gleichgültigkeit, der ihm völlig fremd ist; Gefühl, als könne er nichts tun; wenn er sich zwingt, fehlt ihm die seelische Kraft.

Den Patienten, die ständig in Furcht wegen ihrer Sicherheit schwebten, erschien der zeitliche Abstand zum Biß kürzer.

Gefühl, als wäre etwas Unangenehmes geschehen; beim Überdenken vergeht das Gefühl.

Gefühl, als hätte er unangenehme Neuigkeiten gehört oder würde sie bald hören; bis 16 Uhr.

Gefühl, als bekäme sie gerade einen Anfall; um 23 Uhr.

|| Lyssophobie; Furcht, wahnsinnig zu werden.

| Gefühl, als könne er seine Ängste körperlich nicht länger ertragen und müsse bald in ein Irrenhaus gehen. Lyssophobie.

Mary M. 17 Jahre alt, war vor mehreren Jahren von einem Hund gebissen worden. Als sie nun in den Zeitungen von mehreren Tollwutanfällen gelesen hatte, fand man sie in folgendem Zustand vor: In eine Sofaecke gekauert, dunkelrot geflecktes Gesicht, Schreckensmiene, glänzende Augen, rote Bindehäute; sie war in diesen Zustand geraten, als sie versucht hatte, ein Glas Wasser zu trinken; wenn Wasser erwähnt wurde, bekam sie Angstschauer, konnte nicht schlucken, der Puls war schnell, die Zunge trocken und rot belegt; Lyssin 200, eine Gabe; am nächsten Tag Besserung, doch hatte sie danach noch mehrere leichte Anfälle, die immer durch fließendes Wasser ausgelöst wurden, auf das Mittel hin aber jedesmal wieder nachließen; ein Jahr lang dann anfallsfrei.

Gefühl, als sei sie am Sterben; als versinke sie.

Mehrere Nächte lang konnte sie keinen Moment schlafen; unbeschreibliche Angst treibt sie aus dem Bett; kann nur sitzen oder gehen und findet nur kurzzeitig Ruhe im Gebet.

Angst; Ruhelosigkeit mit großer Schwäche; mit Herzschmerz; mit Kopfschmerz; Furcht vor dem Alleinsein.

Ein Musiker wurde von einem Schoßhündchen in die linke Wade gebissen, als er durch einen dunklen Hauseingang ging; der Biß war sehr leicht, er hatte die Haut kaum verwundet; das Tier war und blieb auch später gesund; von Zeit zu Zeit pflegte ein Schmerz an der Bißstelle aufzutreten, unabhängig davon, ob er daran dachte oder nicht, bis der Schmerz schließlich zu einem Brennen wurde, das sich durch den ganzen Körper erstreckte und ein unbeschreibliches, merkwürdiges Gefühl verursachte; nachts Zittern und quälende Furcht, er habe Tollwut; er war durstig und trank ohne Schwierigkeiten Wasser; zwei Jahre waren seit dem Biß vergangen, als er diese und die folgenden Symptome entwickelte; den ganzen Tag über häufiges Ausspucken von Speichel, das nur unterbrochen war, während er abends einen starken Tee trank; nachts störende Träume; schließlich konnte er keine Speisen oder Getränke mehr zu sich nehmen und klagte über prikkelnde Stiche unter der Zunge; seelische Erregung bekommt ihm, wie schon immer, schlecht, heißer Dampf erleichterte den brennenden Schmerz an der Bißstelle, und Lyssin C200 *(Jenichen)* beseitigte rasch alle Symptome; nach drei Wochen fühlte er sich geheilt und ging auf eine Reise.

Unschlüssigkeit selbst in kleinen Dingen.

Schlechte Laune.

Abends reizbar und hypochondrisch.

Fühlt sich nervös und reizbar.

Sehr mürrisch, worüber seine Kinder äußerst überrascht waren; er nahm an den kleinsten Kleinigkeiten Anstoß, beschimpfte Frau und Kinder, fühlte sich erbärmlich, konnte sich auf nichts konzentrieren; verdrossen, möchte niemanden sehen und mit niemandem sprechen.

Nach Wutanfällen bedauert er sein Verhalten sehr, entschuldigt sich ernsthaft und warnt die umgebenden Personen, sich nicht von ihm beißen zu lassen.

Unversöhnlicher Haß gegen den Besitzer des Hundes, der ihn gebissen hat, mit der Neigung zu fluchen, was sie schrecklich schockiert, weil sie eine gute Erziehung genossen hat und von wohlanständigen Eltern abstammt.

Überschärfe aller Sinne.

Geschärfter Geruch, Geschmack und Berührungssinn mit einem Angstgefühl und Furcht vor dem Alleinsein.

Alles greift ihn stärker an; auch Tabak.

Er wußte genau, wo sich seine Krankenschwestern, die Ärzte und Bekannten aufhielten, selbst wenn sie weit von ihm entfernt waren.

Er sieht die Zeiger einer Uhr, die an seine Magengrube gehalten wird.

Sagt, er könne die Zeiger der Kirchturmuhr sehen.

Er konnte hören, was im Nebenzimmer gesprochen wurde und wie im Zimmer unter ihm Kupfermünzen gezählt wurden.

Er erkennt jeden und beantwortet Fragen, auch steht er in hypnotischer Verbindung mit seinen Ärzten. Ein in Zukker getauchtes Leinentüchlein, das auf die Magengrube gelegt wird, ruft einen süßen Geschmack im Mund hervor.

Durch Kupfermünzen im Zimmer Unruhe und Schmerz.

Empfand die gleichen rheumatischen Schmerzen wie sein an Tollwut erkrankter Bruder.

Vor jedem Anfall von Somnambulismus krähte er wie ein Hahn.

Fühlt sich sehr unbehaglich; seelische Unruhe mit Kopfschmerz.

Es treibt ihn ständig ziellos herum.

Ruhelosigkeit treibt ihn hierhin und dorthin, obwohl er schwach genug wäre, sich hinzulegen.

Ruhelosigkeit, dauerndes heiseres Blöken, Tollwut bei Schafen.

Manchmal konnte er den Stuhldrang durch eine starke Willensanstrengung kontrollieren, doch griff die Anstrengung seine Nerven sehr an.

Als man ihm einen Vogel brachte, fürchtete er sich und hielt ihn für eine Maus.

War sehr furchtsam während des Anfalls und begann zu beten; ihr Ehemann mußte bei ihr sitzen und ihr die Hand halten; erst gegen 3 Uhr nachts überwand sie den Anfall ganz.

Gefühl wie nach einer durchwachten Nacht und große Angst.

Ungewöhnlich erschöpft.

Kopfschmerz beim Lesen und Denken.

Kopfschmerz < beim Lesen oder Schreiben; Schmerzen im Unterkiefer.

Nachdem sie alle ihre Symptome aufgeschrieben hatte und ins Bett gegangen war, heftiger Kopfschmerz und Nasenweh.

| Wenn sie Leitungswasser fließen hört, werden die Anfälle von nervösem Kopfschmerz gräßlich und unerträglich.

Pressender Kopfschmerz < beim Lesen und Denken.

|| Wenn er Wasser fließen hört oder hört, wie es ausgeschüttet wird, oder wenn er es sieht, wird er sehr reizbar und nervös; er bekommt dann Stuhldrang und andere Beschwerden.

Der bloße Anblick eines Trinkgefäßes mit Wasser ist unerträglich; sie wenden ihre Gesichter ab, kreischen laut auf und gestikulieren ängstlich mit den Händen, man möge das Wasser entfernen, weil Stimme und Atem versagen.

| Seelische Erregung bewirkt immer eine Verschlechterung.

Kränkende Neuigkeiten nehmen ihn sehr mit.

Eine gewisse Ausgelassenheit.

Wird leicht ärgerlich; gerät in Wut.

Jede Beleidigung geht ihr sehr nahe.

Reizbarkeit verhindert den Schlaf.

| Gähnt häufig, ohne schläfrig zu sein, am meisten wenn er anderen zuhören muß.

Der Gedanke an irgendwelche Flüssigkeiten, selbst an Blut, ruft Konvulsionen hervor.

Der bloße Gedanken an Getränke, Flüssigkeiten und das Ausschütten von Flüssigkeiten kann einen Anfall hervorrufen.

Überempfindlichkeit; ein Luftzug, helles Licht, der Anblick eines glänzendes Gegenstandes, die leichteste Berührung, ja sogar ein Gespräch in der Nähe des Patienten kann ihn in äußerste Erregung versetzen und schwere Konvulsionen hervorrufen.

Der bloße Gedanke an Flüssigkeiten, an Trinken, an Schlucken oder daran, daß ihr etwas zu trinken angeboten wird, reicht aus, um sie in schwere Konvulsionen zu versetzen; dasselbe wird auch durch andere Reize bewirkt, wie einen einfachen Luftzug, den Versuch, die Kranke zu berühren, durch jede hastige Annäherung und durch das Licht glänzender Gegenstände.

Selbst der Anblick von Wasser und Flüssigkeiten oder von etwas, das auch nur entfernt ähnlich aussieht, wie Fensterglas oder weiße Gegenstände, und sie wieder an ihre früheren Schmerzen erinnert, bewirkt größte Qualen und das Wiederauftreten von Konvulsionen.

Wer aus irgendwelchen Gründen an einem Kummer trägt, wird viel schneller von der Krankheit befallen.

Plötzliche Furcht löst Konvulsionen aus.

Nasenschmerzen durch Denken.

War monatelang ohne Krankheitssymptome, bis sie unfreundlich behandelt wurde.

Kopf – Eigenartige Leichtigkeit im Kopf; Leichtigkeit nach Übelkeit.

Ungewöhnliche Empfindung im Scheitel, als ob sie momentan, aber nur an dieser Stelle, das Bewußtsein verlöre; oder als ob die übliche Empfindung an dieser Stelle verschwunden sei; es ist kein Völlegefühl und auch keine Bewegung, bewirkt aber eine schwankende Bewegung des Kopfes; abends.

|| Schwindel: als ob etwas im Hals herumzieht und als ob sie ihren Kopf nicht gerade halten könne; nach dem Hinlegen eine Art Schock im oberen Teil des Gehirns; mit

Fallneigung nach rechts beim Bücken; gegen Abend im oberen Teil des Kopfes ein Gefühl, als würde sie fallen, beim Gehen; häufig und vorübergehend; mit trübem Sehen beim Gehen und Sitzen; Übelkeit; mit Bauchkrämpfen; vorübergehend > durch Wiederauftreten des Durchfalls; < durch Unterrichten, Buchstabieren und Konzentrieren auf einzelne Buchstaben; nach dem Hinlegen Schock im oberen Teil des Gehirns; trübes Sehen beim Aufrichten aus gebückter Stellung; beim Aufstehen aus dem Stuhl Schwanken; im Sitzen; kann beim Aufstehen nicht gerade gehen.

Ein langsames Schwanken oder Wanken des Kopfes, weil irgendetwas im Oberteil des Kopfes lose ist.

Innerlich, tief im Gehirn wird ein Aufwogen zum Kopf empfunden.

Dumpfheit; des Kopfes; in der Stirn, rechts > links; mitten im Gehirn, wo es aufwogt; und nachts Stumpfheit mit Ruhelosigkeit; steigert sich zum Hinterkopfschmerz.

Heftiger Kopfschmerz am Morgen mit Frost und einem unerträglich bissigen Kopfschmerz.

Kopfschmerz: den ganzen Tag über, mit Schwindel; morgens heftig, mit Schwindel (> durch Tab.); über den Augen in den Schläfen nachmittags sehr stark; < durch Schreiben; > durch kalte Luft; von mittags bis abends; von 15 bis 21 Uhr; < durch Schreiben, > durch kalte Luft; wechselt mit Hitzewellen im Gesicht; mit schießendem Schmerz im oberen Gesicht; gegen Mittag mit verstärktem Speichelfluß; und Halsweh während des ganzen Tages; < wenn er Wasser sieht oder fließen hört.

Empfindung, als rolle ein Bleikügelchen im Gehirn herum.

Blut schießt zum Kopf: beim Hinlegen; von der Brust an aufwärts, mit Zahnschmerzen; in der Schwangerschaft; beim Aufstehen.

Klopfender Schmerz in Stirn, Scheitel und Hinterkopf abwärts zum Nacken.

Brennen und Aufwogen zum Kopf.

Schmerz über dem linken Auge vor dem Zubettgehen.

Schmerzen an einer kleinen Stelle über der rechten Augenbraue, < beim Schreiben.

Pressen in und Klopfen oder Ziehen über dem rechten Auge.

Scharfer Schmerz über den Augenbrauen, anschließend Brennen der Lider.

Scharfer Schmerz über den Augenbrauen und die Nase hoch, fünf Minuten nach einem Spaziergang, mit Kopfschmerz.

Heftiger schießender Schmerz im Kopf, über den Augen und Schläfen.

Kopfschmerz, erstreckt sich ins rechte Auge.

Weher Schmerz in den Knochen über dem rechten Auge, besonders rechts; < durch Bücken.

Gefühl in der Stirn, als ob sich etwas bewege.

Dumpfer Schmerz in der Stirn, fühlt sich dabei nachmittags und abends stumpf.

Pressender oder brennender Schmerz in der Stirn.

Reißen von der Stirnmitte nach links.

Um 14 Uhr starker Kopfschmerz, erstreckt sich von der Stirn nach hinten zum Gleichgewichtsorgan; gleich danach zum ganzen Schädeldach und zu den Augen, dauert den ganzen Tag über an.

Dumpfer, schwerer Schmerz in der Stirn und scharfes Prickeln in der linken Schläfe, manchmal wechselnd mit Klopfen und Zucken.

Pressen in Scheitel und Stirn, besonders beim Bücken oder Bewegen des Kopfes; nachmittags.

Morgens beim Gehen leichter Stirnkopfschmerz; < nach dem Aufstehen.

Streicht sich mit der Hand über die Stirn.

| Wahnsinnig machender nach außen drückender Schmerz in der Stirn; er preßt seinen Kopf gegen die Wand.

Pressender Schmerz in der Stirn und oben am Kopf, kehrt um 16 Uhr wieder, 7. Tag, mit Unbehagen beim Lesen oder Denken.

Dauernder dumpfer Schmerz in der Stirn, gewöhnlich links, mit Betäubung, nachmittags und abends.

Klopfender Schmerz in Stirn, Schläfe und Hinterkopf, erstreckt sich zum oberen Nacken.

Pressen in der Stirn mit leichtem Hitzegefühl, 18 Uhr.

Kopfschmerz in der rechten Schläfe, manchmal sehr heftig.

Heftiger Kopfschmerz in beiden Schläfen und über den Augen, beginnt um 9 Uhr und ist so unerträglich, daß er bitterlich weint; heftiges Zucken in den Gliedern.

Heftiger Kopfschmerz von Schläfe zu Schläfe.

Reißender Schmerz, in der rechten Schläfe, vom Unterkiefer zur Schläfe.

Gelegentliche Stiche in der rechten Schläfe.

Scharfer, prickelnder Schmerz in der linken Schläfe, abwechselnd mit Klopfen und Schlagen.

Um 17 Uhr sehr kurzes Bohren in der rechten Schläfe; wiederholt sich jeden zweiten Tag; am vierten Tag jedoch in der linken Schläfe und morgens beim Aufwachen.

|| Schlagender, klopfender Kopfschmerz; am heftigsten in der rechten Schläfe und über dem rechten Auge; jeder Knochen fühlt sich zerschmettert und wund an; von Schläfe zu Schläfe.

| Heftiger Kopfschmerz, am stärksten in Schläfe und Stirn, < tagsüber, durch Bücken und Tätigsein. Uterusleiden.

Heftiger, pressender Schmerz, links im Kopf gelegentlich von innen nach außen bohrende Stiche, später erstreckt sich das Pressen zur linken Stirn und Augenhöhle; 22 Uhr.

Dumpfes Gewicht, zuerst an der linken Kopfseite, dann am Scheitel.

Drückendes Gewicht am rechten Scheitelbein.

Dumpfer, pressender Schmerz links im Kopf, erstreckt sich zur Taille.

Wie schon früher immer ist auch jetzt die linke Kopfseite am stärksten betroffen.

Kopfschmerz, am heftigsten 4cm über dem linken Ohr, abends.

Durchdringender Schmerz in der rechten Kopfseite mit der Empfindung von Steife, oder als sei die Stelle unempfindlich.

Wachte morgens mit einem brennenden, wehen Kopfschmerz in der linken Seite und den Nacken hinunter auf.

Im Scheitel; Dumpfheit und Spannungsgefühl; fühlt sich stumpf; schwindelerregende Schocks, ein merkwürdiges Gefühl; drückendes Gewicht; pressendes Stechen; rechts pressendes Schießen; pressendes Schlagen; drükkende Schwere rechts; eigenartiges Pulsieren; brennendes Aufwogen; Klopfen.

Druck im oberen Teil des Kopfes und in der Stirn; < durch Bücken oder Bewegung des Kopfes; um 16 Uhr, beim Lesen und Nachdenken, mit geistiger Ruhelosigkeit.

|| Häufig Druck auf dem Scheitel, wie wenn eine Form die genau auf den Scheitel paßt, ihn nach unten preßt.

Heftiger Kopfschmerz, erstreckt sich von hinter der Stirn zum Gleichgewichtsorgan und breitet sich bald danach über den Scheitel zu den Augen aus, um 14 Uhr, dauert den ganzen Tag über an.

Pressen von der Stirn zum Scheitel und zu den Kiefern.

Schmerzen am Scheitel und in den Zähnen laufen ineinander.

Schmerzhafter Druck, vor allem im oberen Teil des Kopfes, < durch Bewegen des Kopfes; später auch in der Stirn mit beträchtlicher Hitze und Schwäche.

Im Hinterkopf: schmerzhafte Dumpfheit; links Druck; Reißen und Stiche wie in den Knochen; < nach dem Aufstehen; weher Schmerz; Brennen; links, < bei feuchtem Wetter; fürchterliche Schmerzen ziehen den Nacken hinauf und die Wirbelsäule hinab, < beim Hinlegen.

Scharfer Schmerz quer über den Augenbrauen und die Nase hoch beim Gehen im Freien; äußerst ermüdet und schwach nach einem kurzen Spaziergang.

Unerträglicher Kopfschmerz erstreckt sich zur Nasenspitze und in die Zähne; etwas Druck auf dem Kopf und für einen Moment ein Gefühl, als schlage ein unsichtbarer Hammer hinten auf den Kopf (gebessert durch Tab.).

Häufige Kopfschmerzanfälle, in denen Kopf, Nase und Zähne zusammengeschweißt scheinen.

Spannungsgefühl im Kopf; viel drückender Schmerz im Kopf.

Der Kopf fühlt sich an, als würde er platzen, mit heftigem Druck auf dem Scheitel.

| Schmerz, als würde der Kopf platzen.

Um 15 Uhr; sehr heftiger Kopfschmerz; dumpfer, schwerer Schmerz im Kopf.

| Nachmittags Schmerz im Kopf; Migräne.

|| Kopfschmerzen durch Biß von tollwütigem oder nicht tollwütigem Hund.

In seltenen Fällen seröser Erguß in das Subarachnoidalgewebe und den lateralen Ventrikel und auch verstärktes Anhaften der Gehirnhäute an den Gehirnwindungen.

Jeden Morgen heftiger Kopfschmerz, der ihn ungeduldig macht.

| Mittags leichtes Kopfweh, das den ganzen Tag andauert.

Nachmittags dumpfer, schwerer Schmerz im Kopf.

Schmerzhafter Blutandrang zum Kopf nach Bewegen, Umdrehen oder Bücken.

Ein drei Tage lang dauernder, unerträglicher Kopfschmerz macht sie bissig, harsch und reizbar; Kleinigkeiten ärgern sie; der Unterkiefer fühlt sich steif an und tut weh, die Hände sind taub.

Weint bitterlich während der Kopfschmerzen.

Den ganzen Tag über eigenartiges Gefühl im Kopf, als ob etwas den Kopf auf die Schultern zieht.

Kopfschmerz mit Übelkeit und Wundschmerz am Herzen, nachmittags, > in kalter Luft.

Schmerz vom Mund aufwärts durch den Kopf und den Nacken hinten abwärts.

|| Brennender, weher Schmerz von der linken Seite des Hinterkopfes den Nacken hinunter.

| Heftiges Kopfweh und Rückenschmerz.

Schmerzhafter Druck am Scheitel bei Bewegen des Kopfes mit Fieber und Schwäche.

Schrecklicher Kopfschmerz begleitet von allgemeiner Erschöpfung.

Kopfschmerz in den Schädelknochen.

Drückende Schwere am Scheitel, das gleiche im rechten Scheitelbein.

Reißen und Stechen im Hinterkopf, als ob es in den Knochen wäre, < nach dem Aufstehen.

Schlagender Schmerz in Stirn, Scheitelbein, Hinterkopf und oberem Nacken; > im Nacken beim Beugen des Kopfes rückwärts.

Leicht auslösbarer Kopfschmerz, schon bei Berühren des Kopfes tut er weh; sehr empfindliche Kopfhaut.

Die rechte Kopfseite fühlt sich steif an, als würde sie taub werden.

Taubheit der linken Kopfseite.

Quälender Kopfschmerz, mehr an der Außenseite in der Nähe des Scheitels, > durch leichtes Kratzen oder durch

Reiben, aber nur wenn es durch eine fremde Hand erfolgt, es handelt sich um eine Art Mesmerismus.

Ein Stechen von innen nach außen zur Kopfhaut an der rechten Seite der Schläfe, anschließend Jucken an der Stelle, wo der Schmerz war.

Kleine, bei Berührung schmerzhafte Pustel am linken Stirnhöcker, später das gleiche rechts.

Das gewöhnlich äußerst trockene Haar ist sehr fettig geworden.

Die Kopfhaut fühlt sich zusammengezogen und gedrückt an.

Augen und Sehen – Lichtempfindlich.

Das linke Auge ist äußerst empfindlich gegen Licht und Wasser.

| Anblick von Wasser: Erregung; erinnert ihn an Schmerzen; ruft Konvulsionen hervor (Schwangerschaft).

Blitze vor den Augen.

Beim Nähen bewegt sich etwas vor den Augen hin und her, aber immer etwas außerhalb der Stelle, die sie fokussiert.

Trügerisches, trübes Sehen mit Erweiterung der Pupillen, manchmal echte Blindheit.

Große Schwäche in den Augen, ohne Schmerz.

| Seit fünf Jahren konnte sie nicht länger als fünf Minuten hintereinander lesen, dann sah sie die Buchstaben doppelt und las falsche Wörter, ohne Erfolg hatte sie alle möglichen Brillen ausprobiert, oft schämte sie sich, weil sie ihren Namen nicht richtig schreiben konnte.

Beim Blick nach oben sind die Augen sehr schwach.

Trübes Sehen mit Schwindel; Schwindel beim Gehen und Sitzen.

Schlechtes Sehen oder Blindheit, dauert 12 Stunden.

Kann nichts sehen.

| Konnte weder sehen noch hören.

Ziehender, pochender Schmerz über dem rechten Auge, erstreckt sich in die Augen.

Weher Schmerz über den Augen, wie im Knochen, < rechts und beim Bücken.

Schmerz über dem rechten Auge, der nach innen drückt.

Drückendes Gefühl im oberen Teil der rechten Augenhöhle.

Ziehender, pochender Schmerz über den Augen und in die Augäpfel.

Klopfen über dem rechten Auge.

Um 21 Uhr: heftige schießende Schmerzen im Kopf, über den Augen und in den Schläfen; gleichzeitig sehr heftiger, weher Schmerz in und über der ganzen Brust.

Schmerz über dem linken Auge vor dem Zubettgehen.

Scharfer Schmerz quer über den Augenbrauen, anschließend Brennen in den Augenlidern.

Schmerz an einer kleinen Stelle über der rechten Augenbraue, < durch Schreiben.

Wundheit in und über den Augen, Schmerz in der Stirn.

Druckgefühl in den Augenhöhlen.

Kopfschmerz erstreckt sich ins rechte Auge.

Um 21 Uhr eigenartig stechender Schmerz im linken Auge, erstreckt sich zur Stirn, über dem rechten Auge tut es weh.

Die Augen fühlen sich sehr schlecht an, es tut in ihnen weh und alle Gelenke schmerzen.

Starkes Augenweh; Gefühl von Wundheit.

Brennen der Augäpfel.

Das Auge zieht Hitze vom oberen Nacken ab.

Juckende Hitze in den Augen.

Bei großer Angst sind in manchen Fällen die Pupillen erweitert, das Gesicht und die Konjunktiven gerötet.

In ruhigen Phasen des Endstadiums sind die Pupillen kontrahiert oder von ungleicher Größe, die Augen fixiert, Strabismus.

Die Pupillen waren etwas erweitert, und die Augen hatten einen irgendwie wilden und ruhelosen Ausdruck.

Die Augen sind wild, rollen, starren und sind bläulich verfärbt.

Verstörter oder fester und durchdringender Blick.

Verstärkte Tätigkeit der Tränendrüsen.

Gerötete Augen und etwas entzündete Hornhäute.

Augen gerötet und schmerzhaft.

| Wunde Augen und leichtes Fieber nach einem Biß in die Nase.

Augen trübe und entzündet, Hunde.

| Entzündet, trübe, wässrige und starrende Augen mit stark erweiterten Pupillen; hochgezogene Oberlider und schlechtes Sehen.

Die Augen sind etwas rot und entzündet (Hornhaut).

Die Augen sind blutunterlaufen und schmerzhaft.

Die Augen sind leicht gerötet, gelegentliche Stiche in der rechten Schläfe.

| Starke Entzündung in dem einen Auge, aus dem sich schaumiger Eiter ergießt; Pusteln um das Auge herum, morgens sind die Lider geschwollen und sehen aus wie eine Eierschale, kleine Pusteln an einem Finger. Hundebiß.

Unfreiwilliges Aufschlagen der Augenlider.

Ein Druck im linken Kopf schießt in die Augen, abends.

Brennen in den Lidern.

Morgens beim Erwachen fühlen sich die Lider gelähmt an und scheinen so fest geschlossen, als ob sie zusammenklebten.

|| Schwellung der Lider nach einem Hundbiß; beim Schaf.

| Starke Geschwürbildung am Auge, Lider geschlossen und von Eiter geschwollen. Beim Schaf.

Ohren und Hören – Ein in der Nähe des Patienten geführtes Gespräch kann ihn in die größte Erregung versetzen.

Das Läuten der Kirchenglocken macht ihm Angst und verursacht einen scharfen, salzigen Geschmack, mit Stichen im Herzen.

Jedesmal, wenn Wasser mit klatschendem Geräusch in ein Becken gegossen wird, ruft das einen Anfall mit Konvulsionen und Erregung hervor.

Schreckt durch ein unerwartetes Geräusch unwillkürlich hoch.

|| Wenn er hört, wie im Nebenzimmer Wasser ausgegossen wird, macht ihn das sehr reizbar und nervös.

Auf einem Fährschiff verursachte das Geräusch des Wassers gleich nach dem Essen unaussprechliche Qualen in ihrem Rücken.

Konvulsionen werden durch Hundegebell verursacht, bei großer Empfindlichkeit; jedes unerwartete Geräusch, das Schließen einer Türe oder das Blasen des Windes bewirkt das Gleiche.

| Während seiner chronischen Kopfschmerzanfälle, die sich nach seelischer Erregung oder einer starken geistigen Anstrengung einstellen und ein oder zwei Tage andauern, kann er das Geräusch von fließendem Wasser nicht ertragen; wenn man im Nebenzimmer den Wasserhahn laufen läßt oder auch nur Wasser in ein Becken ausschüttet, verstärkt sich sein Kopfschmerz, bis er unerträglich ist.

| Als die einem Stuhlgang folgenden Schmerzen nachgelassen hatten und er am offenen Fenster saß, wurde der große Straßenhydrant für die Straßenreinigung geöffnet; sobald er das Wasser den Rinnstein vor seinem Haus entlangströmen sah, wurde er von heftigen Schmerzen befallen und mußte sofort auf die Toilette. Dysenterie.

| Wenn er nachtsüber oder morgens vor dem Aufstehen hörte, wie im Nebenzimmer Wasser ausgegossen wurde, mußte er sofort aufstehen und auf die Toilette. Chronische typhoide Diarrhoe.

| Das beim Ausfließen von Wasser entstehende Geräusch versetzte ihn in Konvulsionen.

Empfindung von Blutandrang zum rechten Ohr, dann ein Druck wie von einem stumpfen Messer, innerlich und oberflächlich. Ein Geräusch wie von herabstürzendem Wasser im linken Ohr.

Summen im rechten Ohr.

Hört nachts verschiedene Geräusche.

Das rechte Ohr ist zeitweilig verstopft; als er ungefähr zwei Stunden später darüber nachdenkt, fängt das Ohr an zu schmerzen; der Schmerz erstreckt sich in die Zähne und durch den Kopf.

Reißender Schmerz vom Unterkiefer ins Ohr.

Krümmender Schmerz im rechten Ohr.

Schießende Stiche im rechten Ohr von innen nach außen.

Morgens Drücken in der Stirn und Schläfrigkeit mit Stichen nach innen in beide Ohren.

Stechender Druck hinter den Ohren; nachmittags.

Blutandrang zum rechten Ohr; anschließend Druck wie von einer stumpfen Spitze.

Drückendes Brennen im rechten äußeren Ohr.

Brennen und Hitze im Ohr.

Ohrenschmerz erstreckt sich in die Zähne.

Reißender Schmerz einige Zentimeter vom rechten Ohr entfernt.

Drücken vom oberen Nacken ins Ohr.

Über dem linken Ohr sehr heftiger Kopfschmerz.

Abends drückendes Brennen in der rechten Ohrmuschel.

Die Ohren fühlen sich steif an.

Kitzeln im Ohr, nach Reiben Schmerz.

Jucken an einer kleinen Stelle im oberen Teil beider Ohren, verschwindet nach Kratzen.

Nase und Geruch – Starke Gerüche können Krämpfe auslösen.

Drei Tage lang wurde ihr Geruchssinn, der schon immer äußerst scharf war, schmerzhaft überscharf, besonders bei unangenehmen Ausdünstungen, die Bewegung der Nasenflügel war sehr schmerzhaft.

Größte Empfindlichkeit gegen Tabakgeruch; Geschmack von Schnupftabak, während die Dose 30 cm entfernt steht.

Häufiges Nasenbluten; wiederholt ist etwas geronnenes Blut in der Nase.

Niesen durch Kitzeln in der Nase.

Den ganzen Tag über Jucken in der Nase.

Wiederholtes Niesen, das aufhört, wenn es unterbrochen wird.

Häufiges Niesen, am meisten frühmorgens oder spätabends, als ob sich ein Schnupfen entwickelt; auch wenn er auf etwas Glänzendes blickt oder ins Helle schaut, und bei dem geringsten Staub.

Flüssiger Ausfluß aus der Nase.

Schnupfen mit Kitzeln im Gaumen und vorne in der Nase (gebessert durch Phosphorus).

Dicker, grüner Schleim läuft aus der Nase (Pferd).

Schmerz in der Nase.

Gefühl von Steife in der Nase, rechts im Nacken und besonders in den Kiefern.

Die Nase fühlt sich wie zerschlagen an.

Nase, rechter Nacken und rechte Seite fühlen sich sehr steif an, am schlimmsten um die Kiefer herum.

Die Nase ist äußerst empfindlich gegen Berührung.

Kopfschmerz erstreckt sich in die Nase.

Die Nase juckt den ganzen Tag über.

GESICHT – Die Kieferknochen fühlen sich ziemlich wund an.

Beide Kiefer fühlen sich steif an; Kitzeln in beiden Backenknochen.

Nagendes und kribbelndes Gefühl im rechten Jochbein.

Am Abend vorübergehendes Ziehen in der linken Gesichtsseite vom Backenknochen zur Nase, wie in den Muskeln.

Reißen im rechten Oberkiefer erstreckt sich ins Ohr, das gleiche in der Schläfe.

Schießende Schmerzen im Oberkiefer und heftiger Kopfschmerz.

Stechende Schmerzen in der rechten Gesichtshälfte.

Brennender, neuralgischer Schmerz die linke Gesichtshälfte hinab.

Eine Empfindung bewegt sich in der rechten Gesichtshälfte umher und wandert quer über die Stirn.

Leichtes Zucken in Gesicht und Händen.

Beben im Gesicht.

Die Gesichtsmuskeln verzerren sich verschiedenartig, die Miene wechselt ständig.

Durch Krämpfe in den Gesichtsmuskeln heftige Verzerrungen und schrecklichste Grimassen; durch Beteiligung der Unterkiefermuskeln unwillkürliches Knirschen und Mahlen der Zähne, was manche als Beißdrang interpretieren; während der Krampfanfälle sehr ängstlicher und schreckhafter Gesichtsausdruck.

Verstörter Gesichtsausdruck mit Dyspnoe.

Oft spiegelt die gerötete Miene äußerstes seelisches und körperliches Elend wider, schrecklichste Qualen.

Gesicht gerötet; jammert über seinen Kopf, sagt, ihm würden Nadeln ins Gehirn gejagt.

Hitze in der rechten Gesichtshälfte und im rechten Ohr, anschließend Kopfschmerz im Scheitel und in der Stirn; sobald der Kopfschmerz nachläßt, kehrt die Hitze wieder; die Hitze kommt von innen und verbreitet sich hinten vom Nacken zum Ohr und in die Augen und das Gesicht; begleitet wird sie von einem Dauerschmerz oben im Nakken, der sich verstärkt, als die Hitze und der Kopfschmerz verschwinden.

Ein Gefühl von Hitze und Wundheit in der Mitte der linken Wange.

Hitze im Gesicht mit Wundheit der linken Wange, durch Nachdenken.

Hitze in der rechten Gesichtshälfte und besonders im Auge, wo sie ein Kitzeln verursacht; kehrt nach Kaffee wieder.

Gesichtsschweiß; mit Hitzeempfindung; mit Hitzewellen.

Morgens um 6 Uhr Kitzeln in der linken Wange.

Hitze und Rötung des Gesichtes.

Anfangs Hitze in der rechten Gesichtshälfte und im Ohr, dann ein stumpfes Weh vorn im oberen Kopf; der Kopfschmerz schwächt sich ab, die Hitze wird stärker.

Morgens Hitze im Gesicht mit Röte; mitunter sehr dunkelrot.

Blasse und zyanotische Gesichtsfärbung und stumpfer Gesichtsausdruck.

Abwechselnd Hitzewellen und Kopfschmerz.

Blasses Gesicht mit Ekel und Übelkeit.

Das Gesicht ist blaß und gelblich, fast bräunlich.

| Eigenartiges Aussehen; die Haut ist bleich, blaß oder anämisch; überall aufgedunsen, aber ohne Dellenbildung. Chronische, typhoide Diarrhoe.

Empfindung, als sei sie neben dem Mund in die linke Gesichtshälfte gebissen worden.

Kitzeln an der linken Wange um 6 Uhr.

Die Schrammen an der Wange wurden 33 Tage nach dem Biß rot und sahen am folgenden Tag ziemlich frisch aus, als ob sie erst vor einigen Stunden entstanden wären, doch waren sie etwas dunkler als frische Abschürfungen.

Bei Berührung schmerzhafte Pickel am Stirnhöcker; später auch auf der rechten Wange.

An der linken Wange in der Nähe der Nase zum Auge hin ein Schmerz, < bei Berührung; Pickel mit wunder Umgebung.

Schmerzlose, harte Knötchen an der Wange, wo sich ein Pickel gebildet zu haben schien; am neunten Tag von einem kleinen Schorf bedeckt und gerötet; bei Zupfen oder Anstechen sehr unangenehmer, wenn auch nicht starker Schmerz in der Wange, auch in größerer Entfernung von den Knötchen und hier und da tief im oberen Teil des Kiefers; die Wangen sind bläulich-rot und weich; nach Abkratzen des Schorfes Ausfluß von Lymphe und Blut.

Langsam reifende bläuliche Pickel im Gesicht.

| Vom fünften bis siebten Tag Schmerz in der linken Wange nahe der Nase; danach harte, schmerzlose, erbsgroße Schwellung, die am 30. Tag röter wird und sich mit einem kleinen Schorf bedeckt; am 32. Tag wurde sie weich und bläulich-rot, besonders an den Rändern; beim Aufstehen unangenehmer, aber nicht starker Schmerz in einiger Entfernung von der Schwellung und mehr innerhalb der Wange; Ausfluß von etwas Blut und Eiter; am 40. Tag hörte die Stelle zu nässen auf und heilte.

Die Kieferknochen fühlen sich wund an; Schmerzen im Unterkiefer.

Heftiger, ruckender Schmerz im Unterkiefer.

Reißen im rechten Unter- und Oberkiefer bis ins Ohr.

Beim Lesen oder Schreiben Schmerz im Unterkiefer; je länger sie las, desto schlimmer wurde er.

|| Die Kaumuskeln wurden nicht von Krämpfen befallen.

Während der Tobsuchtsanfälle führte er unwillkürliche oder krampfartige Schnappbewegungen mit dem Kiefer aus, die etwas an Reißbewegungen erinnerten.

Versuchte vor dem Tod, sich in den Finger zu beißen.

Beißen und Schnappen in den Krämpfen.

Die Kiefer fühlen sich steif an; Kribbeln im Jochbogen.

Unterkiefer steif und schmerzhaft; mit Neigung zu gähnen; mit Kopfschmerz; glaubt, er kann den Mund nicht öffnen.

Die Kiefer fühlen sich wund und steif an; starke Neigung, die Hand gegen den Unterkiefer zu pressen.

Empfindung, als habe sie Mumps.

Eine beißende, brennende Frostempfindung an der rechten Innenseite der Oberlippe, als ob eine ätzende Säure die Stelle berührt hätte; sie erstreckt sich nach oben und hinten und abgeschwächt zur rechten Nasenhöhle, wo sie Kitzeln und Niesen hervorruft; anschließend verstärkter Speichelfluß; nach mehreren Stunden.

Die Lippen sind innen in der Mitte eingerissen.

Krämpfe mit Schaum vor dem Mund.

Selten wird außen um den Mund Schaum beobachtet.

Zähne und Zahnfleisch – Zähneknirschen.

Ein schmerzhaftes Kältegefühl schießt in die Zähne, es wandert von hinten unten nach oben und in den Kiefer.

Zahnschmerz, mehr rechts, es ist eine Art von dumpfem Weh.

Schmerzempfindung im rechten Unterkiefer, im Knochen, schießt in die Wurzel eines kariösen Zahnes.

Erst Brennen, dann schießender Schmerz im rechten Eckzahn, erstreckt sich die Speiseröhre hinunter.

Häufig schießender Schmerz in den Zähnen; alle Zähne tun weh.

Schmerz in der kariösen Wurzel eines Molaren.

| Zahnschmerz und andere Beschwerden während der Schwangerschaft, mit innerlicher Blutaufwallung von der Brust zum Kopf; der Kopf fühlt sich an wie bis zum Platzen mit Luft gefüllt.

Die Zähne sind sehr empfindlich; Gefühl, als lägen die Kanten aufeinander.

Kopfschmerz und Ohrenschmerz erstrecken sich in die Zähne.

Ein Kälte verbreitender Schmerz beginnt in den Zähnen der rechten Seiten hinter und unter den Unterkieferknochen und erstreckt sich nach oben.

Neuralgischer Schmerz im Zahnfleisch, besonders vorne.

| Rechts ist das Zahnfleisch geschwollen und tut weh.

Ziehen im Zahnfleisch, besonders vorn.

Geschmack und Zunge – Die Speisen haben nicht den richtigen Geschmack.

Kratziger Geschmack mit viel Speichel.

Morgens beim Erwachen bitterer Geschmack.

Gesalzene Speisen schmecken versalzen, anderen wiederum scheint Salz zu fehlen.

Die Sprache ist steif, kurz und pathetisch.

|| Sprache schwierig und fehlerhaft.

| Die Sprache ist behindert, nach mehreren vergeblichen Versuchen beginnt er einen Satz unter Schwierigkeiten; einige Gaumenlaute kann er nicht artikulieren, andere nur fehlerhaft.

Ein Kältegefühl an der Zunge, wie von Pfefferminz.

Schmerz in der Zungenwurzel und links im Hals.

Eigenartiger Schmerz an der Zungenwurzel wie von einer Schwellung.

Sonderbare Kitzelempfindung im Hals und in der Zungenwurzel.

Die Zunge ist gewöhnlich feucht und sauber; häufig leicht belegt, selten trocken und dick belegt.

Die Zunge zeigt einen dünnen, gelblich-weißen Belag.

Die Zunge ist schaumbedeckt.

Die Zunge ist an den Seiten dunkelrot, in der Mitte belegt.

| Zunge groß, blaß und schlaff.

| Unter der Zunge prickelnde Empfindung.

Regelmäßige wiederkehrende Ranula mit Mundtrockenheit, < nachmittags, beim Kauen Wundheit; bei Hämorrhoiden und Obstipation.

Mund – Kältegefühl, wie von Pfefferminzextrakt.

Ein heftiger Schmerz wandert vom Mund aufwärts durch den Kopf und abwärts in den Nacken.

| Dauerndes Gefühl starker Trockenheit von Mund und Hals.

Mundtrockenheit: nachmittags; mit Durst.

Der Mund ist wund, Gefühl, als seien Knötchen vorhanden.

Reichlicher zäher Schleim in Mund und Hals.

| Zäher, schaumiger Schleim in der Schnauze (Pferd).

Schaum im Mund; versucht unter großen Schwierigkeiten auszuspucken (vor dem Tod).

Zäher Speichel, dauerndes Spucken, allgemeines Krankheitsgefühl.

Ohne Grund läuft der Speichel im Mund zusammen; er läuft nach hinten und wird hinuntergeschluckt.

Speichel hinten im Mund wie nach Zucker, oder wenn Lakritze geschluckt wird.

Der Mund ist mit Speichel gefüllt: totale Abneigung zu trinken.

Starker Speichelfluß und Schwierigkeiten beim Schlucken von Flüssigkeiten.

Ansammlung von schäumendem Speichel, mit Halsentzündung.

Reichlicher, dünner und gelber Speichel.

Absonderung eines dicken und schaumigen Speichels, jedoch ohne irgendeine krankhafte Abneigung gegen Getränke.

Der ausgeworfene Speichel ist schaumig, schleimig und klebrig.

Reichlicher, zäher Speichel bei Halsweh.

| Große Mengen zähen Speichels im Mund mit dauerndem Spucken.

Der Speichel wird nicht ausgeworfen, sondern läuft aus dem geöffneten Mund.

Mengen von Speichel sammeln sich im Mund und um den Mund; er sieht schaumig aus; der Patient versucht ihn dauernd loszuwerden, indem er ihn mit dem Taschentuch abwischt oder unter größter Anstrengung ausspuckt.

| Spuckt dauernd kleine Mengen schaumigen Speichels aus; mit Gliederschmerzen.

|| Dauerndes Spucken.

| Von 10 Uhr an bis zum Abendessen spuckte er den ganzen Tag über ständig.

| Eine dunkle, kaffeefarbene Flüssigkeit sickert aus dem Mund (vor dem Tode).

Viel Schleim in Hals und Nase; er hängt in den hinteren Choanen.

Kratzende Empfindung am Gaumen, wo vorher ein Kältegefühl war, durch leichtes Husten kann er sie nicht beeinflussen, gelegentlich aber durch Räuspern.

Der Rachen ist gleichmäßig purpur-scharlachfarben verfärbt, kein Halsweh, außer beim Versuch zu schlucken.

Häufig sind die Drüsen vergrößert, einschlielich der Rachenfollikel und der Kieferdrüsen; ähnliche Schwellung an der Innenfläche der Epiglottis, ziemlich hart, im Drüsengewebe befinden sich typischerweise massenhaft Lymphozyten.

Hyperplasie und frische Schwellung der Mandeln und Follikeldrüsen der Zunge; flache, rundliche Schwellung an der Zungenwurzel, jeweils in der Mitte konnte man die erweiterte Öffnung eines Follikels sehen.

Empfindung, als sei die Uvula zu lang; sie ist leicht entzündet, aber nicht verlängert.

Die Schleimhaut des Rachens und der Epiglottis sind tiefrot verfärbt; häufig ist der weiche Gaumen gerötet und geschwollen.

Die gesamte Schleimhaut des Mundes und des Rachens war gleichmäßig scharlachrot verfärbt, aber nicht geschwollen.

Hals – Leichte Rötung des Gaumens und des Halses, mit Krämpfen der Speiseröhre und Schwierigkeiten zu sprechen.

| Halsweh, wie nach Schlucken von rotem Pfeffer.

Ziemlich starkes Halsweh, ein Gefühl von Zusammenziehen, das viel stärker wird, wenn er versucht, Flüssigkeiten zu schlucken, was nicht ohne Schmerzen geht; feste Speisen machen keinen Schmerz.

Wundheit im Hals von 11 Uhr bis mittags.

Äußerst heftiges Halsweh; den ganzen Tag über, vormittags; > um 18 Uhr; nach dem Abendessen (19 Uhr); kann nur unter starken Schmerzen schlucken; wie geschwollen; wie roh; tut weh; rechts; mit Kopfschmerz; mit Wundheit in den Augen; mit verstärktem Fluß eines zähen Speichels.

Kälteempfindung in der Speiseröhre.

Ziemlich starkes Halsweh, Kopfschmerz in beiden Schläfen, Taubheit in beiden Armen, den ganzen Tag über leichter Schmerz in der Lendengegend.

Soweit man sehen kann, ist der Rachen leicht entzündet, es besteht eine Neigung zu schlucken und verstärkter Speichelfluß.

Schmerzhaftes Halsweh, der Hals ist stark entzündet, Kopfschmerz <, zäher Schleim in Mund und Hals; große Schwäche mit Abneigung, sich zu bewegen.

Halsentzündung mit schaumigem Speichel.

Heftige Krämpfe im Hals, als würde er ersticken, von 14 Uhr bis 21.30 Uhr.

Starke Hitze im Hals und in der Herzgegend.

Plötzliche Zuckungen von der Speiseröhre zum Herzen.

|| Halsweh, dauernder Drang zu schlucken; viel Speichel und ein Zerschlagenheitsgefühl.

| Periodische Krämpfe der Speiseröhre, dauernder, schmerzhafter Drang zu schlucken, ohne daß er fähig wäre, etwas zu schlucken; das Zusammenziehen ist am heftigsten, wenn er Wasser in den Mund nimmt; wenn er versucht, es gewaltsam zu schlucken, hat er einen brennenden und stechenden Schmerz im Hals, Husten und Würgen, so daß die Flüssigkeit aus dem Mund wieder herauskommt; Schwierigkeiten beim Sprechen.

| Schwieriges Schlucken; besonders von Flüssigkeiten.

Trockenheit im Hals und Schwierigkeiten beim Schlucken mit leichter, erysipelartiger Rötung des Rachens.

Stiche beim Schlucken.

Um 14 Uhr Halsweh; Schwierigkeiten beim Schlucken von Flüssigkeiten; Gefühl, als sei die Epiglottis gelähmt.

Halsweh mit starker Entzündung, konnte nur unter Schwierigkeiten schlucken; Flüssigkeit kommt durch die Nase wieder heraus.

Um 15 Uhr eigenartiges Gefühl von Zusammenziehen hinten im Hals, < um 16 Uhr, konnte nur unter Schmerzen schlucken, verschwand um 18 Uhr, kam jedoch um 19 Uhr wieder und dauerte bis zur Schlafenszeit an.

Halsweh mit Zusammenziehen, besonders beim Versuch, Flüssigkeiten zu schlucken, was schmerzhaft ist.

Schrecklicher Schmerz im Hals, besonders beim Schlucken.

Dauernder Drang, zu schlucken oder Schleim zu beseitigen, der zwischen Nase und Hals zu stecken scheint.

| Dauernder Drang zu schlucken, schmerzhaft und vergeblich.

Manche können ohne Schwierigkeiten Wasser trinken.

Vor dem plötzlich eintretenden Tod konnte er wieder trinken.

Warme Getränke, Milch, Suppen und Wein werden oft leichter als Wasser aufgenommen.

Bildet sich ein, er könne nichts schlucken.

Schwierigkeiten beim Schlucken können anfangs durch festen Willen überwunden werden.

Er erklärte, irgend etwas im Hals behindere die Passage und er könne deshalb nicht schlucken.

Um 17 Uhr ist das Schlucken schwieriger als am Vormittag (nach Bell.).

Feste Speisen werden manchmal unter größten Schwierigkeiten eingenommen.

Es ist völlig unmöglich, irgend etwas zu schlucken; bei jedem Versuch Erstickungsanfälle und Krämpfe der Atemmuskeln, der Gesichts- und Nackenmuskeln sowie der übrigen Körpermuskulatur mit starken psychischen Störungen.

Nach einigen Tagen verabscheute der Patient feste Nahrung genau so sehr wie Flüssigkeiten; wenn man ihn zum Essen drängte, fiel er in Konvulsionen.

Jeder Versuch, Brot zu schlucken, verursachte die größte Pein.

Oft kommt es vor, daß die Patienten trinken können, wenn sich die anderen Personen zurückziehen, oder wenn sie es mit geschlossenen Augen oder mittels eines Strohhalmes versuchen.

Kein Widerwillen gegen Flüssigkeiten, bis die Schluckbeschwerden einsetzten; als die Flüssigkeit seinen Rachen berührte, schien er in Lebensgefahr zu sein.

Um 15 Uhr eigenartiges Gefühl von Zusammenziehen hinten im Hals, das er noch niemals erlebt hatte, < um 16 Uhr, konnte nur unter größtem Schmerz schlucken; es verging um 18 Uhr; kehrte eine Stunde später zurück und dauerte bis 2 Uhr.

| Wenn er Wasser in den Mund nahm, war das Zusammenschnüren am stärksten.

| Periodische Krämpfe der Speiseröhre.

Beim Versuch zu trinken setzen Konvulsionen ein.

| Hatte Schwierigkeiten beim Sprechen; ein zusammenhängender Satz konnte nur nach mehreren fruchtlosen Versuchen herausgestottert werden; Gaumenlaute konnte er überhaupt nicht aussprechen, er sprach sie alle falsch aus.

Um 10 Uhr Wundheit und Erstickungsgefühl hinten im Hals.

Um 14 Uhr heftige Krämpfe des Halses, Gefühl, als sei er dabei zu ersticken; verging um 21 Uhr.

Ein Kloß steigt vom Magen zum Hals hoch, droht ihn scheinbar zu ersticken.

Gefühl eines Kloßes im Hals mit Drang zu schlucken.

Den ganzen Tag über schrecklicher Schmerz im Hals und starke Schmerzen beim Schlucken.

Von dem verwundeten Arm erstreckt sich ein Schmerz aufwärts zum Hals.

Stiche beim Schlucken.

| Brennende Stiche im Hals.

| Beim Versuch, gewaltsam Wasser zu schlucken, Brennen und Stiche im Hals, außerdem Husten und Würgen, so daß das Wasser wieder aus dem Mund herauskommt. Halskrämpfe.

Brennen entlang der Speiseröhre.

Starke Hitze im Hals und in der Herzgegend.

| Eine leichte Rötung der befallenen Stellen.

Starke und tiefgreifende Entzündung der Schleimhäute von Mund, Zahnfleisch, Hals und Kehlkopf mit beißenden Schmerzen beim Schlucken.

Gefühl, als habe er etwas roten Pfeffer geschluckt.

Appetit, Durst, Verlangen, Abneigung – Guter Appetit, aber schlechte Verdauung; ein Teil fast aller Speisen verläßt die Därme unverdaut. Chronische, typhoide Diarrhoe.

Heißhunger; schluckt Weizenkörner, ohne sie zu kauen.

Vormittags geringer Appetit; Appetitmangel, Kopfschmerz, Niedergeschlagenheit.

| Appetitmangel. Tollwut beim Schaf.

| Konnte keine Nahrung aufnehmen (mit Spucken), konnte nicht am Tisch sitzen bleiben.

Die Symptome von Seiten der Verdauungsorgane sind äußerst wechselhaft; extremer Durst, Erbrechen, Obstipation.

Durst und Abneigung gegen Speisen.

| Fühlte sich sehr durstig und hatte keine Abneigung zu trinken, trank vielmehr große Mengen von Wasser.

Sehr starker Durst, klagt über brennende Schmerzen im Hals.

Durst und Verlangen zu trinken, wird aber durch krampfartiges Zusammenziehen des Halses davon abgehalten; Versuche lösen äußerst unangenehme Empfindungen, ja sogar Krämpfe aus.

| Er trank längere Zeit kein Wasser, sondern nur etwas heißen Tee.

| Nach dem Abendessen trank er etwas heißen Tee, anschließend setzte der Speichelfluß bis 20 Uhr aus, dann setzte er wieder ein.

Kein Appetit, außer auf saure Sachen.

Verlangte nach Branntwein und trank ihn; am folgenden Tag starkes Heben im Magen und Unmöglichkeit zu trinken.

| Starkes Verlangen nach Salz.

In den ersten Tagen ist das Rauchen unangenehm; nach der ersten Woche ein irrer, unwiderstehlicher Drang zu rauchen, er läßt die Pfeife nicht kalt werden.

Schnappen nach Wollfetzen und Leinenlappen; verschlingt alle erreichbaren Holz- und Kohlestückchen; alles, was erreichbar war und in die Schnauze paßte, fraß er schnell auf; Hund.

Gleich nach dem Ausscheiden fraß er Urin und Faeces auf; Hund.

| Abnorme Gelüste während der Schwangerschaft.

|| Abneigung gegen Wasser; bildet sich ein, er könne nicht schlucken; sagt, er sei durstig, kann aber Wasser nicht anschauen oder hören, wie es ausgeschüttet wird.

| Abneigung gegen das Wasser des Ortes, in dem er eingetroffen war.

| Abneigung, Wasser zu trinken, nimmt jedoch kleine Mengen von Kakao zu sich.

| Abneigung gegen Flüssigkeiten, sehr empfindlich gegen den kleinsten Luftzug und gegen reflektiertes Licht.

Seit dem Biß hatte sie eine schreckhafte Abneigung gegen Wasser; anfangs konnte sie sich noch unter größter Selbstbeherrschung selber waschen, später gar nicht mehr.

Wein schmeckte ihm nicht und wirkte stärker als gewöhnlich.

Abneigung gegen fette Speisen und gegen Getränke; es bleibt ein langer, fettiger Nachgeschmack, nach Hammelfleisch.

Essen und Trinken – Vor dem Mittagessen eine sehr sonderbare Empfindung, der ganze Körper ist fremd.

Warme Getränke wie Milch, Suppen und Wein werden leichter als Wasser eingenommen.

Kann überhaupt keine festen Speisen zu sich nehmen, allenfalls unter größten Schwierigkeiten.

Manche Patienten können vor dem Tode wieder trinken.

Nach dem Abendessen um 19 Uhr fühlt er sich besser, weniger Halsweh, keine Schluckbeschwerden.

Nach dem Essen verschwinden die brennenden und wellenartigen Kälteempfindungen, ebenso die Verstopfung; Drükken nach innen im Epigastrium; Lüsternheit mit sexueller Erregung; Lüsternheit mit einem Schwächegefühl in den Genitalien, aber mit Neigung zur Ejakulation; verstärkte Müdigkeit und Schläfrigkeit, keinerlei Besserung nach einer Stunde Schlaf.

Nach den Mahlzeiten sehr schlecht aufgelegt, jedes Geräusch reizt ihn; wenn jemand Äpfel ißt, sich räuspert oder die Nase putzt, bringt ihn das außer sich; vergeht nach dem Mittagsschlaf und einer Tasse Kaffee.

Nach dem Mittagessen und abends Abneigung zu denken.

Drücken in der Milz nach dem Abendessen.

Übelkeit nach dem Genuß von Eiern oder fetten Speisen.

Nach Kaffee: Beschleunigung des Herzschlages; Hitze im Gesicht.

Tabak wirkt auf ihn stärker als gewöhnlich.

Schluckauf, Aufstossen, Übelkeit und Erbrechen – Übelkeit; abends Appetitmangel, anschließend große Leichtigkeit des Kopfes.

Übelkeit: mit Schwindel, Kopfschmerz und Gesichtsblässe; mit Gesichtsblässe nach Durchfall; die Speisen haben keinen richtigen Geschmack; abends Appetitverlust; von 22 bis 23 Uhr.

Schluckauf.

Dauerndes Aufstoßen von Luft; krampfhaftes Aufstoßen.

Nachmittags Aufstoßen; sauer.

| Brechneigung, als er versucht, gewaltsam Wasser zu schlukken; es kommt durch den Mund wieder heraus.

Tagsüber steigt ihm die Galle in den Hals hoch, gleichzeitig ungewöhnliche Mengen zähen Speichels in Mund und Hals.

Übelkeit und Erbrechen nach Durchfall.

Erbrechen: von Speisen; von Flüssigkeit beim Trinken, mit anschließender Ohnmacht; des Abendessens nachts im Schlaf.

Übelkeit und Erbrechen einer schaumigen, schleimigen, dunklen, kaffeesatzartigen Masse.

Epigastrium und Magen – Nach dem Essen Druck im Epigastrium.

Erstickender Schmerz in der Magengrube.

Schmerzen im Epigastrium und in der Herzgegend mit Atemnot.

Ein teils brennendes, teils kühles Gefühl im Epigastrium.

Schmerz tief im Epigastrium, wie im oder hinterm Duodenum.

Schmerzen mit Kälte im Magen.

Kälteschmerz im Magen, dann und wann mit einem scharfen, spitzen Druck.

Empfindung von Bewegung im Magen.

Lautes Gurgeln links im Magen, wird immer stetiger, wie Wasser aus einer Flasche.

Ein lautes, gurrendes Geräusch links im Magen, kehrt nach einer Weile als schnelles Quaken wieder.

Starke Bedrückung im Magen, muß die Kleidung lösen.

Eine leicht heiße, stille, wehe Empfindung unterhalb der Brust, manchmal auch weiter unten, oft im ganzen Bauch, wie in den Därmen.

Der Magen ist leer oder enthält eine dunkle, trübe Masse, die häufig an Kaffeesatz erinnert; ausgeprägte Blutfülle der Schleimhautgefäße von Magen und Därmen; häufig mit hämorrhagischen Erosionen.

Hypochondrien – Drückender Schmerz rechts nahe der untersten Rippen beim Atmen; in beiden Hypochondrien nach einem flotten Spaziergang.

Schießen rechts im Bauch.

Schmerz in der Gegend der Leber und der rechten Niere.

Von innen nach außen gerichteter Schmerz rechts.

Fettige Degeneration der Leber.

Vormittags dauernder nagender Druck links oben im Bauch (in der Gegend des Magens und der Milz).

Schmerz von unterhalb der Taille bis zum Fuß.

Schmerz in der linken Seite um 8 Uhr.

Bei schnellem Gehen pressender Schmerz in der Milzgegend.

| Schmerzhaftes Klopfen, als ob sich ein Abszeß in der Milzgegend bildet; es sitzt in der Tiefe, mitten zwischen der Medianlinie und der Seite; es hält acht Tage an; mit ihm zusammen verschwinden ähnliche Beschwerden an dieser Stelle, die elf Jahre lang vergeblich allopathisch behandelt worden waren.

Hitzegefühl und stilles Weh unter der Mamma, das gleiche manchmal weiter unten oder im ganzen Bauch, wie in den Därmen.

Reißen vom linken zum rechten Hypochondrium.

Abdomen – Abends im Bett reißender Schmerz quer über den Bauch von links nach rechts.

Vom Uterus ausgehender Schmerz rechts im Bauch.

Schmerzen erstrecken sich die linke Bauchseite hinunter.

Drücken im Bauch.

Ein Ziehen im Bauch unterhalb des Nabels.

Krampf im Unterbauch.

Schmerzempfindung tief im Oberbauch, wie hinter dem Duodenum; vormittags.

Kolikartiger Schmerz im Bauch; als er nachläßt, Stechen im Kreuz.

Heftiger Bauchschmerz eine Stunde lang, wachte um 23.30 Uhr aus dem Schlaf auf.

Heftiger Bauchschmerz.

Spießen: rechts im Bauch beim Atemholen; im Bauch über der Hüfte; mit einem Bewegungsgefühl im Unterbauch.

Stiche: rechts im Bauch; drei Zentimeter von der Crista iliaca entfernt im Bauch.

Schießen im Bauch.

Mitten im Bauch ein Gefühl von Bewegung mit leichtem Stechen.

Ein brennendes, wellenartiges Aufwogen geht vom Bauch aus und breitet sich durch die ganze Brust zum Kopf aus.

Als die Kälteempfindung und das Kratzen in der Speiseröhre nachlassen, tritt ein teils brennendes, teils kaltes Gefühl im gesamten Oberbauch auf.

| Allgemeine Wundheit im ganzen Unterbauch.

Ausdehnung des Bauches; jeden Abend.

Rigidität der Bauchmuskeln.

Ziehen nach unten von beiden Lenden ausgehend, anschließend Krämpfe im Unterbauch.

Weher Schmerz: in den Lenden; in den Rücken hinein; abwärts zu den Füßen.

Dumpfer, drückender Schmerz an einer bestimmten Stelle über der rechten Leiste.

Schmerz der rechten Leiste, mit leichter Schwellung.

Ziehender, zerrender Schmerz in den Leisten; Empfindung von Schwere und Zerschlagenheit in den Oberschenkeln.

Ziehen von den Leisten abwärts, dann Bauchkrämpfe mit Schwindel.

Abends tut es von den Leisten bis zu den Füßen weh.

Schmerz in beiden Leisten; rechts zwei kleine, sehr schmerzhafte Verhärtungen unter der Haut.

Die Leistendrüsen sind sehr stark geschwollen und schmerzen zwei Stunden lang.

Stuhl und Rektum – Tenesmus während und nach dem Stuhlgang.

|| Ruhrartige Stühle mit Tenesmen; sie treten wieder auf, sobald er fließendes Wasser hört oder sieht.

| Als des Morgens etwas Wasser aus einem Krug ins Becken geschüttet wurde, traten Schmerz und Stuhldrang wieder auf. Dysenterie.

| Wenn er fließendes Wasser sieht oder hört, treten der heftige Schmerz und die Tenesmen wieder auf; bei einem Fall von Sommer-Dysenterie, der sechs Wochen alt war; Stuhlgang am häufigsten nachts, Stühle blutig und schleimig mit nachfolgenden Schmerzen in Rektum und Kreuz, die den Patienten zwangen, trotz seiner großen Schwäche herumzugehen; konnte weder stehen noch liegen; hatte die ganze Zeit über kein Wasser, sondern nur gelegentlich heißen Tee getrunken.

| Stühle wässrig und reichlich, mit heftigen Schmerzen in den unteren Därmen; die Häufigkeit der Stühle wechselt, manchmal 5 oder 6 dann wieder 15 oder 20 täglich, üblicherweise häufiger am Morgen. Chronische, typhoide Diarrhoe.

Diarrhoe: mit vielen Schmerzen, < tagsüber, 18 Stunden nach der Gabe 24 Stunden andauernd, mit Schmerz in den unteren Därmen; < morgens; anschließend Übelkeit, als ob sie erbrechen müßte; verbunden mit heftigen Schmerzen früh am Morgen; vorher Stiche in der Seite.

| Chronische Diarrhoe, die er sich in den Southern Camps zugezogen hatte.

Schwieriger Abgang von Flatus, als ob der Anus dem Austreiben Widerstand entgegensetzt.

|| Schleimige, blutige Stühle.

Unfreiwilliger Stuhlgang.

| Das Drücken zum Stuhlgang verursacht einen heftigen Schmerz in Kreuz und Rektum, anschließend muß er trotz seiner Schwäche umhergehen.

Obstipation; Stuhl sehr dunkel.

Der Stuhl wurde dunkel und dick, vermischt mit Woll- und Leinenfetzen, mit Holz- und Kohlestückchen, die er heruntergeschluckt hatte; Hund.

Abgang von hellrotem Blut mit schrecklichem Brennen und Stechen wie von Stacheln.

Stuhlgang schwierig, Hämorrhoiden werden nach außen gepreßt.

Hämorrhoidalbeschwerden; während der Menses geht Blut aus dem Anus ab.

Klopfen äußerlich im Anus.

Stechen im Anus verursacht Zusammenziehen.

Harnorgane – Dumpfer Druck in der Gegend der linken Niere.

Zunehmende, wandernde Schmerzen erfassen die Harnorgane; hierdurch Schwierigkeiten und Hitze beim Urinieren.

Am Abend leichte Schmerzen am Blasenhals.

Abends kühles, brennendes Stauungsgefühl in der Blasengegend.

Abends reichlicher, wässriger Urin.

Morgens und abends ist der Urin gelblich-braun, trübe und vermindert; rötliches Sediment.

Dunkler, bräunlicher Urin mit weißlichem Sediment; wenn er in den Schnee uriniert, bleibt der Urin sichtbar.

Der Urin ist heller gefärbt, und es gehen größere Mengen ab, jedoch nicht häufiger.

Spärlicher oder trüber Urin, oft von grünlich-gelber Farbe.

Weißlich-gelbes Sediment im Urin.

Urin spärlich, kein Eiweiß.

Dunkel, trübe, häufig mit Zucker, offensichtlich als Folge einer Schädigung der Medulla oblongata.

Urin zu spärlich und dunkel verfärbt.

Drang zu urinieren bei geringer Füllung in der Blase.

Dauernder Drang zu urinieren beim Anblick von fließendem Wasser; uriniert nur wenig auf einmal.

Nach dem Urinieren kitzelndes Brennen in der Harnröhre nahe dem Ausgang.

Nach Stuhlgang und Urinieren sofort wieder ein Harndrang, der sich mehrmals langsam die Harnröhre entlang abwärts bewegt, ohne daß ein Tropfen abgeht.

Abgang von Prostatasekret nach dem Urinieren.

Wie sie sagt, hat sie seit dem 14. Tage nach dem Biß kein Wasser mehr gelassen; täglich geht von Zeit zu Zeit etwas dunkles Blut aus dem Uterus ab, das sich in Qualität und Quantität von den Menses unterscheidet.

Wenn er nur etwas uriniert, nimmt sein Schwächegefühl zu; Schwäche nach dem Urinieren, als ob er dabei seine ganze Kraft eingebüßt hätte.

Männliche Geschlechtsorgane – Neigt zu lüsternen Vorstellungen, obwohl kaum sexueller Drang besteht.

Lüsternheit: nach dem Essen, mit Schwächegefühl in den Geschlechtsteilen; nachmittags mit Erektionen.

Erektionen bei nur schwachem Trieb.

| Abends beim Ausziehen im kalten Zimmer starke Erektionen ohne sexuelle Erregung oder sexuelle Gedanken.

Sexuelle Gleichgültigkeit mit Erektionen, selbst während des Koitus, der vollständig durchgeführt wird.

| Verstärkter Sexualtrieb. (Rückenmarkswassersucht beim Schaf. Tollwut beim Schaf.)

Priapismus mit häufigen Ejakulationen.

| Satyriasis beim Hengst; heißer Atem aus den Nüstern.

Unzulänglicher Samenerguß.

| Beim Koitus erfolgt die Ejakulation zu spät oder gar nicht.

Bei einer sehr heftigen und hitzigen sexuellen Umarmung läßt die Erregung auf dem Höhepunkt nach, und es findet keine Ejakulation statt.

Keine Ejakulation beim Koitus, doch geht anschließend im Schlaf unbewußt Samen ab.

Ejakulation mit Träumen, was sehr ungewöhnlich ist.

Ohne vorhergehende Erektion Ausfluß von salzig und muffig riechendem Prostatasekret; die Glans penis ist trokken.

Schwächegefühl in den Geschlechtsteilen und drum herum.

Nach einem Koitus mit schwieriger und verspäteter Ejakulation leeres und unangenehmes Gefühl in den Geschlechtsteilen, das den ganzen folgenden Tag andauert.

Schmerzhafter Drang im Penis, wie nach exzessivem Verkehr, mit Lüsternheit.

Nachmittags Jucken und Brennen an der Corona glandis mit Kitzeln und Ausfluß von grünlichem Eiter.

Die Glandis ist trocken und klebt an der Vorhaut.

Nachmittags Brennen und Tenesmus wie in der Prostata und der Harnröhre.

Jucken am linken Os pubis, erstreckt sich zum Penis vor.

Den ganzen Nachmittag über und abends verstärkte peristaltische Bewegung des Scrotum; die Beweglichkeit der Hoden ist ebenfalls vermehrt.

Zwei oder drei Wochen lang ist das Scrotum fest hochgezogen.

Am achten Tag hing das Scrotum herunter, während es vorher und nachher zusammengezogen war.

Schmerzempfindung in den Hoden.

Am Tage nach einer sexuellen Umarmung Hodenschmerz, besonders gegen Mittag und in den ersten Nachmittagsstunden.

| Hydrocele.

| Hodenatrophie; zuerst nimmt die Größe links, dann rechts ab.

|| Beschwerden durch abnormen Sexualtrieb.

Weibliche Geschlechtsorgane – Sexualtrieb vermindert.

Ein Schmerz erstreckt sich vom Uterus in die Brust und zur rechten Bauchseite.

| Unersättliche Brunst; bei Kühen.

Schmerz in der Gegend des linken Ovar mit Unbehagen an dieser Stelle.

Herunterziehen in der Uterusregion.

Scharfer Schmerz im Uterus, abwärts schießend in die Schamlippen.

Gelegentlich scharfer Schmerz im Uterus und darunter; gelegentlich heftig schießender Schmerz links in der Vagina, erstreckt sich aufwärts, so heftig, daß sie fast aufschreien muß.

Verstärkte Empfindlichkeit des Uterus, spürt, daß sie einen Uterus hat.

| Leichter Vorfall mit schmerzhafter Empfindlichkeit des Uterus, nach jeder größeren Anstrengung glaubt sie, der Uterus sei vorgefallen.

| Beträchtlicher Schmerz im unteren Rücken, mit einem Wundheitsgefühl in der Schambeingegend, welches tatsächlich im Uterushals saß, denn der Schmerz verstärkte sich, wenn man mit dem Finger auf den Uterushals drückte; überall wo der Finger mit dem Uterus in Berührung kam.

| Der Uterus liegt hoch im Bauch, der Fundus ist vergrößert.

| Nach Ätzung einer Erosion des Muttermundes bleibt eine gewisse, gering entzündliche Schwellung der Cervix und der Vaginalwände.

| Der Muttermund hat die Größe eines kleinen Gänsekieles, sieht normal und glatt aus, außer daß ein blutig-schleimiger Faden von der Größe des Muttermundes herabhängt, der so fest und zäh ist, daß man ihn mit dem Tupfer nur sehr schwer abwischen kann.

| Schwellung des gesamten Uterus, auch die Scheide ist etwas betroffen. Prolaps.

| Helle Rötung der Portio vaginalis uteri.

| Bei einem für unheilbar gehaltenen Fall von Uterusprolaps fand sich nach den Menses der Uterus wieder an der normalen Stelle und blieb dort zwei Monate lang, obwohl die Frau allerlei ausprobierte, um die Heilung zu testen, z. B.

hob sie des Nachts ein schweres Kind aus dem Bett, als sie ohne Hilfe war.

| Ein sieben Jahr alter Uterusprolaps.

| Metritis, Vorfall oder Verhärtung des Uterus; bei Kühen.

Ein vierzehn- und ein einundzwanzigjähriges Mädchen bekamen die 30. Potenz, als die Menses drei Tage ausgeblieben waren, sie setzten am folgenden Tage ein.

Nach einigen Kügelchen der 30. Potenz setzten die Menses zwei Wochen zu früh und sehr reichlich ein.

| Menstruation mit Hämorrhoiden, Pulsieren im Anus und Schwäche des Rückens.

| Menses ziemlich häufig, verlängert, dunkel und manchmal übelriechend.

| Zwischen den Menses führt sie sich ziemlich eigenartig auf.

| Anämie durch gestörte Sexualfunktion.

Mehrere Monate lang dauernder Ausfluß eines übelriechenden Schleimes.

Leukorrhoeähnlicher Ausfluß, der sie schwächte; vorher niemals Leukorrhoe.

Schleimige Leukorrhoe.

| Heftige Leukorrhoe mit Schmerzen im Rücken und in den unteren Gedärmen; die Scheide ist wund.

|| Empfindlichkeit der Scheide, wodurch der Koitus ziemlich schmerzvoll wird.

| Menses zu reichlich, manchmal ein wenig zu häufig.

Während der Menses Blut aus dem Rektum.

| Schwäche im Rücken bei reichlichen Menses.

| Reißen, anschließend Abwärtsdrücken, konnte während der Menses nicht hart auftreten.

Schwangerschaft, Geburt, Stillen – Während der Schwangerschaft: eigenartige Gedanken, Wünsche oder Gelüste; Blutandrang von der Brust aufwärts; Zahnschmerzen, Rückenschmerzen und andere Beschwerden; starke Empfindung von Abwärtsdrängen; starker

Schmerz durch Entzündung des Muttermundes und Gebärmutterhalses (vorher geätzt); starke Wundheit im unteren Rücken und den unteren Gedärmen.

Jeder Stellungswechsel, der zu einer auch nur geringen Kippung oder Drehung des Muttermundes führt, ruft heftigen Schmerz hervor.

Jedesmal wenn sie Wasser zu trinken versucht, oder wenn sie hört, wie Wasser von einem Gefäß ins andere geschüttet wird, werden Krämpfe ausgelöst; der Anblick oder das Geräusch von Wasser berührt sie unangenehm, obwohl sie sich nach Wasser sehnt.

Seit der Geburt mehr Schmerzen beim Koitus und Abneigung.

Nach Versiegen der Lochien, heftige Leukorrhoe; Schmerz im Rücken und in den unteren Gedärmen; Wundheit der Vagina.

Morgens beim Aufwachen sind beide Brüste geschwollen, sie kann kaum aufstehen; an drei aufeinander folgenden Tagen; die gleiche Schwellung der Brüste nachts, wenn sie ihr Nachthemd öffnet.

STIMME UND KEHLKOPF, LUFTRÖHRE UND BRONCHIEN –
Die Stimme ist im Klang verändert; der Klang ist stark unterdrückt; Heiserkeit; Rauhigkeit, rauh und schwach (Endstadium); schrille, unartikulierte Laute; schrille Laute äußerster Verzweiflung, auch durch heftiges Ausatmen hervorgerufen; ein sehr schrilles und durchdringendes Bellen, das sich schließlich in ein schmerzhaftes Dauergeheul verwandelt (Hunde).

Die Epiglottis ist spröde und trocken.
Entzündung oder Rötung im oberen Teil der Luftröhre.

Schmerz rechts in der Nähe des Kehlkopfes, durch Drehen des Nackens und bei Druck.

ATMUNG – Der Atem ist heiß; schwefelartig.

Heißer Atem aus den Nüstern. Satyriasis bei einem Hengst.

Beim Einatmen: eine Kälteempfindung; Stechen in der linken Seite.

Kann vor Schwäche kaum sprechen.

Schwäche der Brust; Ermüdung durch Sprechen oder Lesen.

Stiche rechts im Bauch beim Atmen.

Im Endstadium ist die Atmung beschleunigt oder rasselnd.

Asthmatische Empfindung, die Atemluft bewirkt im Kehlkopf eine Art Pfeifen.

Seufzende und stöhnende Atmung, die durch heftiges Ausatmen verursacht sein kann.

Häufiges Seufzen und Schluchzen.

Ein allgemeines Gefühl von Unbehagen in der Brust zwingt ihn, tief durchzuatmen oder Seufzer auszustoßen, was erleichtert.

|| Seufzen mit Herzschmerz.

Dann und wann muß er einen tiefen Atemzug machen, mit Kältegefühl weit hinten und tief im Hals, anschließend große Erleichterung.

Um 9 Uhr Erstickungsgefühl in der Brust, muß mehrmals seufzen, dauerte bis zum Einschlafen um 22.30 Uhr.

In kurzen Abständen ist die Atmung mühsam und schwierig, mit einem dauernden, eigenartigen Räuspern, um die Luft auszustoßen; hörte sich an, wie eine Imitation von Hundegebell.

| Dyspnoe: mit Blähsucht, Husten und Rasseln in der Brust; mit seufzender und stöhnender Atmung; durch Herzschmerz; < durch Hinlegen.

Das Zusammenschnüren um die Brust und die Schwierigkeit beim Atmen nehmen so zu, daß ein kleiner Luftzug sie in größte Qualen versetzt, sie bedecken ihre Mäuler, scheinen fast zu verenden, wie wenn sie nach Atem ringen müßten.

Beim Versuch, auf eine Aufforderung hin etwas Wasser zu trinken, heftiger Krampf der Muskeln des Nackens und Halses, voraus ging ein tiefer Seufzer oder Keuchen, als ob sie gerade in kaltes Wasser getaucht worden wäre.

Schwieriges Atmen und Krampfgefühl in der Luftröhre.

Erstickungskrämpfe im Hals.

Konvulsivische Atmung und Muskelkrämpfe im Hals treten entweder gleichzeitig auf oder die Halskrämpfe folgen dem schwierigen Atmen.

Die konvulsivische Atmung während der Anfälle sieht aus, als ob sie durch ein plötzliches, kaltes Bad verursacht sei, und ist immer mit Krämpfen der Halsmuskeln verbunden.

Bedrückung beim Atmen, bevor ein heftiger Erstickungsanfall einsetzt, ausgelöst durch krampfartiges Zusammenziehen der Atemmuskeln, verbunden mit krampfartigem, beängstigendem Zusammenziehen im Rachen.

Während des Anfalls ist die Atmung keuchend, unregelmäßig und meist ziemlich schnell, oft mit ausgeprägter Dyspnoe.

Husten – Bellt wie ein Hund, mit einer Art geräuschvollem Husten; Kopfschmerz.

| Husten beim Versuch, gewaltsam Wasser zu schlucken, welches hierdurch wieder aus dem Mund herauskommt.

| Husten und Brechneigung.

Innere Brust und Lungen – Brust und Bauch fühlen sich ausgedehnt an; die Ausdehnung der Brust scheint ihn zu beleben, obwohl sie ihn gewöhnlich ermüdet.

Drücken in der Brust rechts zwischen der zehnten und elften Rippe.

Beim Einatmen rheumatischer Schmerz quer über der Brust.

Von der rechten Brustseite erstreckt sich eine Art Nervenschmerz aufwärts bis zum Hals.

Krampfartiger Schmerz und Stiche links, anschließend Durchfall und dann Übelkeit mit Brechneigung.

Kneifender Schmerz an der vierten Rippe rechts.

Stechen in der unteren Brust.

Stiche unter der linken Mamma wandern nach links.

Schießen zwischen der linken Mamma und der untersten Rippe.

Schießende Schmerzen wandern durch die linke Brust.

Brennen und Aufwogen durch die Brust.

Brennendes Stechen links in der Brust nachmittags mit Herzklopfen.

Brennendes Stechen links in der Brust, beim tiefen Einatmen.

Ein Brennen wie von Sodbrennen rechts im Rücken in der Gegend, wo die Rippen aufhören.

Blut steigt von der Brust zum Kopf auf.

Schmerz im Uterus erstreckt sich zu der Brust.

Große Schwäche in der Brust, besonders beim Gehen und lauten Reden, die Brust fühlt sich ermüdet an; ein tiefsitzender Schmerz in der linken Seite.

Oft seifenartige Ablagerung an der Pleura, wie bei Cholera.

| Lungengangrän durch Pneumonie und sexuelle Erregung. Satyriasis beim Hengst.

Herz, Puls und Kreislauf – Schmerz in der linken Brust an einer kleinen Stelle in der Herzgegend; weiter nach hinten und nach links in die Brust.

Den ganzen Tag über dumpfer Herzschmerz mit einem kneifenden Schmerz in der Gegend der vierten rechten Rippe.

Dauernder Schmerz im unteren Teil des Herzens.

Ein sehr eigenartiges und ungewöhnliches Gefühl am Herzen, ungefähr als ob ein Band es zusammengepreßt, mitten in der Brust, und als ob Nadeln ins Herz spießen, eine

Art dumpfer, stechender Schmerz, sehr schmerzhaft, beängstigend und unangenehm.

Die Herzschmerzen sind ganz verschwunden, doch zuckt es alle zwei oder drei Stunden am Herzen.

Schmerzhafter Schock oder schmerzhaftes Zucken vom unteren oder hinteren Teil der Speiseröhre zum Herzen und zur vorderen Brust.

19 Uhr, leichter, dumpf-schießender Schmerz am Herzen, dauert bis zum Einschlafen um 22.30 Uhr.

Beträchtlicher Herzschmerz und ein entsprechender Schmerz rechts; ein heftiger spießender und schießender Schmerz, hierdurch Kurzatmigkeit und Seufzen.

Um 11 Uhr zwei oder drei wenige Minuten andauernde Stiche im Herzen, eine Art Schießen.

Stiche im Herzen und drumherum.

Prickelnder, spießender Schmerz im Herzen.

Scharfer, stechender Schmerz im Herzen.

In Abständen stechende Schmerzen im Herzen.

Scharfe, schießende, vier Stunden andauernde Schmerzen in der Herzgegend. Um 21 Uhr heftiger Schmerz von stechendem Charakter im Herzen und links von ihm.

Herzstiche durch das Läuten der Kirchenglocken.

Herzstiche < beim Gehen; wenn sie andauerten, würden sie ihn umbringen.

Drei Monate lang nie ohne stechende, ziehende und quetschende Herzschmerzen, Folge eines Rheumaanfalls und einer Erkältung, mit Herzklopfen und Schwierigkeiten beim Atmen.

Heftiger Schmerz im Herzen, als würde es bersten oder von Nadeln gestochen.

Hitze und Brennen im Herzen und in der Stirn.

Schmerz im Herzen; mit Kopfschmerz, mit Halsweh und Schwere der Beine.

Eine Empfindung wandert vom Herz durch den Körper zum Rücken, mit Sinken.

| Der Schmerz in der Herzgegend, zu dem er neigt, ist eine halbe Stunde nach der Gabe verstärkt, nach einigen Tagen aber wieder deutlich leichter.

Beim Schreiben ein brennendes Aufwallen und Gurgeln vom oberen Bauch durch die Brust und den Kopf, anfangs gefolgt von Ohrschmerz; dann ein brennendes Stechen im inneren oberen Scheitel nach rechts, als ob ein heißer, wellenartiger Strom sich zur Körperoberfläche ausbreitet, erstreckt sich jedoch nicht zum Rückgrat oder zu den Gliedern.

Heftiges Herzklopfen, empfindet es bis in den Hals; durch einige Schlucke Wasser Erleichterung.

Angst durch Herzklopfen.

Spürt den Herzschlag im ganzen Körper und von Zeit zu Zeit eine langsam durch den Hals in den Kopf aufsteigende Welle, anschließend eine momentane Blutwallung.

Puls: regelmäßig, aber ziemlich voll und hart, ungefähr 10 Schläge schneller als gewöhnlich (80); leicht beschleunigt und hart, meist klein und nicht voll; schnell und reizbar; 160; wird allmählich schwächer und schneller, besonders nach einem Anfall, 120 bis 180; häufig unregelmäßig, die Frequenz wechselt sehr schnell; ungleichmäßig; einige Schläge stärker, einige schneller, schwach, schnell, intermittierend, sehr klein, unregelmäßig und sehr schnell (Endstadium); schwach, schnell und intermittierend (späteres Stadium); wird ständig schneller und kleiner, bis er dauernd fadenartig und schließlich überhaupt nicht mehr tastbar ist.

Äussere Brust – Die Schlüsselbeine fühlen sich an, als würden sie aus ihrer Gelenkpfanne gleiten; muß die Arme in die Hüften stemmen.

Beben um das Brustbein herum.

Krampfartiges Reißen unterhalb der linken Rippen; es zieht gleichzeitig zum Anus, wo es eine Zusammenziehung bewirkt; gleichzeitig ein Reißen zwischen Haut und Muskeln die Oberschenkel hinunter bis zum Knie.

Drücken: am Brustbein zwischen den Mammae; zwischen den unteren rechten Rippen.

Stechen links in der Brust (zwischen Mamma und untersten Rippen).

Abends ist die Brust wie zerschlagen.

Wundheit quer über der Brust, beide Brüste geschwollen; kann des Morgens beim Erwachen kaum aufstehen; an drei aufeinanderfolgenden Vormittagen.

Nacken und Rücken – Dauernder Schmerz im Nacken.

Wandert zum Nacken: Kopf- und Rückenschmerz.

Drücken im Nacken und hinten am Kopf aufwärts.

Hitze wandert vom Nacken zum Ohr und zum Gesicht.

Druck und ziehender Schmerz im Nacken.

Ein Stechen im oberen Nacken.

Krampfartiges Zusammenziehen der Nacken- und Brustmuskeln, häufig auch der gesamten Körpermuskulatur.

Nackenschmerzen mit innerlicher Hitze, <, wenn der Kopfschmerz nachläßt, oder Hitze rechts im Gesicht.

Brennender Schmerz im Nacken.

Klopfender Schmerz erstreckt sich in den Nacken.

Der Nacken fühlt sich steif an; die rechte Seite des Nackens ist steif; vormittags Muskelsteife.

Reißen, Stechen und Steife im Nacken.

Nackensteife mit Reißen und Schießen.

Narbenschmerz mit leichter Muskelsteife im Nacken und Hals.

Schmerzen in den Nackenmuskeln und entlang der Halswirbelsäule.

Vom oberen Nacken zieht eine Hitze über das rechte Ohr ins rechte Auge und ins Gesicht, sie scheint von innen nach außen zu wandern.

Nackensteife, er hielt sich gerader als gewöhnlich.

Den ganzen Tag über Schwierigkeiten, den Kopf zu bewegen.

Steife in den Nackengelenken; wenn sie den Kopf eine Zeitlang hängen läßt, ist es schwierig, ihn wieder zu heben.

Der Nacken fühlt sich leichter an, wenn sie beim Niesen den Kopf nach hinten wirft.

Emphysemartige Schwellung des subkutanen Zellgewebes im unteren Teil des Nackens; erstreckt sich mitunter entlang des oberen Teiles der Brust ins Mediastinum.

Beide Sternocleidomastoidei zeichnen sich als dicke Stränge ab; der Gesichtsausdruck ist eine Mischung aus Angst und Schrecken.

Der Kopf fühlt sich schief an, als ob ihn etwas auf die Schultern herunterzieht.

Als er sich um 14 Uhr hinlegte, stellte er fest, daß sein Kopf nach links verdreht war; normalerweise würde er seine Stellung sofort verändert haben; doch fand er den Zustand überraschenderweise ziemlich bequem und schlief ein; um 16 Uhr wachte er mit einer Taubheit der linken Kopfseite auf, am unteren Körper hatte er eine Gänsehaut.

Als ob der Kopf zwischen die Schultern gezogen würde.

Krampfartiger Druck unter dem rechten Schulterblatt und zwischen den Schulterblättern.

Ein Drücken mit Hitze im Rücken in der Nähe des rechten Schulterblattes, zieht in den oberen Nacken und von dort in die Muskeln des linken Oberarmes.

Um 14 Uhr heftiger Schmerz quer über den Rücken zwischen den Schulterblättern und quer über die Taille.

Zwei Stunden lang ein Schmerz oder Weh in und zwischen beiden Schultern, als ob dort ein schweres Gewicht laste.

Morgens Drücken zwischen den Schultern, von dort zum Hinterkopf und über das rechte Ohr.

Ein Druck unterhalb des rechten Schulterblattes; nicht von innen nach außen gerichtet und nicht > durch Rückwärtsneigen.

Druck im Rücken 15 Zentimeter unterhalb der Spitze der rechten Schulter, 2 $^{1}/_{2}$ Zentimeter seitlich vom Rückgrat; sie hatte die gleiche Empfindung, immer wenn sie schwanger war, jedesmal rechts, von der Innenseite der untersten Rippe zum Brustbein.

Stechen: unterhalb des rechten Schulterblattes; in den Halswirbeln.

Den ganzen Tag über heftiger Rückenschmerz und Taubheit der Hände.

Das Rückgrat tut weh; Halsweh rechts.

| Rücken- und Kopfschmerz.

Den ganzen Tag über Rückenschmerz quer über den Hüften.

Brennen im Rücken und in beiden Leisten.

Brennen im Rücken in der Nähe der untersten Rippen rechts, wie Sodbrennen.

Drücken in der Nierengegend, dumpfer Druck in der Gegend der linken Niere.

Um 16 Uhr heftiger, eine Stunde andauernder Schmerz in der rechten Niere.

Um vier Uhr bis abends Schmerz in beiden Nieren und quer über den Hüften, heftig und etwas brennend, > um 21 Uhr.

Abends ist der Rücken äußerst wund, wie zerschlagen.

Schmerzen mit Überempfindlichkeit der Haut entlang der Wirbelsäule.

Konnte entlang der ganzen Wirbelsäule nicht die leiseste Berührung ertragen; sie rief einen Reizzustand hervor, der bis zu Konvulsionen ging.

| Die Schafe verdrehen den Rücken und bewegen ihn hin und her, weil sie die Sonnenwärme nicht ertragen können; verstärkte sexuelle Erregung; Symptome wie bei Irresein;

Kratzen am Rücken scheint ihnen angenehm zu sein, denn sie verhalten sich ruhig und machen eine eigenartige Bewegung mit dem Maul, die keinen Schmerz ausdrückt.

Empfindung vom Rücken zum Herzen, mit Sinken.

Schwäche im Rücken, muß sich beim Sitzen auf dem Stuhl anlehnen.

Schwäche in der Nierengegend, in Lenden und Kreuzbein.

| Große Schwäche im Rücken, als würde er sich spalten und auseinanderfallen.

| Eine wunde Lahmheit im Rücken mit leichtgradiger Wundheit im Unterbauch.

Heftige Schmerzen im unteren Rückgrat.

| Beträchtlicher Schmerz im unteren Rücken mit einem Wundheitsgefühl durch die Schambeingegend; der Druck des Fingers auf den Uterushals verstärkt den Schmerz.

Pressender Schmerz rechts im Kreuz; später wandert er zur Mitte des Rückens (wiederholt sich achtmal).

Schießen durchs Kreuz.

| Eine spezielle Schafkrankheit, „Drehkrankheit" genannt; Wassersucht des Rückgrats.

Obere Extremitäten – Schmerz oben auf dem rechten Schultergelenk.

Schmerz im linken Schultergelenk, wie zerschlagen und gelähmt; Lahmheit in der linken Achsel.

Den ganzen Tag über ein Reißen, dann ein Stechen im linken Schultergelenk, wie in der Mitte des Knochens, den Arm hinunter und in den Finger; eine Stunde lang nach dem Aufstehen im rechten und dann den ganzen Tag über im linken Arm.

Um 13 Uhr leichter Schmerz im rechten Schultergelenk; auch im Kopf.

Schwellung in der rechten Achsel.

Rheumatischer Schmerz erst in der rechten, dann in der linken Schulter.

Den ganzen Tag über Gefühl eines schweren Gewichtes auf beiden Schultern.

Stechender, reißender Schmerz in den Schultern, wandert durch die Armknochen abwärts zu den Fingern.

Plötzlicher, scharfer, stechender Schmerz in der gebissenen Hand, erstreckt sich den Arm aufwärts zu den Schultern und zur Gehirnbasis.

Schmerz den verwundeten linken Arm hinab; besonders nachmittags und abends, < um 22 Uhr.

Der Arm tut weh und ist geschwollen.

Der rechte Arm tut weh (der linke war gebissen worden); Gefühl wie bei einem Wetterumschwung.

Leichtes Zucken im rechten Arm.

Gelegentlich ein Stechen im wunden Arm, das sie zusammenfahren läßt (Hundebiß). Sie spürte zwei Schocks wie von einer galvanischen Batterie den verwundeten Arm hinunter bis zu den Fingerspitzen.

Krämpfe in den Armen.

Dem den Arm hinaufziehenden Schmerz folgten Krämpfe und ein Ziehen in Rücken und Gliedern auf der gebissenen Seite.

Um 16 Uhr bis zum Schlafengehen Taubheit im rechten Arm.

Um 10.30 Uhr, gleich nach Einnahme der letzten Gabe, Taubheit im rechten Arm.

Schwäche in den Armen.

Der rechte Arm wird so schwer und lahm, daß die Anstrengung zu schreiben zu groß ist und er den Arm hängenläßt.

Anfangs etwas Schmerz im Arm (ein Finger war vor 40 Tagen bei der Sektion eines kranken Hundes verwundet worden), dann Unwohlssein und Müdigkeit, dann starb er.

Im linken Oberarm in der Gegend der Achsel Zerschlagenheitsschmerz und Lahmheit; das gleiche in der Nähe des

Ellenbogens und einige Minuten später im Handgelenk; abends.

Ihr Arm fühlt sich sehr wund an, obwohl die Wunde fast verheilt ist.

Eine Kältewelle wandert den Arm hinunter, als ob Wasser über ihn gegossen würde.

Sie spürt, wie ein Frost in ihren rechten Arm eindringt, als sie ins Freie geht.

Brennender Schmerz den verletzten Arm hinab.

Gefühl, als ob Flöhe über dem rechten Arm laufen.

Der ganze Arm juckt; das Jucken an den Armen tritt plötzlich auf.

Nachmittags Schmerz im rechten Ellenbogen, wie gelähmt; um 14 Uhr das gleiche links, > in horizontaler Lage und bei Hängenlassen des Unterarms; bald danach im linken Knie.

Am rechten Ellenbogen ein schwarzer, blauer Fleck.

Klopfender Schmerz auf der Beugeseite des rechten Unterarmes.

Die Muskeln des Unterarmes bis zur Hand schmerzen bei Druck, oder wenn er etwas ergreift.

Blaue Streifen ziehen den rechten Unterarm hinunter.

Mitunter fühlen sich die Handgelenke überanstrengt an; < morgens. Lahmes Gefühl im Handgelenk.

Um 22 Uhr Überanstrengungsschmerz in der rechten Hand.

Wundheit in der rechten Hand.

Beben der Hände.

Die Hände zittern so sehr, daß er kaum schreiben kann.

Zittern der linken Hand, wenn sie nach etwas greift oder gedrückt wird; am meisten tun die Muskeln an der Vorderseite des Unterarmes bis zur Hand hinunter weh.

Zittern der linken Hand, lange Zeit ist die rechte Hand taub, ungeschicklich und steif.

Taubheit der Hände mit Kopfschmerz.

Die rechte Hand ist geschwollen.

Der Daumenballen der rechten Hand ist verkrampft, hart und geschwollen.

Nach dem Zählen von Münzen heftiger Schmerz in der rechten Hand zwischen dem dritten und vierten Handmittelknochen bei einigen Bewegungen und bei Druck.

Beißen in der rechten Handfläche.

Stechen im rechten Handteller bis zu den Fingerspitzen, als wäre sie auf die Hand gefallen.

Starker Schmerz im linken Zeigefinger.

Schmerz im Grundgelenk des Ringfingers, als ob er zu eitern anfinge.

Steifheit der Finger und Hände.

Um 5 Uhr wachte er mit Stechen im vorderen rechten Zeigefinger auf, der Nagel wurde ziemlich blau.

UNTERE EXTREMITÄTEN – Ein pressender Schmerz im rechten Hüftbein, wandert von dort zur Mitte des Kreuzbeines.

Der Knochen der linken Hüfte tut weh.

Gefühl, als ob die Hüftbeine aus dem Gelenk gleiten; mußte die Hände in die Hüften stemmen, um dieses Gefühl zu vermindern.

Mehrere Male läuft etwas in den Muskeln der Hüftgegend im Kreise herum und dann das Bein hinunter bis zum Knie.

Schmerzen in den Oberschenkeln, besonders in der Vorderseite; als ob sie erschöpft sind, nach Treppensteigen; < nach Hinsetzen.

Dumpfer, periodisch wiederkehrender Schmerz entlang des linken Ischias; < beim Aufstehen aus dem Sitzen.

Schmerz in der Vorderseite des rechten Unterschenkels, wie zerschlagen.

Zucken im rechten Femur, als ob jemand von unten her zieht; schmerzlos, es kommt und geht.

Krämpfe in den Oberschenkeln.

Beißen und Jucken an den Oberschenkeln.

Lahmer Schmerz an der Innenseite des Oberschenkels über dem Kniegelenk, erstreckt sich ins Knie.

Reißender Schmerz von der Mitte der Vorderseite des rechten Oberschenkels bis zum Knie.

Reißen im linken Oberschenkel bis zum Knie.

Die Knie tun weh; reißender, ziehender Schmerz.

Stechen im rechten Knie.

Die Knie zittern bei jedem Schritt.

Beim Aufwachen nachts lähmender Schmerz im rechten Kniegelenk; am folgenden Morgen das gleiche im linken Knie.

Weh und Schwere in den Beinen unterhalb der Knie.

Den ganzen Tag über Gefühl eines Gewichtes in den Beinen unterhalb der Knie; es scheint so, als wären mehrere Kilo Blei in beiden Tibiae.

Taubheit im rechten Bein unterhalb des Knies.

Schmerzen in allen Fußgelenken, wie durch Druck von einer stumpfen Spitze; mal hier mal dort.

Sehr unangenehme Schmerzen in den Beinen, kann nicht gehen.

Die Beine fühlen sich an, als hätte er Rheumatismus.

Schmerz wandert das linke Bein hinunter.

Zucken in den Beinen.

Die Beine sind müde und tun weh; sie fühlen sich wie zerschlagen, wund und schwer an, abends.

Schmerzen in den Beinen, als seien die Oberschenkel zu schwer, verging nachts.

Das rechte Bein schläft ein; nach sieben Stunden.

Wenn er eine Weile lang sitzt, schlafen die Beine ein; prickelndes Gefühl.

Schwäche in den Beinen beim Treppensteigen.

|| Geschwüre an den Beinen, mit Abmagerung und Kälte links; Zusammenziehen der Kniesehnen und Erschlaffung der Bänder des Sprunggelenkes und der Zehenbeuger.

Eigenartiges Gefühl in den Beinen, als seien die Waden schwerer als gewöhnlich.

Krampf in der rechten Wade.

Wadenkrämpfe nachts im Bett; < durch Strecken der Glieder.

Die linke Wade tut weh wie nach einem Krampf, nach Gehen.

Der Wadenschmerz trat auch dann auf, wenn er überhaupt nicht an ihn dachte; später nahm er zu und war ziemlich heftig.

Scharfer, beißender Schmerz im linken Sprunggelenk.

Nachts im Bett schmerzhafte Lahmheit im linken Sprunggelenk.

Schweregefühl in den Beinen, als ziehe ein Gewicht an den Sprunggelenken.

Schmerz von den Fersen in die Oberschenkel.

Nach dem Zubettgehen starker Schmerz hinten an der rechten Ferse.

Schmerz in der rechten Ferse und in den linken Zehen.

Die Zehenballen sind so wund, daß das Gehen schmerzhaft ist.

Starke Schwellung durch Hundebiß, in die Ferse, bei einer Kuh; sehr ruhelos.

Schmerz in der rechten Fußsohle erstreckt sich zum Knöchel. Lyssophobie.

Starker Schmerz im rechten Fußrücken; < während der Menses, nachdem sie sich hingelegt hat, manchmal ist es sehr schmerzhaft, den Fuß zu bewegen; wenn sie auf dem Fußrand geht, tut es nicht so weh; manchmal plagt sie der linke Fuß etwas.

Ein Schmerz erstreckt sich von den Leisten zu den Füßen.

Ein Schmerz erstreckt sich vom Fußknöchel zum großen Zeh.

Schießen vom vierten Zeh in den Fuß.

Etwas Schmerz im vierten Zeh links; Schießen in den Fuß.

Reißen in Grundgelenk des kleinen Zehs links.

Beschwerden in den Zehen beider Füße, als wären die Nägel zu lang und gebrochen; Schmerz im Kreuz und in der rechten Schläfe.

Jede Gabe rief bei ihm das Gefühl hervor, als bekäme er Hühneraugen an allen Zehen, seine echten Hühneraugen fühlten sich erstaunlich gut an und machten ihm keinerlei Schmerzen.

Die Hühneraugen plagten sie nur einmal während der ganzen Prüfung; an der Stelle, wo sie Hühneraugen spürte, war ein kurzer, stechender Schmerz.

Rheumaartiger Schmerz; Schießen und Stechen von den Knien abwärts.

In den Knien und Schultern tut es weh.

Am Nachmittag des dritten Tages kurzer Schmerz im Schultergelenk; der Schmerz wandert ins Kniegelenk derselben Seite.

Gefühl von Druck auf den Schultern und eines Gewichtes in den Beinen.

Schmerzen oder Weh in allen Gliedern; Gefühl von Trägheit und äußerste Müdigkeit.

Schweregefühl der Beine und Schultern.

Schwere der Glieder.

Während der Anfälle konvulsivisches Zittern der Glieder.

Beim Liegen im Bett ein ungewöhnliches und krankhaftes Zusammenziehen und Herumflattern der Glieder.

Heftiges Zucken in Armen und Beinen, stark an Chorea erinnernd.

Schütteln oder konvulsivisches Zucken der Glieder.

Er spürte einen heftigen Zerschlagenheitsschmerz in Schultern, Brust, Rücken, Armen und Beinen.

Am Morgen fühlen sich alle Muskeln wie zerschlagen an, kann weder sitzen noch liegen.

Kräfteverlust der Glieder; unsicherer Gang, manchmal Steifheit der Hinterbeine; Hund.

Ruhe, Lage, Bewegung – Bewegte sich recht munter, obwohl er sich müde fühlte.

Nach Bewegen, Drehen oder Bücken Gefühl, als würde der Kopf bersten.

Die geringste Anstrengung laugt ihn aus, und er fühlt sich ziemlich matt.

Den ganzen Tag über Neigung, sich aufzurichten.

Mußte die Hände in die Hüften stemmen, um das Gefühl zu vermindern, die Hüftknochen würden aus ihren Pfannen schlüpfen.

Horizontale Lage: Schmerz in den Ellbogen >, ebenso beim Hängenlassen der Unterarme.

Hinlegen: Sie glaubt, sie könne den Kopf nicht bewegen; wie ein Schock im oberen Teil des Gehirns; Blutandrang zum Kopf; Schmerzen den Nacken hinauf und das Rückgrat hinunter; unmöglich, Schmerz in Rektum und Kreuz; Dyspnoe; unmöglich bei Dysenterie; konnte nicht schlafen.

Liegen im Bett: Zusammenziehen und Herumflattern der Glieder.

In den Stellen, auf denen er liegt, brennende Hitze.

Möchte nicht aufstehen.

Kann weder sitzen noch liegen; alle Muskeln fühlen sich wie zerschlagen an.

Sitzen: Schwindel; muß sich anlehnen, Schwäche im Rükken; Schmerz in den Oberschenkeln <.

Nachdem er eine Weile sitzt: Die Beine schlafen ein.

Beim Aufstehen von einem Stuhl: Taumeln; kann nicht gerade gehen; dumpfer Schmerz entlang des Ischiasnervs.

Beim Aufstehen Blutandrang zum Kopf; Beißen und Stechen im Hinterkopf <.

Bücken: Neigung, nach rechts zu fallen; weher Schmerz in den Knochen über den Augen <; Pressen in Scheitel und Stirn; heftiger Kopfschmerz <; schmerzhafter Blutandrang zum Kopf; weher Schmerz über den Augen <; Schwindel rechts im Kopf.

Beim Aufrichten aus gebückter Stellung: Schwindel und trübes Sehen.

Drehen des Nackens: Schmerz im Kehlkopf.

Beugen des Kopfes rückwärts: Schmerz im Nacken >.

Wenn sie ihren Kopf eine Zeitlang hängen läßt, ist es schwierig, ihn wieder zu heben.

Wirft den Kopf nach hinten: beim Niesen.

Beugen nach hinten: vermindert nicht den Druck unter dem Schulterblatt.

Stehen: Schmerz im Rektum und im Kreuz; unmöglich, Dysenterie.

Stillstehen: kann beim Aufwachen den Kopf nicht bewegen.

Wechsel der Stellung: Abneigung die Lage des Kopfes zu verändern; dauernder Wechsel (Hund); welcher den Muttermund kippt oder dreht, verursacht starken Schmerz.

Strecken der Glieder: Wadenkrämpfe.

Kann die Finger kaum beugen: Steife.

Herumdrehen: schmerzhafter Blutandrang zum Kopf.

Ergreifen von Gegenständen: Schmerz in der Unterarmmuskulatur; Zittern der linken Hand.

Bei geringster Bewegung: Krachen aller Gelenke.

Bewegen des Kopfes: < Drücken in Scheitel und Stirn.

Abneigung gegen Bewegung: große Schwäche.

Bei jedem Schritt: Zittern der Knie.

Kann nicht fest auftreten: während der Menses.

Gehen: als würde sie hinfallen; Schwindel mit trübem Sehen; Minuten später scharfer Schmerz über den Augenbrauen und die Nase hoch; schnelles Gehen verursacht pressenden Schmerz in den Hypochondrien; Schmerz in der Milzgegend; zwanghaftes Gehen durch schrecklichen Schmerz im Rektum und Kreuz; große Schwäche in der Brust; Herzstiche; unmöglich wegen Schmerzen in den Beinen; schmerzhaft wegen Wundheit der Ferse; beim Gehen auf dem Fußrand weniger Schmerz im Fußrücken.

Treppensteigen: Schmerz in den Oberschenkeln; Schwäche der Beine; sehr schwach.

Nach kurzem Spazierengehen: äußerst müde und schwach.

Aktivitäten: < heftiger Kopfschmerz; schmerzhafter Blutandrang zum Kopf.

Schlucken: schwierig, besonders von Flüssigkeiten; Stechen; verursacht Zusammenziehen des Halses; verursacht schrecklichen Schmerz; von Brot verursacht größte Qual; Stechen.

NERVEN – Bis zum Mittagessen fühlte er sich im ganzen Körper so eigenartig, wie niemals zuvor, ohne daß er dieses Gefühl definieren konnte.

In den Körperbewegungen und der Mimik drückt sich eine eigenartige Reizbarkeit aus.

Alles wirkt stärker auf ihn, einschließlich Tabak.

Reizbarkeit; heftige Erregung.

| Er konnte weder längere Zeit liegen noch aufsein.

Große Ruhelosigkeit, Ängstlichkeit, Qual; wirft sich hin und her.

Nachmittags Zittern des ganzen Körpers, sie kann kaum sprechen; Stechen in einem Halswirbel; beim Bücken Schwindel rechts.

Nachmittags Beben im ganzen Körper und große Schwäche, kann kaum sprechen.

| Empfindung von dauerndem Beben durch den ganzen Körper.

| Das eigenartige Gefühl wandelt sich nachtsüber zu einem Zittern und er ist voller Furcht.

Muskelzittern durch den ganzen Körper (Endstadium).

Sehnenzucken mit allgemeiner Krampfneigung.

Den ganzen Tag über heftiges Nervenzucken im ganzen Körper.

Fühlte sich überall zittrig.

Wenn sie sich während der Phasen großer Ruhelosigkeit hinsetzen und arbeiten will, hat sie abwechselnd in Armen und Beinen Zucken.

Nervöses Zucken mit Beben der rechten Hand.

Immer wieder fährt sie auf.

Von leichtesten Konvulsionen bis zu schweren klonischen Anfällen; häufige, tetanische Konvulsionen.

Krämpfe einzelner Muskeln und auch der gesamten Muskulatur, klonisch, selten tetanisch.

Die Krämpfe haben den Charakter von Reflexspasmen; sie werden ausgelöst durch: den Versuch zu schlucken; Sprechen; einen Luftzug; Anblick oder Vorstellung von Flüssigkeiten; Anblick oder Geräusch von fließendem Wasser; Kontakt mit einer anderen Person; helles Licht; Anblick glänzender Gegenstände oder einer fremden Person; laute Geräusche oder starke Gerüche.

Empfindung von Konvulsionen an verschiedenen Körperstellen; Schmerz des Epigastriums; Gliederschwere und allgemeine Schwäche.

Häufig folgen auf jede Anstrengung Konvulsionen.

|| Anfälle setzen alle paar Minuten wieder ein, fünf Stunden lang; Schmerz wandert das Rückgrat hinab in die Lenden und zu den Hüften und von dort zu den Knien.

Die Konvulsionen werden von einer Überempfindlichkeit des Geschmacks-, Geruchs- und Berührungssinnes begleitet.

Krämpfe der Arme und Beine, gelegentlich sehr heftig.

Klonische Konvulsionen; kein ausgeprägter Tetanus oder Trismus; selten Opisthotonus.

In schneller Abfolge heftige epileptische Anfälle.

So heftige Krämpfe, daß vier starke Männer ihn kaum festhalten und vor Selbstverletzung bewahren konnten.

Täglich um 21 Uhr konvulsivisches Auffahren.

Sie ging auf jeden los, schnappte und biß nach allen.

Der Schmerz beginnt in der Narbe des gebissenen Daumens, ruft leichte Krämpfe hervor und verstärkt den Drang, zu schnappen, zu beißen und mit den Zähnen zu knirschen, er hat sich nicht mehr unter Kontrolle und stürzt zu Boden.

Nach neun Tagen ein plötzlicher heftiger Schmerz im gebissenen Daumen, der sofort die Wirbelsäule hinauf ins Gehirn wandert und kurze, heftige, nervöse Konvulsionen mit dem Drang, zu schnappen und zu beißen, hervorruft; verging nach zwei oder drei Minuten.

Die Konvulsionen dauerten nur kurz, dann war er bis zum Tode völlig ruhig.

|| Tägliche Konvulsionen; rollt den Kopf von einer Seite zur anderen; Blinzeln und Rollen der Augen; versucht andere zu beißen; Becken und Beine sind so weit, wie es geht, zu einer Seite gedreht. Zweijähriges Kind nach Scharlach.

Sie fühlt sich wie nach einer neun Tage lang dauernden Krankheit; Gefühl von Wundheit und Schwere.

Große Schwäche und Abneigung, sich zu bewegen, dauert bis 14 Uhr und nimmt dann allmählich ab.

Um 15 Uhr Krankheitsgefühl und Schwäche, große Abneigung, sich zu bewegen.

Er möchte nicht aufstehen.

Schon bald setzte ein Schwächegefühl ein, eine Art schlaffe Mattigkeit, wie nach tagelanger großer Anstrengung, nach einem Fieber oder nach einer Krankheit.

Große Schwäche und Ruhelosigkeit, weiß nicht, wohin sie sich wenden soll, würde am liebsten liegen, was aber die Atmung beeinträchtigt.

So schwach, daß die Knie bei jedem Schritt zittern, Gefühl als würde sie fallen.

Schwäche: mit Halsweh; nach dem Urinieren; der Geschlechtsorgane.
Bei Erschöpfung behender und aktiver.
Müdigkeit und Schwere in den Beinen.
Große körperliche Erschlaffung; der ganze Körper ist müde; völlig matt.
Reizbar, müde und nervös.
Bei Abnahme der Lähmungssymptome nimmt die Heftigkeit aller anderen Symptome zu.
| Manchmal eigenartiges Gefühl, eine Art von „Vergehen", kommt ziemlich plötzlich, kann es nicht beschreiben; scheint sich vom Herzen zum Rücken zu erstrecken; begleitet von Zittern in der Gegend des Brustbeines und von Nervenschmerzen, von der linken Brustseite zum Hals und linken Kiefer; Flattern in der Herzgegend.
Fühlt sich steif und müde; jeder Atemzug ist anstrengend.
Nach Singen fällt er plötzlich mit geschlossenen Augen, rotem Gesicht, schnell atmend wie tot nieder, Puls 100.
Zustand allgemeiner Lähmung; Abnahme der quälendsten Symptome; Atmung freier; Abnahme der Reflexe; Abnahme der Schluckbeschwerden; rasch zunehmende Schwäche und Erschöpfung vor dem Tode.

SCHLAF – Neigung zu gähnen mit Steife des Unterkiefers.
Neigung zu gähnen und sich zu strecken.
Schläfrig; nachmittags; um 21 Uhr unwiderstehliche Schläfrigkeit.
Nach dem Essen schläfrig, schlief eine Stunde lang ohne Erfrischung.
Häufiges Gähnen ohne Schläfrigkeit, besonders wenn er andere gähnen hört.
Schlief nach 2 Uhr nur eine halbe Stunde lang.
Schlaflosigkeit; schlaflos trotz Schlafmittel.
Verbrachte die meisten Nächte schlaflos auf- und abgehend. Lyssophobie.
Ruhelose Nacht mit Benommenheit im Kopf.

Unbeständiger Schlaf, wechselt dauernd die Lage; Hund.

Erregt, kann nicht schlafen.

Fühlte sich wie vor einigen Jahren, als er bei einem kranken Verwandten drei Nächte wachen mußte und tagsüber wegen nervöser Angst nicht schlafen konnte.

Wenn er sich hinlegte, konnte er nicht schlafen, die Augen blieben offen, außer wenn er sie willentlich schloß; unwillkürlich öffneten sie sich dann aber wieder.

Er ging wie gewöhnlich um 22.30 Uhr zu Bett, konnte aber ungewöhnlicherweise nicht schlafen; er döste bis 3 Uhr und hörte verschiedene Geräusche, die ihn veranlaßten, aufzustehen und ihre Ursache festzustellen; häufig fuhr er auf; von 7 Uhr bis 8.30 Uhr schlief er dann tief.

Ging um 22 Uhr mit großen Schmerzen am ganzen Körper zu Bett; wachte dann um 23.30 Uhr mit sehr starken, eine Stunde lang andauernden Magenschmerzen auf.

Nach 22 Uhr wurden im Bett alle Symptome heftiger.

Ruhelose Nacht, wachte häufig auf und war sehr müde.

Wachte des Nachts mehrmals mit Schmerzen im verletzten Arm auf. Nachmittags Auffahren im Schlaf.

Muß sich am ganzen Körper kratzen und kann deshalb die ganze Nacht nicht schlafen.

Viel ruheloser in der letzten Nacht vor dem Tod.

Träume: von einflußreichen Personen, denen gegenüber er eine servile oder untergeordnete Haltung einnimmt; bei einer auf lateinisch geführten Debatte mit Jurastudenten ist er erstaunt, wie flüssig und gewandt er Latein sprechen kann, viel besser, als im Wachzustand; die ganze Zeit über von Hunden, es sind aber andere Hunde, als der, der sie gebissen hat; von Kämpfen, von hohen Plätzen, von Irrenanstalten, von Kirchen; unangenehme, wenn sie einschläft, tags oder nachts; nur während der ersten halben Stunde.

Springt auf im Bett.

Schlief nur wenig während der Nacht; wurde durch unangenehme, unzusammenhängende Träume gestört; eigenartiges Gefühl. Lyssophobie.

Beim Aufwachen steht er eine Zeitlang völlig still und hält den Kopf fixiert, als starre er auf einen entfernten Gegenstand; Hund.

Schläfrigkeit, wenn sie nicht schlafen kann, und Schlaflosigkeit, wenn sie normalerweise einschlafen würde; allgemeine Ruhelosigkeit nachts.

Beim Aufwachen ist sie mürrisch und wird leicht zornig.

Wacht spät auf und kann den Schlaf nur schwer abschütteln.

Schlief von 16 Uhr bis 18 Uhr, wachte auf und fühlte sich schrecklich nervös: sie war in großer Furcht, irgend etwas werde geschehen.

Nach aufregenden Träumen morgens sehr erschöpft, Müdigkeitsgefühl im Kreuzbein und im Rücken.

Trotz Müdigkeit schläft sie immer nur kurz, der Schlaf ist gestört, mit erschreckenden Träumen und beim Aufwachen fällt sie leicht in schwache Konvulsionen.

Beim Erwachen aus dem Mittagsschlaf Taubheit im Kopf.

Zeiten – 2 Uhr: schlief bis dahin nicht länger als 30 Minuten.

3 Uhr: fühlte sich eine Stunde lang im Bett kalt.

Morgens: heftiger Schwindel mit Frost und Kopfschmerz; nach dem Aufstehen leichter Stirnkopfschmerz <; beim Aufwachen Bohren in den Schläfen; wachte mit brennendem, wehem Kopfschmerz auf; heftiger Kopfschmerz; Lider geschwollen wie eine Eierschale; beim Erwachen vor dem Aufstehen Lähmungsgefühl in den Augenlidern; Stuhlzwang, als er hört, wie Wasser ausgeschüttet wird; früh, Pressen in der Stirn; häufiges Niesen; (6 Uhr) Hitze in der linken Wange; Hitze im Gesicht; bitterer Geschmack; weniger Schluckbeschwerden; wenig Appetit;

Stühle häufiger, Durchfall, mit heftigen Schmerzen; gelblich-brauner Urin; beide Brüste geschwollen; Muskelsteife; Pressen quer über dem rechten Ohr; Handgelenke wie überanstrengt <; Schmerz im linken Knie; Zerschlagenheitsgefühl in allen Muskeln; sehr erschöpft.

8 Uhr: Schmerz in der linken Seite.

9 Uhr: Es setzt heftiger Kopfschmerz ein; Erstickungsgefühl in der Brust bis 22.30 Uhr.

10 Uhr: fing an, viel zu spucken; Wundheit und Zusammenziehen im Hals.

11 Uhr: Wundheit im Hals bis mittags; ein paar Minuten lang Herzstiche.

Vormittags: Halsweh; Aufstoßen; nagendes Drücken in der linken Seite; Schmerzempfindung im Oberbauch.

Gegen Mittag: Kopfschmerz mit verstärktem Speichelfluß; Schmerz in den Hoden <.

Mittags: leichter Kopfschmerz, der dann den ganzen Tag über andauert; Schmerz im rechten Ellenbogen.

Bis zum Mittagessen: eigenartiges Gefühl im ganzen Körper.

Nach dem Mittagessen: Abneigung gegen Denken; sehr heftiger Kopfschmerz; Pressen im Epigastrium; sexuelle Erregung.

Nachmittags: sehr heftiger Kopfschmerz; dumpfer Schmerz in der Stirn mit Benommenheitsgefühl; Pressen im Scheitel und in der Stirn; dumpfer Schmerz in der Stirn; Migräne; dumpfer, schwerer Schmerz im Kopf; Kopfschmerz mit Übelkeit und Wundschmerz in der Herzgegend; stechender Druck hinter den Ohren; Ranula mit Mundtrokkenheit <; Stechen in der Brust mit Herzklopfen; saures Aufstoßen; Erektionen; Jucken und Brennen an der Corona glandis; Brennen und Tenesmen wie in der Prostata und in der Harnröhre; verstärkte Peristaltik des Hodensackes; in den ersten Stunden < Hodenschmerz; Schmerz im verletzten Arm; Schmerz im Schultergelenk; Zittern des ganzen Körpers; schläfrig; Auffahren im Schlaf; Fieber.

13 Uhr: leichter Schmerz im rechten Schultergelenk.

14 Uhr: starker Schmerz im Kopf; Halsweh; heftige Halskrämpfe; legte sich hin und stellte fest, daß der Kopf zur linken Seite verdreht ist; fand es recht angenehm; Taubheitsgefühl der linken Seite; heftiger Schmerz quer über den Rücken; Schmerz im linken Ellenbogen.

15 Uhr: sehr starker Kopfschmerz; eigenartiges Zusammenziehen im Hals; Krankheitsgefühl und Schwäche.

Bis 16 Uhr: Gefühl, als habe er unangenehme Nachrichten erhalten oder werde sie bald erhalten; Drücken im oberen Teil des Kopfes.

16 Uhr: Zusammenziehen im Hals <; heftiger, eine Stunde andauernder Schmerz in der rechten Niere.

17 Uhr: stärkere Schluckbeschwerden, wachte auf mit Stechen im vordern Teil des Zeigefingers.

Tagsüber: Hochsteigen von Galle in den Hals; Durchfall mit Schmerz <; kann wegen nervöser Angst nicht schlafen; wenn er einschläft, unangenehme Träume, aber nur während der ersten halben Stunde.

Den ganzen Tag über: fühlt sich niedergeschlagen und schwach; Spucken von Speichel; Kopfschmerz mit Schwindel; Halsweh; starker Schmerz im Kopf; heftiger Kopfschmerz <; ein eigenartiges Gefühl des Kopfes; Jukken in der Nase; Spucken; sehr starkes Halsweh; leichter Schmerz in der Lendengegend; schrecklicher Schmerz im Hals; unangenehmes Leeregefühl in den Geschlechtsteilen nach dem Koitus; dumpfer Schmerz im Herzen; Schwierigkeiten, den Kopf zu bewegen; heftiger Rückenschmerz und Taubheit der Hände; Rückenschmerz quer über den Hüften; Reißen und Stechen im linken Schultergelenk; Gewicht auf den Schultern; Empfindung eines Gewichtes in den Beinen; heftiges nervöses Zucken im ganzen Körper; mußte mit heftigem Schmerz in allen Knochen im Bett liegen bleiben.

Abends: ärgerliche und hypochondrische Stimmung; schwankende Bewegung des Kopfes; dumpfer Schmerz in der Stirn; Schmerz über dem linken Ohr; Schießen in den Augen; drückendes Brennen in der rechten Ohrmuschel; spät, häufiges Niesen; Ziehen seitlich im Gesicht; Abneigung zu denken; Appetitlosigkeit, anschließend große Leichtigkeit des Kopfes; als er im Bett liegt, Reißen quer über dem Bauch; Weh von den Lenden zu den Füßen; Schmerz in der Gegend des Blasenhalses; brennendes, kaltes Völlegefühl in der Blasengegend; reichlicher, wässriger Urin; gelblich-brauner Urin; starke Erektion ohne sexuelle Erregung und ohne sexuelle Gedanken; verstärkte Peristaltik des Hodensackes; Brust wie zerschlagen; Rücken äußerst wund; Schmerz im linken verletzten Arm; Schmerz im linken Arm und Handgelenk; die Beine sind müde und tun weh; spät, Frostneigung >.

Nach dem Abendessen: Drücken in der Milz; Lüsternheit, mit Schwäche der Geschlechtsteile, kommt aber leicht zur Ejakulation.

18 Uhr: Halsweh.

19 Uhr: Halsweh; leichter, dumpfer, schießender Schmerz im Herzen bis 22.30 Uhr.

20 Uhr: Speichelfluß.

21 Uhr: heftiger, schießender Herzschmerz; eigenartig stechender Schmerz im linken Auge; Halskrämpfe >; heftiger Herzschmerz; unwiderstehliche Schläfrigkeit; triefender, warmer Schweiß vom Handgelenk bis zu den Fingerspitzen der rechten Hand.

22 Uhr: pressender Schmerz im Kopf; Schmerz im linken verletzten Arm <; stechender Schmerz in der rechten Hand; bis dahin sind die Schmerzen heftig.

Nach 22 Uhr: Wenn er im Bett liegt, sind alle Symptome heftiger.

22.30 Uhr: Taubheit im rechten Arm; ging zu Bett, konnte nicht schlafen; döste und hörte verschiedene Geräusche bis 3 Uhr, fuhr häufig auf.

23 Uhr: als ob sie einen Anfall bekäme.

23.30 Uhr: wacht mit heftigen Bauchschmerzen aus dem Schlaf auf.

Nach dem Zubettgehen: starker Schmerz hinten an der rechten Ferse; Schmerz in der Ferse.

Nachts: Delirium <; ist versucht, in ihr Kissen zu beißen; redet ununterbrochen; verwirrte Träume; Dumpfheit mit Ruhelosigkeit; Stuhlzwang, wenn er hört, wie Wasser ausgeschüttet wird; hört verschiedene Geräusche; Erbrechen im Schlaf; sehr häufiger Stuhlgang; Schwellung der Brüste; lahmer Schmerz im rechten Knie beim Aufwachen; der Schmerz in den Beinen vergeht; Wadenkrämpfe; lahmer Schmerz im linken Fußgelenk beim Liegen im Bett; schmerzhafte Lahmheit im linken Sprunggelenk; das eigenartige Gefühl wandelte sich zu einem Beben, allgemeine Schlaflosigkeit; ist verzweifelt und geht auf und ab; Benommenheit im Kopf; wachte mehrmals auf mit Schmerzen im verletzten Arm; Schlaflosigkeit durch Kratzen des ganzen Körpers; ruheloser; unangenehme Träume, ziemlich heftiges Jucken; unerträgliches Jucken am ganzen Unterkörper bis zu den Füßen; Stiche im Herzen; Schmerz im Rücken; Jucken an der unteren Hälfte des Bauches.

Temperatur und Wetter – Brennendes Gefühl an der gebissenen Stelle, > wenn heißer Dampf darüberströmt. Lyssophobie.

| Kann die Sonnenhitze nicht vertragen. Wassersucht des Rückgrates beim Schaf.

Das feuchte, warme Wetter drückt ihn.

Wünscht, ein Bad zu nehmen; nach dem warmen Bad noch empfindlicher gegen die Außenluft, das quälendste Symptom, das er überhaupt hat.

Große Empfindlichkeit gegen jeden Luftzug.

Wenn man sehr sanft und nur für einige Sekunden gegen die Stirn des Patienten haucht, wird ein heftiger Krampf ausgelöst.

Bat ihre Mutter, nicht mehr in Richtung ihres Gesichtes zu atmen, weil es sie so sehr quäle (nach Belladonna).

Angenehm temperierte Luft wird als kalt und unangenehm empfunden.

Verlangt immer wieder, daß ein Fenster geschlossen wird, welches gar nicht geöffnet ist.

Ein Luftzug oder das Öffnen und Schließen der Tür ruft Krämpfe hervor.

Äußerste Empfindlichkeit gegen Kälte oder die geringste Temperaturschwankung der Luft.

Kann die Sonnenhitze nicht ertragen.

Warme Getränke: werden leichter als Wasser aufgenommen.

Sobald er im Bett warm wird: Jucken an der Innenseite der Oberschenkel und der Knie; muß kratzen.

Im Freien: Kopfschmerz >; Frostgefühl im rechten Arm.

Atemluft: empfindlich dagegen.

Luftzug: verursacht größte Qual.

Feuchtes Wetter: weher Schmerz in der linken Seite des Kopfes <.

Im kalten Zimmer beim Ausziehen: starke Erektionen.

Kalte Luft: > Kopfschmerzen; Kopfschmerz mit Übelkeit und Wundschmerz in der Herzgegend >.

Fieber – Anfälle starker Kälte mit Schmerz im Rückgrat.

Kalte und livide Glieder während der Anfälle.

Anfälle von Schwindel, Frostigkeit und manchmal von Schüttelfrösten; mehrere Tage lang wenigstens ein Anfall täglich, nicht immer mit Schwindel, aber jeden Schwindel begleitend.

Spät am Abend fröstelt er weniger leicht.

Frostgefühl, < im rechten (gebissenen) Arm.

Fühlte sich am ganzen Körper frostig und kalt; mit Schütteln.

Ausgeprägtes Verlangen nach Hitze.

Wurde um 3 Uhr im Bett kalt; obwohl er mit vier Decken zugedeckt war; eine Stunde lang.

Fröste mit kaltem Schweiß und gefolgt von Schweiß.

Fieber, manchmal mit vorausgehendem, leichtem Schaudern, im allgemeinen sehr mild.

Gesichtsschweiße mit Hitzewellen.

Körpertemperatur 37,8° C bis 40° C, selten bis 41° C.

Kann die Sonnenhitze nicht ertragen.

Nachmittags Fieber.

Leichtes Fieber mit Hitzewellen.

Jeden Abend Fieber, es beginnt bei Sonnenuntergang und dauert bis Mitternacht.

Brennendes Hitzegefühl an den Stellen, auf denen er liegt.

Fühlt den Herzschlag durch den ganzen Körper; von Zeit zu Zeit Aufwogen durch den Hals in den Kopf, wie eine langsame Welle.

Starkes Fieber, kein Frost; Puls 160; kein Appetit; Durst, trinkt häufig kaltes Wasser; träge und schläfrig.

Fiebrige Hitze mit Kopfschmerz.

Empfindung, als woge eine heiße Welle wie feiner Dampf durch den Körper, von innen nach außen, doch erreicht sie nicht die Körperoberfläche oder die Glieder.

Hitze mit Druck in der Stirn und im Rücken.

Nach etwas Kaffee, starke Hitze in der rechten Gesichtshälfte, anschließend vorn oben im Kopf Kopfweh; danach wiederum Hitze vom oberen Nacken den Kopf hoch über die Augen und die rechte Gesichtshälfte; mit

Hitze in den Augen von innen nach außen und Kitzeln im Ohr.

Innerliches und äußerliches Hitzegefühl im ganzen Körper, äußerlich nicht warm, hierdurch Schweißausbruch im Gesicht, wie durch Schwäche, begleitet von Mattigkeit und Schmerzen in den Beinen.

Um 21 Uhr triefender, warmer Schweiß an der ganzen rechten Hand vom Handgelenk bis zu den Fingerspitzen; danach Steife der Hände und Finger, sie kann sie kaum beugen.

Die Haut ist mit feucht-kaltem Schweiß bedeckt (Endstadium).

Die Haut ist feucht, gleichmäßig mit kaltem Schweiß bedeckt; während der Anfälle sind die Glieder kalt und livide.

> nach Schweiß.

| Intermittierendes Fieber.

Anfälle, Periodizität – „Bei anderen Krankheiten kommt es nach Aufnahme des Giftes zu einem typischen periodischen Verlauf; beim Tollwutgift jedoch entwickelt sich abhängig vom Klima und von der Konstitution eine unterschiedliche Periodizität, vom ersten Tag bis zum 19. Monat."

Nach einem Biß in die Nase nahm er mehrere Tropfen der 300. Potenz; am nächsten und am folgenden Tag Symptome, beschwerdefrei am dritten Tag, die ersten Symptome kehrten am zwölften Tag wieder.

| Erster Tag >; nächster Tag <; am dritten Tag wieder Speichelfluß. Lyssophobie.

Unregelmäßige Anfälle von Rückenschmerzen und Frost; zunehmend regelmäßig.

Anfälle mit Erstickungsgefühl, die fast zur Erdrosselung führen.

Plötzliche Konvulsionen von krampfartigem Charakter.

| Periodische Halskrämpfe seit zwei Wochen.

Fünf Stunden lang alle paar Minuten Anfälle: Schmerzen ziehen die Wirbelsäule abwärts zur Lende und zu den Knien.

Periodisch: Ranula; Speiseröhrenkrämpfe; dumpfer Schmerz entlang des linken Ischiasnervs.

Wechsel: von Hitze und Kopfschmerz; Zucken der Arme und der Beine.

Achtmal wiederholt: Schmerz vom Kreuzbein in die Mitte des Rückens.

Eine Stunde lang: Schmerz im rechten Arm.

Zwei Stunden lang: Schmerz in und zwischen beiden Schultern; Schmerz in den Leistendrüsen.

Alle zwei oder drei Stunden: Zucken im Herzen.

Vier Stunden lang: scharfe, schießende Schmerzen in der Herzgegend.

Nach sieben Stunden: Das rechte Bein schläft ein.

Von Mittag bis zum Abend: Kopfschmerz.

Von 14 Uhr bis 21.30 Uhr: Heftige Halskrämpfe.

Von 15 Uhr bis 16 Uhr: Kopfschmerz.

Von 4 Uhr bis abends: Schmerz in den Nieren und quer über den Hüften.

Von 16 Uhr bis zum Schlafengehen: Taubheitsgefühl im rechten Arm.

Täglich: gelegentlich Abgang von etwas dunklem Blut aus dem Uterus.

Jeden Abend: Ausdehnung des Bauches; Fieber beginnt bei Sonnenuntergang und dauert bis Mitternacht.

An drei aufeinanderfolgenden Vormittagen: Wundheit quer über der Brust, beide Brüste geschwollen.

Erster Tag: Rauchen unangenehm, nach der ersten Woche ein irres, unstillbares Verlangen zu rauchen.

Am Tage nach einer sexuellen Umarmung: Hodenschmerz.

Jeden zweiten Tag um 17 Uhr: Bohren in den Schläfen.

Drei Tag lang: Der Geruchssinn ist schmerzhaft gesteigert.

Acht Tage lang: schmerzhaftes Klopfen in der Milzgegend.

Nach neun Tagen: heftiger Schmerz im gebissenen Daumen, von dort zum Gehirn, wenige Momente lang nervöse Konvulsionen, vergehen nach zwei oder drei Minuten.

Vor vierzig Tagen: kleine Verletzung bei der Sektion eines tollwutkranken Hundes, Krankheitsgefühl und Schwäche, anschließend Tod.

Zwei Wochen zu früh: Menses.

Zwei oder drei Wochen lang: Der Hodensack ist fest hochgezogen.

Im Sommer sechs Wochen lang: Schmerz und Tenesmus beim Anblick oder Hören von fließendem Wasser.

Mehrere Monate lang: übelriechender Schleim aus dem Uterus.

Drei Monate lang: stechender, ziehender und quetschender Schmerz im Herzen.

Sieben Jahre lang: Uterusvorfall.

Gewebe – Vor allem das Nervensystem ist befallen.

Starke Blauverfärbung der Venen und Rötung der Arterien am verletzten Arm.

Reißen und Schießen wie im Knochen.

Die Knochen über den Augenhöhlen fühlen sich zerschmettert an.

Weher Schmerz in den Knochen; jeder Knochen fühlt sich zerschlagen und wund an; als ob jeder Knochen gebrochen oder heftig zerschlagen wäre; hatte noch nie solche Schmerzen gehabt; mußte wieder ins Bett gehen und den ganzen Tag liegen bleiben.

Alle Gelenke krachen bei der geringsten Bewegung und der Schmerz war bis 22 Uhr ziemlich heftig.

Abmagerung, wird am ganzen Körper dünner.

Starke Fäulnistendenz des ganzen Körpers.

| Chlorose.

Berührung, passive Bewegung, Verletzungen – Kann das Fahren im Wagen nicht ertragen, fühlt sich dabei oder danach allgemein unwohl.

Wenn sich das Badewasser auch nur etwas kräuselt, etwa bei leichter Berührung der glatten Oberfläche, werden Konvulsionen ausgelöst.

Gesichtsschmerz nach Aufstechen eines Pickels an der Wange.

Zerfetzte Wunde an der rechten Wange zwei Zentimeter hinter dem Kiefer und drei längliche Abschürfungen vorne an derselben Wange.

Lokale Schmerzen in der Wunde oder der Narbe dauern oft über das Prodromalstadium hinaus an, werden in späteren Stadien verstärkt, im Endstadium dann aber kaum beobachtet.

An der Bißstelle oder in der Umgebung häufig eigenartige Empfindungen; wie ein Prickeln, Bohren oder Brennen, immer von der Wunde ausgehend.

Klagt über Schmerz im rechten (gebissenen) Arm; keine Entzündung oder Vergrößerung der Achseldrüsen.

Oft gehen von der verletzten Stelle reißende Schmerzen aus, die von den Patienten häufig auf eine Erkältung und einen dadurch ausgelösten Rheumatismus zurückgeführt werden.

Schießen von der gebissenen Stelle zum Körper hin, weniger häufig zentrifugal oder an einer anderen Stelle als der verletzten.

In Ausnahmefällen ist die Wunde entzündet und geschwollen; rötlich oder bläulich verfärbt.

Kribbelgefühl und Schmerzen in der Narbe.

Am folgenden Morgen ist die Wunde an den Rändern gerötet.

Um die Wunde herum starke Rötung der kleinen Blutgefäße.

Wundheit der Muskeln in der Umgebung der Wunde, welche schon fast geheilt ist.

Im Verlauf von zwölf oder vierzehn Tagen heilt die Wunde glatt ohne Reizung.

Manche Patienten haben keinen Schmerz an der gebissenen Stelle.

Keine Schmerzen, Schwellungen oder Entzündungen der Lymphdrüsen zwischen der gebissenen Stelle und dem Thorax.

Die Wunden heilen glatt und auffälligerweise fehlt immer eine entzündliche Reaktion.

Nach Ätzung ist die anschließende Entzündungsreaktion im allgemeinen leicht, und das Ätzen macht nur wenig Schmerzen.

Selbst nach starker Ätzung zeigen die Wunden eine starke Tendenz, sich ohne Granulation zu überhäuten.

Er hatte noch keine Wunde so schnell heilen gesehen; nach fünf Wochen ging er ins Ausland, später aber bekam er Tollwut.

Die schnelle Heilung der von tollwütigen Tieren zugefügten Bißwunden gleicht der schnellen Wundheilung bei Leprakranken.

Die Berührung der Narbe ruft eigenartige Empfindungen hervor, einen Schauder, Angstgefühle und Seufzen.

Kribbeln und Schmerz in der Narbe.

Der Biß von einem tollwütigen Hund in den rechten Oberschenkel war nicht geheilt, sondern es bildeten sich dort bösartige Geschwüre mit erhabenen, bläulich-roten und harten Rändern und mit jauchigem, übel eiterndem Grund, mit Röte und Verhärtung.

Nach einem Biß in die Nase war die Narbe 15 Monate lang rot und geschwollen.

Nach Bissen von bösartigen Hunden bleiben Geschwüre.

| Der Schmerz an der Bißstelle fing an zu brennen und erstreckte sich über den ganzen Körper; er fühlte sich sehr eigenartig. Lyssophobie.

| Wunden durch Hundebisse, bei Schafen.

| Bei einer von einem Hund ins Bein gebissenen Kuh entwikkelte sich an der Bißstelle eine starke Schwellung und das Tier wurde sehr ruhelos.

| Zwei von ihrem tollwütigen Muttertier gebissene Junge erkrankten nicht nach Gabe von Lyssin.

Man kann es als Prophylaktikum gegen Tollwut benutzen, aber immer nur in Verbindung mit lokaler Anwendung von Strahlenhitze an der Bißstelle und häufigen Aufenthalten in der Saune eines türkischen Bades; während der Anfälle müssen die Mittel nach den Symptomen gewählt werden.

Leichteste Berührung: ruft Konvulsionen hervor; entlang der ganzen Wirbelsäule verursacht Reizbarkeit bis zu Konvulsionen.

Berührung: am Kopf verursacht Kopfschmerz; kleine Pusteln am Stirnhöcker; Nase äußerst empfindlich; Pickel am Stirnhöcker schmerzt; Schmerz an der Wange <.

Druck: am Blasenhals < Schmerz; macht im Kehlkopf Schmerz; Schmerzhaftigkeit in den Muskeln des Unterarmes; heftiger Schmerz in der rechten Hand.

Neigung, die Hand gegen den Unterkiefer zu pressen.

Preßt den Kopf gegen die Wand; Kopfschmerz.

Reiben: Kopfschmerz >; macht Ohrenschmerz.

Sanftes Kratzen: Kopfschmerz >.

Kratzen: Das Jucken in beiden Ohren verschwindet; Aufkratzen der Pickel bewirkt Ausfluß von blutiger Lymphe; der Schafe am Rücken beruhigt sie; < Beißen und Jucken an verschiedenen Körperstellen; ruft kreisförmig angeordnete kleine, rote Flecken an der Innenseite der Oberschenkel hervor.

Haut – Gute Wundheilungstendenzen (wie bei Lepra).

Viele erkranken nach dem Biß an Pocken und sterben dann nach der Genesung an Tollwut.

Beißen und Jucken an verschiedenen Körperstellen, < durch Kratzen.

Sehr leichter Kopfschmerz und beißendes Jucken am ganzen Körper und an den Beinen.

Nachtsüber ziemlich heftiges Jucken.

Mußte sich dauernd kratzen oder reiben.

Nachtsüber unerträgliches Jucken am unteren Teil des Körpers bis zu den Füßen hinunter.

Jucken in der rechten Hand, am linken Fuß und an verschiedenen Körperstellen.

| Bläuliche Verfärbung der Bißstelle (nach Lachesis).

Sobald er im Bett warm wird, Jucken, besonders an der Innenseite des Oberschenkels und der Knie; nach dem Kratzen traten dort kleine, kreisförmig angeordnete rote Flekken auf.

Sobald er im Bett ist, muß er kratzen; kann die ganze Nacht nicht schlafen.

| Pusteln: an der Stirn; um das entzündete Auge; am Finger, nach dem Biß.

| Bösartige Geschwüre durch Hundebiß.

| Rote Narbe nach Hundebiß.

Krebsartige Geschwüre.

Ein Herpes circinatus erschien am linken Bein unterhalb des Knies und die livide, gelbe Haut nahm eine gesunde Farbe an.

Magnetis poli ambo (Magnet)

Die Symptome entstanden durch Berühren beider Magnetpole oder durch Auflegen des ganzen Magneten auf die Körperoberfläche. Die Potenzen werden durch Verreiben von Milchzucker hergestellt, der bis zur Sättigung einem Magnetfeld ausgesetzt worden war, eine Methode, die *Hahnemann* nicht praktiziert zu haben scheint.

Die Pathogenese des ganzen Magneten und jedes einzelnen Poles gesondert, stammt aus *Hahnemanns* „Reiner Arzneimittellehre". Es sind die Originalprüfungen und -beobachtungen von *Hahnemann*, denen wir diese wertvollen Mittel verdanken. Deshalb gibt es auch keine bessere Einführung als die, die er selbst der Materia Medica vorausgeschickt hat:

„Den gewöhnlichen mechanischen, materiellen und atomistischen Köpfen – ihrer sind unzählige – schien es nicht nur paradox, sondern kindisch und unglaublich, daß nach der homöopathischen Heillehre nur ganz kleine Teile eines Grans zur Gabe von den kräftigeren Anzeigen gereicht, hilfreich sein könnten.

Ich gebe es Ihnen zu; es mag allerdings *bequemer* sein, sich die Krankheiten allesamt als Anhäufungen von groben Unreinigkeiten und die Wirkungen der Arzneien als derbe Hebel und Fegmaschinen, oder doch als chemische Reagenten, also auf jeden Fall handgreiflich vorzustellen, *bequemer,* sage ich, als jene Abänderungen des Seins lebender Wesen (die Krankheiten) sich als rein dynamische Affektionen der Lebenskraft und die Wirkungen der Arzneien sich als rein virtuelle Umstimmungskräfte zu denken, wie sie es wirklich sind, und hiernach die Heilungen einzurichten.

Wählt man diesen wahren Gesichtspunkt nicht, sondern jenen allgewöhnlichen materiellen, so müssen freilich die Arzneien in ihrer Hilfskraft nach dem Maße und dem Gewichte ihrer Gabe geschätzt werden und sonach bloß das Nürnberger Gewicht entscheiden, ob die Gabe helfen könne. Aber dann müssen wir uns auch vorher nach dem Gewichte der Krankheit erkundigen, um den Überschlag machen zu können, ob eine so und so viel Pfunde wiegende Krankheit (sie nannten bisher dergleichen ohnehin schon *schwere* Krankheiten) von einer so oder so schweren Portion Arznei hebelartig überwuchtet werden könne.

Ich lasse diesen Herren Kollegen gern dergleichen atomistische Ansichten wobei das Curgeschäft recht bequem, wie im halben Schlummer geführt werden kann, da uns Erdenwürmern, wie bekannt, nichts leichter zu begreifen ist, als das Materielle, Wägbare, Palpable und Grobsinnliche, weil das viele Denken (und Beobachten), wie ein israelitischer Lehrer sagt, den Leib müde macht. Ihnen kann ich es daher nicht zumuten, Krankheiten als immaterielle Abänderungen des Lebens, als rein dynamische Verstimmungen unseres Befindens, die Arzneikräfte aber als bloß virtuelle, fast geistige Potenzen sich zu denken. Sie würden es sich doch nicht ausreden lassen, daß für eine so und so schwere Krankheit ein so und so schweres Gewicht Arznei zur Gabe erforderlich sei, zumal da sie die Observanz von Jahrtausenden für sich anführen können, wo immer handgreifliche Arzneiportionen dem Kranken eingeschüttet werden mußten aus großen Flaschen, Büchsen und Schachteln, wenn's in großen Krankheiten etwas wirken sollte, und *auch dies half gewöhnlich noch nicht.* Letzteres glaube ich gar gern; der Erfolg der gewöhnlichen Curen aller Zeiten bestätigt es leider! – Aber wie wollen sie es mit ihren atomistischen, materiellen Begriffen, die sie vom Arzneiwirken und Hilfsvermögen derselben haben, reimen, daß ein einziger *unwägbarer* Funke aus einer Leidner Flasche den stärksten Menschen erschüttert, ohne daß irgendeine bestimmbare, schwere Substanz seinem Körper mitgeteilt ward? Wie wollen sie mit ihren atomistischen, materiellen Begriffen die ungeheure Kraft des Mesmerismus reimen, wenn ein kräftiger Mann, mit starkem Willen, wohl zu tun, sich der Herzgrube eines Nervensiechen bloß mit seiner Daumenspitze *nähert?* Wie wollen sie endlich mit ihren atomistischen, materiellen Begriffen von den Wirkungen der Arzneien reimen, daß ein gut zubereiteter magnetischer Stahlstab, auch bei nicht völliger Berührung des Körpers und selbst mit dichten Zwischensubstanzen verdeckt (mit einem Tuche, mit Blase, mit Glas usw.), eine so gewaltig Umstimmung unseres Befindens erzeugen könne, daß wir heftige krankhafte Beschwerden davon erleiden, oder, was ebensoviel, daß ein Magnetstab die heftigsten Übel, denen er als Arznei angemessen ist, schnell und dauerhaft heilen könne, selbst auf obige Art verdeckt, dem Körper genähert, selbst nur auf kurze Zeit genähert? Atomist! Dich für weise in deiner Beschränkung dünkender Atomist! Sage an, welcher wägbarer Magnetteil drang da in den Körper, um jene, oft ungeheuren Veränderungen in seinem Befinden zu veranstalten? Ist ein Centillontel eines Grans (ein Gran-Bruch, welcher 600 Ziffern zum Nenner hat) nicht noch unendlich zu schwer für den ganzen unwägbaren Teil, für die Art *Geist,* der aus diesem Magnetstabe in diesen lebenden Körper einfloß? Willst du nun über das gegen diese unsichtbare Magnetkraft noch allzu grobe Gewicht der homöopathischen Gaben kräftiger Arzneisubstanzen von einem 1/6tilliontel, einem 1/8tilliontel, einem 1/10tilliontel eines Grans noch große Augen machen?

Nachfolgende Symptome entstanden bei Berührung verschieden kräftiger Magnete an verschiedentlich empfindlichen Personen; die ohne Unterschied der Pole, entstanden bei halbjährigen Versuchen, um die richtige und kräftigste Bestreichungsart des Stahls durch Magnete ausfindig zu machen, wobei ein, zwölf Pfund ziehendes, magnetisches Hufeisen in den Händen geführt und diese so mit beiden Polen stundenlang in Berührung gebracht wurden."

Gemüt und Disposition – Er redet am Tage bei seiner Arbeit laut vor sich hin, ohne es zu wissen.

Er ist matt und doch übertrieben sorgsam und eifriger in pünktlicher Vollendung seines Geschäftes.

Die größte Erschöpfung des Körpers bei Hitzegefühlen und kühlen Gesichtsschweißen, mit rastloser und gleichsam angestrengter übereilter Tätigkeit.

Eine eifrige Übereiltheit, hierauf Schmerz im Arm und im Humeruskopf.

|| Übereilte Unbesonnenheit und Vergeßlichkeit; er sagt und tut etwas Anderes, als er sagen und tun will, und läßt Buchstaben, Silben und Worte aus.

| Er bestrebt sich, Dinge zu tun, und verrichtet sie ganz wider sein eigenes Vorhaben, wider seinen eigenen Willen.

Wankende Entschließung, Unschlüssigkeit, Übereilung.

Er ist zerstreut und kann seine Aufmerksamkeit nicht auf einen einzigen Gegenstand heften.

Es ist ihm alles umher wie halb im Traum.

Es ist ihm alles sehr hell auf dem Papiere, wenn er liest*, er kann aber den Sinn des Gelesenen nur schwer begreifen.

| Sehr geneigt, böse zu werden und sich zu ereifern, und wenn er sich erbost hat, tut ihm der Kopf mit Wundheitsschmerz weh.

Er ärgert sich leicht und bekommt Beschwerden davon, vorzüglich Kopfschmerzen, wie von einem eingedrückten Nagel.

Sensorium – Abends nach dem Hinlegen im Bette ein Schwindel, als wenn er fallen sollte, oder wie ein plötzlicher, durch den Kopf fahrender Ruck.

Beim Gehen wankt er von Zeit zu Zeit aus dem Gleichgewichte und schwankt, ohne sich eines Schwindels bewußt zu sein.

---

* Anmerkung des Übersetzers: d.h. das Gedruckte erscheint ihm klar!

Die Gesichtsgegenstände scheinen in einer ungewissen Stelle zu schweben und zu wanken; daher wankt auch er im Auftreten und Gehen.

KOPF – Sausen im ganzen Kopfe (vom platt auf Ober- und Unterschenkeln, auch auf der Brust liegenden Magneten).

Verwirrung des Kopfes, wie von Mohnsaft.

Verwirrung und Empfindung des Kopfes, als wenn ihn jemand vom Körper abzuziehen versuchte.

Wenn er sich worauf besinnen will und das Gedächtnis anstrengt, so bekommt er Kopfweh.

Flüchtiger Kopfschmerz, ein einziger Ruck, aus Zucken und Reißen zusammengesetzt.

In der Mitte der einen Gehirnhälfte ein scharfer Schmerz, so wie er beim ersten Augenblick eines erhaltenen Stoßes ist.

Kopfweh, früh, gleich nach Öffnen der Augen wie zerschlagen, welches nach dem Aufstehen aus dem Bette vergeht.

Früh, im Augenblicke des Erwachens, ein wütender, wühlender, betäubender Kopfschmerz, wie bei einem Faulfieber, welcher sogleich verschwindet, wenn Blähungsbewegungen im Unterleibe entstehen.

Kopfweh, wie es von einer Erkältung zu entstehen pflegt.

|| Schon von einem kleinen Ärgernis ein Kopfschmerz, wie von einem scharfen Eindruck auf einem kleinen Punkt im Gehirn.

| In der Gegend des Scheitels auf einer kleinen Stelle des Gehirns Schmerz, wie von dem Eindruck eines stumpfen Nagels; auch äußerlich tut die Stelle bei Berührung weh.

Empfindung auf dem Kopf, als wenn der Kopf und der ganze Körper heruntergedrückt werden sollte.

GESICHT – Bei kalten Händen Gesichtshitze und beißende Empfindung in der Haut des Gesichts.

Unerträgliche, brennende Stiche in den Gesichtsmuskeln, abends.

|| Hitzeloser Gesichtsschweiß, früh.

AUGEN – Bei Munterkeit des Geistes und Körpers erweiterte Pupillen.

Bei den besinnungslosen, krampfhaften Anfällen waren die Pupillen nicht erweitert.

Im Auge Brennen, Reißen und Funkeln.

Brennendes Ziehen und beständiges Funkeln im krankhaften Auge.

Feuerfunken vor den Augen, wie fallende Sternschnuppen.

Empfindliche Stiche durch das rechte Auge, die sich im Unterkiefer verloren und ein Zug durch dieses Auge, den Hals hinunter durch die Brust, den Unterleib und die Hüften nach dem rechten Bein.

Empfindung im Auge, wie vom Perpendikel einer Uhr.

Außerhalb des fixierten Punktes und der Sehlinie zittern bei Abenddämmerung weiße Lichtpartien höchst schnell auf der Seite rings umher, wie im Widerschein.

Abends, nach dem Niederlegen, ein Beißen in den Augen, wie von scharfen Tränen.

| Jucken der Augenlider nach dem äußeren Winkel zu.

Trockenheit der Augenlider und des inneren Mundes, früh nach dem Erwachen.

Gefühl von Trockenheit der Augenlider.

Das untere Augenlid zittert.

OHREN – Das äußere Ohr scheint ihm heiß zu sein, und ist es doch nicht.

Früh im Bett juckendes Brennen im Gehörgang.

Ein feines Pfeifen im Ohr, aber abgesetzt wie der Pulsschlag.

Lautes, starkes Sausen in einem Ohr und zugleich etwas Kopfweh auf derselben Seite, als wenn ein Fremdkörper da im Gehirn wäre, zugleich ist die Pupille auf dieser Seite um vieles erweitert.

Sausen vor den Ohren.

Im Ohr ein Geräusch wie von siedendem Wasser.

Im Ohr elektrische Schläge.

Taubheit ohne Geräusch im Ohr.

Nase – Auf einem kleinen Punkt unter dem Nasenflügel brennender Schmerz.

Geruchstäuschung: Geruch vor der Nase wie Mist; von Zeit zu Zeit glaubt er vor der Nase einen Geruch zu haben, wie er aus lang verschlossenen Kleiderkisten hervorzukommen pflegt.

Zähne und Kiefer – Nahe am roten Rand der Oberlippe, nicht weit vom Winkel, ein weißes Blütchen oder ein rotes, entzündetes Knötchen, welches schon für sich wie wund schmerzt, doch am meisten bei Bewegung und Berührung.

Auf der Innenseite an der Unterlippe ein bei Berührung schmerzendes Geschwürchen.

Schmerzhafte Empfindlichkeit rings um den Lippenrand.

Metallischer Geschmack an der einen Seite der Zunge.

In der Knochenhaut des Oberkiefers ein ruckweise reißender Schmerz, wie Rucke aus Reißen, Bohren, Stechen und Brennen zusammengesetzt, bis an die Augenhöhle hin.

In den Knochen des Gesichts, vorzüglich der Oberkieferhöhle ein zuckend reißender Schmerz, abends.

Schmerz der Vorderzähne beim Kalttrinken, die Kälte fährt in die Zähne beim Kalttrinken.

Ziehender Schmerz im Unterkiefer bis nach der Schläfe, mit einem Gefühl, wie von einem Krampf in den Kaumuskeln.

Zähnewackeln.

Durch Bücken erregter Zahnschmerz.

Ein Schlag mit Brennen in den Zähnen.

Ein heftiges Mucken in den Zähnen auch ohne Veranlassung.

Das Zahnfleisch eines hohlen Zahnes ist angeschwollen und schmerzt bei Berührung.

| In den Wurzeln der unteren Schneidezähne ein einförmiger Schmerz, wie Zerschlagenheit, Wundheit, oder als wenn sie womit geätzt würden.

Mund und Rachen – Stöße im Unterkiefer.

Schmerz in der Gaumendecke wie nach dem Hinunterwürgen eines großen Bissens.

Früh, in der freien Luft schmerzt die Unterkieferdrüse, als wenn sie geschwollen wäre.

Spannender Schmerz in der vorderen Unterkieferdrüse.

In den Unterkieferdrüsen einzelne stumpfe Stiche, abends.

Häufiger Zusammenfluß des Speichels im Mund, fast wie ein Speichelfluß, mit Schmerzen der Unterkieferdrüsen.

|| Alle Abende Speichelfluß mit geschwollenen Lippen.

| Anhaltender Mundgestank, ohne daß er es selbst weiß, wie bei einem angehenden mercurialischen Speichelfluß.

Früh übler Geruch aus dem Mund mit vielem Schleim im Hals.

Geschwulst im Hals, Gesichtsröte und stärkeres Herzklopfen.

Brennen der Zunge und Schmerz derselben beim Essen.

Geschmack und Appetit – Hunger, vorzüglich abends.

| Er hat Appetit, aber die Speisen haben keinen Geschmack.

Er hat Verlangen auf Tabak, Milch, Bier und es schmeckt ihm gut, aber kaum hat er angefangen, diese Dinge zu genießen, so ißt er sich gleich satt und kann nur wenig von ihnen zu sich nehmen.

Appetitlosigkeit ohne Widerwillen, ohne Vollheit und üblen Geschmack.

Das Bier hat keinen Geschmack, es schmeckt wie bloßes Wasser.

Magen – Aufstoßen von Geruch und Geschmack wie geraspelte oder abgedrechselte Hornspäne.

Das Aufstoßen hat den Geschmack der genossenen Speisen, aber einen verdorbenen.

Anfälle von öfterem Aufstoßen, welches zum Teil versagt und nicht völlig zustandekommt.

Wenn er sich bückt, schwulkt ihm aus dem Magen Säure in den Mund.

Schmerz, wie ein drückendes Band über dem Magen, in beiden Seiten fühlbar.

Ein mit Stichen vermischtes Strömen durch den Magen und die Gedärme.

Drücken im Magen mit Krämpfen, die nach den oberen Teilen zugingen, einer Unruhe, die sie auf keiner Stelle ruhen ließ, einer Schwere der Zunge, Gesichtsblässe und Kälte des Körpers, bei sehr kleinem, gespanntem, ungleichem Puls.

Diese Reihe von Symptomen kam täglich zu derselben Stunde, doch immer schwächer, zehn Tage lang wieder bei drei Frauen.

Ein Knistern und Knarren in der Herzgrube, wie wenn eine Uhr aufgezogen wird.

In der Gegend des Zwerchfells Empfindung von einer angenehmen Ausdehnung.

Drücken, wie von einem Stein in der Oberbauchgegend, vorzüglich bei Anstrengungen des Nachdenkens.

Spannend drückende und ängstliche Vollheit im Epigastrium.

Abdomen – Bewegung der Blähungen im Unterleib mit lautem Knurren, ohne Schmerz.

Die Blähungen treten hie und dahin im Unterleib mit scharf drückendem Schmerz und hörbarem Knurren auf kleinen Stellen hie und da.

Lautes, aber schmerzloses Kollern, vorzüglich im Dünndarm, bis dicht unter das Schambein und in dem Schoß, was sich auch mit der aufgelegten Hand fühlen läßt, wie wenn ein Durchfallstuhlgang abgehen wollte, obgleich nichts, oder nur ein kleiner, kurz abgebrochener Wind erfolgt.

Es gehen kurz abgebrochene Blähungen mit lautem Geräusch und Schmerzen im After, gleichsam gezwungen, ab.

|| Sehr lautes Poltern und Knurren im Bauch, früh im Bett; hierauf Kolik von eingeklemmten Blähungen.

Faulige Gärung in den Därmen; die Blähungen, welche abgehen, sind sehr stinkend und heiß.

|| Eine weichliche Empfindung und Schmerzhaftigkeit, wie von einer harzigen Purganz oder Rhabarber in den Därmen, mit schmerzhaft abgehenden, heißen, faulen Blähungen.

Vor Abgang jeder Blähung Kneifen im Leib.

Ein spannender und zugleich brennender Schmerz in der Ober- und Unterbauchgegend und hierauf ein ziehender und spannender Schmerz in den Waden.

Brennen und Gewühl im Leibe, wie ein Heben.

Jucken am Nabel.

Stuhl – Früh öfterer, fast vergeblicher Reiz zum Durchfall, abwechselnd mit Knurren der unruhigen Blähungen im Unterleib.

Durchfall ohne Leibweh.

Mehrtägige Leibesverstopfung mit Kopfschmerz, wie von einer Verhinderung im Gehirn, welcher den Kopf gleichförmig einnimmt, bei ärgerlichem, ungeduldigem Gemüt.

|| Leibverstopfung, als wenn der Mastdarm verengt und zusammengezogen wäre.

|| Nach dem Stuhlgang heftiger Hämorrhoidalschmerz im After, (schründend) wie von einer Wunde und einer zusammenschnürenden Empfindung, mehr im Mastdarm als im After.

| Beim Sitzen ein Brennen im After, wie bei einer Art Hämorrhoiden.

|| Jucken der Hämorrhoiden.

|| Nach weichen Stuhlgängen blinde Hämorrhoiden, als wenn die Aderknoten am Rande des Afters wund wären, beim Sitzen und Gehen.

|| Vorfall des Mastdarms beim Stuhlgang.

Jucken und Wundheit auf beiden Seiten des Afters beim Gehen in freier Luft.

Harnorgane – Einige Minuten nach dem Harnen ein Brennen in der Harnblase, vorzüglich am Blasenhals.

Männliche Geschlechtsorgane – In der Harnröhre, in der Höhe der Eichel ein Brennen beim Abgehen des Samens beim Beischlaf.

|| Früh beim Erwachen ein Brennen in der Gegend der Samenbläschen.

|| Nächtliche Pollutionen.

| Früh im Bett heftige, anhaltende Erektionen ohne verliebte Gedanken.

|| Mangel an Geschlechtstrieb, Abneigung vor Beischlaf.

| Das männliche Glied bleibt schlaff bei allen verliebten Anreizungen.

|| Die Vorhaut zieht sich hinter die Eichel zurück und bedeckt sie gar nicht mehr oder nur zum kleinsten Teil.

Geschwulst des Nebenhoden, und einfacher Schmerz desselben bei Bewegung und beim Anfühlen.

Juckendes Beißen auf der inneren Fläche der Vorhaut.

Brennendes Beißen unter der Vorhaut.

Weibliche Geschlechtsorgane – Die Menses vermehren sich bei einer bejahrten Frau.

|| Die vor einigen Tagen beendete Menstruation kam tags darauf nach Auflegung des Magnetes wieder und floß noch zehn Tage lang.

Kehlkopf – Nachts öftere Anfälle von Husten, die nicht aus dem Schlaf wecken.

Abends nach dem Niederlegen ein heftiger Anfall trockenen Hustens; wohl auch während des Schlafes (vor Mitternacht).

Nachts und zu anderen Zeiten ein heftiger, aber kurzdauernder Anfall trockenen Hustens, dem ein leichter Auswurf des gewöhnlichen Luftröhrenschleims folgt.

| Konvulsiver Husten.

|| Schleim in der Luftröhre, welcher sich leicht durch Räuspern auswerfen läßt, abends und früh.

Heftiger Hustenanfall mit starkem Blutauswurf.

Brust und Lungen – Nach Mitternacht beim Wachen und Nachdenken Engbrüstigkeit wegen Schleim auf der Brust, welche durch Husten sich mindert.

Unerträgliche, brennende Stiche in den Seitenmuskeln der Brust nach dem Rücken zu.

Krampfhafter Husten mit Stößen und ängstlichem Atemholen und sichtbarer Beklemmung der Brust.

Stechen in der Brust.

Stechen in der Brust und ein kaltes Brennen durch den ganzen Körper mit Schaudern.

Stoß auf den oberen Teil des Brustbeines, welcher Husten erregt, und Tränen der Augen.

Starke Beklemmung auf der Brust, Reißen im Magen und den Gedärmen und Klopfen in den Schultern.

Reißen von der rechten Seite in die inneren Teile des Leibes, mit Stößen und Stechen vermischt, gleich als wenn kleine Stückchen Fleisch herausgerissen würden oder Feuerfunken sprühten.

Aus der Mitte der Brust vier brennende Ströme nach beiden Schultern zum Rücken und Kreuz mit Beängstigung und Gefühl, als wenn die Teile zergliedert und getrennt würden.

Brennender Zug von der linken Schulter durch die Brust auf die rechte Seite hin, gleich als wenn Teile abgesondert würden.

Rücken – Früh eine schmerzhafte Steifigkeit in den Halswirbeln bei Bewegung.

Früh ein Knacken in den Halswirbeln bei Bewegung.

Schmerz in dem Halsmuskel, welcher von der Schulter zum Zungenbein geht, als wenn ein Krampf drin entstehen wollte.

Rückenschmerz beim Stehen und Ruhigsitzen.

Ein Brennen im Rückgrat.

Zucken der Muskeln im Rücken und Empfindung, als wenn was Lebendiges drin wäre.

|| Schwere im Kreuzdarmbeingelenk früh im Bett beim Liegen auf der Seite und am Tage beim langen Vorbücken.

Brennender Zug vom Magen durch Unterleib und Rücken, wo die Ströme, im Kreuz geteilt, nach den Untergliedmaßen gingen.

| Stoß oder Ruck im Kreuz, der fast den Atem nimmt.

Obere Extremitäten – Schmerz im Gelenk des Schulterknochens (oder den Gelenkbändern), als wenn er ausgerenkt oder ausgefallen wäre (nicht bloß wie gestaucht oder verrenkt und verdreht).

Beim Verweilen an einem kalten Ort entsteht ein reißendes Zucken in den Muskeln des Armes.

Unruhe im gesunden Arm.

Ziehender Schmerz im oberen Teil des Unterarms.

Abends (zwischen der sechsten und siebten Stunde) ein reißender Schmerz und wie von Zerschlagenheit in den Armgelenken, mehr in der Ruhe, als bei Biegung des Arms, welcher sich nach 24 Stunden erneuert.

Klopfen auf der Schulter mit Empfindung, als wenn sie zerrissen würde.

Stöße auf die Schultern, wodurch die Arme fortgestoßen wurden.

Stöße in den Gelenken des Arms und im Kopf, als wenn man mit einem kleinen, leichten Hammer darauf schlüge.

Ziehender Schmerz in beiden Schultern und den Nacken herunter mit Klopfen in beiden Armen.

Zerren in den Gelenken und Muskeln des Armes.

Zerren im rechten Arm, eine Art Wühlen rund um die Gelenke der Hand, des Ellbogens und der Schulter.

Schmerz in den Armmuskeln, als würden sie fein voneinander geteilt.

Brennen und Schneiden in den Armen und der Brust mit kaltem Schauder.

Brennen im rechten Arm, wie von Feuerfunken.

Hie und da Brennschmerz auf dem Arm.

| Nadelstechen im Arm.

Durch Krampf bewirktes, aber sanftes Erheben, auch Übereinanderlegen der Arme.

Krampfhaftes Werfen des einen Armes teils vom Leibe weg, teils in die Höhe.

| Schlagen und Klopfen in allen Gelenken der Arme und Finger.

| Ein tiefsitzender Schmerz im Arm bis zum Ellenbogen, wobei der Arm eingeschlafen ist und krampfhaft zittert.

Stöße im Ellbogen, ohne Schmerz.

Brennen im Gelenk des Ellbogens, als wenn es von heißen Zangen zerrissen würde, bei heftigem Brennen und Funkeln der Augen.

Vom Entfernen der Magnete von den Armen in der Bewußtlosigkeit sogleich Krümmung und völliges Zusammenziehen der Finger, Hände und Arme.

|| Ziehender Schmerz im oberen Teil des Unterarmes.

Kältegefühl an den Händen, die Hände sind den ganzen Tag eiskalt nach Berührung der Mitte des Magnetstabes.

Schmerz an der Handwurzel, als wenn eine Sehne übersprränge oder eine elektrische Erschütterung dadurch ginge.

Gichtischer, wühlend-bohrender Schmerz auf einer Stelle im unteren Daumengelenk in der Ruhe.

Abends nach dem Niederlegen im Bett ein Reißen in den Daumengelenken.

Früh im Bett im unteren Daumengelenk beim Bewegen und Abbiegen ein Schmerz wie verrenkt und zerschlagen.

Im ersten und zweiten Daumengelenk ein Knicken und eine Art Ausgerenktheit.

Kribbelnd grabender Schmerz in der Daumenspitze abends nach dem Niederlegen.

Zitterndes Zucken in den Daumen- und Kinnmuskeln.

Ein lang anhaltender brennender Stich, mit Wundheitsempfindung verbunden, im dicksten Teil der Muskeln am Daumenballen und in der Wade; später an dem unteren Teil des Schienbeines.

Leichtes Verknicken und Umknicken der Finger.

Untere Extremitäten – Abends Eingeschlafenheit der Ober- und Unterschenkel.

Beim Aufstehen nach dem Sitzen ein Gefühl im oberen Teil der Wade, als wenn sie zu kurz wäre.

Nach dem Erwachen aus dem Schlaf Krampfanfälle in den Waden und Fußzehen.

In den fleischigen Teilen auswärts neben dem Schienbein Schmerz wie Zerschlagenheit, abends beim Gehen.

Schmerz von den Hüften nach den Beinen hinunter, als wenn die Teile fein voneinander gesondert würden.

Ein Ziehen durch die Hüften zu den Füßen, welches überall ein Brennen zurückließ.

Heftige Stöße des rechten Beines, verursacht von einem brennenden Zuge vom Kinn und Hals her durch die rechte Seite hinunter.

Brennen und Feuern in den Armen und Beinen, so daß, wenn das rechte Bein an das linke kam, es schien, als wenn dieses von jenem angezündet würde.

Beim Sitzen ein kribbelnd schmerzhaftes Einschlafen der Ober- und Unterschenkel, welches sich beim Gehen verliert.

Brennendes Reißen im linken Schenkel mit untermengtem Laufen.

Vom Knie bis zu den Füßen herablaufendes Nadelstechen.

Stiche im Unterschenkel.

Stöße im Knie, die das Bein krampfhaft ausstrecken.

Schlag am Knie der linken Seite.

Früh nach dem Aufstehen aus dem Bett, wenn er auftreten und gehen will, schmerzt der Fuß im Gelenk und drüber wie vertreten.

Stiche im Ballen der Ferse.

In der Ferse ein ruckweise reißender Schmerz, welcher gleich vorübergeht, aber von Zeit zu Zeit wiederkehrt.

Abends einige Stiche mit etwas Brennen in dem weichen Teil auf der Seite der Ferse.

Schmerzhafte Empfindlichkeit und Wundheitsschmerz an der Wurzel des Nagels der großen Zehe und der die Wurzel überziehenden Haut, selbst bei Berührung.

Unter dem Nagel der großen Zehe beider Füße Schmerz, als wenn der Schuh gedrückt hätte, wie wund und als wenn er abschwären wollte. Das sonst schmerzlose Hühnerauge schmerzt im Schuh beim Anfang des Gehens brennend wund.

Schmerz in den Fußgelenken, als wenn der Schuh gedrückt hätte und ein Hühnerauge da wäre.

SCHLAF – In sehr frühen Stunden ein mehrstündiger, wachender Schlummer, nach Sonnenaufgang aber betäubte Schlummersucht oder tiefer Schlaf, voll schwerer, leidenschaftlicher (z. B. ärgerlicher) Träume, der mit einem Kopfweh, als wenn das Gehirn überall wund wäre, endet, welches nach dem Aufstehen verschwindet.

Schlaf mit Träumen voll Bedrängnis und Ängstigung, dem Alpdrücken ähnlich.

Sehr lebhafte lebendige Träume, als wenn eine Geschichte wachend sich ereignete.

| Träume voll Schmausereien, Prahlerei und Dicketun.

|| Erwachen die Nacht um drei Uhr – nach einigen Stunden träumevolle Schlummersucht, dann, ohne Durst, Hitzeempfindung in den Gliedmaßen, welche anfänglich entblößt, später sorgfältig zugedeckt sein wollen.

Nachts wacht er von der dritten Stunde an, aber früh bei Sonnenaufgang fallen ihm die Augenlider zu, und er liegt in einem betäubten Schlummer, voll schwerer Träume.

|| Früh liegt er im Schlafe auf dem Rücken, die eine flache Hand liegt unter dem Hinterhaupt, die andere über der Magengegend, mit ausgespreizten Knien, unter Schnarchen beim Einatmen, mit halbgeöffnetem Munde und leisen Schlafreden und träumt von verliebten Dingen und Samenerguß (obgleich keiner erfolgt); nach dem Erwachen Kopfschmerzen im Hinterhaupt, wie nach einer Pollution, Engbrüstigkeit und Zerschlagenheitsschmerz aller Glieder, welches nach dem Aufstehen und bei Bewegung des Körpers vergeht, während Katarrhschleim in Mengen ausgeworfen wird.

| Geiler Traum, selbst im Mittagsschlaf, unter Ausfluß des Prostatasekretes.

Nachts, gegen Morgen zu, wachende Schlaftrunkenheit (er hört jedes Geräusch und hat einige Denkkraft dabei), welche nach Aufgang der Sonne in eine betäubte Schlummersucht ausartet, in welcher er nichts hört oder fühlt, außer heftigen Schmerzen, wie von einer weiten Reise und wie Zerschlagenheit in allen Gelenken, die ihn nötigen, die Glieder immer in eine andere Lage zu bringen, bei lautem Knurren im Bauch, von Zeit zu Zeit durch Blähungsabgang unterbrochen, und einem widrigen Gefühl von Körperwärme, wobei er meistens auf dem Rücken liegt mit offenem Mund. Nach dem Aufwachen und Öffnen der Augen mildern sich die Gliederschmerzen bald; aber dafür entsteht ein ähnlich schmerzendes Kopfweh, welches nach dem Aufstehen in einen Kopfschmerz, wie von bevorstehendem Stockschnupfen, ausartet, aber durch baldiges Niesen und Schleimausfluß aus einem Nasenloch wieder verschwindet.

Früh im Schlaf hitzeloser Schweiß oder gelinde, reichliche Ausdünstung des ganzen Körpers, welche nicht schwächt und nach dem Erwachen vergeht.

Im Schlaf schnarcht er beim Einatmen, beim Ausatmen aber schniebt er durch die Nase.

Umherwerfen im Bett während des Schlafes.

Abends vor dem Niederlegen ein Anstoß von Symptomen eines Katarrhhalsfiebers; die Röhrenknochen der Glieder schmerzen wie in der Mitte zerschlagen, dabei stumpfes, benebelndes Kopfweh; er ist heiser und es liegt ihm zäher Schleim auf der Brust in der Luftröhre.

Früh, nach dem vollen Erwachen, häufen sich die Winde im Unterbauch an mit lautem Knurren, es gehen Blähungen fort, es entsteht starkes Niesen, häufiger Schleimausfluß aus der Nase und Gähnen, welches alles bald vergeht.

Früh, beim Erwachen aus dem Schlaf, ist der Mund mit dichtem, fast trockenem Schleim überzogen und die Augenlider trocken; beides vergeht aber nach dem Niesen und nach Ausfluß von Nasenschleim.

Fieber – Ein vermischt kalter und brennender Schauder über dem ganzen Körper, der äußerst empfindlich war.

An der leidenden Stelle Empfindung von Hitze und Kribbeln.

Haut – Die frische Wunde fängt wieder an zu bluten. Die fast schon geheilte Wunde fängt wieder an, wie eine frische Wunde zu schmerzen.

An verschiedenen Körperstellen entstehen Furunkel, welche bald vergehen.

Hie und da z. B. unter dem Fußknöchel, ätzend fressende Schmerzen.

An den leidenden Teilen entsteht Jucken, nach dem Kratzen aber erhöht sich der Schmerz sehr, wie ein Brennen auf einer wunden Stelle.

Ein einfaches, ziemlich anhaltendes Jucken in den weichen Teilen, welches durch Kratzen sich nicht verändert.

Nach dem Niederlegen (auch zur Mittagsruhe) hie und da unterhalb der Gelenke ein brennendes Jucken, welches sich durch Kratzen nicht stillen läßt.

Hie und da wie ein anhaltender, juckender Stich, welcher sich in ein Brennen endigt.

Ein brennend, feinstechender Schmerz, welcher mehr oder weniger anhält in verschiedenen weichen Teilen des Körpers, nicht in Gelenken.

Hie und da einzelne Stiche in weichen Teilen, z. B. im Ballen des Daumen.

Wenn er abends nach dem Niederlegen warm geworden ist, entstehen hie und da einzelne brennende Stiche, die sich in ein Reißen endigen.

An einer kleinen Stelle, z. B. in den Fußsohlen, ein prickelnder, murmelnder, wimmernder Schmerz, wie er vor dem Einschlafen eines Gliedes vorherzugehen pflegt.

Ein Kribbeln, und als wenn an der Stelle, wo der Magnet lag, sich alle Säfte anhäufen.

An der Brust, an der Stelle der Auflegung, kleine Blütchen.

An der Stelle der Auflegung ein höchst juckender Ausschlag.

Unter dem aufgelegten Magneten ist die Haut schmerzhaft und angefressen, umher aber sind krätzeartige, mit Eiter gefüllte Blütchen.

Roter Ausschlag, rote Flecken.

Roter Ausschlag, wie Wasserbläschen, in den Handflächen.

An der Stelle der Auflegung des Magneten ein brennendes Jucken, welches nötigt, bis Blut kommt, zu kratzen; die Haut ist rot und umher sind kleine Blütchen, welche bald vergehen.

Um die Stelle der Auflegung des Magneten herum Ausschlag von großen Blütchen.

An der Stelle der Auflegung entstehen tiefe Geschwürchen, eine Linse groß.

Weit verbreiteter Ausschlag von Blütchen und selbst von Blattern, mit ziehendem und stechendem Schmerz, auch rote Flecken umher.

Ausschwitzen einer rötlichen Feuchtigkeit aus der Wunde.

ALLGEMEINES – Früh im Bett beim Liegen auf der Seite in allen Gelenken, da wo sich die Knorpel der Gelenkköpfe berühren, ein anhaltender, unerträglicher, einfacher oder Zerschlagenheitsschmerz, welcher aber gleich nachläßt, wenn man sich auf den Rücken legt mit zurückgelehntem Kopf und gebogenen ganz voneinander gespreizten Knien.

Zerschlagenheitsschmerz in den Gelenken der Seite, auf welcher man nicht liegt, abends im Bett.

Zerschlagenheitsschmerz aller Gelenke oder rheumatischer Schmerz der Gelenkbänder der Arme und aller Gelenke der Brust, des Rückens und Nackens bei Bewegung und beim Atmen.

In allen Gelenken, besonders des Kreuzes, der Lenden und der Brust, ein lähmungsartiger Schmerz, oder wie wenn die Gelenke gerädert, zerbrochen, zerschlagen wären, schlimmer bei Bewegung und im Stehen, mit einer ziehenden und reißenden Empfindung, besonders in den Gelenkbändern und in den Muskelsehnen, da, wo sie sich an den Knochen anheften – vorzüglich früh nach dem Aufstehen und abends vor dem Niederlegen; bei äußerer Berührung sind die Teile schmerzlos, durch Abgang von Winden erleichtern sich die Schmerzen; wenn sich der Schmerz erhöht, muß man die Augen zudrücken.

Bei Bewegung der Glieder schmerzen die Gelenke, als wenn sie ausgerenkt worden wären.

Bei Bewegung eine dröhnende Empfindung in den Gliedmaßen, wie wenn man sich an die Kante des Ellbogens gestoßen hat.

Einschlafen der Glieder, vorzüglich wenn man vom Sitzen aufgestanden ist und steht oder geht.

Früh beim Liegen im Bett bekommt er auf Anreizungen zum Beischlaf, wenn er ihnen standhaft widersteht, eine Art gichtischer und podagrischer Schmerzen, zum Teil wie von Zerschlagenheit oder Ermüdung im Kreuz, in den Knien und in allen Gelenken.

Brennender Zug vom Kopf die rechte Seite herunter und gleich darauf Schweiß über den ganzen Körper mit gemäßigter Wärme.

Brennende Züge durch alle Teile nach verschiedenen Richtungen hin.

Unerträgliches Brennen vom Kopf bis zu den Füßen mit Schmerz, als würden die Glieder zerschlagen und zerrissen.

Brennende und stechende Schmerzen.

Bei allen Brennschmerzen in den Teilen war weder äußere Hitze der Teile noch Röte zu bemerken.

Gefühl wie von fliegenden Feuerfunken am Körper.

Winseln über Zerfleischen aller Teile.

Schwere in allen Gliedern und Herzklopfen nach Unterlassung der gewohnten Magnetanlegung.

| Dumpfer, tauber Schmerz.

Ziehender und stechender, mit Jucken gemischter Schmerz.

|| Schaudern zieht durch den ganzen Körper.

| Gelenke beim Anfühlen schmerzhaft.

Schmerz an der Stelle der Auflegung, wie von nahen, glühenden Kohlen.

| Die Stelle, wo der Magnet aufgelegt wurde, schläft ein, wird taub und unempfindlich.

| Stoß, daß der Oberkörper bis an die Hüften gewaltsam auf- und vorwärtsgebogen wurde, mit Geschrei.

|| Der liegende Oberkörper wird mit einem Schrei krampfhaft, wie durch einen Stoß, aufgerichtet, so daß der Kopf vorwärts mit der Nase auf das Bett und dann ebenso gewaltsam zurückgeworfen wird.

| Krampfhaftes Aufheben und Vorwärtsstoßen des Oberleibes mit Zurückwerfen auf die eine Seite.

Heftiges Aufschrecken und Auffahren wie von Stößen, heftige Stöße, die allgemeines Zittern des Körpers, Brennen in der Brust, durch beide Arme und Schweiß über und über zur Folge hatten.

Alle Konvulsionen vom Magneten änderten den Puls nicht.

Erschütterung, wie Schreck durch den Körper, darauf Schweiß an beiden Händen.

Zehntägige Lähmung mit Gefühlsverlust, doch bei gehöriger Wärme und Feuchtigkeit des Gliedes.

Stöße nehmen ihm das Bewußtsein.

Die krampfhaften Aufhebungen und Stöße des Körpers vorwärts aufs Bett haben lange Bewußtlosigkeit zur Folge, darauf ein Blasen mit dem Munde, wie wenn man große Hitze empfindet.

Bewußtlosigkeit mit starr aufgeschlagenen Augen, offenem Mund, fast unmerklichem Atemzug und mit einer dem Herzklopfen ähnlichen Bewegung der Brust, bei unverändertem, gewöhnlichem Puls.

In der Bewußtlosigkeit Bewegung der Finger einzeln nach der Reihe; nach der Rückkehr des Bewußtseins starker Schweiß.

Ermattung in allen Gliedern mit einer etliche Male zurückkehrenden, kurz andauernden Ohnmacht.

Anfälle von Ohnmacht, von Herzklopfen und von Erstikkung.

Langdauernde Ohnmachten, in denen sie aber ihrer bewußt blieb.

Ohnmacht, worin sie die Beschwerden fühlt, sie aber wegen Mangel der Sprache und Bewegung nicht klagen kann.

Unempfindlichkeit und tödliche Schlummersucht.

Magnetis polus arcticus (Nordpol des Magneten)

Gemüt und Disposition – Sehr mißlaunig und müde.

Weinerliche Laune, zugleich mit Frostigkeit und Frost.

| Abends sehr traurig; er mußte wider Willen weinen, worauf ihm die Augen weh taten.

Es war ihm abends, als ob es ihm sehr schwer fiele, mit der Ausführung eines Entschlusses den Anfang zu machen, und es dauerte lange, ehe es dazu kam; dann aber führte er ihn mit Schnelligkeit aus.

| Träge Phantasie; zuweilen war es, als wenn er gar keine Einbildungskraft hätte.

Es war ihm, im Sitzen, als wenn er alle Bewegkraft verloren hätte und am Stuhle festgewachsen wäre; bei Bewegung aber sah er, daß er sich recht wohl bewegen könne.

|| Faulheit.

Ängstliches, niedergeschlagenes, verzagendes, untröstliches, sich selbst Vorwürfe machendes Gemüt.

Um 3 Uhr die Nacht war der Schlaf vorüber und die Angst fing an; ängstlich besorgt war er um sich, als sei er gefährlich krank, war düster, jedes Wort, was er sprechen sollte, war ihm zuwider.

Ängstliche Bedenklichkeit, übertriebene, allzu gewissenhafte Sorgfalt.

Gereizt ärgerlich; er möchte nicht gern in der Arbeit gestört sein, und es wird doch nichts fertig unter seinen Händen.

|| Er redet bei der Arbeit laut vor sich hin.

|| Er verschreibt sich leicht.

Er möchte gern viel arbeiten und tut sich nicht genug; es geht ihm zu langsam vonstatten.

Laune abwechselnd traurig und heiter.

Wie erschrocken und furchtsam (sogleich).

Zaghaftigkeit, Mutlosigkeit.

Aufgeräumtheit und großes Kraftgefühl wechseln ab mit Mutlosigkeit und Schwäche.

Den ganzen Tag über Laune abwechselnd heiter und traurig.

Sensorium – Schwindel, es dreht sich im Kopf und war, als wenn sie sinken sollte nach allen Seiten hin.

In der einen Kopfseite ein schwindelartiges Ziehen.

Wenn sie die Treppe gestiegen ist, zieht es ihr im Kopf von der Mitte nach beiden Ohren abwechselnd wie das Pendel einer Uhr.

Er ist seiner nicht recht bewußt, kann nicht genau denken; es ist, als wenn ihm der Verstand stillstände, und als wenn etwas im Gehirn von oben herab drückte und die Augen herausdrängte; eine Anwandlung von Ohnmacht.

Empfindung von Trunkenheit, als wenn der Kopf summte.

Schwaches Gedächtnis; doch heiter.

Kopf – Zwei Tage nacheinander wacht er vom Nachmittagsschlaf jedesmal mit heftigem Kopfschmerz auf, wie wenn das Gehirn zerschlagen und eingenommen wäre; es mindert sich nach dem Erwachen; vergeht auch wohl beim Aufstehen.

Ein aus Wundheit und Zerschlagenheit zusammengesetzter Kopfschmerz auf der Oberfläche des Gehirns im Vorderhaupt und in der einen Schläfe.

Kopf wie zerschlagen und zertrümmert in der einen Gehirnhälfte.

Ein Seitenstoß im Kopf früh im Bett.

|| Es ist ihm wie eine Last, die den Kopf herabdrückt.

In mehreren Teilen des Gehirns ein Drücken, wie von etwas Hartem.

Viel Hitze im Kopf.

Im Kopf ein widriges Gefühl von Zusammenpressen und als wenn ein Teil des Gehirns eingedrückt würde.

Vom Schall eines Hammers schütterte es ihr im Kopf.

Kopfweh, vorzüglich beim Aufheben und Bewegen der Augen.

Eine spannende Empfindung im Gehirn unter der Stirn bis an die Nasenwurzeln.

Früh nach dem Aufstehen mehrmals einige Stiche oben in der linken Stirn bis nachmittags.

| Kopfweh, als wenn die Schläfen auseinandergepreßt würden.

| Heftiges Kopfweh den ganzen Nachmittag, als wenn das Gehirn auseinandergetrieben würde.

|| Andrang des Blutes nach dem Kopf und Hitzeüberlaufen in den Backen.

| In der rechten Schläfe ziehend bohrender Schmerz; dabei ein krampfhafter Schmerz gleich unter dem rechten Jochbein.

In der rechten Schläfe ein den Kopf einnehmender Druck beim Gehen im Freien.

| Ein drückender Schmerz über der linken Schläfengegend, äußerlich.

Hinter dem rechten Ohr ein stoßartiges Reißen im Kopf beim Gehen in freier Luft, welches sich allmählich auch nach vorn zieht.

|| Hinter dem linken Ohr ein stoßartiges Reißen im Kopf beim Sitzen.

Spannen der Kopfbedeckungen, als wenn sie zu fest auf dem Schädel anlägen, und davon Eingenommenheit des Kopfes.

Im Hinterhauptgelenk ein herauswärtsgehendes Drücken, so daß er den Kopf immer vorwärts beugen muß.

Drückender Kopfschmerz an der linken Stirnseite.

Ein drückender Schmerz äußerlich über dem rechten Augenbrauenbogen.

Große Knoten auf dem Haarkopf, die bloß bei Berührung schmerzen.

Beißendes Jucken auf dem Haarkopf.

Augen – Ein kalter Hauch in die Augen.
Die Augen treten heraus.
|| Starrer, auf einen Gegenstand gerichteter Blick im Sitzen.
Feine Stiche im linken Auge.
Brennender, anhaltender Stich im Oberlid.
Am Rande des oberen Augenlides ein Bläschen, was aufs Auge drückte.
Schmerzhafte Empfindlichkeit der Augenlider beim Lesen.
|| Jucken im inneren Augenwinkel und im Rande der Augenlider.
|| Früh beim Erwachen im Bett schmerzhaftes Trockenheitsgefühl der Augenlider.
|| Zucken und Ziehen in den Augenlidern.
|| Ziehen in den Augenlidern und Tränen.
|| Jucken in den Augenlidern.
| Die Augen tränen früh.
|| Die Augen tränen sehr, Unerträglichkeit des Sonnenlichtes.
Die Pupillen sind sehr erweitert und ziehen sich beim Licht wenig zusammen (sogleich).
Die Pupillen verengen sich die ersten Stunden.
Feinstechen im Augenwinkel und in der linken Backe.
Empfindung wie von Sandkörnern im Auge.
Jucken im Auge.
|| Ans schwache, rechte Auge gehalten, ein Brennen darin, es war rot und voll Wasser.
|| Ans schwache Auge gehalten, eine drei bis vier Minuten anhaltende Kälte.
Kälte des schwachen Auges, als wenn ein Stück Eis, statt des Auges in der Augenhöhle läge; wie die Kälte verging, ein langanhaltender Nadelstich im Auge.
Puckende Empfindung im Auge, wie von einer Taschenuhr.
| Unruhige Bewegung des Auges.
|| Empfindung, wie von einer Spinnwebe vor den Augen.

Lichtschein im Auge, wie eine herunterschießende Sternschnuppe.

| Ameisenkriechen zwischen beiden Augen.

|| Ans Auge gehalten, über dem Auge, an der Backe, dem Ohr bis in den Oberkiefer ein starkes Ziehen.

Ohren – Ein Stich von der Eustachischen Röhre bis ins innere Ohr, beim Bücken.

| Feines Klingeln im Ohr der Gegenseite (sogleich).

Etliche Risse im rechten inneren Ohr, wie Ohrzwang.

|| Ein Zischen und eine ziehende Empfindung im Ohr.

Spannung im Trommelfell.

Ins Ohr gehalten ein Knistern und Kattern darin.

Ins Ohr gehalten eine Wärme und Brausen darin, als wenn Wasser kocht und Blasen wirft.

| Klingeln im Ohr derselben Seite.

Ins Ohr gehalten, Hitze darin und Picken.

| Eine Art Taubheit, als wenn sich ein Fell vor das rechte Ohr gelegt hätte, worauf Hitze in demselben erfolgt.

Nase – Geruchstäuschung: Es riecht in der Stube wie nach faulen Eiern, oder als wenn ein Abtritt gereinigt würde, oder wie frische Kalktünche und wie nach Staub.

|| Drei Nachmittage starkes Nasenbluten, was jeden Nachmittag stärker wird, anschließend drückendes Kopfweh in der Stirn.

Wundheitsschmerz an den Nasenlöchern, auch ohne Berührung und Bewegung derselben.

|| Zuerst rote und heiße Nasenspitze, dann rote, heiße, scharfumgrenzte Flecken auf den Backen.

Blütenausschlag am rechten Nasenflügel mit stechend jukkender Empfindung.

Gesicht – Empfindlich spannender Schmerz im Gesicht, der sich bis in die Mandeln erstreckt.

Ziehen in der linken Backe.

Feines Stechen auf der Backe, wie von unzähligen feinen Nadeln, mit Hitzeempfindung, ohne bei Berührung merkliche Hitze.

Andrang des Blutes nach dem Kopf und Hitzeüberlaufen in den Backen.

Ein Knötchen im Gesicht nahe an der Nase, welches bei Berührung wie Wunde weh tut, ohne Berührung werden einige seltene, langsame Stiche darin gefühlt.

Kiefer und Zähne – Spannender Schmerz in den linken, vorderen Unterkieferdrüsen.

In den Unterkieferdrüsen ein quetschend-drückender oder kneipender Schmerz, so für sich, wie bei hitzigen Halsgeschwülsten gefühlt wird.

Reißender Schmerz in den Halsmuskeln, als wenn sie allzu müde wären.

Schmerzhafter Krampf in den Halsmuskeln von einem Ohr zum anderen.

Ziehen im linken Unterkiefer und in der linken Backe.

Früh beim Erwachen ein spannender Schmerz im linken Oberkiefer.

Ein schmerzliches Klemmen im Kiefergelenk bei Bewegung des Unterkiefers, als wenn sie ausgerenkt würde.

| Unter dem Warzenfortsatz zwischen dem Sternocleidomastoideus und dem Ast des Unterkiefers drückend ziehender Schmerz von der Schläfe her.

In der linken Unterkieferdrüse klemmend-drückender Schmerz, unter dem linken Kieferwinkel.

Krampfartiger Schmerz in dem rechten Unterkiefer.

| Zahnschmerz, als wenn der Zahn herausgerissen würde; er wird nach dem Essen, und wenn er sitzt oder liegt, schlimmer, besser aber, wenn er geht.

|| Zahnweh nach dem Auge zu, ein sehr schnelles Picken im hohlen Zahn, mit geschwollenem, entzündetem Zahnfleisch und roter, brennender Backe; das Zahnweh ver-

mehrt sich sehr gleich nach dem Essen, wird beim Gehen in freier Luft besser, in dumpfiger Stube aber schlimmer.

| Pochen in dem hohlen Zahn (sogleich) und dann ein Drükken darin, als wenn in die Höhlung sich etwas hineingedrückt hätte, mit Ziehen in den Schläfen.

|| Pochen im Zahn, mit Brennen im Zahnfleisch und geschwollenen, roten, heißen Backen, mit brennendem Schmerz und Pochen darin, nachmittags.

|| Zahnschmerz hört beim Gehen in freier Luft auf und kommt in der Stube wieder.

Empfindung von Taubheit und Gefühllosigkeit im Zahnfleisch des vorher schmerzhaften Zahnes.

Ziehender Zahnschmerz im hohlen Zahn und in den Vorderzähnen, bloß beim Essen vermehrt, wenn er warmes darauf bringt, und beim Schmerz zugleich Röte der Bakke.

|| Geschwulst des Zahnfleisches eines hohlen Zahnes, welches bei Berührung mit der Zunge schmerzt.

Zahnschmerz, als wenn das Zahnfleisch wund oder eingeschnitten wäre, beim Eindringen der Luft in den Mund vermehrt.

Zahnschmerz in den oberen Schneidezähnen rechter Seite, als drückte etwas Hartes drauf und wollte sie umbrechen.

Zahnschmerz beim Essen; alle Zähne schienen ihm locker, als ob sie sich umlegen wollten.

| Schmerzhaftes Summen in den hohlen Zähnen des Unterkiefers, am schlimmsten der rechten Seite; während des Essens schweigt der Zahnschmerz.

Mund – Im linken Winkel der Lippen bei Bewegung des Mundes Wundheitsschmerz, als wollte da ein Geschwür entstehen.

Langsame, äußerst spitzige und schmerzhafte Stiche in der Unterlippe.

Kleine Blütchen innen an der Oberlippe dem Zahnfleisch gegenüber.

Jucken vorn auf der Zunge, was zum Reiben und Kratzen nötigt.

Zusammenlaufen des Speichels im Mund (sogleich).

Hals, Appetit, Geschmack – Lang anhaltendes, ranziges Sodbrennen.

Die wohlschmeckensten Speisen haben für ihn keinen Geschmack beim Abendessen.

Beim Tabakrauchen wird es ihm kratzig hinten im Hals, als wenn ihm der Sod brennen wollte oder gebrannt hätte.

Früh ein säuerlicher, nüchterner Geschmack.

Beim Tabakrauchen schmeckts ihm bitter hinten auf der Zunge.

Das Tabakrauchen ist ihm zuwider; Tabak schmeckt ihm übel.

Es war ihr mittags so voll, daß sie nicht essen konnte.

Eßgierde des Abends.

Schokolade hatte einen lätschig unangenehmen Geschmack, wie von Zusatz eines unreinen Wassers.

Das Abendessen schmeckt gut, aber bald darauf entsteht ein fader Geschmack und Hitze in den Ohrläppchen.

Magen – Aufstoßen, wie ein etwas schmerzhafter Ruck.

|| Häufiges Aufstoßen von bloßer Luft; Übelkeit.

Der Magnet scheint saure Magenverderbnis zu begünstigen.

Die Zunge ist sehr belegt und verschleimt, Ekel vor Milch.

Der Magen ist ihm wie verdorben; es liegt ihm so schwer im Magen, wenn er was gegessen hat.

Raffen in der Herzgrube.

Pochen in der Herzgrube (sogleich).

Empfindung in der Oberbauchgegend und im Magen, als wenn die Magenwände schmerzhaft empfindlich wären.

Ein Ziehen in die Herzgegend bis in die rechte Brust.

Bauch – In der Nacht wacht sie auf über einem Drücken im Unterleib, wie von einem Stein.

Ziehender Schmerz im Unterleib.

In der Nabelgegend Wärme, die ihm Ängstlichkeit verursachte und hierauf ein Gefühl, als wenn Erbrechen erfolgen sollte.

Kälte im Unterleib (gleich nach der Berührung).

Stöße und Rucke aus dem Unterleib durch die Brust bis in den Hals (sogleich).

Ein paar Rucke wie Poltern im Unterleib, als ob etwas absatzweise drin herabfiele (sogleich).

Ein paar Stiche in der Bauchseite und Bewegung im Unterleib wie zum Durchfall.

| Krampfhaft zusammenziehende Empfindung des Unterbauchs, äußerlich und innerlich, früh.

Kneifen, besonders im Oberbauch, gleich nach dem Abendessen.

In der linken Seite des Unterleibes auf einer kleinen Stelle ein heftiges, unausgesetztes Kneifen, wie von eingesperrten Blähungen.

| Blähungskolik gleich nach dem Abendessen; ein scharfer Druck in allen Teilen des Unterleibes herauswärts, als wenn der Leib zerplatzen sollte; beim unbewegten Sitzen mindert es sich.

Früh, gleich nach dem Erwachen im Bett, Blähungskolik; die Blähungen stemmen sich herauf nach den Hypochondrien mit hie und da hart drückenden und spannenden Schmerzen im ganzen Unterleib, bei Ruhe und Bewegung mit einer aus dem Unterleib entspringenden Wabbligkeit und Übelkeit.

Ununterbrochen drückend kneifender Schmerz im ganzen Unterbauch, wie eine Kolik, doch ohne merkbare Blähungen, die weder durch Ruhe, Bewegung, noch durch Genuß von Speisen und Getränken vergeht, wohl aber durch Nachdenken und Anspannung des Geistes ungemein verstärkt und dann von Übelkeit begleitet wird; durch strenge Ruhe mindert sich die Kolik etwas, durch Berührung des Magneten vergeht sie aber gänzlich binnen einer Stunde.

Abends und früh drückt es hie und da wie von Blähungen in den Gedärmen, als wenn der Druck auf eine zerschlagene Stelle geschähe, und zugleich hie und da im Gehirn ein Drücken, wie auf eine zerschlagene Stelle; geht eine Blähung ab, so sind Bauchweh und Kopfschmerz gleichzeitig verschwunden; sobald und solange sich wieder eine Blähung im Unterleib rührt, ist auch das erwähnte Bauch- und Kopfweh zugleich vorhanden und macht ärgerliche Gemütsstimmung; dabei stinken die Blähungen sehr. (Der dann angewendete Südpol ließ die schmerzhafte Unruhe im Unterleib sowie das Kopfweh binnen einer Stunde verschwinden.)

In der Nacht um 2 Uhr wacht er mit der heftigsten Kolik auf; ein unausgesetzter, unausstehlich harter Druck in der Herzgrube und den Hypochondrien, welcher immer höher in die Brust steigt und immer ärger wird, bis an die Halsgrube, wo er den Atem zu unterdrücken droht; eine Art Brustkolik. Die mit starkem Willen, aber leicht auf die Brust gelegten flachen Hände (eine Art Selbstmesmerismus) halfen bald; der Krampf legte sich, und eine starke, leicht abgehende Blähung stellte Ruhe und Schlaf wieder her.

|| Glucksen im Unterleib, als ob viel Blähungen eingesperrt wären, was auch ein Umherwinden verursacht, welches bis in die Herzgrube heraufsteigt und Aufstoßen bewirkt.

Beim Gehen im Freien starke, schneidende Stiche in der Mitte des Unterleibes von unten herauf.

Stiche in der rechten Lendengegend.

Stiche im linken Schoß nach außen an der oberen Darmbeinspitze (sogleich).

In der linken Leiste in der Gegend des Bauchringes ein schneidender Schmerz mit einem Schwächegefühl.

| Von Tag zu Tag vermehrte Erschlaffung des Bauchringes; es will ein Bruch hervortreten, am meisten beim Husten.

| Schmerz im Bauchring, wie Wundheit, besonders beim Gehen.

| Herausbohrender Schmerz über dem linken Bauchring, als wenn ein Bruch hervortreten wolle, im Sitzen.

|| Leistenbruch.

Stuhl – Früh ziehender, fast ruhrartiger Schmerz im Unterbauch, dann schwierig abgehender, sehr dick geformter Kot.

Mit dem Stuhlgang geht zweimal des Tages Blut ab.

Ein scharfer Druck im Mastdarm.

Nach Mitternacht im Schlummer ein stundenlanger, drükkend pressender Schmerz im Mastdarm (nicht im After), welcher beim vollen Erwachen verschwindet.

Harnorgane – Dunkler Harn.

Die ersten Stunden verminderte, nach Tag und Nacht sehr vermehrte, häufige Urinabsonderung.

Häufiger Harnabgang.

Erschlaffung des Blasenhalses von 1 Uhr mittags bis 8 Uhr abends, der Harn tröpfelt unwillkürlich ab.

Geschlechtsorgane – Nach dem Harnen ein anhaltender, beißender Schmerz am Saum der Vorhaut.

Juckendes Beißen innerhalb der Vorhaut, was zum Reiben nötigt, nachts im Bett.

Beim Übereinanderliegen der Schenkel scharfe Stiche im linken Hoden.

|| Nächtliche Pollution.

Übermäßige Erektionen mit unbändigem Drang zum Beischlaf und zur Samenentleerung.

Schlaffer Penis und verminderter Trieb zum Beischlaf.

Ein würgender Schmerz im rechten Hoden.

Ein scharfes Ziehen und ein Schneiden in den Hoden.

Die eben zu erwartende Menstruation erschien nach 20 Stunden, vermehrte sich binnen 24 Stunden bis etwas über die gewöhnliche Stärke der Menses (welche bisher zu schwach gewesen waren) bis zum gesunden Grad ohne neue Nebensymptome; also Heilwirkung.

Atmungsorgane – Trockener Husten, welcher auf der Brust Rohheitsschmerz verursacht, vorzüglich nachts, wenn sie nach vorhergehendem Frost im Bett warm geworden sind.

Mitten im Einschlafen entsteht ein erschütternder Krampfhusten, der jeden Versuch einzuschlafen behindert.

Um Mitternacht erstickender Krampfhusten: Der Reiz zum Husten ist in den feinsten und entferntesten Luftröhrästen, wo der Husten noch nicht losstoßen kann, und was an Schleim losgehustet wird, geht in einer höheren Gegend ab ohne Erleichterung des Hustenkitzels, welcher in einer tieferen Gegend seinen Sitz hat; der Husten wird dadurch sehr angreifend und erschütternd; selbst der Kopf wird erschüttert, und der ganze Körper gerät in Hitze, worauf eine allgemeine Schweißabsonderung bis gegen Morgen erfolgt mit Nachlassen des Hustens.

Abends im Bett gleich nach dem Niederlegen unaufhörlicher, nicht kitzelnder Reiz zum Husten, welcher kurz und trocken ist und den Reiz zum Weiterhusten nicht erschöpft, wie andere Hustenarten tun; bloß durch Unterdrücken des Hustens, durch festen, angestrengten Willen wird dieser Hustenreiz getilgt.

Er mußte krampfartig in abgesetzten, tiefen Zügen atmen, als wenn es ihm beim Bedürfnis, möglichst viel Atem einzuziehen, die Luft versetzen wollte; dabei schwitzte er über und über.

Augenblickliches, heftiges Husten von drei, vier Stößen.

Husten wird beim Gehen im Freien immer schlimmer, steckt und dämpfte, als wenn er ersticken wollte.

Brust – Beklemmung auf der Brust mit Ängstlichkeit.

Jucken an den Brustwarzen.

Etliche starke Herzschläge.

Brennende oder spitze Stiche in der Herzgegend.

Brennende Stiche erst an den Rückenmuskeln, dann in der Brustseite und zuletzt vorn auf der rechten Brust.

Drücken in der Gegend des Herzens (sogleich).

Spitze Stiche in der linken Seite der Brustmuskeln bei Bewegung des Armes.

Abends ein anhaltender Stich auf der linken Brustseite.

Klemmend zusammenziehender Schmerz quer durch die Brust, der ein zitterndes, ängstliches Atmen, besonders Einatmen verursacht, beim Vorlehnen auf die Arme und Hinaussehen zum Fenster.

Ängstlichkeit und Wabbeligkeit um die Brust.

Es scheint ihm Hitze über den Schlund gegen die innere Brust hineinzugehen, bei Bewegung im Freien.

Stiche in der linken Seite der Brust.

Rücken – Knistern oder Krachen in den Halswirbeln, besonders im Atlaswirbel, bei Bewegung.

In der Mitte des Rückgrates beim Zurückliegen vor Schmerz wie zerschlagen.

| Zwischen den Schulterblättern wie Glucksen und Kribbeln.

Zittern in den hinteren Lendenmuskeln.

Obere Extremitäten – Vor Mittag bis nach Mitternacht (4 Uhr) Schmerz im linken Schultergelenk wie zerschlagen bei Bewegung und Ruhe, aber schmerzlos beim Befühlen.

| Arme wie eingeschlafen, krampfartig.

Der linke Arm wird viel schwerer als der andere.

Der dem vom Magneten berührten entgegengesetzte Oberarm ist sehr schwer.

Über dem Ellbogen ein Jucken aus feinem Stechen und Beißen bestehend, was sich durch Kratzen nicht mindert, wie von einem Mückenstich; nach dem Kratzen ein Brennen.

Einige Mal Zucken im kranken Oberarm, Arm und Fuß scheinen ihm dabei wie tot.

Im Ellbogengelenk Steifheitsempfindung.

Im Ellbogengelenk hörbares Krachen bei Bewegung (sogleich).

Süßes Gefühl im Armgelenk, als wenn es nach großer Ermüdung in Ruhe käme.

Schwere in den oberen Gliedmaßen, als wenn in den Adern Blei wäre (sogleich).

Schweregefühl im den Magneten berührenden Arm.

Heftige Kälte in dem gestrichenen Arm (bei einer Frau in magnetischem Schlaf von der Berührung mit dem Nordpol).

Prickelnd stechender Schmerz im Arm bis zur Achsel, besonders in den Röhrenknochen des Vorderarms.

Beim Gehen im Freien ein Schmerz an der rechten Achsel, wie Wundheit.

Empfindungen im Arm und in der Hand, als wären sie eingeschlafen (sogleich).

Stiche unten am Vorderarm bei den Handgelenken.

Abends Drücken auf dem linken Vorderarmknochen, wie nach einem Schlage.

Drücken und Ziehen in der Handwurzel mit Unruhe im Unterarm (wie bei Freude und Erwartung), die ihn immer zu beugen zwingt.

Steifigkeit und Starre im rechten Hand- und Fußgelenk, nachtsüber im Bett.

Ein Zittern der dem Magneten angelegten Hand und des Fußes der anderen Seite.

Ein schmerzhaftes und fast brennendes Jucken auf dem Rücken der Mittelphalanx des kleinen Fingers, wie wenn der Teil erfroren gewesen wäre, beim Befühlen schmerzte die Stelle.

Ein feines häufiges Nadelstechen auf der leitenden Stelle und in jeder Fingerspitze, am schlimmsten nachts nach dem Niederlegen.

Ziehen in den Fingern aufwärts mit Kribbeln darin (sogleich) und gleich darauf am Gemüt etwas niedergeschlagen.

Schmerz in den Fingergelenken, als wenn sie überbogen würden.

Summen im anfühlenden Finger.

Erst ein Zittern in dem anfühlenden Finger, dann bis in den Arm mit einer Art von Schwere darin.

Beim Gehen im Freien in den Muskeln der linken hohlen Hand sich verbreitende Stiche.

Eingeschlafenheit der Finger.

Ein Kribbeln in der Spitze des linken Zeigefingers.

Ein Zucken im Daumen der Anwendung, als wenn der Puls darin schlüge.

UNTERE EXTREMITÄTEN – Zerschlagenheitsschmerz in den Hüftgelenken, der sich durch Bücken verschlimmert.

Drückendes und würgendes Reißen in einigen Stellen der Muskeln des Oberschenkels im Sitzen und Gehen.

| Ein drückendes Reißen an der äußeren Seite des Knies herab bis an den äußeren Fußknöchel.

Schmerzhaftes Spannen in der Wade beim Gehen.

| Brennende Stiche in der Wade, pulsweise.

Große Mattigkeit in den Unterschenkeln.

Eingeschlafenheit des linken Schenkels nach dem Sitzen, beim Aufstehen und am meisten beim Stehen.

Schwere und Stumpfheit in den Schenkeln, als wenn sie eingeschlafen wären, ohne Kribbeln.

| Die Beine wollen vor Mattigkeit zusammenbrechen beim Gehen.

Ziehen im rechten Schenkel, in beiden Knien.

Ein Stich vorn in den Muskeln des rechten Oberschenkels hinab.

| Früh ein wollüstiges Jucken mehr vorne als einwärts am linken Oberschenkel.

Stiche in den Sehnen des linken Oberschenkels nach der Kniekehle zu.

| Spannen in den Sehnen der Kniekehlen beim Aufstehen und Sitzen, als wären sie zu kurz.

Schmerzloses Summen im linken Unterschenkel mit Empfindung von Schwere, wie von Eingeschlafenheit.

Schmerz oben auf den Zehen, als wenn man sie wund gegangen hätte.

| Wundartig schmerzender Druck in den bisher schmerzlosen Hühneraugen bei der mindesten Einengung der Unterfüße.

Wundheitsschmerz in der Ferse.

An der Ferse zuweilen ein Schmerz wie Druck.

Starkes Pressen um den Knöchel des kranken, geschwürigen Fußes.

| Im Sitzen plötzlich reißende Stiche in den Fersen, der großen Zehe und der Wade.

Wollüstiges Jucken unter den Zehen des linken Fußes.

SCHLAF – Übermäßiges, krampfhaftes Gähnen und dabei Schmerzen im linken Kiefergelenk, als wenn es sich ausrenken wollte.

Schlafsucht: Es war mehrmals plötzlich, als wenn es ihm die Augen zuzöge und ihn jählings in einen angenehmen Schlaf versetzen wollte; eine unwiderstehliche Empfindung, die ihn schnell bewußtlos zu machen strebte.

Abends überfiel ihn ein arger Schlaf, alle Glieder waren wie gelähmt und zerschlagen.

| Am Tage immer schläfrig; Tagesschlaf.

Sehr tiefer, fester Schlaf, vorzüglich gegen Morgen; er konnte früh gar nicht genug ausschlafen.

Lag in der Nacht im Schlaf auf dem Rücken.

Sie singt abends im Schlaf, wacht darüber auf und besinnt sich, daß es unrecht sei, schläft wieder ein, fängt abermals an zu singen und wacht wieder darüber auf.

Historische, sehr lebhafte, aber unschuldige und unleidenschaftliche Träume, derer man sich aber beim Erwachen nicht erinnern kann.

| Die ganze Nacht hindurch geile Träume.

Um Mitternacht Traum, als fiele sie hoch herab, wovon sie erschrak und über und über zitterte.

Ein Traum (um Mitternacht) von Mord und Totschlag, worüber sie laut zu weinen und zu heulen anfing.

| Erscheinung einer Person im Traum, die sie tags darauf wirklich zum ersten Mal wachend zu sehen bekommt.

Er träumt die ganze Nacht unangenehme, sehr lebhafte Vorstellungen, die untereinander keinen Zusammenhang haben; beim Erwachen kann er sich derselben erinnern.

Er kann abends nicht unter einigen Stunden einschlafen.

| Früh um 2 Uhr halbes Erwachen mit vielem inneren Bewußtsein, großer Gedankenfülle und lebhaftem Gedächtnis; er denkt einen wichtigen Gegenstand in bester Form in einer fremden, ihm sonst nicht geläufigen Sprache, fast wie im magnetischen Schlafrednerzustand, kann sich aber beim vollen Erwachen des Gedachten nicht deutlich mehr erinnern.

Abends gleich nach dem Einschlafen plötzliches Erwachen mit einem heftigen Rucken in den Kopf- und Halsmuskeln, als wenn der Kopf rücklings gestoßen würde.

Er erwacht um Mitternacht über einem heftigen Druck quer über dem Unterleib herüber, gleich über dem Nabel, welcher weder durch Bewegung, noch Ruhe, noch auch durch irgendeine veränderte Lage sich bessert.

Abends im Bett ein heftiger Schmerz im Rachen, wie nach dem Hinterschlingen eines allzu großen Bissens; da er sich aber auf die linke Seite legte, verging es.

In der Nacht wirft er sich im Bett herum halb wachend.

Er erwacht in der Nacht mit vieler lästige Hitze des ganzen Körpers und muß von Zeit zu Zeit sich aufdecken und lüften; dabei trockener Mund ohne Durst.

|| Unruhiger Schlaf; er wirft sich im Bett umher und es ist ihm zu warm.

Nachts eine Wärme, als wenn Schweiß kommen wollte.

Stark duftender Nachtschweiß ohne Hitze.

Er wacht nachts auf; es war ihm recht warm, und aufs Trinken eines Glases kalten Wassers ward ihm noch wärmer.

Öfterer Schauder nachts im Bett und Rucke in den Armen, so daß sie zusammenfuhren.

Öfteres Aufwachen aus dem Schlaf wie durch Schreck.

Nachts erwacht er öfters mit einer brennenden Hitze des ganzen Körpers und muß zuweilen sich aufdecken und Luft machen; dabei war ihm der Mund sehr trocken, ohne Durst.

FIEBER – Früh Frost mit Gähnen.

| Frost den ganzen Tag über den ganzen Körper, als wenn sie allzu leicht angezogen wäre oder sich erkältet hätte, doch ohne Schauder; sie bekam zugleich einen kleinen, weichen Stuhlgang und Drängen hinterdrein.

| Im Augenblicke der Berührung des Nordpols mit der Zungenspitze Schauder über und über.

An der berührenden Fingerspitze Kälteempfindung und zugleich Perlschweiß auf den Fingern dieser Hand und dem Rücken derselben (sogleich).

Schweiß im Inneren der Hände, welche kühl sind.

| Kühler Schweiß über und über.

Gegen Morgen ein stark, obgleich nicht unangenehm riechender, dunstiger, gelinder Schweiß über und über.

Nachtschweiß gegen 2 Uhr über und über, selbst im Gesicht (am meisten auf der Brust), nur nicht in den Kopfhaaren (auch nicht an den Stellen des Haarkopfs, auf denen er lag); bloß im Schlafe, beim Erwachen verschwand der ganz durstlose Schweiß.

Hitze im Gesicht.

Abends steigt ihm das Blut in den Kopf und Hitze ins Gesicht, und zugleich friert er an den Untergliedmaßen, besonders an den Füßen.

| Hitze in dem einen Backen und innerliches Hitzegefühl, Gereiztheit, Redseligkeit.

Empfindung von Wärme in den Füßen.

Mit schnellem, starkem Puls Hitzegefühl am ganzen Körper ohne äußerliche Wärme, ja sogar bei kalten Händen, die ihm heiß schienen, ohne Durst.

Feurige Röte im Gesicht, Beklemmung, stärkerer Puls.

Abends Hitze über den ganzen Körper mit Ängstlichkeit, die ihn immer umhertreibt.

Hitze, vorzüglich hinten über den Rücken herab und am ganzen Körper mit einem ängstlichen, unsteten Wesen.

Fieber: von Mittag bis Abend Frost im Kreuz, den Rücken herauf ohne fühlbare Kälte, mit großem Durst; dann um 9 Uhr abends, starke Hitze im Gesicht, ohne Durst; nach Mitternacht heftiger, übelriechender Schweiß bis früh im Schlaf, als sie erwachte, hörte er auf.

Fieber: nachmittags oft fliegende Hitze bloß im Kopf, mit rotem, heißem Gesicht (nur zwei, drei Minunten lang); dabei zog es etwas im Kopf.

Fieber nachmittags um 3 Uhr, jedesmal erst ein kleiner, brennender Fleck am Unterfuß, eine Minute lang, der plötzlich verschwindet, und wofür ebenso plötzlich eine Hitze im Kopf mit Backenröte und Schweiß im Gesicht entsteht, etliche Minuten lang.

Fieber: öfterer Schauder im Rücken von etlichen Minuten, dann eine gleich große Hitze, die vom Rücken über den

Kopf hinunter sich verbreitet, wobei die Adern auf den Händen anlaufen, ohne Schweiß.

Überlaufende, feuchte Wärme auf den ganzen Körper (sogleich).

HAUT – Stechen in einer Balggeschwulst.

| Ein Krabbeln über die Haut.

In der schon vorhandenen Schwinde schründender, fast reißend brennender Schmerz.

Ein krabbelndes Jucken, wie von einer Fliege oder einem Floh, welches mit einer Empfindung von Wundheit endet, erst an der Innenseite der Gliedmaßen, dann an der äußeren Seite, abends im Bett und früh nach dem Erwachen.

ALLGEMEINES – Anhaltend wühlende Stiche, welche beim immer tiefer und tiefer Dringen desto spitzer und schmerzhafter werden, an verschiedenen Teilen.

Stechende Rucke in dem berührten Gliede (sofort).

Eine zittrige, schwingende, dröhnende Empfindung.

Empfindung wie von Andrang des Blutes an die berührende Stelle hin, als wenn Blut da herausdringen wollte.

In den nahen Teilen ein Zittern.

Ein Zucken und Klopfen in der Gegend der Anwendung.

| In den nahen Teilen spannende Empfindung.

| In den nahen Teilen Schmerz, wie zerschlagen und als wenn man eine schwere Last getragen hätte.

In den nahen Teilen ein Kribbeln, als wenn der Teil einschlafen wollte.

|| Ein Zittern durch den ganzen Körper, am meisten in den Füßen.

|| Ein Zittern in den berührten Teilen (sogleich).

|| Kälteempfindung an der Stelle der Anwendung.

Wärmeempfindung in den nahen Teilen.

Ein Ziehen in der Knochenhaut aller Knochen, wie beim Antritt eines Wechselfiebers, doch ohne Frost oder Hitze.

Ein schnelles Ziehen oder Hin- und Herfahren und einem Stechen ähnelnde Rucke auf der rechten Seite der Zunge, am Hals und über dem Fuß.

Schwere in einzelnen Gliedern mit Gefühl verstärkter Kraft darin.

Ein Gefühl von Trockenheit und Angespanntheit im Körper mit Kraftlosigkeit

Er ist sehr matt, muß beim Gehen im Freien ausruhen und war melancholisch und niedergeschlagen.

Mattigkeit, Zerschlagenheit und Schmerzen in den Gliedern waren schlimmer in der freien Luft.

Früh eine allgemeine Mattigkeit mit Angstschweiß, mittags Appetitlosigkeit; er mußte sich legen; hierauf Durchfall.

Früh so matt, wie von banger, schwüler Luft, daß sie sich kaum fortschleppen konnte.

Magnetis polus australis
(Südpol des Magneten)

Gemüt und Disposition – Nach dem Gehen in freier Luft zänkisch, mürrisch.

Nach einem Schlaf gegen Abend äußerst verdrießlich und mürrisch.

Er ist schreckhaft, wenn man ihn berührt.

Unheiter, niedergeschlagen, als wenn er einsam wäre oder etwas Trauriges erfahren hätte, drei Stunden lang (sogleich). Weinen (sogleich). Zaghaftigkeit (die ersten Stunden). Ärger, Mißmut, Unzufriedenheit mit sich selbst.

Unlust zur Arbeit und Ärgerlichkeit.

Er ist still; es verdrießt ihn zu reden.

Gesellschaft ist ihm zuwider, er will einsam sein.

Heitere Gesichter sind ihm zuwider.

Bei geringer Veranlassung heftiger Zorn; er wirkt hastig und zitternd und bricht in heftige Reden aus.

Wild, hastig, barsch, heftig im Reden und Handeln (was er selbst nicht merkt), er behauptet mit Heftigkeit und schmäht andere mit entstellten Gesichtszügen.

Große Schnelligkeit der Phantasie.

Sensorium – Eine Unfestigkeit und Unstetigkeit des Geistes: Die Ideen lassen sich nicht gehörig festhalten, die Gegenstände schweben nur halb bemerkt vor den Sinnen hin und ohne sich gehörig betrachten und würdigen zu lassen, und die Urteile und Entschlüsse sind wankend, welches eine Art ängstlichen und unruhigen Gemütszustandes erzeugt. Die Berührung des metallischen Zinkens bringt diese Geistesverstimmung wieder in Ordnung.

Schwindelig im Kopf, wie von Berauschen, als sollte er beim Gehen torkeln und wanken, auch beim Sitzen etwas schwindelig.

KOPF – Drang des Blutes nach dem Kopf ohne Hitze.

| Schwere des Kopfes und ein feines Kribbeln oder Wühlen darin.

| Ein feines Gewühle und Kribbeln im Gehirn, mit Schwere des Kopfes verbunden.

Schläge in beiden Schläfen.

In der rechten Seite der Stirn ein aus Reißen und Schlag zusammengesetzter Schmerz.

Oben über der Schläfe ein paar Schläge, mit dem Schmerz eines Reißens verbunden.

Reißen auf einer kleinen Stelle der linken Schläfe.

| Ein ziehend reißender Schmerz im linken Gehirn, welcher Ähnlichkeit mit einem langsamen, brennenden Stich hat.

| Ein Drücken bald hie, bald da im Hinterhaupt.

Kopfweh: oben auf dem Kopf oder in beiden Schläfen ein Drücken (ein lebendiger, heftiger Schmerz) wie ein Schnupfen, welches beim Aufrechtsitzen schlimm, beim Schütteln des Kopfes und beim Nachdenken am schlimmsten ist, beim Gehen geringer wird, beim Vorwärtsbücken aber und Rückwärtsbiegen sich mehr erleichtert und fast ganz verschwindet (in den ersten Stunden).

Kopfweh im Hinterhaupt, welches in der Stube am schlimmsten ist, in freier Luft aber vergeht (in den ersten Stunden). Vorne in der Mitte der Stirn ein Kribbeln mit Stichen untermischt, abends.

Ein spitzig scharfer, herauswärts drückender Schmerz in der linken Seite des Kopfes; ein mit Druck verbundener, anhaltender Stich (durch den Nordpol zu heben).

Kopfweh über das ganze Gehirn, einfacher und spannender Schmerz, welcher beim Gehen in freier Luft entstand und in der Stube bald verging.

Nachts beim Liegen Klopfen in der rechten Seite des Kopfes, wie Puls.

Zucken im Kopf.

Ein krampfhafter, zusammenziehender Kopfschmerz in der Gegend zwischen den Augenbrauen.

Äußerlich auf dem Haarkopf eine Stelle, welche wie zerschlagen schmerzt, bei Berührung noch empfindlicher.

Die Stirnhaut ist wie angetrocknet.

Gesicht – Das Gesicht (und der übrige Körper) fühlt ein kaltes Anhauchen wie von einer kühlen Luft in der Stube.

Im Backen grobe Stiche.

Augen – Langsamer, brennender Stich im Augenlidrand.

|| Wässrige Augen von Zeit zu Zeit.

Früh abends ätzender Schmerz, vorzüglich im äußern Augenwinkel und bei Bewegung der Augenlider, als wenn ein Haar im Auge läge; eine Art Entzündung des Randes der Augenlider.

|| Eine schmerzhaft ätzende Trockenheit der Augenlider, vorzüglich bei Bewegung derselben fühlbar, am meisten abends und früh.

Geschwulst einer Meibomschen Drüse am Rande des linken unteren Augenlides (früh), als wenn ein Gerstenkorn entstehen wollte, doch bloß drückend schmerzhaft.

Beißen in den inneren Augenwinkeln, früh.

Im linken Auge ein Drücken und stumpfes Stechen.

Krampfhaftes Zusammenziehen des einen Auges, früh.

Die Gegend der Haut um die Augen schmerzt wie wund.

Ans schwache Auge gehalten wenig und kurz Kälte im Auge, aber starkes Jucken in den Augenlidern.

Die Augen sind früh zugeklebt.

Im Auge ein Pucken und Jucken.

| Gesichtsfehler: Die Gegenstände erscheinen trübe, dann auch doppelt (Südpol im Nacken gehalten).

Erst ohnmachtartige Benebelung mit Neigung zum Sitzen; die Gegenstände sind wie verschleiert, anschließend werden die Gegenstände weit deutlicher und heller, als sie im gesunden Zustand sind; dabei eine ekstatische Gemütsstimmung.

Pupillen anfänglich leichter zu erweitern und schwieriger zusammenzuziehen.

Ohren – Ein fast schmerzloses Ziehen hinter dem Ohr herauf in den Kopf, fast ununterbrochen.

| Reißende Schmerzen in den äußeren und inneren Ohrknorpeln bis nahe an das Innenohr.

| Ohrbrausen, was er mehr oben am Kopf empfand.

Ohrbrausen wie Fauchen mit einem Flügel.

| Fächeln im Ohr früh, so daß er es bis in die Stirn fühlt, gleich als wenn der Wind sauste.

| Entzündung des äußeren Ohres, woran die Vertiefungen wie wundschmerzende Schrunden sich eröffnen.

Gefühl, als ob ein kalter Wind an die Ohren ginge.

Empfindung wie von einem warmen Hauch im äußeren Ohr.

An der rechten Seite des Halses unter dem Ohr zwei Blätterchen, welche schmerzen.

Nase – Früh Niesen.

Starker Fließschnupfen.

Kiefer und Zähne – Schmerz der Drüse unter dem Unterkieferwinkel, als wäre sie geschwollen.

Unter dem Kinn ist die Haut schmerzhaft, wie wund.

Zahnweh, von warmen Getränken verschlimmert.

| Ein reißendes Zucken im Oberkiefer nach dem Auge zu, abends.

Dumpfer Schmerz mit empfindlichen Stichen in hohlen Zähnen.

Mund – Einzelne Stiche am linken Rand der Zunge.

Hitze mit Schwierigkeit zu reden in den Sprachorganen; Gefühl von Geschwulst der Zunge.

Hals – Wundheitsempfindung im Hals bei und außer dem Schlucken.

Früh, bei reinem Mund, ohne üblen Geruch und Geschmack selbst zu empfinden, riecht es ihm garstig, faulig aus dem Hals.

| Brennen im Rachen, ein Herandämmen mit Hitzeempfindung.

Es läuft ihm viel wässriger Speichel im Mund zusammen, welcher beim Vorbücken ausfließt.

Appetit und Geschmack – Geringer Appetit ohne Ekel oder fremdartigen Geschmack bei übrigem Wohlbefinden.

Gleichgültigkeit gegen Essen, Trinken und Tabakrauchen, es schmeckt ihm gut, aber er hat kein Verlangen danach und ist schon im voraus satt.

| An Abneigung grenzende Gleichgültigkeit gegen Milch, früh.

Obgleich er früh heiter erwacht, schmeckt ihm doch weder Essen noch Kaffee, vielmehr bitterlich.

Die Speisen haben einen nicht üblen aber allzu geringen Geschmack.

Teils metallisch süßlicher, teils metallisch säuerlicher Geschmack, bald auf, bald unter der Zunge, mit Kälteempfindung wie von Salpeter.

Der Geschmack vergeht ihm während des Essens warmer Speisen, kehrt aber nach dem Essen wieder zurück.

Weißer Wein schmeckt ihm scharf, und es entsteht nach dem Genuß eines Schluckes heftiger Widerwille dagegen.

Heißhunger mitten im Fieberfrost.

Heißhunger mittags und abends.

Mangel an Hunger (sogleich).

Übelkeit und Erbrechen – Brechneigung früh nach dem Erwachen.

Bald nach dem Mittagessen Brechneigung.

Übelkeiten, wie im Magen, beim Vorwärtsbiegen.

Aufstoßen von bloßer Luft.

MAGEN – Magenschmerz, als wenn man auf eine zerschlagene Stelle drückt; nach dem Essen geht dieser Schmerz allmählich in die Gedärme über.

Eine Art drückender, heftiger Schmerz in der Herzgrube, von anhaltender Anstrengungen des Gehirns.

BAUCH – Eine Art Greifen, gleich über dem Nabel.

| Lautes Kollern im Unterleib.

Früh im Bett Blähungskolik.

Bauchkneifen von Zugluft.

Blähungen stemmen sich hierauf unter die kurzen Rippen: Blähungskolik in den Hypochondrien, abends.

Nach dem Abendessen Kolik: in allen Teilen der Gedärme scharfer Druck hie und da, er erhöht sich bei Bewegung bis ins Unerträgliche und vergeht schnell ohne Blähungsabgang in der Ruhe.

| Blähungskolik in der Nacht: Teile von Blähungen scheinen aus einer Stelle in die andere schmerzhaft überzuspringen, welches eine knubsende, unangenehme Empfindung verursacht oder einen an vielen Orten zugleich wundschmerzenden, kneifenden Druck nach außen zu, der nicht schlafen läßt, kurze abgebrochene Blähungen, die etwa dann und wann mühsam abgehen erleichtern nichts.

Blähungskolik früh nach dem Aufstehen: Die Blähungen gehen nach dem Zwerchfell herauf und verursachen grob stechende, sehr empfindliche Schmerzen.

| Ziehender Schmerz in der rechten Seite des Unterleibes, daß er kaum gehen konnte.

| Reißende Leibschmerzen durch (Lesen? und) Gehen erregt, und im Sitzen besänftigt, vorzüglich im Oberbauch, früh.

Abends gleich vor dem Schlafengehen aufgetriebener Leib mit kolikartigen Schmerzen.

Es ist ihm so voll im Unterleib während der Kurzatmigkeit.

|| Abgang vieler Blähungen.

Ein paar Stiche in der linken Bauchseite.

Ein anhaltender Stich im Unterleib nach dem Blinddarm hin, welcher nur durch Liegen auf der entgegengesetzten Seite vergeht.

Gefühl von Erweiterung des linken Bauchringes, als wenn ein Bruch heraussträte; vor jedem Hustenstoß dehnt sich die Stelle schmerzhaft aus.

Stuhl – Oft Stuhldrang, wobei ihr übel wird, sie kann aber nichts verrichten.

Schneller Drang zum Stuhl, welcher dennoch schwierig abgeht.

Erst Schneiden im Bauch mit Frösteln, dann Durchfall.

Abgang dünnen Stuhls unter der täuschenden Empfindung, als gehe eine Blähung ab.

Anhaltende Verengung und Zusammenschnürung des Mastdarms und Afters, so daß kaum die kleinste Blähung heraus konnte.

Schleimfasern unter dem derben Stuhlgang.

Jucken eines Hämorrhoidalknotens am After.

Mitten im Gehen juckendes Kribbeln außen am After.

Harnorgane – In der Gegend der rechten Niere etliche große Stiche (sogleich).

Ein Stich in der Schambeuge.

Drückender Schmerz in der Schambeuge.

Erschlaffung des Harnblasen-Schließmuskels (sogleich).

|| Unaufhaltsamkeit des Urins.

| Beim Urinlassen beißender Schmerz vorne in der Harnröhre, als wäre der Urin scharf oder sauer.

Männliche Geschlechtsorgane – Früh, wenn der Hoden herabhängt, Schmerz im Samenstrang, als wenn er allzu stark gezogen und ausgedehnt würde; auch beim Befühlen ist es schmerzhaft.

| Im Samenstrang Zucken.

| Im Samenstrang ein langsames, fein schmerzhaftes Ziehen.

Im Samenstrang Reißen.

| Ein krampfhaftes Heraufziehen der Hoden, nachts.

Reißende, würgende Rucke in den Hoden, welche anschwellen.

Feines Jucken des Hodensackes.

Im Penis Schmerz, als würden mehrere Fleischfasern zerrissen oder zurückgezerrt.

| Eine rote Stelle wie ein Blütchen an der Krone der Eichel und am Innern der Vorhaut.

| Die Eichel ist rot und entzündet mit Jucken und Spannen.

Die Feigwarze blutet tröpfelnd.

Verstärkte Wärme der Geschlechtsteile, nachts.

Ein Kribbeln und Kitzeln in der Eichel; es schien unbewußt Samen abzugehen.

| Nachts eine Pollution (bei einem halbseitig Gelähmten, die sich seit Jahren nicht ereignet hatte); hierauf war die Lähmung ärger, die kranken Gliedmaßen schienen ihm wie tot.

Zwei Nächte nacheinander Pollutionen mit vielem Reden im Schlaf.

Die ersten zwei Tage große Erregung der Geschlechtsteile zur Samenausleerung: nach mehreren Tagen Herrschaft der Seele über den Geschlechtstrieb.

Heftig erregter Geschlechtstrieb nach dem Mittagsschlaf.

| Impotenz: Beischlaf mit gehöriger Empfindung und Erektion; doch wenn der höchste Moment kommen soll, vergeht plötzlich die wollüstige Empfindung, der Samen wird nicht ausgespritzt, und das Glied sinkt und wird wieder schlaff.

Weibliche Geschlechtsorgane – Die schon die gewöhnliche Zeit andauernde Menstruation geht noch sechs Tage länger fort und zwar bloß bei Bewegung, nicht in der Ruhe, auch schneidet es jedesmal im Leib, wenn etwas Blut fortgeht. (Sie hielt den Südpol, berührte den Stab aber zugleich in der Mitte.) Der Südpol scheint die

Blutflüsse und besonders die Menses zu erregen, folglich homöopathisch zu heilen, der Nordpol scheint das Gegenteil zu tun.

Die seit einigen Tagen zu erwartende Menstruation erschien schon vier Stunden auf die Berührung des Südpols, ging aber sehr hellfarbig und wässrig ab.

Hitze und Brennen in den weiblichen Schamteilen mit vielen feinen Stichen.

Atmungsorgane – Schnupfen und Husten mit grünem Schleimauswurf und kurzem Atem.

Mehrere Anfälle stinkenden Hustens nachts im Schlaf, welche nicht vollkommenes Aufwachen bewirken.

Beklemmendes Atemholen quer an den unteren Rippen her.

Ein Tiefatmen, wie Seufzen, und unwillkürliches Schlingen dabei, wie sonst bei Seufzen (sogleich).

| Kurzatmigkeit in der Herzgrube.

Atemnot abends nach dem Hinlegen, er kann sich von der Kurzatmigkeit kaum wieder erholen.

Eine Beklemmung auf der Brust, als wenn der Atem zitterte, und als wenn er den die Brust einziehenden Atem kühlend fühlte (sogleich).

Aus Drücken und Ziehen zusammengesetzter Schmerz auf beiden Seiten des Brustbeins zugleich, mit einer Angst, die ihn nirgends bleiben läßt, als wenn er Unrecht getan hätte.

Brust – Drücken auf der Brust am unteren Teil des Brustbeins mit Ängstlichkeit und Gedankenstille (sogleich).

|| Herzklopfen.

Ein scharfer Stich in der rechten Brust, der den Atem versetzt.

Drücken in der linken Brust, wobei es ihr übel wird.

Drückender Schmerz auf der Brust nachmittags und abends.

In der linken Brust ein stumpfes Drücken bei Ruhe und Bewegung.

Juckendes Stechen in beiden Brustwarzen zugleich.

Rücken – Ein Drüsenknoten im Nacken entzündet sich schnell, rings umher schmerzte die Haut wie wund und konnte die leiseste Berührung nicht ertragen.

Auf dem Schulterblatt einige schnelle Stiche.

Unter dem Schulterblatt ein reiner, nicht ganz spitzer Stich (sogleich).

Eine Hitze von den Halswirbeln an bis durch die ganze Rükkenwirbelsäule herunter.

Kneifen in den Rückenmuskeln.

Fressen und Beißen auf dem Rücken.

Schauder vom Genick den Rücken herab.

Ein drückender und zugleich brennender Schmerz im Kreuz bis in die Nacht, bei Ruhe und Bewegung.

Dumpfe Stiche im Kreuz.

Schmerz wie verrenkt in der Zusammenfügung des Os sacrum mit den Lendenknochen, nachher ein Zerschlagenheitsschmerz dort.

Nach dem Aufstehen vom Sitz ist er wie steif im Kreuz, in den Hüften und den Knien.

Über dem Os sacrum und zwischen den Lendenwirbeln heftiges Beißen und Stechen, was beim Bücken den Atem versetzt.

Obere Extremitäten – Nachts im Bett unerträglicher Zerschlagenheitsschmerz im Biceps des Oberarms, auf welchem er nicht liegt, besonders wenn man ihn aufwärts und rückwärts hebt, welcher gleich vergeht, wenn man sich auf die schmerzhafte Seite legt.

Ein Krabbeln im linken Arm herab wie kleine Erschütterungen.

Kollern und wie Gluckern im linken Arm herab (sogleich).

Kollern herauf und hinunter in den Adern der beiden Arme abwechselnd mehrere Stunden.

|| In den Armen schnelles, schmerzhaftes Zucken runterwärts.

Ein stechendes Jucken am Oberarm (außer den Gelenken) abends vor und nach dem Niederlegen; im Bett mußte er kratzen.

Im Arm eine Empfindung von Vollheit und Aufgetriebenheit und als wenn die Schlagadern darin klopften.

Schmerzhafte Steifheit im Ellenbogengelenke des berührten Arms.

Kälteempfindung im linken Arm, als wenn Eis darauf läge, und doch war er gehörig warm (sogleich).

Ziehender, lahmer Schmerz früh, erst im linken Arm beim Aufheben desselben, dann im Kreuz beim Vorbücken, dann in der linken Hüfte und auch in den Muskeln des linken Ober- und Unterschenkels.

Abends eine große Mattigkeit im rechten Arm.

Empfindung von Schwere oder wie von allzustarker Arbeit im Unterarm.

Ein Schmerz in den Armen, als wenn das Blut in den Adern steckte, bald an dieser, bald an jener Stelle.

Steifigkeit des Ellenbogengelenks (sogleich).

Der linke Arm ist viel schwerer als der rechte und erfordert mehr Kraft beim Heben; dabei Kribbeln in den Fingerspitzen.

Empfindung im Arm, als ob er eingeschlafen gewesen wäre.

Gefühl von Eingeschlafenheit der Hand, wobei die Adern anschwellen, bei schnellerem Puls (sogleich).

Empfindung auf der Hand wie von einem kalten Hauch.

Empfindung von Kälte in den Händen, die doch warm anzufühlen waren.

Schmerzhaftes Ziehen rückwärts in den Fingern nach der Hand zu.

| Zucken in den magnetanfühlenden Fingern.

Schmerz des unteren Daumengelenkes wie von Verrenkung.

Ein Ruck mit sichtbarem Zucken im linken Zeigefinger.

Die den Magneten berührende Fingerspitze ward ihr wie taub und gefühllos.

Kribbeln in den berührenden Fingern.

Kribbeln in den Fingerspitzen.

| Empfindung von Hitze und Zucken in dem berührenden Finger.

| Ein Klopfen in dem anrührenden Finger.

In der Spitze des Daumens Pochen (sogleich).

An der Wurzel der Nägel (dem weichen hinteren Teil derselben) ein Schmerz, als ob sie abschwären wollten, und wie klopfend stechend.

Untere Extremitäten – Ein lähmiger und Zerschlagenheitsschmerz in den Hüftgelenken, wenn man sich auf die schmerzhafte Seite legt.

Einschlafen des Ober- und Unterschenkels früh beim Sitzen, welches beim Aufstehen nicht leicht vergeht.

| Ein drückendes Ziehen in den Muskeln der Oberschenkel, am schlimmsten bei Bewegung.

Abends ein lähmiges Ziehen von der Mitte der Oberschenkel an bis in die Füße herab.

Ein stechendes Jucken am Oberschenkel abends, auch im Bett, wo er kratzen mußte.

Ein stechendes Zucken in den Oberschenkelmuskeln neben dem Damm.

| Kälteempfindung im rechten Oberschenkel.

| In der äußeren Sehne der Kniekehle ein ziehender Schmerz.

Ein aus Schlag und Zucken zusammengesetzter Schmerz in den Sehnen der Kniekehle, zum Lautschreien, wobei die Schenkel konvulsivisch krumm gezogen werden, bei Ruhe am leidlichsten, bei Bewegung verschlimmert.

In den Sehnen der Kniekehlen ein heftiges ziehendes Zukken, zum Lautschreien, nebst einem Schmerz darin, als wenn darauf geschlagen worden wäre; es zog die Schenkel sichtbar krumm, besonders bei Bewegung.

Es kam ihr beim Gehen ins Knie wie Stechen.

Ein drückendes Reißen in den Kniescheiben, am schlimmsten bei Bewegungen, welches sich durch Befühlen verschlimmert.

Knicken der Knie beim Gehen.

Knacken des Kniegelenks bei Bewegung.

Ein sehr schmerzhaftes Ziehen in den Kniekehlensehnen, zuweilen mit schmerzhaftem Zucken in den Waden.

Gleich nach dem Mittagessen ein aus Zucken und Reißen zusammengesetzter Schmerz in dem Knie, welcher sich durchs Angreifen verschlimmert.

Krampfschmerzen vom linken Fußgelenk bis über die Knie; Ausstrecken half wenig.

Nach dem Gehen, wie er sich setzte, klopfte es in den Muskeln der Füße.

Ein Drücken oder ziehendes Reißen in den Schienbeinen.

Ein drückendes Ziehen in den Waden.

Ein unerträglich schmerzhaftes Zucken in den Waden, dabei zugleich schmerzhaftes Ziehen in den Kniekehlsehnen.

Die Füße tun weh, wenn er sie sitzend herabhängen läßt; es puckt drin überall.

Ein juckend brennend, langsamer Stich an der Seite der Wade.

Ein Ziehen oder drückendes Reißen in beiden Fußgelenken und Fußknöcheln.

Erst Strecken unter den Fußknöcheln, dann Ziehen in den Kniekehlsehnen und schmerzhaftes Zucken in den Waden.

Leichte Verrenkung des Sprunggelenkes bei einem Fehltritt.

Bei einem Fehltritt Verrenkungsschmerz im Sprunggelenk.

Bei Zurückbeugung des Unterschenkels Krampf der Fußsohle.

Stechen in den Fußsohlen, vorzüglich bei Bewegung.

Jucken der Rücken der Fußzehen und an den Seiten der Füße abends, als wenn man sie erfroren hätte.

||| Wundschmerzhaftigkeit an der inneren Seite des Nagels der großen Zehe im Fleisch, als wenn der Nagel seitwärts ins Fleisch eingewachsen wäre, schon bei geringer Berührung sehr empfindlich.

|| Der Schuh drückt auf und an den Zehen und an dem Nagel der großen Zehe beim Gehen, wie von Hühneraugen.

Ein Ziehen rückwärts in den mittleren drei Zehen, bloß beim Gehen in freier Luft.

Miss X., 8. November 1878. Seit drei Wochen dauernder Schmerz vorn in der Mitte des Unterschenkels (wo sich vor acht Monaten Krampfadern gebildet hatten) beim Stehen oder beim Hängenlassen des Beines, vergeht durch Hochlegen; häufig Empfindung, als laufe heißes Wasser über die betroffene Stelle hinunter, aber nur *wenn das Bein hängt,* manchmal auch Klopfen an der Stelle, *wenn das Bein wieder herunterhängt. Magnetis australis* CM, eine Gabe.

11. Juni 1879, sie berichtet, das Gefühl heißen Wassers sei nicht mehr wiedergekehrt und der Schmerz innerhalb von zwei Tagen fast völlig verschwunden. – *Berridge.*

Mr. C. litt seit zwei Jahren an einem eingewachsenen Zehennagel; er hatte drei der besten Ärzte konsultiert, ohne Erfolg unzählige Mittel eingenommen. Ungefähr vor einem Jahr ließ er sich den Nagel mit der Wurzel ausziehen, was sehr schmerzhaft war; nach drei Monaten aber wuchs er nach und quälte ihn mehr als zuvor. Er nahm *Magnetis australis* M und war nach fünf Wochen vollständig geheilt. – *Swan.*

Mrs. D. litt seit fünf Jahren am linken Großzehennagel, der an der Außenseite eingewachsen war. Die meiste Zeit konnte sie an diesem Fuß keinen Schuh tragen, ohne daß der Schmerz sehr stark wurde, oder den Fuß belasten. Nach jedem Fehltritt blutete und eiterte es. Die Außenseite des Zehes war sehr entzündet und geschwollen, so daß nur der halbe Nagel sichtbar war. Keine Behandlung, selbst die Entfernung des halben Nagels, brachte mehr als vorübergehende Erleichterung.

Ein Tropfen *Magnetis australis* M. Danach sogleich Erleichterung. Der Zeh sah besser aus, war weniger empfindlich gegen Druck, und sie konnte ohne viel Schmerzen den Schuh anziehen. Die Schwellung am Nagelbett war fast völlig verschwunden, es sah dort aus, als sei ein Stückchen herausgeschnitten worden. Drei Gaben desselben Mittels, jeweils nachts. Nach ein paar Tagen war der Zeh völlig wiederhergestellt. – *Ballard.*

Mrs. C.S., 31 Jahre alt, blond, klagt über eine Art Verrenkungsschmerz im linken Unterkiefer; schlimmer morgens und bei Bewegung, mit dem Gefühl, als werde das Gelenkköpfchen in die Pfanne hineingepreßt. *Magnetis arcticus* M, drei Gaben, jeweils abends, beseitigten alle Symptome. – *Conaut.*

Eine junge verheiratete Frau nahm nach der Niederkunft rasch an Gewicht zu; diese Gewichtszunahme und der durch das Tragen hochhackiger Schuhe verursachte unnatürliche Druck auf die Zehenballen ließ an der Innenseite der linken Großzehe das Fleisch über den Nagel wachsen. Durch Vernachlässigung und unverständige örtliche Behandlung entwickelte sich ein Geschwür und danach eine ungesunde Granulation. Die Schmerzen waren so stark, daß sie den Fuß nicht mehr benutzen konnte. *Magnetis australis* M eine Woche lang jeden Abend. Nach zehn Tagen war der Zeh gesund und blieb es bis heute. – *Ostrom.* *

* Ich pflege in ähnlichen Fällen, den Südpol eines Magnetstabes in ca. 1 cm Entfernung über den kranken Zeh langsam hin- und herzubewegen, und erziele so meist durch eine einzige Behandlung eine Heilung. – *von Grundzinski*

Schlaf – Häufiges Gähnen mit Frostigkeit.

| Schlaflose Munterkeit vor Mitternacht und keine Neigung einzuschlafen.

Früh bei Tagesanbruch großer Drang zu schlafen, ohne einschlafen zu können.

| Öfteres Umwenden und Erwachen nachts im Bett.

Er erschrickt im Traum und wacht darüber auf.

|| Träume von Feuersbrunst.

Traum, es beiße ihn ein Pferd in den Oberarm und trete ihm auf die Brust; beim Erwachen tats ihm auch äußerlich auf der Brust weh.

| Im Traum Zank und Prügel.

Träume langdauernd fortgesetzten Inhalts mit Anstrengung der Denkkraft.

Ärgerliche Träume.

Langsames, laut schniebendes Ausatmen im Schlaf vor Mitternacht.

Langsames, laut schniebendes Einatmen nach Mitternacht.

Im Nachmittagsschlaf ein schnelles Schütteln der Arme und Hände.

| Ein ungewöhnliches Klopfen am Herzen, nicht als wenn das Herz selbst klopfte.

Fieber – Ein widriges Gefühl in der Knochenhaut der Gliedmaßen wie beim Antritt eines Wechselfiebers.

Scheint zu Erkältungen sehr aufgelegt zu sein.

Nachmittags ein kleiner Schauder.

Nachmittags oft ein kleiner Schauder über und über; beim Gehen in freier Luft ward es ihr schwarz vor den Augen und es entstand im Stehen ein Schütteln und Werfen der Muskeln der Gliedmaßen, die sie durchaus nicht stillhalten konnte, mehrere Minuten lang ohne Frostempfindung, dann erfolgt beim Sitzen Hitze im Kopf und im Gesicht.

| Frösteln in der Stube den ganzen Tag, vorzüglich nach einem Abendschlaf.

| Frost der Unterschenkel bis ans Knie mit nach dem Kopf aufsteigender Hitze und Blutandrang nach dem Kopf.

Schüttelfrost mit Kältegefühl zwei Stunden lang, ohne Durst und ohne kalt zu sein; dann starke Wärme, auch beim Gehen im Freien, mit Durst und Schweiß an der Stirn und Brust, besonders in der Herzgrube (sogleich).

Kälteempfindung im linken Arm, als wenn Eis darauf läge (sogleich).

Beim Trinken ein Schauder in den Waden.

Kälteempfindung in beiden Armen und der linken Seite.

Beim Frost viel Jucken auf dem Rücken.

| Abends Kälteempfindung ohne Schauder, über und über, ohne Durst, außer im Anfang des Frostes, und ohne kalt zu sein; dabei sehr verdrießlich, es war ihm alles zuwider, selbst das Essen; darauf Hitze und Schweiß über und über ohne Durst.

Innere Kälte im leidenden Teil.

Die linke Hand scheint ihm weit kälter, ist aber gehörig warm und wohl wärmer als sonst.

Einige Stunden nach dem Kältegefühl eine innere trockene Wärme beim Spazierengehen.

An den Oberschenkeln mehr Kälte und Kälteempfindung bei Hitze der Geschlechtsteile.

|| Beim Frost oder der Kälteempfindung war er ganz warm, doch war er genötigt, sich zu legen und sich fest zuzudekken; er hatte große Trockenheit im Munde; dann kam er in heftigen Schweiß über und über, ohne Hitzeempfindung, vielmehr schauderte es ihm immer über die schwitzenden Teile, als wenn sie mit Gänsehaut überliefen; sofort Fauchen in den Ohren.

Erwacht früh mit heftigem Kopfweh, etwas Hitze und abwechselndem Frost, und konnte das Bett nicht verlassen.

Mehr innerliche Wärme, ohne Durst.

Nach Tisch Gesichtshitze.

Wärmeempfindung an der Stelle der Berührung des Magneten.

Heiße Hände nach Mitternacht im Bett.

Großer Abscheu vor freier Luft, selbst wenn sie nicht kalt ist, dringt sie ihm durch Mark und Bein, unter ärgerlicher und weinerlicher Laune.

Gefühl, als wenn kühles Wasser über den Kopf bis an die Brust gegossen würde (sofort).

Unbehagliche, ungewöhnliche Wärme mit mürrischem Gemüt.

Zu verschiedenen Zeiten von einem Teil des Körpers zu dem anderen überlaufende Hitze, z. B. von dem Oberschenkel über das Schienbein herab.

Beim Liegen abends im Bett Wallung im Blut, als ob es in den Adern hüpfte.

Haut – Fressendes Jucken abends im Bett am Rücken und an anderen Teilen.

| Ein juckend stechendes Reißen bald hie, bald da abends im Bett.

Reines Jucken hie und da abends im Bett und beim Erwachen, was durch Kratzen leicht vergeht.

Abends im Bett Jucken hie und da, auch auf den Hinterbacken, und nach gelindem Kratzen Wundheitsschmerz.

Bei geringer Kälte erfriert er Nase, Ohren, Hände und Füße; sie werden dann in der warmen Stube heiß, sie kribbeln und jucken, mit Stichen.

Allgemeines – Kriechende Empfindung in der linken Seite und dem linken Arm (sogleich).

Etwas Ängstliches in den Gliedern (sogleich).

Kneifen im Fleisch hie und da.

Ein Kneifen in vielen verschiedenen äußeren Teilen des Körpers, nachmittags.

Zwicken und Kneifen an verschiedenen Teilen des Körpers (sogleich).

Einige Schmerzen in den Gliedmaßen wie vom Wachsen.

| Einzelne zuckende Schmerzen hie und da, die sogleich wieder verschwinden.

Zuckende Empfindung überall im Körper, als wenn man schnell gelaufen ist, und dabei ängstlich und zappelig.

Stechend brennende Schmerzen hie und da am Körper, vorzüglich an den Fingerspitzen.

| Zerschlagenheitsschmerz aller Glieder, so daß, wo er lag, er auf Steinen zu liegen glaubt.

Früh im Bett und beim Aufstehen Zerschlagenheitsschmerz in allen Gelenken, selbst in denen des Beckens, mit Schwächegefühl in beiden Bauchringen, als wenn ein Bruch heraustreten wollte.

Steifigkeit aller Gelenke.

| Schmerzloses Knacken in allen Gelenken bei Bewegung.

Sehr bald eine große Regsamkeit der Muskeln und Schnelligkeit in allen Bewegungen bei ruhigem Gemüt.

| Leichtigkeit des ganzen Körpers.

| Sehr matt in den Füßen beim Treppensteigen.

Beim Gehen im Freien sind die Unterschenkel wie zerschlagen, wobei ihn plötzlich eine Müdigkeit befällt, daß er eilen muß, sich niederzulegen.

Mitten auf dem Spaziergang wird er matt und noch matter darauf beim Sitzen.

| Trägheit und Schwere des ganzen Körpers mit einer Ängstlichkeitsempfindung, als wenn ihm ein Schlaganfall bevorstände, und als wenn er fallen sollte; dabei Hitzeempfindung des Gesichts und des ganzen Körpers mit Schauder untermischt.

Er konnte auf keiner Seite liegen, es war ihm da und dort nicht recht, und wußte selbst nicht warum.

Er kann früh im Bett durchaus nicht niedrig mit dem Kopf liegen, so sehr er es sonst auch gewohnt ist, wegen großen Andrangs des Blutes nach dem Gehirn, ohne Hitze im Kopf dabei zu empfinden.

Kleiner kaum fühlbarer Puls.

Malandrinum (Mauke der Pferde)

Die Krusten können ganz unterschiedlich sein, wie überhaupt bei den Tieren das Bild genauso stark wie bei menschlichen Hautkrankheiten derselben Gruppe variiert. Dr. *W.P. Wesselhoeft* gibt die folgende Beschreibung: „Die Krusten nahmen eine konische Form an; wenn man sie nicht beseitigte, bildete sich eine 3 cm dicke Schicht. Sie waren brüchig, feucht, gelb, von der Konsistenz einer Honigwabe. Wenn man sie beseitigte, zeigten sich tiefe Schrunden, und innerhalb von 48 Stunden bildeten sich die Krusten wieder bis zu ihrer ursprünglichen Dicke. Es bestand offensichtlich kein Juckreiz, aber eine gewisse Wundheit nach der Entfernung des Schorfes."

Die Form dieser Krusten erinnert an Ekzeme und Rupia.

Nach *Jenner* erfolgt die Infektion mit Kuhpocken durch Kontakt der Euter mit Gras, durch welches mit Mauke infizierte Pferde getrabt sind; die andere klassische Infektionsquelle sind, ebenfalls nach *Jenner,* die ungewaschenen Hände von Knechten, die die Kühe melken, nachdem sie mit Mauke infizierte Pferde versorgt haben. Diese Annahmen wären bis zu einem gewissen Grad durch die klinischen Erfahrungen vieler Homöopathen gestützt, die Malandrinum erfolgreich gegen Infektionen mit Pocken und gegen Impffolgen eingesetzt haben.

John H. Clarke sagte: „Es wurde aufgrund theoretischer Überlegungen mit großem Erfolg bei Impffolgen angewendet. Ich habe Fälle von ungesunder, trockener, rauher Haut geheilt, die nach Impfung jahrelang bestanden hatte; bei Pokken, Masern und Impetigo."

Burnett heilte mit Malandrinum einen Fall von X-Beinen bei einem Kind, das dauernd an seinen Penis faßte. Seine Wahlanzeigen: „Die untere Körperhälfte ist von einem fettigen Ausschlag befallen und zeigt eine fettige Haut. Langsame, nie aufhörende Pustelbildung, wenn die einen abheilen, bilden sich die nächsten.“

Impffolgen: Der verstorbene *Dr. Fellger* aus Philadelphia hatte wahrscheinlich mehr Erfahrungen mit der Behandlung der Pocken und der Impffolgen, als irgendeiner seiner Zeitgenossen. Viele Jahre hat er an diesem Thema gearbeitet und kam schließlich dazu, sich ganz auf Malandrinum als Prophylaktikum gegen Pocken und als Mittel für akute Fälle zu verlassen. Mit großem Erfolg benutzte er es bei konfluierenden Pocken. Wenn die Haut zwischen den Pusteln eine unnatürliche Farbe annimmt und die Pocken ineinander fließen, ist die Lage immer ernst und oft gefährlich. Wenn die Augäpfel rot und gestaut werden, kann der Arzt die Gefahr erkennen.

Dr. Boskowitz aus Brooklyn benutzte als erster Malandrinum. Er stellte die ersten Potenzen bis zur 30. aus den Krusten der „Mauke der Pferde“ her. Neben den Beobachtungen von *Dr. Boskowitz* bei der Anwendung des Mittels als Prophylaktikum und Therapeutikum gegen Pocken und Impffolgen wurden die Beobachtungen von *Raue, Carletan Smith, Wm. Jefferson Guernsey, Selfridge, Wesselhoeft, Burnett* und *Clarke* aufgenommen. Die Potenzen von *Boericke & Tafel* stammten von *Dr. Raue;* die von *Fincke, Swan* und *Smith*, New York, direkt von *Dr. Boskowitz*. Überflüssig zu erwähnen, daß diese Originalpotenzen von Hand hergestellt waren, wir halten sie jedoch alle für zuverlässig. Das Mittel wurde 1900 und 1901 ausführlich von *W. P. Wesselhoeft, H. C. Allen, Steere Holcombe* und Studenten des Hering College geprüft. Die bei der Prüfung verwendeten Potenzen reichten von der 30. und 35. bis zur 200. Kein Prüfer wußte, welches Mittel er nahm.

Wir halten es für ein tief- und langwirkendes Mittel, das nicht vor 14 Tagen wiederholt werden darf.

Impetigo, Ekthyma; besonders fettige, ölig aussehende, pustulöse Ausschläge werden durch das Mittel beeinflußt. *A.L. Marcy, H.R.* Vol. XIV, S. 530, berichtet über eine einzigartige Erfahrung mit Malandrinum 30. Während einer Pockenepidemie impfte er sich selbst, und nahm gleichzeitig morgens und abends Malandrinum 30. Die Impfung ging nicht an. Sie wurde zweimal wiederholt und ging immer noch nicht an; auch infizierte er sich nicht mit Pocken. Als er vier Kinder einer Familie impfen sollte, deren Eltern Pocken hatten, impfte er alle vier und gab gleichzeitig dreien von ihnen Malandrinum; das vierte Kind war das einzige, bei dem die Impfung anging. Hier war die Impfreaktion dann so heftig, daß Malandrinum zur Linderung gegeben werden mußte, die es dann auch deutlich bewirkte. Die anderen drei Kinder wurden ein zweites Mal geimpft, und wieder ging keine Impfung an.

Von fünf Kindern im Alter von sechs bis elf Jahren wurde nur das älteste geimpft, und es bildete sich eine ausgeprägte Narbe. Außer dem ältesten Kind bekamen alle anderen Malandrinum und wurden zusätzlich geimpft: Keine der vier Impfungen ging an. Das älteste steckte sich mit Pocken an. Daraufhin bekam es Malandrinum und ein paar Tage später war es auf dem Wege der Besserung. Auch in anderen Pockenfällen wurde Malandrinum gegeben, und die Krankheit dauerte dann nur wenige Tage, der Ausschlag trocknete ab.

Der erste Versuch einer Prüfung wurde von *Straube* mit der 30. Potenz durchgeführt, veröffentlicht in *H.R.*, Vol. XV, S. 145, in *H. W.*, Vol. XXXV, S. 504. Diese Symptome wurden mit aufgenommen.

GEMÜT – Verwirrung und Mattigkeit der geistigen Funktionen mit Furcht vor jeder geistigen Anstrengung, Konzentrationsmangel, was völlig neu und ungewöhnlich für ihn war und mehrere Wochen, nachdem er aufgehört hatte das Mittel zu nehmen, anhielt.

|| Schlechtes Auffassungsvermögen.

|| Gedächtnis schwach und schlecht; große Schwierigkeit zu erinnern, was er gelesen hat.

Verwirrtes Gefühl im Kopf mit heftigem Schmerz in der linken Schläfengegend, schließlich im linken Auge, als ob eine Säge durch den Augapfel auf- und niedergezogen wird; < durch Licht und Lesen.

Scharfer, stechender Schmerz, zuerst in der linken Schläfe, dann in der rechten. Verwirrung und Mattigkeit der geistigen Funktionen; Konzentrationsmangel und Furcht vor jeder geistigen Anstrengung.

Melancholie mit allgemeiner Müdigkeit.

Äusserer Kopf – Papelausschlag an der Kopfhaut. Gefühl von Müdigkeit am Atlanto-occipital-Gelenk jeden Morgen beim Aufstehen.

Jucken an der Kopfhaut, besonders am Abend.

Äußerst öliger Kopfschorf (was noch nie vorgekommen war) vier Wochen, nachdem die Pusteln ausgetrocknet waren.

Im Mai 1891 entwickelte ein Prüfer nach einer chirurgischen Infektion ein Fingergeschwür; er wurde homöopathisch behandelt. Seither bestand eine Neigung zur Bildung krustiger Pickel an der Kopfhaut, besonders am Scheitel; die Pickel waren einzeln stehend, verstreut, völlig frei von Juckreiz, weder schmerzhaft noch wund, an der Basis schmal, doch mit einer ziemlich hoch aufragenden, trockenen Kruste. Elf Jahre lang hatte dieser Zustand bestanden. Malandrinum 30, dreimal täglich, brachte den Ausschlag für drei Monate völlig zum Verschwinden, danach kehrte er allmählich zurück.

Impetigo bedeckt den Kopf vom Scheitel bis zum Nacken und erstreckt sich hinter die Ohren.

Dicke, grünliche Krusten mit blassem, rötlichem Schorf, juckend, < am Abend.

Impetigo bedeckt den Hinterkopf, erstreckt sich über den Rücken zum Gesäß, zu den Schamlippen und sogar in die Scheide.

Kopf – Stirn- und Hinterhauptskopfschmerz, Rückenschmerz, Müdigkeit und Frost, einen Tag lang.

Stirnkopfschmerz, kein Appetit, galliges Erbrechen und Müdigkeit.

Schwindel.

Schrecklicher Kopfschmerz und Rückenschmerz.

Spaltender Kopfschmerz in der Stirn, Frostigkeit, salziger Geschmack im Mund.

Stirnkopfschmerz, Rückenschmerz und Müdigkeit.

Schläfenkopfschmerz, Schwindel, Rückenschmerz.

Schrecklicher Kopfschmerz, Knochenschmerzen, galliges Erbrechen, Frostigkeit, Durchfall, Krankheitsgefühl.

Schmerz in der linken Stirn, nach Malandrinum.

Schwere im Kopf.

Schmerzen über den ganzen Kopf.

Schmerz im Hinterkopf, Appetitlosigkeit, kann nicht schlafen.

Kopfschmerz und Rückenschmerz, Nackensteife, Appetitverlust, Verstopfung und große Schwäche (nach Impfung).

Kopfschmerz, < in der Stirn, mit Bauch- und Rückenschmerz, mit allgemeiner Schwäche (nach Variolois).

Ausschlag an der Stirn, krustig mit starkem Jucken.

Augen – Rote Streifen unter den Augen.

Heftiger Schmerz im linken Auge, als ob eine Säge senkrecht durch den Augapfel auf- und abgezogen wird.

Nase – Trockene Rauhigkeit am Boden des linken Nasenloches, < links.

Gesicht – Die Haut von Gesicht und Nacken ist eingerissen und beißt nach dem Rasieren; er muß sich an warmen, feuchten Tagen rasieren.

Gesichtsekzem; intensiv brennend, sehr ödematös, eine zähe Flüssigkeit absondernd.

An der Oberlippe eine gelbe Kruste, wie eine Honigwabe.

Ohren – Reichlicher, eitriger, grünlich-gelber Ausfluß, mit Blut vermischt.

Das linke Ohr schmerzt beim Gehen.

Mund – Zunge gelb belegt; mit rotem Mittelstreifen, in der Mittellinie aufgesprungen und geschwürig; geschwollen.

Schrecklich übelriechende Atemluft.

Krebs des linken Zungenrandes, der sich in alle Richtungen ausbreitet; Zunge wund, kann nicht sprechen.

Einmal hatte ich einen sehr hartnäckigen Fall von Apthen, als ich Malandrinum 30 als Prophylaktikum gegen Pokken gab. – *H. S. Taylor.*

Hals – Wund und geschwollen; < links. Linke Tonsille geschwollen; sieben Tage lang gelbes Geschwür mit scharf geschnittenen Rändern; rauhes, kratzendes Gefühl, wie von einer Spelze oder einem Fremdkörper, der mechanisch entfernt werden muß; Schlucken schmerzlos.

Beginn der Einnahme von Malandrinum 200 am 24. Januar. Ich wachte am Dienstag, den 6. Februar zum ersten Mal in meinem Leben mit Halsweh auf. Die linke Tonsille war geschwollen und entzündet. Das linke Ohr tat weh, der Mund war links geschwollen und entzündet; viel Speichel. Diese Symptome dauerten an und verschlimmerten sich bis zum 5. März, dann waren sie so heftig, daß ich ein Antidot einnehmen mußte (Merc. M).

Die Halssymptome und Halsschmerzen beginnen links und erstrecken sich dann nach rechts.

Geschwürige, gräuliche Flecken an den Tonsillen und am Rachen, mit einem Kitzelgefühl beim Schlucken.

Geschwüre und Wundheit des Halses zeigten die Neigung, sich abwärts zu erstrecken und befielen den Kehlkopf.

Halsweh mit vielen Geschwüren, beginnend am dritten Tag, < links.

APPETIT, DURST – Durstlos; Wasser macht Übelkeit.

Überhaupt kein Durst.

ZÄHNE UND ZAHNFLEISCH – Die Zähne sind mit zähem Schleim bedeckt; muß sie mehrmals täglich mit einem Leinentuch säubern.

Zahnfleisch geschwollen, geschwürig, zieht sich von den Zähnen zurück; blutet leicht bei Berührung; kann wegen des wunden und blutenden Zahnfleisches die Zähne nicht putzen.

Ein dunkler, brauner, zäher, mit Eiter und Blut gemischter Schleim tritt aus dem ulzerierten Zahnfleisch aus.

Zahnbelag.

MAGEN – Übelkeit nach dem Essen; Erbrechen von galligen Massen.

Sehr hungrig.

Empfindung von Leere, Schwäche, „Vergehen“, mit Schwäche und Zittern, nicht > durch Essen, obwohl ein ausgeprägtes Verlangen nach Speisen besteht.

ABDOMEN – Schmerzen in der Nabelgegend.

STUHL – Diarrhoe: gelb, blutig, schleimig; sehr wechselhaft, < am Morgen, ätzend, wundmachend; das Kind sieht vertrocknet und ausgedörrt aus; schlaflos und hat 24 Stunden lang nichts getrunken.

| Dunkler, dünner, aashaft riechender Stuhl.

|| Diarrhoe: ätzend, gelb, stinkend, danach Brennen im Rektum und im Anus.

|| Dunkelbraun, übelriechend, fast zwanghafter Durchfall; Bauchschmerzen.

|| Dunkelbrauner, schmerzloser Durchfall.

| Schwarzer, übelriechender Durchfall; Schwäche, Übelkeit, Schwindel.

| Gelber, übelriechender, fast zwanghafter Durchfall mit großer Müdigkeit.

|| Schwarzer, übelriechender Durchfall, Krankheitsgefühl und Müdigkeit.

Die Gedärme sind träge, kein Drang; Stuhlgang nach Einlauf, danach aber stundenlang Gefühl wie wund geschlagen im Rektum; Furcht vor dem Stuhlgang.

Urin – Große Empfindlichkeit der Blase beim Gehen; Blase reizbar, häufiger Drang zu urinieren.

Männliche Geschlechtsorgane – Das Kind faßt dauernd an den Penis.

Heftige Erektionen in der siebenten und achten Nacht.

Schmerzhafte Erektionen in der siebenten und achten Nacht.

Schmerzhafte Erektionen in der zweiten Nacht mit großer Empfindlichkeit der Blase.

Weibliche Geschlechtsorgane – Die Vagina ist durch eine dicke, gelbliche, grünliche, braune, impetiginisierte Kruste verschlossen.

Rücken – Starker Schmerz quer über das Kreuz.

|| Schmerz den Rücken entlang, wie zerschlagen.

| Starker Rückenschmerz in der Kreuzbeingegend; unterhalb der Schulterblätter, < links; fast unerträglich. (*Dr. B.* nach drei Gaben der 200. Potenz).

Obere Extremitäten – Impetiginöse Krusten an den Streckseiten der Unterarme.

Rhagaden in den Handflächen und an den Fingern.

Ich mußte einen Fall von Variolois behandeln; nach vier Gaben von Malandrinum 30, eine Gabe täglich, hatte ich ein schweres Prüfungsbild vor mir, mit heftigen, tagelang andauernden Rückenschmerzen.

Untere Extremitäten – Schmerzen, besonders im linken Schienbein, mit petechienartigen Flecken an der Vorderseite des Beines vom Knie abwärts bis zu den Knöcheln.

Petechien an beiden Oberschenkeln, < links.

X-Beine.

Schwäche der Sprunggelenke, knickt leicht um bei einem Fehltritt.

Eine wunde Stelle im rechten Quadriceps femoris, als der Ausschlag verschwand, später wechselte er in die Muskeln des linken Beines mit Zunahme des Schmerzes und der Empfindlichkeit.

Mehrere Tage bevor Halsweh und Kopfschmerz einsetzten, dumpfer Schmerz in der linken Schienbeinkante.

Der linke Fuß ist naß von Schweiß; der rechte trocken. Vier Tage später (nach zweieinhalb Stunden Tanzen) triefen beide Füße von Schweiß.

Die Zehen fühlen sich wie verbrüht an und jucken unten schrecklich; mußte zweimal täglich die Strümpfe wechseln und die Füße morgens, mittags und abends in kaltem Wasser baden, hierdurch Erleichterung.

Starkes Jucken, < durch Reiben oder Kratzen.

Die Haut unter den Zehen ist aufgesprungen und blutig.

Reichlicher Fußschweiß mit aashaftem Geruch, die Zehen sind so wund, daß er nicht gehen kann; Erleichterung nur durch Hochlegen der bloßen Füße.

Das Jucken und Schwitzen setzt nach Bekleiden oder Hängenlassen der Füße wieder ein.

|| Fußsohlen schweißgebadet, wie verbrüht und brennend, wenn sie bekleidet sind oder warm werden.

| Große Bläschen an beiden Fußsohlen (keine neuen Schuhe), die Haut schält sich an beiden Füßen.

| Die Füße schlafen bei der geringsten Veranlassung ein, was er bisher noch nie erlebt hatte.

Kalter Schweiß an den Fußsohlen; nachts Gefühl, als ob kalte Luft an die Füße bläst, muß aufstehen und die Füße in die Bettwäsche drücken, hierdurch Erleichterung.

|| Tiefe, wunde und blutende Rhagaden an den Fußsohlen, > bei kaltem Wetter und nach dem Baden.

Mehrere Wochen lang Gliederschmerzen, viel schlimmer bei Müdigkeit (während einer Pockenepidemie).

Wundheit in allen Gliedern und Gelenken.

Umlauf an allen Finger- und Zehennägel.

Haut – Am 22. Oktober 1901 nahm ein 26-jähriger Mann in 24-stündigem Abstand je eine Gabe Malandrinum 30.

Am 22. November klagte er über ein brennendes, stechendes Jucken im Gesicht und an der Kopfhaut, < nachts. Ein paar Tage später war dort ein gut entwickeltes Ekzem, das trotz Behandlung mit einem Antidot vier oder fünf Wochen lang bestehen blieb.

Am sechsten Tag bedeckt ein pustulöser, stark juckender Ausschlag Brust und Schultern, mit hartem Knoten; der Ausschlag fing an zu verkrusten, ohne oder mit nur wenig Ausfluß aus den Pusteln.

Zwei Frauen hatten täglich eine Gabe der 200. Potenz genommen; am dritten Tag erschien bei der einen und am vierten bei der anderen ein leichter pustulöser Ausschlag im Gesicht und an der Brust. Der Ausschlag war bei beiden ähnlich und dauerte eine Woche lang.

Einige Tage nach einer Gabe Malandrinum 200 traten wenige kleine Pusteln am linken Arm in der Nähe der Impfnarbe auf. – *Geo. H. Clark.*

Nach dem Baden Empfindung von Roheit der Haut über der Brust und den Schultern, als ob die Haut abgekratzt worden wäre; wenn die Stellen bekleidet sind, mit brennendem, scharfem Reißen.

Ein Knötchenausschlag über Brust und Schultern erstreckt sich die Arme hinunter zu den Ellenbogen mit leichter Bläschenbildung, hinterläßt nach Abklingen dünne Krusten.

Bei Berührung trat ein brennendes Juckgefühl unter der Haut der Handfläche auf; nach Verschwinden des Ausschlages mehrere Wochen lang andauernd.

Ekzem des Gesichtes und der Kopfhaut mit brennendem, stechendem Jucken.

Impetigo an der Streckseite der Unterarme.

Kleine dunkelrote Flecken an den Beinen, verschwinden nicht bei Druck.

Nach der Impfung ist die Haut jahrelang trocken, rauh und ungesund.

Trockene, rauhe Haut.

Dicke Haut an Handflächen und Fußsohlen; tiefe Rhagaden, < bei kaltem Wetter, < durch Waschen mit jeder Art von Seife.

Haut fettig, öliger Ausschlag, äußerst fettige Haare.

Unaufhörlich bilden sich langsam Pusteln; wenn die eine abheilt, erscheint die nächste.

Ausschlag in Ellen- und Kniebeugen, rot, schuppig, mit starkem Jucken, < beim Warmwerden.

Schlaf – Ruheloser Schlaf; Träume von Schwierigkeiten, von Streit.

Malandrinum 30, als Prophylaktikum gegen Pocken gegeben, heilte einen hartnäckigen Fall von Apthen, in dem viele gut gewählte Mittel versagt hatten.

Malandrinum 30, eine Gabe täglich, vier Tage lang, machte eine Woche oder länger heftige Rückenschmerzen.

Wurde mit ausgezeichneten Ergebnissen bei Impffolgen angewandt.

Alle Mitglieder einer sechsköpfigen Familie waren geimpft worden; drei von ihnen erhielten gleichzeitig Malandrinum und zeigten nur eine kurzdauernde und leichte Impfreaktion; die anderen drei, die nicht Malandrinum bekommen hatten, wurden sehr krank, die Arme waren wochenlang wund und mußten behandelt werden.

Eine Frau mit einem silberdollargroßen und 2 cm tiefen Geschwür, das ständig eiterte und nicht heilen wollte; prompte Heilung durch Malandrinum.

Als Prophylaktikum gegen Pocken hat es sich in vielen Fällen bewährt und auch das Angehen der Impfung verhindert.

Hautsymptome bei fast allen, die Malandrinum als Prophylaktikum bekommen hatten; juckender Ausschlag an verschiedenen Körperstellen und im Gesicht, kaum sichtbar unter der Epidermis, mit nur wenigen, verstreuten Ausbrüchen an der Oberfläche.

Malandrinum wurde fast 600 Personen gegeben. Viele von ihnen waren vor oder nach der Gabe des Mittels einem direkten Kontakt mit Pockenkranken ausgesetzt; es trat nur ein Fall von sogenannter Variolois auf, wobei es sich um eine Prüfung von Malandrinum gehandelt haben könnte.

Eine Reihe von Personen während einer Pockenepidemie als Prophylaktikum gegeben, bewirkte Malandrinum 30 in mehreren Fällen ausgeprägte Prodromalsymptome: Kopfschmerz, Rückenschmerz, allgemeine Wundheit, Krankheitsgefühl, dickbelegte Zunge, Appetitverlust und mehr oder weniger Fieber.

Blutige Abszesse. Bösartige Pusteln. Impfgeschwüre.

„Die Kruste nahm eine konische Form an; wenn man sie nicht beseitigte, bildete sich eine 3 cm dicke Schicht. Die Krusten waren brüchig, feucht, gelb, von der Konsistenz einer Honigwabe. Wenn man sie beseitigte, zeigten sich tiefe Schrunden und innerhalb von 48 Stunden bildeten sich die Krusten wieder bis zu ihrer ursprünglichen Dicke. Es bestand offensichtlich kein Juckreiz, aber eine gewisse Wundheit nach der Entfernung des Schorfs.“ – *Wesselhoeft.*

Malandrinum 30: brennendes, stechendes Jucken im Gesicht, an der Kopfhaut, < nachts; einige Tage später ausgeprägtes Ekzem.

Malandrinum 200: zahlreiche kleine Pusteln am linken Arm, in der Nähe der Impfnarbe.

Mr. H., 42jähriger Amerikaner, das jüngste von zehn Kindern; der Vater starb mit 45 Jahren an Pneumonie; ein

Bruder starb mit 20 Jahren an Pneumonie; die Mutter starb in hohem Alter. Zwei Schwestern mit Rheumatismus.

Brünette, dunkle Haare, dunkelblaue Augen, athletisch und gesund bis zum 21. Lebensjahr. Keinerlei Tee, Kaffee, Alkohol oder Tabak; einfache und solide Lebensführung, wie auch Vater und Brüder.

Von Geburt an war seine Haut rauh und trocken; wie bei einem Bruder. Dicke Haut an Handflächen und Fußsohlen; Einrisse bei kaltem Wetter; tiefe Rhagaden mit wundem Grund; < bei trockenem, kaltem Wetter; < bei Benutzung von Seife oder irgendwelchen Alkalien; nach dem Rasieren ist die Haut an Gesicht und Nacken aufgesprungen und beißt; kann sich nur an feuchten, warmen Tagen rasieren.

Mit 21 Jahren hatte er Malaria und bekam sehr große Dosen Chinin. Danach hatte er keinen weiteren Fieberanfall mehr, war aber dauernd verstopft und bekam rheumatische Ischiasschmerzen, < bei kaltem Wetter, < vor Sturmwetter.
Er war dadurch seit zehn Jahren fast verkrüppelt.

Er hatte einen erweiterten Sphinkter; zweimal wurden Papillen entfernt, aber ohne dauerhaften Erfolg.

Träge Gedärme, kein Stuhldrang. Stuhlgang nach Einlauf, anschließend aber ein wundes Zerschlagenheitsgefühl im Rektum; Furcht vor dem Stuhlgang.

Durstlos; Wasser macht Übelkeit.

Im Februar 1901 Impfung. Sie ging etwas an.

Die untere Körperhälfte ist befallen; fettige Haut; fettiger Ausschlag. Langsame, unaufhörliche Pustelbildung, wenn die einen abheilen, erscheinen die nächsten. – *Burnett.*

Impffolgen; hat mehrere Fälle von ungesunder, trockner und rauher Haut geheilt, die nach Pockenimpfung jahrelang bestanden hatte, Masern und Impetigo. – *Clarke.*

Gesichtsekzem; Absonderung einer zähen Flüssigkeit; intensives Brennen; sehr ödematös; kleine Schuppen, abgeschälte Haut < durch Baden nachts; > in kalter Luft. – *Thompson.*

Der älteste Knabe einer achtköpfigen Familie, von der niemand geimpft worden war, infizierte sich mit Pocken. Bei einem Bruder, der mit ihm im Bett schlief, brachen am ganzen Körper die Pocken aus; die Mutter, die in wenigen Tagen niederkommen sollte, schickte ihn fort, und ich gab dem Rest der Familie sofort Malandrinum 200 mit dem Ergebnis, daß keiner von ihnen an Pocken erkrankte. Der Knabe, der bei seinem Bruder im Bett geschlafen hatte, bekam am zwölften Tag leichtes Fieber, das aber ohne irgendwelche Probleme wieder abklang. – *Bryant.*

Eine gelbliche Kruste, wie eine Honigwabe an der Oberlippe; sie bröckelte ab und hinterließ eine feuchte Fläche, die bald abheilte.

Scharfer, stechender Schmerz durch die Oberlippe mit gelegentlichem Brennen.

Kleine Pickel an Brust und Rücken mit intensivem Jucken, erstreckt sich zu anderen Stellen des Körpers und zu den Gliedern, < durch kalte Luft, beim Ausziehen.

Eine große, helle, gelblich-graue Kruste an der Seite der rechten Stirn, erstreckt sich zu den Schläfen und zum Haaransatz.

Ausschlag in Kniekehlen und Ellenbeugen; schuppig, krustig, Feuchtigkeit unter den Krusten und intensives Jukken.

„Die folgenden Symptome der Pocken wurden mit Malandrinum geheilt: Gliederschmerzen; Kopfschmerz; Schmerzen links im Kopf mit großer Schwäche; Rücken-, Kopf- und Bauchschmerzen; Schmerz in Kopf und Rücken; Müdigkeit, Frost und Erbrechen; Nackensteife; Verstopfung; kann vor Schwäche keine Treppen steigen; Trägheit; Schwächegefühl; schreckliches Jucken nach einem Pockenanfall; faulig stinkender Durchfall, Frost, Schwäche, Müdigkeitsgefühl; starke Schmerzen in der Gegend des Nabels; Wundschmerz in den Knochen, Schlaflosigkeit während eines Pockenanfalls. Weinen und Verdrießlichkeit von Kindern während Pocken; Rückenschmerz erstreckt sich zu den Fersen, Wundheit des Bauches, jeder Knochen des Körpers tut weh. Nach Malandrinum war der Ausschlag geruchlos.“ – *Straube.*

„Malandrinum wurde vielen ungeimpften Kindern gegeben, die direkt dem Pockenkontagium ausgesetzt waren; sie blieben ausnahmslos gesund. Vielen Personen habe ich jeweils eine Gabe direkt nach der Impfung gegeben, und nie, auch nicht bei einer zweiten Impfung, ging die Impfung an, obwohl sich das Impfvirus bei anderen, die nicht Malandrinum bekommen hatten, als wirksam erwiesen hatte. Ein Mädchen, das nach der Impfung unter schrecklichen Schmerzen und starker Entzündung und Schwellung des Armes litt, war nach zwei Gaben Malandrinum in zwei Stunden schmerzfrei und nach zwölf Stunden waren auch die objektiven Symtpome fast völlig verschwunden. – *Guernsey.* Man nimmt an, daß eine Gabe oder zwei Gaben im Abstand von 24 Stunden in jedem Fall einen Impfschutz für mindestens ein Jahr geben. Wiederholt werden sollte erst, wenn wieder eine Epidemie auftritt oder Pockenalarm gegeben wird.

Impetigo hinten am Kopf, erstreckt sich über den ganzen Rücken zum Gesäß und sogar in die Vagina, bedeckt die Schamlippen und die Streckseite der Unterarme.

Abszesse.

Bösartige Pusteln.

Impffolgen.

Kleine dunkelrote Flecken an den Beinen, die auf Druck nicht verschwinden.

Prüfung

Miss. A. W. C., groß und brünett; gewöhnlich gesund und kräftig; 50 Jahre alt, Krankenschwester.

Sie nahm am Mittwoch, den 6. Dezember, um 17.30 Uhr 20 Kügelchen Malandrinum 35.

Donnerstag, 7. Dezember, abends: Zahnschmerz im rechten oberen Eckzahn beginnt um 20 Uhr und dauert 2 Stunden bis zum Zubettgehen an.

Freitag, den 8. Dezember, abends. Eigenartiges Gefühl von Schnupfen in der Nase, ohne Ausfluß, mit einer ungewöhnlichen Empfindung von Furcht.

Samstag, den 9. Dezember, 9 Uhr. Ein eigenartiges dumpfes Weh in meiner linken Brust, in der Herzgegend, zwei Stunden andauernd.

Nachmittags gegen 14 Uhr, ein heftiger, dumpfer Schmerz im Kleinzehenballen; < bei Belastung. Er dauerte den ganzen restlichen Nachmittag an.

Sonntag, den 10. Dezember. Fühlte mich den ganzen Tag über sehr wohl und spürte mit Ausnahme der oben erwähnten Empfindung eine ungewöhnliche Heiterkeit und hatte einen besonders guten Appetit während der letzten vier Tage.

Keine neuen Symptome bis zum 19. Dezember, dann nahm ich morgens vor dem Frühstück zehn Kügelchen der 200. Potenz.

Hatte einen dumpfen, unangenehmen Kopfschmerz, der nach dem Sonnenuntergang verschwand.

21. Dezember. Früh am Morgen hinten im Kopf Schmerzen, die den ganzen Tag über andauern; nach einer bei einem Patienten durchwachten Nacht.

22. Dezember. Ungewöhnlich lebhafte und sehr unangenehme Träume.

23. Dezember. Wieder sehr lebhafte Träume, diesmal aber nicht so unangenehm (ich träume sehr selten).

Fühlte mich sehr wohl, nur hegte ich ungewöhnliche Befürchtungen wegen eines Patienten, ohne daß ich irgend einen Grund dafür hatte.

25. Dezember. Ungewöhnlich lebhafte Träume.

26. Dezember. Die ganze Nacht über Träume von Streitereien. Morgens beim Aufwachen war der linke Arm sehr lahm und eigenartig ruhelos, was äußerst unangenehm war.

Plötzliche Schmerzen in der rechten Hand, die rasch kommen und gehen und den ganzen Nachmittag über anhalten.

Mrs. G.F.S., Witwe, 58 Jahre alt, blond, gut entwickelt, neigt zur Fettsucht. Bemerkenswert gesunde Frau, nach Aussehen und Temperament würde man sie für 40 Jahre alt halten.

6. Dezember 1905; 22 Uhr, 15 Kügelchen der 35. Potenz.

Schon vor 23 Uhr spürte ich eine Kribbelempfindung in der Haut, besonders im Gesicht, als ob Ameisen darüber kriechen, mit Jucken.

Die Haut war rot, und ich mußte dem Drang widerstehen, an den Fingern zu ziehen und die Hände zu verdrehen; dies dauerte an und verstärkte sich noch, selbst nachdem ich mein warmes Bad genommen hatte.

Gegen 24 Uhr ging ich sehr schläfrig zu Bett, konnte aber nicht einschlafen, weil ich wegen des Kribbelgefühls nicht stilliegen konnte; es breitete sich über Arme, Schultern und Oberkörper aus, mit Zucken der Glieder.

Ich drehte mich von einer Seite auf die andere, konnte aber nicht lange genug ruhig liegen, um einzuschlafen. Gleichzeitig war ein Klingeln in meinem Kopf, wie vor Jahren, als ich einmal Chinin eingenommen hatte; es dauerte aber nicht lange.

Um 1.30 Uhr stand ich auf und schrieb dies nieder. Meine unteren Gliedmaßen schienen von den Empfindungen überhaupt nicht betroffen zu sein, aber ich mußte dauernd die Arme, das Gesicht, Kopf und Schultern kratzen, und Hände und Finger fühlten sich besonders ruhelos und nervös an. Innerlich hatte ich keine Störungen, außer in meinem Kopf. Um 2.30 Uhr schlief ich schließlich ein und schlief tief bis 6 Uhr.

7. Dezember. Beim Aufwachen waren die Symptome der vergangenen Nacht alle verschwunden, aber ich hatte einen scharfen Kopfschmerz und einen schlechten Geschmack in meinem Mund. Um 7 Uhr ging auch dies vorbei und ich fühlte mich schließlich wohl.

Als ich draußen spazierenging, wurde ich von heftigen Schmerzen im Rücken befallen, oder vielmehr ganz unten links am Kreuzbein, mit stechenden Schmerzen im Rektum. Das dauerte ungefähr eine Stunde an.

Um 14 Uhr fing ein übler Kopfschmerz über den Augen an, mit einem Völlegefühl im Kopf.

Als ich früh am Morgen die Schuhe anzog, waren meine Füße etwas geschwollen, nach einem Spaziergang um 12 Uhr (nicht ohne leichte Schmerzen) verging die Schwellung jedoch. Um 14.30 Uhr war der Kopfschmerz völlig verschwunden (er dauerte nur eineinhalb Stunden) und ebenso das Völlegefühl im Kopf. Danach fühlte ich mich bis Freitagmorgen vollkommen wohl.

8. Dezember. Gegen 11 Uhr hatte ich plötzlich wieder einen Kopfschmerzanfall, und es kommt mir so vor, als bestehe jetzt bei mir eine Neigung zum gelegentlichen Auftreten dieser Anfälle mit Völlegefühl des Kopfes, ohne daß irgendein offensichtlicher Grund vorliegt.

Freitag hatte ich drei Anfälle, sie dauerten aber nicht lange, zwischen einer halben und eineinhalb Stunden, nicht länger; auch hatte ich seit Mittwochabend, als ich die Kügelchen einnahm, bis Freitagnacht, 8. Dezember, keinen Stuhlgang.

9. Dezember. Als ich gestern abend zu Bett ging, hatte ich nach dem Hinlegen zehn Minuten lang einen scharfen

Schmerz im Kopf. Als ich heute morgen aufwachte, spürte ich einen unangenehmen Geschmack im Mund, fühlte mich aber bis 9 Uhr, als ich ausging, wohl, war dann aber kraftlos, und es fiel mir schwer, die Beine zu heben. Ich dachte, es könnte vielleicht daran liegen, daß ich keinen Kaffee getrunken hatte, woran ich vorher gewöhnt gewesen war (Sie hatten mich ja gebeten, während der Prüfung keinen zu trinken), und so aß ich einige Semmeln, ein Omlett und trank eine Tasse schwachen Tee, fühlte mich aber nicht wohler. Alle Bewegungen schienen unsicher zu sein. Ich hatte Angst, zu fallen oder zu stolpern. Beim Ein- und Aussteigen aus dem Wagen hatte ich Schwierigkeiten. Als ich eine sehr alte, enge und wackelige Treppe hinaufsteigen mußte, fürchtete ich, beim Hinuntergehen hinzufallen.

Ich hatte den ganzen Tag über keinen Kopfschmerz, aber so ein Gefühl, das mich finster dreinblicken und die Augen geschlossen halten ließ. Mir war, als müsse ich so schnell wie möglich heimgehen.

Seit zwei Tagen plagte mich mehrmals ein sehr starkes Hitzegefühl im Gesicht; keine Kälte. Wenn sich das Gesicht brennend heiß anfühlte, schwitzte ich manchmal an Gesicht und Kopf.

Heute morgen hatte ich wieder Stuhlgang, das erste Mal seit Mittwoch, den 6. Dezember.

Früher hatte ich vorübergehend immer ziemlich starke rheumatische Beschwerden in der rechten Hand, im Oberschenkel und der Hüfte, seit ich aber am letzten Mittwoch die Kügelchen eingenommen habe, habe ich keinerlei derartige Beschwerden wieder verspürt. Ich habe einen leichten Ausschlag an den Wangen und manchmal eine Stelle an der rechten Wange neben der Nase, größer als ein Dollar, die brennend rot ist und glänzt.

Sonntag, den 10. Dezember. Heute keine Symptome bis jetzt, 19 Uhr, beide Wangen brennen und haben ein entzündetes und glänzendes Aussehen. Vielleicht ist es ein neues Symptom, daß ich den ganzen Tag über sehr reizbar war.

11. Dezember. Der Rheumatismus in der rechten Hand und der Hüfte ist wiedergekehrt. Nachdem ich eine ganz kurze Strecke gegangen war, taten meine Beine so weh und waren so schwer und es zog so stark im Rücken und in den Hüften, daß ich mich hinsetzen mußte, und wenn ich sitze, verschwinden diese Empfindungen. Heute hatte ich zwei- oder dreimal ein Zucken im rechten Augenlid.

Donnerstag, den 12. Dezember. Nur einmal Zucken im linken Auge. Beim Gehen die gleichen Beschwerden in den Hüften, den Beinen und dem Rücken. Der Magen und der Bauch waren zwei Tage lang stark geschwollen.

Mittwoch, den 13. Dezember. Nichts Neues.

Donnerstags, den 14 Dezember. Nichts.

17. Dezember. Um 23 Uhr nahm ich die 200. Potenz in Flüssigkeit ein. 20 Kügelchen in vier Teelöffel Wasser gelöst.

Um 0.30 Uhr begann meine Haut zu jucken, und die Beine waren ganz zappelig, auch der übrige Körper war sehr ruhelos. Arme und Schultern waren aber nicht wie das letzte Mal von Jucken und Ruhelosigkeit befallen. Dieses Mal schien es der untere Teil des Körpers zu sein, obwohl ich auch im Gesicht etwas, aber viel weniger, von der Reizung spürte.

Montag, den 18. Dezember, 7.30 Uhr. Ich schlief fest von 0.30 Uhr bis 7.30 Uhr morgens, beim Erwachen waren alle Symptome der vorigen Nacht verschwunden.

Um 16 Uhr fing ein quälender Schmerz in der Stirn über dem linken Auge an, der bis gegen Mitternacht andauerte. Einmal lief er für eine kurze Zeit hinter dem linken

Ohr hinab. Er ging so plötzlich wie er gekommen war. In der Nacht nahm ich den letzten Teelöffel voll von dem Mittel. Ich schlief ohne Störung.

19. Dezember. Der Tag verlief ohne Schmerzen oder anderen Störungen, nur fühlte ich mich den ganzen Tag über einem Kollaps nah. Ich hatte keine Kraft in Armen und Beinen und mußte mich alle paar Minuten, gleichgültig wo ich mich gerade aufhielt, hinlegen. Mir war zum Einschlafen, die Atmung war tief und schwer, wie ein Schnaufen. Der Körper fühlte sich schwer an, und ich hatte Schwierigkeiten, beim Gehen die Beine zu heben. Immer wieder seufzte ich tief auf. Das alles besserte sich gegen 18 Uhr.

Diesmal hatte ich nach Einnahme des Mittels keine Darmbewegungen, gestern zeigte sich ein mehr oder weniger starker Ausschlag an der Wange neben der Nase, er sah aber nicht so rot und glänzend aus, wie bei der ersten Einnahme (der 35. Potenz).

Jedesmal wenn ich das Mittel einnahm (das erste Mal in Form von Kügelchen, diesmal in Flüssigkeit gelöst), zeigte sich an meinem Handgelenk ein leichtes Wiederaufflakkern eines Ausschlages, den ich schon einmal gehabt hatte, als ich vor Jahren an Gürtelrose litt. Diesmal zeigten sich keine rheumatischen Beschwerden, wie offensichtlich das erste Mal, als ich die Kügelchen einnahm. Seit ich angefangen habe, das Mittel zu nehmen, habe ich festgestellt, daß, immer wenn ich mich aufmachte spazierenzugehen, in Kürze mein Allgemeinzustand nachließ, wie wohl ich mich auch vorher gefühlt haben mochte. Speziell die Därme, Oberschenkel und Beine, auch die linken Zehen und besonders der große Zeh, machten mir in einer Weise Beschwerden, die ich vorher nicht gekannt hatte; sie hatten keine Ähnlichkeit mit Krämpfen oder mit Gicht; während ich sonst immer leichtfüßig bin und mich mühelos und schnell bewege, konnte ich mich an diesen Tagen kaum aufrappeln und fühlte mich schwer und bewegte mich schwer, auch hatte ich ziemlich viel Kopfschmerz, eine Sache, die ganz ungewöhnlich für mich ist; auch bestand oft Kurzatmigkeit mit einer Neigung zum Pfeifen.

20. Dezember, 7 Uhr. Wachte mit einem üblen Kopfschmerz auf (der schlechte Mundgeschmack beim Aufwachen, den ich während der Einnahme der Kügelchen, der 35. Potenz, hatte, trat diesmal überhaupt nicht auf). Keine weiteren Symptome nach dem 20. Dezember.

Mrs. J.F.C., 62 Jahre alt; eine große, gut entwickelte, grauhaarige, früher blonde gebürtige Engländerin, die 20 Jahre lang in München gelebt hatte.

8. Mai 1900. Bis vor acht Jahren war sie bei ungewöhnlich guter Gesundheit gewesen. Dann trat ein Ausschlag an der Oberlippe auf, der eine gelbliche, wabenartige Kruste bildete. Teile davon bröckelten ab und hinterließen einen feuchten Grund, auf dem sich wieder eine ähnliche Kruste bildete; gelegentlich ein Brennen und in längeren Abständen scharfe, stechende Schmerzen durch die Oberlippe.

Deutsche Spezialisten hatten erfolglos alle möglichen äußerlichen Behandlungen angewendet. Nach Verätzung blieb der Ausschlag einmal sechs Monate lang weg. Dann empfahl *Dr. Jochner*, München, die operative Entfernung, der sie aber nicht zustimmte. Nach ihrer Rückkehr nach Amerika, wurde ohne Erfolg weiter mit lokaler Behandlung experimentiert.

Ich konnte keinerlei konstitutionelle Symptome erheben. Auch konnte ich keinerlei Zusammenhang mit der Pokkenimpfung oder einer Wiederauffrischung feststellen, denn sie berichtete mir, daß seit der Kindheit keine Wiederauffrischung stattgefunden habe, ein sehr beachtlicher Umstand für einen zwanzigjährigen Aufenthalt in Deutschland.

Ihr Aussehen war so häßlich, daß sie weitgehend jeden gesellschaftlichen Kontakt vermied, was sie niedergeschlagen und ängstlich machte. Vom 8. Mai 1900 bis Februar 1901 bekam sie in langen, mindestens dreiwöchigen Abständen, einzelne Gaben Sulphur, Arsen und Kali-c. Letzteres Mittel nahm sie am 20. Juni 1900, und bis Febuar 1901 konnten wir auch eine gewisse Besserung beobachten (sie bekam in der Zwischenzeit nur Placebos), dann aber erschien sie in einem genau so schlimmen Zustand, wie am Anfang.

Weil mich der Ausschlag stark an die Mauke der Pferde erinnerte, gab ich ihr am 5. Februar 1901 eine Gabe Malandrinum 24M.

1. April. Insgesamt hatte sich die Kruste in Dicke und Durchmesser erheblich verändert, der Grund war aber immer noch klebrig und feucht. Ich wiederholte Malandrinum 24M und gab weiter Placebos, was eine leichte Besserung brachte. Am 27. April bekam sie Malandrinum CM, was zu einer weiteren allmählichen Besserung während Mai und Juni führte.

15. Juli. Die Kruste hatte auf die Hälfte abgenommen, saß aber immer noch auf feuchtem Grund, Malandrinum CM.

26. Oktober. Sie stellte sich mit einer vollkommen sauberen Lippe vor. Bis heute, 11. Dezember 1906, kein Rezidiv.

Miss M.N.H., 19 Jahre alt, mittelbrünett, Studentin.

27. Dezember 1904. Vor drei Jahren war zum ersten Mal ein Ausschlag an Brust und Rücken aufgetreten. Kleine Pickel, die intensiv juckten, und die sich dann auf andere Stellen des Rumpfes und der Glieder erstreckten; < wenn sie der Luft ausgesetzt waren und beim Entkleiden.

In den beiden letzten Monaten ist eine andere Art Ausschlag im Gesicht aufgetreten, eine sehr häßliche, leicht gelblich-graue Kruste rechts an der Stirn, die sich zur

Schläfe und unter die Haare erstreckt. Während der letzten drei Jahre ist sie ohne Erfolg mit verschiedenen Mitteln äußerlich behandelt worden. Der Ausschlag an der Stirn ist leicht gereizt und juckt, aber weniger stark als der Ausschlag am Körper.

Sie klagt über Schwäche- und Leeregefühl im Magen, ohne daß wirklich Hunger besteht. Diese Gefühle sind besonders deutlich seit dem vergangenen Juli und sie werden durch Essen nicht vermindert. Alle Körperfunktionen sind normal.

Vor dem zwölften Lebensjahr war sie wiederholt geimpft worden. Mit 12 ging die Impfung an, an der Impfstelle entwickelte sich eine lästige Eiterung.

Sulphur CM, in Wasser gelöst, morgens und abends ein Teelöffel, über 48 Stunden.

21. Januar 1905. Der Ausschlag hat zugenommen und juckt stärker. Kein Schwächegefühl im Magen. Der Appetit ist ziemlich unnormal, Verlangen nach herzhafter Kost.

Psorinum CM in Wasser gelöst, zwei Tage lang morgens und abends.

18. Februar. Das Jucken ist weiterhin stark. In Kniekehlen und Ellenbeugen ist ein Ausschlag aufgetreten. Sie meint, nach dem Kratzen sei er weniger feucht. Placebo.

15. März. Keinerlei Besserung. Alle Symptome sind gleichgeblieben, nur das Schwächegefühl im Magen ist verschwunden. Malandrinum 24M, eine Gabe trocken.

15. April. Der Ausschlag an der Stirn scheint weniger dick zu sein, aber er juckt weiterhin stark. Malandrinum 24M, eine Gabe trocken.

13. Mai. Entschieden weniger Jucken; weniger Feuchtigkeit, sowohl am Gesicht, wie auch am Körper. Der Ausschlag an der Stirn ist am unangenehmsten. Die Kruste ist weniger dick. Malandrinum 24M, eine Gabe trocken.

12. Juni. Entschieden besser. Placebo.

10. Juli. Frappierende Besserung. Die Stirn ist völlig frei von Krusten und irgendwelchem Ausschlag. Wo vorher die große Kruste war, ist die Haut normal. Auch der Ausschlag am Rumpf ist gebessert; kein Jucken. Kniekehlen und Ellenbeugen frei von Ausschlag.

9. Dezember. Hatte den ganzen Sommer über keinen Ausschlag. Seit das Wetter kalt ist, leichtes Wiederauftreten an Stirn und Nacken, jedoch keine Kruste.

Kleine, leicht juckende Pickel. Meint, ihr Haar falle aus. Malandrinum 24M, eine Gabe trocken.

10. März. Keinerlei Ausschlag. Am ganzen Körper normale Haut. Kein Jucken. Kein Haarausfall. Im November 1906 berichtet mir eine Verwandte in einem Brief, daß sie völlig gesund und das glücklichste Mädchen in der Stadt sei.

Miss G. W., 40 Jahre alt, hellblond, sehr gesund.

6. Dezember. Zehn Kügelchen Malandrinum, 38. Potenz, Mittwoch um 12 Uhr.

Beim Mittagessen um 14 Uhr vorübergehende, vielleicht zwei Minuten andauernde Leichtigkeit des Kopfes.

Freitag, den 8. Dezember. Wachte um 4 Uhr mit einem Anfall von sinkender Schwäche auf; sie stand auf und ging einige Minuten im Zimmer herum; nachdem sie sich wieder ins Bett gelegt hatte, war sie eine halbe Stunde lang frostig.

Montag, den 11. Dezember. Den ganzen Tag lang Übelkeit, > nach dem Essen; Unsicherheit, Schwächegefühl im Magen.

Donnerstag, den 12. Dezember. Weiterhin die gleiche Übelkeit, < nachmittags, mit *dumpfem Stirnkopfschmerz.*

Nach dem Abendessen um 19 Uhr Übelkeit mit Aufstoßen, das nach Speisen schmeckt.

Mittwoch, den 13. Dezember. Sie schlief von 23 Uhr bis 4 Uhr, dann anfallsweises Aufstoßen von Luft mit Speisengeschmack; heute keine Übelkeit; trank heute morgen eine Tasse Kaffee, was die Übelkeit beseitigte.

Fühlt sich am ganzen Körper schwach und erschöpft.

Es war ihr so schlecht gegangen, daß sie sich weigerte, mehr von dem Mittel einzunehmen; mit Tränen in den Augen bat sie mich, ihr nichts mehr zu geben, sie würde mit Sicherheit wieder die „nervöse Erschöpfung“ bekommen, an der sie vor vier Jahren ein Jahr lang gelitten habe.

Prüfungstagebücher

Von *W. P. Wesselhoeft,* M. D.

Miss E. M. B., brünett, Neigung zur Fettsucht, 50 Jahre alt, seit 18 Monaten keine Menses.

6. Dezember. Um 13 Uhr zehn Kügelchen der 35. Potenz.

Mittwoch, 6. Dezember, nachts. Schlief schlecht, wachte häufig auf, unangenehme Aktivität des Geistes, springt von einem Gedanken zum anderen.

Donnerstag, den 7., vormittags. Völlegefühl im Kopf, hinten im Nacken Schmerz (im obersten Wirbelgelenk, zieht abwärts in die Arme und aufwärts hinter die Ohren).

Freitag, den 8. Dezember, abends. Leichte Wundheit und Schwellungsgefühl in der Gegend des Gaumens und zwischen Nase und Hals.

Sonnabend, den 9. Dezember. Kleine Bläschen *mit Kruste* am linken Mundwinkel; vor zwei Tagen eine größere Blase an der Unterlippe.

Samstagnacht hellwach.

Sonntag, den 10. Dezember, vormittags: Wundheit und Roheit zwischen Hals und Nase dauern an; < links.

19 Uhr. Veränderliche Schmerzen im Unterbauch. Plötzlicher, drängender Stuhlgang bringt Erleichterung (zwei-

mal am Abend), Vollheit und Schwere im Unterbauch mit dumpfem Weh, aber nicht sehr ausgeprägt.

Montag, den 11. Dezember, vormittags: beim Aufwachen Mundtrockenheit, den ganzen Tag über sehr durstig. Die Zunge fühlt sich groß an, die Trockenheit folgt der Wundheit zwischen Nase und Hals (links).

19 Uhr. Die gestern beschriebenen Empfindungen im Bauch treten wieder auf.

Dienstag, den 12. Dezember. Mundtrockenheit morgens. Weiterhin Durst und große Zunge.

Mittwoch, den 13. Dezember. Weiterhin Mundtrockenheit und große Zunge. Gefühl von Wundheit und Lahmheit unterhalb des Unterkiefers und des Kinnes, wenn der Mund sehr weit geöffnet wird. Bei starkem äußerlichem Druck auf die Mitte des Unterkiefers Wundheitsgefühl beidseits.

18. Dezember 1905. Malandrinum in Wasser gelöst, das erste Mal um 8 Uhr, das zweite Mal um 22 Uhr.

19. Dezember, 9 Uhr. Dritte Gabe. Vier oder fünf kleine rote Pickel am linken Unterarm. Kein Jucken.

22 Uhr. Vierte Gabe. *Jucken* an Rücken, Nacken und Schultern, < links. Nach dem Entkleiden und nach dem Zubettgehen mehr als eine Stunde lang sehr lästig.

20. Dezember, 10 Uhr. Über eine Stunde lang nach dem Frühstück sehr unangenehmes Gefühl im Kopf, kaum zu beschreiben.

Empfindung von Leichtigkeit und trotzdem auch von Druck am Scheitel: Die Empfindungen beschränken sich auf die Gegend über den Ohren.

Gefühl von Bewegung in den Augen. Das Sehen ist unklar und unstetig.

Schneller Puls, spürt den Schlag in den Ohren und im Nakken; Atmung kurz und schnell.

Schwächegefühl in Händen und Handgelenken.

Kitzelempfindung in Armen und Händen.

Klopfen im Scheitel; zischendes Geräusch in den Ohren, im Rhythmus des Pulsschlages.

Den ganzen Tag über Erschöpfungsgefühl.

21. Dezember, 11 Uhr. Wiederkehr der gestrigen Symptome, nicht ganz so heftig.

22 Uhr. Starke Beschwerden durch schnelles Herzklopfen mit gelegentlichem Aussetzen beim Zubettgehen; Zischen in den Ohren, Schwächegefühl in den Armen.

Fühlt sich besser bei hochgelagertem Kopf.

Die kleinste Bewegung beschleunigt den Herzschlag.

Die genannten Symptome dauern eine Stunde und länger an.

Wachte durch ein Geräusch plötzlich um 24 Uhr auf; die erste Empfindung war ein Beben oder Vibrieren in oder hinter den Augen.

Empfindung von *großer Schwere des Körpers*, sie meinte, das Bett könne ihr Gewicht nicht aushalten.

22. Dezember. Nach 4 Uhr schlaflos.

11 Uhr. *Leichte* Wiederkehr der gestrigen Symptome zur gleichen Stunde.

Niedergeschlagen, besorgt, ängstlich.

Schlief etwas besser.

23. Dezember. Die Niedergeschlagenheit dauerte den Vormittag über an und begann gegen Abend zu verschwinden.

28. Dezember, 10 Uhr bis 11 Uhr, Jucken oder Prickeln an Rücken, Armen und Beinen; weniger ausgeprägt am restlichen Körper; durch Wärme größere Erleichterung als durch Kratzen.

Bis heute (10. Jan.) ist dies Symptom *in unregelmäßigen Abständen von einem bis zu vier Tagen wieder aufgetreten.*

31. Dezember. Empfindung von Schwellung und Wundheit im Hals oder zwischen Nase und Hals, hinten am Gau-

men; der Schmerz wandert nach oben in die Ohren, links. Durst.

Nachts Frostgefühl beim Wechseln der Kleidung (das gleiche morgens beim Anziehen); *Kopfschmerz.*

2. Januar. Sie brachte etwas Schleim aus Nase und Hals heraus, hierdurch Erleichterung und allmähliche Abnahme der Beschwerden, obwohl die Trockenheit der Nase und des Halses auf der linken Seite andauern (10. Januar).

Malaria officinalis

Dieses wertvolle Mittel verdanken wir dem verstorbenen *G. W. Bowen*, Fort Wayne, Ind.

Schon *Hahnemann* sammelte reichlich Erfahrung mit Malariafieber in den Donauniederungen; die Fieber in den pontinischen Sümpfen des Tiber sind historisch.

Dr. Bowen lebte am Wabash River, in einer berüchtigten Malariagegend, und viele Jahre lang behandelte er Patienten, die an allen Formen von Malaria litten.

Man hat die Malaria auf die sumpfigen Ausdünstungen während des Sommers und Herbstes, wenn das Wasser durch die Hitze verdunstet ist, zurückgeführt. Mit diesen giftigen Ausdünstungen der faulenden Vegetation hatte es *Dr. Bowen* zu tun. Er behandelte Malariafieber und seine Folgekrankheiten, intermittieriendes, remittierendes, kontinuierliches, typhoides Fieber usw. Häufig stellte er fest, daß eine schlechte Behandlung der akuten Erkrankung unterdrückte Formen hervorbrachte, unter denen er alle Arten von chronischen Krankheiten fand. Er hielt es für nützlich, die Wirkungen eines künstlichen Toxins zu prüfen, das aus Torf oder aus verfaultem Pflanzenmaterial hergestellt war, die einem Sumpf während der Trockenperiode, wenn das Malariagift am aktivsten ist, entnommen worden waren. Das Pflanzenmaterial wurde in mit Wasser gefüllte Gläser gebracht und der Zersetzung überlassen. Die Gläser wurden mit I, II und III bezeichnet, entsprechend der ein-, zwei- oder dreiwöchigen Zersetzungszeit.

Am Ende der jeweiligen Zersetzungsperiode wurden durch Einatmen der Dämpfe Prüfungen durchgeführt, genauso wie auch der Patient natürlicherweise das sumpfige Miasma einatmet. Die Prüfer wurden ausreichend bezahlt, damit sie auch bereit waren, die Gase der verschiedenen Zersetzungsstadien einzuatmen, und es wurden sorgfältige Tagebücher geführt. Auf diese Weise wurden die rohen Ausdünstungen getestet.

Zu medizinischen Zwecken wurde eine Tinktur hergestellt, indem zehn Tropfen Flüssigkeit der Nr. II, in der das Material zwei Wochen lang der Zersetzung überlassen gewesen war, mit neunzig Tropfen Alkohol vermischt wurden; diese Lösung bildete dann die erste Dezimalpotenz und alle von *Bowen* mitgeteilten Heilungen wurden hiermit erzielt.

Boericke & Tafel stellten aus dieser Tinktur eine 30. Potenz her, die *Yingling* einatmete, wodurch es zu einer unfreiwilligen Prüfung kam. Später stellten *Boericke & Tafel* eine 30. Potenz der Nr. III her, die von *Gorton* weiter hinaufpotenziert wurde, und die *Yingling* bei seinen klinischen Versuchen benutzte.

Die bezahlten Prüfer der Aufbereitung Nr. I, die keine sehr starke Ausdünstung entwickelte, erzielten ein bis drei Stunden nach Inhalation die folgenden gleichförmigen Ergebnisse: „Kopfschmerz, Übelkeit, Magenbeschwerden, weiß belegte Zunge.“ Die Symptome verschwanden im Verlauf von zwei oder drei Tagen.

Bei den Prüfern der Nr. II traten im Verlauf von zwölf bis vierundzwanzig Stunden Symptome auf, die viel stärker waren und länger dauerten: „Schrecklicher Kopfschmerz, Übelkeit, in einigen Fällen Erbrechen, Abneigung gegen Speisen, Schmerzen im Magen, in den Hypochondrien, anfangs in der Milz, dann in der Leber und im Magen, am dritten Tage starke Fröste, die so heftig waren, daß ein Antidot gegeben werden mußte.“

Aufguß Nr. III, der „fürchterlich verfault“ war, machte drei oder vier Tage lang außer Übelkeit kaum Symptome, dann aber setzten Beschwerden ein; zunächst extreme Mattigkeit, Fröste und Fieber, Schmerzen, Einschränkung der Fortbewegung.

Bei oraler Einnahme waren die Wirkungen viel heftiger:

Nr. I verursachte Gallekoliken, Übelkeit, Krämpfe, Kopfschmerz.

Nr. II führte zur Beteiligung von Magen, Leber, Milz und Nieren, mit Drei- oder Viertagefiebern.

Nr. III bewirkte ein noch ernsteres Bild, einen echten typhoiden oder paretischen Zustand, der die Prüfer zu Bettruhe zwang.

Als ich von *Boericke & Tafel* Malaria off. 30 erhielt, war ich so töricht, noch am gleichen Tage *Hahnemanns* Inhalation auszuprobieren. Die Idee kam mir ganz plötzlich, und ohne zu überlegen machte ich drei starke Inhalationen, was sowohl zu Reue, wie auch zu einer Prüfung führte. Kein Symptom war quälend, doch waren alle ausgeprägt und klar umrissen. Die Mittelwirkung setzte sofort und in der folgenden Reihenfolge ein:

Beide Ellenbogen taten weh.

Gefühl von einer Art leichtem Zusammenziehen in der Nasenwurzel und direkt darüber, als ob ich eine schwere Erkältung habe, ähnlich den Beschwerden von Heuschnupfenpatienten.

Die Handgelenke tun weh.

Ein Ermüdungsschmerz in den Händen.

Ein Ermüdungsschmerz in den Knien und ein Stück darüber und darunter.

Ein Gefühl, als ob ich schwindelig würde.

Schmerz oben im linken Fußrücken.

Ein Ermüdungsgefühl in den Handgelenken.

Schmerzen im früher entzündeten (geheilten) linken Fußballen.

Empfindung an der Zungenspitze, als wären dort ein paar Gewürz- oder Pfefferkörnchen.

Jucken an der rechten Backe über dem Backenknochen; > durch leichtes Reiben oder Kratzen.

Beim Aufstützen des Gesichtes auf die linke Hand mit dem Ellbogen auf den Tisch deutliches Gefühl des Herzschlages durch den Oberkörper und Nacken.

Leichtes Jucken an verschiedenen Stellen des Gesichtes und der Extremitäten; > durch leichtes Reiben.

Hitzegefühl im Bauch.

Frostgefühl im linken Unterarm. Bald darauf Frostgefühl in Händen und Fingern; die Füße sind kalt mit dem Gefühl, als ob das Frösteln dabei ist, die Beine hinaufzukriechen. Einige Augenblicke später fühlen sich die Knie kalt an. Ein Kältegefühl steigt von den Beinen über den Körper aufwärts.

Die Arme fühlen sich müde an.

Mehrmals Aufstoßen, leicht; geschmacklos.

Ein ziehender Schmerz im rechten Außenohr.

Der Rücken fühlt sich in der Lumbalgegend müde an, als würde er weh tun.

Ermüdungsgefühl im Nacken mit leichtem Krachen im oberen Teil bei Bewegung des Kopfes.

Atmung flach, anscheinend durch Mattigkeit, mit dem gelegentlichen Drang, einmal tief einzuatmen.

Eine Art Ermüdungsgefühl durch Bauch und Brust.

Ein allgemeines Müdigkeitsgefühl.

Ein Gefühl in der Gegend des Kopfes, als würde ich schwindelig werden.

Schmerz in den oberen linken Zähnen.

Die Empfindung, als stünde ein sehr leichter Stuhlgang bevor (verging ohne Stuhlgang).

Fühlte mich ziemlich stumpf und schläfrig.

Eine Empfindung in der Milz, als würde sie weh tun.

Mehr Speichel als gewöhnlich; dadurch muß ich oft schlucken.

Rechts vom Nabel Schmerz im Bauch.

Dumpfes Weh durch die Stirn.

Das Gesicht fühlt sich warm, wie errötet, an, ebenso der Kopf; die Empfindung breitet sich über den ganzen Körper aus, wie im Fieber.

Quer über der Kreuzbeingegend tut es weh.

Die Beine sind sehr müde nach einem kurzen Spaziergang.

Schmerz oben im rechten Darmbeinknochen.

Allgemeine Müdigkeit nach einem sehr kurzen Spaziergang, besonders durch das Becken, die Kreuzbeingegend und die oberen Oberschenkel. Ich hab den starken Wunsch, mich hinzulegen und auszuruhen.

Unwohlsein im Magen, als ob mir gleich übel wird.

Das allgemeine Müdigkeits- und Krankheitsgefühl wird sehr ausgeprägt.

Über dem inneren Winkel des rechten Auges tut es weh.

Eine Art Aufwallen durch den ganzen Körper.

Mußte mich hinlegen, beim Einschlafen zieht eine Welle von Schwindel durch den ganzen Körper und verhindert den Schlaf.

Manchmal fühle ich mich, als hätte ich eine Erkältung oder Schüttelfrost, dann wieder als bekäme ich Fieber oder sei heiß, beides ist aber nicht sehr ausgeprägt.-

Die Augen fühlen sich schwer und schläfrig an.

Unbehagliches Gefühl im Unterbauch.

Gähnen und Drang, mich zu strecken.

Die Beine sind ruhelos; möchte sie strecken und bewegen.

Ich fühle mich ganz so wie vor 25 Jahren, bevor ich die Malaria bekam.

Die Speisengerüche sind angenehm, ich habe aber kein Verlangen nach einem Mittagessen. Wenn ich mich jedoch zu Tisch setze, nehme ich ein gutes Essen mit Appetit zu mir.

Schwindel beim Erheben aus einer zurückgeneigten Stellung.

Nach dem Mittagessen fühle ich mich allgemein besser.

Im Hinterkopf tut es weh.

Nachmittags sind die Beine müde.

Ungewöhnlich kräftiger Appetit aufs Abendessen (dieser gute Appetit bleibt mir mehrere Tage lang).

In der folgenden Nacht schlafe ich sehr gut und fühle mich anschließend glänzend, im allgemeinen besser, als an irgend einem anderen Tag seit Beginn der Prüfung. (Heilung).

„Ich kenne mehrere Gegenden in Südamerika, Afrika und Spanien, wo das Sumpfmiasma unzweideutig die tödliche Geißel der Menschheit, die Lungenschwindsucht, zum Stehen gebracht und ausgeheilt hat, ohne irgendeine Zusatzbehandlung oder Diät. Warum sollte sich nun das Klima der Sumpfgegenden von Lincolnshire, in der Nähe von Spalding, nicht als eine genauso wirksame Heilkraft für diese Krankheit erweisen, wie das Klima so vieler ausländischer Gegenden, wohin die Patienten reisen und wo sie dann ohne alle Annehmlichkeiten ihres Zuhauses sterben? Es wird berichtet, daß unter den britischen Gegenden Penzance 90 Prozent aller anderen Orte, an die Patienten geschickt werden, überlegen sei. Deshalb sollten Penzance und Spalding genauer von Ärzten untersucht und den schwindsüchtigen Patienten empfohlen werden, die den Wunsch haben, an einem Ort ihres Heimatlandes Besserung, wenn nicht sogar Heilung zu finden."

C.F., 28 Jahre alt, freiwilliger Soldat aus Kansas, kam nach einer Woche oder zehn Tagen regnerischen und kalten Wetters im Lager krank nach Hause. Er hatte Schüttelfrost mit anschließendem Fieber und Würgen. Verlangen nach kalten Getränken. Kann nichts essen; erbricht alles, nur einmal behielt er rohe Tomaten. Verlangen nach Saurem. Zunge weiß und dick belegt. Lippen ausgetrocknet. Urin dunkel verfärbt, wie starker Tee. Würgen und Brechen durch Hochräuspern von Schleim. Ip. CM.

Übelkeit etwas gebessert. Erbrach seit gestern zweimal. Durstig, Verlangen nach reichlichem, kaltem Wasser, fürchtet sich aber zu trinken, doch macht es ihm keine Übelkeit. Leichter Schwindel, besonders beim Aufrichten oder beim Heben des Kopfes. Kein Appetit; Abneigung gegen Speisen, der Gedanke daran macht ihn krank. Verstopfung. Fühlt sich aber sehr schwach und müde. Starke Mundtrockenheit; teigiger Speichel. Haut am ganzen Körper trocken; überhaupt kein Schweiß. Bry. 9M.

Keine Übelkeit; auch der Anblick von Speisen macht ihm jetzt keine Übelkeit mehr, beim Gedanken an das Soldatenleben aber wird ihm schlecht. Mund subjektiv sehr trocken, objektiv aber feucht. Durstig, verlangt aber kleinere Mengen.

Sehr schwach und wackelig. Starkes Unbehagen im Bauch, ein Schweregefühl. Hat nichts gegessen, trinkt aber etwas Kirschsaft. Hals trocken und Gefühl von leichtem Ziehen. Gesicht, Augen und Haut sind sehr gelb. Verstopfung; Galleerbrechen; Haut sehr trocken; abgesehen von der Übelkeit wirkt er besser. Malaria off. M.

Fühlt sich allgemein besser. Keine Übelkeit. Hat zum ersten Mal wieder zweimal gegessen. Därme träge; kein Schweiß; Haut trocken und gelb; fühlt sich schwach; Mund weniger trocken. Sac. lac.

Viel besser. Weniger Durst. Hat mit Appetit gegessen. Mund weniger trocken. Schläft die ganze Nacht. Kein Schweiß, aber bessere Hautfarbe. Sac. lac.

Allgemeine Besserung. Gestern kräftiges Mittagessen und heute morgen Frühstück bei gutem Appetit. Möchte aufstehen. Keine Übelkeit. Weniger gelb.

Macht sich gut. Noch schwach und wackelig. Appetit gebessert; ißt mit Appetit. Zunge reiner. Darmtätigkeit normal. Mund trocken, manchmal mit Speichelfluß. Haut gelb und trocken; kein Schweiß. Malaria off. M.

Macht sich gut. Ging eine Meile bis in die Praxis zu Fuß. Die Gelbfärbung der Augen und der Haut verschwindet. Rasche Wiederherstellung, ist schließlich in besserem Zustand als zuvor.

R.A., 22 Jahre alt, ein weiterer Soldat mit ähnlichen Symptomen wie der eben erwähnte, wurde rasch durch Malaria off. geheilt; er bekam kein anderes Mittel.

Mrs. S.A.H., 63 Jahre alt, seit einigen Tagen krank. Schießende Schmerzen in allen Muskeln; die Knochen tun weh. Nachts hohes Fieber. Wirft sich ruhelos hin und her. Durst auf Limonade; nicht so sehr auf Wasser. Durchfall; fünf oder sechs Stühle am heutigen Vormittag; kein Schmerz; Schwäche in den Därmen; Empfindlichkeit in der rechten Hüftgegend; Stühle wässrig, dünn, gelblich, etwas übelriechend. Bitterer Geschmack; Mundtrockenheit; Zunge weiß. Heißhunger während der letzten Tage; jetzt kein Hunger. Schwindel beim Aufstehen. Schlechtes Gefühl im Kopf, als würde sie Kopfschmerzen bekommen. Puls 98. Haut heiß und trocken. Die Ruhelosigkeit ist am ausgeprägtesten in den Armen, sie wirft sie hin und her. Viel Gähnen und Strecken. Malaria off. M. Besserung, am nächsten Tag war sie wieder auf und ging umher.

M.H., 16 Jahre alt. „Stumme Malaria“ vor einem Jahr. Während der vergangenen vier Tage äußerst müde und schwach. Rückenschmerz in der Lendengegend, schießt den Rücken hinauf; schlimmer gleich nach dem Hinlegen, dann wird er leichter; < nach Gehen; > beim Liegen auf dem Bauch. Gestern leichter Stuhlgang, heute kein Stuhlgang. Weher Schmerz durch Stirn und Schläfen. Morgens beim Aufstehen fühlt sie sich wohl, < nachdem sie eine Zeitlang auf ist; < gegen Abend. Im letzten Herbst hatte sie leichte Schüttelfröste und Fieber; kein Schweiß. Gähnen. „Malariagefühl“. Schlechter Appetit. Die ganze Zeit durstig. Malaria off. 6M. Sofortige Besserung, nach wenigen Tagen meinte sie, sie brauche keine Medizin mehr.

M.H., 12 Jahre alt, Schwester der obigen Patientin. Seit ein paar Tagen mürrisch. Starker Stirnkopfschmerz in der letzten Nacht. Ruhelos, wirft sich die ganze Nacht hin und her. Schmerz in der Brust und im Oberbauch; < beim Atmen; vielleicht durch schlechte Verdauung. Die ganze Nacht über und auch am heutigen Vormittag Fieber. Puls 112, schwach. Zunge weiß mit braunen Streifen die Mitte hinunter. Malaria off. 6M. Sofortige Heilung.

M.B., 13 Jahre alt, bekommt jeden Abend, täglich etwas früher, wenn es dunkel wird, Frost mit Hitzewellen, starkes Verlangen nach frischer Luft, kann wegen Schmerzen in der Leber nicht atmen; < durch Hinlegen, muß wieder aufspringen; > durch harten Druck auf die Lebergegend; tagsüber keine Empfindlichkeit und keine Beschwerden. Er wirkt völlig gesund, außer daß er immer schwächer wird. Abends einige Stunden lang leichtes Fieber; phantasiert, singt und redet die ganze Nacht; ruhelos. Appetit wechselnd; verlangt Kartoffeln, Äpfel und Beafsteak. Zunge ziemlich rein. Malaria off. M. Am nächsten Morgen frühstückte er zum ersten Mal seit mehreren Wochen wieder mit der Familie; in jeder Hinsicht geht es ihm viel besser und am Abend nach der Mittelgabe hat er keine Leberbeschwerden mehr. Die Heilung ist schnell und dauerhaft.

G.C., 28 Jahre alt, Wechselfieber, jeden zweiten Tag, eiskalt von den Hüften an abwärts, am ganzen Körper frostig; < am Rumpf, allgemeiner Schweiß, aber nur leicht. Beginn gegen Mittag. Als er in Missouri lebte, hatte er längere Zeit oft Wechselfieber, sehr heftiges auch an der Pazifikküste, jetzt geht es ihm ziemlich schlecht. Er fühlt sich schwach und erschöpft zwischen den Anfällen. Er kann nicht aufsein. Puls schwach. Sehr schlechter Appetit. Üble Atemluft. Die ganze Zeit Hitzewellen. Sehr durstig. Hat viel Chinin eingenommen. Wenn er auf ist, Schwindel mit Übelkeit. Wegen der Verstopfung hat er Salzlösungen getrunken. Stuhl hart, manchmal nachher Blutung. Starker Kopfschmerz, als würde er bersten. Malaria off. M.

Kein Frost am nächsten Tag, nur die Fußsohlen fühlen sich kalt, fast taub an. Kein Fieber, nur für einige Momente ganz leicht am Rücken. Schweiß am Rumpf. Wenn er auf ist, Schwindel mit etwas Übelkeit. „Fühlt sich wunderbar gebessert; glaubte nicht, daß man sich in so kurzer Zeit so viel besser fühlen kann." Der Kopf ist schwer und tut etwas weh. Er glaubt, es kommt vom Chinin, das er eingenommen hat. Zweimal dünner, wässriger, übelriechender Stuhlgang. Der Urin riecht stark und ist einige Tage lang sehr rot. Einige Tage lang kurzer, trockener Husten; heute besser; nicht so müde und schwach. Er sitzt auf, was er vorher nicht konnte. Zwei oder drei Tage lang blieb der Frost aus und er machte allgemeine Fortschritte, so daß er heimgehen konnte, dann verlor ich ihn aus den Augen.

F.B., 80 Jahre alt, sehr rüstig. Dreimal in einwöchigem Abstand „stumme Malaria", fühlt sich am ganzen Körper schlecht, der Kopf fühlt sich dick und unwohl an, die Knochen tun etwas weh, kein Frost, aber reichlicher Schweiß. Schwitzt sehr leicht und reichlich bei der geringsten Anstrengung. Rechtes Knie schwach und schmerzhaft, < beim Bücken und Wiederaufrichten; muß sich selbst aufhelfen. Schwindel morgens beim Aufwachen und Aufstehen. „Durst wie ein Pferd". Schläfrig, schläft beim Lesen ein. Hat mehrmals Schüttelfröste und Fieber gehabt. Malaria off. 6M. Sofortige Besserung.

Drei Monate später brauchte er mich wieder. „Fühlt sich gallig“, als ob er „zu Bruch“ geht. Fühlt sich müde und schlecht. Kein Schmerz, aber große Mattigkeit; mag sich nicht bewegen, lustlos. „Malariagefühl“. Kein Frost, kein Fieber. Schwindel beim Aufstehen, muß sich erst ausrichten, bevor er losgehen kann. Schläfrig und träge, wenn er liest oder stillsitzt. Malaria off. 6M. Sofortige Besserung und kein Rezidiv in den nächsten acht Monaten.

L.H., 50 Jahre alt, seit drei Wochen Schmerzen rechts im Rücken, in der Gegend der unteren Rippen hinter der Leber, durch die rechte Seite tut es weh; dauernder Schmerz, < im Sitzen, bei längerem Liegen, vielleicht auch abends; > durch kurzes Gehen. Hatte vor vier Jahren schon einmal etwas Ähnliches und war dann lange Zeit krank. Fühlt sich schwach und matt. Guter Appetit; ißt reichlich ohne Schwierigkeiten. Keine Probleme mit Blase oder Urin. Verstopfung. Ziehendes oder zusammenziehendes Gefühl in der Lebergegend, eine Art Krampf. Zunge leicht gelblich-weiß belegt. Hatte vor Jahren Malaria und schlimme Wechselfieber; nimmt Mengen von Chinin ein. Hatte eine üble „stumme Malaria“; trank Eisenbaum-Tee. Hat viel Quecksilber und Medizin eingenommen. Malaria off. 6M. Berichtet, daß es ihm sehr viel besser geht, „das ziehende Gefühl verging innerhalb von drei Stunden und ist nicht wiedergekehrt“. Der Schmerz hinten in der Leber ist stark gebessert.

Anfangs konnte er kaum in die Praxis kommen, jetzt aber „Gefühl, als kann ich durch die ganze Stadt wandern“. Einen Monat später nach harter Arbeit und Kartoffelklauben, spürt er wieder die gleichen Leberbeschwerden; sie werden durch dasselbe Mittel geheilt.

Mrs. H.H., 36 Jahre alt, „Malariagefühl“, fühlt sich niedergeschlagen und matt. Die ganze Zeit schläfrig, kann im Stehen einschlafen. Hatte vor acht Tagen „stummen

Frost“ und dann wieder eine Woche später. Des Nachts gelegentlich plötzlicher Kälteanfall. Gefühl, als würde der Rücken zerbrechen; der Schmerz wandert in die Hüften. Die Glieder werden taub und kalt. Häufige Kopfschmerzanfälle in der Stirngegend. Malaria off. 6M. Fühlt sich bald viel besser und über den Berg.

Mrs. J.E.C., 25 Jahre alt, hat seit vier Tagen gegen 11.30 Uhr starke, dauernde Schmerzen am ganzen Körper, beginnend im Kreuz, dann heißes Fieber und Kurzatmigkeit; die ganze Zeit über Tag und Nacht Kopfschmerz; die Beschwerden setzen täglich später ein. Morgens fühlt sie sich schwach, es wühlt im Kopf, Empfindung, als mache der Kopf sie magenkrank; die Augen fühlen sich schwer an. Im Freien fühlt sie sich kalt an und hat „innerliche Schauer“, bis sie schließlich „richtig krampft“. Träge und stumpf. Unter dem rechten Schulterblatt tut es weh; Krampfen und starke Wundheit und Empfindlichkeit in der Lebergegend; < durch Druck, manchmal starke Schmerzen; schläfrig und träge, jedoch keine Erfrischung nach dem Schlaf; sie wacht müde auf, fühlt sich am ganzen Körper schlecht. Kein Appetit, kein Durst; der Atem scheint sehr kurz zu sein; die Augen brennen wie feurige Kohlen. Muß oft urinieren; Urin dunkel, stark riechend, spärlich, sie möchte urinieren, kann aber nicht, spürt es wie eine Last. Morgens fühlt sie sich, als habe sie einen langen Krankheitsanfall zu überstehen. Schwindel; als ob sie überhaupt kein Empfindungsvermögen hätte; < beim Gehen, Umdrehen, Aufstehen, Bücken. Kann keine geschlossenen Räume ertragen, weil das den Kopf und Magen verschlechtert, doch friert sie in frischer kalter Luft. Sehr schlechter, bitterer, ekliger Geschmack. Zunge ziemlich rein; Kopfschmerz in der Stirn und die Backenknochen hinunter. Malaria off. 6M. Sie berichtet von sehr rascher Besserung.

H.F., 35 Jahre alt, Bauer; Rumpeln und Brennen in Magen und Bauch; Brennen des Magens, fühlt sich schwach und nervös; ein Stirnkopfschmerz zieht über den ganzen Kopf; das Gesicht fühlt sich steif an; Trockenheit an der Zungenwurzel; Zusammenziehen wie durch grüne Dattelpflaumen; fühlt sich träge und schläfrig; am ganzen Körper, in Armen und Beinen tut es weh; Frostgefühl, dann eine Zeitlang leichte Schweißausbrüche, beides kommt und geht. Seufzen, atmet einmal tief durch; ruhelos und nervös. Die Hände erscheinen ihm unbrauchbar, mit Willensanstrengung kann er sie aber benutzen. Malaria off. 6M. Er gibt an, jedes Symptom habe sich sofort deutlich und rasch gebessert.

G.E., 15 Jahre alt, jeden Tag um 18 Uhr Frost. Wechselhafter Durst. Leichtes Hitzestadium nach dem Frost. Nachtsüber reichlicher Schweiß, wacht fröstelnd auf und wird durch den trocknenden Schweiß kalt. Zwischendurch fühlt er sich recht gut. An den Frosttagen ist er schläfrig. Lippen ausgetrocknet. Dauernder kurzer Husten, halbminütige Anfälle beim Sprechen und beim Umdrehen im Bett. Malaria off. 6M. Er gibt prompte Heilung an.

E. W.E., 56 Jahre alt, Schmerz rechts in der Lebergegend; dauernder, dumpfer, weher Schmerz, > nach dem Urinieren. Klopfen im Epigastrium, in der Gegend des unteren Magens, < beim Hinlegen. Tagsüber sehr kalte Hände, nachts sind Hände und Füße kalt. Gelbliche Haut. Seit Jahren Hämorrhoiden, die äußerlich etwas bluten, nicht schmerzhaft, aber unangenehm. < durch Tabak. Därme träge. Malaria off. 30M. Er berichtet eine starke Besserung aller Symptome, die auch andauert.

Dr.B. gibt an, er fühle sich seit mehreren Tagen schwach und müde. Keine Zeichen der Verschlechterung. Schwäche, als ob er krank gewesen sei, mit Appetitverlust. Keine weiteren Symptome. Malaria off. 6M. Nach dieser einen Gabe setzte in weniger als einer Stunde eine Besserung ein. Nach vier Tagen war er wieder bei normaler Gesundheit.

Mrs. B., seine Frau, hatte Frost mit anschließendem Fieber. Schmerzen links oben in der Brust durch das Schulterblatt. Brennen in der linken Brust. Der ganze Körper tut weh. Malaria off. 6M. Zwei Monate lang besser. Seit sechs Tagen Brennen der äußeren Brust. Stechen in der linken Brust beim Fieber. Das Brennen beginnt gegen 10 Uhr und dauert tagsüber während der Hitze an. Mit dem Fieber setzt ein Hinterkopfschmerz ein, < nachts, beim Liegen auf dem Rücken, beim Liegen auf der linken Seite. Überall Klopfen. Malaria off. 50M. Alle Symptome > für fast fünf Monate, dann bekam sie eine Gabe 5CM, danach Besserung. Bald darauf hatte die Patientin eine Grippe.

Stuhl – Während der letzten vier Tage Krampfen im Unterbauch mit Stuhldrang, der nach dem morgendlichen Aufstehen einsetzt. Vier- oder fünfmal täglich Abgang eines dünnen Schleimes mit blutigen Stellen, ein Teelöffel voll; keine Faeces. Jede halbe Stunde bis zum Schlafengehen Drang und Tenesmen. Muskelstechen am ganzen Körper beim Drücken zum Stuhlgang, wenn der Schleim abgeht. Der Stuhldrang kehrt sofort wieder, wenn er sich hinsetzt. Durch Gehen lassen Schmerz und Stuhldrang nach. Wenn er durch Bewegung zu warm wird, manchmal überall Stechen. Möchte sich nahe am Feuer aufhalten.

Magen – Tag und Nacht manchmal Leere- und Schwächegefühl im Magen; Empfindung, als habe er nichts gegessen.

Abdomen – Die Schmerzen werden durch Gehen gelindert.

Rücken – Schmerzen im Kreuz wie verrenkt; beim Sitzen; < beim Gehen oder Heben.

Nacken – Schmerz hinten im Nacken, als ob der Kopf nach vorne gezogen würde.

Extremitäten – Schmerz in den Beinen, > durch Bewegung. Die Füße schlafen beim Sitzen ein.

Mund – Bitterer Geschmack. Trockenheit.

Appetit – Fehlt. Jede Stunde Durst auf kleine Mengen durch Mundtrockenheit.

Allgemeines – Schwäche wie von einer schweren Krankheit. Keine Neigung, sich tagsüber hinzulegen. Will herumgehen. Rhus-t. 50M brachte im Verlauf von zwei Tagen keine Besserung, nur die Beinschmerzen ließen nach. Alle anderen Symptome unverändert. Malaria off. 6M. Im Verlaufe von weniger als einer halben Stunde besserten sich der schlechte Mundgeschmack, der Stuhldrang und das Schwächegefühl. Die Besserung hielt an, und bis zum vierten Tage hatte er keine Probleme mit dem Stuhlgang; anfangs noch etwas Stuhldrang beim Umhergehen, dann aber war der Stuhlgang normal. Eine weitere Gabe heilte dann den Fall völlig aus.

Mrs. R., 45 Jahre alt, Gewicht 91 kg, konnte zwei Jahre lang wegen Rheumatismus im Rücken und in den Gliedern kaum gehen oder in ihren Rollstuhl steigen. Malaria X drei- oder viermal am Tag. Nach einer Woche konnte sie so gut wie früher laufen und hatte seither keinen Rheumatismus und keine Lahmheit mehr.

Mr. S., Vorarbeiter in einer großen Sägemühle, leidet seit Jahren unter Rheumatismus, der Nacken ist steif, der rechte Arm und die rechte Schulter sind schmerzhaft und unbrauchbar.

Er fürchtete, der Rheumatismus wird auch Brust und Herz befallen. Malaria X alle zwei Stunden, nach Besserung alle drei Stunden. Nach drei Tagen ging es ihm besser, er konnte seinen Nacken drehen und den Arm ziemlich gut benutzen. Eine Woche später zwei weitere Gaben von Malaria in sechsstündigem Abstand. Seither hat er keinerlei rheumatische Beschwerden mehr gehabt.

Mr. C., Besitzer zweier großer Sägemühlen, eine davon in Arkansas, wo er einen Teil seiner Zeit verbringt und häufig naß wird, wurde von sogenannter Gicht befallen. Ich stellte fest, daß diese rheumatischer Natur war, hervorgerufen durch Malaria, < durch Chinin und äußerliche Anwendungen. Er erhielt Malaria X. Nach drei Tagen ging es ihm besser. Er hatte nicht mehr halb so viel Schmerzen. Er nahm nur vier Schlucke in drei- bis sechsstündigen Abständen und hat seither keinerlei rheumatische oder gichtische Beschwerden gehabt.

Mr. I. S., 55 Jahre alt, ein Veteran des Bürgerkrieges, abgemagert, mit bronzefarbener Haut, konnte seit Jahren nicht mehr gehen. Nachdem ich Herz, Brust und Magen wiederhergestellt hatte, seine Hämorrhoiden geheilt und den Stuhlgang reguliert hatte, war er zufrieden, konnte aber noch nicht gehen. Sein Rücken war bei der Armee verletzt worden, und die Glieder folgten dem Willen nicht, er konnte nicht allein gehen oder aus einem Stuhl aufstehen. Eine Woche lang bekam er Ruta graveolens und Rhus-t., jeweils die erste Zentesimale, in drei Stunden Abstand. Hierdurch kam es zu einer kurzzeitigen Besserung. Weil ich annahm, seine Beschwerden gingen auf Rheumatismus, hervorgerufen durch Malaria, zurück, gab ich ihm Malaria X drei- oder viermal täglich. Nach einer Woche kam er zu meinem Haus gefahren und stieg allein die Treppen hinauf und hinunter. Ich gab ihm zwei weitere Schlucke, und nach fünf Tagen kam er zu Fuß in meine Praxis. Er war an dem Morgen fast drei Meilen gegangen. Ich konnte kaum glauben, daß das alles auf den Malariagaben beruhte, doch war hieran nicht zu rütteln, weil er sonst nichts eingenommen oder angewendet hatte; er hat zugenommen und sieht wenigstens zehn Jahre jünger aus.

Gemüt – Fühlt sich stumpf und schläfrig.

(Sehr nachdenklich).

Kopf – Gefühl, als wäre er schwindelig.

Wellenartiger Schwindel beim Einschlafen.

Schwindel beim Aufrichten aus einer zurückgeneigten Stellung.

Dumpfes Weh durch Stirn und Schläfen.

(Dumpfer Kopfschmerz, Schwindel und Trägheit).

Starker Kopfschmerz, als würde der Kopf bersten.

Schwindel beim Aufstehen am Morgen und beim Aufrichten aus dem Bücken, muß sich abstützen, bevor er losgehen kann.

Häufige Kopfschmerzanfälle, besonders in der Stirn.

Schmerz im Hinterkopf, beginnt mit Fieber, < nachts, < beim Liegen auf dem Rücken oder auf der linken Seite.

Klopfender Schmerz über dem ganzen Kopf.

Schwindel; verwirrtes Gefühl; < durch Gehen, Herumdrehen, Aufrichten oder Bücken.

Kopfschmerz in der Stirn und die Backenknochen hinunter.

Kopfschmerz beginnend in der Stirn, erstreckt sich über den ganzen Kopf.

Augen – Über dem inneren rechten Augenwinkel tut es weh.

Die Augen fühlen sich schwer und schläfrig an.

(Augen schwach, verwischtes Sehen, Lesen schwierig.)

Die Augen brennen wie feurige Kohlen.

Ohren – Ziehender Schmerz im rechten Außenohr.

Nase – Eine Art Zusammenziehungsgefühl an der Nasenwurzel und direkt darüber, wie wenn eine schwere Erkältung, wie Heuschnupfen, beginnt.

Katarrh; harte, gelbe Klumpen aus den hinteren Choanen; mitunter ist die Nase verstopft; morgens blutiger Ausfluß aus der Nase.

Gesicht – Jucken an der rechten Backe über dem Bakkenknochen (und an verschiedenen Stellen des Gesichtes und der Glieder); > durch leichtes Reiben oder Kratzen.

Das Gesicht wird warm, wie Erröten; verbreitet sich über den Körper.

Mund – Schmerz in den linken oberen Zähnen.

Empfindung an der Zungenspitze als seien dort einige Gewürz- oder Pfefferkörnchen.

Speichelfluß, muß deshalb oft schlucken.

Schlief eine Nacht lang gut und fühlte sich von da an wohler (Heilung).

Zunge leicht gelblich-weiß belegt.

(Bitterer Geschmack, trockener Mund, Zunge weiß.)

Zunge weiß, mit braunem Streifen die Mitte hinunter.

Zunge weiß und dick belegt.

Hals trocken und Gefühl von leichtem Ziehen.

Lippen ausgetrocknet.

Mund subjektiv sehr trocken, objektiv aber feucht.

Mund sehr trocken; Speichel teigig.

Appetit – Verlangt kalte Getränke.

Kann nichts essen; erbricht alles.

Verlangt nach Saurem.

Durstig; verlangt kaltes Wasser.

Kein Appetit; Abneigung gegen Speisen, Denken daran macht ihm übel.

Durst auf Limonade; nicht so sehr auf Wasser.

Wechselnd; verlangt Kartoffeln, Äpfel, Beafsteak.

Bitterer, Übelkeit erregender, übler Geschmack im Mund.

Trockenheit an der Zungenwurzel; die Wangen scheinen innen zusammengezogen zu sein.

Magen – Ungewöhnlich herzhafter Appetit (auf ein Mittagessen).

Die Speisengerüche sind angenehm, jedoch kein Verlangen nach einem Mittagessen; als er sich hinsetzt, verspeist er jedoch mit großem Appetit das Mittagessen.

Fühlt sich nach dem Mittagessen besser.

Mehrmals geschmackloses, leichtes Aufstoßen.

Unwohlsein.

Übelkeit.

Würgen durch Aufräuspern von Schleim.

Dauernde Übelkeit, galliges Erbrechen und Würgen.

Klopfen im Epigastrium.

Rumpeln und Brennen in Magen und Bauch.

Hypochondrien – Drei Tage lang dumpfer, klopfender Schmerz in der Lebergegend > durch Druck des Korsetts und durch Liegen auf der schmerzhaften Seite.

Abdomen – Hitzegefühl im Bauch.

Müdigkeitsgefühl durch Bauch und Brust.

Empfindung, als würde er gleich einen ganz leichten Stuhlgang haben (verging aber ohne Stuhlgang).

Empfindung in der Milz, als würde sie weh tun.

Rechts vom Nabel Schmerzen im Bauch.

Unangenehmes Gefühl im Unterbauch.

Leber, Milz und Nieren sind befallen.

(Kann wegen Schmerzen in der Leber nicht atmen, < durch Hinlegen, > durch harten Druck.)

(Ziehen oder Prickeln in der Leber.)

(Krampfen in der Leber; Schmerz unter dem rechten Schulterblatt.)

Starkes Unbehagen durch den Bauch, ein Schweregefühl.

Verstopfung.

Durchfall; kein Schmerz; Schwäche in den Därmen.

Schmerz in Oberbauch und Brust; < beim Atmen.

Ziehen oder Zusammenziehungsgefühl in der Leber, eine Art Krampf.

Stetiger, dumpfer Schmerz in der Lebergegend, > nach Urinieren.

Unter dem rechten Schulterblatt tut es weh; Krampf mit Wundheit und Empfindlichkeit in der Lebergegend; < durch Druck und Hinlegen.

Stuhl und Anus – Durchfall.

Morgendlicher Durchfall, Stühle dünn, gelb, faulig.

Harnorgane – Urin dunkel, wie starker Tee.

Urin dunkel mit starkem Uringeruch; ammoniakalisch.

Häufiges Urinieren; Urin dunkel, spärlich, stark riechend; Druckgefühl, Drang zu urinieren, kann aber nicht.

Atmungsorgane – Flache Atmung, anscheinend durch Mattigkeit, muß gelegentlich tief durchatmen.

Der Aufenthalt in Malariagegenden soll Schwindsucht heilen.

Eine schwindsüchtige Konstitution soll vor Malaria schützen.

(Singen verursacht eine gewisse Reizung im Hals.)

Brust – Ermüdungsgefühl durch Brust und Bauch.

Dauernder, kurzer, trockener Husten; halbminütige Anfälle beim Sprechen und Umdrehen im Bett.

Schmerz links oben in der Brust durch das Schulterblatt; Brennen in der linken Brust.

Brennen in der Brust beginnt gegen 10 Uhr und dauert den ganzen Tag über während der Hitze an.

Häufiges Seufzen, atmet tief durch; ruhelos und nervös.

Herz – Beim Aufstützen des Gesichtes in die linke Hand mit dem Ellbogen auf den Tisch deutliche Wahrnehmung des Herzschlages durch Oberkörper und Nacken.

Nacken und Rücken – Ermüdungsgefühl im Nacken mit leichtem Weh im oberen Teil beim Bewegen des Kopfes.

Ermüdung in der Lendengegend, als würde es dort weh tun.

(Rheumatismus von Rücken und Gliedern, mit Lahmheit.)

(Nackensteife, Schmerzhaftigkeit und Unbrauchbarkeit des rechten Armes und der Schulter.)

(Unter dem rechten Schulterblatt tut es weh; Krampfen in der Leber.)

Rückenschmerz in der Lendengegend, schießt den Rücken hinauf; < direkt beim Hinlegen; < nach dem Gehen; > beim Liegen auf dem Bauch.

Schmerz rechts im Rücken über der Hinterseite der Leber und durch das rechte Hypochondrium; < beim Sitzen; > durch langsames Gehen.

Gefühl im Rücken, als würde er zerbrechen. Der Schmerz wandert in die Hüften.

Um 11.30 Uhr beginnt ein Rückenschmerz im Kreuz und dauert vier Tage lang an; dann Fieber mit Kurzatmigkeit; Tag und Nacht andauernder Kopfschmerz; die Anfälle setzen jeden Tag später ein.

Obere Extremitäten – Frostgefühl im linken Unterarm; bald danach Frostgefühl in Händen und Fingern; die Füße sind kalt, Empfindung als sei der Frost dabei, die Beine hinaufzukriechen; wenige Momente später fühlen sich die Knie kalt an.

Ein Kältegefühl steigt von den Beinen über den Körper hinauf.

Die Glieder werden taub und kalt.

In beiden Ellenbogen tut es weh.

Schmerz- und Müdigkeitsgefühl in den Handgelenken; Müdigkeitsschmerz in den Händen.

Die Arme sind steif.

Die Hände scheinen halb gelähmt zu sein, unbrauchbar, kann sie aber durch Willensanstrengung benutzen.

Tagsüber sehr kalte Hände; nachts sind Hände und Füße sehr kalt.

Untere Extremitäten – Schmerz rechts oben im Darmbein.
Ermüdungsschmerz in den Knien und etwas darüber und darunter.
Schmerz im linken Fußrücken.
Weher Schmerz im früher entzündeten (geheilten) linken Fußballen.
Die Beine sind nach einem kurzen Spaziergang müde.
Ruhelosigkeit der Beine, möchte sich strecken und bewegen.
Die Fußsohlen sind kalt, fast taub.
Das rechte Knie ist schwach und schmerzhaft, < beim Beugen und Aufstehen.

Extremitäten Allgemein – Ermüdungsgefühl zunächst in den oberen Extremitäten; erstreckt sich später auf die unteren Extremitäten und den ganzen Körper.
Dumpfer Schmerz in den Muskeln des Rückens, in der Lendengegend; Unbehagen; Müdigkeitsgefühl.
Empfindung von Brennen, offensichtlich nervös, verbunden mit starker Müdigkeit der Extremitäten.
Dumpfer, weher Schmerz im linken Ischiasnerv und an der Außenseite der linken Hüfte.
Empfindung von brennender Hitze, aufsteigend von den Knien zum Hals, jedoch ohne Schweiß; > durch Hinlegen.
Dumpfer Schmerz in der rechten Hüfte mit Wundheit und Empfindlichkeit gegen Druck in den Sehnensscheiden der Hüftmuskeln und den Sehnen der Oberschenkel.
Erwachen um Mitternacht, Füße äußerst heiß mit Brennen der Fußsohlen und Handflächen; danach reichlicher Schweiß am Unterkörper, ausgeprägter an den Streckseiten und am Rücken.
Ziehender, schießender Schmerz am linken Hypochondrium, erstreckt sich das linke Bein hinunter.
Die Arme fühlen sich schwer an.
Brennen der Hände und Füße; Hände und Arme tun weh.

Allgemeines – Allgemeine Müdigkeit, durch einen sehr kurzen Spaziergang; besonders im Becken, im Kreuzbein und dem oberen Teil der Oberschenkel; starker Drang, sich hinzulegen.

Eine Art von Brodeln durch den ganzen Körper.

Typhoider, paretischer Zustand (Nr. III).

Rheumatismus.

Rheumatische Lähmung durch Abmagerung.

Fühlt sich schwach und matt; ruhelos; möchte sich nicht bewegen.

Starke Schwäche, als habe er eine lange Krankheit durchgemacht, mit Appetitverlust.

Starke Erschöpfung.

Türen und Fenster müssen geöffnet sein; ein geschlossenes Zimmer verschlechtert Kopf und Magen, frische kalte Luft ruft Frost hervor.

Haut – (Haut, Augen und Gesicht sind sehr gelb.)

Die ganze Haut ist trocken; kein Schweiß.

Schlaf – Muß sich hinlegen, beim Einschlafen Gefühl eines wellenartigen Schwindels über den ganzen Körper, hierdurch schlaflos.

Gähnen, Drang, sich zu strecken.

Schläfrig, schläft beim Lesen ein.

Schläft die ganze Zeit; kann im Stehen einschlafen.

Schläfrig und träge, der Schlaf erfrischt aber nicht; wacht müde und unerfrischt auf.

Fieber – (Im Freien friert sie und hat innerliche Schauder, bis sie richtig krampft.)

Kälte steigt von den Beinen über den ganzen Körper auf.

Gesicht warm, wie bei Erröten, auch der Kopf; verbreitet sich über den ganzen Körper, wie fiebrig.

Gefühl wie bei Schüttelfrost, dann wie fiebrig, beides ist aber nicht sehr ausgeprägt.

Intermittierend; Viertage-, Dreitagefieber (Nr. II).

Einstündiger Schüttelfrost, anschließend sechs Stunden lang Fieber (Nr. II, einem schwindsüchtigen Patienten gegeben, der dadurch geheilt wurde).

(Wechselfieber jeden zweiten Tag, Schwäche und Trägheit zwischen den Anfällen.)

(Wechselfieber ohne Froststadium.)

Schießende Schmerzen in allen Muskeln; die Knochen tun weh.

Nachtsüber hohes Fieber; ebenso am Morgen.

Puls 98; Haut heiß und trocken; Ruhelosigkeit am ausgeprägtesten in den Armen, wirft sie hin und her, viel Strekken und Gähnen.

Frost mit Hitzewellen und großem Verlangen nach frischer Luft; kann wegen Leberschmerzen nicht tief durchatmen, < beim Hinlegen; < durch harten Druck auf die Lebergegend.

Abends mehrere Stunden lang leichtes Fieber; phantasiert, singt und redet die ganze Nacht; ruhelos.

Jeden zweiten Tag beginnen gegen Mittag Fröste. Eiskalt von den Hüften an abwärts; am ganzen Körper frostig, das Fieber ist schlimmer am Rumpf, leichter Schweiß am ganzen Körper.

Fühlt sich matt, schwach und träge während der fieberfreien Periode, kann nicht aufsein.

Die ganze Zeit Hitzewellen; übelriechender Atem.

Schwitzt sehr leicht und reichlich bei der geringsten Anstrengung.

Malariagefühl, Niedergeschlagenheit und Mattigkeit.

Wechselfieber ohne Froststadium, wöchentlicher Schüttelfrost.

Schwäche am Morgen, Schwindel und Übelkeit. Augen fühlen sich schwer an.

Kälte und innerer Frost im Freien.

Der ganze Körper tut weh, besonders Arme und Beine; Frostempfindung, dann leichter Schweißausbruch; häufig wiederkehrende Anfälle.

Jeden zweiten Tag Frost mit anschließender Hitze; nachts reichlicher Schweiß; wacht fröstelnd auf und wird kalt, als der Schweiß trocknet.

Stuhl – Seit Jahren Hämorrhoiden; äußerlich blutend; schmerzlos, aber sehr unangenehm.

Während der vergangenen vier Jahre Krampfen im Unterbauch, < nach dem morgendlichen Reiten.

Durchfall; vier- oder fünfmal täglich Abgang von dünnem, blutig-gestreiftem Schleim; keine Faeces.

Nerven – Die ganze Nacht über große Ruhelosigkeit, < gegen Morgen.

Konnte keine Lage finden, in der er Ruhe fand.

Medorrhinum

Die Potenzen wurden aus dem Gonorrhoevirus hergestellt. Es liegen zwei verschiedene Mittel vor: aus dem Virus des akuten und dem des chronischen oder Nachtripper-Stadiums, die beide den Gonokokkus enthalten sollen.

Eingeführt wurde das Mittel durch *Swan*.

Prüfungen durch *Swan, Ren Dell., C.H. Allen, Finch, Norton, Frost, Farrington, Cleveland, Laura Morgan, Berridge, Wilder, Higgins, Ostrom, Nichols, Peace, Sawyer, Carr, Bigler*.

MacDonald in Großbritannien und *Noegerath* und *Lydston* in den USA haben die Wirkungen des Giftes, darunter Fälle mit tödlichem Ausgang, veröffentlicht. Die durch das Virus ausgelösten akuten Symptome wurden in die Pathogenese aufgenommen, genauso wie die giftigen Symptome von Arsenicum, Mercurius, Opium und Plumbum. Durch Potenzierung des Virus wurden latente dynamische Kräfte freigesetzt, die in der homöopathischen, streng an den Symptomen orientierten Anwendung genauso wirksam wie die jedes anderen Mittels sind. Wenn die Symptome des Patienten nach diesem Mittel rufen, sollte es mit dem gleichen Vertrauen wie in jedes andere Mittel der Materia medica gegeben werden, ohne jede Rücksicht auf eine sykotische Vorgeschichte des Falles. Wie die anderen Nosoden auch, sollte es streng nach seinen Indikationen angewendet werden, wie wir ja auch Arsen, Opium oder Sulphur unabhängig von der Krankheitsursache oder der Diagnose geben.

Charakteristika – Bei konstitutionellen Folgen einer schlecht behandelten und unterdrückten Gonorrhoe, wenn das richtig gewählte Mittel zu keiner Besserung oder dauerhaften Heilung führt.

Für Patienten mit Gicht, Rheumatismus, Neuralgie und Krankheiten des Rückenmarks und seiner Häute (auch organische Schädigungen, die zu Lähmungen führen), welche sich auf einen sykotischen Ursprung zurückverfolgen lassen.

Für Frauen mit chronischer Ovaritis, Salpingitis, Zellulitis des Beckens, Fibromen, Zysten und anderen krankhaften Tumoren des Uterus und der Ovarien, besonders wenn die Symptome Bösartigkeit vermuten lassen, mit oder ohne sykotischem Ursprung.

Für Scirrhus, Karzinom oder Krebs, entweder akut oder chronisch, wenn die Symptome passen und sich in der Vorgeschichte Sykosis auffinden läßt.

Es besteht die gleiche Beziehung zu tiefsitzenden, sykotischen, chronischen Leiden des Rückenmarks und des sympathischen Nervensystems, welche Psorinum zu tiefsitzenden Leiden der Haut und Schleimhäute hat.

Blasse, rachitische Kinder; zwergwüchsig und verkümmert (Bar-c.); mit stumpfem und schwachem Geist.

Starke Hitze und Wundheit mit Vergrößerung der Lymphdrüsen am ganzen Körper.

Mehr oder weniger ausgeprägte Rückgratverkrümmungen weisen auf Rachitis hin.

Mattigkeit durch Schwindsucht; Müdigkeit; große allgemeine Schwäche der Lebenskraft.

Schmerzen: arthritisch, rheumatisch, als Folge unterdrückter Gonorrhoe (Clem., daph.); zusammenziehend, scheinen den ganzen Körper zusammenzuziehen (Cact.); Wundheit am ganzen Körper, wie zerschlagen (Arn., eupper.).

Zittern am ganzen Körper (subjektiv), starke Nervosität und tiefe Erschöpfung.

Kollapszustand, möchte dauernd angefächelt werden (Carb-v.); fleht nach frischer Luft; kalte Haut, wirft aber die Decken ab (Camph., sec.); kalt und in kalten Schweiß gebadet (Verat.).

Unstillbares Verlangen: nach Branntwein, den sie früher haßte; nach Salz (Calc., nat-m.); nach Süßigkeiten (Sulph., tub.); nach Bier, Eis, Saurem, Orangen, grünen Früchten, Kaffeesatz.

Enuresis nocturna; läßt jede Nacht im Bett gewaltige Mengen eines ammoniakalischen, dunkel gefärbten Urins; < durch Überarbeitung, extreme Hitze oder Kälte; wenn bei sykotischer Vorgeschichte das gut gewählte Mittel versagt.

Beine und Füße sind sehr unruhig und zappelig.

Brennen der Hände und Füße, entblößt sie nicht nur, sondern möchte sie auch angefächelt haben (Lac-c., sulph.).

Beziehungen – **Medorrhinum wird antidotiert von:** Nux-v., (Nerven- und Allgemeinsymptome und Verschlimmerung durch Überdosis oder zu häufige Gabe); Ip. (trockener Husten).

Vergleichsmittel: Aloe, sulph., tub. besonders Durchfall früh morgens, Stuhlgang treibt aus dem Bett.

Gels., pic-ac. Unfähigkeit zu gehen; die Beine ermüden und geben nach; Priapismus.

Camph., sec., tab., verat. bei Kollaps, Haut kalt und mit kaltem Schweiß bedeckt, wirft alle Decken ab.

Ambr., anac., calc., cann-.i., con., cupr., stram., valer., ziz. wie in einem Traum.

Verschlimmerung: beim Darandenken Helon., ox-ac.

Wärme, Bekleidung.

Ausstrecken.

Beugen des Kopfes vorwärts.

Gewitter.

Die kleinste Bewegung.

Schweiße.

Baden in Salzwasser.

Am frühen Morgen (drei Uhr bis vier Uhr).
In den Bergen.
In der Sonne.
Bettwärme.
Betreten eines warmen Zimmers.
Durch Wärme, auch wenn kalt bei Berührung.
Von Sonnenaufgang bis Sonnenuntergang (umgekehrt wie Syph., das schlimmer von Sonnenuntergang bis Sonnenaufgang ist).

Besserung: an der See.
Liegen auf dem Gesicht oder Magen; feuchtes Wetter (Caust., nux-v.).
Durch weites Zurückbeugen (Verstopfung, Stuhlgang nur in dieser Stellung).

GEMÜT – Große Gedächtnisschwäche.
|| Träges Gedächtnis und Neigung, Arbeiten aufzuschieben, weil sie zu langwierig erscheinen oder als ob man sie doch nicht schaffen könnte.
| Sie vergißt völlig, was sie gerade gelesen hat, selbst die letzte Zeile.
| Vergißt Namen, Buchstaben von Wörtern oder Anfangsbuchstaben.
| Kann sich nicht an Namen erinnern; muß nach den Namen ihrer engsten Freunde fragen; vergißt ihren eigenen Namen.
Kann nicht richtig buchstabieren; weiß nicht, wie das Wort „how“ buchstabiert wird.
Liest einen Brief und meint, die Worte sähen komisch aus und seien falsch geschrieben.
|| Die Zeit vergeht zu langsam.
| Verwirrtes Gefühl; Empfindung, als hätten sich die Ereignisse des heutigen Tages vor einer Woche abgespielt.
Momentaner Verlust des Denkens, verursacht durch ein Straffheitsgefühl im Gehirn.

| Verliert dauernd den Gesprächsfaden.

|| Hält gelegentlich im Gespräch inne und bemerkt beim Fortfahren, er habe das Wort, das er gerade benutzen wollte, nicht gewußt.

| Es kommt ihr vor, als erzähle sie falsche Sachen, weil sie nicht weiß, was sie als nächstes sagen soll; fängt richtig an, weiß dann aber nicht, wie sie fortfahren soll; Gewicht auf dem Scheitel, was das Gemüt zu beeinträchtigen scheint.

| Große Schwierigkeit, ihre Symptome zu schildern, verliert sich und muß erneut gefragt werden.

Schwierigkeit, die Gedanken oder den Geist auf abstrakte Dinge zu konzentrieren.

Konnte überhaupt nicht lesen oder ihren Geist benutzen wegen Schmerzen im Kopf.

Glaubt, daß jemand hinter ihr steht, hört ein Flüstern; sieht Gesichter hinter dem Bett und den Möbeln, die sie ausspähen.

Jemand kommt ins Zimmer, schaut sie an, flüstert und sagt: „Komm!“.

| Eines Nachts sah sie große Menschen im Zimmer; große Ratten liefen umher; spürte eine zarte Hand, die ihr von vorn nach hinten über den Kopf streift.

|| Furcht, er sei am Sterben.

Sie ist sicher, daß es ihr schlechter geht, weiß, sie wird nicht weiterleben, sieht keinerlei Besserung, selbst wenn diese sehr deutlich ist; hat keine Todesfurcht, spricht ganz ruhig über den Tod; gibt Anweisungen über ihren Nachlaß.

| Empfindung, als sei das ganze Leben unwirklich, wie ein Traum.

| Wildes und verzweifeltes Gefühl, wie bei beginnendem Wahnsinn.

| Kann nicht reden, ohne zu weinen.

Neigung zum Selbstmord. Steht nachts auf und greift nach seiner Pistole, wird aber von seiner Frau zurückgehalten.

|| Ist in größter Eile; wenn sie irgend etwas tut, tut sie es so hastig, daß sie ermüdet.

Eigenartige Heiterkeit des Gemütes.

Wechsel von Heiterkeit und Trübsinn.

Niedergeschlagenheit, schwerer, massiver Trübsinn, > durch Tränenausbrüche.

| Hat dauernd Ahnungen: Spürt die meisten Dinge sensitiv, bevor sie sich ereignen und meist richtig.

| Vorahnung des Todes.

| Fürchtet sich, etwas Falsches zu sagen, wenn sie Kopfschmerzen hat.

Alles erschreckt sie, Neuigkeiten berühren sie im Innersten, bevor sie sie überhaupt hört.

| Sie wachte früh mit einem Furchtgefühl auf, als sei etwas Schreckliches geschehen; schweres Gewicht und große Hitze im Kopf; konnte nicht im Bett bleiben; Gefühl, als müsse sie etwas tun, um ihr Gemüt von diesen Qualen zu befreien.

| Furcht vor Dunkelheit.

Gefühl, als habe sie eine Todsünde begangen und komme in die Hölle.

Ein vermeintlich wirsches Wort oder harscher Blick versetzen sie stundenlang in Verzweiflung.

Abneigung gegen Arbeit oder geistige Anstrengung; Sehnsucht nach Ruhe und Furcht vor Veränderung; Lärm, Durcheinander und Unordnung in der Umgebung werden als quälend empfunden; Niedergeschlagenheit und viel Angst, besonders nach dem Schlaf.

Reizbar, wenn das Zimmer nicht so hell ist, daß man alles genau erkennen kann; Verlangen nach Stimulantien, die Wirkungen aber bekommen ihr nicht, weil sie nach dem ersten Schlaf ein wildes und wirres Gefühl im Gehirn bekommt.

Gewöhnlich niedergeschlagen; leicht ermüdet; Abneigung gegen jede Anstrengung, kann sich oft nicht stillhalten;

vergeßlich; kann nicht zusammenhängend denken: Die Gedanken wandern von einem Gegenstand zum anderen, selbst beim Lesen; kann überhaupt nicht nachdenken, wie in Hetze.

Wacht morgens immer müde auf: Haßt es, irgend etwas zu tun, was getan werden muß, selbst angenehme Dinge; wird nervös und aufgeregt vor dem Ausreiten oder -fahren, sobald die Zeit festgelegt ist.

Dauernder Zustand von qualvoller Angst. Dauerndes Gefühl, eine Gefahr drohe, sie weiß aber nicht welche. Es gibt keinen Grund für solche Gefühle, weil sie nichts tun muß, wenn sie es nicht mag; sie ist so gut gestellt, daß sie sich um nichts Sorgen machen muß.

Kann nicht im Zusammenhang nachdenken, sprechen oder einem Gespräch zuhören, wenn sie müde ist; Leeregefühl im Kopf.

Vergeßlich, kann die einfachsten Dinge nicht einmal eine kurze Zeit lang behalten; alles was wichtig ist, schreibt sie auf; kann ihrem Gedächtnis nicht trauen; starke Reizbarkeit und Abscheu vor dem Leben.

Die Ungeduld, Erregung und die wilden Gefühle; der unwirkliche und verwirrte Zustand; die Schwermut und die Furcht in der Dunkelheit; die Schwierigkeit, ohne Tränen in den Augen zu sprechen, sind deutliche Hinweise auf eine funktionelle Störung des Nervensystems.

Medorrhinum vergißt Namen, Worte usw., statt aber zu gewissen Zeiten *Ereignisse* zu vergessen, wie Syphilinum, vergißt es, was es gerade liest, selbst die vorhergehende Zeile; es kann seine Aufmerksamkeit nicht konzentrieren; meint, die Worte sind falsch geschrieben und hätten keine Bedeutung usw.

Medorrhinum entwickelt eine eigenartige Empfindlichkeit, besonders gegen ergreifende Ereignisse.

Es spürt nahendes Unheil und schlechte Neuigkeiten, bevor sie eintreffen, ist natürlich selbstsüchtig und durch ein barsches Wort leicht verletzt.

Es ist auch nach innen gerichtet, reuemütig, und macht sich selbst Vorwürfe. Die Zeit vergeht zu langsam, deshalb ist es immer in Eile.

Wir finden einen verwirrten Zusstand, weil es immer den Gedankenfaden verliert, was es ärgert und die Furcht hervorruft, etwas Falsches zu sagen; auch Schwierigkeiten, die Symptome zu beschreiben.

Es hat immer Ahnungen und Furcht, Unheil werde geschehen, den Verstand zu verlieren oder vor Selbstmord.

Furcht, eine Todsünde begangen zu haben, kümmert sich aber wenig um die Folgen wegen der siedenden, ruhelosen, unbehaglichen und unausgeglichenen Gemütszustände.

Gefühl von Verzweiflung; es kümmert ihn nicht, ob er in den Himmel oder in die Hölle kommt.

Tagsüber mürrisch, nachts heiter, möchte spielen.

Gereizt durch Kleinigkeiten.

Zittern der Nerven, mit Ärger.

Sehr ungeduldig.

Lesen und Schreiben macht sie nervös und zornig.

Große Selbstsucht.

Die Zeit vergeht so langsam, daß Dinge, die vor einer Stunde geschehen sind, ein Jahr zurückzuliegen scheinen; fragt nach der Uhrzeit und behauptet fünf Minuten später, eine halbe Stunde sei vergangen, und besteht so lange darauf, bis man ihr die Uhr zeigt.

Kopf – Schwindel: beim Bücken; mehrmals täglich in plötzlichen Anfällen, anscheinend im Scheitel, droht zu fallen; die Gegenstände kreisen nicht, sondern Fallangst und Gefühl zu fallen, nur leichte Besserung durch Hinlegen; < bei Bewegen; wachte immer damit auf, wie betrunken;

geht im Zickzack; im Hinterkopf, erstreckt sich zum Scheitel, mit Gefühl der Vergrößerung des Hinterkopfes.

Leichtigkeitsgefühl im Kopf, nicht wirklich schwindelig.

Spannungsgefühl im Kopf, hierdurch heftiger Schwindel.

Spannungsschmerzen im Kopf mit einem wilden Gefühl, als würde sie wahnsinnig, als würde sie ohne Rücksicht auf sich selbst etwas ganz Verzweifeltes unternehmen; Furcht, allein zu sein.

| Starkes Jucken der Kopfhaut.

Massenhaft Schuppen.

Haar glanzlos, trocken und spröde.

Das Haar ist trocken und elektrisch geladen; es läßt sich nicht glatt kämmen.

Viel flüchtiges Jucken an der Kopfhaut.

Scharfes Jucken an Kopfhaut, Bart und Augenbrauen.

Heftiger Schmerz an der Gehirnbasis, wandert zum Scheitel.

Stirnkopfschmerz; mit Übelkeit; Gefühl eines straffen Bandes um die Stirn, < durch Vorwärtsbeugen des Kopfes; als ob der Vorderteil des Gehirns durch die Stirn herauskommt; als ob die Haut fest angespannt sei; mit dünnflüssigem Schnupfen, mit Druck hinter den Augen, als würden sie herausgedrückt; erstreckt sich über das Gehirn zum Nacken.

Das Gehirn scheint müde zu sein, das leiseste Geräusch ärgert und ermüdet sie.

Neuralgie zuerst in der linken Schläfe und im linken Scheitelknochen, dann rechts, am folgenden Tage im linken Auge.

Wacht mit Kopfschmerz über den Augen und in den Schläfen auf; < durch Sonnenlicht.

Kopfschmerz in der rechten Schläfe; über dem linken Auge tut es ziemlich weh. Enuresis nocturna.

Neuralgischer Kopfschmerz in der linken Schläfe und im mittleren Teil des Schädeldaches, mitunter schrecklich stark, mit Empfindung von schwerem Gewicht und Druck auf dem Scheitel; dauert 24 Stunden an und nimmt dann allmählich zu.

Schmerz mitten im Gehirn; die Schmerzen beginnen und endigen plötzlich.

Hitze und Klopfen beidseits in der Schläfengegend.

Das Gehirn ist äußerst empfindlich und jede geistige Anstrengung lästig.

Schmerz im linken Schläfenbein, wenn es dem Wind ausgesetzt ist.

Ein Schmerz kreist durch den Kopf und um den Scheitel herum.

Schreckliche Schmerzen durch den ganzen Kopf in alle Richtungen mit heftigem Dauererbrechen, anschließend Schmerz im Kreuzbein, die Beine hinunter zu den Füßen.

Dauernder Kopfschmerz, < beim Husten; wenn Licht in die Augen fällt, scheint er sich zu verstärken.

Drei Tage lang heftiger Kopfschmerz mit Augenentzündung.

Kopfschmerz und Durchfall durch Bewegung der Ohren.

Kopfschmerz während der Menses.

Dumpfer Kopfschmerz in einem breiten Ring um den Kopf.

Heftiges cerebrales Leiden, hierdurch dauerndes Reiben des Kopfes im Kissen und seitliches Kopfrollen.

Dumpfer Schmerz im Kleinhirn.

Heftig brennender Schmerz im Kopf, < im Kleinhirn.

Spannungsschmerz links im Kopf, erstreckt sich nach hinten bis zum Scheitelhöcker und bis zur Mitte des Scheitels.

Wahnsinnig machender Spannungskopfschmerz; konnte nicht lesen oder denken.

Empfindung von drei Spannungspunkten im Kopf, im Zentrum beider Hemisphären und im Kleinhirn; als ob von allen Punkten der Gehirnhälften und des Kleinhirns dicke Seile zu jedem dieser Zentren gespannt wären; äußerst schmerzhaft, dadurch Neigung, wild und Haare raufend durch die Straßen zu laufen; als der Spannungsschmerz den Kopf zu zerbrechen schien, ließ er plötzlich nach, und ein siedendes Gefühl wanderte von den Zentren zur Peripherie; als das Gefühl dort angekommen war, setzten die Spannungsschmerzen wieder ein.

Empfindung von Straffheit und Zusammenziehen, geht von beiden Augen aus und trifft sich im Gehirn; erstreckt sich die ganze Wirbelsäule hinunter.

In Hinterkopf und Medulla tut es weh, scharfer Schmerz bei Bewegung; träge.

Weher Schmerz und Ermüdungsgefühl in Kleinhirn und Medulla mit einem subjektiven Spannungsgefühl in der Wirbelsäule vom Kleinhirn bis zu den Nieren.

Dauernder Schmerz an der Gehirnbasis mit Schwellung der Nackenwülste.

Brennendes Glühen im Kleinhirn und das Rückgrat hinunter.

Der Kopf fühlt sich schwer an und ist nach hinten gezogen.

Heftiger Schmerz hinten im Kopf wie von einem Schlag; der Schmerz verbreitete sich über die Stirn, mit heftigen neuralgischen Schmerzen im linken Auge; der Kopfschmerz dauerte die ganze Nacht an; Augen blutunterlaufen.

Schmerz hinten im Kopf und im rechten Auge.

Brodeln im Kopf, weiß nicht, ob er es hört oder fühlt.

Gefühl, als seien die Hinterhauptshöcker vergrößert.

Haar glanzlos, trocken und spröde.

Das Haar ist trocken und elektrisch geladen, es läßt sich nicht glatt kämmen.

Starkes Jucken der Kopfhaut; Massen von Schuppen.

Augen und Sehen – Bei geschlossenen Augen Empfindung, als ob auf der einen oder der anderen Seite etwas herausgerissen wird; bei geöffneten Augen scheinen alle Gegenstände zu flackern.

Ein Schleier über den Gegenständen; zahllose schwarze, manchmal braune Flecken tanzen über ihrem Buch; sieht die Gegenstände doppelt; die Gegenstände sehen sehr klein aus; sieht eingebildete Dinge.

| Gefühl, als starre sie auf alles; als ob die Augen hervorstehen.

| Dauernder Schmerz in den Augäpfeln, Druck und Hitze im Scheitel, Neigung, die Augen zu schließen.

| Neuralgischer Schmerz in den Augäpfeln; beim Zusammenpressen der Augenlider; < beim Rollen der Augen.

|| Dauerndes Wässern der Augen, starke Hitze und Sandgefühl unter den Lidern.

| Gefühl von Schmerz und Reizung, und Empfindung von Stöckchen in den Augen und Lidern, besonders im inneren Canthus, Röte und Trockenheit der Augenlider, Rötung der Bindehäute und Empfindung, als blase ein kalter Wind in die Augen, besonders am inneren Canthus.

| Ptosis der äußeren Abschnitte beider Oberlider, < links, kann deshalb die Augen nur mit Mühe öffnen.

| Schwellung der Oberlider, Wundheit und Beißen der Lidränder.

| Ausgeprägte Tendenz zu Reizung der Lidränder.

| Ziehender Schmerz im linken Unterlid vom äußeren Canthus her; man konnte das Lid zwischen zwei Punkten zukken sehen.

Verhärtung des Oberlides, als sei ein Knorpel darin.

Jucken der Augenbrauen; Brauen und Wimpern fallen aus.

Schwellung unter den Augen.

Nach dem Schlaf kann sie manchmal das Lid des rechten Auges nicht heben; wenn sie müde oder nervös ist, Husten.

Miss. X., 23 Jahre alt, litt seit ihrem elften Lebensjahr schwer an Blepharitis. Sie vertrug kein Licht, besonders nicht von Gasbeleuchtung, und ging deshalb nicht unter Leute.

Abends konnte sie nicht lesen, und morgens waren die Lider so stark verklebt, daß sie sie nur unter Schmerzen öffnen konnte. Viel Ausfluß. Bevor sie zu mir kam, war sie immer streng homöopathisch behandelt worden. Ich erinnerte mich daran, daß ich ihren Vater vor seiner Hochzeit wegen Gonorrhoe behandelt hatte, und ich vermutete, daß die Seuche in dieser Form wieder aufgetreten sei. Sie bekam Medorrhinum in hohen Potenzen, die Einzelgaben wurden wiederholt, wenn die Wirkung der vorhergehenden Gabe erschöpft war; sie wurde vollständig geheilt. – *Deschere.*

Ohren und Hören – Fast völlige Taubheit auf beiden Ohren mit nur wenig Ohrgeräuschen; mußte ein Höhrrohr benutzen.

| Teilweise oder vorübergehende Taubheit; Pulsieren in den Ohren.

|| Konnte sechs Tage lang schlecht hören; Kind.

Eigenartige Empfindung von Taubheit von einem Ohr zum andern, als ob ein Rohr durch den Kopf liefe, während sie bis jetzt immer ein überscharfes Gehör gehabt hatte.

Ist sicher, er höre, wie sich Leute unterhalten, wenn er sich aber genau konzentriert, stellt er fest, daß die Geräusche mit dem Pulsschlag zu tun haben, kann aber nicht feststellen, woher sie kommen.

Wenn er wispert, hört er das Geräusch im Ohr doppelt, mit einem eigenartigen Vibrieren, als ob zwei Personen in Terzen wispern.

Geräusche, scheinbar im Mastoid, Bruzzeln und Zischen.

Schmerz entlang der Eustachischen Röhre, in beide Ohren einstrahlend, mit einem Kitzelgefühl.

Nach dem Schlaf Gefühl, als ob Pergament über das Ohr, auf dem sie gelegen hatte, gespannt sei.

Gefühl, als ob ein zwei Zentimeter langer Wurm im rechten Ohr kriecht und als ob er anfängt, die Vorderwand des Gehörganges anzubohren.

Juckender, weher oder bohrender Schmerz im linken Ohr.

Dauernder Schmerz im Knorpel des Ohres, wenn sie nachts darauf liegt.

Bei Berührung Wundheit der rechten Ohrmuschel.

Rasche, stechende Schmerzen im rechten Ohr von innen nach außen, die Schmerzen folgen einander in kurzen Abständen.

Das Loch für Ohrringe im linken Ohr ist wund und eitert fast.

NASE UND GERUCH – Starkes Jucken in der Nase innen nahe der Spitze, mußte die ganze Zeit reiben.

Sehr starkes Brennen in beiden Nasenlöchern beim Atmen durch die Nase.

Kälte der Nasenspitze.

Totaler Geruchsverlust mehrere Tage lang.

Innerliche Wundheit des linken äußeren Nasenflügels.

Die Nase läuft dauernd.

Katarrh, es läuft dauernd den Hals hinunter.

Empfindung von Bewegung in den Knochen; Verstopfung an der Nasenwurzel, als ob die Schleimhaut verdickt ist.

Die Nase schläft ein.

|| Nasenbluten.

Nase entzündet, geschwollen.

Katarrh aus den hinteren Choanen.

Die hinteren Choanen sind verstopft, > durch Hochräuspern von dickem, grünlichem Schleim, später von blutigem Schleim.

Schwer fließender Schnupfen mit hartem Kopfschmerz, den ganzen Tag über, in der Stirngegend, < 10.30 Uhr.

Morgens Wundheit und Kribbelgefühl wie von einem Tausendfüßler im linken Nasenloch.

Morgens ist die Nase verstopft, kann nicht durch die Nase atmen; chronischer Schnupfen bei Kindern, wenn kein anderes Mittel hilft.

GESICHT – Starke Blässe; Gelbfärbung des Gesichtes, besonders um die Augen, wie von einem Schlag (grünlichgelb); gelber Ring um die Stirn nahe am Haaransatz.

Grünlich, glänzendes Aussehen der Haut.

Flecken im Gesicht.

Hitzewellen im Gesicht und Nacken.

Fieberbläschen über dem rechten Mundwinkel, klein aber sehr wund.

Sehr viele Fieberbläschen an der Unterlippe beim linken Mundwinkel.

Gesichtsschweiß an der Oberlippe.

|| Neuralgie des rechten Ober- und Unterkiefers, erstreckt sich zur Schläfe.

Gänseeigroße Schwellung in der Gegend der linken Unterkieferdrüse; über der Schwellung fällt der Bart aus; Erweichung im Zentrum, manchmal scharfer, schießender Schmerz; bei Eröffnung fließt massenhaft dünner, blutiger Eiter aus; wurde mehrmals eröffnet, der Rand der Öffnung war schließlich wallartig erhaben; der Eiter grub sich in die Tiefe ein, bis er durchs Schlüsselbein aufgehalten wurde, wo sich dann eine starke Schwellung bildete (> nach Thuja 3M); die Tumoren hinterließen Fistelöffnungen, die lange Zeit bis zur Heilung brauchten.

Das Gesicht ist mit Akne bedeckt; trockener Herpes; Sommersprossen.

|| Neigung zu Steifheit in Kiefern und Zunge.

|| Steifheit der Gesichtsmuskeln, besonders der Unterlippe, die dadurch fest an die Zähne hochgezogen wird; Kiefer steif, kann sie nicht öffnen; Schlucken fast unmöglich, der Hals ist mit Speichel gefüllt.

Schwellung der Unterkieferdrüsen.

Empfindung von Zusammenziehen und dauerndem Schmerz in Hals und Kiefern, bei Müdigkeit.

Zähne und Zahnfleisch – Die Zähe haben gezähnelte Schneiden oder sind gipsartig und faulen leicht (Syphilinum: Die Zähne sind tonnenförmig, faulen an den Zahnfleischrändern und brechen ab).

Wunde Zähne, besonders Eckzähne; fühlen sich wund und weich an.

Die Zähne sind gelb.

|| Harte Schwellung im rechten Oberkiefer, wie im Fach eines Zahnes, der schon vor vier Jahren ausgefallen ist; starke neuralgische Schmerzen erstrecken sich durch den ganzen Kopf, hierdurch Schlaflosigkeit; heftige Schmerzen über den ganzen Kopf, mit äußerlicher Hitze.

|| Blasses Zahnfleisch.

Geschmack und Zunge – Geschmack: kupferiger Geschmack beim Aufstehen; unangenehm; morgens schlecht.

Zunge belegt: braun und dick; morgens dick mit schlechtem Geschmack; weiß am Grund, der Rest ist rot; weiß mit durchscheinenden Papillen.

Bläschen an der Zunge.

Kleine Geschwüre, Pusteln (Krebsgeschwüre) an der Spitze, den Rändern, unter der Zunge, sehr schmerzhaft; auch innen an den Lippen und im Hals.

Mund – Fauliger Geruch am Morgen.

Mundtrockenheit; fühlt sich verbrannt.

|| Sehr wunder Mund, Geschwüre an der Zunge und in der Wangenhöhle, wie Bläschen.

|| Bläschen innen an den Lippen und den Wangen, die Haut schält sich in großen Flecken ab.

Verstärkte Tätigkeit der Unterkieferdrüsen, sie sondern reichlich Speichel ab.

Fadenziehender Schleim kommt im Schlaf aus dem Mund.

Hals – Reizung im Hals, wie zerkratzt.

Der Rachen ist entzündet und fühlt sich sehr steif und wund an; Schlucken schmerzhaft.

Starke Trockenheit des Halses mit geschwollenen Drüsen.

Der hintere Teil des Halses füllt sich dauernd mit Schleim aus den hinteren Choanen.

Halsweh und Erkältung im Kopf, > durch Baden in Salzwasser.

Wundheit des Halses, Schmerz beim Schlucken; Kloßgefühl im Kehlkopf; Schlucken schmerzhaft; roh, gereizt, wie zerkratzt.

Grünlich-gelber Auswurf, Kopfkatarrh mit Brennen von der Nasenscheidewand bis zu den Bronchien, völliger Geschmacks- und Geruchsverlust, schmeckt den Tabak nicht.

Appetit, Durst, Verlangen, Abneigung – Verstärkter Appetit; Heißhunger gleich nach dem Essen:

Völliger Appetitverlust; Durst.

Sehr durstig; träumt sogar, daß sie trinkt.

Unstillbares Verlangen nach Weinbrand, den sie vorher haßte.

|| Starkes Salzverlangen.

Verlangen nach Süßigkeiten; harten, grünen Früchten; Eis; sauren Sachen; Orangen; Bier.

Schlechter Appetit. Kann nur kleine Speisemengen verdauen.

Aufstoßen, Schluckauf, Übelkeit und Erbrechen.

|| Schluckauf.

Übelkeit; mit Stirnkopfschmerz; nach Trinken von Wasser; nach dem Mittagessen; immer nach dem Essen; vor dem Essen.

Erbrechen von dickem Schleim und Galle, ohne Übelkeit.

|| 48 Stunden lang heftiges Würgen und Erbrechen; zuerst von klebrigem Schleim, dann schaumig und wässrig, schließlich von Kaffeesatz; dabei starker Kopfschmerz, mit großer Verzweiflung und Gefühl des nahenden Todes; während der Anfälle betete sie dauernd.

Erbrechen von schwarzer Galle ohne Übelkeit, bitter und sauer schmeckend, mit viel Schleim; geruchlos.

Magen und Epigastrium – Gefühl in der Magengrube, als stächen viele Nadeln gewaltsam durchs Fleisch, so daß sie aufstehen, sich zusammenkrümmen und schreien muß; die Nadeln scheinen aus allen Richtungen zu kommen. Leberabszeß.

Ein übles oder nagendes Gefühl, nicht erleichtert durch Essen oder Trinken.

Zittern in der Magengrube.

Mitunter ein Brennen (wie eine Flamme) in der Magengrube, als klopfe das Herz dort.

Dumpfer Schmerz tief im Epigastrium.

Empfindung eines Klumpens im Magen nach dem Essen.

Klopfen in den Magenwänden.

Krallen in Magen, < durch Anziehen der Knie.

|| Krämpfe im Magen wie von Blähungen.

|| Starker Schmerz in Magen und Oberbauch mit einem Gefühl von Zusammenziehen.

Sinkendes Gefühl und tödliche Übelkeit im Magen mit dem Verlangen, dort etwas wegzureißen.

Übelkeitsgefühl beim Gebrauch der Augen oder bei Müdigkeit.

Nach einer herzhaften Mahlzeit Empfindung, als drücke der Magen auf eine wunde Stelle an der linken Seite.

Hypochondrien – Schreckliche Schmerzen in der Leber, glaubte sie müsse sterben, weil sie so stark waren.

|| Gallenkolik mit häufigem Erbrechen und Übelkeit, durchfällige Stühle, Frost und Schweiß an Gesicht und Nacken.

|| Leberstauung.

| Greifender Schmerz in Leber und Milz.

|| Brennende Hitze in der Nackengegend, wie feurige Kohlen. Leberabszeß.

|| Heftiger Schmerz von einem Abszeß, der sich zur rechten Schulter und bis zum Ellenbogen hinab erstreckt.

Klopfen und Knuffen in der Gegend der Nebenniere, anscheinend durch einen Abszeß oder eine wunde Stelle, direkt unterhalb der fünften Rippe rechts; kriechende Fröste in der Gegend der rechten Niere, klopfend, zusammenziehend, ziehend und wieder nachlassend, wie von den Klauen eiskalter Insekten.

Abdomen – Heftiger, mörderischer Schmerz im Solarplexus; Hautoberfläche kalt; nach Schwefelwasserstoff schmeckendes Aufstoßen und, nach dem Essen, mit Speisengeschmack, legt die Hände auf die Magengrube und die rechte Lendengegend.

Druck im Unterbauch wie von einem schweren Gewicht.

Gefühl wie von einem Tumor rechts im Bauch.

Spannungsschmerz rechts im Bauch wie von einem harten, bikonvexen Körper, mit Hitze und nagendem, andauerndem Schmerz, kurzzeitig; zwischen Darmbeinkamm und M. rectus abdominis.

Stechender Schmerz von der Mitte des rechten Ovar zum Unterrand der Leber.

|| Aszites; das Abdomen ist sehr ausgedehnt; die Palpation ergibt Wasseransammlung; Urin sehr spärlich und dunkel.

Senkrechtes Klopfen, wie vom Pulsschlag im Bauch.

Schneiden im rechten Unterbauch, wandert in den rechten Samenstrang; der rechte Hoden ist sehr empfindlich.

Abwärtsdrängendes Gefühl in Bauch und Becken beim Stehen oder Gehen und nach Entleerung des Darmes.

Gefühl von Kraftlosigkeit im Rektum. Mitunter Ansammlung von Faeces, die anscheinend unmöglich auszutreiben sind.

Stuhl und Rektum – Gallige Durchfälle, fast schon Dysenterie, mit schleimigen Stühlen.

Äußerst heftige Schmerzen (fast schon Krämpfe) im Oberbauch (stechend und reißend), beim Stuhlgang einsetzend; durchfälliger Stuhl, dünn und heiß, aber nicht reichlich; nach dem Stuhl, ausgeprägte Schwäche und milder Krampf in der linken Wade.

Reichlicher, blutiger Ausfluß aus dem Rektum, manchmal klumpige Massen, anschließend Schaudern.

|| Schwarzer Stuhl.

|| Weißer Durchfall.

Stühle zäh, lehmartig, träge, kann nicht pressen, weil er das Gefühl eines Rektumprolapses hat.

|| Kann den Stuhl nur absetzen, wenn er sich sehr weit zurücklehnt; sehr schmerzhaft, als wäre ein Klumpen hinten an der Sphinkteroberfläche; so schmerzhaft, daß er weinen muß.

| Zusammenziehen und Trägheit der Därme mit kugelförmigen Stühlen.

|| Ein fünfzehn Monate altes Kind wurde auf einem Kissen scheinbar tot in die Klinik gebracht; Augen glasig und starr; der Puls war nicht zu finden, aber der Herzschlag zu fühlen; aus dem Anus lief grünlich-gelber, dünner, schrecklich stinkender Stuhl.

|| Sieben Monate altes Baby, nach Sommerdiarrhoe, starke Abmagerung, grüner, wässriger, schleimiger, gelber Durchfall, in gewundenen Röllchen, wie gekochte, zusammen mit rohen kleingehackten Kartoffeln, dünn, cremefarben, wässrig, nach faulen Eiern riechend; die Stühle gehen unfreiwillig ab; scheinbar leblos, außer daß es den Kopf auf dem Kissen dreht.

|| Cholera infantum mit Opisthotonus, Erbrechen und wässrigem Durchfall, reichlichem Abgang von Blut und Eiter.

Scharfe, nadelartige Schmerzen im Rektum.

|| Schmerzanfälle der Hämorrhoiden, nicht blutend, heiße Schwellung des linken Anus, Madenwürmer.

Wie Fischlake stinkende Flüssigkeit sickert aus dem Anus.

Sykosis des Rektums, sieben Fälle, drei Frauen und vier Männer, dünner, jauchiger Ausfluß aus dem Rektum, hierdurch sehr heftiges Jucken und Brennen, was den Schlaf verhindert, < in der ersten Nachthälfte, ein Mann konnte nur mit Opiumzäpfchen schlafen. In einem Fall rief der Ausfluß, wo er mit der gesunden Haut in Berührung kam, Bläschen hervor; auch besteht ein Völle- und Verstopfungsgefühl im Rektum.

Kindlicher Durchfall, der trotz äußerst sorgfältig gewählter Mittel immer wiederkehrt. Weil der Vater des Kindes $1\ ^{1}/_{2}$ Jahre vor dessen Geburt wegen Gonorrhoe behandelt worden war, wurde Medorrhinum gegeben, was zur völligen Ausheilung führte.

Harnorgane – Heftige Nierenkolik; starker Schmerz in den Harnleitern mit dem Gefühl wandernder Konkremente; während der Nierenkolik heftiges Verlangen nach Eis.

Um 11 Uhr dumpfer, kneifender Schmerz in der Gegend der Nebennieren, gleichzeitig kalte Finger; starker Druck auf der Blase, stärker als nach der Urinmenge anzunehmen wäre; Urin spärlich und dunkel.

|| Schmerz in der Nierengegend, > durch reichliches Urinieren.

|| Deutlich umschriebene Empfindung von Brodeln in der rechten Niere; Empfindung dreier Blasen in der rechten Nierengegend, die sich wie Wasserblasen bewegen, hierdurch Ohnmachtsgefühl; tödliches Gefühl in den Nieren, mit starker Niedergeschlagenheit, wie bei einer Erkältung in der Nierengegend; Schwäche nach dem Urinieren.

| Urin dunkel.

Kind, schwerer Anfall von Zystitis mit hellem Urin voller Schleim; heftigster Schmerz in der Harnröhre beim Urinieren; Spitze des Penis entzündet; die Analyse ergab Eiweiß, Phosphate und Triphosphate.

Urin wässrig, farblos.

Nach dem Urinieren starke Kälte und Schaudern.

Brennen beim Urinieren, wie bei beginnender Gonorrhoe.

| Stark riechender Urin.

|| Der Urin ist mit einem dicken, fettigen Häutchen bedeckt.

|| Das nächtliche Urinieren hörte völlig auf, morgens war der Nachttopf leer, was seit Jahren nicht mehr vorgekommen war.

|| Schmerzhafte Tenesmen von Blase und Därmen beim Urinieren.

|| Setzt jede Nacht im Bett gewaltige Mengen von dunklem, stark riechendem Urin ab; meint, es sei in der zweiten Nachthälfte, weil er jeden Morgen feucht ist; < durch Überarbeitung, zuviel Hitze, Aufenthalt in der Kälte.

Schwäche nach verzögertem oder vollständigem Urinieren.

Ohnmacht nach dem Urinieren.

Intensiv gelber Urin.

Urinieren in sehr langsamem Strahl mit scharfen, schneidenden Schmerzen quer über der Peniswurzel; einmal Unterbrechen des Strahles; kein Brennen; die Schmerzen kommen, gerade wenn die letzten Tropfen ausgeschieden werden.

|| Diabetische Stoffwechsellage; reichliches und häufiges Urinieren.

Fast dauernder Drang zu urinieren; wenn es zu einer geringen Verzögerung kommt, starke Nervosität mit etwas Brennen und manchmal Frost über den ganzen Körper. Urin dunkel und spärlich.

Häufiges Urinieren mit leichtem Brennen am Harnröhrenausgang; dumpfes, schweres Weh in der Prostatagegend, in zwei Fällen sehr ausgeprägt; starke Wundheit im Damm, erstreckt sich zum Rektum; in drei Fällen ist das Frenum rot und geschwollen. Rote Bläschen an der Glans penis mit Brennen und Jucken, sehr reizbar.

Uriniert jede halbe Stunde; starker Drang, kann keinen Moment warten; schlimmer während der Menses.

Männliche Geschlechtsorgane – Condylomata wurden durch eine Gabe geheilt, nach sehr sorgfältiger, aber erfolgloser neunmonatiger Behandlung. Im Dezember 1886 zog er sich eine sykotische Gonorrhoe zu; wurde fast ausgeheilt. Ein weiterer sykotischer Ausbruch im Mai 1887 mit weichem Schanker. Die Geschwüre bedeckten die ganze Vorhaut, und als sie sich zurückbildeten, wuchsen die Condylomata an der gesamten Glans hinter an der Corona, an der Innenseite der Vorhaut und am Frenum; enorme Aussaat der Condylomata; der Peniskopf war auf seine zwei- oder dreifache Größe angewachsen; die Condylomata waren sehr feucht und sonderten eine gelbliche, stinkende Flüssigkeit ab, bluteten leicht, und der Geruch war im ganzen Zimmer deutlich wahrnehmbar; sein Allgemeinzustand aber war sehr gut. Nach dem 26. Mai erhielt er Cinn., cor-r., merc., nit-ac., ph-ac., sabin., sil., staph., sulph., thuj. – alles in Hochpotenzen, aber ohne Wirkung. Am 7. März 1888 erhielt er auf Anraten von *Dr. W. P. Wesselhoeft* Medorrhinum CM. Nach einer Woche war er gebessert, Ausfluß und Geruch waren verschwunden. Nach zwei Wochen waren die Condylomata nur noch ein Drittel so groß wie am 7. März, nach sechs Wochen waren sie ganz verschwunden.

Nächtliche Ejakulationen, den ganzen folgenden Tag über starke Schwäche und elendes Gefühl.

Ejakulationen im Schlaf: wässrig, versteifen das Leinen nicht, transparent, Konsistenz von Gummiarabikum, zu dick zum Tropfen, wird unter Schwierigkeiten entleert; dick, mit weißen Fäden, undurchsichtig.

|| Impotenz.

|| Dünner, gonorrhoischer Ausfluß, transparent, vermischt mit undurchsichtigem, weißlichem Schleim, färbt die Bettwäsche gelb.

|| Tag und Nacht starke und häufige Erektionen.

|| Ziehende, brennende Schmerzen entlang der Harnröhre beim Urinieren.

|| Seit 10 Monaten Gonorrhoe; während der ersten acht Monate meist unterdrückt durch Tabletten und Injektionen; seit zwei Monaten dauert der Ausfluß an; wässrig, transparent, aber scharf und reichlich, vermischt mit cremiger Flüssigkeit, färbt das Leinen gelb-braun; Schmerzen an der Spitze des Penis beim Urinieren; seit dem dritten Monat schwere, ziehende, wandernde Schmerzen im rechten Arm, in der rechten Hüfte und in der linken Wade, < durch feuchtes Wetter.

Seit 20 Jahren chronischer gonorrhoischer Ausfluß; der Urin färbt die Wäsche schmutzig-braun, Entleerung äußerst langsam, manchmal dauert es eine halbe Stunde, bis die Blase leer ist, anschließend ist er schwach; beim Urinieren schmerzhafter Tenesmus im Rektum; Frösteln bei übervoller Blase, > durch Urinieren; wenn er uriniert, nachdem er im Bett warm geworden ist, muß er während der restlichen Nacht jede halbe Stunde urinieren; kraftloses, unbeschreibbares Kältegefühl, anschließend häufiger Urindrang, der Urin ist heiß und reichlich, danach Frost des Rückenmarkes und Harninkontinenz beim Kaltwerden.

|| Brennen im Ausgang beim Urinieren und Wundheitsgefühl entlang der ganzen Harnwege; auch nach dem Urinieren ein Gefühl, als ob etwas Urin noch in der Harnröhre zurückgeblieben sei.

|| Spärlicher, gelblicher, mehrere Monate lang andauernder eitriger Ausfluß, am deutlichsten morgens, verklebt die Harnröhrenöffnung.

|| Kann den Urin nicht länger als eine Stunde halten, nach 17 oder 18 Uhr.

|| Kann nachts den Urin nicht halten.

Schankerartiges Geschwür an der Vorhaut (er hatte nie Syphilis oder Gonorrhoe); sechs Monate später bildeten sich mehrere Monate bestehende Mengen von Bläschen an der

Vorhaut, sehr wund bei Berührung; sie öffneten sich bald an der Spitze und ließen eine kleine, geschwürartige, wunde Stelle zurück, die einige Tage bestehen blieb; eine runde, scharf begrenzte Anhebung mit einer Einsenkung, die aber nicht wie beim echten Schanker mit Eiter gefüllt war. Wundheit, Anschwellung und Ziehen der Hoden.

Weibliche Geschlechtsorgane – Starker Sexualtrieb nach den Menses, bei einer ledigen Frau.

Ziemlich starker Schmerz im linken Ovar mit der Empfindung eines ausgedehnten Beutels, der bei Druck platzen würde, Gefühl, als ob ihn etwas nach unten zieht, wodurch er wund ist; beim Gehen wanderte der Schmerz in die linke Leiste, als ob etwas am Bein zieht, mit starker Hitze.

Das linke Ovar schien vergrößert; mit starker Hitze und heftigem, dauerndem Schmerz; konnte keinen Druck ertragen, obwohl es ihr schien, als müsse sie dagegen pressen; mit einer brennenden Hitze.

Spannungsschmerzen wandern schräg durch das rechte Ovar, anschließend Empfindung von Brodeln.

Starke, quälende, neuralgische Schmerzen in der ganzen Beckengegend, erstrecken sich durch die Gegend der Ovarien abwärts zum Uterus; schneidend wie mit einem Messer, sie muß weinen und stöhnen.

|| Geschwürsbildung am Uterushals, welcher zerfetzt und verzogen aussieht, entzündet und mit fadenziehendem Eiter bedeckt; hatte Gonorrhoe.

Deutliche Wundheit und nervöser Schmerz an einer Stelle im unteren Teil des Uterus links, < beim Gehen oder Bewegen des linken Beines.

Ziehen und Schmerzen in der Kreuzbein- und Schambeingegend, als ob die Menses einsetzten.

Menses reichlich; mit dunklen Klumpen, auch mit hellem Blut, mit Schwäche und einigen Schmerzen.

|| Menses sehr dunkel; schwer auszuwaschen.

Starke Menstruationskolik, muß die Knie anziehen, mit schrecklichen, abwärtsdrängenden, wehenartigen Schmerzen, preßt die Füße gegen einen Widerstand, wie bei Wehen.

Ein brennender Schmerz im unteren Teil des Rückens und in den Hüften während der Menses.

|| Nach sehr reichlichen Menses neuralgische Anfälle im Kopf mit Zucken und Ziehen in den Gliedern und Nackensträngen, die wie Drähte waren; Schmerz im Unterbauch mit reichlicher, gelblicher Leukorrhoe.

Jucken der Scheide und Schamlippen, < durch Darandenken.

Kleine Schanker am Rande der rechten Schamlippe (sie hatte seit drei Jahren keinen sexuellen Verkehr und nie eine Geschlechtskrankheit gehabt).

Kurze, schießende Schmerzen, auswärtswandernd, hauptsächlich in den Brüsten.

Brüste bei Berührung eiskalt, besonders die Brustwarzen (während der Menses), der übrige Körper ist warm.

Große, aber nicht schmerzhafte Schwellung der linken Brust.

Brustwarzen wund, empfindlich und entzündet.

Brüste und Brustwarzen sehr empfindlich gegen Berührung, auch entzündet.

Wundheit der Brustwarzen, an der Öffnung eingetrocknetes, gummiartiges Sekret; wenn es abgerissen wird, bluten die Brustwarzen stark.

Wundheit der Brust; sehr empfindlich gegen Berührung, außerhalb der Menses.

Eigenartige Gespanntheit der Brüste.

Eine Patientin hatte während der Menses immer Konvulsionen; beginnend am frühen Morgen.

Geschwüre und Entzündung des Muttermundes, chronische, intrauterine Entzündung.

Leukorrhoe: eiweißartig, Konsistenz von Hühnereiweiß.

Schmerzhafte Hypertrophie des Uterus.

Ein brennendes, ziehendes Gefühl im Uterus nach dem Fahren eines Wagens, nach Stehen oder bei Müdigkeit.

Dumpfer, andauernder Schmerz im Becken durch Beugen nach vorn, oder wenn der Rücken keine Unterstützung hat.

Membranöse Dysmenorrhoe: Die Menses waren von schrecklichen, mahlenden Schmerzen begleitet. Der Fluß war spärlich, am zweiten Tag kam eine feste Membrane mit heraus. Gemütssymptom: dauerndes Gefühl, als sei etwas hinter ihr. Sie konnte das Gefühl nicht loswerden. Sie spürte nichts Bestimmtes, sondern einfach irgendetwas Schreckliches hinter sich, das ihr über die Schulter spähte, so daß sie sich ängstlich umsah. Ich fand viele ihrer Symptome, einschließlich dieses eigenartigen Gemütssymptoms, von Medorrhinum gedeckt, und so bekam sie es. Die folgende Periode war schmerzfrei und ohne Membrane. Ich wiederholte das Mittel und die dritte Periode war ebenfalls schmerzlos. – *Close.*

Scharfe, schießende Schmerzen, wie mit Messern, starke Wundheit und Empfindlichkeit gegen Druck – der leichteste Druck verursacht stundenlange, quälende Schmerzen, Empfindung von Abwärtsdrängen, besondes im linken Ovar, > durch Druck auf den Bauch; die Schmerzen wandern vom linken Ovar zum Uterus.

Uterus: mangelhafte Rückbildung, empfindlich gegen den leichtesten Druck, eine empfindliche Stelle über und rechts von der Cervix.

Leukorrhoe: dünn, scharf, heftigen Juckreiz hervorrufend, das Jucken ist unerträglich, < durch Reiben, > durch häufiges Baden in lauwarmem Wasser; übler Fischgeruch; scharfe Schmerzen wandern vom Uterus zum Rektum.

Leukorrhoe bei einem unberührten jungen Mädchen, 13 Jahre alt; dick, gelb, reichlich, rinnt bis zu den Füßen an der Kleidung hinunter, steift das Leinen. Sykotisch.

Stimme und Kehlkopf, Trachea und Bronchien – Heiserkeit, besonders beim Lesen, mit gelegentlichem Stimmverlust.

Leichte Heiserkeit mit Hochräuspern von Schleim.

|| Würgen, hervorgerufen durch eine Schwäche oder einen Krampf der Epiglottis, was sie aber nicht genau angeben konnte; *der Kehlkopf war so eingeengt, daß keine Luft mehr hindurch ging, > nur durch Liegen auf dem Gesicht und Herausstrecken der Zunge.* (Acet-ac.) (Asthma, *Dr. Miller,* Glasgow).

Nachts Trockenheit, Wundheit und sehr heftiges Würgen; wenn sie die Zunge in die Backe schob, Husten und Würgen, als ob die Epiglottis verschlossen sei; Empfindung von Reißen, als ob die Auskleidung von Kehlkopf und Rachen abgerissen worden ist.

| Sehr unangenehme Trockenheit der Stimmritze mit Schluckschmerz; starke Heiserkeit.

Tagsüber Heiserkeit, Wundheit und Ausdehnung des Gaumens.

Wundheit im Kehlkopf, wie geschwürig.

Wundheitsgefühl im Kehlkopf beim Husten.

Zäher Schleim im Kehlkopf.

Kloßgefühl im Kehlkopf; starker Schmerz beim Schlucken.

|| Bronchialkatarrh, der sich in den Kehlkopf erstreckt, Schwellung der Tonsillen und Halsdrüsen, erstreckt sich in die Ohren, hierdurch vorübergehende Taubheit.

Beengtes und häufiges Schlucken, Schluckschmerzen mit Dyspnoe, wie durch einen Fremdkörper im Kehlkopf hervorgerufen.

Husten: rauh, pfeifend, bellend, kruppartig.

Atmung – Drang, tief zu atmen; wacht nach Luft schnappend auf.

Schwieriges Atmen mit momentaner Schwäche; wegen sehr ausgeprägten Verstopfungsgefühls in der Brust muß sie nach Luft schnappen.

Jeden Nachmittag gegen 17 Uhr starke Bedrückung der Atmung; Gefühl von Beengung.

Muß die Lungen füllen, hat aber keine Kraft, die Luft auszuatmen.

Schwäche- und Erstickungsgefühl beim Aufsitzen im Bett, als sei der Brustkorb voll.

Stimmritzenkrampf mit Glucken im Hals, schwieriges Ausatmen, das Einatmen aber geht leicht.

Der Atem fühlt sich heiß an, sogar wenn er durch die Nase atmet.

Nach einer tiefen Inspiration vereinzeltes Pfeifen und Krächzen in den Bronchien.

Husten – Husten durch Kitzeln hinter dem oberen Teil des Brustbeines.

Endloser, trockener Husten, < nachts; wacht wieder auf, sobald sie in Schlaf fällt; <durch Süßes.

Kurzer, trockener Husten, hierdurch stechende Schmerzen durch die Schulterblätter.

Kurzer, trockener Husten mit Gefühl von Schwäche und Sinken hinter dem Brustbein.

Heftiger, trockener Husten, < nachts; Kloßgefühl; Empfindung von Trockenheit und Wundheit in der Stimmritze, mit starker Heiserkeit (> durch Ip.).

Schrecklicher Schmerz, als würde der Kehlkopf in Stücke gerissen und als sei die Schleimhaut abgerissen, mit reichlicher Absonderung eines zähen, gelblichen, mit Blut vermischten Schleimes.

Tiefer und hohler Husten, wie wenn in ein Faß gehustet wird; die Bronchien scheinen sehr stark vergrößert zu sein, und die Hustenkrämpfe rufen ein schlaffes Gefühl hervor, als bildeten die Schleimhäute eine lose Gewebsfalte.

Starkes Schleimrasseln, das tief unten in der Brust zu sitzen scheint, der Husten scheint nicht bis dort hinzureichen, sondern nur bis zur Halsgrube, deshalb bringt auch harter Husten keinen Schleim hoch; nur wenn er auf dem Gesicht liegt, hustet er einen gräulich-gelben oder blaß grünlich-gelben, gelatineartigen, geschmacklosen Schleim ab.

Beim Liegen auf dem Rücken oder der Seite rasselndes Pfeifen.

Husten: mit wehem Schmerz quer über den Nieren; verursacht schmerzhaften Schock an beiden Lungenbasen; mit einem eigenartig schrillen, bellenden Geräusch, etwas Auswurf; beim Betreten eines warmen Zimmers; nach dem Essen.

|| Husten, < beim Hinlegen, > beim Liegen auf dem Bauch.

|| Husten, < nachts, verursacht Würgen.

Räuspern von zähem Schleim.

Auswurf: gelb-weiß, eiweißartig oder kleine, grüne, bittere Klöße; fadenziehend, schwierig hochzubringen; wie mit unzähligen dunklen Flecken.

Ein junger Frankokanadier von zarter Konstitution fing im Frühjahr zu husten an, nachdem er den ganzen Winter über in einer Fabrik gearbeitet hatte; sein Gesundheitszustand verschlechterte sich immer mehr. Er kehrte nach Hause zurück und kam im Mai in meine Behandlung. Trotz sorgfältig gewählter Mittel bestand der Husten weiter, und die Kraftlosigkeit nahm zu, bis sich der Patient schließlich ins Bett legen mußte. Da machte ich die Beobachtung, daß sich der Husten und der Allgemeinzustand durch *Liegen auf dem Gesicht* besserte. Zusammen mit einer syphilitischen Belastung in der Verwandtschaft wies dieses Symptom auf Medorrhinum, das er dann auch bekam. Am nächsten Tag trat ein reichlicher, gonorrhoischer Ausfluß auf, und der Husten und alle anderen bedrohlichen Symptome verschwanden sofort. Die Ansteckung war vor mehreren Wochen erfolgt, wegen fehlender Lebenskraft hatte die Krankheit aber nicht ihren natürlichen Ausdruck finden können und das Leben des Patienten in Gefahr gebracht. – *D. C. McLaren.*

Ein 20 Jahre altes Mädchen litt seit vielen Monaten an einem heftigen Husten, den niemand heilen konnte (oder jedenfalls heilte), bis ich herausfand, daß ihr Vater ein Jahr vor ihrer Geburt Gonorrhoe gehabt hatte; daraufhin bekam sie einige Gaben Medorrhinum, die Wunder wirkten.

Innere Brust und Lungen – Bedrückung der Brust: < links; mit schwierigem Atem und der Tendenz, lang' einzuatmen; wacht nach Luft schnappend auf.

Heiserkeit scheint in der Brust zu sitzen; empfindet etwas wie eine Ansammlung in der Brust; als ob sie schmerzhaft zusammengezogen ist.

Scharfer Schmerz an der linken Lungenbasis.

Schießender Schmerz durch die Lunge, der sie auffahren läßt.

Brust wund bei Berührung, manchmal erstreckt sich ein Brennen über die Brust; Kälte scheint es zu verstärken; ein Eisstück scheint es für einen Moment abzukühlen, danach ist es aber noch heißer; Zerschlagenheitsgefühl der Lunge.

Gefühl, als wenn ihr Atem eine mit Bläschen bedeckte wunde Stelle in der Lunge entflammt.

Eigenartige Empfindung durch die Brust; in erträglichen Grenzen gehalten durch Leinentücher, die quer über das untere Ende und die Mitte des Brustbeines gespannt werden; als ob da eine Höhle wäre, die sich von einer Seite zur anderen erstreckt, gefüllt mit brennender Luft, die sich stoßweise in alle Richtungen ausdehnt und spürbar an die Wände der Höhlung stößt.

Hitze wie von einem Ofen in der Brust mit Jucken der Ohren.

Schmerz im oberen Teil der rechten Lunge beim Bewegen des Armes.

|| Die Brust fühlt sich durch und durch wund an.

Schießender Schmerz von der Mitte der rechten Lunge zum Unterrand der Leber.

Kalter Schmerz der rechten Lunge und der Leber mit Husten.

Sehr scharfer, stechender Schmerz in der rechten Lungenbasis; auch an der Oberfläche beider Lungen.

Dauernder Schmerz im hinteren Teil der linken Lunge.

Eine alte wunde Stelle in der linken Lungenspitze flammte wieder auf.

Ermüdung der linken Lunge nach Sprechen, als sei sie kollabiert oder gelähmt.

Beim Gehen in der Sonne wird die linke Lunge äußerst heiß, die rechte kalt.

Schmerz in der linken oberen Brust erstreckt sich bis zu den Schultern; Husten entspringt aus der Brust; unablässiger, trockener Husten, < nachts.

Dauernder Schmerz in der linken Lunge unter dem Schulterblatt, unbeschreiblich weher Schmerz, als würde die Stelle mit der Hand hochgezogen und dann losgelassen, < nach Gehen; gleichzeitig Dauerschmerz an der Gehirnbasis.

Scharfer Schmerz entlang des rechten Randes des Brustbeines, wechselt zum linken Rand und dann in die linke Lunge.

Linke Lunge sehr schmerzhaft, Gefühl, als werde sie nach rechts gezogen; die linke Seite der Lunge von der Spitze bis zur Taille ist heiß wie Feuer; das Herz schlägt sehr schnell und fühlt sich auch heiß an; die Hitze breitet sich über die rechte Seite aus, aber nur sehr mild, wie ein Wärmegefühl, während sie links vernichtend ist; Gesicht blaßgrau, Nase abgemagert und todesartig.

Wundheit der linken Lungenbasis bei Druck (leichter Drang zu husten aus den unteren Bronchien); anschließend leichter Schmerz in der rechten Lungenbasis.

|| Empfindung von Zusammenziehen an beiden Lungenbasen; schließlich dumpfer, schwerer Schmerz an der linken Lungenspitze.

Stark bohrender Schmerz in der Brust, am stärksten unterhalb des linken Schulterblattes an einer dollargroßen Stelle am Außenrand, äußerst empfindlich gegen Berührung; Schmerz von der oberen Lunge bis zu dieser Stelle.

Husten macht starke Schmerzen in der Brust, als ob sie schmerzhaft zusammengezogen wäre.

Eine silberdollargroße, wunde Stelle entwickelt sich an der linken Lungenspitze und erstreckt sich wie ein glühendheißer Blitz zum unteren Teil des Rückens; manchmal fühlt sich die Brust an, als sei etwas zu der wunden Stelle vorne hingewachsen und zöge die Brust nach hinten; sie tastet nach einer Höhlung.

Schmerz in Herz und Lungen, besonders nachts.

|| Schreckliche Schmerzen bei Phthise in den Mittellappen.

|| Beginnende Schwindsucht.

Erkältung bei den leichtesten Witterungsunbilden, beginnt im Kopf und wandert dann abwärts in die Lungen; heftiges Brennen am Zungengrund erstreckt sich abwärts in die Bronchien, als ob er heißen Dampf eingeatmet hätte; ein rohes Gefühl erstreckt sich vom Hals zu den Lungen, als ob die Schleimhaut mit einem Messer abgekratzt worden wäre, < morgens; Empfindung, als seien die Lungen mit Watte vollgestopft, < durch Einatmen kalter Luft.

Tiefes, hohles Rasseln, > durch Liegen auf dem Bauch und dem Gesicht.

Bei einem Militärmanöver im Jahre 1885 wurde *Dr. V.* von einem Regenguß durchnäßt und mußte so eine ganze Nacht im Zelt verbringen. Von da an hatte er morgens beim Aufstehen und im Freien einen kurzen, trockenen Husten. Es hörte sich an, als riefe er jemanden, und die Leute drehten sich um und waren dann verärgert. Sein Hals wurde sorgfältig von einem Spezialisten untersucht, er fand aber nichts. 1901, als er 16 Jahre mit dem Husten gelebt hatte, konsultierte er *Dr. Ide,* einen unserer größten homöopathischen Ärzte. Dieser riet ihm, eine Gabe Medorrhinum einzunehmen und das Ergebnis abzuwarten. Daheim nahm er die Gabe und am nächsten Morgen hatte er keinen Husten und hustete auch später nicht mehr, selbst im Freien nicht. Als Offizier hatte er Gonorrhoe gehabt, die er nicht wieder losgeworden war. Er hatte seither immer ein unangenehmes Gefühl und brennenden Schmerz. Alles dieses verschwand wie durch ein Wunder.

Herz, Puls und Kreislauf – Schwieriges Atmen durch Druck am Herzen.

Flattern in der Herzgegend.

Herzklopfen nach geringster Anstrengung.

Schweres Herzklopfen.

Hitze in der Brust, das Herz fühlt sich sehr heiß an, der Herzschlag ist sehr schnell und fühlt sich groß an, begleitendes Gefühl des Berstens.

Morgens nach Schlaf auf der linken Seite Wundheit im Herzen.

|| *Empfindung einer Höhle, wo das Herz sein sollte.*

Schmerz im Herzen; stechend, scharf, schnell; dumpf, schnell.

Scharfe Schmerzen in der Herzgegend wandern von dort zum Kopf; vorher Übelkeit.

Scharfer Schmerz an der Herzspitze; < durch Bewegung.

Starker Schmerz im Herzen, schien zu verschiedenen Stellen der linken Brustseite auszustrahlen; < durch die geringste Bewegung.

Schmerz von einer wunden Stelle unterhalb des linken Schulterblattes zum Herzen mit heftigem Herzklopfen.

Dumpfer Schmerz im Herzen mit Schmerz im linken Arm und Empfindung, als sei die Hand geschwollen.

Brennen im Herzen, wandert zum Rücken und den linken Arm hinunter.

Dumpfer Schmerz in der linken Herzhälfte mit Schmerz im linken Arm und dem Gefühl, als sei die Hand geschwollen.

Starker Schmerz im Plexus cardiacus, erstreckt sich zum linken Arm und zum Hals; Puls 64. Am folgenden Tag kein Schmerz, Puls 100.

Äussere Brust – Schmerz und Wundheit durch Brust und Mammae.

Empfindung eines Abszesses links an der Brust zwischen Pectoralis major und minor, wo sie die vordere Achselfalte bilden, hart und empfindlich gegen Berührung, ziehende Schmerzen in alle Richtungen, < durch Bewegen des Armes; starke Hitze erstreckt sich ungefähr 8 cm um die Stelle herum und durch den Rücken zu den Schultern, keine Röte und nur sehr leichte Schwellung.

Starke Wundheit der Brustmuskeln links unten, vorn und hinten bei Druck, Wundheit bei Bewegen des linken Schulterblattes.

Nacken und Rücken – Ziehen in den Nackensträngen, hierdurch Drang, den Kopf nach hinten zu werfen.

Anschwellung der Nackenstränge mit dauerndem Schmerz in der Gehirnbasis.

Krämpfe der Halsmuskeln, besonders des Sternocleidomastoideus, hierdurch wird das Kinn fest auf die Brust heruntergezogen.

Gefühl einer vergrößerten Drüse rechts im Nacken unterhalb des Oberteiles des Sternocleidomastoideus, schmerzhaft beim Bewegen des Kopfes.

Schmerz im oberen Nacken und zwischen den Schulterblättern, wandert auf beiden Seiten zur Schulter und abwärts in die Lendengegend.

Ein zusammenziehender Schmerz wandert vom oberen Winkel des Schulterblattes zum siebenten Brustwirbel und erstreckt sich geradewegs abwärts zum neunten Brustwirbel; er zieht die Schultern fest nach hinten, als ob die Knochen zerquetscht würden; < beim Bewegen der Schultern, des Nackens oder der Arme.

Schmerz im Rücken zwischen den Schulterblättern.

Heftig brennende Hitze, beginnend hinten im Nacken, erstreckt sich allmählich das Rückgrat hinunter, mit einer zusammenziehenden Steife, erstreckt sich in den Kopf und scheint die Kopfhaut zu verdicken.

Schmerz unter dem rechten Schulterblatt.

Schmerz geradewegs quer durch den Körper von der linken zur rechten Schulter.

Brennendes Glühen im Kleinhirn und das Rückgrat hinunter.

Der Rücken ist schwach, steif und tut dauernd weh.

Eine ganze Woche lang Hitze in der Medulla und dem Rückgrat.

Das ganze Rückgrat ist wund bei Berührung, ebenso die linken Rippen.

Wundschmerz der Wirbelsäule beim Strecken.

Dauernder Schmerz quer über und in den Nieren.

Gelegentliches Kribbelgefühl in der linken Nierengegend.

Wenn sie sich bückt, kann sie sich nicht ohne heftige Schmerzen in den Nierengegenden wieder aufrichten.

Schmerz in der linken Nierengegend schießt über die linke Hüfte, besonders wenn man auf das Rückgrat drückt.

|| Klopfen und Knuffen in der Gegend der rechten Nebenniere, scheint von einem Abszeß oder einer wunden Stelle direkt unterhalb der fünften Rippe unter der Brust zu kommen; kriechende Fröste in der Gegend der rechten Niere, klopfend, zusammenziehend, ziehend und schwächend; wie durch eiskalte Insekten mit Krallen. Leberabszeß.

Lendenwirbel empfindlich gegen Berührung.

|| Schmerz in der Lendenwirbelsäule; in den Muskeln; Verhärtung der Hoden.

Gefühl, wie wenn Wasser aus einer Flasche tropft, in der Lendengegend (gegenüber dem dritten Lendenwirbel), zwischen hinterem und oberem Darmbeinkamm und dem Wirbel.

|| Lumbago durch Verheben.

Schmerz hinten in den Hüften wandert die Beine hinunter.

Schmerz im Kreuzbein und im Steiß.

Obere Extremitäten – Schmerz in der rechten Schulter, als ob er geradewegs von der linken Schulter durch den Körper dorthin wandert.

Rheumatischer Schmerz oben in der linken Schulter, < durch Bewegung; in Ruhe gelegentlich kleine Schmerzstiche.

|| Rheumatischer Schmerz in der rechten Schulter und im rechten Arm.

Rheumatische Schmerzen in den Schultern, besonders links, auch in den Händen, mit Schmerzen beim Schließen der Hände.

Brauner, juckender Ausschlag an der linken Schulter.

|| Heftiger Schmerz durch einen Abszeß, erstreckt sich zur rechten Schulter und abwärts bis zum Ellenbogen.

|| Schmerz beginnt unter dem linken Schulterblatt, wandert den linken Arm hinunter bis zum kleinen Finger, welcher wie eingeschlafen prickelt.

Kalte Taubheit an der Außenseite der Arme, direkt unterhalb des Ellenbogens.

Jucken und Reizung in den Ellenbeugen.

Scharfer Schmerz im Ellenbogen bei Bewegung.

Krachen der Gelenke, besonders der Ellenbogen.

Linker Unterarm und Hand taub, kann nichts kräftig festhalten; jeder Versuch, den Arm zu heben, ruft ein unangenehmes Gefühl und Reizbarkeit hervor.

Schmerz im linken Arm und Gefühl, als sei der Kopf geschwollen; verbunden mit dem Herzen; Taubheit den linken Arm hinunter.

Dauernder Schmerz in den Knochen des Armes, nach Kopfschmerz.

Taubheitsschmerz im linken Arm; kann nicht einmal längere Zeit ein Stückchen Papier halten; Vergrößerung der Venen; es ist sehr schmerzhaft, den Arm zu heben.

Zittern von Armen und Händen.

Der rechte Arm ist kalt.

Krampfschmerz im ersten und zweiten Finger der rechten Hand.

Nachts Empfindung als ob am Handgelenk direkt oberhalb des Grundgelenkes des linken Zeigefingers ein Abszeß entsteht; wund bei Berührung, mit ziehenden Schmerzen aus allen Richtungen; erwartete, am Morgen dort einen Abszeß zu finden, stellte aber nur einen roten, nicht erhabenen Fleck fest.

Brennen der Hände, möchte sie anfächeln und sie unbedeckt halten; immer kalte Hände.

Starkes Brennen in den Handflächen; Brennen und Jucken der Hände, erst links, dann rechts.

Jucken der Hände an den Fingerwurzeln und zwischen den Fingern, wie bei Krätze.

Handflächen und manchmal auch die Fußsohlen brennend heiß.

Kälte der rechten Hand, dann der linken.

Kalte Hände, mit Kälte, die sich über den ganzen Körper erstreckt.

Scharfe rheumatische Schmerzen quer über die mittleren Knöchel der linken Hand, auch Rheumatismus der Arme und Beine.

Heiße Taubheit der Handrücken.

Die Handrücken sind rauh.

Kleine, gelbe Flecken an den Händen.

Der Mittelfinger der linken Hand ist geschwollen und kann nur mit Schmerzen gebeugt werden; kann die Handfläche mit ihm nicht berühren; die Spitze dieses Fingers ist schmerzhaft empfindlich, taub und tot, sie kann mit ihm nichts ergreifen, kann mit ihm kaum etwas berühren.

Verhärtung des Kleinfingerballens.

Querrillen an den Fingernägeln, als ob sie verbogen wären.

|| Gebogene Fingernägel bei Tuberkulose.

Stechender, lanzinierender Schmerz des rechten Armes auf der Höhe vom Ansatz des M. deltoideus in der Tiefe am Knochen.

Dauernder Schmerz in der rechten Schulter und im Arm; dumpfer, wunder Schmerz; Wundheit und Steife des Armes bei Bewegung. Seitliches Ausstrecken oder Bewegen nach hinten tun am meisten weh; < nachts oder durch jeglichen Druck von hinten auf die Schultern, so daß diese nach vorn gedrückt werden. Das Gewicht der Bettwäsche auf dem Arm macht Schmerzen. Manchmal erstreckt sich der Schmerz zu den Fingern, und die Finger schwellen bei Benutzung an.

Nägel trocken und brüchig.

Rheumatismus: der Handgelenke und Fußknöchel mit vollständigem Kräfteverlust in den befallenen Teilen. Wenn die Fußknöchel befallen sind, kann er nicht gehen; wenn das Handgelenk befallen ist, muß er es in einer Schlinge tragen.

Untere Extremitäten – Wachte mit einem scharfen Schmerz oberhalb der linken Hüfte auf, konnte sich dadurch nicht bücken und nur mit Schwierigkeiten gehen; wie ein steifer Hals, tut aber mehr weh.

Leichter Dauerschmerz zu den Hüftgelenken und Knien.

Schmerzen in beiden Beinen, manchmal von den Hüften abwärts zu den Knien, dann wieder nur im linken Bein; nur beim Gehen.

Beim Gehen Schweregefühl der Beine, oder es fehlt die Kraft, die Glieder zu bewegen.

Schwere der Beine, das Gehen ist sehr schwierig (besonders Treppen hinauf oder hinunter), die Beine sind so schwer wie Blei.

Zittern der Glieder, die Beine geben nach.

Die Beine schmerzen die ganze Nacht, hierdurch schlaflos.

Beim Gehen funktionieren die Beine nicht richtig.

Leichtes Nachziehen des rechten Beines.

Starke Ruhelosigkeit der Beine.

Taubheit im linken Bein vom Knie bis zur Hüfte, Gefühl wie gelähmt.

Möchte die Beine ausstrecken.

Der Schmerz scheint den ganzen Körper zu straffen, besonders die Füße und die Oberschenkel.

|| Rheumatische Schmerzen in den Beinmuskeln.

Vor vielen Jahren war ein Bein über dem Fußknöchel amputiert worden; nach der Wundheilung schwoll es an, das Stumpfende wurde schwarz, heftige Schmerzen in den Muskeln und Knochen, schließlich erschien ein Pickel am Stumpf, der aufbrach und eine Zeitlang eiterte; dies alles trat wieder auf.

Während eines schrecklichen Gewitters schossen sehr scharfe Schmerzen in die Knie hoch; < durch Strecken.

Dauernder Schmerz in den Beinen, konnte sie im Bett nicht stillhalten, < wenn er sich entspannte, wie wenn er schlafen wollte (> nach Lil-t.).

Weiche Knie beim Aufstehen von einem Stuhl.

Beim Gehen Schmerz im linken Knie, so daß es nachgab und sie zusammensackte.

Zittern in den Beinen von den Knien an abwärts, < links, Brennen in den Füßen.

Die Beine sind tot und schwer, Klopfen von den Knien an abwärts.

Kälte der Beine bis zu den Knien hoch, auch der Hände und Unterarme.

Kurze, ziehende Schmerzen in Knien, Zehen, Sprunggelenken und Händen.

Ziehendes Gefühl unterhalb der Knie und in den Knöcheln.

Zusammenziehen der Muskeln unterhalb des linken Knies und in der linken Wade.

Krämpfe in den Fußsohlen und Waden nachts.

Krämpfe in der linken Wade, anschließend im rechten Bein zwischen Knie und Oberschenkel.

| Nachts eine Art Krampf in der linken Wade, Knoten in den Muskeln, > durch Strecken; keine Krämpfe, sondern Knotenbildung.

Knickt beim Gehen leicht mit den Knöcheln um.

|| Beim Zubettgehen plötzlicher starker Schmerz im linken Knöchel hinter dem Gelenk, konnte das Bein oder den Körper nicht ohne zu schreien bewegen; fand keine angenehme Lage.

| Brennen der Füße, möchte sie unbedeckt und gefächelt haben.

Beide Füße etwas geschwollen; Fußödeme.

Wundheitsgefühl unter dem linken Fuß.

Fußödeme, anschließend Diarrhoe und hierdurch >.

Kalte Füße mit Frösten über den ganzen Körper.

Morgens bei den ersten Schritten kleiner, scharfer Schmerz in den Fußsohlen, zu keiner anderen Zeit.

|| Schwellung und Jucken in den Fußsohlen, Jucken zwischen den Zehen und ziehende Schmerzen, die sich bis zu den

Knien nach oben erstrecken; juckender, schmerzhafter, papulöser Ausschlag um das Handgelenk und nesselartiger Ausschlag überall, wo Druck wirkt.

|| Wundschmerz der Fußsohlen, so daß er auf ihnen überhaupt nicht stehen konnte und auf den Knien gehen mußte.

| Wundheit im Fußballen unter den Zehen.

Die großen Zehen sind wund, < rechts; beim Stillsitzen schießende Schmerzen durch die Zehen.

Schmerz, Schwellung und Entzündung des rechten großen Zehes.

|| Kalte und schweißige Füße.

Der große Zeh ist mit Schuppen bedeckt, wie bei einer Flechte.

|| Alter Fußschweiß, < im Winter, seit sieben Jahren.

Die Hühneraugen sind sehr empfindlich.

| Fast vollständiger Verlust der Nervenkraft in Armen und Beinen; sie sind bei der kleinsten Anstrengung erschöpft.

|| Rheumaartiger Schmerz die rechte Seite und Hüfte und das linke Bein entlang; die Schmerzen sind ziehend, < bei Feuchtigkeit; das linke Bein ist in der Nähe des Knies geschwollen.

|| Steifheit im ganzen Körper und in den Gelenken.

|| Deformität der Fingergelenke, dick geschwollene Knöchel, Schwellung, Steifheit und Schmerz beider Fußknöchel; große Empfindlichkeit der Fersen und Fußballen; die Schwellungen der betroffenen Gelenke sind puffig, wie Fesselgalle bei Pferden; Allgemeinbefinden < auf dem Festland, > in der Nähe der Küste.

Taubheitsempfindung links in Arm, Hand und Bein; das linke Bein schläft ein.

Ausschlag unten und an den Zehen und an Händen und Füßen.

Das rechte Knie ist schmerzhaft, rot und geschwollen.

Synovitis am Rücken des linken Handgelenkes, die Sehnen des Extensor proprius pollicis und indicis sind betroffen.

Stechender Schmerz in der Achillessehne, im linken Fuß und entlang der Innenkante der rechten Tibia; die Stelle ist ödematös und sehr empfindlich.

Die rheumatischen Symptome der Extremitäten sind äußerst heftig.

Bei einem Mann mit klonischen Krämpfen schossen die Beine plötzlich aus dem Bett hoch.

Die Füße sind immer schweißnaß.

Ruhe, Stellung, Bewegung – Ruhe: geringe, stechende Schmerzen in der linken Schulter.

Hinlegen: Schwindel leicht >; auf das Ohr, Schmerzen im Knorpel; Husten <.

Liegen auf dem Rücken oder einer Seite: Rasseln, Pfeifen.
Liegen auf dem Bauch: Husten >.

Liegen auf der Seite: Der Inhalt der unteren Brust und der Bauch scheinen aufeinander zu drücken.

Kann nicht längere Zeit auf der linken Seite liegen.

Kann nur auf dem Rücken schlafen mit den Händen über dem Kopf.

Schläft auf den Knien, das Gesicht ins Kissen gepreßt.

Muß auf dem Gesicht liegen und die Zunge herausstrecken; Kehlkopf so verengt, daß keine Luft hindurchgeht.

Konnte keine angenehme Lage finden; heftiger Schmerz hinten im linken Sprunggelenk.

Stillsitzen: Schmerzen schießen durch die Zehen.

Aufsitzen im Bett: Schwäche- und Erstickungsgefühl.

Bücken: Schwindel; kann sich nicht ohne heftige Schmerzen in der Nierengegend wieder aufrichten; unmöglich, Hüftschmerz.

Beugen des Kopfes nach vorn: festes Band quer über die Stirn <.

Drang, den Kopf nach hinten zu werfen: Ziehen in den Nackensträngen.

Kopf nach hinten gezogen.

Zurücklehnen des Körpers sehr stark nach hinten: Kann nur so Stuhl lassen.

Hochziehen der Knie: Krallen im Magen <; Menstruationskolik.

Muß aufstehen und sich zusammenkrümmen: Schmerz in der Magengrube.

Bohren der Zunge in die Wange verursacht Husten.

Legte rechte Hand auf die Magengrube und die linke in die Lendengegend: starker quälender Schmerz im Solarplexus.

Kann ein Papier nicht länger festhalten: Taubheitsschmerz im linken Arm.

Beim Schließen der Hände: Schmerz in ihnen.

Geringe Anstrengung: Herzklopfen; Neigung zu schwitzen.

Bewegung: Schwindel <; Schmerz des linken Beines, Schmerz im Uterus <; des Armes verursacht Schmerzen rechts oben in der Lunge; scharfer Schmerz an der Herzspitze <; bei geringster, Schmerz in der Brust <; der Arme, Schmerzen in der Brust <; Wundheit des linken Schulterblattes; des Kopfes verursacht Schmerzen im Nacken; von Schultern, Nacken oder Armen, Schmerz in den Schultern; des Ellenbogens scharfer Schmerz <.

Aufstehen von einem Stuhl: schwache Knie.

Aufstehen: als ob die Knochen aus den Gelenken sind; schüttelt sich, damit sie wieder an die richtige Stelle kommen.

Kann nicht stillhalten: Ruhelosigkeit, > durch Zusammenballen der Hände.

Kann nicht still im Bett liegen: dauernder Schmerz.

Dauerndes Reiben des Kopfes im Kissen und seitliches Rollen: Cerebralleiden.

Versuch, den Arm zu heben: Unbehagen und Reizbarkeit.

Beim Rollen der Augen: neuralgische Schmerzen <.

Konnte die Glieder oder den Körper nur unter Schreien bewegen: starker Schmerz im linken Fußknöchel hinter dem Gelenk.

Strecken: Wundschmerz der Wirbelsäule; Schmerzen in den Knien <; Wadenkrampf <.

Bei den ersten Schritten auf den Fußsohlen: kleine, scharfe Schmerzen.

Mußte auf den Knien gehen: Wundschmerz der Fußsohlen.

Gehen: Der Schmerz wandert vom linken Ovar zu den Leisten; Schmerz im Uterus <; dauernder Schmerz in der linken Lunge; schwierig, Hüftschmerz; Schmerz von den Hüften zu den Knien hinunter; Gliederschwere; Beine funktionieren nicht richtig; Schmerz im linken Knie; Umknicken in den Fußknöcheln.

Treppauf- und absteigen schwierig durch Beinschwere.

Äußerst empfindliche, geschwollene Fußballen, < links, puffig, sehr rot, Füße heiß; in der Mitte ist eine Stelle, als ob sich dort Blut angesammelt hätte, sie ist sehr wund; sehr lästiges Jucken, muß die Schuhe ausziehen, um zu reiben, hierdurch einige Zeit Erleichterung; sehr empfindlich gegen Druck; das Fleisch fühlt sich wie aufgesprungen an; abends, nachdem er den ganzen Tag auf den Füßen war, fast unerträglich, < an warmen Tagen; Füße geschwollen und empfindlich.

Nerven – Starke, nervöse Empfindlichkeit gegen Berührung der Kleidung oder einer Haarlocke durch irgendeine fremde Person.

Fährt beim leisesten Geräusch auf.

Ungewöhnlich aktiv, geht wie mit Flügeln.

Ruhelosigkeit, kann sich nicht ruhig verhalten, fühlt sich aber durch festes Zusammenballen der Hände sehr erleichtert.

Verzehrende Müdigkeit; große allgemeine Niedergeschlagenheit der Lebensgeister.

| Sehr müde.

Früh am Morgen Schwäche mit Appetitlosigkeit.

Empfindung, als würde sie in Ohnmacht fallen, anschließend starke Hitze die Wirbelsäule hinunter und zwischen den Schultern.

Zittern am ganzen Körper, starke Nervosität und äußerste Erschöpfung.

Starkes, allgemeines subjektives Zittern, sogar die Zunge wird als zitternd empfunden.

Empfindung, als kröchen dauernd irgendwelche Dinge durch den Körper.

Empfindung von Beben mit Prickeln und Taubheit.

Tonischer Krampf, starres Ausstrecken der Arme und Beine, die Handflächen nach außen gedreht, die Daumen nach unten, die Finger gekrallt.

Epileptiforme Krämpfe mit Schaum am Mund, Starre des Körpers und der Glieder; lautes Insuffizienzgeräusch am Herzen mit fehlendem Mitralklick.

Opisthotonus.

Kollapszustand, fast ohnmächtig; möchte die ganze Zeit angefächelt werden, wünscht mehr Luft; kalt und pulslos mit kaltem Schweiß; wirft alle Decken ab.

Risus sardonicus.

Charakteristisch für Medorrhinum ist auf diesem Gebiet Reizbarkeit und schwere Störungen des Nervensystems vom Zentrum zur Peripherie. Seine Schmerzen sind unerträglich, spannend, schießend, neuralgisch. Es ruft unfreiwillige Spannung hervor, die nur durch Willensanstrengung erschlafft. Seine Nerven sind leicht geschockt, es fährt beim leisesten Geräusch sofort auf. Seine Ruhelosigkeit ist > durch sehr festes Zusammenballen der Hände. Seine Nerven beben, jucken brennend, zittern und verursachen Krämpfe. Es ist auch kalt, doch wirft es die Decken ab und möchte angefächelt werden. Es ist < durch Wärme, sogar wenn es zu kalt ist, um angefächelt zu werden oder, wie beim Kollaps, berührt zu werden. Auch < durch nasse, feuchte Zugluft und Gewitter.

Hinsichtlich der Zeit ist es < von Sonnenaufgang bis Sonnenuntergang; < morgens und > abends. Lange Zeit herrschen funktionelle Störungen vor, bevor organische Leiden einsetzen. Der Allgemeinzustand ist > an der Küste und < auf dem Festland.

Schlaf – Schläfrig, frostig, gähnt; schläfrig, kann aber nicht schlafen.

Krampfhaftes Gähnen, kann es nicht unterdrücken; anschließend Stimmritzenkrampf.

Schläft, hört aber alles, beantwortet Fragen, als sei sie wach; Alpträume.

Beißt im Schlaf in die Zungenspitze.

Empfindung, als habe sie einen Alptraum.

Schläft nachts auf den Knien, das Gesicht ins Kissen gepreßt; kniende Stellung.

Kann nur auf dem Rücken schlafen mit den Händen über dem Kopf; wenn sie auf der Seite liegt, scheinen der Inhalt der unteren Brust und der Bauch aufeinander zu drücken und verursachen Unbehagen.

Reichlicher Schweiß an Gesicht und Nacken, wenn sie tagsüber oder nachts auch nur kurz einschläft.

Im Schlaf Träume von ermüdendem Gehen; beim Aufwachen glaubt sie, sie habe stundenlang geschlafen, obwohl es nur 30 Minuten waren.

Derartig ruhelose Nächte und schreckliche Träume von Geistern und Toten, daß sie den Anbruch der Nacht fürchtet.

Träume: schrecklich; voll Schmerzen; erschöpfend; daß sie trinkt.

Wachte des Nachts auf und sah eine grau gekleidete Frau mit angenehmem Gesicht, die neben dem Bett stand und ein Glas abtrocknete; sie entfernte sich meilenweit von mir und wurde sehr klein.

| Hellwach, schlief gegen Morgen ein.

Nachts große Ruhelosigkeit, schläfrig, konnte aber nicht schlafen.

|| Wurde um 18 Uhr hellwach und blieb es bis 24 Uhr, mit völliger Trägheit des Gehirns und Aufhören des Denkens; leichte Ruhelosigkeit.

Unruhiger Schlaf, sprach die ganze Nacht und warf sich herum, mit reichlichem Schweiß an Kopf, Nacken und Brust, mußte mehrmals des Nachts ihr Haar trocknen.

Schlief gut, wachte aber zu einer frühen Stunde mit einem Angstgefühl auf, als sei etwas Schreckliches geschehen; auf dem Kopf lag ein schweres Gewicht und sie war innerlich sehr heiß; konnte nicht im Bett bleiben; hatte das Gefühl, als müsse sie irgend etwas tun, um ihr Gemüt von diesen schrecklichen Qualen zu befreien; sie war zwei Stunden lang in diesem Zustand; sie kämpfte dagegen an; kämpfte mit jemandem, der ihr Gegenspieler zu sein schien; verachtete sich selbst für ihre Schwäche; alles war ohne Erfolg, und sie wurde mit jeder Anstrengung schwächer; die geistigen Qualen, die sie durchlitt, kann sie nicht beschreiben.

Zeit – Verschlimmerung von Sonnenaufgang bis Sonnenuntergang; abends immer Besserung.

Morgens: Wundheit und Kribbeln im linken Nasenloch; schlechter Geschmack; Zunge dick belegt; fauliger Atem; eitriger Ausfluß; Wundheit des Herzens; kleine, scharfe Schmerzen in den Fußsohlen beim Versuch, die ersten Schritte zu machen; frühe Schwäche.

10 Uhr: Frost, Klappern, Schaudern.
10.30 Uhr: Kopfschmerz <; Fieber mit Durst.
11 Uhr: Schmerz in der Gegend der Nebennieren.
Von 10 bis 11 Uhr: kalte Füße und Beine.
Von 10 Uhr bis 12 Uhr: Nervosität im Fieber, bewegt die Finger.
Von 10 Uhr bis 13 Uhr: Fieber und Krankheitsgefühl <.
Von 10.30 Uhr bis 12.30 Uhr: Durst im Frost.
Um 11 Uhr: Frost beginnt mit starker Kälte der Finger und Zehen; Fieber, vorher kalte Füße.
Um 14 Uhr: zuerst kalte Füße, nach Frost äußerste Müdigkeit.
17 Uhr: Frost, anschließend Fieber und leichter Schweiß; am nächsten Tage das gleiche, aber leichter.
Von Mitternacht bis 3 Uhr: Fieber mit nervöser Ruhelosigkeit.
Tagsüber: häufige und starke Erektionen.
Nachmittags: Fieber.
Nach 17 Uhr oder 18 Uhr: Kann den Urin nicht länger als eine Stunde lang halten.
18 Uhr: Wurde bis 24 Uhr hellwach.
Abends: scharfer Schmerz durch die Schläfen; Jucken <.
Nachts: Kopfschmerz; dauernder Schmerz im Ohrknorpel; starke und häufige Erektionen; kann den Urin nicht halten; Trockenheit, Wundheit und Würgen sind sehr heftig; unablässiger trockener Husten; Husten <, verursacht Würgen; Empfindung, als bilde sich ein Abszeß am Handrücken; dauernder Schmerz in den Beinen; Krampf in den Fußsohlen und Waden; unruhiger Schlaf; schneller Puls; Schweiße.

Temperatur und Wetter – Beim Gehen in der Sonne: Die linke Lunge wird sehr heiß.
Zuviel Hitze: < nächtliches Urinieren im Bett.
Nach dem Warmwerden im Bett: Muß die ganze restliche Nacht über stündlich urinieren.

Beim Betreten eines warmen Zimmers: Husten.

Möchte die Hände angefächelt und unbedeckt haben.

Möchte die ganze Zeit angefächelt werden, wünscht mehr Luft, Kollapszustand; Hände und Füße müssen angefächelt werden.

Empfindlich gegen Luftzug, erkältet sich leicht.

Wenn Wind ans Scheitelbein bläst: Schmerz.

Baden in Salzwasser: Halsweh und Erkältung im Kopf <.

Nach Feuchtwerden: Frost, anschließend Fieber und leichter Schweiß.

Feuchtes Wetter: Gliederschmerzen.

Beim Kaltwerden: Harninkontinenz.

Verlangt nach Eis: während eines Nierenanfalls.

Ein Eisstück kühlt die Brust für einen Moment, dann ist sie heißer.

An der Küste: chronischer Gelenkrheumatismus >, im Inland <.

FIEBER – Kriechende Fröste laufen im Zick-Zack den Rücken hinunter und über den ganzen Körper.

Fröste: den Rücken hinauf und hinunter; mehrmals täglich; um 10 Uhr, leichtes Klappern und Schaudern; um 10.30 Uhr Fieber mit Durst, begann in Fingern und Zehen; von 10.30 Uhr bis 12.30 Uhr Durst im Frost, kein Durst im Fieber; von 10 Uhr bis 11 Uhr, kalte Füße und Beine, von 10 Uhr bis 12 Uhr Nervosität im Fieber, bewegt die Finger; um 11 Uhr, beginnend mit starker Kälte der Finger und Zehen; um 14 Uhr zunächst kalte Füße, nach dem Frost extreme Schwäche; um 17 Uhr, anschließend Fieber und leichter Schweiß (nach Durchnässung); das gleiche am folgenden Tage, aber leichter.

Schüttelfröste mit bohrenden Schmerzen in der Brust.

Kalte Hände, die Kälte erstreckt sich über den ganzen Körper.

Kälte der Beine bis zu den Knien, ebenso der Hände und Unterarme.

Hitzewellen wechseln mit Frösten.

Kälte: rechte Hand, dann die Linke; anschließend eine leichte Hitzewelle, dann Fremdkörpergefühl im rechten Auge, dann im linken.

Muß die ganze Zeit angefächelt werden, wirft die Kleider ab, die Körperoberfläche ist aber kalt; überwiegend subjektives Brennen der Hände und Füße, möchte sie angefächelt und unbedeckt haben.

Starke, allgemeine, innerliche Hitze nach dem Mittagessen, als ob das Blut in den Adern kocht, das gleiche nach leichten Anstrengungen.

| Starke, brennende Hitze über den ganzen Körper mit Hitzewellen in Gesicht und Nacken.

Fieber: mit oder ohne Durst; mit Schweißausbrüchen im Gesicht, anschließend Schwäche; mit nervöser Ruhelosigkeit von Mitternacht bis 3 Uhr; um 11 Uhr, vorher kalte Füße; schlief im Fieber ein; nach dem Fieber Schweiß an Handflächen, Füßen und Beinen; nachts mit schnellem Puls; nachmittags; und Krankheitsgefühl < von 10 Uhr bis 23 Uhr.

Hektisches Fieber; jeden Nachmittag.

Große Neigung, bei Anstrengung zu schwitzen; empfindlich gegen Kälte.

|| Reichlicher Schweiß in der Nackengegend.

Nachtschweiße.

|| Vier Monate lang täglich Fröste, beginnend zwischen 15 und 16 Uhr; Frost mit Kopfschmerz, Durst, Übelkeit, manchmal mit Erbrechen; Fieber mit Kopfschmerz, Durst, Übelkeit, hauptsächlich an Kopf und Nacken; Schmerzen von der Taille an abwärts; häufiges Urinieren, dunkle Farbe; häufiges geschmackloses Aufstoßen; Verstopfung; am Morgen aber Mundgeschmack.

|| Zum ersten Mal trat der Frost nachts auf, dann zu verschiedenen Zeiten; z. B. an zwei aufeinander folgenden Tagen um 14 Uhr, dann an zwei Tagen jeweils um 15, 16, 17 und 18 Uhr, dann um 17 Uhr, wobei es zwei Wochen lang blieb; der Frost begann im Kreuz, lief auf und ab, dauerte ungefähr eine Stunde lang und als er aufhörte, setzte reichliches und häufiges Urinieren ein, das während des Fiebers andauerte; während des Fiebers Stauung der Brust, die eine Lungenentzündung nachahmte, hierdurch große Unruhe; starke Nierenschmerzen während der Anfälle; Durst auf heiße Getränke im Fieber; das Fieber dauerte sechs oder acht Stunden lang an; reichlicher Schweiß nach dem Fieber; große Nervosität während der Anfälle, er war sicher, er würde sterben; konnte keinen Lärm ertragen; reizbar.

Anfälle, Periodizität – In rascher Abfolge: Schmerzen im Ohr.

Abwechselnd: Hitzewellen des Kopfes und Fröste.

Mehrmals am Tag: plötzliche Schwindelanfälle; Frost läuft den Rücken hinauf und hinunter.

Die Blasenentleerung dauert eine halbe Stunde lang.

Vier Monate lang täglich: Die Fröste beginnen zwischen 15 und 16 Uhr.

Jeden Nachmittag: hektisches Fieber; gegen 17 Uhr Bedrükkung der Atmung.

Nachts: Uriniert große Mengen ins Bett.

Anfangs trat der Frost nachts auf, später zu verschiedenen Zeiten; an zwei aufeinander folgenden Tagen 14 Uhr, dann zwei Tage lang jeweils um 15, 16, 17, 18 Uhr, dann um 19 Uhr, wobei es zwei Wochen lang blieb.

Sechs oder acht Stunden lang: Fieber.

48 Stunden lang: heftiges Würgen und Erbrechen.

Drei Nächte lang: Konnte nicht schlafen, Schmerz in Karbunkeln.

Mehrere Tage lang: vollständiger Geruchsverlust.

Drei Tage lang: starker Kopfschmerz, Entzündung der Augen.

Sechs Tage lang: Das Kind hört schlecht.

Eine ganze Woche lang: Hitze in der Medulla und der Wirbelsäule.

Sechs Monate nach einem schankerartigen Vorhautgeschwür bildeten sich an derselben Stelle mehrere Monate lang immer wieder Mengen von Bläschen.

Zehn Monate lang: Gonorrhoe.

Sieben Jahre lang: < im Winter; lange bestehender Fußschweiß.

20 Jahre lang: eitriger gonorrhoischer Ausfluß.

Lokalisation und Richtung – Rechts: Neuralgie in der Schläfe; im Auge; Schläfenkopfschmerz; als ob im Ohr ein Wurm kriecht; Wundheit der Ohrmuschel; schneller, stechender Schmerz im Ohr; Fieberbläschen an der Oberlippe in der Nähe des Mundwinkels; Neuralgie des Ober- und Unterkiefers; harte Schwellung im Oberkiefer; wie ein Tumor im seitlichen Bauch; Spannungsschmerz seitlich im Bauch; schießender Schmerz aus der Mitte der Ovargegend zum Unterrand der Leber; Schneiden im Unterbauch, wandert in den Samenstrang; Hoden sehr empfindlich; umschriebene Empfindung von Brodeln in den Nieren, Empfindung von drei Blasen in der Nierengegend; schwere, ziehende, wandernde Schmerzen in Arm und Hüfte; Spannungsschmerz wandert diagonal im Ovar; kleiner Schanker an den Rändern der Schamlippen; Schmerz im oberen Teil der Lunge; Schmerz in der rechten Schulter, als ob er von der linken käme; stechender Schmerz von der Mitte der Lunge zum Unterrand der Leber; kalter Schmerz in der Lunge; scharf stechender Schmerz in der Lungenbasis; die Lunge ist kalt; scharfer Schmerz entlang des Brustbeinrandes; eine milde Hitze breitet sich über die rechte Körperhälfte aus; Schmerz in der Lungenbasis; Empfindung von vergrößerten Drüsen im seitlichen Nacken; Schmerz unter dem Schulterblatt; Klopfen und Schlagen in der Nebennierengegend, welches direkt von unterhalb der fünften Rippe zu kommen scheint; kriechende Fröste in der Nierengegend; rheumatischer Schmerz in Schulter und Arm; heftiger Schmerz durch Leberabszeß, erstreckt sich zu Schulter und Ellenbogen; Krampfschmerz im ersten und zweiten Finger; Nachziehen des Beines; Krampf im Bein; zwischen Knie und Oberschenkel; Wundheit der großen Zehe; Schmerz, Schwellung und Entzündung der großen Zehe; rheumaartiger Schmerz entlang des Nackens, der ganzen Seite, der Hüfte und des Oberschenkels.

Links: Neuralgie in Schläfe und Auge; Dauerschmerz über dem Auge; Schmerz im Scheitelbein; Spannungsschmerzen seitlich im Kopf; Ptosis des äußeren Oberlides; ziehende Schmerzen im Unterlid; Jucken, Weh oder brennender Schmerz im Ohr; das Loch für Ohrringe ist wund; Wundheit außen am Nasenflügel; Kribbeln im Nasenloch; Fieberbläschen an der Unterlippe nahe des Mundwinkels; Schwellung in der Gegend der Unterkieferdrüse; milder Wadenkrampf; heiße Schwellung der einen Seite des Anus; schwere, ziehende, wandernde Schmerzen in der Wade; viel Schmerzen im Ovar; Ovar scheint vergrößert; Wundheit und Nervenschmerz an einer Stelle seitlich am Uterus; Schwellung der Brust; Bedrückung < auf der Seite; scharfer Schmerz in der Lungenbasis; weher Schmerz im hinteren Teil der Lunge; eine alte wunde Stelle an der Lungenspitze tritt wieder auf; Schwäche der Lunge; beim Gehen in der Sonne wird die Lunge äußerst heiß; Schmerz in der oberen Brust; weher Schmerz in der Lunge unter dem Schulterblatt; scharfer Schmerz am Rande des Brustbeines und in der Lunge; Lunge sehr schmerzhaft, Gefühl, wie nach rechts verzogen; die rechte

Brustseite von der Lungenspitze bis zur Taille heiß wie Feuer; die Lungenbasis ist bei Druck wund; dumpfer, schwerer Schmerz an der Lungenspitze; starkes Bohren unterhalb des Schulterblattes; eine silberdollargroße wunde Stelle entwickelt sich an der Lungenspitze, erstreckt sich zum unteren Rücken; nach Schlaf auf der Seite Wundheit des Herzens; starker Schmerz im Plexus cardiacus, erstreckt sich zum Arm; starker Schmerz seitlich in der Brust; Schmerz von einer wunden Stelle zwischen den Schulterblättern zum Herzen; dumpfer Schmerz im Herz mit Schmerz im Arm; Brennen im Arm; Empfindung von einem Abszeß in der Brust; starke Wundheit der Muskeln der unteren Brust; die Rippen sind wund bei Berührung; gelegentlich Empfindung von Kriechen in der Gegend der Nieren; Schmerz in der Nierengegend schießt zur Hüfte; rheumatischer Schmerz oben auf der Schulter; juckender Ausschlag an der Schulter; Schmerz beginnt unterhalb des Schulterblattes, wandert den Arm hinunter bis zum kleinen Finger; Unterarm und Hand sind taub; Schmerz im Arm mit Schwellungsgefühl in der Hand; Taubheit zieht den Arm hinunter; tauber Schmerz im Arm; Gefühl, ein Abszeß entwickelt sich auf dem Handrücken; Schmerz quer über den mittleren Handknöcheln; der Mittelfinger ist geschwollen; scharfer Schmerz über der Hüfte; Taubheit der Beine, beim Gehen Schmerz im Knie; Zittern im Bein; Zusammenziehen der Muskeln unterhalb des Knies und in der Wade; Knotenbildung in den Wadenmuskeln; plötzlicher starker Schmerz in den Fußknöcheln, hinten im Gelenk; wunde Schwellung unter den Füßen; rheumaartige Schmerzen im Unterschenkel; das Bein ist in der Gegend des Knies geschwollen; Taubheitsgefühl in Arm, Hand und Bein; das Bein schläft ein; das Jucken ist manchmal auf eine Seite begrenzt.

Von innen nach außen: Schmerz im rechten Ohr.

Anfangs ist die rechte Hand kalt, dann die linke.

Von links nach rechts: Schulterschmerzen; Brennen und Jucken der Hände.

Empfindungen – Von Fallen; wie betrunken; als ob der Hinterkopf vergrößert ist; Kopf wie zusammengezogen; wie von einem straffen Band quer über der Stirn; als ob der Vorderteil des Gehirns durch die Stirn hindurchkommt; als ob die Haut fest zusammengezogen ist; als werde sie wahnsinnig; von drei Spannungspunkten im Kopf, die mit dicken Schnüren zueinander gezogen werden; als ob auf den Kopf geschlagen worden wäre; als ob die Hinterhauptshöcker vergrößert wären; als ob es die Augen aus dem Kopf zöge; als ob sie auf alles starre; als ob die Augen hervorträten; von Sand unter den Augenlidern; wie von Stöckchen in Augen, Lidern und inneren Canthi; als ob ein kalter Wind in die Augen bläst; als ob Knorpel im Oberlid sei; als ob eine Röhre quer durch den Kopf läuft; als ob Pergament über das Ohr gezogen ist; als ob ein Wurm im rechten Ohr kriecht und anfängt, die Vorderwand des Gehörgangs anzubohren; als ob die Nasenschleimhaut hypertrophiert ist; als ob ein Tausendfüßler im linken Nasenloch krabbelt; im Mund wie verbrannt; im Hals wie aufgekratzt; wie von einem Nadelkissen in der Magengrube, das sich gewaltsam durchs Fleisch zu drücken scheint; als ob das Herz in der Magengrube schlägt; wie von einem Klumpen im Magen; Krämpfe im Magen wie von Wind; Empfindung in der Leber, wie durch eiskalte Insekten mit Krallen; wie von einem schweren Gewicht im Unterbauch; wie von einem Tumor rechts im Bauch; Druckgefühl wie von einem harten bikonvexen Körper im Bauch; wie Pulsschlag im Bauch; als ob ein großer Klumpen an der Hinterwand des Sphincter ani wäre; als ob ein Konkrement durch den Ureter wandert; nach dem Urinieren, Gefühl, als sei etwas in der Harnröhre zurückgeblieben; als sei im linker Ovar ein Sack aufgeblasen, der bei Druck platzen würde; Schmerz in der linken Leiste, als stoße das Bein irgend etwas; linkes Ovar wie vergrößert; als müsse sie auf das Ovar drücken; schneiden wie mit Messern in der Beckengegend; Schmerz, als setzten die Menses ein; Würgen, als sei die Epiglottis vergrößert; als sei die Schleimhaut des Kehlkopfes und Rachens abgerissen; wie von Geschwüren im Kehlkopf; wie von einem Kloß im Kehlkopf; als sei der Brustkorb zu voll; als werde der Kehlkopf in Stücke gerissen; als seien die Bronchien vergrößert; als bilde die Schleimhaut eine lose Gewebsfalte; von schmerzhaftem Zusammenziehen der Brust; Lunge wie zerschlagen; als fächere ihr Atem ein bläschenartiges Geschwür in der Lunge an; als erstrecke sich durch die Brust von Seite zu Seite eine mit brennender Luft gefüllte Höhle, die sich mit den Atemzügen in alle Richtungen erweitert; Schmerz in der rechten Schulter, als käme er quer durch den Körper von der linken; linke Lunge wie kollabiert oder gelähmt; als ob die Lunge von einer Hand zusammengedrückt und wieder losgelassen würde; linke Lunge wie nach rechts verzogen, als habe sich vorne an der Brust etwas zu einer wunden Stelle entwickelt und übe einen Zug nach hinten aus; als sei das Herz vergrößert; wie von einer Höhle an der Stelle, wo das Herz sein sollte; Herzschmerz, der an verschiedene Stellen der linken Brust auszustrahlen schien; als sei das Herz geschwollen; Gefühl, wie von einem Abszeß an der linken Brust zwischen Pectoralis major und minor; wie von einer vergrößerten Drüse am rechten Nacken unter dem oberen Anteil des Sternocleidomastoideus; Schmerzen in den Schultern, als würden die Knochen zerquetscht; als ob Wasser aus einer Flasche tropft, in der Lumbalgegend; Prickeln im linken Finger, als sei er eingeschlafen; linke Hand wie geschwollen; als ob ein Abszeß auf dem Handrücken entsteht; linkes Bein wie gelähmt; kriechende Fröste in der Gegend der rechten Niere, wie durch ein eiskaltes Insekt mit Krallen; als würde sie in Ohnmacht fallen; als ob etwas durch den ganzen Körper kriecht; als hätte sie einen Alptraum; als drückten der Inhalt der unteren Brust und des Bauches aufeinander; wie von einem Fremdkörper im rechten Auge, dann im linken; als sei das Blut in den Venen kochend heiß; als habe sie sich eine schwere Erkältung zugezogen; am ganzen Körper wund wie zerschlagen; als seien alle Knochen aus den Gelenken.

Schmerz: in der Stirn; in den Schläfen; über den Augen; im Mittelpunkt des Gehirns; im linken Scheitelbein; kreist durch den Kopf und um den Scheitel herum; im Hinterkopf; im rechten Auge; in den Augen; die Eustachische Röhre entlang und durch beide Ohren auswärts; in der Nierengegend; an der Penisspitze; im linken Ovar; im Unterbauch; im oberen Teil der rechten Lunge; in der rechten Schulter; in der linken oberen Brust bis zu den Schultern; vom oberen Teil der Lunge bis zu einer wunden Stelle unterhalb des linken Schulterblattes; im Herz und in den Lungen; im Herzen; von einer wunden Stelle unterhalb des linken Schulterblattes zum Herzen; im linken Arm; durch die Brust und durch die Mammae; im oberen Nacken und zwischen den Schulterblättern, wandert auf beiden Seiten zu den Schultern und abwärts zur Lendengegend; im Rücken zwischen den Schulterblättern; unterhalb des rechten Schulterblattes; direkt durch den Körper von der linken zur rechten Schulter; in der Gegend der linken Niere; in der Lendenwirbelsäule; hinten in den Hüften, wandert um den Bauch herum und die Beine hinab; im Kreuzbein und Steißbein; beginnt unterhalb des linken Schulterblattes und wandert den Arm hinunter in den kleinen Finger; im linken Arm; beim Beugen des Mittelfingers der linken Hand; in beiden Beinen von den

Hüften abwärts zu den Knien; im linken Knie; im rechten großen Zeh; von der Taille abwärts.
Unerträgliche Schmerzen: in Karbunkeln.
Heftiger, quälender Schmerz: im Solarplexus.
Schreckliche Schmerzen: durch den ganzen Kopf; in der Leber.
Heftiger Schmerz: im Kopf, in der Gehirngegend; im Magen und Oberbauch; im Bauch; im Herzen; hinten im linken Sprunggelenk.
Entsetzlicher Schmerz: in den Mittellappen.
Gewaltiger Schmerz: in der Gegend der Niere.
Äußerster Schmerz: in der Harnröhre.
Heftige, quälende, neuralgische Schmerzen: in der Beckengegend.
Heftige neuralgische Schmerzen: von den Zähnen zum Kopf.
Starker Schmerz: im Hinterkopf; über den ganzen Kopf; vom Leberabszeß zur rechten Schulter und zum Ellbogen; in den Harnleitern; beim Schlucken; in den Muskeln und Knochen eines Amputationsstumpfes des Beines.
Scharfer Schmerz: durch die Schläfen; im Hinterkopf; an der linken Lungenbasis; entlang des rechten Brustbeinrandes, wandert zum linken Rand und dann in die Lunge; um das Herz, dann zum Kopf; an der Herzspitze; im Ellenbogen; über der linken Hüfte; in den Knien.
Großer Schmerz: in der Brust; im Herzplexus, erstreckt sich zum linken Arm und zum Hals.
Harter Schmerz: in der Stirngegend.
Reißende Schmerzen: im Bauch.
Scharfer, schneidender Schmerz: quer über der Peniswurzel.
Scharfer, schießender Schmerz: in der Gegend der angeschwollenen Unterkieferdrüsen.
Kurzer, schießender Schmerz: in den Brüsten.

Stechender, scharfer schneller oder dumpfer schneller Schmerz: im Herzen.

Schneller, stechender Schmerz: im rechten Ohr.

Stechender Schmerz: von der Mitte der rechten Ovarialgegend zum Unterrand der Leber; im Bauch; durch die Schulterblätter; durch die Lunge, wodurch sie auffährt; von der Mitte der rechten Lunge zum Unterrand der Leber; über der linken Hüfte.

Bohrender Schmerz: im linken Ohr; heftig, in der Brust und unterhalb des linken Schulterblattes.

Schießende Schmerzen: durch die Zehen; ca. 8 cm in verschiedene Richtungen und über den ganzen Körper.

Schneidend: im rechten Unterbauch, wandert in den Samenstrang; in der Beckengegend.

Neuralgie: in den Schläfen und im Scheitelbein; linkes Auge; in der Gegend der mittleren Schädeldecke; in den Augäpfeln; des rechten Ober- und Unterkiefers bis zur Schläfe; im Kopf.

Scharfer, stechender Schmerz: an der rechten Lungenbasis; über der Oberfläche beider Lungen.

Scharfe, nadelartige Schmerzen: im Rektum.

Schreckliche, abwärtsdrängende, wehenartige Schmerzen: während der Menses.

Heftige Menstruations- und Nierenkoliken.

Intensiv brennender Schmerz: im Kopf.

Greifende Schmerzen: in Leber und Milz.

Zusammenziehender Schmerz: Erstreckt sich vom oberen Schulterblattwinkel zum siebenten Brustwirbel und weiter abwärts zum neunten.

Dumpfer, kneifender Schmerz: in der Gegend der Nebennieren.

Krampfender Schmerz: im ersten und zweiten Finger der rechten Hand.

Nagender, weher Schmerz: im Bauch.

Kurze, zupfende Schmerzen: in Knien, Zehen, Sprunggelenken und Händen.

Zupfender Schmerz: im linken Unterlid vom äußeren Canthus; in Kreuz- und Schambeinregion; erstreckt sich aufwärts bis zu den Knien.

Schwere, ziehende, wandernde Schmerzen: im rechten Arm, in der rechten Hüfte und der linken Wade.

Ziehende Schmerzen: in alle Richtungen der Brust; am Handrücken aus allen Richtungen; in den Gliedern.

Rheumatische Schmerzen: oben in der linken Schulter; in der rechten Schulter und im rechten Arm; in den Händen; quer über den mittleren Knöcheln der linken Hand; der Beine; in den Muskeln der Beine; entlang des rechten Nackens; der rechten Körperhälfte, der rechten Hüfte, des linken Beines.

Äußerst quälender Schmerz: im linken Ovar.

Dumpfer, schwerer Schmerz: an der linken Lungenspitze.

Dumpfer Schmerz: in einem breiten Band um den Kopf herum; im Kleinhirn; in Epigastrium; im Herzen.

Kleine, scharfe Schmerzen: in den Fußsohlen.

Kleine Schmerzstiche: in der linken Schulter.

Krämpfe: im Magen; in Fußsohlen und Waden; im rechten Bein zwischen Knie und Oberschenkel.

Milde Krämpfe: in der linken Wade.

Wie mit Krallen: im Magen; wie ein kaltes Insekt in der rechten Niere.

Nagendes Gefühl: im Magen.

Schmerzhafter Schock: an beiden Lungenbasen.

Spannungsschmerz: in der linken Kopfseite nach hinten bis zum Scheitelhöcker und zur Mitte des Scheitels reichend; im rechten Bauch; am ganzen Körper von Kopf bis Fuß.

Straffe Schmerzen: diagonal im rechten Ovar.

Taubheitsschmerz: im linken Arm.

Kalter Schmerz: in der rechten Lunge und der Leber.

Schwäche- und Steifheitsschmerz: im Rücken.

Schweres Klopfen: im Herzen, am ganzen Körper.
Schmerzhafter Tenesmus: der Blase und der Gedärme.
Schmerzhafter Ausschlag: um die Taille.
Brennender Schmerz: im unteren Rücken; in den Hüften.
Beißen: der Lider.
Brennende Hitze: von der Leber bis zum Rücken; im linken Ovar; hinten am Nacken und die Wirbelsäule hinunter.
Brennendes Glühen: im Kleinhirn und die Wirbelsäule hinunter.
Brennen: in beiden Nasenlöchern; in der Magengrube; beim Urinieren; im Harnröhrenausgang; über der Brust; im Herzen, erstreckt sich durch den Körper zum Rücken und den linken Arm hinunter; der Hände, in den Handflächen; der Fußsohlen; in der Brust.
Hitze: in der Schläfengegend; unter den Lidern; im Bauch; im linken Ovar; in der Brust; in der linken Brustseite von der Lungenspitze bis zur Taille; des Herzens; von der Brust bis zur Rückseite der Schulter; in der Medulla und der Wirbelsäule; das Rückgrat hinunter und zwischen den Schultern.
Hitzewellen: in Gesicht und Nacken.
Wundheit: der Lidränder; des äußeren linken Nasenflügels; im linken Nasenloch; der Zähne; des Mundes; des Rachens; des Halses; durch die Harnröhre; der Hoden; an einer Stelle im unteren Teil des Uterus; der Brustwarzen; der Brüste; des Kehlkopfes; in Herz, Brust und Mammae; im Zehenballen; der großen Zehe; am ganzen Körper.
Wie abgeschürft: in der Stimmritze.
Wundheitsgefühl: durch die Brust; unter dem linken Fuß.
Wunder Fleck: an der linken Lungenspitze, silberdollargroß, beginnt an der linken Lungenspitze und erstreckt sich wie ein glühendheißer Blitz bis zum unteren Rücken.
Leichter Schmerz: an der rechten Lungenbasis.
Prickelndes Gefühl: am ganzen Körper.

Prickeln: durch den Körper.

Wundschmerz: des Gehirns; des Rückgrates, vom Kleinhirn bis zu den Nieren; der Hoden; der Brust; der Wirbelsäule; der Fußsohlen; der Fersen und Zehenballen.

Heiße Taubheit: der Handrücken.

Brodeln: im Kopf.

Zerren: der Hoden.

Zusammenziehendes Gefühl: an beiden Lungenbasen.

Zusammenziehen, Ziehen und Erschlaffen: in der Nierengegend.

Zusammenziehen: Geht von beiden Augen aus und trifft sich im Gehirn; die ganze Wirbelsäule abwärts; der Muskeln unterhalb des linken Knies und in der linken Wade.

Zusammenziehende Steifheit: Erstreckt sich von der Wirbelsäule zum Kopf und scheint die Kopfhaut zu verdikken.

Ziehen: in den Nackensträngen; unterhalb der Knie und in den Knöcheln.

Unangenehmes Gefühl: im linken Unterarm und der linken Hand; in der Brust und im Bauch durch Liegen auf der Seite.

Schmerz: in der Nierengegend.

Gefühl des Zerplatzens: im Herzen.

Steifheit: in den Kiefern und der Zunge; des Rachens; im ganzen Körper und beiden Sprunggelenken.

Gefühl wie vollgestopft: in der Brust.

Erstickungsgefühl: im Brustkorb.

Druck: hinter den Augen; im Scheitel; im Unterbauch; in der Blase.

Bedrückung: der Brust; des Herzens.

Gewicht: im Scheitel.

Schweregefühl: im Kopf; in den Gliedern.

Zusammenziehen: Geht von beiden Augen aus und trifft sich im Gehirn, erstreckt sich die ganze Wirbelsäule entlang abwärts; im Magen.

Zucken und Einwärtsziehen: der Glieder und der Nackenwülste.

Klopfen und Schlagen: in der Gegend der rechten Nebenniere.

Klopfen: in der Schläfengegend; in den Magenwänden; in der Lebergegend; von den Knien an abwärts.

Pulsation: in den Ohren.

Empfindung von Brodeln: in der rechten Niere.

Flattern: in der Herzgegend.

Beben: im Körper.

Zittern: in der Magengrube; der Glieder; in den Beinen von den Knien an abwärts; am ganzen Körper; der Zunge.

Kitzeln: in den Ohren; unter dem oberen Brustbein.

Eigenartiges Gefühl: durch die Brust.

Bewegungsgefühl: in den Nasenknochen.

Ruhelosigkeit: nachts.

Taubheit: den linken Arm hinunter; des linken Mittelfingers; im linken Bein vom Knie zur Hüfte; im linken Arm, in der linken Hand und dem linken Bein; durch den Körper.

Leichtigkeit: des Kopfes.

Sinkendes Gefühl und tödliche Übelkeit: im Magen.

Tödliches Gefühl: in den Nieren.

Sinkendes Gefühl: unterm Brustbein.

Ohnmacht: früh am Morgen.

Schwäche: nach nächtlichem Samenerguß.

Müdigkeit: der linken Lunge.

Trockenheit: der Augenlider; des Mundes; des Halses; des Kehlkopfes; der Stimmritze.

Kriechende Empfindung: in der Gegend der linken Niere.

Jucken: der Kopfhaut; in der Nase; der Augenbrauen; über dem linken Auge; der Ohren; im Hinterkopf; im Kleinhirn und in der Medulla; in der Gehirnbasis; in den Augäpfeln; im linken Ohr; im Ohrknorpel; quer über den Nieren; im Kreuzbein und entlang der Rückseite der Beine abwärts bis zu den Füßen; hinten in der linken Lunge; in der linken Lunge unter dem Schulterblatt; in den Armknochen; in den Hüftgelenken und Knien; in den unteren Extremitäten; der Vagina und der Schamlippen; eines Ausschlages an der linken Schulter; seitlich in den Ellenbogengelenken; der Hände; an den Fingerwurzeln und zwischen den Fingern; in den Fußsohlen; zwischen den Zehen; eines Ausschlages um die Taille herum; am ganzen Körper; eines Ausschlages an den Gliedern; von den Knien an aufwärts, an den Unterarmen und um die Taille herum.

Frösteln: wenn die Blase zu voll ist.

Kalte Taubheit: an der Außenseite der Arme, direkt unterhalb des Ellenbogens.

Kälte: der Nasenspitze; des rechten Armes; erstreckt sich über den ganzen Körper; der Beine bis zu den Knien; der Hände und Unterarme; der Finger und Zehen.

Gewebe – Starke Hitze und Wundheit mit Vergrößerung der Lymphdrüsen am ganzen Körper.

Empfindung, als habe sie sich eine schwere Erkältung zugezogen, mit äußerst quälendem Weh in den Knochen; Hals sehr wund und geschwollen, Schlucken von Flüssigkeiten oder Speisen unmöglich.

Am ganzen Körper von Kopf bis Fuß ist kaum eine Stelle, die nicht schmerzhaft ist, der Charakter des Schmerzes ist spannend und loslassend, begleitet von Hitze; bei dieser Hitze handelt es sich um eine brennend heiße Empfindung, die durch Berührung an der Körperoberfläche aber nicht festzustellen ist.

Am ganzen Körper wund, wie zerschlagen.

Die Schmerzen scheinen den ganzen Körper zusammenzuziehen, besonders die Füße und Oberschenkel.

Gefühl, als seien beim Aufstehen alle Knochen aus den Gelenken; schüttelt sich, damit sie wieder an die richtige Stelle kommen.

| Hartnäckiger Rheumatismus.

| Folgen von akuten Gelenkrheumatismus: Geht nach vorn übergebeugt und stützt sich auf einen Stock; ist bis zu den Ohren in Decken eingewickelt und sieht wie ein gebrochener Mann aus, der bald im Grab liegen wird.

Klein aussehende Karbunkel, die langsam eitern, mit dunkelroten Streifen; unerträgliche Schmerzen, konnte drei Nächte lang nicht schlafen.

Leukämie bei Kindern sykotischer Eltern.

Ein 17 Jahre altes Mädchen, Tuberkulose in der Vorgeschichte, mit rheumatischen Symptomen, Nasenbluten, Haemoptysis, Albuminurie, Endokarditis mit Erstikkungsanfällen und heftigem Herzklopfen, schließlich Invalide.

Drüsenvergrößerung an verschiedenen Körperstellen bei Rachitis, läßt sich auf vererbte Gonorrhoe zurückführen; Besserung an der See. – *Gilbert.*

Wildes nimmt an, daß die Unterdrückung eines Favus, wenn dieser auf eine Gonorrhoe des Vaters zurückgeht, zu Hydrocephalus führt, zu kapillärer Bronchitis, hartnäckigen Zahnungsdurchfällen und Cholera infantum; gehe er jedoch auf den Großvater zurück, führe die Unterdrückung zu Schwindsucht und auszehrenden Krankheiten.

Bei wenigen Tage alten Babys entwickelt sich ein feuerroter Ausschlag um den Anus herum; Verstopfung mit harten trockenen Stühlen; wenn die Amme sagt: „Der Urin verätzt das Baby schrecklich", ist eine klare Indikation für Medorrhinum gegeben. *Wildes* hält viele Krankheitsäußerungen, die *Hahnemann* der Psora zuordnet, für latent gonorrhoisch. Neben anderen Krankheiten führt er auch die vaskuläre Meningitis und die Cerebrospinalmeningitis bei Kindern auf dieselbe Quelle zurück.

Burnett scheint dies zu bestätigen, denn er nimmt für Gicht und Rheumatismus einen sykotischen Ursprung an.

Sykotisch geborene Kinder (wenn ein Elternteil oder beide Gonorrhoe haben) leiden an Cholera infantum, Marasmus, sind abgehärmt.

Noegerath sagt, latente Gonorrhoe des Ehemannes könne bei der Frau akute und chronische Perimetritis und Adnexitis hervorrufen; bei Empfängnis komme es zum Abort oder es werde nur ein einziges Kind geboren; nur ausnahmsweise zwei oder drei.

Ich habe Epitheliome, Phthise, blumenkohlartige Auswüchse, Sterilität und Erosionen auf sykotischen Ursprung zurückführen können; perniziöse Anämie entsteht oft auf gonorrhoischer Grundlage; unterdrückte Gonorrhoe kann Iritis hervorrufen, Syphilis produziert sie auch ohne Unterdrückung.

Die Unterdrückung der äußeren gonorrhoischen Zeichen scheint zuerst das Zentralnervensystem funktionell zu beeinträchtigen und führt erst viel später zu Zerstörungen im Organismus.

Berührung, passive Bewegung, Verletzungen –

Berührung: Wundheit der rechten Concha; Wundheit von Bläschen an der Vorhaut; große Empfindlichkeit der Brustwarzen und Brüste; Wundheit der Brust; starke Empfindlichkeit an der gleichen Stelle unterhalb des linken Schulterblattes; Empfindlichkeit der Brust; Empfindlichkeit der ganzen Wirbelsäule, auch der linken Rippen und der Lendenwirbel; nervöse Empfindlichkeit bei Berührung der Kleidung oder einer Haarlocke.

Druck: neuralgische Schmerzen in den Augäpfeln beim Zusammendrücken der Lider; auf das linke Ovar: unerträglich; linke Lungenbasis wund; auf die Wirbelsäule < Schmerz in Nieren und Hüften; auf die Muskeln ruft Ausschlag hervor.

Reiben: starkes Jucken in der Nase.

Kratzen: rote Flecken an den juckenden Gliedmaßen.

Bewegung beim Wagenfahren: Kopfschmerz und Durchfall.

Lumbago durch Verheben.

HAUT – Starke Gelbfärbung der Haut.

Starkes und unaufhörliches Jucken, unbeständig, < gegen Nacht, manchmal auf die linke Seite beschränkt.

Jucken am ganzen Körper, am stärksten am Rücken, an der Vagina und den Schamlippen, < beim Darandenken.

Starkes Jucken am ganzen Körper, Kratzen ohne Erleichterung, bis es blutet, kein sichtbarer Ausschlag.

Prickelndes Gefühl am ganzen Körper.

Rote, juckende Flecken beim Kratzen und abends beim Entkleiden, an den Gliedern, besonders von den Knien an aufwärts, an den Unterarmen und um die Taille herum.

|| Kupferfarbene Flecken (syphilitisch), die nach einem Ausschlag zurückbleiben, werden gelb-braun und lösen sich in Schuppen ab, danach ist die Haut rein.

An verschiedenen Körperstellen und den Oberschenkeln kleine, gestielte Warzen mit Stecknadelköpfen wie kleine junge Pilze.

Jucken: heftig, unaufhörlich, unbeständig; der Vulva; der Vagina; häufig wandernd und die Stelle wechselnd, aber nicht > durch Kratzen; < gegen Nacht; < beim Darandenken.

Ein Ausschlag von roseolaartigen Flecken erschien an Bauch und Brust; weil er exakt wie Roseola typhosa aussah, wurde die Möglichkeit von Typhus diskutiert.

Ein elf Jahre altes Mädchen war zur Verbesserung des Allgemeinzustandes von vielen Ärzten mit Salben behandelt worden. Das Gesicht war über und über von einem roten, schuppenden, wunden Ausschlag bedeckt; die Lider waren befallen und fast frei von Wimpern; die Kopfhaut bestand aus einer einzigen diffusen Masse von dickem, gelbem Schorf, unter dem heraus sich eine äußerst übelriechende Mischung von jauchiger Flüssigkeit und Talg absonderte. Ein feuerroter Streifen, so breit wie die Hand des Kindes, zog sich nackenabwärts über den Rücken und den Damm zum Genitale und zur Schamgegend; er sonderte blaß-gelbes Serum ab, durch das die Kleidung am Körper klebte. Der Mutter wurde gesagt, der Fall sei zu heilen, doch würde es mit Sicherheit in den ersten drei Monaten zu einer Verschlimmerung kommen. Das Kind bekam eine Gabe Medorrhinum CM trocken auf die Zunge. Das äußere Bild verschlechterte sich rasch, doch Appetit, Schlaf und Allgemeinzustand besserten sich stetig, und nach neun Monaten war das Mädchen völlig geheilt. – *Wildes.*

Ein sechs Jahre altes Kind war seit dem Kleinkindalter durch Tinea capitis schrecklich entstellt. Die Kopfhaut war eine dichte krustige Masse, die eine faulige, jauchige Flüssigkeit absonderte. An die Behaarung erinnerten nur einige wenige deformierte Stümpfe, die in zerstörten Wurzeln endeten. *Eine* Gabe führte in wenigen Monaten zur Heilung und zur Zeit der Niederschrift war das Mädchen zu einer gesunden und äußerst talentierten jungen Dame herangewachsen mit einer üppigen, nußbraunen Haartracht. – *Wildes.*

Im Sommer 1875 hatte ich einen hartnäckigen Fall von akutem Gelenkrheumatismus bei einem 60 Jahre alten Mann, der vom 11. Juni bis zum 5. September dauerte; eine Neuralgie bereitete ihm schrecklichste Qualen. Nach einem verzweifelten Kampf um sein Leben in der ersten Septemberwoche trat eine Besserung ein, und er verließ das Bett, allerdings als Wrack. Ich nahm damals an, daß frische

Luft und gute Hygiene ihn wiederherstellen würden. Doch vergingen Wochen und Monate, ohne daß eine Änderung eintrat, auf einen Stock gestützt ging er durch die Straßen, vornübergebeugt, bis zu den Ohren dick eingepackt, er sah aus wie ein alter Mann, der kurz vor dem Grabe steht. Drei Monate nach der Behandlung sah ich ihn an meiner Praxis vorbeigehen, dachte an seine frühere gute Gesundheit und robuste Konstitution und fragte mich: Warum bleibt er in diesem schlechten Zustand? Liegt vielleicht ein ererbtes oder erworbenes Miasma vor, das noch nicht behandelt wurde und die Hartnäckigkeit des Falles erklären könnte? Lag vielleicht eine gonorrhoische Ansteckung vor? Selbstverständlich konnte ich ihn nicht fragen.

Da erinnerte ich mich an einen Hinweis von *Dr. Swan:* Hinter einem hartnäckigen Fall von Rheumatismus kann eine latente Gonorrhoe stehen. Medorrhinum in Hochpotenz wird ihn dann heilen; in vielen Fällen, wo die Besserung ein gewisses Stadium erreicht und dann nicht mehr vorwärts geht, hat Medorrhinum das Hindernis beseitigt und den Fall zur Heilung gebracht; darunter waren auch Fälle, in denen Gonorrhoe als Krankheitsursache äußerst unwahrscheinlich war, woraus man auf die Allgegenwart der latenten Gonorrhoe und auf die Heilkraft des dynamisierten Virus schließen kann.

Die Frau jenes Patienten konsultierte mich nun eines Tages wegen anderer Dinge und sagte, ihrem Mann ginge es nun so gut, wie man es angesichts seines Alters erwarten könne; sie glaube nicht, daß er noch irgend etwas unternehmen werde, weil er seinen gebrechlichen Zustand auf sein Alter zurückführe. Trotzdem kam er am nächsten Tag zu mir, und ich gab ihm drei Gaben Medorrhinum, die er jeweils morgens einnehmen sollte; nach zehn Tagen stellte er sich wieder vor; er fühlte sich wohl und sah gut aus. Er erhielt noch eine Gabe, die er nach einer gewissen Zeit einnehmen sollte; diese Gabe war die letzte, die nötig war. Innerhalb der nächsten zehn Monate verzichtete er auf seinen Stock und die dicken Mäntel und ging als vollkommen gesunder Mann sicheren Schrittes aufrecht durch die Straßen. Sein Gewicht hatte von 63 kg auf 96 kg zugenommen.

Psorinum

Unter den antipsorischen Mitteln werden keine isopathischen aufgeführt, weil deren Wirkungen auf den gesunden Organismus nicht ausreichend gesichert sind. Sogar gegen das verschieden hoch potenzierte Krätzemiasma (Psorinum) wird dieser Einwand erhoben. Ich bezeichne Psorinum als ein homöopathisches Antipsorikum. Denn wenn die Präparation von Psorinum dessen Charakter nicht zu einem homöopathischen Mittel verändern würde, könnte es niemals irgendeine Wirkung auf einen Organismus haben, der mit dem identischen Virus verseucht ist. Unterwirft man das Psoravirus dem Vorgang der Verreibung und Verschüttelung, wird es in seinem Charakter ebenso stark verändert wie Gold, dessen homöopathische Präparationen im tierischen Organismus keineswegs träge Substanzen, sondern machtvolle Wirkstoffe sind.

Bisher hat man nur die Syphilis bis zu einem gewissen Grade als eine chronisch-miasmatische Krankheit erkannt, die, wenn sie nicht erfolgreich behandelt wird, zwangsläufig mit dem Tode endet. Die Sykosis (die Kondylom-Krankheit), die ebenso ohne geeignete medizinische Behandlung von der Lebenskraft nicht besiegt werden kann, wurde nicht als die chronisch-miasmatische Krankheit von eigenständigem Charakter, die sie zweifellos ist, erkannt, und die Ärzte glaubten, sie hätten sie geheilt, wenn sie den lokalen Auswuchs an der Haut zerstört hatten. Die fortbestehende Dyskrasie entging jedoch ihren Beobachtungen.

Unendlich viel größer und bedeutender als die beiden genannten chronischen Miasmen ist aber das chronische Miasma der Psora. Syphilis und Sykosis enthüllen ihre spezifische innere Dyskrasie durch den venerischen Schanker, bzw. durch die Blumenkohlauswüchse. In gleicher Weise zeigt auch die

Psora nach der vollständigen inneren Infektion des ganzen Organismus durch einen eigenartigen Hautausschlag, der manchmal nur aus wenigen Bläschen besteht, die unerträglich wollüstig kitzeln und jucken (und einen eigenartigen Geruch haben), das fürchterliche innere chronische Miasma. Sie ist die wahre Grundursache all der übrigen zahlreichen, ich sollte sagen zahllosen, Krankheitsbilder, die in der Systematik der Pathologie als eigenständige, unabhängige Krankheiten mit eigenen Namen geführt werden: Nervenschwäche, Hysterie, Hypochondrie, Manie, Melancholie, Imbezillität, Irresein, Epilepsie und Konvulsionen aller Art, Knochenerweichung (Rachitis), Skoliose und Kyphose, Karies, Krebs, Fungus haematodes, Neoplasma, Gicht, Hämorrhoiden, Gelbsucht, Zynose, Wassersucht, Amenorrhoe, Blutung aus Magen, Nase, Lungen, Blase und Uterus, Asthma und Lungengeschwür, Impotenz und Sterilität, Migräne, Taubheit, Catarakt, Amaurosis, Nierensteine, Lähmung, Krankheiten der Sinnesorgane, tausenderlei Arten von Schmerzen usw.

Charakteristika – Besonders angepaßt an die psorische Konstitution.

In chronischen Fällen, *wenn gut gewählte Mittel zu keiner Besserung oder dauerhaften Heilung führen* (bei akuten Krankheiten Sulph.); wenn Sulphur angezeigt scheint, aber nicht wirkt.

Reaktionsmangel nach schweren akuten Krankheiten. Der Appetit kehrt nicht zurück.

Kinder sind blaß, schwächlich, kränklich. Kranke Säuglinge schlafen weder tags noch nachts, sondern jammern, quälen sich und weinen (Jal.); tagsüber ist das Kind in Ordnung und spielt die ganze Zeit; die ganze Nacht über ist es unruhig, schwierig und schreit (Lyc. umgekehrt).

Große Schwäche und Hinfälligkeit; durch Verlust von Körperflüssigkeiten; *nach akuten Krankheiten andauernd;* unabhängig von oder ohne irgendeinen organischen Schaden oder eine offensichtliche Ursache.

Der Körper riecht schmutzig, selbst nach dem Baden.

Der ganze Körper ist schmerzhaft, *leichtes Verstauchen und Verletzen.*

Große Empfindlichkeit gegen kalte Luft *oder Wetterwechsel.*

Stürmisches Wetter spürt er sofort; Tage vor oder während eines Gewitters fühlt er sich unruhig (Phos.); trockene, schuppende Ausschläge *verschwinden im Sommer, kehren im Winter zurück.*

Beschwerden: durch unterdrücktes Jucken oder andere unterdrückte Hautkrankheiten, wenn Sulphur keine Besserung bringt; heftige, selbst durch leichte Erregungen; erholte sich nicht von Typhus.

Fühlt sich am Tage vor einem Anfall ungewöhnlich wohl.

Extrem psorische Patienten; nervös, ruhelos, fährt leicht auf.

Alle Ausscheidungen – Durchfall, Leukorrhoe, Menses, Schweiß – haben einen aashaften Geruch.

Ängstlich, voller Furcht; schlimme Ahnungen.

Religiöse Schwermut; sehr niedergeschlagen, traurige, selbstmörderische Gedanken; Verzweiflung in Bezug auf die ewige Seligkeit (Meli.), auf Genesung.

Schwermut: fürchtet, er werde sterben; er werde in seinem Beruf versagen; auf dem Höhepunkt der Krankheit; macht sein eigenes Leben und das der Menschen in seiner Umgebung unerträglich.

Extremes Jucken treibt ihn zur Verzweiflung.

Kopfschmerz: vorher Flackern vor den Augen; vorher trübes Sehen oder Sehverlust (Kali-bi., lac-d.); sieht vorher schwarze Flecken oder Ringe.

Kopfschmerz: *dabei immer hungrig; > beim Essen* (Anac., kali-p.); durch unterdrückte Ausschläge oder unterdrückte Menses; > durch Nasenbluten.

Haare: trocken, glanzlos, verfilzen sich leicht, verkleben (Lyc.). Weichselzopf (Bar-c., sars., tub.).

Kopfhaut: trocken, schuppige oder feuchte, übelriechende, eitrige Ausschläge; Absonderung einer klebrigen, übelriechenden Flüssigkeit (Graph., mez.).

Starke Lichtscheu mit entzündeten Lidern; kann die Augen nicht öffnen; vergräbt beim Liegen das Gesicht im Kissen.

Ohren: feuchte Schuppen und Wundheit an und hinter den Ohren; Absonderung einer übelriechenden, zähen Flüssigkeit (Graph.).

Otorrhoe; dünner, jauchiger, schrecklich stinkender Ausfluß, wie verdorbenes Fleisch; chronisch, nach Masern oder Scharlach.

Akne: alle Formen, Vulgaris, Rosacea; < während der Menses, durch Kaffee, Fett, Zucker, Fleisch; wenn das gut gewählte Mittel versagt oder nur palliativ wirkt.

Hunger mitten in der Nacht; muß etwas essen (Cina, sulph.).

Aufstoßen mit Geschmack nach faulen Eiern (Ant-t., arn., graph.).

Mandelentzündung: Tonsillen stark geschwollen; Schlucken schwierig und schmerzhaft; Brennen, wie verbrüht; schneidender, reißender, starker Schmerz erstreckt sich beim Schlucken zu den Ohren (schmerzlos, Bar-c.); reichlicher übelriechender Speichel; zäher Schleim im Hals, muß dauernd räuspern. Hilft nicht nur im akuten Fall, sondern *beseitigt auch die Tendenz.*

Räuspert käsige, erbsgroße Bällchen von ekelhaftem Geschmack und aashaftem Geruch hoch (Kali-m.).

Diarrhoe: plötzlich, kann nicht zurückgehalten werden (Aloe, sulph.).

Stuhl wässrig, dunkelbraun, *stinkend; mit aashaftem Geruch;* unfreiwillig, < nachts von 1 Uhr bis 4 Uhr; nach schweren akuten Krankheiten; beim Zahnen der Kinder; bei Wetterwechsel.

Obstipation: hartnäckig, mit Rückenschmerzen; durch Trägheit des Rektums; wenn Sulphur keine Besserung bringt.

Enuresis: durch Blasenlähmung; bei Vollmond; hartnäckige Fälle mit Ekzemen in der Familienanamnese.

Chronische, jahrelang andauernde Gonorrhoe, die weder unterdrückt, noch geheilt werden kann; das richtig gewählte Mittel versagt.

Leukorrhoe: große, koagulierte Klumpen von unerträglichem Geruch; heftige Schmerzen im Kreuzbein; Schwäche; im Klimakterium.

In der Schwangerschaft: sehr hartnäckiges Erbrechen; der Fetus bewegt sich zu heftig; wenn das richtig gewählte Mittel keine Besserung bringt; zur Heilung der psorischen Diathese des Ungeborenen.

Reichlicher Schweiß nach akuten Krankheiten *mit Erleichterung aller Beschwerden* (Calad., nat-m.).

Asthma, Dyspnoe: < in der frischen Luft beim Aufsitzen (Laur.); > durch Niederlegen mit weit abgespreizten Armen (umgekehrt wie Ars.); verzweifelt, glaubt, er wird sterben.

Husten tritt in jedem Winter wieder auf.

Heufieber: tritt regelmäßig jedes Jahr am gleichen Tag des Monats auf; mit Asthma, Psora oder Ekzema in der Vorgeschichte. Die Diathese sollte schon im Winter behandelt werden, damit dem sommerlichen Anfall vorgebeugt wird.

Husten: nach unterdrücktem Jucken oder Ekzem; chronischer, jahrelang dauernder, < morgens beim Erwachen und abends beim Hinlegen (Phos., tub.); grüner, gelber oder salzig schleimiger Auswurf; eiterartig; muß lange Zeit husten, bis er auswerfen kann.

Haut: auffällige Neigung zu Hautkrankheiten (Sulph.); Ausschläge eitern leicht (Hep.); *trocken, träge, schwitzt kaum;* schmutziges Aussehen, als werde sie nie gewaschen; rauh, fettig, wie in Öl gebadet; üble Folgen durch Unterdrückung mit Schwefel- und Zinksalben.

Schlaflosigkeit durch unerträgliches Jucken oder schreckliche Träume von Räubern, Gefahr usw. (Nat-m.).

Psorinum sollte nicht auf Grund der Indikation Psora oder der psorischen Diathese gegeben werden, sondern wie jedes andere Mittel nach strenger Individualisierung unter Berücksichtigung der Gesamtheit der Symptome. Dann kann man seine wunderbare Wirksamkeit beobachten.

BEZIEHUNGEN – Psorinum wird antidotiert von: Coff., nux-v. (bei Verschlechterung durch Überdosierung oder zu häufiger Gabe).

Vereinbar mit: Carb-v., cinch., op., sulph., tub.

Komplementärmittel: Sulph., tub.

Nach Lac-ac. und nux-v. (Schwangerschaftserbrechen).

Nach Arn., bell-p., ham. (bei Traumen der Ovarien)

Sulph., folgt auf psor. bei Mammakarzinom.

Unvereinbar: Apis, crot., lach. und die Schlangengifte.

Vergleichsmittel: Cham., jal. (kranke Babys, jammern Tag und Nacht).

Tagsüber fröhlich, schreien nachts; umgekehrt wie Lyc.: schreien tagsüber, schlafen nachts).

Phos., x-ray (Wirkung elektrischer Stürme auf die Nerven).

Gels., kali-bi., lac-d. (trübes Sehen und dunkle Flecken vor Kopfschmerz).

Anac., kali-p. (Kopfschmerz bei Hunger, > beim Essen).

Meli. (Kopfschmerz > durch Nasenbluten).

Bar-c., lyc., sars., tub. (Weichselzopf).

Kali-m. (übelriechende, käsige Kügelchen aus dem Hals).

Calad., nat-m. (alle Symptome > durch Niederlegen und weites Wegstrecken der Arme).

Ars. (muß aufsitzen und sich vorwärts beugen).

Phos., tub. (Husten und Atemwegsbeschwerden < morgens beim Aufwachen und abends beim Niederlegen).

Graph., hep., sil. (Ausschläge und kleine Hautverletzungen eitern leicht).

Dig. (Trinken < Husten).

Bry., nat-m., meli. (erdiges, fahles, fettiges Gesicht).

Puls., tub. (sprunghaft wandernde Schmerzen, < durch Fett und Tortengebäck; < abends).

Sang., tub. (Empfindung, als seien Körperteile voneinander getrennt; ars., der Körper an der Taille; bapt., das Gehirn und die Glieder).

Kali-c., pyrog., tub. (reichlicher Schweiß während der Genesung).

Ambr., caps., cina., laur., op., valer. (reagiert nicht auf das richtig gewählte Mittel).

Kali-i., sin-n., sabad. (Heufieber).

Chin-s., cina., ign., lyc., sulph., tub. (nachts hungrig, kann nicht schlafen, bevor er gegessen hat).

Ars., rhus-t., tub., x-ray. (Ursachen: Folgen von Gefühlserregung oder geistiger Anstrengung; Verheben; unterdrückten Hautausschlägen; Wetterwechsel; elektrischen Stürmen; Verletzungen; Verstauchungen und Verrenkungen).

GEMÜT – Gedanken verflüchtigen sich nach Verheben.

Gedächtnisschwäche, kann sich an nichts erinnern; kennt sogar sein eigenes Zimmer nicht.

Gedanken, die er nicht loswerden kann, tauchen dauernd in seinen Träumen wieder auf.

Den ganzen Vormittag über stumpf, Abneigung gegen Arbeit.

Stumpf, benommen, benebelt wie nach Ausschweifungen, nachts beim Erwachen; Schwindel, so daß er fällt.

Als ob die linke Kopfhälfte benommen sei, vormittags.

Geistige Anstrengung verursacht: Vollheit im Kopf; starken Kopfschmerz; Klopfen im Gehirn; Schmerz in der linken Schläfe.

| Äußerst unerträgliche Laune; ungeduldig; äußerst schlecht gelaunt.

| Reizbar, mürrisch, leidenschaftlich lärmend, nervös, fährt leicht auf; ruhelos, die Hände zittern.

|| Unerträglich eigenwillig, ärgert die Personen in seiner Umgebung, ein Knabe mit Hautausschlag.

| Sie ist sehr reizbar, leicht zornig; denkt dauernd ans Sterben.

| Unschlüssig, furchtsam; Manie.

| Angst mit Bedrückung der Brust.

|| Ängstlich, furchtsam, melancholisch; üble Ahnungen.

| Starke Todesangst; Angst in der Herzgegend und Dyspnoe mit Schmerzanfällen in der Brust.

|| Glaubt, daß die Herzstiche ihn umbringen werden, wenn sie nicht aufhören.

| Ruhelosigkeit; mit Ausschlag bei einem Kind; mit Bedrückung der Brust.

| Sentimental: griesgrämig, schlecht gelaunt.

Entmutigt.

| Seine Gedanken sind traurig und freudlos.

|| Sehr trübsinnig, traurig, selbstmörderische Gedanken.

|| Deprimiert und hoffnungslos.

| Melancholie, sorgenvoll, verzweifelnd.

| Verzweifelnde Stimmung; fürchtet, er werde im Beruf versagen.

|| Starke Niedergeschlagenheit wegen eines Hautausschlages am Handrücken, der über Nacht aufgetreten ist.

| Größte Verzweiflung, macht sein eigenes Leben und das der Personen um ihn herum unerträglich; trockener Husten; abends Fieber.

| Ist so niedergeschlagen, daß sie Selbstmord begehen könnte, dann wiederum ist sie angefüllt mit Trugbildern.

| Starke Niedergeschlagenheit im Klimakterium mit chronischen Störungen im Bauch.

| Hypochondrie mit Blutungen aus dem Rektum.

| Religiöse Melancholie (Meli.).

| Verzweifelt an der Genesung; glaubt er wird sterben; hoffnungslos; besonders nach Typhus, > durch Nasenbluten.

|| Melancholie nach unterdrückter Krätze; abgemagert, blaß, erdige Hautfarbe, Gliederschwäche; Hitzewellen und Herzklopfen verhindern den Schlaf; schläft erst gegen Morgen ein; möchte bis mittags im Bett bleiben; Abneigung gegen Arbeit, Gleichgültigkeit, Weinen; sucht die Einsamkeit, verzweifelt an der Genesung; sie ist reizbar und vergeßlich.

|| Empfindet die größte qualvolle Angst im Kopf mit einem Wirbeln vor den Augen, täglich von 5 Uhr bis 17 Uhr, seit zwei Jahren; geht in seinem Zimmer auf und ab, ringt die Hände und stöhnt dauernd: „Oh, diese Qualen!", nur während der Mahlzeiten hörte er zu stöhnen auf; der Appetit ist gut.

|| Seit neun Monaten ist er nervös; er mußte jede berufliche Tätigkeit aufgeben; hat viel Chinin und andere Tabletten eingenommen; ein sehr unangenehmes Gefühl im Kopf; Niedergeschlagenheit; glaubt, er wird nicht wieder genesen; hat alle Hoffnung verloren; kann sich nicht auf berufliche Dinge konzentrieren; Verwirrung der Sinne, er kann nicht rechnen; Anfälle von Taubheit der Beine und Arme, < links; < beim Zubettgehen; Ameisenlaufen und

Kriechen mit Prickeln und Beißen an der Kopfhaut und etwas auch an den Gliedern; Zunge weiß.

|| Starkes Jucken treibt ihn zur Verzweiflung.

Jede innere Erregung verursacht Zittern.

Heftige Beschwerden durch die leichteste Erregung.

Geistes- und Gemütsstörungen aller Art.

Reine Melancholie oder in Kombination mit Geisteskrankheit, manchmal auch im Wechsel mit Irresein und Perioden von Vernünftigkeit.

Ängstliche Bedrückung morgens beim Erwachen.

Ängstliche Bedrückung abends nach dem Zubettgehen.

Angst, mehrmals am Tag (mit und ohne Schmerzen) oder zu bestimmten Tages- oder Nachtzeiten; gewöhnlich findet der Patient dann keine Ruhe, sondern muß hierhin und dorthin rennen und bricht oft in Schweiß aus.

Melancholie, Herzklopfen und Ängstlichkeit führen nachts zum Erwachen (gewöhnlich direkt vor Einsetzen der Menses).

Selbstzerstörungswahn.

Weinerliche Laune; oft weinen sie stundenlang, ohne einen Grund dafür zu wissen.

Furchtanfälle; z. B. Furcht vor Feuer, allein zu sein, vor Schlaganfall, vor Geisteskrankheit usw.

Wutanfälle, wie Wahnsinn.

Die kleinsten Kleinigkeiten rufen Schreck hervor; hierdurch oft Schweiß und Zittern.

Abneigung gegen Arbeit bei sonst äußerst fleißigen Menschen; äußerst entschiedener Widerwillen dagegen.

Extreme Empfindlichkeit.

Reizbarkeit durch Schwäche.

Rascher Wechsel der Stimmung; oft äußerst und übertrieben ausgelassen, häufig dann wieder, und zwar sehr plötzlich, niedergeschlagen; z. B. wegen seiner Krankheit oder aus irgendeinem nichtigen Grund. Plötzlicher Übergang von Fröhlichkeit zu Traurigkeit oder verdrießlich ohne Grund.

Stumpfheit und Schwindel des Kopfes; der Patient kann weder denken noch irgend eine andere geistige Tätigkeit ausüben.

Sie kann ihre Gedanken nicht kontrollieren.

Manchmal scheint sie jedes Gedankens beraubt zu sein; sie sitzt da, als sei sie abwesend.

Der Kopf fühlt sich an der frischen Luft benommen und schläfrig an.

Sensorium – Schwindel; morgens, die Gegenstände scheinen mit ihm herumzugehen; mit Kopfschmerz; Gefühl, als würden die Augen nach außen gedrückt; mit Verwirrung und Ziehen in der Stirn, mit Brausen in den Ohren.

Große Stumpfheit des Kopfes; er befürchtet eine Gehirnentzündung; Erleichterung durch Nasenbluten.

Vollheit und Schwere im Kopf.

Schwindel; der Patient schwankt beim Gehen.

Schwindel beim Schließen der Augen, um ihn herum scheint sich alles zu drehen; dann wird er von Übelkeit befallen.

Schwindel; bei plötzlichem Umdrehen fällt er fast hin.

Schwindel befällt ihn mit einem Ruck im Kopf; einen Moment lang schwinden ihm die Sinne.

Schwindel begleitet von häufigem Aufstoßen.

Schwindel beim Abwärtsschauen zu Boden oder beim Aufwärtsschauen.

Schwindel beim Gehen auf einer ebenen Straße, die auf beiden Seiten nicht eingegrenzt ist.

Schwindel; sie kommt sich selbst entweder zu groß oder zu klein vor; in ähnlicher Weise erscheinen ihr andere Gegenstände zu groß oder zu klein.

Schwindel wie ein Ohnmachtsanfall.

Schwindel, hierdurch Bewußtlosigkeit.

INNERER KOPF – Stirnkopfschmerz mit Schwächegefühl in der Stirn.

Kopfschmerz durch Nachtschweiß.

Schmerz, als habe das Gehirn nicht genug Platz im Stirnschädel, als wäre es nach außen getrieben, morgens beim Aufstehen; < nach dem Waschen und Essen.

Drückender Kopfschmerz an kleinen Stellen in der Stirn und in den Schläfen, < links; fühlt sich betrunken und benommen.

Morgens Kopfschmerz mit Drücken in der Stirn; Benommenheit, Schwanken, die Augen fühlen sich wund an.

Erwacht durch das Gefühl, als habe er einen schweren Schlag vor die Stirn bekommen; 1 Uhr.

|| Aufwallen, Ziehen und Graben in der Stirn mit Schwindel.

|| Schmerz beginnt über dem linken Auge und wandert zum rechten; < von Stunde zu Stunde, dann Durchfall und Übelkeit, schließlich blutiges Erbrechen; wegen Schwindel muß sie sich niederlegen; Schleier und blaue Sterne vor den Augen; die Venen an der Schläfe sind stark ausgedehnt; am Tag vor dem Kopfschmerz ungewöhnlicher Appetit; ebenso während der ersten Stunden des Schmerzes; < und hervorgerufen durch Wetterwechsel, so daß sie sogar mitten in der Nacht durch den Schmerz aufwacht und immer weiß, daß ein Wetterwechsel stattgefunden hat; Wundheit des Magens, empfindlich gegen Berührung und Druck der Kleidung; Menses regelmäßig.

| Vor dem Kopfschmerz: Flackern vor den Augen; trübes Sehen oder Flecke; Erscheinungen; Gegenstände tanzen vor den Augen, schwarze Flecken oder Ringe.

| Kopfschmerz durch unterdrückten Ausschlag.

Drückender Kopfschmerz, besonders einseitiger.

Krampfartiger, zusammenziehender Kopfschmerz.

Als ob der Kopf von innen nach außen mit Hämmern geschlagen wird; durch den ganzen Kopf wie von einem Hammer.

Vollheit des Kopfes bei geistiger Anstrengung.

Vollheit im Scheitel als würde das Gehirn zerplatzen mit Ameisenlaufen im Kopf, anschließend schwerer Schlaf.

Schmerz hinten im Kopf, wie verstaucht; Druck rechts im Hinterkopf, wie ausgerenkt.

Schmerz von links nach rechts, als liege hinten auf dem Kopf ein Stück Holz.

|| Während der Kopfschmerzen immer sehr hungrig.

|| Blutandrang zum Kopf nach dem Mittagessen.

| Starker Blutandrang zum Gehirn, erleichtert durch Nasenbluten.

Blutandrang zum Kopf, Hitze; wachte des Nachts benommen auf; kann sich nicht konzentrieren; nachdem er eine Weile stillgesessen hatte, mußte er aufstehen, um sich zu sammeln.

|| Blutandrang zum Kopf, Wangen und Nase rot und heiß; der Gesichtsausschlag ist gerötet; große Angst jeden Mittag nach dem Essen. Schwangerschaft im fünften Monat.

Schwindel: Schwanken beim Gehen.

Schwindel: Beim Schließen der Augen scheint sich alles mit ihm herumzudrehen; gleichzeitig Übelkeit.

Schwindel: Bei schnellem Herumdrehen fällt er fast hin.

Schwindel, als sei ein Ruck im Kopf, durch den er für einen Augenblick das Bewußtsein verliert.

Schwindel mit häufigem Aufstoßen.

Schwindel, sogar wenn er nur auf den Boden oder aufwärts schaut.

Schwindel beim Gehen auf einer Straße, die auf einer Seite nicht eingegrenzt ist; in einer freien Ebene.

Schwindel: Mal kommt sie sich zu groß, mal zu klein vor, ebenso erscheinen ihr die Gegenstände manchmal zu groß, manchmal zu klein.

Schwindel: wie eine Ohnmacht.

Schwindel, übergehend in Bewußtlosigkeit.

Schwindel; kann nicht denken oder sich geistig betätigen.

Im Freien Schwindel und Schläfrigkeit im Kopf.

Manchmal scheint vor den Augen alles dunkel und schwarz beim Gehen oder Bücken oder beim Aufrichten aus einer gebeugten Stellung.

Blutandrang zum Kopf.

Hitze im Kopf (und im Gesicht).

Ein kalter Druck oben auf dem Kopf.

Kopfschmerz, ein dumpfer Schmerz morgens gleich nach dem Aufwachen oder nachmittags bei schnellem Gehen oder lautem Sprechen.

Einseitiger Kopfschmerz mit einer gewissen Periodizität (nach 28, 14 oder weniger Tagen), häufiger bei Vollmond oder bei Neumond oder nach geistiger Erregung, nach einer Erkältung usw.; ein Druck oder anders gearteter Schmerz oben auf dem Kopf oder innen drin oder ein bohrender Schmerz über einem Auge.

Täglich zu bestimmten Zeiten Kopfschmerz; z. B. ein Stechen in den Schläfen.

Anfälle von klopfendem Kopfschmerz (z. B. in der Stirn) mit starker Übelkeit, als werde sie gleich niedersinken, oder auch mit Erbrechen; alle 14 Tage wieder (oder früher oder später), beginnend früh am Abend.

Kopfschmerz, als ob der Schädel gleich aufplatzt.

Kopfschmerz, ziehende Schmerzen.

Kopfschmerz, Stiche im Kopf (wandern zu den Ohren hinaus).

Brausendes Geräusch im Gehirn, Singen, Summen, Brummen, Donnern usw.

Blutandrang zum Kopf.

Manchmal sieht er alles trübe oder schwarz beim Gehen oder Bücken oder beim Aufrichten des Kopfes aus gebeugter Stellung.

Blutandrang zum Kopf.

Hitze in Gesicht und Kopf.

Empfindung eines kalten Druckes auf dem Kopf.

Morgens beim Aufwachen dumpfer Kopfschmerz oder nachmittags bei raschem Gehen oder lautem Sprechen.

Kopfschmerz, Stiche im Kopf (kommt zu den Ohren heraus); gewöhnlich beim Gehen, besonders bei Gehen und körperlicher Betätigung nach dem Essen.

Kopfschmerz, schießende Schmerzen im Kopf, die durch die Ohren herauskommen; oft wird alles schwarz gesehen. Lärmen im Gehirn, Singen, Brummen, Geräusche, Donner usw.

Betäubender, drückender Morgenkopfschmerz; > durch Nachtschweiß.

Schmerz von rechts nach links, als liege ein Stück Holz hinten auf dem Kopf.

Kopfschmerz mit vorhergehendem trübem Sehen oder dunklen Flecken vor den Augen; extreme Stumpfheit, befürchtet eine Gehirnentzündung; > durch Nasenbluten mit anschließender Dunkelheit vor den Augen. Geheilt. – *Haynel.*

Äusserer Kopf – | Haar: trocken, glanzlos; verfilzt sich leicht; klebt zusammen; muß sich dauernd kämmen.

|| Ein 28 Jahre alter Mann mit dunkler Hautfarbe und dunkelbraunem Haar hatte einen Fleck an der linken Stirn, der sich am Haaransatz entwickelte und zwei Zentimeter aufwärts erstreckte; die den Fleck bedeckende Haut war deutlich weißer als die Umgebung, und die auf ihm wachsende Haarlocke war völlig weiß geworden; nach Psor. nahmen das Haar und der Fleck wieder ihre natürliche Farbe an.

|| Gefühl, als sei der Kopf vom Körper getrennt.

Abneigung, den Kopf unbedeckt zu haben; trägt bei warmem Wetter eine Pelzmütze.

Zäher Schweiß am Kopf.

Der ganze Kopf brennt.

Pusteln und Furunkel am Kopf, überwiegend am behaarten Kopf, welcher schmutzig aussieht und übel riecht.

|| Feuchter, eiternder, stinkender, aber auch trockener Ausschlag an der Kopfhaut.

| Kopfschorf bei Kindern; große, gelbe Bläschen zwischen dem Schorf und um ihn herum.

|| Stark eiternder, stinkender Ausschlag am Kopf; Roheit und Wundheit hinter den Ohren.

| Große, feuchte Pusteln am Kopf mit schorfigem Gesichtsausschlag.

| Pusteln und Furunkel am Kopf, die große Mengen Eiter enthalten; heftiges Jucken, so daß das Kind solange kratzt, bis es blutet; es bildet sich ein dicker, gelber, schmutziger Schorf, nach dessen Beseitigung rohe Haut erscheint, die gelbe Lymphe absondert, welche das Leinen versteift; nach Beseitigung bildet sich neuer Schorf; der Ausschlag breitet sich aus am oberen Nacken, an der Kopfhaut und am Großteil der Stirn; er riecht äußerst übel; es werden derartige große Mengen von Lymphe abgesondert, daß der Kopf am Kissen zu kleben scheint; das Kind ist sehr unruhig, kratzt heftig am Kopf und reagiert gereizt und schreit, wenn man es daran hindert; große Pusteln an den Armen und am Körper, die keine Heilungstendenz zeigen.

| Ausschlag am Kopf, besonders am Hinterkopf, die behaarte Kopfhaut ist überhaupt nicht mehr zu erkennen, reichliche Absonderung, die des Nachts das Kissen verschmutzt und die Haut am oberen Nacken wund macht; übler Geruch; zahllose Läuse.

| Feuchter, schorfiger, juckender, übelriechender Ausschlag am Kopf, massenhaft Läuse; Schwellung der Drüsen.

| Der Kopf ist mit Ausschlägen bedeckt, so daß vom behaarten Kopf nichts mehr zu sehen ist.

| Ausschlag am Kopf; mit Drüsenschwellung; mit Urticaria.

|| Tinea capitis et faciei.

| Crusta serpiginosa.

Der behaarte Kopf ist voll von Schorf, mit oder ohne Jucken.

Ausschlag am Kopf, Tinea capitis, bösartige Tinea mit mehr oder weniger dicken Krusten, die empfindlich stechen, wenn eine der befallenen Stellen feucht wird; bei Feuchtwerden heftiges Jucken; der gesamte Scheitel ist schmerzhaft empfindlich gegen frische Luft; die Nackendrüsen sind hart und geschwollen.

Das Kopfhaar ist wie ausgetrocknet.

Häufig fällt das Kopfhaar aus, meist in der Stirn, am Scheitel und oben auf dem Kopf; kahle Flecken oder einsetzende Kahlheit verschiedener Stellen.

Unter der Haut bilden sich schmerzhafte Knoten, die kommen und gehen, wie Beulen und runde Tumore.

Gefühl von Zusammenziehen in der Haut des behaarten Kopfes und im Gesicht.

Der behaarte Kopf ist mit Schuppen bedeckt, mit oder ohne Jucken.

Ausschläge am Kopf, Grind, bösartiger Schorf (mit mehr oder weniger dicken Krusten), mit schießenden Schmerzen, wenn Flüssigkeit abgesondert wird; unerträgliches Jucken im feuchten Stadium; der ganze Scheitel schmerzt an der frischen Luft; gleichzeitig harte Drüsenschwellung hinten am Nacken.

Das Haar fühlt sich ausgetrocknet an; das Haar fällt massenhaft aus, besonders in der Stirngegend, oben auf dem Kopf oder in der Mitte des Scheitels; einige kahle Stellen.

Schmerzhafte Knoten an der Kopfhaut, kommen und gehen, wie Furunkel; runde Tumore; selten verschwinden sie durch Eiterung.

Augen und Sehen – Abneigung gegen Licht.

|| Starke Lichtscheu, geht mit zu Boden gerichteten Augen; schuppiger Ausschlag im Gesicht.

| Lichtscheu; beim Gehen im Freien; mit Entzündung der Lider.

| Feurige Funken vor den Augen.

| Die Gegenstände scheinen einen Moment lang zu zittern und werden dunkel.

| Verwirrung vor den Augen nach Angst.

| Verwischtes Sehen; schwarze Flecken vor den Augen; Flak-
kern; die Gegenstände tanzen umher.

| Dunkelheit vor den Augen und Klingeln in den Ohren.

| Amaurose mit schuppendem Ausschlag am Hinterkopf und an den Ohren.

| Seröse Choroiditis; leichte ziliare Stauung und starke Glaskörpertrübung, so daß der Sehnerv nur schwer zu erkennen war; er war, wie der gesamte Fundus, ausgesprochen hyperämisch; Kopfschmerz, besonders morgens, dauernd reichlicher Schweiß der Handflächen.

|| Die Lider sind krampfartig geschlossen; starke Lichtscheu und reichlicher, heißer Tränenfluß; starker Pustelausschlag im Gesicht; ausgedehnter brauner Schorf am rechten Auge, bei Berührung fließt reichlich Eiter darunter hervor; die Därme sind verstopft; Appetit schlecht und nur auf Delikatessen. Pustulöse Keratitis.

| Wiederkehrende pustulöse Entzündung der Hornhaut und Bindehaut; chronisch; skrofulöser Hintergrund.

Pterygium.

Die Augen fühlen sich abends müde an.

| Tränenfluß.

Stiche in den Augen.

Wundheit der Augen und Brennen, muß sie häufig schließen.

Hitze und Röte der Augen mit drückenden Schmerzen.

Brennende, drückende Schmerzen in den Augen.

| Hitze, Röte und Druck in den Augen; Neigung zu katarrhalischer Entzündung; die Lider sind den Vormittag über leicht verklebt.

| Entzündung der Augen mit Brennen.

Die Augen wässern und sind entzündet; sie tun so stark weh, daß sie sie kaum öffnen kann, Schmerzen über den Augenbrauen, die Nase hinunter und auch hinten am Kopf; am meisten klagte sie über den Kopf.

Rechtes Auge entzündet, bei geschlossenen Lidern Druck wie von einem Fremdkörper.

| Augenentzündung mit drückenden Schmerzen, als sei Sand in den Augen.

|| Rechtes Auge innerlich und äußerlich rot; Bläschen auf der Hornhaut; Ausschlag am Kopf.

| Akute ziliare Blepharitis; die Innenseite der Lider ist am meisten betroffen; Lichtscheu; strumöse Diathese mit ungesunden, übelriechenden Ausflüssen.

| Ziliare Blepharitis von rechts nach links, < morgens und tagsüber; chronische Fälle; Neigung zur Verschlimmerung.

| Skrofulöse Entzündung der Augen; Geschwüre der Hornhaut.

| Chronische, rheumatische Lidentzündungen.

| Die Augen verschleimen.

| Entzündung der Lider, die Innenseite ist stark gestaut; starke Lichtscheu, kann die Augen nicht öffnen, liegt auf dem Gesicht.

| Lider: geschwollen; entzündet; gedunsen; das Kind reibt die Augen; teigig geschwollen; stark geschwollen, fest zusammengepreßt; verdickt; Neigung zu Gerstenkörnern; Jukken, besonders in den Canthi; herpetischer Ausschlag; skrofulöse Entzündungen, mit dicken Krusten bedeckt, der ganze Körper ist mit einem kleieartigen Ausschlag bedeckt.

Starke Entzündung der Augen, links > rechts; Supraorbitalschmerz; reichlicher Tränenfluß; Unverträglichkeit von Licht, muß das Gesicht ins Kissen drücken; Tränensack sehr empfindlich.

Das rechte Auge fühlt sich an, als ob es zerfällt.

Drückender Schmerz auf den Augen, besonders spät abends; er muß sie schließen.

Er kann nicht längere Zeit auf irgendetwas blicken, sonst flackert alles vor seinen Augen; die Gegenstände scheinen sich zu bewegen.

Die Lider sind wie geschlossen, besondes morgens; er kann sie nicht öffnen (minutenlang, manchmal sogar stundenlang); die Augenlider sind schwer, als seien sie gelähmt oder krampfhaft geschlossen.

Die Augen sind sehr empfindlich gegen Tageslicht; es macht ihnen Schmerzen, sie beißen und schließen sich unwillkürlich.

Kältegefühl in den Augen.

Die Canthi sind voll von eiterartigem Schleim (Augenschleim).

Die Lidränder sind voll von trockenem Schleim.

An einem Auge sind die Meibomschen Drüsen entlang des Lidrandes entzündet, entweder eine oder mehrere (Gerstenkorn).

An den Lidrändern Entzündung einzelner oder mehrerer Meibomscher Drüsen.

Verschiedenartige Augenentzündungen.

Gelbfärbung um die Augen.

Gelbfärbung des Augenweiß.

Trübe, opaque Flecken auf der Hornhaut.

Wassersucht des Auges.

Verdunkelung der Augenlinse, Catarakt; Strabismus.

Weitsichtigkeit; in größerer Entfernung sieht er gut, kann aber kleine Objekte in der Nähe nicht sicher unterscheiden.

Kurzsichtigkeit; kleine Gegenstände, die er dicht vor die Augen hält, kann er sehen, je weiter entfernt ein Gegenstand aber ist, desto verschwommener erscheint er, und in großer Entfernung sieht er ihn nicht.

Falsches Sehen; er sieht Gegenstände doppelt oder mehrfach oder nur die Hälfte von ihnen.

Vor seinen Augen ist ein Schweben, als wären es Fliegen, schwarze Punkte, dunkle Streifen oder Netze, besonders, wenn er ins helle Tageslicht schaut.

Die Augen scheinen durch einen Schleier oder Nebel zu blicken; mitunter wird das Sehen trübe.

Nachtblindheit; tagsüber sieht er gut, im Zwielicht aber kann er nicht alles sehen.

Tagsüber Blindheit; er kann nur im Zwielicht gut sehen.

Amaurose; andauernd trübes Sehen, das sich schließlich sogar bis zur Blindheit steigert.

Ohren und Hören – | Singen, Knacken, Brummen, Summen und Klingeln in den Ohren mit Schwerhörigkeit.

Empfindung, als hörte er nicht mit seinen eigenen Ohren.

Heftiger Schmerz im Ohr, der ihn vier Tage lang ans Bett fesselt; Schwellung des Ohres; er glaubt, der Schmerz treibe ihn zum Wahnsinn.

| Ausfluß rötlichen Ohrenschmalzes oder stinkenden Eiters.

|| Otorrhoe: mit Kopfschmerz; dünn, jauchig und äußerst übelriechend, wie verfaultes Fleisch; sehr übelriechend, eitrig (wässriger, stinkender Durchfall); braun, übelriechend, aus dem linken Ohr, fast vier Jahre lang; chronische Fälle nach Scharlach.

| Ulzeration des Trommelfells.

| Jucken in den Ohren; das Kind läßt sich kaum davon abhalten, im Gehörgang zu bohren.

| Der Gehörgang ist schorfig.

| Die äußeren Ohren sind rot, nässend und schuppig; wunder Schmerz hinter den Ohren.

Wundheit des ganzen äußeren Ohres; mit reichlichem, gelbem, übelriechendem Ausfluß; heftiges Jucken < abends, bis Mitternacht dauernd, verhindert den Schlaf und treibt ihn fast zum Wahnsinn; Appetitverlust; starke Verzweiflung.

| Herpes von den Schläfen über die Ohren zu den Wangen; mitunter lösen sich zahllose Schuppen ab; dann wieder bilden sich schmerzhafte Risse mit gelbem Ausfluß, der einen Schorf bildet; stinkende Feuchtigkeit; unerträgliches Jucken.

|| Eine Menge Krusten und Eiter am rechten Ohr, die Krusten erstrecken sich hinter dem Ohr bis zum Hinterkopf, nach oben auf das Scheitelbein fast bis zum Scheitel, nach vorn zum rechten Ohr und über die Wange; am Rande der befallenen Stellen kleine Bläschen, die mit einer klaren Flüssigkeit gefüllt sind, welche gelb wird und dann verkrustet; unter den Krusten fließt Eiter heraus.

Feuchte Wundheit hinterm Ohr.

|| Schuppen an den Ohren und feuchte Schuppen hinterm Ohr. Ein schorfiges Ekzem kam hinter dem rechten Ohr heraus, wodurch die alte Taubheit des Kindes geheilt wurde.

| Pusteln: an und hinter der Concha; hinter dem linken Ohr.

Das Gehör ist äußerst reizbar und empfindlich; sie kann das Klingeln einer Glocke nicht ohne Zittern ertragen, fällt durch das Schlagen einer Trommel in Krämpfe usw.; viele Geräusche rufen Schmerz in den Ohren hervor.

Stiche im Ohr, außen.

Gefühl von Kriechen und Jucken in den Ohren.

Trockenheit im Ohr; trockener Schorf im Ohr ohne irgendwelches Ohrenschmalz.

Aus dem Ohr läuft dünner, gewöhnlich übelriechender Eiter.

Pulsieren im Ohr.

Verschiedene Geräusche und Lärm im Ohr.

Verschiedengradige Schwerhörigkeit bis zur völligen Taubheit, mit oder ohne Ohrgeräusch, gelegentlich in Abhängigkeit vom Wetter schlechter.

Schwellung der Ohrspeicheldrüsen.

Vier Jahre lang brauner, übelriechender Ausfluß aus dem linken Ohr.

Ohren: Heftiger Schmerz im Ohr fesselt ihn fünf Tage lang ans Bett. Das äußere Ohr ist stark geschwollen, als ob ihn der Schmerz im Ohr wahnsinnig macht. Wundheit im rechten Kiefer um das Ohr herum; konnte seinen Mund nicht benutzen wegen Schmerz und Zusammenziehen; konnte kaum seinen Finger zwischen die Zähne stecken.

Ohren: Ein vierzig Jahre alter Mann hatte viele Jahre lang an Ausfluß von rötlichem Ohrschmalz aus dem linken Ohr gelitten, < nachts. Empfindung einer Klappe im linken Ohr, die sich öffnet und schließt, < nachmittags. Summen im Ohr, das plötzlich aufhört und von heftigem Jucken gefolgt wird. Nachmittags dumpfer, schwerer Schmerz in der Gehirnbasis, mit dem Gefühl, als ob die Haut des Bauches sehr entspannt wäre und abwärts gezogen wird. Gesicht bleich und fettig. Viele Pusteln an der Haut und im Nacken, die stark jucken und bei Kratzen leicht bluten. – *G.A. Whippy.*

Nase und Geruch – Geruchsverlust; mit Schnupfen.

Geruch von Blut.

Wundheit der Nase; Nase empfindlich beim Einatmen von Luft.

Bohren und Stechen im rechten Nasenflügel, anschließend exzessives Niesen.

Brennen mit anschließendem dünnen Ausfluß, welcher erleichtert.

|| Trockener Schnupfen mit Verstopfung der Nase.

|| Entzündung des Nasenseptums mit weißen, eiternden Pusteln.

Zäher Schleim in der Nase; Gefühl von einem Pflock; es macht ihm Übelkeit; > beim Bücken.

Katarrh mit Husten und Auswurf von gelb-grünem Schleim.

|| Blutiger, eitriger Ausfluß an der Nase.

|| Chronischer Katarrh; Tropfen aus den hinteren Choanen weckt ihn des Nachts auf; Hochräuspern von massenhaft klumpigem Schleim erleichterte vorübergehend das Völlegefühl; Nasenschleim trocknete wie Eiweiß, mußte gewaltsam entfernt werden.

|| Leberschmerz, < durch Niesen.

| Akne rosacea.

Nasenbluten, mehr oder weniger reichlich, mehr oder weniger häufig.

Als ob die Nasenlöcher verstopft wären.

Gefühl von Trockenheit in der Nase, lästig, auch wenn die Luft frei durchgeht.

Nasenpolypen (gewöhnlich mit Geruchsverlust); diese können sich auch bis hinten in den Rachen erstrecken.

Geruchssinn schwach oder fehlend.

Der Geruchssinn ist entstellt.

Überstarker Geruchssinn, starke und stärkste Empfindlichkeit selbst gegen nicht wahrnehmbare Gerüche.

Schorf in der Nase; Ausfluß von Eiter oder harter Schleimklumpen.

Übler Geruch in der Nase.

Die Nasenlöcher sind häufig ulzeriert und mit Pickeln und Schorf umgeben.

Schwellung und Rötung der Nase oder der Nasenspitze, oft oder auch dauernd.

Plötzlicher Schnupfen, wenn sie ins Freie kommt; gewöhnlich hat sie dann eine verstopfte Nase im Zimmer.

Oft oder auch fast dauernd trockener Schnupfen und verstopfte Nase, manchmal auch mit Unterbrechungen.

Fließschnupfen bei der kleinsten Erkältung, gewöhnlich also während der rauhen Jahreszeiten und wenn es feucht ist.

Sehr häufig, fast dauernd oder in einigen Fällen auch ununterbrochener Fließschnupfen.

Er kann keine Erkältung bekommen, selbst wenn starke Prodromalsymptome vorhanden sind, gleichzeitig liegen auch andere starke psorische Beschwerden vor.

Chronischer Katarrh: Dauerndes Tropfen aus den hinteren Choanen weckt ihn des Nachts auf; Hochräuspern von massenhaftem klumpigem Schleim erleichtert vorübergehend das Völlegefühl; der Nasenschleim trocknet wie Eiweiß ein, und muß gewaltsam entfernt werden. Heilung durch Psorinum 200.

Gesicht – Gesicht: blaß, gelb, krank; breite blaue Ringe um die Augen; bläuliches Aussehen; brennende Hitze und Röte; Schwellung mit Ausschlag.

|| Schmerzhafte Spannung und Druck im rechten Jochbein, erstreckt sich zum Ohr.

Die Wangenknochen schmerzen wie geschwürig.

|| Lahmheitsschmerz im Kiefergelenk.

|| Gesichtsschweiß mit allgemeiner Hitze.

| Starke Rauhigkeit der Gesichtshaut; Ausschlag an der Stirn zwischen den Augen; Stühle äußerst übelriechend. Ekzem. Skrofulöse Augenentzündung.

| Schorfiges Gesicht; besonders die Wangen von den Ohren ab; Lippen und Lider geschwollen, Wundheit um die Augen.

| Milchschorf des Gesichtes und des behaarten Kopfes, besonders über dem einen Ohr und der Wange, Abschilferung zahlreicher Krusten oder Risse und Ausfluß einer gelben, stinkenden Flüssigkeit.

|| Feuchter Ausschlag hinter beiden Ohren mit trockenem Ausschlag am Hinterkopf, an beiden Wangen, erstreckt sich aufwärts zu den Augen und abwärts zu den Mundwinkeln, rötlich, sehr dicht stehend, hirsekorngroß, jukkend, trockne Pickel, mit häufigem, reichlichem Stuhl; ein eineinhalbjähriges Kind.

|| Ein übelriechender, krustiger Hautausschlag erstreckt sich drei Monate lang über das ganze Gesicht, die Augen sind völlig verschlossen.

|| Ausschlag im Gesicht bei einem Kind; das ganze Gesicht ist mit einer Kruste bedeckt, Lippen und Lider sind geschwollen, Abneigung gegen Licht, große nässende Flekken am Kopf und hinter den Ohren.

| Feuchte Ausschläge im Gesicht; das ganze Gesicht ist mit feuchtem Schorf oder Krusten bedeckt, mit Schwellung der Lippen und Augenlider und feuchter Wundheit hinter den Ohren.

Pickel an der Stirn.

Rote, kleine Pickel im Gesicht, besonders auf der Nase, dem Kinn und der Mitte der Wangen.

| Dichtstehende, juckende Pickel auf beiden Wangen von den Augen bis zu den Mundwinkeln.

| Geschwüre im Gesicht.

| Kupferfarbiger Ausschlag im Gesicht.

| Tinea faciei.

| Lippen: schmerzhaft; geschwollen, besonders die Oberlippe; trocken; brennend; braun und schwarz, trocken; geschwürig; geschwollen und mit Schorf bedeckt.

| Die Mundwinkel sind wund, oft geschwürig; sykotische Kondylome.

Wundheit des rechten Kiefers in der Gegend des Ohres; konnte den Mund nicht so weit öffnen, daß er den Finger hineinstecken konnte.

Schwellung der Unterkiefer- und Zungendrüsen, wund bei Berührung; gleichzeitig eiternde Pusteln an derselben Stelle.

Blässe des Gesichtes im ersten Schlaf mit blauen Ringen um die Augen.

Erysipel des Gesichtes.

Häufige Gesichtsröte mit Hitze.

Gelbliche, gelbe Verfärbung des Gesichtes.

Blasse, gelbliche Gesichtsfarbe.

Graue, gelbe Verfärbung des Gesichtes.

Bei Berührung Schmerzhaftigkeit verschiedener Stellen des Gesichtes, der Wangen, der Wangenknochen, des Unterkiefers usw.; beim Kauen als ob es innen eitert; auch wie Stiche und Zucken; besonders beim Kauen Zucken, Stiche und eine Spannung, so daß er nicht essen kann.

Unter der Nase oder auf der Oberlippe lang bestehende Schorfe oder juckende Pickel.

Das Lippenrot ist ziemlich blaß.

Das Lippenrot ist trocken, schorfig, schält sich ab; es reißt auf.

Schwellung der Lippen, besonders der Oberlippe.

Das Innere der Lippen ist ausgekleidet mit kleinen wunden Stellen oder Bläschen.

Hautausschlag unter dem Bart oder an den Haarwurzeln des Bartes, mit Jucken.

Unzählige verschiedenartige Gesichtsausschläge.

Schwellung der Unterkieferdrüsen, welche mitunter in chronische Eiterung übergehen.

Drüsenschwellung den seitlichen Nacken hinunter.

Zähne und Zahnfleisch – Stechen in den Zähnen von einer Seite zur anderen, strahlt zum Kopf aus, mit Brennen in der rechten Wange, die geschwollen ist.

Wundheitsgefühl der Zähne.

Stechen in den Zähnen (beim Essen).

|| Die Zähne sind locker, sie fühlen sich so locker an, daß sie fürchtet, sie könnten ausfallen; < durch Berührung, besonders durch Berührung der Zähne.

| Zahnschmerz: < nachts und durch Kälte; > durch Wärme.

| Zahnfleisch: geschwürig, blutend.

Zahnfleischbluten bei der leichtesten Berührung.

Das Zahnfleisch ist innen und außen schmerzhaft, wie von einer Wunde.

Zahnfleisch mit zerfressendem Jucken.

Zahnfleisch weißlich, geschwollen, schmerzhaft bei Berührung.

Rückgang des Zahnfleisches, so daß die Vorderzähne und ihre Wurzeln bloß liegen.

Zähneknirschen im Schlaf.

Die Zähne sind locker, viele Arten von Verschlechterung der Zähne, sogar ohne Zahnschmerzen.

Unzählige verschiedene Arten von Zahnschmerz mit unterschiedlichen Modalitäten.

Zahnschmerz treibt sie nachts aus dem Bett.

Geschmack und Zunge – | Geschmacksverlust mit Schnupfen.

| Geschmack: bitter, vergeht durch Essen oder Trinken; faulig, viel Schleim im Mund; > an der freien Luft; bitter, mit gelb belegter Zunge; schal, klebrig, das Mittagessen schmeckt ölig.

| Zunge: trocken, die Spitze fühlt sich bis zur Mitte verbrannt an, er hat kaum Geschmack; Zunge sehr trocken, wie verbrannt, schmerzhaft; weiß-gelb; dick mit weißlichgelbem Schleim belegt; geschwürig.

Schmerzhafte Bläschen und wunde Stellen an der Zunge.

Zunge weiß oder pelzig-weiß belegt.

Zunge blaß, bläulich-weiß.

Die Zunge ist voller tiefer Furchen, hier und dort wie aufgerissen.

Zunge trocken.

Empfindung von Trockenheit an der Zunge, auch wenn sie richtig feucht ist.

Stottern, Stammeln; manchmal auch plötzliche Anfälle von Sprechunfähigkeiten.

Mund – Zäher Schleim klebt an der Hinterfläche des weichen Gaumens, muß deshalb räuspern.

Im Mund zäher Schleim von stinkendem, unangenehmem Geschmack, die Zähne haften aneinander wie verklebt.

| Mundtrockenheit, Brennen.

Kitzeln, Brennen; der Mund ist entzündet und wund, < durch warme Speisen; unbeeinflußt durch kalte Speisen.

An der Innenseite der Unterlippe Bläschen; brennend, schmerzhaft.

| Geschwüre im Mund.

An der Innenseite der Wange schmerzhafte Bläschen oder wunde Stellen.

Blut fließt aus dem Mund; oft stark.

Gefühl von Trockenheit des ganzen Mundes oder nur einzelner Stellen oder tief unten im Hals.

Stinkender Mundgeruch.

Brennen im Hals.

Mund entzündet und wund; < durch warme Speisen, unbeeinflußt durch kalte.

Dauernder Speichelfluß, besonders beim Sprechen und morgens.

Dauerndes Spucken von Speichel.

Fader, schleimiger Geschmack im Mund.

Fast dauernd unerträglich süßer Geschmack im Mund.

Bitterer Geschmack im Mund, vor allem morgens.

Säuerlicher und saurer Geschmack im Mund, besonders nach dem Essen, obwohl die Speisen normal schmecken.

Übler und fauliger Geschmack im Mund.

Schlechter Geschmack im Mund, manchmal schal, manchmal faulig wie alter Käse oder wie übler Fußschweiß oder wie verdorbenes Sauerkraut.

Hals – | Ansammlung von Schleim in Hals und Mund.

Zäher Schleim im Hals, Räuspern. Typhoid.

|| Empfindung eines Pflocks oder Klumpens im Hals, der das Räuspern behindert.

| Trockenheit im Hals ohne Durst.

| Trockenheit; kratzendes Gefühl im Hals.

|| Der Hals brennt, fühlt sich verbrüht an.

|| Spannung und Schwellungsgefühl im Hals.

| Schlucken schwierig, der Hals fühlt sich geschwollen an.

Schmerz beim Schlucken von Speichel.

|| Schneidender, reißender Schmerz im Hals beim Schlucken.

|| Fettdunst verursacht sofort Zusammenziehen von Hals und Brust.

Schwere Angina; mit einem Wundschmerz tief innen und Brennen im Rachen.

Tonsillitis; Schwellung der Unterkieferdrüsen; stinkender Ohrfluß.

Geschwüriger, wunder Hals.

Geschwüre rechts mit tiefsitzendem Schmerz und Brennen im Rachen.

Häufig Schleim tief unten im Rachen, den er tagsüber unter großen Anstrengungen hochräuspern und auswerfen muß, besonders morgens.

Häufige Halsentzündung und Schwellung der Stellen, die beim Schlucken benutzt werden.

Appetit, Durst, Verlangen, Abneigungen – Guter Appetit mit täglichen Angstanfällen, ist leicht gesättigt; starker Hunger, sogar nach einer herzhaften Mahlzeit; Wolfshunger geht den Anfällen voraus (Diarrhoe).

| Appetit herabgesetzt; nach Typhus; aber großer Durst, während der Genesung.

|| Durst: beim Mittagessen; mit Trockenheit des Halses; besonders auf Bier, der Mund fühlt sich sehr trocken an.

Verlangen nach Saurem.

Verlangen nach Schweinefleisch.

Heißhunger um Mitternacht, wacht hierdurch auf.

Essen und Trinken – Beim Essen hören die Beschwerden auf.

|| Gleich nach dem Mittagessen Blutandrang zum Kopf.

|| Schmerz in der Brust erstreckt sich zur Schulter, <nach kalten Getränken.

| Trinken ruft Husten hervor.

SCHLUCKAUF, AUFSTOSSEN, ÜBELKEIT UND ERBRECHEN –.

| *Aufstoßen: sauer, ranzig; Geschmack und Geruch von verfaulten Eiern;* das Zimmer ist mit einem üblen Geruch erfüllt. Arn., besonders vormittags; Ant-t. nachts; Graph. nur vormittags nach dem Aufstehen, verschwindet nach Spülen des Mundes.

|| Aufstoßen beim Hinlegen, > beim Aufstehen.

| Übelkeit: mit schlechtem Appetit; mit Rückenschmerz nach unterdrücktem Jucken; morgens mit Kreuzschmerz; den ganzen Tag über mit Erbrechen.

Würgen gefolgt von Erbrechen, erst von einer blutigen, dann einer sauren, schleimigen Flüssigkeit.

Tagsüber dauernd Übelkeit mit Brechneigung; jeden Vormittag um 10 Uhr und abends eine Art Erbrechen von süßem Schleim.

Erbrechen von saurem Schleim morgens vor dem Essen.

Aufstoßen mit dem Geschmack der Speisen, die vor mehreren Stunden gegessen wurden.

Aufstoßen, leer, laut, von Luft, unkontrollierbar, oft stundenlang, nicht selten nachts.

Unvollständiges Aufstoßen, das lediglich krampfhafte Stöße im Rachen verursacht, ohne durch den Mund herauszukommen; krampfartige Anspannung in der Speiseröhre.

Aufstoßen, sauer, bei Fasten und auch nach Mahlzeiten, besonders nach dem Genuß von Milch.

Aufstoßen, welches Erbrechen hervorruft.

Ranziges Aufstoßen (besonders nach Genuß fetter Speisen).

Aufstoßen faulig oder modrig früh am Morgen.

Häufiges Aufstoßen vor den Mahlzeiten mit einer Art Heißhunger.

Sodbrennen, mehr oder weniger häufig: Es brennt entlang der Brust, besonders nach dem Frühstück oder bei Bewegen des Körpers.

Aufstoßen, im Guß entlädt sich eine Art speichelartiger Flüssigkeit aus dem Magen, vorher Krampfschmerzen im Magen (Pankreas) mit einem Schwächegefühl (Wackeligkeit), Übelkeit ruft eine echte Ohnmacht hervor, und im Mund sammelt sich Speichel an, sogar nachts.

Die Hauptbeschwerden an allen Körperstellen werden durch frisches Obst hervorgerufen, besonders wenn es säuerlich ist, auch nach Essig (im Salat usw.).

Übelkeit früh am Morgen.

Übelkeit, die bis zum Erbrechen geht, morgens gleich nach dem Aufstehen aus dem Bett, > durch Bewegung.

Übelkeit immer nach dem Genuß von fetten Speisen oder Milch.

Bluterbrechen.

Schluckauf nach dem Essen oder nach Trinken.

Das Schlucken ist durch Krämpfe behindert, ein Mann verhungerte deshalb sogar.

Krampfartiges, unfreiwilliges Schlucken.

Magen und Epigastrium – Stechender Schmerz in der Magengrube.

| Schwäche des Magens.

|| Häufiger Magendruck, besondes nach dem Essen.

Krämpfe im Magen.

| Dyspepsie; Aufstoßen, Flatus und Stühle wie verfaulte Eier.

|| Gallige Magenleiden.

Häufige Empfindung von Fasten und Leere im Magen (oder Bauch), nicht selten mit viel Speichel im Mund.

Wolfshunger, besonders früh am Morgen; er muß sofort etwas essen, weil er sonst ohnmächtig wird, erschöpft und wackelig (oder wenn er im Freien ist, muß er sich flach hinlegen).

Heißhunger mit Rumpeln und Grummeln im Bauch.

Appetit ohne Hunger. Er hat das Verlangen, hastig verschiedene Dinge hinunterzuschlucken, ohne daß irgendeine Art Verlangen danach im Magen vorhanden ist.

Eine Art Hunger; wenn sie aber nur eine kleine Kleinigkeit ißt, fühlt sich sich sofort gesättigt und voll.

Wenn sie etwas essen will, fühlt sie sich voll in der Brust, und der Hals fühlt sich an, als sei er voll Schleim.

Appetitverlust; nur eine Art Nagen, Drehen und Krampfen im Magen zwingt sie zu essen.

Abneigung gegen gekochte, warme Speisen, besonders gegen gekochtes Fleisch, und kaum Verlangen nach irgendetwas außer Roggenbrot (mit Butter) oder nach Kartoffeln.

Morgens plötzlicher Durst; dauernder Durst.

Schwellungsgefühl in der Magengrube, schmerzhaft bei Berührung.

Kältegefühl in der Magengrube.

Druck im Magen oder in der Magengrube, wie von einem Stein oder einem zusammenziehenden Schmerz (Krampf).

Schlagen und Pulsieren im Magen, auch beim Fasten.

Krampf im Magen; Schmerz im Epigastrium, als sei der Magen zusammengezogen.

Greifen im Magen; ein schmerzhaftes Greifen im Magen; es zieht den Magen plötzlich zusammen, besonders nach kalten Getränken.

Schmerz im Magen, wie wund, wenn sie die allerharmlosesten Speisen ißt.

Druck im Magen, auch beim Fasten, schlimmer aber durch jede Art von Speisen oder durch bestimmte Gerichte, Obst, frisches Gemüse, Roggenbrot, mit Essig gewürzte Speisen usw.

Fühlt sich beim Essen schwindelig und benommen, droht auf eine Seite zu fallen.

Nach dem leichtesten Abendessen nächtliche Hitze im Bett; morgens Verstopfung und extreme Schwäche.

Nach den Mahlzeiten Angst und kalter Schweiß mit Angst.

Schwitzen beim Essen.

Gleich nach dem Essen Erbrechen.

Nach den Mahlzeiten Druck und Brennen im Magen oder im Epigastrium, fast wie Sodbrennen.

Nach dem Essen Brennen in der Speiseröhre vom unteren Ende an aufwärts.

Fühlt sich wackelig und erschöpft; möchte dauernd etwas essen, weil sie sonst am ganzen Körper kalt und naß wird.

Hypochondrien – || Tiefsitzender, stechender, drückender Schmerz in der Lebergegend, < durch äußerlichen Druck und Liegen auf der rechten Seite; der Schmerz behindert das Niesen, Lachen, Gähnen, Husten, tiefes Einatmen und Gehen.

Stechender, scharfer Schmerz in der Gegend der Leber und der Milz.

| Chronische Hepatitis.

Stiche in der Milz, > beim Stehen; < bei Bewegung und andauernd, wenn er wieder in Ruhe ist.

| Chronische Verhärtung der Milz.

Abdomen – | Der Bauch ist gebläht.

|| Meteorismus bei Leberstörungen.

| Dauerndes Gefühl von Leere und Lockerheit im Bauch; Empfindung, als hingen die Gedärme herunter.

| Schmerzen im Bauch nach dem Essen; Blähsucht und Neigung zu Durchfall; > wenn ein Flatus abgeht.

Schmerz im Bauch beim Reiten (riding).

Schneidender Schmerz in den Därmen.

|| Kolik: vergeht durch Essen; > durch Abgang eines übelriechenden Flatus.

Schmerzhaftes Abwärtsdrängen mit schmerzhaftem Brennen beim Wasserlassen.

Stechende, scharfe Schmerzen in den Leistendrüsen.

Schmerz durch die rechte Leiste beim Gehen.

Klumpen in der rechten Leiste, verhindern das Bücken.

| Leistenhernie; infiltrierter Bruchsack.

| Chronische Bauchleiden.

| Im Klimakterium Bauchbeschwerden mit sehr schlechter Laune.

Nach den Mahlzeiten Ausdehnung des Bauches.

Nach den Mahlzeiten sehr müde und schläfrig.

Nach den Mahlzeiten wie betrunken.

Nach den Mahlzeiten Kopfschmerz.

Nach den Mahlzeiten Herzklopfen.

Besserung verschiedenster Beschwerden durch Essen.

Der Flatus geht nicht ab, sondern bewegt sich hin und her und ruft viele körperliche und seelische Beschwerden hervor.

Der Bauch ist durch Flatus ausgedehnt und fühlt sich voll an, besonders nach einer Mahlzeit.

Empfindung, als steige ein Flatus aufwärts; anschließend Aufstoßen, dann oft ein Gefühl von Brennen im Hals oder Erbrechen bei Tag oder bei Nacht.

Schmerz in den Hypochondrien bei Berührung, Bewegung oder auch in Ruhe.

Zusammenziehender Schmerz im Epigastrium, gleich unterhalb der Rippen.

Schneidende Schmerzen im Bauch, wie von einem festgeklemmten Flatus; dauerndes Völlegefühl im Bauch, der Flatus steigt aufwärts.

Fast täglich schneidende Schmerzen im Bauch, besonders bei Kindern, öfter morgens als zu anderen Tageszeiten, manchmal Tag und Nacht, ohne Durchfall.

Schneidende Schmerzen im Bauch, besonders auf einer Seite des Bauches oder in der Leiste.

Unwohlsein im Bauch, ein Leeregefühl, unerträgliche Leere, auch unmittelbar nach dem Essen, er fühlte sich, als habe er überhaupt nichts gegessen.

Vom Kreuz ausgehend um den Bauch herum, besonders unterhalb des Magens, ein Gefühl von Zusammenziehen wie von einer Binde, nachdem sie mehrere Tage lang keinen Stuhlgang hatte.

Schmerz in der Leber bei Berührung der rechten Bauchseite.

Schmerz in der Leber, ein Druck und eine Spannung; eine Spannung unterhalb der rechten Rippen.

Unterhalb der letzten Rippen in den Hypochondrien eine Spannung und ein Druck, die die Atmung hemmen und sie ängstlich und traurig machen.

Schmerz in der Leber, Stiche; < bei schnellem Bücken.

Hepatitis.

Druck im Bauch wie von einem Stein.

Härte des Bauches.

Krampfartige Kolik, ein greifender Schmerz in den Därmen.

Kälte einer Bauchhälfte während der Kolik.

Glucksen, Quaken und hörbares Rumpeln und Brummeln im Bauch.

Sogenannte Uteruskrämpfe, wie Wehenschmerzen, greifende Schmerzen, oft zwingen sie die Patientin sich hinzulegen, oft dehnen sie den Bauch aus, ohne daß Blähungen vorhanden wären.

Zu den Genitalien abwärtspressende Schmerzen im Unterbauch.

Leistenhernien, oft schmerzhaft beim Sprechen und Singen.

Schwellung der Leistendrüsen, die manchmal in Eiterung übergehen.

Stuhl und Rektum – Abgang von heißen, stinkenden, schwefligen Flatus; Geruch nach verfaulten Eiern.

Stuhl: normal, geht aber außerordentlich rasch ab, mit vielen Flatus; erreicht kaum die Toilette (Aloe).

Greifen und Stuhldrang beim Reiten (riding).

| Diarrhoe nach Kolik.

| Häufiger, dünner Stuhl mit Ausschlag am Kopf.

Grüner, galliger Durchfall vermischt mit Schleim; weich, wird aus Schwäche unter Schwierigkeiten entleert.

| Stuhl: dunkelbraun, sehr flüssig und übelriechend; Geruch nach verfaulten Eiern; meist bei Kindern in ihrem ersten oder zweiten Sommer; grüner Schleim oder blutiger Schleim; aashafter Geruch, < nachts; häufig, flüssig; unfreiwillig; fast schmerzlos.

|| Halb flüssig, bräunlich, unerträglich ekelhafter Geruch; geht im Schlaf um 1 Uhr und um 4 Uhr ab mit unverdauten Speisen. Infantile Diarrhoe.

|| *Entsetzlich übelriechend,* fast schmerzlos, fast unfreiwillig, dunkel und wässrig; nur nachts und vor allem gegen Morgen.

|| *Unfreiwilliger Stuhl* im Schlaf.

|| Vier Monate alter Knabe, weißlicher, übelriechender Durchfall; weint andauernd, zieht die Knie an wie im Schmerz; rasselnder Husten, weint die ganze Nacht; benimmt sich, als ob er links Ohrenschmerzen hat, leichter Ausfluß aus dem linken Ohr; uriniert selten; nach der zweiten Gabe, die 16 Stunden nach der ersten gegeben wurde, brach am ganzen Kopf und im Gesicht ein kleiner, pickeliger Ausschlag aus, an der Spitze jedes Pikkels war ein Bläschen, das Lymphe absonderte, die zu einer dicken, braunen Kruste eintrocknete, welche im Verlauf von zwei oder drei Tagen allmählich abfiel; nach zwei Wochen war die Haut wieder völlig rein.

| Diarrhoe: nach einer akuten Krankheit; nachts; früh morgens; morgens beim Aufstehen; im Kindbett; bei Wetterwechsel.

Vor dem Stuhlgang: greifende Schmerzen in der Nabelgegend.

| Fälle, die nicht sofort auf das angezeigte Mittel reagieren; die Kinder haben schmutzige, gelbe und fettige Haut mit einem nicht ganz entwickelten Ausschlag an der Stirn und der Brust, sie sind dauernd grämlich und quengelig.

| Durchfälle mit unverdauten Speiseresten.

| Chronische Diarrhoe; übelriechende Stühle.

| Cholera infantum; Stühle dunkelbraun, wässrig, von unerträglich üblem Geruch; flüssig, schleimig oder blutig und äußerst stinkend.

| Cholera infantum im Sommer; nachts nervös und ruhelos; wacht des Nachts wie im Schreck auf oder schreit im Schlaf auf; zwei oder drei Nächte später setzt der Durchfall ein; die Stühle sind reichlich und wässrig, dunkelbraun oder sogar schwarz, äußerst übelriechend, fast faulig im Geruch, < nachts.

| Cholera.

| Weicher Stuhl: geht aus Schwäche unter Schwierigkeiten ab.

| Hartnäckige Obstipation: mit Schnupfen und Verstopfung der Nase; Schmerz im Kreuz; Blutung aus dem Rektum; durch Lähmung des Rektums; dauert drei oder vier Tage an, durch Untätigkeit des Rektums; Stuhlgang am dritten oder vierten Tag von heftigen Schmerzen begleitet, die den Patienten veranlaßten, den Drang so lange wie möglich zurückzuhalten.

|| Empfindlicher Hämorrhoidalschmerz im Rektum.

| Unangenehmes Brennen im Rektum.

Wundheit in Rektum und Anus beim Reiten (riding).

|| Blutung aus dem Rektum; bei alten Frauen floß eine große Menge Blut auf einmal heraus, mit Verstopfung und Hypochondrie.

Brennende Hämorrhoidenknoten.

Rektumprolaps mit Brennen.

Stuhl: normal, aber zwanghaft; ging in größter Schnelligkeit ab, mit vielen Flatus; erreicht kaum die Toilette.

Rektumprolaps mit starkem Brennen.

Obstipation: mitunter mehrere Tage lang kein Stuhlgang, nicht selten mit wiederholtem, vergeblichem Stuhldrang.

Stühle hart, wie verbrannt, in kleinen Knoten, wie Schafkot, oft mit Schleim bedeckt, manchmal auch mit Blut.

Reine Schleimstühle (schleimige Hämorrhoiden).

Abgang von Rundwürmern aus dem Anus.

Teile eines Bandwurmes gehen ab.

Anfangs sind die Stühle sehr hart und beschwerlich, anschließend Durchfall.

Sehr blasser, weißlicher Stuhl.

Graue Stühle.

Grüne Stühle.

Lehmfarbene Stühle.

Stühle mit fauligem, saurem Geruch.

Schneidende Schmerzen im Rektum beim Stuhlgang.

Wochen-, monate- und jahrelanger Durchfall.

Häufig wiederholt Durchfall mit schneidenden Schmerzen im Bauch, mehrere Tage dauernd.

Nach dem Stuhl, besonders nach einer weicheren und reichlicheren Entleerung starke und plötzliche Schwäche.

Der Durchfall schwächt sie schon bald so stark, daß sie nicht alleine gehen kann.

Schmerzlose und schmerzhafte Hämorrhoidalknoten am Anus, im Rektum (nicht blutend).

Blutende Hämorrhoidalknoten am Anus oder im Rektum (blutend), besonders beim Stuhlgang, danach schmerzen die Hämorrhoiden oft lange Zeit heftig.

Mit Blutungen im Anus oder im Rektum, Blutaufwallung durch den Körper und Kurzatmigkeit.

Ameisenlaufen und juckendes Kribbeln im Rektum mit oder ohne Abgang von Askariden.

Jucken und Erosion im Anus und am Damm.

Rektumpolypen.

Cholera infantum: hartnäckig, schien dem bestgewählten Mittel zu trotzen. Stuhl sehr dünn und wässrig; schmutzig, grünlich, von aashaftem Geruch. Das Kind war sehr quengelig, fand zwei Nächte und zwei Tage keinen Schlaf. Psorinum 4CM eine Gabe. Nach zwei Stunden schlief das Kind ein und in vier Stunden war es gesund, ohne Wiederholung. – *W.A. Hawley.*

Harnorgane – || Unfreiwilliges Urinieren, kann den Urin nicht halten; Blasenlähmung. Typhus.

| Enuresis: macht nachts ins Bett; wieder bei Vollmond; hartnäckige Fälle.

|| Spärliches Urinieren fast jede halbe Stunde mit Brennen in der Harnröhre und an den Kondylomata.

| Urin: dunkelbraun, mit rötlichem Sediment; mit Eiter, häufig, spärlich; Brennen und Schneiden in der Harnröhre; dick, weißlich; trübe; rote Ablagerung; an der Oberfläche bildet sich ein Häutchen; reichlich.

Angst beim Urinieren, manchmal auch Schwäche.

Manchmal geht zuviel Urin ab, anschließend große Müdigkeit.

Schmerzhaftes Urinverhalten (bei Kindern und alten Leuten).

Wenn er fröstelt (er fühlt sich durch und durch kalt), kann er nicht urinieren.

Manchmal kann sie wegen Blähungen nicht urinieren.

Die Harnröhre ist teilweise zusammengezogen, besonders morgens.

Blasendruck wie von Harndrang unmittelbar nach dem Trinken.

Er kann den Urin nicht einmal kurze Zeit halten, er drückt auf die Blase und geht ab beim Gehen, Niesen, Husten oder Lachen.

Häufiges Urinieren nachts; er muß nachts deshalb aufstehen.

Urin geht unfreiwillig im Schlaf ab.

Nach dem Urinieren tröpfelt der Urin noch lange Zeit nach.

Weißlicher Urin mit süßlichem Geruch und Geschmack, es gehen extreme Mengen ab, mit Schwäche, Abmagerung und unstillbarem Durst (Diabetes).

Beim Urinieren Brennen und brennende, schneidende Schmerzen in der Harnröhre und im Blasenhals.

Der Urin hat einen penetranten, scharfen Geruch.

Im Urin lagert sich rasch ein Sediment ab.

Der Urin ist gleich nach der Miktion trübe wie Molke.

Von Zeit zu Zeit geht mit dem Urin ein roter Sand ab (Nierengrieß:).

Dunkelgelber Urin.

Brauner Urin.

Schwärzlicher Urin.

Urin mit Blutklümpchen, mitunter auch echte Hämaturie.

Männliche Geschlechtsorgane – Heftiger, unkontrollierbarer sexueller Drang.

| Abneigung gegen Koitus; Impotenz; Ausbleiben der Ejakulation beim Koitus.

| Fehlen von Erektionen; das Glied ist schlaff.

Abgang von Prostatasekret vor dem Urinieren.

Ziehende Schmerzen in den Hoden und Samensträngen.

Entzündetes Geschwür an der Glans mit Schwellung und Schwere der Hoden.

|| Nach unterdrückter Gonorrhoe: Rheumatismus, Lahmheit, Konjunktivitis mit Granulationen; starke Lichtscheu; im Kopf herumschießende Schmerzen; das andere Auge ist empfindlich gegen Licht.

| Chronischer schmerzloser Ausfluß aus der Urethra, der das Leinen gelb färbt.

| Chronischer, 12 Jahre andauernder Harnröhrenausfluß.

|| Sieben große, feuchte, juckende, gelegentlich brennende Kondylomata an der Vorhaut; jede Nacht Bettnässen; muß tagsüber fast jede halbe Stunde urinieren; Urinieren spärlich und begleitet von Brennen in der Harnröhre; Geschwüre an den Lippen, besonders an den Mundwinkeln; an verschiedenen Stellen, besonders aber in den Kniekehlen trockener, herpesartiger Ausschlag, nicht juckend.

|| Sykotischer Auswuchs an den Rändern der Vorhaut, mit Jucken und Brennen.

|| Ein sieben Jahre alter Knabe litt seit seiner Geburt an einer rechtsseitigen Leistenhernie; fast ein Drittel des Darms rutschte durch den weit offenen Leistenkanal zum Hoden; als ein Bruchband angelegt wurde, entwickelte sich eine heftige Entzündung der Tunica vaginalis, die nach Pulsatilla rief, aber jedesmal wiederkehrte, wenn das Bruchband benutzt wurde; das Kind wurde allmählich elend, dünn und verlor jeden Appetit; es bekam Fieber und in der Tunica vaginalis sammelte sich eine große Menge Flüssigkeit an; als die Heilung einsetzte, entwickelte sich ein schmerzhafter, brennender, juckender, wunder Ausschlag mit einer scharfen Absonderung an der Innenfläche der Vorhaut und an der Corona glandis.

| Hydrocele.

|| Hydrocele, hervorgerufen durch wiederholte Entzündung infolge des Druckes von einem Bruchband.

Ausfluß von Prostatasekret nach dem Urinieren, besonders aber nach schwierigem Stuhlgang (auch fast ständiges Tröpfeln von Prostatasekret).

Nächtlicher Samenabgang, zu häufig, ein-, zwei- oder dreimal die Woche oder sogar jede Nacht.

Nächtliche Samenergüsse, auch wenn sie selten sind, haben doch unmittelbar schlechte Folgen.

Tagsüber geht der Samen fast unfreiwillig ab mit geringer Erregung, oft sogar ohne Erektion.

Sehr häufige Erektionen, lang andauernd, sehr schmerzhaft, ohne Samenerguß.

Die Ejakulation bleibt aus, selbst bei einem lang' andauernden Koitus und regelrechter Erektion, anschließend aber geht der Samen in nächtlichen Pollutionen oder mit dem Urin ab.

Ansammlung von Wasser in der Tunica vaginalis des Hodens (Hydrocele).

Es kommt nie zu einer vollständigen Erektion, selbst bei einer äußerst lustvollen Erregung.

Schmerzhaftes Zucken in den Muskeln des Penis.

Jucken des Skrotums, das manchmal von Pickeln und Schorf befallen ist.

Einer oder beide Hoden sind chronisch geschwollen oder zeigen eine knotige Verhärtung *(Sarcocele)*.

Abnahme, Verkleinerung, Verschwinden von einem oder beiden Hoden.

Verhärtung und Vergrößerung der Prostata.

Ziehender Schmerz in den Hoden und den Samensträngen.

Schmerz wie von einer Kontusion in den Hoden.

Mangel an sexuellem Verlangen bei beiden Geschlechtern, häufig oder auch dauernd.

Unkontrollierbare, unstillbare Lüsternheit mit kachektischer Hautfarbe und kränklichem Körper.

Sterilität, Impotenz ohne organische Ursache an den Geschlechtsorganen.

Weibliche Geschlechtsorgane – Nächtlicher Ausfluß von Vaginalsekret mit lüsternen Träumen.

|| Verhärtung des linken Ovar nach einem heftigen Stoß; anschließend juckender Ausschlag an Körper und Gesicht.

|| Knotiger Klumpen oberhalb der rechten Leiste, selbst eine Binde tut weh.

Kneifen in der Schamgegend.

Schneiden in der linken Lende, kann nicht ohne Hilfe gehen.

|| Metrorrhagie.

Menses verzögert und spärlich.

| Amenorrhoe: bei psorischen Frauen, Hautausschlag mit dickem Schorf; mit Phthise.

|| Dysmenorrhoe gegen das Klimakterium zu.

|| Menstruationsstörungen im Klimakterium.

|| Leukorrhoe, große Klumpen, unerträglicher Geruch; heftige Schmerzen im Kreuzbein und in der rechten Leiste; große Schwäche.

| Geschwüre der Schamlippen.

Menstruationsstörungen: Die Menses treten nicht regelmäßig am 28. Tag auf, nur in Begleitung von Beschwerden und nicht sofort; sie dauern nicht gleichmäßig drei oder vier Tage lang an bei einer mäßigen Menge gesund gefärbten, milden Blutes, bis sie am vierten Tag unmerklich und ohne Störung des körperlichen und seelischen Allgemeinbefindens aufhören; auch treten die Menses nicht bis ins 48. oder 50. Jahr auf, sie setzen nicht allmählich und nicht ohne Beschwerden aus.

Die Menses setzen nur allmählich nach dem 15. Lebensjahr oder später ein, oder nach mehrmaligem Auftreten hören sie für mehrere Monate oder Jahre wieder auf.

Die Menses halten die regelmäßigen Abstände nicht ein, sie kommen mehrere Tage zu früh, manchmal alle drei oder sogar alle zwei Wochen.

Der Menstruationsfluß dauert nur einen Tag oder, wenige Stunden, oder es gehen nur kaum wahrnehmbare Mengen Blut ab.

Der Menstruationsfluß dauert fünf, sechs, acht oder mehr Tage an, setzt aber zwischendurch aus, alle sechs, zwölf, vierundzwanzig Stunden fließt ein wenig, und dann hört der Fluß für einen halben Tag oder auch für ganze Tage auf.

Die Menses fließen wochenlang zu stark oder treten fast täglich auf (blutiger Ausfluß).

Die Menses bestehen aus wässrigem Blut oder braunen Blutklumpen.

Das Menstruationsblut ist äußerst übelriechend.

Die Menses werden von vielerlei Beschwerden begleitet, Ohnmachten oder (meist stechenden) Kopfschmerzen, zusammenziehenden, krampfartigen, schneidenden Schmerzen im Bauch und im Kreuz; sie muß sich hinlegen, erbrechen usw.

Polypen in der Scheide.

Leukorrhoe aus der Scheide, einen oder mehrere Tage vor oder gleich nach den Menses oder während der gesamten Zeit zwischen den Menses, oder auch andauernd, anstelle der regulären Menses; der Ausfluß ist wie Milch oder wie weißer oder gelber Schleim, ätzend oder manchmal auch wie stinkendes Wasser.

Beckentumor; er wurde von *Dr. Macdonald* als bösartig bezeichnet; als er den Bauch geöffnet hatte, verzichtete er wegen Verwachsungen darauf, ihn zu entfernen; Urin voller Eiter; Stuhl unfreiwillig und entsetzlich übelriechend, die Krankenschwester konnte den Geruch nicht aushalten. Heilung durch Psor. 30. – *S. S. Moffatt.*

Eine 32 Jahre alte Dame hatte heftiges Fieber, Temperatur zwischen 39,4° C und 40,5° C, begleitet von Kopfschmerzen, Rückenschmerzen und Krämpfen in den Muskeln der Glieder, mit heftigen Bauch- und Beckenschmerzen, nach einer Abtreibung. Als die akuten Symptome vergingen, entstand eine starke Furcht und geistige Ruhelosigkeit, die durch Aconit gebessert wurden. Jeden Abend um 18 Uhr wurde sie ruhelos und brach in reichlichen, eiskalten Schweiß aus, der die ganze Nacht anhielt, sie sehr erschöpfte und durch äußerliche Wärme nicht gebessert wurde. Wenn der Abend nahte, packte sie große Furcht vor dem kommenden kalten Schweiß und der Eiseskälte. Mit diesem kalten, reichlichen Schweiß war ein fauliger Geschmack und äußerst übler Geruch verbunden. Psorinum DMM, eine Gabe trocken auf die Zunge brachte Besserung.

Schwangerschaft, Geburt, Stillen – | Während der Schwangerschaft: Der Fötus bewegt sich zu heftig; tympanitischer Bauch; Übelkeit; Erbrechen; hartnäckige Fälle.

|| Die Brüste sind geschwollen, schmerzhaft; Röte der Brustwarzen, Brennen in der Umgebung.

|| Heftig juckender Pickel um die Brustwarzen herum; Absonderung einer Flüssigkeit. Zweiter Schwangerschaftsmonat.

|| Brustkrebs.

Schwinden der Brüste oder starke Vergrößerung mit Einziehen der Warzen.

Erysipel einer Brust (besonders beim Stillen).

In einer der Brüste eine vergrößerte und verhärtete Drüse mit schneidenden Schmerzen.

Juckender, auch feuchter und schuppender Ausschlag um die Brustwarzen herum.

Vorzeitige Geburt.

Während der Schwangerschaft große Schwäche, Übelkeit, häufiges Erbrechen, Ohnmachten, schmerzhafte Varizen an den Oberschenkeln und Beinen, manchmal auch an den Schamlippen, hysterische Beschwerden verschiedener Art usw.

Mrs. H.E.L., 56 Jahre alt, hatte vor zwei Jahren eine akute Peritonitis gehabt, besonders im rechten Unterbauch; seither war es ihr nie mehr gut gegangen, sie litt dauernd unter Schmerzanfällen in der rechten Leistengegend, die so heftig waren, daß der behandelnde Arzt immer wieder zu Morphium greifen mußte.

Die Begleitsymptome wurden leicht unter Kontrolle gebracht, aber immer wenn sie verschwanden, nahmen die Schmerzanfälle an Häufigkeit und Stärke zu. Die körperliche Untersuchung ergab Verwachsungen der Bänder, die die Vagina zusammenzogen; betroffen waren das rechte Ligamentum latum und das rechte Ovar, das offensichtlich fest nach rechts unten an die Beckenwand fixiert war.

Der Schmerz wurde verschlimmert durch Bewegen der Glieder, Gehen, aufrechtes Stehen, Liegen auf der schmerzhaften Seite. Monatelange Versuche, den örtlichen Schmerz durch ein sorgfältig gewähltes Mittel zu bessern, brachten nur momentane Erleichterung, der regelmäßig ein schwerer Rückfall folgte; aus Ratlosigkeit und Verzweiflung wurde Psorinum gegeben; die Schmerzen verschwanden und sind nicht mehr wiedergekehrt, trotz der pathologischen Diagnose.

Stimme und Kehlkopf, Luftröhre und Bronchien –

| Heiserkeit; beim Sprechen klebt Schleim im Kehlkopf.

| Das Sprechen ist äußerst ermüdend.

|| Stimme schwach und zitternd.

| Empfindung von Ersticken und Kriechen im Kehlkopf ruft einen anfallsweisen, trockenen, abgehackten Husten hervor.

Kitzeln, Gefühl als verenge sich der Hals, muß zur Erleichterung husten.

|| Seit elf Jahren Heufieber, das am 20. August einsetzt.

Heiserkeit, wenn sie nur kurz spricht; sie muß erbrechen, um die Stimme freizumachen.

Heiserkeit, manchmal auch Stimmlosigkeit (sie kann nicht laut sprechen, sondern muß flüstern), nach einer leichten Erkältung.

Jahrelang andauernde Heiserkeit und Stimmlosigkeit; er kann nicht ein lautes Wort sprechen.

Eiterung des Kehlkopfes und der Bronchien (laryngobronchiale Phthise).

Sehr häufig oder auch dauernd Heiserkeit und Katarrh; seine Brust ist dauernd befallen.

Husten: oft Reizung und Kribbeln im Hals; der Husten quält ihn, bis im Gesicht (und an den Händen) Schweiß ausbricht.

ATMUNG – | Kurzatmigkeit oder Luftmangel.

|| Rekonvaleszenten, die einen Spaziergang machen, werden dadurch nicht gekräftigt, sondern kehren um, um daheim wieder besser Luft zu bekommen oder um sich hinzulegen, so daß sie leichter atmen können; durch den Aufenthalt im Freien fühlt sie sich verschlechtert anstatt verbessert.

| Die Brust dehnt sich nur unter großen Schwierigkeiten aus; kriegt keine Luft.

| Ängstliche Dyspnoe mit Herzklopfen und Schmerz in der Herzgegend.

| *Dyspnoe: < beim Aufsitzen, um zu schreiben, > beim Hinlegen;* Blutandrang zum Kopf nach dem Mittagessen, große Traurigkeit, *< je enger die Arme an den Körper gebracht werden.*

Muß die Arme weit vom Körper abspreizen.

| Asthma, als würde er sterben; geht einem Hydrothorax voraus.

Stiche von hinten nach vorn in Brust und Rücken beim Atmen.

Luftmangel im Freien, muß sich beeilen.

Behinderung der Atmung mit stechenden Schmerzen in der Brust durch kurzes Gehen, er kann nicht einen Schritt weitergehen (Angina pectoris).

Asthma nur beim Bewegen der Arme, nicht beim Gehen.

Erstickungsanfälle, besonders nach Mitternacht; der Patient muß aufsitzen, manchmal muß er das Bett verlassen, er steht nach vorn gebeugt auf die Hände gestützt; er muß die Fenster weit öffnen oder hinaus ins Freie gehen usw.; Herzklopfen; danach Aufstoßen oder Gähnen; die Krämpfe hören mit oder ohne Husten und Auswurf auf.

Herzklopfen mit Angst, besonders nachts.

Asthma laut, schwierig, manchmal auch zischende Atmung.

Kurzatmigkeit.

Asthma bei Bewegung, mit oder ohne Husten.

Asthma, meist beim Hinsetzen.

Krampfartiges Asthma; wenn sie ins Freie kommt, raubt es ihr den Atem.

Asthma in Anfällen, mehrere Wochen andauernd.

Husten – | Husten: durch Kitzeln im Kehlkopf; trocken, hart, hervorgerufen durch Kitzeln in der Luftröhre; abends mit Schmerzen in der Brust und im Hals, vergeht, wenn sie sich ruhig verhält; hervorgerufen durch Sprechen, mit Schwächegefühl in der Brust; trocken, mit Schweregefühl in der Brust; trocken, mit Wundheit hinter dem Brustbein, mit Stechen in der Brust; trokken, mit zusammenziehendem Schmerz in der Brust; <

morgens beim Erwachen und abends beim Hinlegen; hustet lange Zeit bevor Auswurf kommt; periodische Anfälle; chronisch, krampfartig; 25 Jahre lang andauernd.

|| Heftiger, trockener Husten mit Bedrückung der Brust und Schmerz, als sei in der Brust alles roh und aufgekratzt; abends Fieber; große Niedergeschlagenheit, die ihm das Leben zur Last macht.

|| Husten, hierdurch Reißen von der Mitte der Brust zum Hals, alles rechts; Husten < nachts; Urinabgang beim Husten.

Ein alter, dumpfer Husten, Herzklopfen und ein hartnäkkiger Schmerz in der Brust verschwinden, nur wird die untere Hälfte der Conjunctiva bulbi rot, und es bilden sich dort Geschwüre, das Auge wässert, ohne Schmerz, mit Lichtscheu, > im Freien.

|| Drei Monate lang trockener Husten, Schmerz in der Brust, ein zusammenziehender Druck an der vierten und fünften Rippe neben dem Brustbein, starke Reizbarkeit und schlechte Laune.

|| Husten mit Auswurf; Asthma, er glaubt, er werde sterben.

| Husten mit Auswurf von grünem Schleim, fast wie Eiter; besonders morgens beim Erwachen und abends beim Hinlegen, mit Übelkeit; er klebt fest und kann nur unter Schwierigkeiten abgehustet werden.

|| Husten mit salzigem, grünem und gelbem Auswurf; Bedrückung der Brust; allmählicher Kräfteverlust; nach unterdrückter Krätze.

| Auswurf: von Blut mit Hitzegefühl in der Brust; gelblichgrün.

| Chronische Blennorrhoe der Lungen, drohende Phthise.

| Trinken ruft Husten hervor.

|| Husten verschlimmert den Leberschmerz und Schmerz in der Brust, der sich bis zur Schulter erstreckt.

Husten: häufige Reizung und Kribbeln im Hals; der Husten quält ihn, bis an Gesicht (und Händen) Schweiß ausbricht.

Husten, der erst vergeht, wenn er würgt und erbricht, meist morgens oder abends.

Husten, der jedesmal mit Niesen endet.

Husten meist am Abend nach dem Hinlegen und immer wenn der Kopf tief liegt.

Husten weckt den Patienten aus dem ersten kurzen Schlaf auf.

Husten, besonders nachts.

Husten, schlimmer morgens nach dem Erwachen.

Husten, am schlimmsten nach dem Essen.

Husten, sofort bei jedem tiefen Atemzug.

Husten bewirkt ein Wundheitsgefühl in der Brust oder manchmal auch Stiche in der Seite der Brust oder des Bauches.

Trockener Husten.

Husten mit gelbem Auswurf, der an Eiter erinnert, mit oder ohne Blutspucken.

Husten mit Auswurf von massenhaftem Schleim und Kräfteverlust (muköse Phthise).

Anfälle von krampfhaftem Husten.

Innere Brust und Lungen – Bedrückung in der Brust; jeden Morgen, ängstlich; mit Husten.

Druck auf der Brust.

Brennende, drückende Schmerzen in der Brust.

Schmerz in der Brust, starke Angst durch die Anfälle.

|| Zusammenziehen der Brust beim Einatmen von Fettdünsten.

Quälende Schmerzen in der Brust.

Schneiden wie von Messern in der Brust.

Gefühl, als sei in der Brust alles zerrissen.

Die ganze Brust fühlt sich wund an.

Mitunter Schmerz wie zerschlagen und eiternd durch die ganze Brust, erstreckt sich zur rechten Schulter und setzt sich dort fest; < nach häufigem Husten; nach kalten Getränken.

|| Schmerz in der Brust, wie roh, wie von subkutaner Geschwürsbildung.

Geschwürartiger Schmerz in der Brust hinter dem Brustbein.

|| Stiche: im Brustbein mit Rückenschmerz; von hinten nach vorn in Brust und Rücken beim Atmen; in der rechten Brusthälfte beim Atmen; in der Brust (links).

Scharfer Schmerz rechts gegenüber der zehnten Rippe.

|| Festsitzender Schmerz in der rechten Brusthälfte.

Schmerzen in der rechten Brusthälfte < durch Bewegung, Lachen, Husten, mit Schweiß.

|| Brustschmerz durch Husten.

|| Schmerzen in der Brust, die zwei- oder dreimal täglich an Stärke zunehmen, beginnend mit Frost und Zittern, gefolgt von einstündiger Hitze; starke Herzangst mit Todesangst, Dyspnoe und Ruhelosigkeit; die Anfälle vergehen mit saurem, klammem Schweiß und Frösteln; unabhängig von den Anfällen jede Nacht Schweiß.

|| Hitzegefühl in der Brust.

|| Langsame Erholung nach einer Pneumonie.

|| Dumpfer Druck in der rechten Brusthälfte, erstreckt sich von dort über die ganze Brust, < durch Vorwärtsbeugen beim Schreiben, nicht aber durch Bewegung oder tiefes Einatmen; trockener Husten mit Auswurf kleiner Schleimklumpen; das Sprechen nimmt ihn stark mit; große Schwäche nach dem Predigen, so daß er lange Zeit ruhen muß, um sich zu erholen; die Stimme ist nicht heiser, er muß aber seine ganze Kraft aufbieten, um mit der Arbeit fertig zu werden; die Brust ist eng, die Schultern stehen vor. Phthise.

|| Brustschmerzen kommen in Anfällen; große Angst; Gefühl von einem Geschwür hinter dem Brustbein; die Brust atmet nur unter großer Anstrengung ein; hustet lange Zeit, bevor der Auswurf einsetzt. Lungenphthise.

| Lungeneiterung. Lungenphthise.

| Chronische Lungenblenorrhoe.

| Hydrothorax.

Brustsymptome > durch Hinlegen.

Bei jedem Atemzug heftige, manchmal unerträgliche Stiche in der Brust; kann wegen der Schmerzen nicht husten; ohne Entzündungsfieber (Pseudopleuritis).

Schmerz in der Brust beim Gehen, als sei die Brust dabei zu bersten.

Drückender Schmerz in der Brust bei tiefem Atmen oder Niesen.

Oft leichter, zusammenziehender Schmerz in der Brust, der tiefste Niedergeschlagenheit hervorruft, wenn er nicht rasch vergeht.

Brennender Schmerz in der Brust.

Häufige Stiche in der Brust, mit oder ohne Husten.

Heftige Stiche in der Seite mit starker Hitze des Körpers; wegen der Stiche in der Brust kann er fast nicht atmen, mit Haemoptyse und Kopfschmerz; er ist ans Bett gefesselt.

Blutandrang zur Brust.

Herz, Puls und Kreislauf – || Stiche in der Herzgegend, tiefes Gurgeln erstreckt sich zum Herzen, momentan kann er nicht atmen.

| Schmerz im Herz, > durch Hinlegen, er glaubt, die Stiche bringen ihn um, wenn sie andauern.

|| Gurgeln in der Herzgegend, besonders im Liegen.

| Herzklopfen: mit Angst; seelische Unruhe; Abneigung gegen Arbeit; durch Husten; bei Leberstörungen.

| Dyspnoe: mit Herzklopfen; mit Schmerz in der Herzgegend.

Herztöne undeutlich; systolisch-diastolisches Geräusch mit dem ersten Ton.

|| Mitralstenose; Schnurren in der Gegend der Herzspitze; zyanotische Lippen; Dyspnoe und Kurzatmigkeit beim Gehen im Freien; > durch Hinlegen.

|| Rheumatische Perikarditis; Puls 144; Haut trocken; Schmerzen im Kopf und in den Gliedern, besonders aber in den Schultern; Dyspnoe mit Schmerz in der Herzgegend, Erguß, undeutliche Herzgeräusche; systolisch-diastolisches Geräusch mit dem ersten Ton; kann sich nicht hinlegen.

| Perikarditis psorischen Ursprungs; > durch Stilliegen.

Puls: schwach, klein; Reizbarkeit, zeigt das Wiederauftreten von Abszessen am Nacken an.

NACKEN UND RÜCKEN – Schmerzhafte Steife des Nackens, Wundheit und Reißen beim Beugen rückwärts.

Die Nackendrüsen beider Seiten sind geschwollen, schmerzhaft bei Berührung, wie zerschlagen; der Schmerz erstreckt sich zum Kopf.

|| Herpesartiger Ausschlag an der Seite des Nackens, von der Wange herkommend.

|| Die Haut am oberen Nacken ist offen durch Ausfluß von einem Kopfekzem.

Reißen und Stiche zwischen den Schulterblättern.

Schwäche und Schmerz im Kreuz; < durch Bewegung.

|| Dauernder drückender Schmerz im Kreuz; < durch Bewegung.

| Sehr starke Rückenschmerzen.

Häufige Stiche vom Rücken zur Brust beim Atmen.

|| Rückenschmerz beim Gehen mit Stichen im Brustbein.

| Heftiger Rückenschmerz, wie zerschlagen, kann sich nicht strecken.

|| Rückenschmerz mit Verstopfung.

| Rückenschmerz nach unterdrücktem Ausschlag.

|| Spina bifida.

Ziehende (reißende), spannende Schmerzen im Kreuz, im Rücken und im oberen Nacken.

Lanzinierende, schneidende, schmerzhafte Steife des oberen Nackens; des Kreuzes.

Drückende Schmerzen zwischen den Schulterblättern.

Druckgefühl auf den Schultern.

Obere Extremitäten – Anfälle von Lahmheit und Wundheit in der rechten Schulter, erstrecken sich zur Hand.

Arme wie paralysiert und lahm von den Schultern zu den Händen.

| Reißen in den Armen.

|| Kleiner, hirsekorngroßer Ausschlag am Arm, der eine gelbe Flüssigkeit absondert; starkes Jucken in der Wärme.

| Ausschlag in den Ellenbeugen und um die Handgelenke.

|| Psoraartiger Ausschlag an den Handgelenken mit Reißen in den Gliedern.

|| Trockener Ausschlag an den Handgelenken mit Rheumatismus in den Gliedern.

| Zittern der Hände.

|| Schwellung und Spannung der Handrücken und der Finger.

| Bösartiger Abszeß; an der Hand ein konusförmiger Schorf von der Größe eines Viertelsilberdollars auf einem Grund, der noch einmal so groß, bläulich-rot und stark abgesetzt ist; wo der Schorf sich über den Ring hinaus erstreckt, ist ein weiterer feuchter, weißer Ring, der neuen Schorf bildet; starkes Spannen und Brennen.

| Pusteln an den Händen in der Nähe der Fingerspitzen, eiternd.

|| Kupferfarbener Ausschlag oder rote Bläschen an den Handrücken.

| Jucken zwischen den Fingern; Bläschen.

|| Herpes in den Handflächen; juckender Ausschlag.

| Schweißige Handflächen, besonders nachts.

Kleine stecknadelkopfgroße Warzen an der linken Hand.

|| Brüchige Fingernägel.

Jucken: in den Achseln; der Ellenbeugen; des Armes; des Unterarmes; der Ellenbogen und der Handgelenke; der Hände; der Fingergelenke.

Arthur D., 21 Jahre alt, hatte seit zwei Monaten einen papulösen Ausschlag an den Händen, Unterarmen, zwischen den Fingern, in den Knie- und Ellenbeugen, mit unerträglichem Jucken; Bluten und Brennen nach Kratzen. Starker Durst auf kaltes Wasser in großen Mengen. Jukken < nachts, beim Warmwerden im Bett; schwitzt leicht und viel; sehr schwach und abgemagert; macht sich Sorgen über seinen Zustand. Heilung durch eine Gabe Psorinum CM.

E. M., 8 Jahre alt, papulöser Bläschenausschlag am ganzen Körper, < in den Beugen der Gelenke, an Händen und Handgelenken und zwischen den Fingern; in den Handflächen erinnert er an ein Ekzem; das Jucken war unerträglich; er kratzte bis es blutete, wodurch sich das Jukken besserte und er schlafen konnte; < nachts beim Entkleiden und im Bett; Nachtschweiße ohne Erleichterung; Gesicht bleich und blaß; Zunge schmutzig-weiß belegt; starker Durst auf kaltes Wasser; übler Körpergeruch. Er wurde wegen Periostitis an der rechten Tibia behandelt, die sich zu einem Abszeß entwickelte. Nach Beseitigung eines Sequesters kam es unter Psorinum zur vollständigen Heilung.

M. V., hatte seit 20 Jahren ein chronisches Ekzem an den Beinen. Er war von Spezialisten behandelt worden und hatte Monate in verschiedenen Krankenhäusern verbracht, alle Arten äußerlicher Behandlung waren ohne

Erfolg angewendet worden. Die Vorderseite des linken Beines war vom Knie bis zum Sprunggelenk mit dicken, weißlichen Krusten bedeckt, die Haut eingezogen und runzelig. An den Rändern der Krusten war die Haut rot und gereizt. Durch Kratzen oder Reiben des Beines im Schlaf fielen massenhaft weiße, kleieartige Schuppen ab; die Haut darunter sah rot und entzündet aus und blutete; mit unerträglichem Jucken. Eine Gabe Psorinum 200 trocken auf die Zunge bewirkte eine dauerhafte Heilung.

Ein drei Jahre altes Kind hatte seit dem dritten Lebensmonat Milchschorf; es war abgemagert, mit vergrößerten Halsdrüsen und von kränklichem, mickrigem Aussehen; die ganze behaarte Kopfhaut war befallen und strömte einen üblen Geruch aus. Das Haar war matt und nicht sauber zu halten; Verstopfung, Stuhlgang nur mit künstlicher Unterstützung. Eine Gabe Psorinum 200 brachte eine deutliche Besserung und schließlich die dauerhafte Heilung.

Untere Extremitäten – Schmerz in den Hüftgelenken wie ausgerenkt, < beim Gehen, mit schwachen Armen.

Ischias; beim Gehen Spannung abwärts zum Knie.

|| Ischias.

| Lähmung der Beine durch Unterdrückung eines Hautausschlages an den Armen.

| Purpura an der Innenseite des Oberschenkels.

|| Alter psorischer Ausschlag an der Innenseite der Oberschenkel und in den Kniekehlen.

| Die Knie geben unter ihm nach.

|| Trockener Herpes, besonders in den Kniekehlen.

|| Ausschlag in der Gegend der Gelenke macht das Gehen schwierig, wie wenn er in eine Rüstung eingeschlossen wäre.

Schmerz im Knie durch einen Sturz vor einem Jahr.

| Chronische Entzündung des Kniegelenkes.

Schmerzen in den Beinen, besonders in den Tibiae und Fußsohlen nach Überanstrengung beim Gehen, mit eigenartiger Ruhelosigkeit der Beine, so daß er häufig die Stellung wechselt, vergehen nach dem Aufstehen.

| Nässende Bläschen an den Beinen, aus kleinen Pusteln entstehend, die an Größe zunehmen, mit reißenden Schmerzen.

|| Bläschen, die sich zu Geschwüren entwickeln, an den Füßen.

| Geschwüre: an den Beinen, gewöhnlich in der Gegend der Tibia, der Sprunggelenke oder anderer Gelenke; sie sind schmerzlos und heilen langsam; an den Unterschenkeln mit unerträglichem Jucken am ganzen Körper; an den Füßen.

|| Starke Schwellung um die Sprunggelenke herum.

|| Seit vier oder fünf Wochen beim Gehen das Gefühl, als werde der linke Fuß einwärts gezogen; < während der letzten zwei Wochen, so daß er manchmal nachschauen muß, ob es wirklich so ist. Lokomotorische Ataxie.

Die Füße schlafen ein.

Ein Ausschlag auf dem Fußrücken wird sofort dick, schmutzig, schuppig und eiternd; manchmal juckend und schmerzhaft, so daß er nicht schlafen kann.

Hitze und Jucken an den Fußsohlen.

|| Hühneraugen zwischen dem zweiten und dritten Zeh links.

|| Gicht der unteren Extremitäten.

Schwäche in allen Gelenken, als würden sie nicht zusammenhalten.

Zittern der Hände und Füße.

|| Früh am Morgen und nach leichter Arbeit fühlen sich Hände und Füße wie zerschlagen an.

| Herpesartiger und juckender Ausschlag, besonders in den Gelenkbeugen, in Ellenbeugen und Kniekehlen.

| Reißen in den Gliedern; im linken Knie und der linken Achsel.

|| Chronischer Rheumatismus in den Gliedern mit einem trockenen Ausschlag an den Handgelenken.

| Arthritis: Rheumatismus, besonders chronische Formen.

|| Mehrere Wochen lang gichtartige Schmerzen, usw.; trokkener Husten; zusammenziehender Druck und schneidender, reißender Schmerz am Brustbein in der Gegend der vierten und fünften Rippen; ist sehr niedergeschlagen und schlecht gelaunt.

|| Hitze in den Händen und Füßen.

|| Hände feucht, mit kaltem, klammem Schweiß, den zu berühren allein schon unangenehm war; reichlicher Fußschweiß; Füße sehr schmerzhaft, hierdurch schlottriger Gang.

|| Karies; Rachitis.

In den Gliedern ziehende (reißende), spannende Schmerzen, teilweise in den Muskeln und teilweise in den Gelenken (Rheumatismus).

Hier und dort im Periost, besonders im Periost der langen Knochen, drückend-ziehende Schmerzen.

Stechende Schmerzen in den Fingern oder Zehen.

Stiche in den Fersen und Fußsohlen beim Stehen.

Brennen in den Fußsohlen.

In den Gelenken eine Art Reißen wie Kratzen am Knochen, mit roter, heißer Schwellung, die empfindlich ist gegen Berührung und Luft, mit unerträglich empfindsamer und mürrischer Stimmung (Gicht der Hand-, Finger-, Knie-, Großzehengrundgelenke usw.).

Verdickung der Gelenke; sie sind dauernd hart geschwollen und schmerzen beim Beugen.

Die Gelenke sind steif, die Bewegungen schmerzhaft und schwierig, die Bänder scheinen zu kurz zu sein.

Die Gelenke schmerzen bei Bewegung.

Die Gelenke krachen bei Bewegung oder machen ein knackendes Geräusch.

Taubheit der Haut oder der Muskeln verschiedener Stellen und der Glieder.

Absterben bestimmter Finger oder der Hände und Füße.

Kribbeln oder auch prickelndes Ameisenlaufen (wie von einschlafenden Gliedern) in den Armen, den Beinen und an anderen Stellen (sogar in den Fingerspitzen).

Ein Kribbeln oder Wirbeln oder eine innerlich juckende Ruhelosigkeit, besonders in den Beinen (abends im Bett oder früh beim Erwachen); die Beine müssen dauernd in eine andere Stellung gebracht werden.

Varizen und variköse Venen an den Beinen (Varizen an den Schamlippen), ebenfalls an den Armen (sogar bei Männern), oft mit reißenden Schmerzen (während Stürmen) oder mit Jucken in den Varizen.

Erysipel, teils im Gesicht (mit Fieber), teils an den Gliedern, an der Brust beim Stillen, besonders an einer wunden Stelle (mit einem prickelnden und brennenden Schmerz).

Frostbeulen (auch wenn nicht Winter ist) an Zehen und Fingern, juckende, brennende und lanzinierende Schmerzen.

Hühneraugen, die auch ohne äußerlichen Druck brennende, lanzinierende Schmerzen machen.

Abszesse (Furunkel), die von Zeit zu Zeit wiederkehren, besonders am Gesäß, den Oberschenkeln, den Oberarmen und am Körper. Berührung bewirkt feine Stiche in ihnen.

Geschwüre, besonders an den Oberschenkeln, aber auch an den Sprunggelenken und darüber und am unteren Teil der Waden, mit Jucken, Nagen und Kitzeln an den Rändern und einem nagenden Schmerz wie von Salz am Geschwürsgrund; die Umgebung ist braun und bläulich verfärbt, mit Varizen in der Nähe der Geschwüre, die bei Sturm und Regenwetter oft reißende Schmerzen verursachen, besonders nachts, oft begleitet von einem Erysipel nach Ärger oder Furcht oder von Wadenkrämpfen.

Anschwellung und Eiterung von Humerus, Femur und Patella, auch der Finger und Zehenknochen (Spina ventosa).

Steifheit und Verdickung der Gelenke.

Ausschläge, die sich von Zeit zu Zeit neu bilden und dann wieder verschwinden; einige wollüstig juckende Pusteln, besonders an den Fingern und an anderen Stellen, die nach Kratzen brennen und sehr große Ähnlichkeit mit dem ursprünglichen Krätzeausschlag haben; oder Nesselfieber, wie Insektenstiche und Wasserbläschen, meist mit brennendem Schmerz; oder schmerzlose Pickel an Gesicht, Brust, Rücken, Armen und Oberschenkeln; oder feine hirsekorngroße Herpesbläschen, die dicht zusammengedrängt in runden, größeren oder kleineren Flecken stehen, welche meist rötlich sind, manchmal trocken, manchmal feucht, mit Jucken, ähnlich dem Krätzeausschlag, mit Brennen nach Reiben. Die Ausdehung schreitet peripherwärts mit Rötung fort, während im Zentrum der Ausschlag zu verschwinden scheint und sich glatte, glänzende Haut bildet (Herpes circinatus). Der feuchte Herpes an den Beinen wird Salzflechte genannt; oder es bilden sich erhabene Pusteln von runder Form, mit tiefroten, schmerzlosen Rändern, häufig mit heftigen Stichen in der nicht befallenen umgebenden Haut; oder kleine, runde Hautflekken, die mit kleieartigen, trockenen Schuppen bedeckt sind und sich ohne besondere Empfindung öfter abschälen und neu bilden; oder rote Hautflecke, die sich trocken anfühlen und brennend schmerzen; etwas über das Hautniveau erhaben.

Kleine runde Sommersprossen, braune oder bräunliche Flecken in Gesicht, an den Händen und der Brust, ohne besondere Empfindung.

Leberflecken, große, bräunliche Flecken, die oft ganze Gliedmaßen bedecken, die Arme, den Nacken, die Brust usw., ohne besondere Empfindung oder mit Jukken.

Gelbfärbung der Haut, gelbe Flecken um Augen und Mund, am Nacken, usw., ohne Empfindlichkeit.

Warzen an Gesicht, dem Unterarm, den Händen usw.

Verkapselte Tumore (Talgdrüsenzysten) in der Haut, dem Unterhautgewebe oder in den Schleimbeuteln der Sehnen (Exostose), von verschiedener Form und Größe, kalt ohne Empfindlichkeit.

Drüsenschwellungen in der Nackengegend, in der Leiste, in den Gelenkbeugen, in Ellen- und Kniebeugen, in den Achseln, auch in den Brüsten.

Wässrige Schwellung, entweder nur eines Fußes, des Gesichtes oder der Hände, des Gesichtes, des Bauches, des Skrotums usw. allein, oder Anschwellung der Haut am ganzen Körper (Oedeme).

Plötzliche Anfälle von Schwere der Arme und Beine.

Anfälle von paralytischer Schwäche und paralytischer Müdigkeit eines Armes, einer Hand, eines Beines, ohne Schmerz, entweder plötzlich auftretend und plötzlich wieder vergehend, oder allmählich einsetzend und ständig zunehmend.

Plötzliches Beugen der Knie.

Kinder fallen ohne ersichtlichen Grund leicht hin. Ähnliche Schwächeanfälle in den Beinen auch bei Erwachsenen, so daß beim Gehen der eine Fuß hierhin und der andere dahin gleitet.

Beim Gehen im Freien plötzliche Schwächeanfälle, besonders in den Beinen.

Im Sitzen fühlt sich der Patient unerträglich schwach, beim Gehen aber kräftiger.

Neigung zu Verstauchungen und Zerrungen der Gelenke bei einem Fehltritt oder einem falschen Griff, manchmal bis zur Verrenkung; wie z. B. im Fußwurzelgelenk, im Schultergelenke.

Zunehmendes Knacken und Krachen in den Gelenken bei jeder Bewegung mit einem unangenehmen Gefühl.

Zunehmendes Einschlafen der Glieder schon bei geringfügigen Ursachen, z. B. beim Aufstützen des Kopfes mit dem Arm, Überkreuzen der Beine beim Sitzen.

Zunehmende, schmerzhafte Krämpfe in einigen Muskeln ohne ersichtlichen Grund.

Langsame, krampfartige Zerrungen der Beugemuskeln der Glieder.

Plötzliches Zucken einiger Muskeln und Gliedmaßen, sogar beim Gehen, z. B. der Zunge, der Lippen, der Gesichtsmuskeln, des Rachens, der Augen, des Kiefers, der Hände und der Füße.

Tonische Verkürzung der Beugemuskeln (Tetanus).

Unwillkürliches Drehen und Winden des Kopfes oder der Glieder bei vollem Bewußtsein.

Plötzliche Ohnmachtsanfälle und Kräfteverlust mit Verlust des Bewußtseins.

Anfälle von Zittern in den Gliedmaßen, ohne Angst. Andauerndes Zittern, in manchen Fällen auch mit Schlagen der Hände, der Arme und der Beine.

Anfälle von Bewußtseinsverlust, die einen Moment oder eine Minute andauern, wobei sich der Kopf auf eine Schulter neigt, mit oder ohne Zucken des einen oder anderen Körperteiles.

Fast dauerndes Gähnen, Strecken und Dehnen der Glieder.

Zunehmende Anfälligkeit gegen Verstauchung eines Gelenkes, selbst durch ganz geringe Muskelanstrengung, durch leichte mechanische Arbeit, durch Ausstrecken der Arme über Kopfhöhe, um etwas herunterzuholen, durch Heben leichter Gegenstände, durch rasche Drehung des Körpers, durch Rollen von Gegenständen usw. Diese oft nur geringen Verstauchungen oder Muskeldehnungen rufen manchmal die heftigsten Krankheiten hervor, Ohnmachten, hysterische Anfälle, Beschwerden aller Schweregrade, Fieber, Haemoptyse usw., wohingegend jemand, der nicht von Psora befallen ist, beliebige Lasten ohne jede Beschwerden tragen kann.

RUHE, BEWEGUNG, STELLUNG – Sitzen verschlimmert die Luftnot (Asthma) und Herzschmerzen; diese und andere Beschwerden werden gebessert durch Liegen.

Viele Beschwerden verschlimmern sich oder entstehen beim Fahren im Wagen und bei Bewegung im Freien, sie bessern sich durch Ruhe und im Zimmer.

Ruhe: Stiche in der Milz.

Liegen: Wasserlaufen; Husten <; Brustsymptome >; Herzschmerzen >; Gurgeln in der Herzgegend; Perikarditis >.

Befindet sich morgens in derselben Lage wie beim Einschlafen.

Liegt auf dem Gesicht: Augenentzündung.

Liegen auf der rechten Seite: Schmerz in der Lebergegend <.

Muß sich hinlegen: Schwindel; um leichter zu atmen.

Kann nicht liegen: rheumatische Perikarditis.

Kann sich nicht ausstrecken: Rückenschmerz.

Wechselt die Stellung: Ruhelosigkeit in den Beinen.

Aufsitzen, um zu schreiben: Dyspnoe <.

Je näher die Arme an den Körper gebracht werden, desto < Dyspnoe.

Vorwärtsbeugen: Druck in der Brust <.

Rückwärtsbeugen: schmerzhafte Nackensteife.

Bücken: zäher Schleim in der Nase; Knoten in der rechten Leiste verhindern.

Mußte nachts aufstehen, um seine Sinne zu sammeln.

Aufstehen: Wasserlaufen >.

Stehen: Stiche in der Milz >.

Anstrengung: verursacht Schwitzen; ekzemartiger Ausschlag; Urticaria.

Geringste Anstrengung: reichliches Schwitzen.

Gehen: Schmerz in der Lebergegend verhindert; Schmerz durch die Leiste; kann nicht ohne Hilfe gehen; Schneiden in der linken Lende; Kurzatmigkeit im Freien; Rückenschmerz; Schmerz in den Hüftgelenken <; Spannung bis zu den Knien; schwierig, Ausschläge über den Gelenken, als wenn der linke Fuß nach innen gezogen würde; reichlicher Schweiß mit Schwäche.

NERVEN – | Nervös, ruhelos, fährt leicht auf.

|| Sehnenhüpfen.

|| Krankheitsgefühl: fühlt sich ausgebrannt.

| Dauernd müde und schläfrig; sehr geringe Anstrengung erschöpft ihn; erschöpft nach Fahren im Wagen.

Er sieht blaß, erschöpft und dünner als gewöhnlich aus.

|| Sehr schwach und elend nach unterdrücktem Jucken.

Schwäche aller Gelenke, als würden sie nicht zusammenhalten.

| Kräfteverlust mit Husten, mit Bedrückung der Brust.

|| Zittern und Frösteln mit Schmerzanfällen in der Brust.

Stürmisches Wetter nimmt ihn mit.

|| Schwäche: unabhängig von irgendeiner organischen Krankheit; Appetitverlust; Neigung zum Schwitzen bei Anstrengung und des Nachts; nach einer akuten Krankheit; nach lang hingezogenen Krankheiten oder Verlust von Körperflüssigkeiten; nach Typhus, mit Zweifeln an der Genesung; glaubt, er sei sehr krank, obwohl er es

nicht ist; der Appetit kehrt nicht wieder; schlimme Folgen von unterdrücktem Jucken, besonders nach großen Gaben von Sulphur.

Nach Typhoid, Diphtherie, Pneumonie.

(Kali-c. nach Geburt oder Abort.)

| Dauernd zunehmende Schwäche, bei Bauchleiden.

|| Ein 21-jähriger Mann war gezwungen, bis zur Erschöpfung zu laufen; obwohl er vorher gesund und kräftig gewesen war, wurde er jetzt schwach, schwitzte leicht und hatte heftige Schmerzen in der rechten Seite, < durch Husten, Lachen und Bewegung.

Häufige epileptische Anfälle; religiöse Melancholie (gebessert).

Verschiedenartige Epilepsie.

Brennende Schmerzen an der ganzen rechten Körperhälfte; Gefühl, als würde die rechte Seite des Kopfes und das rechte Augen platzen, als seien sie schmerzhaft und geschwollen.

Mr. C., 43 Jahre alt, mager, dunkel. Hypochondrisch. Seit neun Monaten nervös. Mußte seinen Beruf aufgeben. Nahm viel Chinin und viele andere Tabletten ein, ohne >. Klagt über sehr unangenehmes Gefühl in der Gegend des Kopfes, starke seelische Niedergeschlagenheit; glaubt, er wird nie genesen; hoffnungslos und verzweifelt. Kann sich nicht auf berufliche Dinge konzentrieren. Wirkt verwirrt; kann nicht rechnen. Taubheit der Arme und Beine, < links; Ameisenlaufen und Kribbeln mit Prickeln und Beißen an der Kopfhaut und den Gliedmaßen, < beim Zubettgehen. Zunge weiß belegt. Keine Veränderung nach dreimonatiger Behandlung. Dann wurde festgestellt, daß er bei der kleinsten Anstrengung etwas schwitzte und auch leicht des Nachts, mit starkem Gedächtnisverlust. Psorinum 400 brachte schnell eine ausgeprägte Besserung und ermöglichte es ihm, seine Arbeit wieder aufzunehmen. – *J.B. Bell.*

Schlaf – | Tagsüber schläfrig; nachts schlaflos durch unerträgliches Jucken; Dypsnoe; Blutandrang zum Kopf.

| Schlaflos nach 24 Uhr durch Blutandrang zum Kopf.

|| Ein scheinbar gesundes Kind dreht und wendet sich des Nachts und jammert von abends bis morgens, am nächsten Tag ist es so lebhaft wie immer.

| Kranke Babys schlafen des Nachts nicht, sondern jammern, mäkeln und weinen (vergleiche Jal.).

Träume: ängstliche; lebhaft, dauern nach dem Aufwachen an; von Räubern, Gefahr, Reisen.

Beim Erwachen: kann den einen hartnäckigen Gedanken nicht los werden.

|| Liegt morgens in der gleichen Lage wie beim Einschlafen.

Alpträume; wacht nachts gewöhnlich aus einem schrecklichen Traum auf, kann sich aber nicht bewegen, nicht rufen oder sprechen, und wenn er sich zu bewegen versucht, hat er unerträgliche Schmerzen, als wenn er in Stücke gerissen würde.

Tagsüber Schläfrigkeit oft unmittelbar nach dem Hinsetzen, besonders nach den Mahlzeiten.

Abends im Bett Schwierigkeiten einzuschlafen; oft liegt er stundenlang wach.

Er verbringt die Nächte lediglich im Schlummer.

Jede Nacht Schlaflosigkeit durch ängstliche Hitze, eine Angst, die manchmal so anwächst, daß er das Bett verlassen und herumgehen muß.

Nach drei Uhr morgens kein Schlaf oder wenigstens kein tiefer Schlaf. Sobald er die Augen schließt, kommen alle möglichen phantastischen Erscheinungen und verzerrte Gesichter.

Beim Einschlafen wird sie durch merkwürdige, angstvolle Erscheinungen beunruhigt; sie muß aufstehen und herumgehen.

Sehr lebhafte Träume, wie im Wachzustand; oder traurige, schreckliche, ängstliche, ärgerliche, lüsterne Träume.

Lautes Sprechen, Schreien im Schlaf.

Somnambulismus; er steht des Nachts im Schlaf mit geschlossenen Augen auf und geht verschiedenen Pflichten nach; mit Leichtigkeit vollführt er auch gefährliche Verrichtungen, ohne daß er etwas darüber weiß, wenn er erwacht.

Erstickungsanfälle im Schlaf (Alptraum).

Früh beim Erwachen schwindlig, träge und nicht erfrischt, müder als am Abend, als er zu Bett ging, als ob er gar nicht geschlafen hätte; erst nach dem Aufstehen und nach mehreren Stunden erholt er sich von seiner Müdigkeit.

Oft ist er nach einer äußerst ruhelosen Nacht morgens kräftiger als nach einem ruhigen tiefen Schlaf.

Nachts verschiedene Arten heftiger Schmerzen oder nächtlicher Durst, Trockenheit des Halses und des Mundes oder häufiges nächtliches Urinieren.

ZEIT – Verschlimmerung abends und vor Mitternacht.

Morgens: Benommenheit der linken Kopfhälfte; Schwindel; beim Aufstehen Auswärtstreiben im Kopf; Kopfschmerz < ; die Augen sind leicht verklebt; ziliare Blepharitis < ; Übelkeit nach Stuhlgang; Durchfall; beim Aufstehen Durchfall; Husten < beim Erwachen; Hände und Füße wie zerbrochen; Stiche in der Milz < ; Schmerz in der Brust < ; Druck in der Brust nicht < ; Kreuzschmerzen < .

Vormittag: stumpf.

Tagsüber: ziliare Blepharitis < ; Übelkeit und Erbrechen; schläfrig.

Abends: Fieber; Müdigkeitsgefühl der Augen; Jucken im Ohr < ; Erbrechen; Husten; Frösteln im Oberarm und in den Oberschenkeln, als ob ihm die Sinne schwinden; Hitze mit Delirium, Jucken und Hitze in den Augen.

Nachts: fühlt sich dumpf und stumpf; wacht durch Tröpfeln aus den hinteren Choanen auf; Zahnschmerz <; Stühle <; nur Stühle; Durchfall; nervös, ruhelos; erwacht wie in Furcht; näßt ein; Husten <; schwitzige Handflächen; Schweiß; schlaflos; das Kind windet und dreht sich und jammert; Hitze; schreckliches Jucken am ganzen Körper; Schreien.

Temperatur und Wetter – Starke Empfindlichkeit gegen kalte Luft oder Wetterwechsel; trägt eine Pelzmütze, einen Übermantel oder Schal, selbst bei heißestem Sommerwetter.

Verschlimmerung durch plötzlichen Wetterwechsel.

Fühlt eine Unruhe des Blutes am Tag vor und bei einem Gewitter.

Husten: kehrt jeden Winter wieder.

Luft: Nase empfindlich beim Einatmen.

Im Freien: Lichtscheu beim Gehen; Geschmack >; fühlt sich <; Husten >; Kurzatmigkeit; Jucken >.

Mag den Kopf nicht unbedeckt.

Im Bett: Jucken des Körpers.

Wärme: Zahnschmerz >; des Körpers verursacht Jucken; unerträgliches Jucken.

Warme Speisen: Mundentzündung <.

Sommer: Cholera infantum; der trockene, schuppige Ausschlag verschwindet.

Kalt: Zahnschmerz <; Getränke, < Brustschmerz; Wetter, der trockene, schuppige Ausschlag kehrt wieder.

Wetterwechsel: Kopfschmerz setzt ein und <; Durchfall.

Waschen: > Druck im Kopf.

Zunehmende Erkältungsneigung, entweder des gesamten Körpers (oft schon vom wiederholten Befeuchten der Hände, sowohl mit warmem Wasser, als auch mit kaltem, wie beim Wäschewaschen) oder Empfindlichkeit nur bestimmter Körperteile, des Kopfes, des Nackens, der Brust, des Bauches, der Füße, oft nur durch einen geringfügigen Luftzug oder nach leichtem Feuchtwerden der betreffenden Körperteile; sogar durch Aufenthalt in einem kühleren Zimmer, in einer regnerischen Atmosphäre oder bei niedrigem Barometerstand.

Sogenante Wetterpropheten; d.h. Wiederkehr heftiger Schmerzen in Körperteilen, die früher verletzt, verwundet oder gebrochen waren, obwohl sie inzwischen verheilt und vernarbt sind; diese Schmerzen setzen ein, wenn starke Wetterwechsel, große Kälte oder ein Sturm bevorsteht oder wenn ein Gewitter in der Luft liegt.

Fieber – | Abends Frösteln an den freien Oberarmen und an den Oberschenkeln mit Durst; Trinken ruft Husten hervor, dann Hitze und Husten mit Bedrückung der Brust; und Zittern mit Schmerzanfall in der Brust.

Je intensiver der Schmerz, desto stärker schwitzt er.

| Innerliches Frösteln, kriechende Fröste und eiskalte Füße.

| Hitze: nachts und Trockenheit im Mund; nachmittags oder abends, Gefühl, als würden ihm die Sinne schwinden, mit Durst; abends, mit Delirium, großer Durst, gefolgt von reichlichem Schweiß; beim Fahren im Wagen; plötzlich über den ganzen Körper, mit triefendem Schweiß am ganzen Gesicht.

| Schwitzt leicht, schwach.

Schweiß: reichlich, kalt, klamm, durch die geringste Anstrengung; reichlich, bei der geringsten Anstrengung; beim Gehen; nachts; im Gesicht, an den Handflächen und am Damm, wenn er umhergeht; reichlich, sauer, klamm, mit leichtem Druck auf der Brust nach Frost und Hitze; nach Typhus; erschöpfend.

Schweiß; reichlich um drei Uhr.

|| Beim Spazierengehen reichlicher Schweiß mit anschließender Schwäche; erkältet sich leicht.

Nachtschweiß > Kopfschmerz.

|| Reichliches Schwitzen erleichtert alle Beschwerden; chronische Krankheiten (Calad.).

| Reichliche Nachtschweiße bei Phthise.

| Mangel an Schweiß; trockene Haut.

| Typhus: pflückt an der Bettwäsche; langt nach Gegenständen in der Luft; tiefe Schwäche.

|| Nach Schüttelfrost schlechte Gesichtsfarbe.

Schmerzhafte Kälteempfindung in verschiedenen Körperteilen.

Brennende Schmerzen in verschiedenen Körperteilen (häufig ohne Veränderung der normalen äußeren Körpertemperatur).

Wiederkehrende oder andauernde Kälte des ganzen Körpers oder einer Körperhälfte; auch einzelner Teile, der Hände, der Füße, welche häufig im Bett nicht warm werden.

Dauerndes Frösteln, sogar ohne Veränderung der äußeren Körpertemperatur.

Häufige Hitzewellen, besonders im Gesicht, häufiger mit Rötung als ohne; plötzliche, heftige Hitzeempfindung in Ruhe oder bei leichter Bewegung, manchmal schon vom Sprechen, mit oder ohne Schweißausbruch.

Warme Luft in einem Zimmer oder in der Kirche ist ihr äußerst zuwider, macht sie ruhelos, so daß sie umhergehen muß (manchmal mit Druck im Kopf über den Augen, nicht selten erleichtert durch Nasenbluten).

Blutandrang, manchmal auch Empfindung von Klopfen in allen Arterien (dabei sieht er oft ziemlich blaß aus, mit Schwächegefühl im ganzen Körper).

Schwitzt zu leicht bei der kleinsten Bewegung; sogar im Sitzen bricht ihm überall oder nur an einzelnen Stellen der Schweiß aus; z. B. fast dauerndes Schwitzen der Hände und Füße, in den Achseln und in der Schamgegend.

Täglicher Morgenschweiß, oft triefend, viele Jahre lang, oft mit saurem oder beißend saurem Geruch.

Einseitiges Schwitzen, nur einer Körperhälfte, nur des Oberkörpers oder nur des Unterkörpers.

Intermittierendes Fieber, auch wenn keine anderen Fälle vorkommen, entweder sporadisch, epidemisch oder endemisch; Form, Dauer und Typ des Fiebers sind sehr unterschiedlich; täglich, drei-, vier-, fünf- oder siebentägig.

Jeden Abend Frost mit blauen Fingernägeln.

Jeden Abend einzelne Fröste.

Jeden Abend Hitze mit Blutandrang zum Kopf, mit roten Wangen; manchmal auch ein dazwischentretender Frost.

Mehrere Wochen lang andauerndes intermittierendes Fieber, gefolgt von einem mehrere Wochen lang dauernden feuchten, juckenden Ausschlag, der aber während einer ähnlichen Periode von intermittierendem Fieber wieder abheilt; dieser Wechsel geht jahrelang.

Wechsel von kaltem und heißem Schweiß; tritt gegen drei Uhr auf.

Anfälle, Periodizität – Jeden zweiten Tag: Kopfschmerz, Durst, Kälte.

Fast jede halbe Stunde: Urinieren.

Zwei- oder dreimal täglich: Die Brustschmerzen nehmen zu.

1 Uhr: Empfindung von einem schweren Schlag an die Stirn.

Gleich nach dem Mittagessen: Blutandrang zum Kopf.

Jeden Morgen um 10 Uhr: Bedrückung.

Jeden Nachmittag: starke Angst.

Jeden Tag von 5 Uhr bis 17 Uhr: Schmerzen im Kopf.

Jede Nacht: Einnässen; Schweiß.

Am Tag vor dem Kopfschmerz: ungewöhnlicher Appetit.

Drei oder vier Tage lang: Obstipation.

Bei Vollmond: näßt ein.

Vier oder fünf Wochen lang: beim Gehen das Gefühl, als werde der linke Fuß nach innen gezogen.

Neun Monate: Nervosität.

Vier Jahre lang: Ausfluß aus dem Ohr.

Elf Jahre lang am 20. August einsetzend: Heufieber.

Zwölf Jahre lang: Chronischer Harnröhrenausfluß.

25 Jahre lang: Husten.

Lokalisierung und Richtung – Rechts: Druck seitlich im Hinterkopf; großer brauner Schorf am Auge; Augenentzündung; massenhaft Krusten am Ohr; Ekzem hinter dem Ohr heilt die Taubheit; Stechen im Nasenflügel; Wundheit des Kiefers; Brennen in der Wange; Geschwür im Hals; Schmerzen durch die Leiste; Klumpen in der Leiste; Leistenhernie; knotiger Klumpen über der Leiste; heftiger Schmerz in der Lende; Reißen in der Seite durch Husten; Schmerz erstreckt sich zur Schulter; Stiche in der Brustseite; scharfer Schmerz gegenüber der zehnten Rippe; festsitzender Schmerz in der Brustseite; dumpfer Druck in der Brust; Lahmheit und Wundheit in der Schulter; kleine Bläschen hinter dem Ohr.

Links: Benommenheit der Kopfhälfte; Schmerzen in der Schläfe; Taubheit des Armes und Beines; drückender Kopfschmerz <; Schmerz über dem Auge; Flecken in der Stirngegend, die viel weißer als die umgebende Haut sind; Ohrausfluß; Pusteln hinter dem Ohr; Verhärtung des Ovars nach einem heftigen Stoß; Schneiden in der Leiste; Stiche in der Brust; Mitralsteose; kleine Warzen an der Hand; als ob der Fuß nach innen gezogen würde; Hühneraugen zwischen den Zehen; Reißen im Knie; in der Achsel.

Von rechts nach links: Schmerz im Hinterkopf; ziliare Blepharitis.

Von links nach rechts: Schmerz in den Augen.

Von hinten nach vorne: Stiche in der Brust.

Empfindungen – Wie benommen in der linken Kopfhälfte; als ob die Augen auswärts gepreßt würden; als ob das Gehirn nicht genug Platz in der Stirn hätte; als ob das Gehirn hervortreten würde; wie verrenkt hinten am Kopf; rechte Seite des Hinterkopfes wie ausgerenkt; als ob ein Stück Holz quer über dem Hinterkopf läge; als ob der Kopf vom Körper getrennt sei; wie von einem Fremdkörper unter dem Lid; als ob Sand in den Augen wäre; als höre er nicht mit seinen eigenen Ohren; Bakkenknochen wie geschwürig; Kieferkondylen wie lahm; Zunge wie verbrannt; Zähne wie zusammengeklebt; wie von einem Pflock im Hals; als hingen die Gedärme nach unten; wie erschreckt; Hals wie verrenkt; Asthma, als würde er sterben; als sei in der Brust alles roh und zerkratzt; als sei in der Brust alles zerrissen; Nackendrüsen wie zerschlagen; Rücken wie zerschlagen; Arme wie gelähmt; als seien die Hüftgelenke geschwürig; als seien die Gelenke in eine Rüstung eingeschlossen; als werde der linke Fuß nach innen gezogen; als würden die Gelenke nicht zusammenhalten; Hände und Füße wie zerbrochen; als würden ihm die Sinne schwinden.

Schmerz: in der linken Schläfe; in der Brust; über dem linken Auge zum rechten; hinten im Kopf; über den Augenbrauen; die Nase hinunter; in der Leber; in den Wangenknochen; in den Kieferkondylen; im Hals; in der Brust, erstreckt sich zur Schulter; im Kreuz; im Bauch; durch die rechte Leiste; im Rektum; in der Herzgegend; in Brust und Hals; im Herzen; in Kopf und Gliedern; im Hüftgelenk; im Knie; in den Beinen.

Quälende Schmerzen: in der Brust.

Intensiver Schmerz: im Kopf.

Heftige Schmerzen: im Kreuzbein und in der rechten Leiste.

Starker Schmerz: im linken Ohr; in den Gliedern.

Scharfer Schmerz: in der rechten Seite gegenüber der zehnten Rippe.

Marternder Schmerz: im Kopf.

Schneidender, reißender Schmerz: im Hals.

Schneidende Schmerzen: in den Därmen; in der Harnröhre; in der Leiste.

Reißen: von der Mitte der Brust zum Hals; im Nacken; zwischen den Schulterblättern; in den Armen; in den Gliedern; in den Beinen; im linken Knie und der linken Achsel.

Schneiden: in der Brust.

Stiche: im Herzen; in den Augen; in den Zähnen; in der Milz; in der Brust und im Rücken; im Brustbein; in der rechten Brusthälfte; in der Herzgegend; zwischen den Schulterblättern; vom Rücken zur Brust.

Stechender Schmerz: in der Magengrube; in der Lebergegend.

Klopfen: im Gehirn.

Festsitzender Schmerz: in der rechten Brusthälfte.

Greifende Schmerzen: in der Nabelgegend.

Krämpfe: im Magen.

Krampfartiger, zusammenziehender Schmerz: im Kopf.

Geschwürartiger Schmerz: in der Brust hinter dem Brustbein.

Eiterungsschmerz: durch die ganze Brust.

Kneifender Schmerz: in der Schamgegend.

Zusammenziehender Schmerz: in der Brust.

Bohren: in der rechten Nase.

Graben: in der Stirn; in den Hoden und Samensträngen.

Pressender Schmerz: in kleinen Stellen der Stirn und der Schläfen; in den Augen; in der Lebergegend; im Kreuz.

Wunder Schmerz: hinter den Ohren.

Brennender, drückender Schmerz: in der Brust.

Stiche: in der rechten Nase; in den Zähnen; in der Leber- und Milzgegend; in den Leistendrüsen; an vielen Stellen der Haut.

Brennen: der Augen; in der Nase; des Gesichtes; in der rechten Wange; der Bläschen an der Innenseite der Unterlippe; des Halses; im Rachen; im Rektum; in der Harnröhre; in den Kondylomen; des Auswuchses an der Vorhaut; um die Brustwarzen.

Beißen: in der behaarten Kopfhaut.

Wundheit: der Augen; des Magens; hinter den Ohren; des äußeren Ohres; der Nase; des Kiefers; der Zähne; des Mundes; in Rektum und Anus; hinter dem Brustbein; der ganzen Brust; im Nacken; in der rechten Schulter.

Rauheit: hinter den Ohren.

Hitzegefühl: in der Brust.

Prickeln: an der behaarten Kopfhaut.

Hitze: der Augen; der Hände und Füße.

Rheumatismus: in den Gliedern.

Zusammenziehender Druck: an der vierten und fünften Rippe in der Nähe des Brustbeines; am Brustbein.

Zusammenziehen: des Halses und der Brust.

Druck: rechts im Hinterkopf; im rechten Jochbein; auf der Brust; in der rechten Brusthälfte.

Schwere: des Kopfes; der Hoden; der Brust.

Spannen: im rechten Jochbein; im Hals; der Hände und der Finger; des Abszesses an der Hand; abwärts zu den Knien.

Völle: im Kopf; im Scheitel.

Bedrückung: der Brust; des Magens.

Singen: in der Stirn.

Müdigkeitsgefühl: in den Augen.

Dumpfheit: des Kopfes.

Schmerzhafte Steife: des Nackens.

Lahmheit: der Schultern und Arme.

Taubheit: der Arme und Beine.

Schwäche: in der Stirn; des Magens; in der Brust; im Kreuz; in den Gelenken.

Zittern: der Hände; der Füße.

Ruhelosigkeit: in den Beinen.

Trockenheit: der Zunge; des Mundes; des Halses.

Kitzeln: im Hals; im Kehlkopf; in der Luftröhre.

Kribbeln: an der behaarten Kopfhaut; im Kehlkopf.

Ameisenlaufen: an der behaarten Kopfhaut; im Kopf.

Jucken: des Kopfausschlages; in den Canthi; in den Ohren; des äußeren Ohres; der Pickel an den Wangen; des Auswuchses an der Vorhaut; der Pickel um die Brustwarzen; des Ausschlages am Arm; des Körpers im Bett; zwischen den Fingern; des Ausschlages an den Handflächen; unerträgliches am ganzen Körper; des Ausschlages am Fußrücken; an den Fußsohlen; der inneren Augenwinkel; der Kondylome; des Herpes.

Unerträgliches Trockenheitsgefühl am ganzen Körper (auch im Gesicht, um den Mund und im Mund; im Hals oder in der Nase, obwohl die Atemluft frei durchgeht).

Gewebe – Dünner als gewöhnlich, blaß, erschöpft.

Starke Abmagerung bei Kindern; sie sind blaß, zart, kränklich, schlafen weder tags noch nachts, sondern jammern, mäkeln und weinen, oder das Kind ist den ganzen Tag über in Ordnung und spielt, aber schreit die ganze Nacht und ist ruhelos und schwierig.

Drüsenschwellungen mit Ausschlag am Kopf.

Alle Absonderungen, Durchfall, Leukorrhoe, Menses und Schweiß haben einen aashaften Geruch.

Schmutziger Körpergeruch, sogar nach einem Bad.

Der ganze Körper ist schmerzhaft, leichte Verstauchungen und Verletzungen.

Rheumatismus und Arthritis.
Tiefe, jauchige Geschwüre.

Karies; Rachitis; Wassersucht.

Leichtes Verrenken oder Verstauchen der Gelenke.

Zunehmende Neigung zu *Verstauchungen* und *Überheben*, selbst bei sehr geringen Muskelanstrengungen, bei leichter mechanischer Arbeit, beim Ausstrecken oder Langen nach hochgelegenen Gegenständen, beim Heben leichter Gegenstände, bei schnellen Körperdrehungen, Stoßen, usw. Ein derartiges Anspannen oder Strecken der Muskeln verursacht oft lange Bettruhe, Ohnmachten, alle möglichen hysterischen Beschwerden, Fieber, Haemoptyse, usw., während nicht psorische Menschen angemessene Lasten ohne die geringsten Nachwirkungen tragen können.

Leichtes Verrenken bei der geringsten falschen Bewegung.

Beim Schreiten im Fußgelenk ein Schmerz, als würde es brechen.

Knochenerweichung, Krümmung des Rückgrates (Deformität, Buckel), Krümmung der langen Beinknochen (*Englische Krankheit*, Rachitis).

Fragilität der Knochen.

Berührung, Passive Bewegung, Verletzungen – Berührung: Empfindlichkeit des Magens; Wundheit der Zungendrüsen; Zähne <; Wundheit der Bläschen.
Druck: Empfindlichkeit des Magens; Schmerz in der Lebergegend <; durch ein Bruchband; Entzündung.

Bandagieren: ruft Entzündung der Tunica vaginalis hervor.

Reiben: ruft kleine Bläschen hervor.

Fahren: Bauchschmerzen; Greifen und Stuhldrang; Wundheit im Rektum und Anus; in einem Wagen, Erschöpfung; Schweiß.

Heftiger Stoß: Verhärtung des linken Ovars.

Fallen: Schmerz im Knie.

Schmerzhafte Empfindlichkeit der Haut, der Muskeln und des Periost bei mäßigem Druck.

Unerträglicher Schmerz in der Haut, in den Muskeln oder des Periostes an verschiedenen Körperstellen durch eine leichte Bewegung der schmerzenden Stelle oder einer entfernteren Stelle; z.B. entsteht durch Schreiben ein Schmerz in der Schulter oder des seitlichen Nackens, während Nähen oder das Ausführen anderer schwerer Arbeiten mit derselben Hand keinen Schmerz verursachen; ein ähnlicher Schmerz in den angrenzenden Stellen durch Sprechen und Bewegen des Mundes; Schmerz in den Rippen und im Rücken bei der geringsten Berührung.

Haut – | Pathologische Neigung, sich Hautkrankheiten zuzuziehen.

|| Große, eiternde Pusteln an der Hand, besonders in der Gegend der Fingerspitzen; acht- oder zehnmal in wenigen Wochen; Jucken am ganzen Körper, besonders im Bett.

| Träge Haut; Mangel an Schweiß.

| Jucken: wenn der Körper warm wird; gleichzeitig Stechen an verschiedenen Stellen; unerträglich, < im Bett und durch Wärme; kratzt bis es blutet; am ganzen Körper, durch Reiben bilden sich kleine Papeln und Bläschen; zwischen den Fingern; in den Kniegelenken; in den Kniebeugen; schreckliches, nachts am ganzen Körper; verhindert den Schlaf.

|| Ein achtzehn Jahre altes Mädchen, bläßliche Gesichtsfarbe, doch säuberliche Erscheinung: dauernde Reizung

verschiedener Körperstellen, tags und nachts, so daß sie kratzen muß; zahlreiche Läuse an Nacken und Schultern; die Menstruation hatte nie eingesetzt; ängstlich, niedergeschlagen und weinerlich; die inneren Canthi sind voller Augenschleim, heiß und juckend, abends; wunde Mundwinkel.

|| Die Haut sieht schmutzig und vernachlässigt aus, als ob sich der Patient nie wäscht; an einigen Stellen sieht sie rauh, wie in Öl gebadet aus; sehr starke Sekretion der Talgdrüsen; der Körper riecht immer schmutzig.

| Schmutzig und fettig aussehende Haut mit gelben Flecken hier und dort.

|| Heftige Schmerzen in den Gliedern und dunkle brennende Flecken, so daß die Haut des ganzen Körpers außer am Gesicht an die eines Mulatten erinnert; fünfmal war die Psora unterdrückt worden.

|| Schuppige Haut am ganzen Körper; die Haut hat eine schmutzige, gelb-braune Verfärbung, obwohl sie sorgfältig gepflegt wird; starkes Jucken ruft das Verlangen zu kratzen hervor, was aber nur vorübergehend erleichtert; einige Monate zuvor zeigte der Fußrücken Zeichen eines Ausschlages, der schnell zu einer dicken, schmutzig aussehenden Masse von Schuppen und Eiter wurde, welche schmerzte und heftig juckte; manchmal konnte sie deshalb nachts nicht einschlafen; die Krankheit bestand seit mindestens zwölf Jahren.

Ausschlag an Rücken und Nacken.

Urticaria mit Ausschlägen am Kopf.

Zarter, roter Ausschlag mit kleinen weißen Schuppen.

Trockener und schuppiger Ausschlag mit kleinen, spitzen Bläschen um die geröteten Ränder herum, verschwindet im Sommer, kehrt aber bei Einbruch kalten Wetters zurück.

Ekzemartiger Ausschlag nach jeder größeren Anstrengung, begleitet von einem Spannungs- und Schwellungsgefühl der Finger, des Handrückens, des oberen Nakkens und in der Gegend der Ohren; leicht erhabene Flekken auf einem erysipelartigen, geschwollenen, harten Grund; Ausschlag aus zahllosen kleinen Bläschen; verschiedene Stellen des Gesichtes sind befallen; Schwellung der Augenlider; unerträgliches Jucken stört den Schlaf; die Finger sind so geschwollen, daß sie nicht gebeugt werden können; nach mehreren Tagen setzt eine Abstoßung sehr kleiner Schuppen ein.

|| Ekzem hinter den Ohren, an der behaarten Kopfhaut, in den Ellenbeugen und Achselhöhlen, begleitet von Knochenabszessen; nichts erleichterte, der Ausschlag verschwand aber und kehrte nach Jahren an den Handgelenken zurück, und zwar in Form eines halbdollargroßen Fleckes an jedem Handgelenk mit starkem Jucken, das den Schlaf verhinderte, mit dauerndem Drang zu kratzen.

Ausschlag aus kleinen Bläschen, die sich schnell mit einer gelben Lymphe füllen, schmerzhaft, wie Geschwüre, bei Berührung, nach wenigen Tagen austrocknend, an der Stirn und verschiedenen Stellen des Gesichtes, auch hinter dem rechten Ohr.

| Feuchter Herpes nach unterdrückten Skabies; unerträgliches Jucken beim Warmwerden; < vor Mitternacht und im Freien.

| Herpes: mit Jucken und Brennen; mit beißendem Jucken, mit Mehlstaub, feucht.

| Herpesausschlag.

An Gesicht, Hand und Rücken, ebenso an den Beinen, erscheint ein psoraartiger Ausschlag, und die Augen verkleben, so daß sie nicht geöffnet werden können.

|| Psora: trocken an Armen und Brust, am stärksten an den Fingergelenken; gefolgt von Abszessen; hartnäckige Fälle mit Symptomen von Tuberkulose; in frischen Fällen mit Ausschlägen in den Ellenbeugen und um die Handgelenke; wiederholter Ausbruch einzelner Pusteln, nachdem der Hautausschlag völlig verschwunden zu sein scheint.

| Nach unterdrückter Psora: Urticariaanfälle nach jeder Anstrengung; Tuberkulose; oft treten einzelne Pusteln auf.

| Folgen von durch Schwefelsalben unterdrücktem Psoraausschlag.

|| Psoriasis; syphilitische Psoriasis.

Nicht juckende, kupferfarbene Pusteln.

Pusteln an Stirn, Kinn und Brust.

|| Pusteln oder Abszesse am Kopf, besonders am behaarten Kopf; die behaarte Kopfhaut sah schmutzig aus und roch übel; zarter, roter Ausschlag, der kleine, weiße Schuppen bildete; Pusteln an den Händen.

|| Brennende, juckende Pusteln nach Impfung.

| Ausschläge bluten leicht und neigen ständig zu Eiterung.

| Krustiger Ausschlag am ganzen Körper.

| Crusta serpiginosa.

| Pemphigus.

|| Nachinnenschlagen des Ausschlages bei Masern.

| Geschwüre: tief, penetrierend, jauchig; an Gesicht und Beinen; alt, mit stinkendem Eiter; heftig juckend; skrofulös, mit Knochenschwellungen.

|| Feuchte, juckende Kondylome.

|| Unterdrückte Ausschläge.

Trockenheit der Epidermis am ganzen Körper oder nur an einzelnen Stellen mit Unfähigkeit, bei Bewegung zu schwitzen, und Hitze.

Trockenheitsgefühl am ganzen Körper auch im Gesicht, um den Mund und im Mund, im Hals und in der Nase, obwohl die Luft frei passiert, (besonders ausgeprägt an den Händen, der Außenseite der Arme und Beine und sogar im Gesicht; die Haut ist trocken, rauh, oft schuppig wie Kleie und fühlt sich aufgesprungen an.)

Ekzem: Vor etwas mehr als einem Jahr kam eine junge Dame in meine Behandlung mit einem der schlimmsten Fälle von Ekzem, die ich je gesehen habe. Ich erinnerte mich daran, daß sie mit 15 Jahren attraktiv und gutaussehend war, mit schönem Haar, Haut und Teint waren makellos. Auf Befragen erfuhr ich von ihr: Familienanamnese leer. Sie selbst war in jeder Beziehung vollkommen gesund gewesen. Mit 14 Jahren Pockenimpfung, die gut angegangen war, sechs Monate später nahm sie in einer sehr kalten Winternacht an einem Schulwettbewerb teil, wobei das Gesicht stark der Kälte ausgesetzt war. Als sie am nächsten Morgen erwachte, war das Gesicht stark geschwollen, intensiv rot und juckte fast unerträglich. Die Augen waren blutunterlaufen und injiziert, die Ohren doppelt so groß wie normal. Äußerst wenig konstitutionelle Störungen. Sie konsultierte einen allopatischen Arzt, der äußerlich und innerlich behandelte mit äußerst geringer Wirkung. Bald bildeten sich Papeln, von denen viele sich zu Bläschen und nicht wenige zu Pusteln entwickelten; Ausfluß einer dicken, schmutzigen Flüssigkeit, die das Leinen gelb färbte und versteifte. Das Haar wurde kurz geschnitten und auch hier wurden „Lokaltherapeutika“ angewendet. Von Woche zu Woche kam es zu leichten Besserungen und dann wieder zu Verschlimmerungen. Sie hatte einen starken Glauben an die Allopathie. Nach dreijähriger Behandlung mit Arsen, Kaliumcarbonat, Ätzmitteln, Zink und einem Dutzend anderer lokaler Mittel suchte sie die homöopathische Behandlung auf. Diese führte zu einer zeitweiligen Besserung, dann ging es ihr so schlecht wie zuvor, und schließlich kehrte sie zur Allopathie zurück; als es ihr nicht besser ging, wandte sie einige Patentmittel an, offensichtlich mit vorübergehender Besserung.

Als ich sie sah, nahm sie nichts Anderes ein; sechs Jahre lang hatte sie gelitten und war immer noch in dem gleichen, schlechten oder sogar in einem noch schlechteren Zustand. Obwohl sie von Natur aus fröhlich und munter war, fand ich sie sehr niedergeschlagen vor, sogar mit Selbstmordgedanken und völliger Verzweiflung an der Genesung. Das Haar war trocken und glanzlos, die Augen etwas blutunterlaufen und injiziert, welcher Zustand von einer Art beginnenden Asthmas begleitet war, das in jedem Frühjahr auftrat; etwas Heiserkeit. Gesicht, Nakken und der Großteil des Körpers waren rauh und von schmutzig-brauner Farbe. Überhaupt kein Schweiß. Der Ausschlag war so wie oben beschrieben, juckte unerträglich, > durch leichtes Kratzen, das sie bis zum Bluten fortsetzte. Zwischen dem Ausschlag war die Haut sehr verhärtet. Der Ausschlag war von bläulichen Ringen umgeben; Pruritus < nachts beim Entkleiden und in der Bettwärme. So starke Abschilferung, daß jeden Morgen die Schuppen aus dem Bettlaken geschüttet werden mußten. Ich ging verzagt ans Werk, weil ich spürte, daß mir die eigenartigen und ungewöhnlichen Symptome fehlten. Ich verschrieb Psorinum 200 *(B. & T.)*, eine Woche lang ein Pulver trocken nachts auf die Zunge.

Ausschlag in Ellenbeugen und Kniekehlen; trocken, schuppend und kleine, spitze Bläschen um die geröteten Gelenke herum; verschwand im Sommer vollständig und kehrte bei Einbruch des kalten Wetters wieder; heftiges Jucken, < durch Bettwärme oder Kratzen. Psorinum 42M, zwei Gaben in sechswöchigen Abständen, führten zur Heilung. Der Ausschlag trat im folgenden Winter nicht mehr auf.

Ein neun Monate altes, zahnendes Baby hatte ein Ekzem, das sich am rechten äußeren Augenwinkel bildete und sich über das ganze Gesicht verbreitete. Zu Beginn ein erhabener, entzündeter Grund von gelbbrauner Röte, dann vereinzelte Pusteln, die zusammenflossen und große Krusten bildeten, aus denen sich eine ölige, gelbe, zähe Flüssigkeit absonderte. Risse an den Ohren mit einer ähnlichen Absonderung. Graphites CM brachte keine Veränderung; danach Sulphur, doch der Ausschlag breitete sich aus, bis die Wangen eine einzige Masse von Krusten waren. Dann trat er am Rücken, am Arm und einem Bein auf, wo er zarte, kleieartige Schuppen absonderte. Bald war auch der behaarte Kopf befallen und mit einer halbzentimeterdicken Kruste bedeckt; eine Gabe Psorinum CM führte eine Woche lang zu einer Verschlimmerung, dann setzte die Besserung ein und führte zu einer vollständigen Heilung, ungeachtet des Durchbruches dreier Zähne.

Ein 80jähriger Mann litt seit dem 18. Lebensjahr an einem Ekzem, das gleich nach einer Impfung aufgetreten war. Ich wurde wegen eines sehr lästigen Hustens, der ihn seit drei Monaten plagte, gerufen.

Husten < nachts, beim Hinlegen und beim Aufstehen morgens. Muß lange husten, bevor er auswerfen kann. Sputum gelblich, salzig, eiterartig. Druckgefühl auf der Brust; kann nur unter großer Anstrengung die Lungen ausdehnen. Brust schmerzhaft, < nach dem Husten; Schleimrasseln über beiden Lungen. Appetitverlust. Ekzem immer < im Winter; starkes Jucken < nachts. Das Ekzem war durch örtliche Behandlung unterdrückt worden und dann hatte sich der Husten entwickelt. Psorinum CM. Innerhalb von 48 Stunden besserten sich der Husten und die Brustsymptome, doch trat unter intensivem Jucken das Ekzem am ganzen Körper wieder auf. Sein Allgemeinzustand besserte sich weiter, er hat aber immer noch etwas Ekzem, das ihm aber nur geringe Beschwerden macht. – *Chapman.*

Mrs. M., 72 Jahre alt, die Gewebe sind stark ödematös geschwollen, seit neun Wochen kann sie wegen Dyspnoe nicht mehr liegen. Die Beine sind von den Sprunggelenken bis zum Beckenkamm und die Arme vom Handgelenk bis zu den Ellenbogen mit einem schmutzigen, schuppigen Ausschlag bedeckt, heftig juckend, < nachts, muß kratzen, bis es blutet, was aber keine Erleicherung schafft. Alle möglichen äußeren Behandlungen waren vergeblich angewendet worden, um den Ausschlag zu unterdrücken. Eine Gabe Psorinum 52M wurde in vier Teelöffeln Wasser gelöst und viermal in halbstündigen Abständen gegeben; dazu sechs Placebogaben jede Nacht; hierdurch sofortige Besserung; nach zwei Wochen konnte die Patientin wieder laufen. Nach einer weiteren Woche wurde eine weitere Gabe erforderlich, weil sich an den Sprunggelenken der Ausschlag wieder zeigte; danach vollständige Heilung. – *Hawley.*

Eczema rubrum: *Mrs. G.,* 71 Jahre alt, Gesicht rot und geschwollen, sieht fast wie ein Erysipel aus. Die Wärme des Feuers verursacht Qualen, wenn sie mit dem Gesicht in die Nähe kommt; sie sitzt nur mit dem Rücken zum Feuer. > durch kalte Luft, < durch Baden, sie muß das Gesicht ganz vorsichtig abtrocknen. Brennen und Jucken sind unerträglich, kann nicht schlafen; sie sitzt die ganze Nacht am offenen Fenster und reibt das Gesicht sanft mit einem Taschentuch. Kratzen verstärkt das Brennen und Jucken; Aufregung, die sie reichlich hat, führt zu einer starken Verschlimmerung. Psorinum 500 führt in einem Monat zur Heilung.

Während drei Schwangerschaften hatte eine Frau schreckliche Anfälle von Hautjucken ohne Ausschlag. Beim letzten Mal empfahl *Dr. Lippe* Psorinum. Nach zwei Tagen trat ein Erysipel auf. Ihr Gesicht war sehr stark geschwollen.

Pyrogen
(Ein Produkt der Sepsis)

Sepsis: Kindbett oder nach Operationen; durch Leichengift oder Faulschlammgasinfektion; bei Diphtherie, Typhoid oder Typhus; *wenn das bestgewählte Mittel keine Besserung oder dauerhafte Heilung bringt.*

Das Bett fühlt sich hart an (Arn.); *die Stellen auf denen man liegt, fühlen sich wund und zerschlagen an* (Bapt.); schnelle Dekubitusbildung (Carb-ac.).

Große Ruhelosigkeit; muß sich dauernd bewegen, um die Wundheit der Körperstellen zu lindern (Arn., bell-p., eup-per.).

Zunge: *groß, schlaff;* sauber, glatt wie lackiert; feuerrot; trocken, eingerissen, Artikulation schwierig (Crot., ter.).

Geschmack: *süßlich; äußerst übel;* eiterartig; wie von einem Abszeß.

Erbrechen: andauernd; bräunlich; kaffeesatzartig; übelriechend, kotartig; bei Darmeinklemmung oder -verschluß (Op., plb.).

Diarrhoe: schrecklich übelriechend (Psor.); braun oder schwarz (Lept.); schmerzlos, unfreiwillig; unberechenbar, wenn ein Flatus abgeht (Aloe, olnd.).

Verstopfung: mit kompletter Trägheit (Op., sanic.); *hartnäckig durch Einklemmung, bei Fieber;* Stuhl groß, schwarz, aashaft; *kleine schwarze Bälle,* wie Oliven (Op., plb.).

Fötus oder Nachgeburt werden zurückgehalten, zersetzt; seit Tagen tot, schwarz; äußerst übelriechender Ausfluß; „nie mehr in Ordnung“ seit einem septischen Fieber nach Abort oder Entbindung. Um die Aktivität des Uterus anzuregen.

Lochien: dünn, scharf, braun, äußerst übelriechend (Nit-ac.); unterdrückt mit anschließenden Frösten, Fieber und reichlichem, übelriechendem Schweiß.

Deutliche Wahrnehmung des Herzens; es fühlt sich ermüdet an; wie vergrößert; Schnurren; Klopfen, Pulsieren, andauernd in den Ohren; verhindert den Schlaf; Herzschwäche durch Sepsis.

Puls abnorm schnell, ohne Relation zur Körpertemperatur (Lil.).

Haut: blaß, kalt, aschfarben (Sec.); hartnäckige, übelriechende, venöse Geschwüre bei alten Leuten (Psor.).

Frost: *beginnt am Rücken* zwischen den Schulterblättern; heftig, allgemein, der Knochen und Gliedmaßen; deutliches Einsetzen von septischem Fieber; 39,4° C bis 41° C Temperatur; plötzliche Hitze, Haut trocken und brennend; und Drahtpuls 140 bis 170; anschließend kalter, klammer Schweiß.

Bei septischen Fiebern, besonders bei Puerperalfieber hat Pyrogen seinen großen Wert als dynamisches homöopathisches Antiseptikum bewiesen.

Beziehungen – Antidote: Nux vomica für die Verschlimmerung durch eine überstarke Wirkung einer einzelnen Gabe oder für schlimme Folgen von wiederholten Gaben; Eup-per., rhus-t. für die dauernden Schmerzen, Ruhelosigkeit und Knochenschmerzen.

Vergleichsmittel: Arn., bapt., eup-per. rhus-t., bei Typhus und anderen Fiebern mit Wundheit der Muskeln, das Bett fühlt sich hart an.

Ant-t., ars., bapt., brom., echi., lach., lyc., malar; (das pflanzliche Pyrogen), phos. fächerartige Bewegung der Nasenflügel.

Bry. Husten < durch Bewegung und im warmem Zimmer.

Ip. Uterusblutung (wenn Ip. versagt, obwohl es offensichtlich gut gewählt ist).

Bapt., psor. übelriechender Durchfall.

Lept., psor. schwarze Stühle.

Opium, plb., sanic. Verstopfung, harte schwarze Bällchen.

Nit-ac., sec. dünne, übelriechender Lochien.

Phos. Wasser wird erbrochen, sobald es im Magen warm geworden ist.

Bell., meli. klopfender, berstender Kopfschmerz.

Carb-v., echi., psor. übelriechender, variköse Geschwüre bei alten Leuten.

Calc-s. hep., sil. Neigung zu reichlicher Eiterung.

Psor., sulph. der Patient bekommt nach dem offensichtlichen Simillimum immer wieder einen Rückfall.

Verschlimmerung: Bewegung, Bewegung der Augen; im warmem Zimmer; Aufstehen aus dem Liegen oder auch Sitzen (Husten > durch Aufsitzen; < durch Hinlegen. – *Clarke*).

Besserung: Hitze, heißes Baden oder Trinken von heißem Wasser; festes Einbinden der befallenen Stellen; Ausstrecken der Glieder; Gehen, Wechseln der Lage; durch starkes Schaukeln in einem Schaukelstuhl; der Ruhelosigkeit gleich zu Beginn der Bewegung (rhus-t. < gleich zu Beginn der Bewegung).

Gemüt – Redselig, kann schneller denken und reden als jemals zuvor.

Reizbar.

Deliriert beim Schließen der Augen; sieht einen Mann am Fußende stehen.

Flüstern im Schlaf.

Empfindung, als fülle sie das ganze Bett aus; daß ihr Kopf auf dem Kissen lag, wußte sie, nicht aber, wo der übrige Körper war.

Wenn sie auf der einen Seite liegt, glaubt sie, sie ist eine andere Person, als wenn sie auf der anderen Seite liegt.

Empfindung, als ob sie von Armen und Beinen umringt sei.

Wahnidee, er sei sehr reich; bleibt nach dem Fieber.

Gesteigerte Heiterkeit, obwohl er sich krank fühlt.

Große Niedergeschlagenheit.

Murmelt im Delirium.

Angst, Ruhelosigkeit.

Das Delirium mit Murmeln setzt früh ein und führt zu Bewußtlosigkeit und Tod.

Die Zeichen der Infektion sind Schrecken, Delirium, Betäubung.

Nachtsüber war das Gehirn aktiv, konnte nicht schlafen, hielt Ansprachen und schrieb Artikel.

Kopf – Taumelt morgens beim Aufstehen wie betrunken.

Schwindel beim Aufrichten im Bett.

Schmerzen in beiden Prozessus mastoidei, < rechts; dumpfes Klopfen in der Gegend des Mastoid.

Starkes Klopfen der Schläfenarterien und des Kopfes; jede Pulsation wird im Gehirn und in den Ohren empfunden, das Klopfen trifft sich oben im Gehirn.

Schmerzloses Klopfen durch die ganze Stirn; klingt wie entweichender Dampf.

Schrecklich klopfender Kopfschmerz, > durch festes Einbinden.

Quälender, berstender, klopfender Kopfschmerz mit starker Ruhelosigkeit (oft begleitet von reichlichem Nasenbluten, Übelkeit und Erbrechen).

Empfindung, als hätte er eine Mütze auf.

Rollen des Kopfes von Seite zu Seite.

Die Stirn ist in kalten Schweiß gebadet.

Klopfen der Carotiden und der Gefäße des Nackens. Ein deutliches, wellenartiges Klopfen von den Schlüsselbeinen an aufwärts.

Ein Kind mit Cerebrospinalmeningitis war so krank, daß es aussah, als müßte sie sterben; automatische Bewegungen des rechten Armes und rechten Beines; Kopfrollen von Seite zu Seite; dieses hielt an, bis sich ihr Körper von links nach rechts gedreht hatte und die Füße auf dem Kissen lagen oder die Kopfseite des Bettes berührten; mit Pyrogenium wurde sie aus diesem Zustand herausgebracht.

Dumpfer Kopfschmerz.

Die cerebralen Symptome sind gewöhnlich nicht schwer, doch besteht oft eine leichte Form von Delirium.

Schwindel, Kopfschmerz.

Starker, unangenehmer Kopfschmerz.

Morgenkopfschmerz.

Pulsieren wird im Kopf empfunden, schmerzloses Klopfen.

Augen – Der linke Augapfel ist wund, < durch Blicken nach oben und Drehen des Auges nach außen.

Hervorstehende Augen.

Die Lider scheinen trocken und rauh, wie mit Sand gefüllt; Schleimansammlung in den inneren Canthi; krustige und verklebte Ränder morgens beim Erwachen.

Klebrige und entzündete Augen.

Starke Lichtscheu, liegt mit fest in die Augen gepreßten Fäusten.

Keratitis phlyctaenularis an beiden Augen, < durch Licht.

Ohren – Lautes Klingeln, wie von einer Glocke, linkes Ohr; Klingen und Brausen im rechten Ohr, < nachts.

Kalte Ohren.

Ohren rot, wie wenn das Blut aus ihnen herausspritzen würde.

Geräusch, wie von entweichendem Dampf, ein puffendes, schnurrendes Geräusch.

Lautes Klingeln im rechten Ohr, das aber nur wenige Minuten andauert.

Nase – Nasenbluten; erwachte, weil er davon träumte, es blutete dann tatsächlich.

Niesen: jedesmal, wenn er die Hand unter der Decke hervorstreckt; nachts.

Die Nasenlöcher sind abwechselnd verstopft.

Die Nase ist kalt.

Fächerartige Bewegung der Nasenflügel.

Nachts Niesen, die Nasenlöcher sind abwechselnd auf jeder Seite zu.

Dicker, klebriger Ausfluß aus der Nase, < rechts.

Gesicht – Brennen; gelb; sehr rot; blaß, eingefallen und in kalten Schweiß gebadet; blaß, grünlich und chlorotisch.

Umschriebene Röte der Wangen.

Hektische Hitzewellen nachmittags und abends, regelmäßig um 3 Uhr oder 4 Uhr, bis Mitternacht andauernd, das Gesicht ist dann mit großen Tropfen kalten Schweißes bedeckt.

Das Gesicht nimmt einen verkniffenen und ängstlichen Ausdruck an.

Mund – Zunge: vorne weiß, hinten braun belegt; gelblichbraun, schlechter Geschmack morgens.

Zunge: gelblich-grau belegt, Ränder und Spitze sehr rot; groß und schlaff; gelb-braune Streifen zur Mitte hin.

Zunge sauber, glatt und trocken; erst feuerrot, dann dunkelrot und sehr trocken; glatt und trocken; glänzend und glatt wie lackiert; trocken, eingerissen, Artikulation schwierig.

Zunge trocken und ohne die geringste Spur von Feuchtigkeit. Seit Beginn der Krankheit keinen Durst. Morgens bitterer Geschmack; die Zunge ist von der Mitte ab trokken.

Geschmack: nachmittags eine Gabe Pyrogen CM *(Swan)*, abends dann ein schrecklicher, übler Geschmack, als wären Hals und Mund voller Eiter, der 24 Stunden andauerte; Empfindung, wie von einem aufgegangenen Abszeß im Mund. Viele Tage lang während der Prüfung morgens ein übelkeiterregender, widerlicher Geschmack.

Zunge trocken und braun.

Schlechter Mundgeschmack.

Klebriger Speichel.

Teigige, belegte Zunge.

Hals – Diphtherie mit extremem Mundgeruch.

Erschlaffter Hals.

Verlängerte Uvula.

Geschwürige Tonsillen.

Larynx – Gewöhnlich Husten.

Husten beim Ausatmen.

Husten mit rostigem Auswurf.

Laryngitis.

Jedesmal, wenn ich mich im Bett bewege oder umdrehe, Husten.

Hustet die ganze Nacht über gelbes Sputum aus.

Starker Husten nach dem Aufstehen.

Husten, spuckt große Massen von Schleim aus dem Larynx hoch.

Husten < durch Bewegung.

Husten < im warmen Zimmer.

Husten verursacht Schmerz im Hinterkopf.

Brennen im Larynx und in den Bronchien beim Husten.

Appetit – Kein Appetit oder Durst (19. Tag). Völliger Appetitverlust.

Großer Durst auf kleine Mengen, doch wird dauernd die kleinste Menge Flüssigkeit zurückgewiesen.

Trinken von sehr heißem Wasser > Durst und Erbrechen (Hund).

Kein Appetit, doch wird die Nahrung freiwillig aufgenommen und verdaut.

Schlechter Appetit beim Frühstück.

Kein Appetit, weil sich Magen und Därme so voll anfühlen.

Kein Appetit auf ein Mittagessen.

Ungewöhnlicher Appetit auf Schokolade.

Magen – Aufstoßen von saurem Wasser nach dem Frühstück.

Übelkeit und Erbrechen.

Erbrechen: dauernd; bräunlich, kaffeesatzartig; übelriechend, kotig; bei Einklemmung oder Obstruktion der Därme.

Erbrechen und Abführen.

Erbricht Wasser, wenn es im Magen warm geworden ist; Erbrechen >.

Brechneigung; mit kalten Füßen.

Der Magen fühlt sich zu voll an; < nach dem Essen und > durch häufiges saures Aufstoßen.

Übelkeit > durch Trinken von sehr heißem Wasser und durch Erbrechen.

Nicht selten Erbrechen.

Übelkeit morgens beim Aufstehen.

Dyspepsie.

Aufstoßen von etwas Wasser nach dem Frühstück.

Magen und Därme fühlen sich zu voll zum Essen.

Abdomen – Völlegefühl und Aufblähung des Bauches.

Beim Liegen links blubberndes oder gurgelndes Gefühl in den Hypochondrien, erstreckt sich links nach hinten zur Wirbelsäule.

Schmerz in der Nabelgegend mit Abgang von klebrigem, gelbem, übelriechendem Stuhl.

Beim Fahren in einer Kutsche dauernder Schmerz links vom Nabel; < durch Trinken von Wasser; > durch Abgang eines Flatus.

So starke Wundheit des Bauches, daß sie nur unter Schwierigkeiten atmen und über der rechten Hälfte kaum irgendeinen Druck ertragen kann.

Sehr heftige, schneidende Schmerzen, die rechts bis zum Rücken hindurch gehen, < durch jede Bewegung, durch Sprechen, Husten, tiefes Atmen; > durch Liegen auf der rechten (schmerzhaften) Seite; Stöhnen bei jedem Atemzug.

Starke Ausdehnung des Bauches, erhöhte Temperatur, die Lochien sind äußerst übelriechend, wie verfault. Peritonitis.

Unregelmäßige Darmbewegungen.

Kältegefühl im Bauch.

Schweregefühl im Bauch.

Aszites (akute Glomerulonephritis).

Stuhl und Anus – Schmutziger und dünn-schleimiger und schließlich blutiger Durchfall und Tenesmen (Hund).

Zwei weiche, klebrige Stühle von 8 Uhr bis 9 Uhr.

Unwillkürlicher Stuhlabgang beim Passieren eines Flatus.

Reichliche, wässrige, schmerzlose Stühle mit Erbrechen.

Stuhl schrecklich übelriechend, aashaft.

Sehr starke Verstopfung, Stuhl groß, schwierig, erfordert große Anstrengung; zuerst in Bällchenform, am Ende normal mit Blutstreifen; anschließend wund im Anus.

Obstipation: harte, trocken angesammelte Fäzes; Stuhl groß, schwarz, aashaft, kleine schwarze Bällchen wie Oliven.

Blutandrang und kapilläre Stauung in der Schleimhaut des Magen-Darm-Traktes, Abstoßen von Epithel, Ausdehnung der Därme durch blutige Flüssigkeit (Hund).

(Schweiß um den Anus herum verschwindet; Abheilung einer Fistel).

Ungewöhnlicher Durchfall.

Unregelmäßige Bewegung der Därme.

Heute kein Stuhlgang, sehr ungewöhnlich.

Klebriger, gelber Stuhl.

Abgang von Flatus, manchmal unfreiwillig.

Harnorgane – Urin spärlich; nur zweimal in 24 Stunden.

Urin: gelb nach dem ersten Lassen; nach längerem Stehen, wolkig mit Teilchen, die wie Orangenschale aussehen; rote Ablagerung, die man nur schwer von der Gefäßwand entfernen kann; Ablagerung eines Sedimentes wie roter Pfeffer, mit rötlicher Wolke am Gefäß.

Steht des Nachts dreimal auf, um zu urinieren.

(Akute Glomerulonephritis).

Der Urin enthält Eiweiß und Zylinder; äußerst übelriechend, aashaft.

Muß häufig urinieren, als das Fieber einsetzt.

Unerträglicher Tenesmus der Blase; krampfartige Kontraktionen, die auch das Rektum, die Ovarien und Ligamenta lata einbeziehen; wurde von *Yingling* mit Pyrogen CM (und höher) geheilt; die folgenden Menses der Patientin waren normal und schmerzlos, während sie früher schmerzhaft und äußerst übelriechend waren.

Unregelmäßiges Urinieren.

Die Nieren arbeiten unregelmäßig.

Dauerschmerz in der Gegend beider Nieren.

Urinierte nur zweimal am Tag, sehr ungewöhnlich; gewöhnlich mehrmals am Tag normale Mengen.

Eiweiß im Urin.

Rotes Sediment innen am Gefäß, schwer zu entfernen.

Sediment wie roter Pfeffer, das am Boden schwebt.

Männliche Geschlechtsorgane – Die Hoden hängen erschlafft; das Skrotum fühlt sich dünn an und sieht auch so aus.

Weibliche Geschlechtsorgane – Kindbettfieber, mit übelriechenden Lochien (geheilt).

Kindbettperitonitis mit extremem Gestank; ein verfaulter Geruch.

Starke Schwellung der Geschlechtsorgane (akute Glomerulonephritis).

Menses äußerst; übelriechend, aashaft.

Die Menses dauern nur einen Tag, dann blutig scharfe Leukorrhoe, äußerst übelriechend.

Ausfluß von hellrotem Blut mit dunklen Klumpen.

Septikämie nach Abort; Fötus oder Nachgeburt werden zurückgehalten; zersetzt und schrecklich stinkend.

Abszeß des linken Ovars; akuter, klopfender Schmerz, große Qualen, mit Fieber und Schüttelfrösten (Pyrogen CM *(Swan)* bewirkte einen gewaltigen Ausfluß von weißem, cremigem Eiter, hierdurch allgemeine Besserung).

Lochien: dünn, scharf, braun oder übelriechend; unterdrückt mit nachfolgendem Frösteln, Fieber und reichlichem, stinkendem Schweiß.

Es heilte Uterusprolaps mit Abwärtsdrängen, > durch Anhalten des Atems und Pressen wie bei Wehen. Die Schmerzen begannen in der Uterusgegend und wanderten aufwärts zum Nabel; ein korkenzieherartiger Schmerz; momentane Erleichterung durch Anhalten des Atems und Abwärtsdrükken wie bei Wehen; sofort > durch Pressen der Hände gegen die Vulva, dann aber gab sie an, sie müsse wieder locker lassen, weil es ihren Zustand verschlimmerte. Lilium brachte keine Besserung. Der Schmerz begann in der Nabelgegend oder etwas oberhalb davon und wanderte abwärts zum Uterus, doch wurde er mitten im Unterbauch aufgehalten von einem gleichartigen Schmerz, der vom Uterus ausging und aufwärts wanderte, beide trafen sich mitten zwischen Nabel und Uterus und ließen dann allmählich nach, bis das gleiche wieder von vorn begann; momentane Besserung, wenn sie die Knie bis zum Kinn anzog und mit den Armen umfing und fest drückte. Unerträglicher Tenesmus der Blase; es handelte sich am ehesten um ein krampfartiges Zusammenziehen; gleichzeitig ergriff dieser Zustand auch das Rektum, es bestand starker Drang zu defäkieren ohne die Fähigkeit dazu, so daß schließlich auch die Ovarien und Ligamenta lata betroffen waren. Nux-v. und Lil-t. hatten überhaupt keine Wirkung.

Heftiger Frost; dumpfer Stirnkopfschmerz; ruhelos, blaß, ängstlich. Scharfe, schießende Schmerzen durch den

Bauch. Der Kopfschmerz war stark; sie umklammerte den Kopf mit ihren Händen, als ob sie einen plötzlichen Schlag bekommen hätte, und schrie: „Oh, mein Kopf!“, sie wurde äußerst unruhig, sagte, sie stürbe und wollte das Baby, das sie zärtlich liebte, nicht bei sich haben. Gesicht blaß mit übelriechendem, zähem Schleim; Bauch empfindlich gegen Druck; Milchfluß und Lochien hatten aufgehört. Häufiger Durst auf kleine Mengen. Puls 140, schwach, klein; Temperatur 39,4° C. Pyrogen CM sechs Gaben in Wasser, halbstündig. Es kam zu einer langsamen, aber vollständigen Heilung. Sepsis bei Kindbettfieber.

Mrs. T. B., blaß, schlank, zart, aber bei guter Gesundheit; Primipara; problemlose Entbindung am 10. April 1901. Am 20. April fand ich sie mit 39° C Temperatur vor; Lochien spärlich, blaß, übelriechend; aber sie fühlte sich wohl und hatte keine Schmerzen. Mehrere Tage lang nahm das Fieber allmählich zu bis es 40° C und 41° C erreichte bei einem Puls von 120 bis 130; sie bestand immer noch darauf, daß sie sich wohlfühle, und wollte nicht zu Bett gehen. Mehrere Mittel, Bapt., bell., echi., tar., wurden ohne Erfolg gegeben. Schließlich folgten im Abstand von wenigen Stunden mehrere heftige Schüttelfröste, sie mußte sich hinlegen, und die Krankenschwester wurde gerufen. Sie bekam Pyrogen. Am nächsten Tag betrug die Temperatur 39° C, die Lochien nahmen wieder die normale Färbung an; die Empfindlichkeit des Bauches nahm ab und war nach zwei oder drei Tagen gar nicht mehr vorhanden. Sie erholte sich rasch.

Mrs. W. S. C., eine schlanke Frau; Primipara; Zangengeburt am 10. Juni. Schwerer Dammriß, der genäht wurde. Am Morgen des dritten Tages Schüttelfrost; schneidender, krampfartiger Schmerz im Uterus, der geschwollen und empfindlich war; Lochien dunkel, reichlich, verklumpt;

beide Iliakalregionen empfindlich gegen Druck, < links. Belladonna hatte keine Wirkung. Das Fieber stieg an; Lochien dunkel, übelriechend mit Klumpen und Fäden. Weil der Geruch und die übrigen Symptome auf eine beginnende Sepsis hinwiesen, bekam sie Pyrogen mit sehr befriedigendem Erfolg, es kam zu einer schnellen Heilung.

Carrie, 16 Jahre alt, war seit zwei oder drei Monaten krank, in allopathischer Behandlung. Atem, Schweiß, Auswurf, Menses, Urin und Stühle schrecklich stinkend, aashaft; bis zur Übelkeit Ekel vor dem eigenen Körpergeruch; Wundheit der Brust und des Bauches, die Menses dauern nur einen Tag, blutige Leukorrhoe von demselben ekelhaften Geruch; Puls 106, mit einem schlimmen Husten, < beim Betreten eines warmen Zimmers; großes, fleischiges, blasses, grünliches oder chlorotisches Gesicht, die Mutter ist gerade an Schwindsucht gestorben. Pyrogen CM, eine Gabe, führte innerhalb von zehn Stunden zu einer Besserung und am zwölften November waren Husten, Gestank und Wundheit fast ganz verschwunden, Puls 80, Zunge sauber. Sac. lac. und sie blieb bis auf den heutigen Tag gesund. – *Wakeman.*

Atmungsorgane – Pfeifende Ausatmung.

Husten: Auswurf großer Massen von Schleim aus dem Larynx; < durch Bewegung; < im warmem Zimmer; Husten, Brennen in Larynx und Bronchien; Schmerz im Hinterkopf; Stiche im Kreuz; nur spürbar beim Sitzen auf dem Stuhl; hustet die ganze Nacht über gelbes Sputum hoch.

Husten > durch Aufsitzen, < durch Hinlegen.

Auswurf: rostfarbener Schleim; schrecklich übelriechend; blutiges Sputum.

Brust – Schmerz in der rechten Lunge und in der rechten Schulter, < durch Sprechen oder Husten.

Verschleppte Pneumonie: Husten, Nachtschweiße, schneller Puls, ein Abszeß öffnete sich, mit viel Eiter von eitrigem Geschmack (schnelle Heilung unter Pyrogen, drei Gaben).

Brust wund, mit purpurfarbenen Flecken.

Heftiger, zusammenziehender Schmerz im unteren Brustbein, erstreckt sich manchmal zu den Rippengelenken und nach oben zum Hals, als ob sich die Speiseröhre zusammenkrampft.

Ekchymosen der Pleura (Hund).

J. A. W., 61 Jahre alt. Ein alter Soldat mit zahlreichen rheumatischen Beschwerden; klagt viel.

7. April 1895, vor zwei Tagen war er 22 Meilen in einem starken Sturm geritten, fühlte sich dann frostig und krank und mußte sofort ins Bett.

Hitze- und Kältewellen, < durch Bewegen. *Wunder und weher Schmerz am ganzen Körper. Die Knochen tun weh. Sehr ruhelos und nervös.* Ungeduldig. *Der Kopf fühlt sich groß an* und voll, den ganzen Kopf und Nacken hinunter tut es weh; < durch Husten. Dünnflüssiger Ausfluß aus der Nase. *Lungen wund und schmerzhaft;* < durch Husten. Der Husten ist stark bei nur geringem Auswurf, < nachts.

Puls 84. Seit dem 4. April keinen Stuhlgang mehr. Urin spärlich.

Frostig bei Bewegung. Als bei dem Ritt durch den Sturm die Krankheit einsetzte, *fühlten sich seine Zehennägel so an, als würden sie ausfallen*, erst der eine, dann ein anderer. Dieses Gefühl war sehr ausgeprägt und unangenehm.

Pyrogen CM, drei Gaben, in zweistündigem Abstand.

Innerhalb von zwölf Stunden waren die Schmerzen alle vergangen, und er hatte eine gute Nacht. Am nächsten Morgen fühlte er sich „besser und schmerzfreier als in den gesamten vergangenen vier Monaten". Eine sehr schnelle Heilung. – *Yingling.*

Schmerz in der Brust durch Pleuritis, auch bei normaler Atmung.

Schmerz in der Gegend der linken Brustwarze, als ob das Herz anfinge weh zu tun.

Herz – Schmerz in der Gegend der linken Brustwarze, wie im Herzen; gesteigerte Herzaktion; Puls 120.

Herz ermüdet, wie nach längerem Laufen; gesteigerte Herzaktion, < durch die geringste Bewegung.

Nie frei von einem Schwächegefühl in der Herzgegend.

Jeder Pulsschlag wird im Kopf und in den Ohren empfunden; ein schmerzloses Klopfen.

Gefühl, als sei das Herz vergrößert; deutliche Wahrnehmung, daß er ein Herz hat.

Empfindung, als sei das Herz zu stark mit Blut gefüllt.

Empfindung, als pumpe das Herz kaltes Wasser.

Heftige Herzaktion, solange andauernd, daß es äußerst ermüdend wurde.

Herzklopfen oder verstärkte Herzaktion ohne entsprechende Zunahme der Körpertemperatur.

Herzklopfen < durch Bewegung; Liegen auf der linken Seite.

Laute Herzschläge, für sie selbst und andere hörbar.

Wegen Schwirren und Schnurren des Herzens konnte sie nicht schlafen; wenn sie schlief, delirierte sie.

Herzasthma durch Sepsis.

Ekchymosen an Herz und Perikard (Hund).

Herzklopfen < durch Bewegung, > durch Ruhe; Puls 160 bis 170.

Ermüdungsgefühl am Herzen, wie nach einem langen Laufe, Gefühl, als würde sie es am liebsten herausnehmen und ausruhen lassen; es wäre eine große Erleichterung, wenn es aufhören würde zu klopfen; Temperatur normal.

Rücken und Nacken – Rückenschmerzen in der Lendengegend.

Empfindung von Brodeln oder Gurgeln im linken Hypochondrium, erstreckt sich links nach hinten zum Rückgrat, beim Liegen auf der linken Seite.

Kreuzschmerz.

Schwächegefühl im Rücken.

Stechender Schmerz im Rücken beim Husten.

Klopfen der Nackengefäße, das in Wellen von den Schlüsselbeinen an nach oben läuft.

EXTREMITÄTEN ALLGEMEIN – Kalte Extremitäten.

Taubheit der Hände, Arme und Füße, erstreckt sich über den ganzen Körper.

Automatische Bewegung des rechten Armes und rechten Beines dreht das Kind im Bett von links nach rechts herum, bis die Füße auf dem Kissen liegen; jedesmal wenn sie wieder richtig hingelegt wurde, wiederholte sich das gleiche (Cerebrospinalmeningitis).

OBERE EXTREMITÄTEN – Schmerz im Schultergelenk vorn, wandert 8 cm den Arm hinunter.

Hände und Arme sind taub.

Hände kalt und klamm.

Trockenes Ekzem der Hände.

Reichlicher Schweiß in der Achselgegend.

Schmerz im linken Schultergelenk vorn, wandert 5 bis 8 cm den Arm hinunter, dauert bis zum Schlafengehen.

UNTERE EXTREMITÄTEN – Beim Sitzen am heißen Feuer tut es tief in den Knochen in der Gegend der Knie weh; < durch Gehen.

Beim Zubettgehen tut es in den Kniescheiben weh; < durch Beugen der Beine.

Schmerz oberhalb des linken Knies, als wäre der Knochen gebrochen.

Oberhalb der Knie tut es in den Knochen weh, > durch Strecken der Glieder.

Brennendes Jucken im rechten kleinen Zeh, wie durch Frostbeulen.

Schwellung der Füße und Beine (akute Glomerulonephritis). Taubheit der Füße.

Weher Schmerz: in den Knochen; am ganzen Körper, wie von einer schweren Erkältung; mit Lahmheit und Wundheit der Muskeln; das Bett fühlt sich hart an; > durch Bewegung. < durch Bewegung.

Kalte Extremitäten; Füße in kalten Schweiß gebadet.

Taubheit der Hände, Arme und Füße, erstreckt sich über den ganzen Körper.

Ödeme der Beine (akute Glomerulonephritis).

Dauernde Schmerzen in den Beinen, wie in den Knochen.

Haut – *Mrs. I.*, 35 Jahre alt, Mutter zweier Kinder; Schwellung der Wade; Bläschenbildung oben auf dem linken Fuß, anschließend großes Geschwür, das allmählich den ganzen Fuß bedeckt. Der Prozeß breitete sich über das ganze Bein aus, nacheinander bildeten sich mehrere Abszesse, die Schwellung breitete sich bis zur Hüfte aus. Ca. 8 cm unterhalb des Trochanter grub sich ein großer Abszeß in das weiche Gewebe, der bei Eröffnung große Mengen von Eiter absonderte.

Ruhelos, konnte nicht in einer Lage liegen bleiben; Bewegung rief großen Schmerz hervor, trotzdem > durch Bewegen; mußte dauernd bewegt werden, nachts alle ein bis zwei Stunden; eine Gabe Rhus-t. brachte keine Besserung. Füße, Sprunggelenke und Bauch waren stark geschwollen; Urin spärlich, mit rotem, sandigem Sediment; dauerndes Schwächegefühl; ist sehr durstig, kann aber nicht trinken; hungrig, doch verursacht die kleinste Menge Nahrung Völlegefühl; sehr mürrisch, weint wie ein Kind. Schwellung und Schmerz nehmen noch zu; Gesicht und Nacken gelb, abgemagert und runzelig; Temperatur 39,4° C, Puls 120. Ars., rhus., lyc. und nux-v. hatten keinerlei Wirkung; danach Pyrogen CM, eine Gabe, anschließend stündlich ein Placebo; zusammen mit einem reichlichen, schmerzlosen, wässrigen, übelriechenden Durchfall setzte die Heilung ein und dauerte vier Tage lang an; die Patientin bekam eine zweite Gabe Pyrogen und genas rasch.

Gelbsucht von Haut und Konjunktiven.

Gleich nach dem Schüttelfrost bildet sich manchmal ein subkutaner Abszeß, oder man sieht an der Haut Verfärbungen oder Pusteln. Gelbsucht.

Es bilden sich leicht Liegegeschwüre, und die Haut zeigt die Neigung, bei sehr leichtem Druck zu verschorfen.

Häufig kommen ohne erkennbare Ursachen oberflächliche Gangräne vor.

Erysipel.

Haut blaß, kalt, von erdiger, aschiger Farbe.

Hartnäckige, übelriechende variköse Geschwüre bei alten Leuten.

Nerven – Starke Nervosität und Ruhelosigkeit.

Konnte nicht länger an einer Stelle liegen, ohne sich zu bewegen, doch bringt die Bewegung keine Erleichterung.

Große Schwäche morgens. Wenn er zu gehen versuchte, torkelte er.

Nervöse Schwäche in der Rekonvaleszenz nach septischem Fieber.

Schlaf – Träume, er hätte Nasenbluten, beim Erwachen stellte er fest, daß es aus der Nase aufs Kissen geblutet hatte.

Ruheloser Schlaf mit Stöhnen.

Schlaf erfrischt nicht.

Schlaf gestört.

Er schlief eine Weile, dann erwachte er, rollte im Bett herum und wälzte sich in jede denkbare Lage.

Wegen lebhafter Tätigkeit des Gehirns und Gedankenfülle konnte er nicht schlafen.

Ruhelosigkeit > nach dem Schlaf.

Schreit auf im Schlaf, weil ein Gewicht auf ihr läge.

Flüstert im Schlaf.

Kann wegen Schnurren des Herzens nicht einschlafen.

Träume: von verschiedenen Dingen; vom Geschäft; von seinen Patienten und dem Mittel, das sie heilte.

Träumte die ganze Nacht von den Geschäften des Tages.

Kann nur wenige Minuten in der gleichen Lage liegen.

Konnte bis zum Morgengrauen nicht schlafen, das Gehirn war zu aktiv, konnte die Augen nicht geschlossen halten.

Schreit auf im Schlaf, wie von Schmerz.

Fieber – „In allen Fällen beginnt das Fieber mit Gliederschmerzen" *(Swan).*

Schaudert und beginnt, sich ruhelos hin und her zu bewegen; die Temperatur steigt allmählich an und fällt ebenso allmählich wieder ab (Hund).

In aufeinander folgenden Wellen laufen Fröste das Rückgrat auf und ab; die Hitze bringt keine Erleichterung.

Die Temperatur steigt schnell auf 40° C und sinkt rascht wegen Herzversagen (Hund, tödliche Dosis).

Fröstelt mitunter und hat leichte Schmerzen; etwas fiebrig.

Nach dem Mittagesssen Schmerz am ganzen Körper, nachts frostig, das Bett fühlt sich hart an.

Nach dem Zubettgehen frostig, Zähneklappern; wachte um 22 Uhr mit Schweiß am Oberkörper auf; > durch Bewegung.

Hitzegefühl wie bei Fieber, die Temperatur war aber nur 37,2° C, Gefühl wie 60° C.

Sobald das Fieber einsetzte, mußte er häufig urinieren; Urin klar wie Wasser.

Jeden zweiten Tag leichtes Wechselfieber.

Schweiß äußerst übelriechend, aashaft; Ekel bis zur Übelkeit über jeden Geruch, der vom eigenen Körper stammt.

Kalter Schweiß am ganzen Körper.

Fieber durch: Faulschlammgase; chirurgische Infektion; Sektionsverletzungen, Blutvergiftung oder Eiteraufnahme bei lokalen medizinischen Maßnahmen.

Delirium beim Schließen der Augen; sieht einen Mann am Fußende oder weiter weg im Zimmer stehen; Hände kalt und klamm; Bauch so wund, daß sie kaum atmen kann; Därme so wund, daß sie rechts keinerlei Druck vertragen kann; < durch Aufsitzen im Bett; Schwindel beim Aufrichten im Bett.

N. B., 4 Jahre altes Kind, zog in ein Haus, in dem Bleirohre repariert wurden. Wenige Tage später bekam es um zwei Uhr nachts Erbrechen und Durchfall; Stühle reichlich und wässrig. Kalte Extremitäten, Ohren und Nase; Stirn in kalten Schweiß gebadet. Zunge dick belegt, gelblich-grau; die Ränder der Spitze sind äußerst rot.

Große Schwäche. Große seelische und körperliche Ruhelosigkeit; Puls 140, klein und drahtig; Temperatur 37,2° C. Großer Durst auf kleine Mengen, doch wird die geringste Flüssigkeitsmenge sofort wieder erbrochen. Später am Tag entsetzlich übelriechender Stuhl von aashaftem Geruch; Gesicht blaß, eingefallen, in kalten Schweiß gebadet. Zunge dunkelrot und frei von dem morgendlichen dicken Belag, starker Durst, doch verstärkt Wasser das Erbrechen und den Durchfall. Nach Verat., ars., carb-v. und bapt. keine Besserung, dem Patient ging es sichtlich immer schlechter, der Puls war nicht mehr zu zählen; weil ich eine Vergiftung mit Faulschlammgas für möglich hielt, und wegen der sauberen, feuerroten Zunge fielen mir *Dr. Burnetts* Fallgeschichten aus der *Homeopathic World* ein. Ich gab zwei trockene Gaben Pyrogen auf die Zunge und erzielte eine schnelle und dauerhafte Heilung.

Miss E. B., 14 Jahre alt, klagte über Schwächegefühl, konnte nicht zur Schule gehen. Weil die Temperatur auf 38,9 °C und der Puls auf 108 erhöht war, wurde ich hinzugezogen. Ich fand eine unnormal rote Zunge mit dünnem, weißem Belag am Zungengrund. Morgens hatte sie leichtes Nasenbluten gehabt, das auf Bryonia reagierte, das Fieber war aber nicht beeinflußt worden. Weil überhaupt keine Schmerzen und nur sehr wenig Symptome vorhanden waren, gab ich ihr einige Tage nur Placebos. Faulschlammgas spielte bei dem Fall keine Rolle; eine Gabe Pyrogen führte zur schnellen Heilung.

Während des Fiebers neigt sie dazu, die ganze Nacht über zu reden; kalter Schweiß am ganzen Körper; Kreuzschmerz; Drang zu urinieren; Urin spärlich; spricht zu sich selbst; Brechdrang, mit kalten Füßen; Ruhelosigkeit > nach dem Schlaf; purpurne Flecken an der Brust; schreit auf im Schlaf, weil eine Person oder ein Gewicht auf ihr läge; harter Herzschlag; mühsame Herzaktion; Empfindung, als sei das Herz zu sehr mit Blut gefüllt; es schlägt sehr laut, die Herztöne können in einiger Entfernung vom Thorax wahrgenommen werden, sie kann dauernd ihren Herzschlag hören; konnte während der letzten Nacht wegen Schwirren und Schnurren des Herzens nicht schlafen, als sie einschlief, delirierte sie. Empfindung, als habe sie eine Haube auf dem Kopf. Als sie erwacht, hat sie tatsächlich eine auf und weiß, daß sie nicht deliriert; > nach Erbrechen; flüstert im Schlaf; flüstern zu sich selbst, wenn man sie fragt, was sie sagt, antwortet sie nicht; Empfindung, als fülle sie das ganze Bett aus; sie weiß, daß ihr Kopf auf dem Kissen liegt, wo der übrige Körper ist, weiß sie nicht.

Empfindung, eine andere Person zu sein, wenn sie auf der einen, als wenn sie auf der anderen Seite liegt; Empfindung, als hätten nicht beide Personen das gleiche Fieber, d.h. sie hatte das Gefühl, als existiere sie in einer zweiten Person oder als sei sie doppelt vorhanden.

Kälte und Frösteln den ganzen Tag über, so daß kein Feuer ihn wärmen konnte; sitzt am Feuer und atmet die Wärme ein; Frösteln, sobald er sich vom Feuer entfernt; nachts, als das Fieber kam, hatte er das Gefühl, als stünden seine Lungen unter Feuer und er brauche frische Luft, was ihm auch rasch Erleichterung verschaffte.

Gefühl, als werde er von seinen Armen und Beinen beengt; wenn er sich im Bett umdrehte, beengten sie ihn immer noch; sobald das Fieber einsetzte, begann er zu urinieren; er kann immer genau angeben, wenn das Fieber einsetzt, weil er dann urinieren muß. Der Urin ist klar wie Quellwasser. Sehr heftiger Schmerz in der rechten Seite; messerartige Schmerzen ziehen durch den Rücken; < durch jede Bewegung, durch Husten oder Sprechen oder einen tiefen Atemzug; > durch Liegen auf der schmerzhaften Seite; Stöhnen bei jedem Atemzug; Rötung des Gesichtes und auch der Ohren, es sah aus, als würde das Blut aus ihnen herausgepreßt. Nach Abfall des Fiebers hat er immer noch die Halluzination, er sei sehr reich und habe eine sehr große Geldsumme auf der Bank; dieses Symptom verging als letztes.

Ich kann kaum über Pyrogen sprechen, ohne begeisterte Töne anzuschlagen, weil ich mit ihm in Fällen von Blutvergiftung so wundervolle Resultate erzielt habe. Bei allen Arten von septischer Infektion, im Kindbett oder bei traumatischen Infektionen, tut Pyrogen Wunder, wenn die Symptome passen. In mancher Hinsicht ähnelt es Anthracinum.

Eine alte, an Gangrän sterbende Frau infizierte eine ihrer Krankenschwestern; diese bekam Fröste, hohes Fieber und im Verlauf der Lymphgefäße zogen sich rote Streifen den Arm hinauf. Pyrogen beseitigte den ganzen Prozeß im Nu. – *Boger*.

Die Streckseite des linken Unterarmes war von einer Kreissäge bis auf den Knochen zerrissen worden. Die Wunde wurde mit einem Adhäsivverband versorgt, der aber so dicht angelegt wurde, daß er nach 24 Stunden durch einen anderen ersetzt werden mußte; außerdem wurden ein paar Stiche gemacht; danach schwoll die ganze Hand an, wurde sehr schmerzhaft und verschlechterte sich während der nächsten 18 Tage immer mehr, so daß der Patient nur wenige Stunden lang schlafen konnte. Die ganze Hand und der Unterarm waren stark geschwollen, fast schwarz verfärbt und vom Absterben bedroht. Man entschloß sich zur Amputation.

In diesem Stadium fand ein homöopathischer Arzt zusätzlich zu den erwähnten Symptomen, daß der Patient delirierte und erregt war; er konnte den Arm nirgendswo hinlegen, weil ihm jede Unterlage für den Arm zu hart erschien. Pyrogen 50M. In wenigen Stunden war er friedlich eingeschlafen, die Temperatur sank, und der Schmerz ließ nach. Die Besserung setzte schnell ein und führte gleichmäßig zur vollständigen Heilung.

Leichte Temperaturerhöhung, heftiger Schüttelfrost, gefolgt von Schweiß. Die Schüttelfröste sind gewöhnlich heftig und erfolgen meist mit der Regelmäßigkeit von Wechselfieber.

Der Puls wird schwach und schnell.

Der Puls wird im Kopf und in den Ohren wahrgenommen, schmerzloses Klopfen.

Intermittierendes Fieber mit den üblichen Begleiterscheinungen, Appetitverlust, Ruhelosigkeit, Durst.

Die Schüttelfröste verschwinden nach wenigen Tagen, doch bleibt gewöhnlich ein remittierendes Fieber.

Kindbettfieber.

Typhoidfieber.

Fieberhitze.

Pyämie.

Septikämie.

Brennen im Gesicht.

Das Blut klopfte durch den ganzen Kopf und den ganzen Körper, ich spürte es sogar an meinen Fingern.

Die ganze Nacht über frostig.

ALLGEMEINES – Kann nur wenige Minuten in einer Lage verbringen, > durch Wechsel.

Morgens Schwäche, taumelt beim Versuch zu gehen.

Weher Schmerz am ganzen Körper, das Bett fühlt sich hart an.

Große Muskelschwäche; schnelle Erholung in wenigen Stunden (Hund).

Ruhelosigkeit, Umdrehen im Bett, Stöhnen.

Gliederschmerzen und allgemeines Unwohlsein.

Gleich nach dem anfänglichen Schüttelfrost setzen Schmerz und Schwellung eines oder mehrerer Gelenke ein.

Eigenartiger Schweißgeruch in der Nähe des Patienten, wie bei Diabetes.

Plötzlicher Anfall von Pleuritis bei einem Patienten mit Otorrhoe; Verdacht auf Pyämie.

Allgemeine Mattigkeit.

Nervosität.

Schwäche.

Malaria, Gliederschmerzen, besonders in Beinen und Rükken, mit Kopfschmerz und Magenschmerzen wie von einem schweren Paket.

Ruhelosigkeit bei Beginn einer Bewegung und während der Bewegung.

Ruhelosigkeit und Stöhnen bei Sterbenden, besonders bei Scharlach oder Diphtherie, bewirkt oft eine Erholung.

Große Nervosität und Ruhelosigkeit, möchte zugedeckt oder geschaukelt werden.

Großer Widerwillen, gewaschen zu werden. Schreit beim Waschen.

Mag nicht im Bett schlafen, sondern will im Schoß liegen und leicht geschaukelt werden; wenn die Bewegung aufhört oder wenn man versucht, sie ins Bett zu legen, wacht sie auf.

Secale cornutum

Synonyme – Mutterkorn; Ergota (Ergot oder Argot, *franz.*, Hahnensporn); Ergot of rye; spurrend rye, Secale clavatum; Mater secalis; Séigle ergoté *(franz.)*.

Charakteristika* – Frauen von *dünnem, magerem, schwächlichem, kachektischem Aussehen;* reizbares, nervöses Temperament; blasses, eingefallenes Gesicht.

Sehr alte, altersschwache Menschen.

Frauen mit sehr schwachen Muskelfasern; alles scheint *lokker und offen; Trägheit, Gefäße schlaff;* passive Hämorrhagie, reichlicher Fluß dünnen, schwarzen, wässrigen Blutes; die Blutzellen sind zerstört.

Hämorrhagische Diathese; die geringste Verwundung blutet wochenlang (Lach., phos.); Ausfluß eitrigen, dünnen Blutes mit einer starken Tendenz zur Fäulnis; brennendes Jucken in den Gliedern und große Schwäche, besonders wenn die Schwäche nicht durch vorangegangenen Flüssigkeitsverlust verursacht ist.

Leukorrhoe dünn, braun, übelriechend.

Abszesse: *klein, schmerzhaft mit grünem Inhalt,* reifen und heilen sehr langsam, äußerst schwächend.

Gesicht: blaß, verkniffen, aschfarben, eingesunken, hippokratisch; verzogen, mit eingesunkenen Augen; blaue Ringe um die Augen.

Unnatürlicher Heißhunger; sogar bei erschöpfendem Durchfall; Verlangen nach Saurem, Limonade.

Diarrhoe: reichlich, wässrig, faulig, braun; geht nur mit großer Kraftanstrengung ab (Crot., gamb.); sehr erschöpfend; schmerzlos, unfreiwillig; Anus weit offen (Apis, phos.).

Enuresis: bei alten Leuten; Urin blaß, wässrig oder blutig; Urin unterdrückt.

---

* Vergleich mit Ustilago s.S. 734

Brennen in allen Körperteilen, als ob Feuerfunken auf den Patienten fallen (Ars.).

Gangrän: trocken, senile, < durch äußerliche Wärme.

Große Ekchymosen; Blutbläschen; oft Beginn einer Gangrän.

Kollaps bei Cholera; Haut kalt, trotzdem wird keine Bedekkung vertragen (Camph.).

Haut kalt bei Berührung, trotzdem verträgt der Patient keine Bedeckung; Eiseskälte der Extremitäten.

Menses: unregelmäßig; reichliche, dunkle Flüssigkeit; mit drückenden, wehenartigen Schmerzen im Bauch; dauernder Ausfluß von wässrigem Blut bis zur nächsten Periode.

Drohender Abort, besonders im dritten Monat (Sabin.); langanhaltende, abwärtsdrängende, treibende Schmerzen.

Wehen: Schmerzen unregelmäßig; zu schwach; schwach oder aufhörend; alles scheint *lose und offen, aber ohne Austreibungsaktion;* Ohnmacht.

Nachwehen: zu lang; zu schmerzhaft; Sanduhrkontraktion.

Unterdrückung der Milch; bei dünnen mageren, erschöpften Frauen; die Brüste füllen sich nicht richtig.

Puls klein, schnell, zusammengezogen und oft aussetzend.

Prüfer

1. Mrs. *L. M. Hayes,* 200. Potenz. Die Prüferin kannte die Potenz, nicht aber das Mittel. Sie war völlig davon überzeugt, daß in der 200. Potenz kein Mittel beim Gesunden irgendwelche Symptome hervorrufen kann, und bestand darauf, ihre Experimente zu wiederholen, um frühere Ergebnisse zu verifizieren oder zu widerlegen. Sie nahm ab 4. November sechs Tropfen jeden zweiten Tag eine Woche lang. Ab 17. November sechs Tropfen zweimal täglich eine Woche lang. Ab 5. Januar 15 Tropfen jeden Tag eine Woche lang. Ab 1. Mai 15 Tropfen jeden Morgen drei Tage lang.

2. Miss *R. C. Wilder* nahm sechs Tropfen der 30. Potenz am Morgen des 5., 8., 12. und 15. November.
3. *H. B. Reynolds* nahm vier Gramm der zweiten Potenz, wiederholte Gaben.
4. *J. S. Campbell* nahm mehrere Gaben der zweiten Potenz.
5. *P. W. Rogers* nahm vier Gramm der 200. Potenz, zweimal täglich eine Gabe zwei Wochen lang.
6. Mrs. *M. T. Hathaway* wiederholte Gaben der 200. Potenz.
7. *D. M. Finley,* 100. Potenz; wiederholte die Prüfung viermal, jedesmal mit Ergebnissen.
8. Miss *H. M. Swathel* nahm vom ersten März bis zum 23. April zwei- oder dreimal täglich die 200. Potenz. Vom zweiten bis zum 15. Mai nahm sie einmal oder zweimal täglich die 100. Potenz.
9. *G. D. Green* nahm zwei Wochen lang die zweite Potenz.
10. *C. S. Erswell* nahm zwei Wochen lang täglich vier Gramm der 100. Potenz.
11. *E. H. Pond* nahm die 30. Potenz.
12. *E. C. Watts* nahm eine Woche lang täglich die 30. Potenz.

Ab 30. März 1880 wurde das Mittel 72 Freiwilligen gegeben:
Die 2. Potenz an 16 Prüfer.
Die 3. Potenz an 4 Prüfer.
Die 6. Potenz an 17 Prüfer.
Die 30. Potenz an 13 Prüfer.
Die 60. Potenz an 5 Prüfer.
Die 100. Potenz an 6 Prüfer.
Die 200. Potenz an 8 Prüfer.
Placebos an 3 Prüfer.

Die Placebos wurden an drei Personen ausgegeben, deren Gesundheit sich bei einer Untersuchung als unzureichend für zuverlässige Prüfung herausstellte: Nur einer von den dreien, ein junger Mann der später an Albuminurie starb, bekam Symptome.

Prüfungsrichtlinien

Soweit möglich wurde jeder Prüfer auf seine Gesundheit und persönliche Eignung hin untersucht; über die schriftlichen Prüfungsergebnisse wurde jeder ausführlich befragt.
Die Prüfer wurden angehalten, die Prüfungsrichtlinien von *Dunham* zu befolgen.

Kein Prüfer kannte das Mittel.

Botanik

Adam Lonicer aus Frankfurt ist gegen Mitte des 16. Jahrhunderts der erste Botaniker, der das Mutterkorn erwähnt. Wenig später erwähnt *Thalius* seine Anwendung *„ad sistendum sanguinem"*. 1623 erwähnte es *Caspar Bauhin* unter dem Namen *Secale luxurians* und 1693 spricht ihm der englische Botaniker *Ray* Heilwirkungen zu.
Die wahre Natur des Mutterkorns, ob es das Produkt einer kranken Pflanze oder eine eigenständige Pflanze sei, war lange umstritten. Heute wird Secale cornutum von den Experten dem Stamm der Thallophyten (Lagerpflanzen) zugeordnet. Dieser Stamm umfaßt die niederen Pflanzen und ist in zwei Klassen, Algen und Pilze, unterteilt; die Unterscheidung gründet sich auf die Anwesenheit von Chlorophyll in den Algen und sein Fehlen in den Pilzen. Sie differenzieren sich nicht in Wurzel, Stengel und Blatt. Bei den niedrigsten Pflanzen dieser Gruppe findet keine sexuelle Fortpflanzung statt, bei den höheren kann die sexuelle Vereinigung durch einzelne Sporen oder Massen von Sporen erfolgen oder durch eine Be-

fruchtung, bei der Sporen eine Rolle spielen. Die Forschungsarbeiten von *De Candolle* und *Fries* (1816) und von *Léveille* (1827) trugen viel zu unserem Wissen über die Feinstruktur von Secale bei, aber erst die bewundernswerte Monographie *„Mémoire sur l'Ergot des Glumacées,"* (1853) von *L. R. Tulsane* klärte viele umstrittene Fragen der Bildung, des Wachstums und der Entwicklung dieses Pilzes auf, und auch heute noch wird diese Monographie von fast allen Autoren als die beste Arbeit über das Thema bezeichnet. Doch behaupten *Fluckiger* und *Hanbury, daß die wahre Natur des Mutterkorns noch nicht aufgeklärt ist,* auch nicht durch *Tulsanes* langwierige und bewundernswerte Forschungsarbeit.

Bildung

Hamilton gibt folgenden Überblick über die verschiedenen Theorien:

a) Einige halten das Mutterkorn für einen Pilz, der zwischen den Spelzen von Gräsern wächst anstelle des Fruchtknotens (deshalb nennt *Leveillé* es *Spacelia segetum*).

b) Einige halten das Mutterkorn für einen Krankheitszusand des Fruchtknotens oder Samens.

c) Einige haben angenommen, daß gewöhnliche Krankheitsursachen (wie Feuchtigkeit kombiniert mit Wärme) ausreichen, diesen Krankheitszustand des Korns hervorzubringen.

d) Einige führen die Krankheit auf den Befall mit Insekten oder anderen Tieren zurück.

e) Einige verwerfen alle bisher aufgeführten Erklärungen, bezeichnen es einfach als eine Krankheit und verzichten darauf, die spezifischen Bedingungen anzugeben, unter denen sie entsteht.

Fluckiger und *Hanbury* stellen fest, „daß das Gewebe des Roggenkorns im Prozeß der Entwicklung keine *Veränderung* durchmacht, sondern einfach *zerstört* wird."

Weder in der äußeren Form, noch in der mikroskopischen Struktur hat das Mutterkorn irgendwelche Ähnlichkeit mit einem Samen, obwohl seine Entwicklung zwischen der Blütezeit und der Reifezeit des Roggens stattfindet. Es wurde als vollständiger Pilz angesehen und von *De Candolle* als *Sclerotium Claves*, von *Fries* als *Spermoëdia Clavius* bezeichnet. Solange es sich auf der Ähre befindet, verändert sich das Mutterkorn nicht; auf feuchter Ähre aber, finden interessante Veränderungen statt.

An bestimmten Punkten der Rinde falten sich kreisrunde Stellen der Rinde zurück, und es wachsen allmählich weiße Köpfchen heraus. Diese nehmen an Größe zu, während die äußeren Schichten des benachbarten Gewebes allmählich ihre Festigkeit verlieren und weich und etwas körnig werden; gleichzeitig werden ihre Zellen leer und dehnen sich aus. Die Zellen im Inneren behalten unverändert ihre Fettropfen. Die Köpfchen nehmen eine gräulich-gelbe Farbe an, die sich zu purpur verändert, und strecken sich schließlich nach einigen Wochen auf schmalen, blaß-violetten, glänzenden Stengeln dem Licht entgegen.

Die Stengel werden oft $2^1/_2$cm lang und 1mm dick. *Flückiger* schreibt weiter: „Mutterkorn von Roggen, das ich selbst im August sammelte, in einem Topf auf Erde legte und den ganzen Winter über ungeschützt im Freien ließ, begann am 20. März den *Claviceps* zu entwickeln."

Hering bezeichnet es als nicht bestimmten Pilz und klassifizert es angesichts der bisherigen zweifelhaften Stellung in der Botanik nicht ohne Grund als eine „Nosode", und immer wenn ein zweifelhafter Punkt in der Materia Medica auftaucht, tut man gut daran, die Meinung des angesehenen Wissenschaftlers *Hering* zu berücksichtigen.

Er schreibt: „Eine *Nosode* ist der Allgemeinbegriff für den alkoholischen Extrakt von Krankheitsprodukten, sie werden auch fälschlich isopathische Mittel genannt. Die nützlichsten und voll ausgeprüften Nosoden sind Hydrophobinum und Psorinum. Zu diesen „Nosoden" gehören weiter Ustilago maydis, Secale cornutum, der Pilz der Kartoffel, Ambra des Pottwals, Anthracin, Vaccin, Variolin, usw. Die höhnischen Kommentare von *Trinks* und anderen gegen Sepia (1826) und der ignorante Widerstand gegen Lachesis sind längst in Vergessenheit geraten. Alle Verdammungsurteile gegen Hydrophobinum, Psorinum und andere „Nosoden" wird dasselbe Schicksal ereilen. Wir können es uns leisten, zu warten."

Präparation

Für homöopathische Zwecke sollte es immer frisch präpariert werden, weil sich kleine Milben auf ihm ernähren, die das Innere zerstören und nur die Schale zurücklassen. Länger als ein Jahr gelagertes Mutterkorn sollte deshalb für homöopathische Zwecke nicht verwendet werden.

Medizinische Geschichte

Bei den Autoren des Altertums findet man keine ausdrückliche Erwähnung des Mutterkorns. Im Jahre 1089 bezieht sich der fanzösische Historiker *Sigebert* in der folgenden Passage auf eine Epidemie:

„Ein pestilentes Jahr, besonders im Westen der Lorraine, wo viele Menschen von Fäulnis befallen wurden, weil ihr Inneres durch das St. Antoniusfeuer verzehrt wurde. Ihre Glieder waren verfault und wurden kohlschwarz. Entweder gingen sie elendiglich zu Grunde, oder es war ihnen, ihrer verfaulten Hände und Füße beraubt, ein noch elenderes Leben bestimmt. Darüber hinaus wurden viele Krüppel noch von Kontraktionen der Sehnen befallen."

Im Jahr 1596 lenkte eine epidemische Krankheit in Hessen zum ersten Mal die Aufmerksamkeit der Ärzte auf das Mutterkorn als Ursache. *Rathlaw,* ein holländischer Geburtshelfer, verwendete es ihm Jahr 1747, aber erst 1777, dreißig Jahre später, wurden seine medizinischen Eigenschaften bekannt, durch die Veröffentlichungen von *Desgranges* und, besonders in den Vereinigten Staaten, von *Stearns* und *Prescott.*

Dem Genuß von mit Mutterkorn verdorbenem Roggenmehl schreibt man die furchtbare Krankheit zu, die in der modernen Medizin als *Ergotismus* bezeichnet wird und die früher eine ganze Reihe von Namen hatte: *Morbus spasmodicus, Convulsivus Malignus, Epidemicus vel Cerealis, Convulsion Raphania, St. Antoniusfeuer.* Heute besteht kaum ein Zweifel daran, daß die schrecklichen Epidemien, die im 10. Jahrhundert in Frankreich und im 12. Jahrhundert in Spanien auftraten, durch Mutterkorn hervorgerufen worden sind.

Fluckiger und *Hanbury* schreiben:
„Im Jahre 1596 wurden Hessen und die benachbarten Regionen durch eine schreckliche Pest verwüstet, die die medizinische Fakultät von Marburg auf die Anwesenheit von Ergotin in dem von der Bevölkerung verzehrten Getreide zurückführte. Die gleiche Krankheit trat 1630 in Frankreich auf, 1648, 1649 und 1675 in Vogtland, Sachsen, in verschiedenen Gegenden Frankreichs wiederum 1650, 1670 und 1674. Freiburg und Umgebung wurden von der gleichen Krankheit 1702 heimgesucht; Teile der Schweiz 1715 bis 1716; Sachsen und die Lausitz 1716, viele andere Gegenden Deutschlands 1717, 1722, 1736 und 1741-1742. Die letzte Epidemie in Europa trat 1816 nach einem regnerischen Sommer in der Lorraine und in Burgund auf, sie wütete besonders verheerend unter den ärmeren Schichten."

Von Zeit zu Zeit erschienen in Frankreich, Deutschland und der Schweiz mehrere Monographien mit einer mehr oder weniger genauen Beschreibung der verschiedenen Epidemien, von denen man eine Verursachung durch Mutterkorn oder anderen Verunreinigungen annahm. Im Jahre 1825, ein Jahr bevor er nach Südamerika ging, fertigte *Hering* eine Sammlung dieser Monographien an, die er *Trinks* überließ, der sie durch einen seiner Assistenten vervollständigen und publizieren ließ. Die späteren Ergänzungen betreffen hauptsächlich die Toxikologie und die Klinik.

Dr. R. B. Johnstone, aus Pittsford, N. Y., schreibt:
„In den Jahren 1883-1884 mußte ich während des Baues der Westküsteneisenbahn viele italienische Arbeiter behandeln, die an einem Ausschlag litten, der an vielen Körperstellen, besonders aber an Schultern, Nacken und Innenseite der Oberarme auftrat. In der Mehrzahl der Fälle war nur die rechte Seite befallen, immer aber war der Ausschlag rechts schlimmer. Er begann gewöhnlich als kleines Pünktchen, wie von einem Nadelstich, das sich rasch zu einem Pickel und schließlich zu einer kleinerbsgroßen Pustel entwickelte. Manchmal trat er auch in Form kleiner Abszesse von ungefähr 1 cm Durchmesser auf, die eine dunkelblaue Farbe hatten und die Haut in einem Umkreis von $2^1/_2$cm oder mehr verfärbten.

Sie waren *äußerst schmerzhaft bei Berührung, brennend und juckend, besser durch leichtes Reiben, schlechter durch Kratzen, am schlimmsten durch Hitze.* Die kleineren trockneten aus, ohne eine Narbe zu hinterlassen, die größeren aber füllten sich langsam mit einem hellgelben, eiterartigen Material oder auch mit blutigem, wässrigem Serum und blieben tagelang offen, wobei der Grund und die Ränder äußerst schmerzhaft waren; zuletzt sonderten sie dickes, schmutziges, übelriechendes Serum ab. Sie waren ausgesprochen indolent und hinterließen eine erhabene Narbe. Kalte Luft verminderte das Jucken und Brennen, nicht aber den Schmerz. Secale, Lachesis und Causticum waren die am häufigsten angezeigten Mittel. Weil ich wußte, daß die Italiener hauptsächlich Roggenbrot aus sehr schlechtem und billigem Mehl aßen, während die Arbeiter anderer Nationalitäten kein Roggenbrot aßen und auch nicht an dem Ausschlag litten, führte ich ihn auf eine Vergiftung durch in dem Brot enthaltenes *Mutterkorn* zurück; stellte sich ein Patient ohne Dolmetscher vor, gab ich gewöhnlich Secale, was dann auch in sieben von zehn Fällen zur Heilung führte.“

„*H. G. K.* – Ein Müller aus Pittsford, N. X., berichtet mir, daß er, selbst kurzzeitig, keinen Roggen mehr mahlen kann. Sobald er eine Roggenmühle betritt, schnürt es ihm den Hals zusammen, und er hat große Schwierigkeiten beim Atmen; das Einatmen ist schwierig; die Ausatmung ist von Wundheit über der ganzen Brust begleitet; Bedrückung der Brust; Wundheit der Brust; Intercostalschmerzen; Prickeln auf der Brust.

Diese Symptome treten eindeutig nur beim Roggenmahlen auf; wenn er Weizen mahlt, ist er beschwerdefrei. Er berichtet mir weiter, daß mehrere Personen, die in zwei Roggenmühlen in Rochester beschäftigt sind, die gleichen Symptome haben, zusätzlich aber noch einen Ausschlag, besonders am Nacken, an der Brust, hinter den Ohren und um die Handgelenke herum. Der Ausschlag sei pustulös, heftig juckend und sondere ein gelbes Material ab. Er kenne einen Mann, der das Roggenmahlen wegen vieler *Abszesse* und *Karbunkel* habe aufgeben müssen. Nachdem er seine Arbeit gewechselt habe, sei er vollständig genesen. Fast alle Roggenmüller hätten vergrößerte Fingergelenke und schlechte Zähne.“

Prüfungstagebuch von Mrs. M.F. Hathaway

6. März 1885. – Drei Tage lang nahm ich jeden Morgen und jeden Abend beim Zubettgehen ein Pulver (Secale 200), danach eine Woche lang nur noch abends.

9. März. – Spürte eine wunde Stelle hinten am Zungenrand links, als ob sich eine Aphthe bilde; tagsüber spürte ich es nicht, und nach wenigen Tagen verging es.

10. und 11. März. – Ein leichter Stirnkopfschmerz und etwas geistige Verwirrung, aber nicht sehr lästig. Um das linke Knie herum und darunter erschienen Flecken mit einem wunden Zerschlagenheitsgefühl. Beim Nachschauen fand ich einen halbsilberdollargroßen geschwollenen Fleck von purpurroter Farbe. Gegen Abend erschienen drei oder vier ähnliche Flekken weiter unten am Bein, oben am Fuß, die so wund waren, daß ich eine Berührung des Schuhes kaum ertragen konnte, außerdem juckten sie heftig, wegen der extremen Wundheit konnte ich aber nicht kratzen, wenn ich sie berührte, bekam ich ein Krankheits- und Schwächegefühl.

14. März. – Kopfschmerz und Verwirrung ausgeprägter und hauptsächlich in der Stirngegend. Am rechten Bein unterhalb des Knies erschienen drei oder vier Flecken mit heftigem Jukken und dem gleichen wunden Zerschlagenheitsgefühl.

15. März. – Im Gesicht erschien ein Ausschlag von kleinen Pusteln, hauptsächlich links, sehr wund und empfindlich gegen Berührung. Zuerst bildeten sich fünf kleine Pünktchen wie von einem Stecknadel- oder Insektenstich, die allmählich zu erbsgroßen Pusteln anwuchsen. Sie fühlten sich wie die Stellen am Bein an, mit dem gleichen wunden Zerschlagenheitsgefühl in der Haut des Gesichtes und des Nackens. Links an Gesicht und Nacken waren 28 kleine Pusteln.

18. März. – Der Ausschlag erschien an der linken Schulter, mehrere gruppiert stehende kleine Pusteln mit dem gleichen charakteristischen Wundheitsgefühl. Hörte auf, das Mittel einzunehmen. Dumpfer, schwerer Kopfschmerz in Stirn und Augen: viel Klopfen.

Vier oder fünf Tage vor den Menses stellte ich einen dunkel gefärbten Ausfluß fest, nicht sehr reichlich, aber verbunden mit einer Müdigkeit und einem Unwohlsein im Becken.

5. April. – Der Ausschlag an Gesicht, Nacken und Schultern verschwand allmählich, ließ aber für mehrere Wochen verfärbte Stellen zurück, wie Ekchymosen nach einer alten Quetschung, besonders am Unterschenkel.

18. April. – Die Menses setzten pünktlich ein, während der ersten drei oder vier Tage *sehr reichlich*, begleitet von ziemlich viel Schmerzen und einem unangenehmen Wundheitsgefühl im Becken (stärker als gewöhnlich); eine Woche lang vor den Menses ungewöhnlich viel Schmerz. Vier Tage lang Blut dunkler und viel reichlicher (früher nur einen Tag lang reichlich). Beträchtliche Verklumpung. Der Fluß hielt zehn Tage lang an, was noch nie vorgekommen war. Während der ganzen Menses Schwindel mit Fallneigung nach vorn.

Während einer Vorlesung bekam ich Herzklopfen, das fast den Nachmittag über anhielt. Konnte spüren, wie das Herz flatterte und nachließ. Puls 108 und 110. Heftiges Klopfen der Karotiden, mehrere Stunden lang Schwäche. Hatte in meinem ganzen Leben noch niemals Herzklopfen. Kopfschmerz; voll, klopfend, berstend, wie ein Glonoinkopfschmerz (ich habe auch Glonoin geprüft), nur nicht so wund beim Schütteln des Kopfes.

GEMÜT – Betäubte, halbschläfrige Verfassung.

Das Denkvermögen ist behindert.

Delirium: ruhig; wandernd.

Manie: mit Neigung zu beißen; mit Neigung zu ertränken.

Unwohlsein und Niedergeschlagenheit.

Furcht vor dem Tod.

Angst, Traurigkeit, Melancholie.

Große qualvolle Angst, wild vor Angst.

Apathie, Gleichgültigkeit.

Dauerndes Stöhnen und Furcht vor dem Tod.

Große Angst und schwierige Atmung.

Äußerste Traurigkeit geht allmählich in Fröhlichkeit über; redet und benimmt sich albern; Zorn, gefolgt von langdauerndem tiefen Schlaf.

Paralytische Geisteskrankheiten; behandelt seine Verwandten verächtlich und sarkastisch; wahnhafte Reden und Halluzinationen; Apathie und völliges Schwinden der Sinne.

|| Lacht, schlägt ihre Hände über dem Kopf zusammen, scheint außer sich zu sein. Nach Fehlgeburt.

Das Gedächtnis setzte aus; vergaß die Namen von Freunden, die ich täglich traf.

Geistesverwirrung.

Unangenehme Ahnungen.

Ahnung von Unglück, als sei ich dabei, etwas sehr Wertvolles zu verlieren.

|| Gefühl, wie betrunken, beim Ausziehen zum Zubettgehen (dritter Tag und an den folgenden sieben Abenden).

Gehobene Stimmung während der ganzen Prüfung, fühlte mich unbeschwert und heiter.

Sensorium – Bewußtlosigkeit mit tiefem Schlaf, vorher brennendes Jucken in Kopf und Gliedern.

Verminderung und Verlust der Sinne, des Sehens, Hörens usw.

Alle Sinne betäubt.

Das Bewußtsein bleibt bis zum letzten Atemzug erhalten, und direkt vor dem Tode scheint es, als würde der Patient genesen.

Benommenheit; Stupor.

Schwindel: dauernd zunehmend; mit Benommenheit und Schwere des Kopfes; Schwanken, kann nicht aufrecht stehen, eigenartiges Leichtigkeitsgefühl des Kopfes, besonders im Hinterkopf; wie betrunken; unsteter Gang.

Schwere des Kopfes und brennendes Jucken in den Beinen.

|| Betrunkenheitsgefühl beim Entkleiden.

Innerer Kopf – Pulsieren im Kopf mit Schwindel, sie kann nicht gehen.

Schmerz und Verwirrung, am stärksten im Hinterkopf.

Blutandrang zu Kopf und Brust.

Kopfschmerz; Halbseitenkopfschmerz links.

Schwindel während der gesamten vergangenen Menstruationsperiode; Neigung, nach vorn zu fallen.

Der Kopf ist schwer. Scharfer stechender Schmerz wandert durch das linke Auge aufwärts in die Stirn und die linke Kopfhälfte; kommt in Anfällen.

Ein dumpfer, schwerer, manchmal pressender Kopfschmerz, am stärksten rechts; < im warmen Zimmer, nicht > im Freien.

Dumpfer Schmerz an beiden Seiten des Kopfes über und vor den Ohren, < im warmen Zimmer; zeitweise klopfend; er dauert mehr oder weniger stark drei Wochen lang nach der letzten Gabe an. Zeitweise war er halbseitig und schien die rechte Seite der Stirn zu bevorzugen.

Bedrückungsgefühl; benommen, schwer, tut jede Nacht weh; weckte mich nachts auf; > durch Einnehmen des Frühstückes und Bewegung.

Konnte nicht schlafen wegen der schrecklichen, bedrückenden Kopfschmerzen, die sich vom Hinterkopf an aufwärts über den Kopf zu den Augen erstreckten.

Heftiger Schmerz in Hinterkopf, Stirn, Schläfen, hinter den Augen, < durch Druck auf den oberen Nacken.

Kopfschmerz < im Freien und beim Betreten eines warmen Zimmers, wie nach Fahren im kalten Nordwind im Winter; der Kopf schmerzt schrecklich beim Betreten eines warmen Zimmers.

Während der gesamten Prüfung stärkerer oder schwächerer, dumpfer Kopfschmerz, besonders in Stirn und Augen.

Kopf voll, klopfend, berstend, wie ein Glonoinkopfschmerz, nur nicht so wund beim Schütteln des Kopfes.

Andauernder Supraorbitalkopfschmerz (entwickelte sich nach einer Woche).

Schmerz von der Stirn zu den Augen; brennendes Gefühl in den Augen; keine Entzündung; Schmerz schießt durch die Augäpfel rückwärts.

Äusserer Kopf – Haarausfall.

Hin- und Herwinden des Kopfes.

|| Wunde Kopfhaut.

Kopfhaut wund; so schmerzhaft, daß sie keinerlei Bewegung des Haares ertragen kann.

Empfindung, als ob das Haar anders frisiert oder von einer Haarnadel zusammengedrückt wäre.

An den Wurzeln schauen die Haare so aus, als ob die Haarzwiebeln vergrößert wären.

Unregelmäßige, leicht rosa Flecken an der Kopfhaut; an der ganzen Kopfhaut erscheinen Pickel; klein, äußerst wund bei Berührung, mit leichtem Brennen.

Augen und Sehen – Lichtscheu.

Trübes Sehen; vor den Augen Nebel. Catarakt.

Doppelt- oder Dreifachsehen.

Blaue und feurige Punkte fliegen vor den Augen.

Schmerz in den Augen mit dem Gefühl, als würden sie krampfartig verdreht.

Stechender Schmerz in den Augen; Druck auf den Augäpfeln.

Nach einer Roggenkrankheitsepidemie kam eine ungewöhnliche große Anzahl von Cataracten bei jungen Leuten vor, 23 von ihnen wurden allmählich blind (15 Männer und 8 Frauen), verbunden mit Kopfschmerz, Schwindel und Brausen in den Ohren; von den Cataracten waren zwei hart, 12 weich und neun gemischt.

| Cataracta senilis.

|| Hornhauteiterung; < durch warme Anwendungen.

|| Retinitis diabetica.

Pupillenerweiterung.

Tränenfluß unterdrückt.
Injektion der Konjunktiven.
Augen eingesunken und von blauen Ringen umgeben.
Lähmung der Oberlider durch Kohlegas.
Unbeweglichkeit der Augenlider nach Gesichtserysipel.
Die Augen sehen starr, wild und verschleiert aus; starrender Blick.
|| Pustulöse Konjunktivitis und Blepharitis.
|| Exophthalmus mit Struma.

Ohren und Hören – Übermäßige Empfindlichkeit des Gehörs, selbst leiseste Geräusche tönen in ihrem Kopf wider und machen sie schaudern.
Verwirrtes Hören; Taubheit. Nach Chorea.
Singen in den Ohren und schwieriges Hören.
Brummen und Brausen in den Ohren mit gelegentlicher Taubheit.

Nase und Geruch – Niesen.
Die Nase fühlt sich verstopft an trotz wässrigem Ausfluß.
|| Die linke Nase ist wie durch einen festen Pflock verstopft.
|| Nasenbluten: dunkel, läuft ständig, mit großer Schwäche, kleiner, fadenförmiger Puls; bei alten Leuten oder Trinkern; bei jungen Frauen; durch Schwäche.
Passives Nasenbluten morgens, links, hellrot.
Morgendliches Nasenbluten, sehr ungewöhnlich; nur links, passiv, aber hellrot.
Nase links wie von einem festen Pflock verstopft, aber nicht viel Ausfluß.
Nase bei Berührung äußerlich und innerlich wund.
Nicht sehr reichliches Nasenbluten, an drei aufeinander folgenden Tagen wiederkehrend.
Nasenbluten bei jedem Versuch, die Nase zu putzen.

Gesicht – Verkniffen; blaß, erdfarben; eingefallen, hippokratisch, aschig; geschwollen; zusammengezogen, verfärbt, mit eingefallenen Augen, blauen Ringen um die Augen; Risus sardonicus; verzerrt; bleich, ängstlich.

Brennendes Jucken im Gesicht.

Muskelzuckungen beginnen gewöhnlich im Gesicht und breiten sich dann über den ganzen Körper aus, steigern sich manchmal bis zu Springen und Tanzen.

Mund und Lippen sind krampfartig entstellt.

Stirn heiß.

Kiefersperre.

Lippen totenbleich oder bläulich.

Bedrückt, mit Blutfülle während der Fieberhitze.

Gesicht und Nacken fühlen sich heiß an, wie zum Zerplatzen mit Blut gefüllt.

Zähne und Zahnfleisch – Zähne locker.

Zähneknirschen.

Zahnfleischbluten.

|| Dentitio difficilis; große Schwäche; alles wird erbrochen; starker Durst; blasses Gesicht; Augen trübe, eingefallen; trockene Hitze mit schnellem Puls; Ruhelosigkeit und Schlaflosigkeit.

Geschmack und Zunge – Zunge: dicker, gelblich-weißer, trockener und zäher Belag; braun oder schwärzlich verfärbt; totenblaß; kalt und livide; sauber, mit trockener und roter Spitze; Spitze und Ränder rot, Mitte belegt.

Tagsüber leichte, aber unangenehme Wärme auf der Zunge.

Zungenkrampf, preßt die Zunge zwischen den Zähnen aus dem Mund und macht die Sprache undeutlich.

Leise, stotternde und undeutliche Sprache, als wäre die Zunge gelähmt.

In der Mitte gelblich-brauner Belag, die Seiten sind frei.

Spürt am Abend des zweiten Tages eine wunde Stelle hinten am Zungengrund links, als ob sich eine Aphthe bildet. Das gleiche Wundheitsgefühl am Abend des dritten Tages, diesmal aber rechts, tagsüber ist es nicht zu spüren.

Mund – Blutiger oder gelblich-grüner Schaum vor dem Mund.

Verstärkter Speichelfluß.

Viel saure Flüssigkeit im Mund.

Blutspucken.

Übler Atem.

Sprache schwierig, langsam und schwach, mit dem Gefühl, daß jede Bewegung einen Widerstand zu überwinden hätte.

Mundtrockenheit.

Trocken, jedoch selten durstig. Brennendes, trockenes Gefühl, nicht gebessert durch Trinken. Brackiger Geschmack.

Stammelt unsinnige Worte zwischen den Zähnen; Sprache schwierig und stammelnd; Sprache langsam und schwach, mit dem Gefühl, als habe jede Bewegung einen Widerstand zu überwinden.

Hals – Trockenheit des weichen Gaumens, des Halses und der Speiseröhre, mit Durst.

Brennen im Hals mit heftigem Durst.

Schmerzhaftes brennendes Jucken im Hals und auf der Zunge.

|| Halsweh links, wandert aufwärts ins Ohr.

| Follikuläre Pharyngitis; Hochräuspern kleiner follikulärer Absonderungen.

| Diphtherie: Kräfteverlust; schneller Verlust der Sensibilität; Taubheit der Glieder; schmerzhaftes brennendes Jucken und Kribbeln auf der Zunge; trockene Gangrän; Apathie; erweiterte Pupillen; brennende Schmerzen der betroffenen Körperteile; stammelnde Sprache; Fehlen jeder Reaktion.

|| Starke Lähmung von Schlucken und Sprechen; konnte ohne Erstickungsgefahr kaum Nahrung aufnehmen; das Sprechen war bis zum Flüstern reduziert; konnte keine Hitze und keine Bedeckung ertragen, warf alle Decken ab. Postdiphtherische Paralyse.

Wundheit mit Trockenheit und Zusammenziehungsgefühl, > durch Schlucken; < morgens.

Roheit, Trockenheit und Zusammenziehen des Halses, ohne irgendwelche Schmerzen.

Halsweh links, wandert aufwärts ins Ohr.

Rechts ist der Hals rot und wund, mit einem Gefühl, als bestünde er aus straffen und harten Fasern, sehr leichte Heiserkeit.

Später fühlte sich der Hals zusammengezogen an, hauptsächlich rechts; rechts und hinten war der Hals entzündet, rot und „steif", leichter Schmerz beim Schlucken (ich neige nicht zu rechtsseitigem Halsweh, gewöhnlich beginnen alle derartigen Erkrankungen bei mir nur links.)

Appetit, Durst, Verlangen, Abneigung – Unstillbarer Heißhunger, selbst als er an erschöpfenden Durchfällen starb.

Hunger wie nach langem Fasten.

Abneigung gegen Speisen, besonders gegen Fleisch und fette Sachen.

Durst: während aller Fieberstadien; unstillbar; auf Saures.

Großer Durst und Trockenheit des Mundes und Halses, mit Brennen und Jucken der Zunge.

Verlangen nach: sauren Sachen; Limonade.

Schluckauf, Aufstossen, Übelkeit und Erbrechen – Aufstoßen: mit unangenehmem Geschmack; sauer; geschmacklos, subjektiv aber mit unangenehmem, empyreumatischem Geruch; leer.

Übelkeit: Brechneigung; schmerzhaftes Würgen; ständig, < nach dem Essen.

Starke Übelkeit und Schwäche mit sehr wenig Erbrechen einer dunkelbraunen, kaffeesatzartigen Flüssigkeit.

Erbrechen: von Speisen; von Galle; von Schleim; von grüner, übelriechender, wässriger Flüssigkeit, schmerzlos und ohne Anstrengung, mit großer Schwäche; gleich nach dem Essen; von Würmern; von Blut; schwarz.

| Bluterbrechen, der Patient liegt still; große Schwäche, aber kein Schmerz, Bauch weich.

Epigastrium und Magen – Wundschmerz des Epigastriums.

Angst und Druck in der Magengrube mit starker Empfindlichkeit gegen Berührung.

| Heftige Angst und Brennen in der Magengrube.

Schmerz in der Magengrube.

Heftiger Druck im Magen, wie von einem schweren Gewicht.

Wärme und Völlegefühl.

Brennen im Magen.

Schmerzhaftes Zusammenziehen des Epigastriums.

Starker Schmerz und Bedrückung des Magens.

|| Galliges Erbrechen mit krampfenden Schmerzen im Magen; Brennen im Magen erstreckt sich aufwärts in die Speiseröhre; der Kopf ist auf die Brust gesunken. Gesicht blaß, gelblich, Stimme schwach, Puls klein. Kardialgie.

|| Anfälle von heftigem Druck und Zusammenziehen in der Magengegend erstrecken sich durch den Körper zum Rückgrat, äußerst schmerzhaft, nach einer halben Stunde gefolgt von Erbrechen einer geschmacklosen Flüssigkeit oder des Mageninhaltes, danach folgte eine mehrstündige Pause; während der Anfälle fühlte sich die Magengegend wie zusammengezogen an, bei der Perkussion gab es einen tympanitischen Schall; drei oder vier Anfälle täglich.

| Blutung aus dem Magen; liegt still mit großer Schwäche, aber ohne Schmerz; Gesicht, Lippen, Zunge und Hände totenblaß; Haut mit kaltem Schweiß bedeckt, Puls schnell, fadenförmig; Bedrückung; Bauch weich, ohne Schmerz. Bluterbrechen.

|| Bluterbrechen; vor den Anfällen Schmerzen im Epigastrium und Übelkeit, drückt man aufs Epigastrium, wandert der Schmerz nach links; ausgeprägte Vorwölbung im linken Hypochondrium, mit Schmerz; Blut rot, stets ohne Speisepartikel; sammelt man es in einem Gefäß, sieht es manchmal eher wie blutiges Serum als wie reines Blut aus und hat einen üblen Geruch, die Menge ist nicht sehr groß; häufiges Frösteln nachts, gefolgt von reichlichem Schweiß; keine Minderung der Kraft; Appetit und Schlaf gut.

Aufstoßen: Geruch von verbranntem Horn.

Stark vermehrter Appetit; war sehr hungrig; schämte sich, so viel zu essen, wie er wollte.

Gefühl, als hätte ich gehackten Kohl zu Mittag gegessen.

Übelkeit nach dem Aufstehen vom Tisch.

Fühlte mich zu voll, viel Blähungen.

Blähungen rumpeln durch Magen und Därme.

Während der meisten Zeit der Prüfung war ein Ermüdungsgefühl gemischt aus Schmerz und Bedrückung, in der Gegend unterhalb des Magens vorhanden.

HYPOCHONDRIEN – Lebervergrößerung.

Entzündung und Gangrän der Leber; akute Schmerzen in der Lebergegend; dicker, brauner und zäher Belag auf der Zunge; Brennen im Hals, unstillbarer Durst; große Schwäche, aber kein Schmerz; Glieder kalt und mit kaltem Schweiß bedeckt.

Brennen in der Milz; Thrombose der Bauchgefäße.

ABDOMEN – Ausdehnung des Bauches; Blähsucht.

Blähungen mit Rumpeln.

Schmerzhafte Empfindlichkeit und Rumpeln mit dauernder Übelkeit und Verwirrung des Kopfes.

Neigung zu Koliken, Durchfall und Blähungen.

Schmerz im Unterbauch, verhindert eine aufrechte Stellung, muß sogar zusammengekrümmt im Bett liegen.

Kolik mit Konvulsionen.

| Bauchschmerz mit Brennen im Magen.

Schmerzen im Hypogastrium.

Schmerz in den Lenden wie durch falsche Wehen.

Dauerndes Abwärtsdrängen im Unterbauch.

Brennen im Bauch.

Kältegefühl in Bauch und Rücken.

Starkes Pulsieren in der Nabelgegend.

Klumpen im Bauch; bei Uterusleiden.

|| Aneurysma der Mesenterialarterie, bei Frauen.

Stark ausgedehnter Bauch.

Ausdehung des Bauches; starke Blähsucht, als würde gleich ein Durchfall einsetzen.

In der Gegend des Sigmoid krampfhaftes Zucken des Dünndarms, als ob er mit Fäden zusammengebunden wäre, an denen in Abständen gezogen wird. < abends, > durch Druck und Liegen auf der schmerzhaften Seite. Dies dauerte drei Wochen lang.

Die Därme fühlten sich kraftlos, schwach und krank an, wie im Sommer nach Essen von zuviel Früchten; kein Schmerz, aber innerlich heiß und trocken. Die Därme schmerzten nicht; es schien so, als könnten Hitze, Trokkenheit und das unangenehme Gefühl gelindert werden, wenn ich nur genug Wasser, um sie zu erreichen, hätte trinken können, was ich aber nicht konnte. Weder Trinken von Wasser, noch Einläufe brachten Erleichterung.

Stuhl und Rektum – || Diarrhoe; sehr erschöpfend; bösartig; äußerst übelriechend; unfreiwillig, reichlich, wässrig, faulig, braun; kommt mit großem Druck heraus; sehr erschöpfend; Urin unterdrückt; schmerzhaft mit großer Schwächung; schmerzlos mit juckendem Brennen und Taubheit der Glieder; faulig, übelriechend, erschöpfend, der Patient will keine Bedeckung und nicht in der Nähe der Ofenhitze sein, sondern hält sich am liebsten im Freien auf oder will angefächelt werden; plötzliche Anfälle; bei Kindern, weißlich, wässrig; chronisch bei überfütterten Kindern, große Schwächung; im August; Stühle groß und unverdaut, oder wässrig, manchmal gelblich, auch grünlich, kommen unter Druck, begleitet von Flatus, heraus; paralytische Schwäche des Sphincter ani mit unfreiwilligem Abgang.

Stühle: gelblich; grünlich; bräunlich; wässrig und flockig; farblos, wässrig; reichlich; häufig; faulig; herausfließend; unfreiwillig; wässrig, schleimig-dünn, olivgrün; übelriechend, wässrig; faulig, dunkel; dünn; unfreiwillig; wässrig, gelblich oder grünlich, gehen unter großem Druck schnell und sogar unfreiwillig ab; schmerzlos ohne Anstrengung und mit großer Schwäche.

Vor dem Stuhlgang: Schneiden und Rumpeln im Bauch.

Während des Stuhlgangs: Schneiden; große Schwäche; Kälte.

Nach dem Stuhlgang: Schwäche.

|| Fünf bis zehn Minunten nach Aufnahme auch nur der geringsten Speisemenge so heftige Kolik, daß sie sich zusammenkrümmen mußte und aufschrie; der Schmerz beginnt zwischen dem Magen und dem Nabel, erstreckt sich von dort zu den Seiten und dem restlichen Bauch und abwärts zum Kreuzbein, begleitet von heftigem Drängen und Tenesmen, gefolgt von einem dünnen, schleimigen, gelblichen Stuhlgang, der den Schmerz etwas erleichtert; vier bis fünf solche Anfälle folgen aufeinander; dann geht es ihr besser, bis sie wieder etwas ißt; nachtsüber vier bis fünf Entleerungen; sie vergleicht die Schmerzen mit Wehenschmerzen; starker Durst; dicker, schleimiger Belag auf der Zunge; der Schlaf ist gestört; Schwäche. Diarrhoe.

|| Unangenehme Völle des Bauches mit vorübergehenden kneifenden Schmerzen im Oberbauch, wie von einer

Blähung; nachts heftige, schneidende Schmerzen durch den ganzen Bauch; wirft sich ruhelos und ängstlich herum, nach kurzen und nicht erfrischenden Schlummerphasen; nachtsüber ist der Anus „wie fest verschlossen“; morgens schneidende Schmerzen im Bauch, gefolgt von häufigen, kurzen, wässrigen Entleerungen in Güssen.

|| Stühle gelblich-weiß, schleimig, unverdaut, unfreiwillig, < bei Tagesanbruch. Diarrhoe.

| Langwierige Sommerdiarrhoe, die jeder Behandlung widersteht, besonders bei skrofulösen Kindern; faulig, übelriechend und erschöpfend; choleraartige Symptome, mit kaltem, klammem Schweiß; Anfälle von Schwächegefühl um 3 Uhr (nicht die ruhelose qualvolle Angst von Arsenicum).

Erschöpfender Durchfall.

| Brechdurchfall mit mehr Würgen als Brechen.

| Cholera infantum; reichliche, unverdaute Stühle, wässrig und sehr übelriechend, Entleerung erfolgt in Anfällen, anschließend starke Schwäche; Gesicht blaß, eingefallene Augen, trockene Hitze, schneller Puls, Ruhelosigkeit und Schlaflosigkeit; starke Abneigung gegen Wärme und Bedeckung.

|| Schwindel, Krämpfe oder Ziehen in den Waden, Rumpeln im Bauch, Übelkeit, Stühle folgen schnell aufeinander, bräunlich oder farblos, schnelle Schwächung, Kälte der Glieder, Zunge nur leicht belegt.

|| Reichliche, schwächende Entleerungen, heftige, schmerzhafte Krämpfe in Füßen, Zehen, Händen und in den Fingern, welche gespreizt oder zum Handrücken gestreckt sind; krampfender Druck im Magen; trockene, faltige, kalte Haut; zyanotisch. Cholera.

| Cholera infantum; Cholera; Cholera asiatica.

|| Der Patient ist kalt, fast pulslos, mit krampfartigem Zukken der Muskeln an verschiedenen Körperstellen;

spreizt die Finger weit auseinander; die Augen sind eingesunken, die Miene ist verkniffen; viel krampfartiges Würgen, aber wenig Erbrechen; die Haut ist rauh, faltig, trocken, als wäre keinerlei Feuchtigkeit mehr im Körper; Urin unterdrückt; brennendes Jucken oder Ameisenlaufen am ganzen Körper; Stühle reichlich, wässrig, werden unter großem Druck entleert; Kälte, kann aber keine Bedeckung ertragen. Cholera.

|| Abneigung gegen Wärme oder Bedeckung bei Eiseskälte der Extremitäten.

| Durchfall nach Cholera.

| Cholera asiatica mit Kollaps, eingefallenem, entstelltem Gesicht, besonders in der Mundgegend; kribbelndes Gefühl, wie von Ameisen.

Rektumlähmung: Der Anus ist weit offen.

| Darmblutung.

| Obstipation.

Obstipation: trocken, dunkel, nicht fest haftend, doch schwierig auszutreiben.

Tagelang kein Drang; Gefühl, als sei das Rektum voll.

Häufige Stühle; hell gefärbt, weich.

Diarrhoe: kleine spärliche Stühle. Tagsüber ging beim Urinieren fast jedesmal etwas Stuhl ab.

Dauernder Stuhldrang.

Harnorgane – Harnverhaltung; Urin hell oder blutig; Abgang von dickem, schwarzem Blut aus den Nieren; Verdunkelung des Sehens. Scharlach.

Diabetes: große allgemeine Mattigkeit; Gliederschwere; Kräfteverlust; Abmagerung; Gangrän; Haut trocken und welk; Furunkel; Petechien; Fieber mit unstillbarem Durst; verminderte Sinneskraft; Mundtrockenheit; krankhaft vermehrter Appetit; Kardialgie; Verstopfung; Durchfall; wässriger Urin; vermehrte Urinmenge.

|| Hämaturie bei einem Knaben mit Eiterung der Nackendrüsen nach Scharlach; Urin sehr eiweißhaltig; Anasarka; starker Durst.

| Passive Blutung; Blut dünn; als Folge Abnahme der Blutkörperchen; oder schmerzloser Ausfluß von dickem, schwarzem Blut als Folge der Nierenkrankheit; Kälte des Körpers; kalter Schweiß an der Stirn; große Schwäche. Hämaturie.

Harnverhaltung; beim Einführen eines Katheters entleert sich 120 ml dunklen, purpurfarbenen Urins, der voll von einem grießigen Sediment zu sein schien und äußerst unangenehm roch.

Erfolgloser Drang zu urinieren.

Paralytische Harnverhaltung.

| Blasenlähmung.

| Enuresis; alter Leute; blaß, wässrig oder blutig.

Ablagerung im Urin, wie weißer Käse aussehend.

| Blutiger, eiweißhaltiger Urin.

| Ausfluß dicken, schwarzen Blutes aus der Blase; Nierenleiden.

Urinmenge vermehrt, hell, häufiger, besonders nachts, milchig nach kurzem Stehen.

Nachts Blasendruck.

Männliche Geschlechtsorgane – Nach Leichtigkeit im Hinterkopf heftiges Zerren im Samenstrang, welches das Gefühl hervorruft, als würden die Hoden in den Leistenring hochgezogen.

Herzklopfen nach sexuellem Exzess.

| Gedächtnisschwäche nach erschöpfendem Koitus; Impotenz.

Klonisch-krampfartige Harnröhrenstriktur.

Weibliche Geschlechtsorgane – Uterus und rechtes Ovar stark gestaut, sehr empfindlich gegen Berührung.

|| Schmerzen in Ovarien und Uterus.

Schmerzen von austreibendem Charakter im Uterus.

Langdauernde abwärtsdrängende und treibende Schmerzen im Uterus, bei mageren, dünnen Frauen.

Brennende Schmerzen im stark ausgedehnten Uterus, der sich hart anfühlte und schmerzhaft bei Berührung war.

|| Fäulnis des Uterus; Bauch ausgedehnt, nicht sehr schmerzhaft; bräunlicher, übelriechender Ausfluß aus der Scheide; am äußeren Geschlechtsteil verfärbte und rasch sich ausbreitende Geschwüre; brennend heißes Fieber, unterbrochen durch Schüttelfröste; kleiner, manchmal auch aussetzender Puls; große, qualvolle Angst, Schmerz in der Magengrube, Erbrechen von zersetzten Speisen; übelriechender Durchfall; Urinsekretion unterdrückt; Haut mit Petechien und miliaren Ausschlägen bedeckt oder mit verfärbten, entzündeten und zu Nekrose neigenden Stellen; der Patient lebt entweder in stillem Delirium oder wird wild vor starker Angst und will dauernd das Bett verlassen. Metritis.

|| Metritis: Neigung zu Fäulnis; hervorgerufen durch Unterdrückung der Lochien oder der Menses; Ausfluß von dünnem, schwarzem Blut, eine Art stinkenden Eiters, mit brennendem Jucken in den Beinen und großer Schwäche. Metritis.

| Krebs und Gangrän des Uterus.

| Die Uterusgeschwüre fühlen sich wie verbrannt an, Ausfluß von fauliger, blutiger Flüssigkeit.

Deszensus des vorher normal liegenden Uterus, so daß er fast prolabierte, er war heiß und schmerzhaft; Muttermund offen, so groß wie ein Mittelfinger; starker Drang zu urinieren; Wehenschmerzen, die nur durch feuchte Umschläge oder Druck auf den Bauch gebessert wurden; der Zustand dauerte drei Tage, es kam zu keiner Fehlgeburt, obwohl der Muttermund die ganze Zeit offen blieb; anschließend stieg der Uterus allmählich wieder hoch, die Schmerzen nahmen ab, und nach fünf oder sechs Tagen zog sich der Muttermund wieder zusammen; im achten Monat kam es dann zu einer Fehlgeburt.

|| Der Uterus war ungefähr zweieinhalb Zentimeter von den kleinen Schamlippen entfernt, die Schleimhaut drum herum fühlte sich hart an, der Rest der Scheidenschleimhaut war sehr schlaff und unten in Falten zusammengeschoben.

| Teilweiser Uterusprolaps acht Monate nach einer Zangengeburt; Dysurie; Empfindung eines Gewichts oberhalb des Schambeines, als würde der Bauchinhalt nach vorn fallen.

| Drei Monate langer Prolaps; häufig heftig schneidende Schmerzen im Bauch; gelegentlich Übelkeit.

| Schreckliches, abwärtsdrängendes, nach außen zerrendes Gefühl im Unterbauch, so daß ihr das Leben fast unerträglich ist; alle vier oder fünf Tage reichlicher, dicker, gelber Ausfluß aus der Scheide; Urinieren verzögert; Rheumatismus. Hysteralgia.

Blutung aus dem Uterus; Tod des neugeborenen Kindes.

| Unaufhörliche Metrorrhagie.

| Uterusblutung bei angeschwollenem Uterus; mit Schmerzen im Kreuzbein, die sich die Oberschenkel hinab erstrecken und in den Unterbauch drücken, bei einer schwangeren Frau; reichlich, lang andauernd; reißende, schneidende Kolik, kalte Glieder und kalter Schweiß, Schwäche, Blutung < durch die geringste Bewegung, Blut dünn und schwarz, schwarz und klumpig oder braun und flüssig, von ekeligem Geruch; schwarzes, flüssiges Blut.

|| Eine 45 Jahre alte Frau hatte vor sieben Jahren eine normale Entbindung; vor zwei Jahren Fehlgeburt, danach unter allopathischer Behandlung fünf Monate lang Blu-

tung, die sich während der Menses verstärkte; nach siebenmonatiger Pause setzte die Blutung mit kleinen, ein- oder zweiwöchigen Unterbrechungen wieder ein; schwere Anämie; eingefallene Gesichtszüge; Haut kalt und trokken; Puls klein und schnell; dickbelegte Zunge; Appetitverlust; Kopfschmerz; seit fünf Tagen täglich zehn oder zwölf schmerzlose Entleerungen von wässrigen, schleimigen, manchmal faulig riechenden, massenhaften Stühlen; dünne, schwarze, übelriechende, blutige Ausflüsse.

|| Kraftlos und sehr stark abgemagert, Haut schlaff, Gesicht sehr blaß und eingefallen, mit einem Leidensausdruck; Schleimhäute blaß und kühl, den Händen und Füßen fehlt die normale Wärme, Herzaktion beschleunigt, Atmung kurz und bedrückt, Puls sehr klein, 120; Bauch ausgedehnt; der Muttermund ist weit offen mit eingekerbten und teigig geschwollenen Rändern, schlaff und weich, Vagina empfindlich und kühl; die manuelle Untersuchung verursachte starkes Unbehagen und Uterusblutungen; heftiger Kopfschmerz, der auf eine Stelle begrenzt ist, Klopfen in den Schläfen, Brausen in den Ohren, Schwindel bei der kleinsten Bewegung; die geschwächten Nerven waren außerordentlich reizbar; mehrmals täglich und besonders nachts Wadenkrämpfe und krampfartiges Zucken der Glieder; dadurch starke Erschöpfung, bleibt viele Stunden im Bett, als sei sie gelähmt; bis zu einem gewissen Grad sind Verdauung und Schlaf gestört; die Blutung dauerte selbst im Liegen an, und die Hochlagerung des Beckens führte zu keiner Verminderung der schwärzlichen Koagel, die dauernd abgingen, während die geringste Bewegung zu einer sehr starken Zunahme der Blutung führte.

Chronische passive Blutung.

| Uterusblutung, passiv, dunkel und mitunter auch übelriechend; brennendes Jucken oder Ameisenlaufen am gan-

zen Körper, hält die Finger gespreizt, möchte, daß man ihre Glieder reibt; liegt schließlich bewußtlos und kalt da.

|| Metrorrhagie; der ganze Körper ist schlaff; ängstlich und niedergeschlagen; tagsüber ungewöhnliche Schläfrigkeit; bei der kleinsten Bewegung des Körpers ergießt sich dünnes, schwarzes Blut; allgemeines Schwächegefühl; herabgesetzte Körpertemperatur; hölzernes, taubes Gefühl in den unteren Gliedmaßen.

Uterusblutung; wünscht keine Decke und will das Fenster offen haben, obwohl das Zimmer eiskalt ist und der Körper sich wie eine Leiche anfühlt.

| Schmerzlose Uterusblutung bei schwachen, kachektischen und dyskratischen Frauen oder bei Frauen, die lange in den Tropen gewohnt haben.

|| Seit der letzten Entbindung sind die Menses zu selten und sehr unregelmäßig, das letzte Mal als Folge von außergewöhnlichen Anstrengungen ziemlich reichlich; nachts träumte sie, sie stiege mit einer schweren Last die Treppen hoch und plötzlich löse sich ein Blutklumpen und das Blut strömte heraus; durch den Schreck erwachte sie und stellte fest, daß sie stark blutete; am folgenden Morgen starker Kräfteverlust; der ganze Körper, die Lippen und sogar die Zunge sind totenblaß; der Puls ist nicht zu fühlen; häufige Ohnmachtsanfälle; periodische Schmerzen mit Austreibung von Blutklumpen, zwischen diesen Anfällen dauerndes Sickern von dünnem, hellem Blut.

|| Alle zwei Wochen äußerst starke Menses, die sieben bis neun Tage dauern. Ununterbrochener Fluß während der vergangenen vier Wochen; sehr schwach und dünn; heftige Schmerzen in den Lenden und der Uterusregion; abwärtsdrängende Schmerzen wie bei Wehen.

| Menses: zu reichlich und zu lang andauernd; mit reißender und schneidender Kolik, kalte Gliedmaßen, kalter

Schweiß, große Schwäche und kleiner Puls; oder mit heftigen Krämpfen.

Menstruationsblut: dünn und schwarz, schwarz, klumpig oder braun und flüssig und von ekeligem Geruch.

|| Menstruationskolik; die Schmerzen sind so heftig, daß es häufig zu Krämpfen kommt; die Uterusregion ist sehr empfindlich gegen Berührung; hohes Fieber; Schmerzen > bei Auftreten der Blutung.

|| Menstruationskolik; Gesicht blaß; Kälte der Gliedmaßen; kalter Schweiß; kleiner, unterdrückter Puls; reißende, schneidende Schmerzen im Bauch.

|| Menses unregelmäßig; alle vier Wochen drei oder vier Tage lang, reichlich, dunkelrot, mit pressenden, wehenartigen Schmerzen im Bauch; Verstopfung; Druck im Hinterkopf; anschließend andauernder Ausfluß von wässrigem Blut bis zur nächsten Periode.

Menses unterdrückt, mit Schmerz.

|| Gangrän der gesamten Vaginalschleimhaut; beim Spreizen der Labien sah man die Schleimhaut dunkel, schieferfarben verfärbt, mit charakteristischem Geruch.

Vagina heiß oder kalt.

| Ausfluß aus der Vagina, meist schwarz, flüssig und äußerst übelriechend.

| Leukorrhoe: bei mageren, dünnen Frauen mit Uterusprolaps; grün, braun, übelriechend; wie Creme, durch Schwäche und venöse Stauung.

Geschwüre an den äußeren Geschlechtsteilen, verfärbt und rasch sich ausbreitend.

Scharfe Schmerzen in der Gegend des linken Ovars, eine Woche vor den Menses.

Menses eine Woche zu früh (zuvor immer auf den Tag genau pünktlich).

Menses hellrot und koagulierend; viele Klumpen.

Übler Geruch; *ein kalter, aashafter Geruch.*

Dunkel gefärbte Leukorrhoe vier oder fünf Tage vor den Menses; nicht sehr reichlich, aber mit einem sehr unangenehmen Gefühl im Becken.

Menses zehn Tage lang andauernd, während der ersten drei oder vier Tage sehr reichlich, begleitet von ziemlich viel Schmerzen und einem unangenehmen Wundheitsgefühl (stärker als gewöhnlich) und von einem dumpfen Kopfschmerz, besonders in der Stirn und in den Augen, während der ganzen Prüfung.

Menses pünktlich. Blutung leicht, reichlich, schmerzlos und völlig ohne Klumpen.

Abgang einer Schleimhautmembran. Die Periode hörte am fünften Tage auf, ohne daß irgendwelche Beschwerden aufgetreten wären.

Bei der zweiten Periode war das Blut von normaler Farbe, ziemlich flüssig und enthielt wenige Klumpen.

Durch dauernde körperliche Bewegung brachen die Menses am zweiten Tage ab, in der Folge traten aber keine Rückenschmerzen, Kopfschmerzen oder andere unangenehme Symptome auf.

Die nächsten Menses setzten pünktlich ein „mit nur wenigen Vorzeichen“, ich hatte aber den ganzen Tag über das Gefühl, ich *müsse mich ruhig verhalten,* weil sonst der Fluß gehemmt würde. Es ging eine Schleimhautmembran ab. Nach vier Tagen hörten die Menses auf. (In den letzten zwei Jahren gingen während der Frühlingsmonate Schleimhautmembrane mit ab, aber noch nie in zwei *aufeinanderfolgenden* Monaten.) Die Menses sind gewöhnlich mit unbehaglichen Gefühlen verbunden und immer stark *verklumpt*.

Eine Woche vor den Menses Leukorrhoe, wie Eiweiß (mehrmals täglich), unmittelbar vor Einsetzen der Menses wurde sie gelblich und übelriechend; wundmachend, gebessert durch kalte Unterleibsbäder.

Nach den Menses scharfe Schmerzen in Uterus und Bekkengegend, mit zerrendem, abwärtsdrängendem Gefühl und Kreuzweh.

Empfindung, als seien die Geschlechtsorgane bis zum Zerplatzen mit heißem Blut vollgepreßt. Die Oberfläche brannte nicht, doch fühlte es sich so an, als seien die Blutgefäße mit heißem Blut gefüllt.

Uterusprolaps; Uterus wund bei Berührung. Dieser Zustand dauerte wochenlang an.

Menses eine Woche zu früh, zu reichlich und ungewöhnlicherweise mit starken abwärtsdrängenden und -pressenden Schmerzen verbunden.

Die zweiten Menses vier Tage zu früh, Blut dunkler als gewöhnlich und übelriechend, aber nicht verklumpt; sie dauern zwei Tage länger und sind zu reichlich, aber nicht schwächend.

Schwindel während der Menses, Schmerz und Schwere im Becken eine Woche lang vor den Menses.

Eine Woche lang vor den Menses ungewöhnlich viel Schmerz und Schwere im Becken.

Blut dunkler, viel reichlicher (früher nur einen Tag lang reichlich, diesmal aber vier Tage lang).

Starkes Verklumpen.

Schwangerschaft, Entbindung, Stillen – Entwicklungsstillstand des Fetus.

Ausfluß von Blut während der Schwangerschaft.

| Drohender Abort, besonders im dritten Monat, mit reichlichem Ausfluß schwarzen, flüssigen Blutes; falsche Wehenschmerzen mit blutigem Ausfluß; bei schwachen, kachektischen Frauen mit bleichem, ängstlichem Gesicht, Puls fast nicht tastbar, Todesangst; konvulsive Bewegungen.

|| Extrem heftige Wehen, fast ohne Unterbrechung, sie schien in der letzten Phase der Geburt zu sein, die Un-

tersuchung aber zeigte den Muttermund erst halbdollargroß geöffnet, dick und etwas hart.

|| Extrem heftige Preßwehen, obwohl die Muttermundsöffnung nur so groß wie eine Zehncentmünze ist; hysterische Konvulsionen.

|| Im siebeneinhalbten Monat der Schwangerschaft Wehenschmerzen, windend und nicht deutlich aussetzend; schillinggroße Öffnung des Muttermundes; der Kopf ist dumpf und tut leicht weh; verzweifelt.

Neigt zu Aborten im dritten Monat; hat bereits fünf hinter sich, obwohl sie die Schwangerschaften von Anfang an im Bett verbrachte; etwas Wehenschmerz mit blutigem Ausfluß; sie war in der Lage, ihren häuslichen Pflichten nachzukommen und erreichte den normalen Termin.

|| Nach Heben einer schweren Last im sechsten Schwangerschaftsmonat heftige Schmerzen in Magen, Bauch und Kreuz und ein abwärtsstoßendes Gefühl; heftige Bewegungen des Fetus; kalte Füße; Taubheit und brennendes Jucken in den Füßen; kleiner, schwacher Puls.

| Nach Abort: schwierige Kontraktion des Uterus; dünner schwarzer, übelriechender Ausfluß.

| Plazentaretention, nach Fehlgeburt, besonders in den ersten Schwangerschaftsmonaten, übelriechender Ausfluß; die Patientin ist kalt und oft fast pulslos durch den Blutverlust; sehr schlechte Uteruskontraktionen oder verlängerte tonische Kontraktionen.

|| Im achten Schwangerschaftsmonat heftige Konvulsionen mit Schaum vor dem Mund usw., anschließend verschiedene Krämpfe; Bewußtlosigkeit und klonische Krämpfe, < bei jedem Schmerz; bei Wiedererlangung des Bewußtseins klagt sie über dumpfen Kopfschmerz in Stirn und Hinterkopf und nicht aussetzende Uterusschmerzen. Vorzeitige Wehen.

|| Während der Schwangerschaft: häufige, lang dauernde und treibende Wehen, besonders bei dünnen Frauen in schlechtem Zustand; Wadenkrämpfe.

| Verlängerte, aber unwirksame Uteruswehen.

| Gefühl von dauerndem, tonischem Druck in der Uterusregion, verursacht große Qualen; Verlangen nach frischer Luft; will nicht zugedeckt sein.

| Sanduhrkontraktion.

|| Während der Wehen: verlängerte abwärtsdrängende und -treibende Schmerzen im Uterus; Schmerzen unregelmäßig; Schmerzen zu schwach; Schmerzen schwach oder aussetzend; obwohl alles lose und offen zu sein scheint, rührt sich nichts; Ohnmachtsanfälle.

| Die Kraft des Uterus wird durch zu frühe oder verkehrte Anstrengungen geschwächt.

| Magere, dünne Frauen, Haut faltig, trocken und rauh, hohles Gesicht, Wehenschwäche; völlig ohne Schmerzen; Uterus schlaff, Abwärtsdrängen in der Kreuzbeingegend, Empfindung einer Art verlängerten Drängens im Bauch.

|| Während der Kindskopf die untere Beckenenge passierte, wurde sie plötzlich von drei oder vier Minuten andauernden heftigen Konvulsionen befallen, danach war sie in einem benommenen Zustand mit röchelnder Atmung und unruhigem Stöhnen, wie von Schmerz.

| Die Wehen setzen aus und Zuckungen oder Konvulsionen setzen ein.

| Konvulsionen mit Opisthotonus im Kindbett.

| Plazentaretention mit dauerndem, starkem Abwärtsdrängen im Bauch oder mit Empfindung von Schlaffheit.

|| Nach den Wehen blaß und schwach; Uterus ausgedehnt mit brennenden Schmerzen, hart, schmerzhaft bei der leichtesten Berührung; Ausfluß von schwarzem, koaguliertem oder braunem, wässrigem, übelriechendem

Blut; klopfende, reißende Schmerzen in den Oberschenkeln erstrecken sich abwärts bis zu den Zehen; Schmerz < durch Bewegung; starke Pulsationen in der Nabelgegend, die man mit der Hand fühlen konnte; der Puls ist schwach und schnell; häufiges Gähnen.

|| Postpartale Blutung mit Erschlaffung des Uterus, nur zeitweise > durch äußerst starke Nachwehen, < wenn das Kind säugt.

|| Nachwehen: zu lang und zu schmerzhaft.-

|| Heftige Nachwehen mit Blutung durch unregelmäßige Kontraktionen; es kontrahieren sich nur die Längsfasern, und zwar auf eine Weise, daß in der Mitte eine Furche entsteht, als ob der Uterus von oben nach unten gespalten wäre.-

|| Aussetzen der Lochien mit Fieber; Entzündung des Uterus, anschließend entleert sich ein Abszeß durch die Vagina.

|| Lochien: dunkel, äußerst übelriechend; spärlich oder reichlich; schmerzlos oder verbunden mit verlängerten abwärtsdrängenden Schmerzen; unterdrückt, gefolgt von Metritis; verändern plötzlich ihren Charakter und werden schmutzig-braun oder schokoladenfarben, mit üblem Geruch, sie wird traurig, melancholisch und bekommt Todesangst; zu lang' andauernd.

| Fieber mit häufigen, wässrigen Stühlen. Kindbettfieber.

| Starke Fäulnistendenz; Ausfluß eitrigen Blutes, mit brennendem Jucken in den Beinen und großer Schwäche; Urin unterdrückt; übelriechender Durchfall; hohle Stimme mit schwierigem Atmen, schwach und kaum hörbar; brennendes Fieber, unterbrochen von Schüttelfrösten, deckt sich nicht zu; kalte Glieder; kalter Schweiß am ganzen Körper; Gangrän.

| Unterdrückung der Milch; es fließt keine Milch aus den Brüsten.

| Mangel an Milch mit viel Stechen in den Brüsten.

| Bei Frauen, die durch venöse Blutungen stark geschwächt sind; dünne magere Frauen; die Brüste füllen sich nicht richtig mit Milch.

Dünne, magere Kinder mit faltiger Haut; krampfartige Zuckungen, das Kind schreit plötzlich, ist fiebrig.

Der Bauch hängt herab.

Austreibung von Fremdkörpern aus dem Uterus wird gefördert.

Eine verheiratete 25 Jahre alte Frau hatte heftige Schmerzen in der Beckengegend; starkes Abwärtsdrängen, quälende Tenesmen in Rektum und Blase; ruheloser Schlaf, hohes Fieber und dick belegte Zunge. Die Diagnose lautete subperitoneale Hämatocele. Der Tumor wuchs schnell und das Fieber stieg; Puls 130 bis 150; Zunge trocken, dunkelbraun; eitriger Belag auf den Zähnen; übles Vaginalsekret; häufig drängendes Urinieren; schleimige Dysenterie mit verstärktem Tenesmus; Gesichtsausdruck äußerst leidend; unter Secale sonderte der Tumor große Mengen dunklen, dicken Blutes durch das Rektum ab; allmählich genas die Patientin.

Stimme und Kehlkopf, Luftröhre und Bronchien – | Stimme: hohl, heiser, mit schwieriger Atmung; schwach und unhörbar; schwach, unverständlich, stammelnd.

Die Schleimhäute der Luftwege sind verdickt.

Atmung – Langsam; angestrengt und ängstlich; bedrückt; stöhnend; dauernd seufzend; Schluckauf.

Bei heftigen Atemanstrengungen wird manchmal Blut ausgeworfen.

Im Frost fühlen sich die Lungen an, als ob die Atmung Luft gegen eine völlig trockene Oberfläche fächelt (nur im Frost).

Husten – Harter, heiserer Husten mit nur wenig Auswurf.

|| Erschütternder Husten; reichlicher Schweiß; schlaflose Nächte; Neigung zu Koliken; Durchfall; Blähung des Bauches; Emphysem. Bronchitis.

|| Blutspucken mit oder ohne Husten.

INNERE BRUST UND LUNGEN – Krampf in der Brust.

Scharfe Schmerzen durch die linke Brust, besonders beim Gehen.

Über nahezu dem ganzen vorderen Teil der Brust Schmerzen, < durch Husten und Bewegungen.

|| Ausfluß von dunklem, schleimigem und ziemlich zähem Blut, es wird durch leichtes Husten heraufgebracht, eine Teetasse voll in vier Stunden; rechts neben der rechten Brustwarze münzgroßer Fleck, wo die Perkussion dumpf ist und wo Bronchialatmung und Schleimrasseln zu hören ist.

HERZ, PULS UND KREISLAUF – || Herzklopfen; heiße Stirn; Schlafneigung; krampfartige Schocks von der rechten Brusthälfte in den rechten Arm und das rechte Bein; in Anfällen, alle zwei oder drei Stunden; häufiger nachts, nach jeder Mahlzeit; > im Freien; Kälte und Taubheit der rechten Hand; mit brennendem Jucken im vierten und fünften Finger; Verlust der Muskelkraft und des Gefühls in der Hand; nach sexuellem Exzeß.

| Herzklopfen: mit zusammengezogenem und häufig aussetzendem Puls.

| Puls: häufig unverändert, sogar während heftiger Anfälle; gewöhnlich langsam und zusammengezogen, manchmal aussetzend oder unterdrückt; im Fieber etwas beschleunigt; klein; leer und schwach; fadenartig; bei Blutungen.

Während der gesamten Prüfung Herzklopfen (was ich in meinem ganzen Leben noch nie gehabt hatte); konnte spüren wie das Herz flatterte und nachließ.

Herzklopfen fast den ganzen Nachmittag über.

Heftiges Klopfen der Karotiden; mehrere Stunden lang Schwäche.

Während der Vorlesungen wurde ich von Herzklopfen befallen, das ungefähr acht Stunden lang andauerte.

Puls 108 und 110.

Nacken und Rücken – Tumore am Nacken, die gelben Eiter entleeren.

Sanfte, kriechende Empfindungen im Rücken, als ob weiche Luft hindurchbläst.

Juckendes Brennen im Rücken erstreckt sich zu Fingern und Zehen.

Kreuzschmerz.

Stich im Rücken.

Plötzlicher „Griff" oder „Knoten" im Rücken („catch" oder „kink").

Schmerzen im Kreuzbein mit Abwärtsdrängen, als ob die Organe herausgetrieben würden, < bei Bewegung.

|| Harter, heiserer Husten mit nur wenig Auswurf; Schmerzen nahezu über dem gesamten vorderen Teil der Brust, < durch Husten und Bewegung; seit mehreren Jahren Wundschmerz der Spinalfortsätze der unteren Hals-und oberen Brustwirbel mit Nackensteife; < durch jede Anstrengung oder Druck auf die Wirbelsäule; Druck auf die betreffende Stelle der Wirbelsäule ruft dort und auch in der ganzen Brust Schmerz hervor, mit Hustenreiz.

|| Stiche in den oberen Brustwirbeln (zwischen den Schultern), im Sitzen ständig, im Stehen aussetzend, erstrekken sich manchmal in die Hände, < durch Druck auf die Wirbel; häufiges Ameisenlaufen durch alle Gliedmaßen; manchmal Steife und krampfartiges Strecken der Finger, so daß er mehrere Minuten lang nicht nähen kann; häufig Druck und Schwellung unter dem Epigastrium; Rückenschmerz < beim Nähen.

Heftiger Rückenschmerz, besonders in der Kreuzbeingegend; Gefühllosigkeit und Lähmung der Gliedmaßen, konvulsives Zucken und Schocks in den Gelenken und Gliedern; schmerzhafte Kontraktion der Beugemuskeln; Lähmung von Blase und Rektum. Myelitis.

| Diffuse Myelitis.

Paraplegie, vorausgehend Krämpfe und Muskelschmerzen.

Schwieriger, taumelnder Gang; vollständige Unfähigkeit zu gehen, nicht wegen Kräftemangel, sondern wegen einer eigenartigen Unfähigkeit, die kleinsten Bewegungen mit den Gliedmaßen auszuführen; Kontraktion der Beine, so daß der Patient taumelt; Zittern der Gliedmaßen, manchmal mit Schmerzen verbunden; Ameisenlaufen der Hände und Füße; extremes Hitzegefühl, mit Abneigung gegen Wärme oder Bedeckung.

Wirbelsäulenerkrankung mit Gressus vaccinus.

Die Nackenmuskeln sind steif und wund.

Die Schulterblätter und Schlüsselbeine sind lahm, wie verrenkt oder verdreht.

Rückenschmerzen; Schwächegefühl, besonders im Kreuzbein.

Scharfe, wandernde Schmerzen in allen Körperteilen.

Obere Extremitäten – Die Arme schlafen ein.

Rauher Ausschlag am ganzen Arm.

Krampfartiges Zucken der Hand mit Beugung der Hand zum Handgelenk oder des Unterarmes.

| Taubheit und Unempfindlichkeit der Hände und Arme.

Brennen in den Händen.

Die Hände sind totenblaß.

Kälte und Taubheit der rechten Hand mit brennendem Jucken des Ringfingers und des kleinen Fingers.

Gefühlsverlust in den Fingerrücken.

Verlust der Muskelkraft und des Gefühls in der Hand.

Die Finger werden krampfartig nach innen zur Handfläche hingezogen, schnellender Daumen.

| Kontraktion der Finger.

Die Finger sind gestreckt oder krampfartig gespreizt.

|| Der linke Daumen wird krampfartig zum Handrücken gezogen, wenige Minuten später verkrampfen die übrigen Finger und beugen sich zur Handfläche; die Hände fühlen sich taub, wie Samt an; am folgenden Tag wurden beide Hände befallen, und nach mehreren Tagen spürte er ein brennendes Jucken und Stiche in den Beinen, gefolgt von Schwere der Beine, < nach Gehen, gewöhnlich im Sitzen auftretend, während die Krämpfe in den Händen immer nach Benutzung der Hände auftreten.

Gefühlsverlust in den Fingerspitzen.

Taubheit der Fingerspitzen.

Kribbeln in den Fingerspitzen, als ob etwas Lebendiges unter der Haut kriecht oder als ob die Finger eingeschlafen wären, wie durch Druck auf den Arm.

Eigenartiges Prickeln in den Fingerspitzen; sie sind empfindlich gegen Kälte.

Schmerzhafte Schwellung der Finger.

Heftige Schmerzen in den Fingerspitzen.

| Gangrän der Finger; senile Gangrän.

Wandernde Schmerzen, erst durch die Hände von einem Finger zum anderen, dann durch das Handgelenk.

Die Handgelenke sind so schwach, daß das Heben von Gewichten schmerzt.

Empfindung von Brennen an der linken Hand, als ob sie durch Cayenne-Pfeffer gereizt wäre; nach Reiben Wärme.

Dumpfer, krampfartiger Schmerz von der Schulter zum Ellenbogen entlang des N. medianus, < rechts und morgens.

UNTERE EXTREMITÄTEN – Hämmernder, reißender Schmerz in beiden Oberschenkeln, < durch Bewegung.

Die Beine sind schwer und müde.

Brennendes Jucken in den Beinen.

Kriechendes Gefühl in der vorderen Femur- und hinteren Tibiagegend.

Schlurfender Gang, als ob die Füße vorwärts geschleppt würden.

Rheumatische Gelenkschmerzen.

| Krämpfe in den Waden und Fußsohlen stören den Nachtschlaf und verhindern das Gehen, bei schwangeren Frauen.

|| Nach einem Choleraanfall Wadenkrämpfe und Taubheitsgefühl und Ameisenlaufen in den Zehen.

|| Wadenkrämpfe.

| Brennen in den Füßen.

| Die Füße scheinen eingeschlafen und steif.

| Die rechten Zehen werden krampfartig aufwärtsgezogen, tagsüber ständig und nachts gelegentlich, hierdurch eigenartiger, hinkender Gang; die Krämpfe waren nicht von Schmerzen, wohl aber von einer sehr unangenehmen Empfindung begleitet, die das Gehen, besonders das Treppensteigen, sehr schwierig machte; die Sehnen am Fußrücken waren straff wie Drähte und die entsprechenden Beinmuskeln größer und härter als normal; dann und wann leichte Kälteempfindung im Rücken und auch ein merkwürdiges Summen (Ameisenlaufen) im Rückgrat.

Anschwellung der Füße mit schwarzen Flecken.

|| Beginnende senile Gangrän; Anschwellung und livide Verfärbung des rechten Fußes, erstreckt sich zu den Malleoli; der Fuß ist kalt; heftige, unbeschreibliche Schmerzen.

|| Eine senile Gangrän beginnt in der rechten Großzehe und breitet sich langsam aus; der Fuß war livide und geschwollen; alles deutete auf den Verlust des Fußes hin.

|| Trockene Gangrän des Fußes mit dauernden heftigen, brennend-reißenden Schmerzen.

Heftige Schmerzen in der Fußsohle und den Zehen; schwarzer Fleck an der Fußsohle über der Ferse; Zehen livide, blau, kalt; brennende Schmerzen; Anschwellung des Fußes; Gehen ist unmöglich. Senile Gangrän.

|| Reichlicher, stinkender und ätzender Fußschweiß, der die Fußsohlen aufweicht und bleicht und schnell Strümpfe und Schuhe angreift; zwei Monate lang bei einem 18-jährigen Mädchen.

Brennendes Jucken in den Zehen.

|| Gangräne der Zehen.

Wandernde Schmerzen durch Knöchel und Knie.

Die Beine sind so schwach, daß sie beim Gehen nachgeben.

Die Knie sind so schwach, daß er kaum das Ende der Treppe erreicht.

Die Beine geben plötzlich nach.

Mattigkeit, Schwäche, Schwere, Zittern der Glieder.

Glieder kalt; mit kaltem Schweiß bedeckt.

Ameisenlaufen; Prickeln; Kitzeln; Taubheit; Unempfindlichkeit der Glieder.

Krampfartige Schmerzen; Ziehen und Kribbeln in den Gliedern.

Brennen in Händen und Füßen.

| Beschwipstes Gefühl in den Gliedern.

| Krämpfe in Hand und Zehen.

Schmerzhaftes Zucken in den Gliedern, nachts.

Mehrmals täglich kommen äußerst heftige, konvulsivische Bewegungen der Glieder vor; in den Intervallen sind die Finger taub und oft kontrahiert.

Periodisch plötzliche Kontraktionen der Glieder mit Spannungsschmerz.

Kontraktion der Hände, Füße, Finger und Zehen.

Gangrän der Glieder, die Glieder werden plötzlich kalt, bleifarben und verlieren alles Gefühl.

| Paraplegie.

Innere Schmerzen sehr verstärkt durch Wärme des Bettes oder der Luft; etwas > in kühlerer Umgebung, trotzdem waren sie auch dann kaum erträglich; der Schmerz erstreckte sich in Abstufungen von den Zehen zu den Beinen und Oberschenkeln und von den Fingern zu den Armen und Schultern, eine Gangrän trat hinzu.

Nicht der geringste Schmerz im gangränösen Glied, wenn es gestochen oder geschnitten wird, trotzdem ist die Motorik oft noch etwas erhalten.

Absolute Gefühllosigkeit der Finger- und Zehenspitzen.

|| Kalte Gangrän der Glieder.

| Echter Milzbrand, der sich rasch in eine Gangrän verwandelt.

Hände und Füße sind geschwollen, mit einem gangränösen, schwarzen und eiternden Ausschlag.

Schmerz mit leichter Schwellung, ohne Entzündung, gefolgt von Kälte, Blaufärbung, kalter Gangrän und Absterben des Gliedes.

Die Glieder werden kalt, blaß und faltig, als ob sie längere Zeit in heißem Wasser gewesen wären.

Starke Gliederschmerzen.

Kraftlosigkeit in den Gliedern oder zwischen den Schultern.

Froh, wenn er sich hinsetzen kann; zu schwach zum Sprechen; Müdigkeit.

Ruhe, Stellung, Bewegung – Muß zusammengekrümmt im Bett liegen; Bauchschmerz.

Sitzen: dauernde Stiche in den Wirbeln; kann sich nicht vorwärts- oder rückwärtsbeugen, ohne das Gleichgewicht zu verlieren.

Spreizt die Finger weit auseinander.

Stehen: aussetzende Stiche in den Wirbeln.

Kann nicht aufrecht stehen: Schwindel.

Jede Anstrengung: Wundschmerz der Halswirbelfortsätze <.

Bewegung: Blutung <; Schwindel; Nachwehen <; Schmerzen über der Brust <; Schmerzen im Kreuzbein <; Reißen in den Oberschenkeln <.

Gehen: Schwere der Beine >; unmöglich wegen der Gangrän.

Bei jedem Versuch zu gehen geben die Knie unter ihm nach.

Kann nicht gehen: Schwindel.

Nerven – | Hyperästhesie der Hautnerven, besonders des Rückgrates.

|| Wundheitsgefühl im Bauch; Bildung von großen Klumpen und Schwellungen im Bauch; rechte Hand sehr schwach, besonders die Finger, so daß sie nichts festhalten oder nähen kann; wenn sie die geöffnete Hand an die Seite legt und dann wieder fortnimmt, setzt ein Krampf in der Hand ein, die Finger spreizen sich weit auseinander, und sie kann die Hand nicht schließen; rascher Wechsel von Hitze und Kälte in Händen und Füßen; Krämpfe in den Beinen; Eiseskälte der Knie; Zittern des rechten Armes und der rechten Hand beim Essen, muß die linke benutzen; Kältegefühl im Magen, > für kurze Zeit nach warmen Getränken; habituelle Obstipation.

|| Brennen: in allen Körperteilen, als ob Feuerfunken auf sie niedergehen.

| Neuralgie, hervorgerufen durch Druck erweiterter Venen auf einen Nervenstrang.

Krampfartiges Muskelhüpfen.

Unregelmäßige Bewegungen des ganzen Körpers.

Krampfartige Verzerrung der Glieder, gemildert durch Ausstrecken.

|| Der Gesichtsausdruck verändert sich jeden Moment durch dauerndes Muskelspiel; die Augen rollen, die Pupillen sind erweitert, die Zunge zuckt heraus, der Kopf bewegt sich von Seite zu Seite herum; die Arme sind in dauernder Tätigkeit und führen die verschiedensten Bewegungen aus; grabscht mehr nach Gegenständen, als daß sie sie ergreift, konnte nichts richtig festhalten; auch der Rumpf ist in dauernder Bewegung; konnte den Urin nicht halten; Puls klein, schwach, schnell; stürmisches Herzklopfen; schlechter Appetit; Därme schlaff; weher Schmerz im Hinterkopf; Ameisenlaufen in den Extremitäten; Gedächtnisschwäche; Sprache schwierig und hastig, nachts keine Besserung, taumelt fast die ganze Nacht im Haus herum.

| Chorea verbunden mit Menstruationsunregelmäßigkeiten.

|| Die Muskelzuckungen beginnen gewöhnlich im Gesicht und verbreiten sich von dort über den ganzen Körper, manchmal verstärken sie sich bis zu Tanzen und Zucken.

Krämpfe mit weit auseinander gespreizten Fingern.

Konvulsives Rucken und Zucken in gelähmten Gliedern.

Schmerzhafte Kontraktionen in den Beugemuskeln.

Tetanische Krämpfe bei vollem Bewußtsein, gefolgt von großer Erschöpfung.

|| Konvulsionen.

Tonische Krämpfe.

Epileptiforme Krämpfe; Epilepsie.

|| Sie klagt über große Schwäche, Verstopfung, Schwere im Epigastrium, Ameisenlaufen in den Beinen und Krämpfe; nachts im Schlaf bekommt sie epileptiforme Anfälle, von denen sie am folgenden Morgen nichts weiß, außer daß sie sich sehr geschwächt fühlt und eine dauernde Schwere im Kopf hat.

|| Nach dem Abort Krämpfe bei vollem Bewußtsein, gefolgt von Erschöpfung; Schwere im Kopf und brennendes Jukken in den Beinen.

Konvulsionen, die zum ersten Mal nach einem Schreck auftraten, als sie ein kleines Mädchen war; sie kehrten nach jeder Entbindung wieder.

|| Zucken einzelner Muskeln; Verdrehen des Kopfes hin und her; Verdrehung der Hände und Füße; angestrengte und ängstliche Atmung.

|| Taubheit der Extremitäten; Lähmung einiger Körperteile; schmerzhaftes brennendes Jucken (wie Kribbeln von Ameisen) auf der Zunge.

| Lähmung nach Krämpfen, Schlaganfall, mit schneller Abmagerung der betroffenen Körperteile und unfreiwilliger Entleerung von Darm und Blase.

|| Stürzte plötzlich ohne Bewußtseinsverlust zu Boden; bei jedem Versuch zu gehen, gaben die Knie unter ihm nach; besonders rechts; im Sitzen kann er sich nicht vorwärts oder rückwärts beugen, ohne sein Gleichgewicht zu verlieren; die Arme sind leicht geschwächt, die Berührungssensibilität ist nicht betroffen; allgemeine Stumpfheit; Sprechen schwierig; Neigung zu weinen; klagt über Kopfschmerz und Schmerz in der Lendengegend; schlechter Schlaf; Urin und Feces gehen unfreiwillig ab; mehrere Tage lang kein Stuhlgang; manchmal Bedrückung der Atmung.

|| Lähmung der unteren Extremitäten bei einer Frau in den Wechseljahren; seit mehreren Jahren hatte sich ein harter, empfindlicher Tumor in einer ihrer Brüste entwikkelt, in den letzten ein bis zwei Jahren aber hatte er schnell an Größe zugenommen und war sehr empfindlich geworden; durch mehrmonatige ständige Anwendung einer gelblichen Salbe wurde der Tumor ausgeschält; ein Monat nach Anwendung der Salbe spürte sie

eine eigenartige Taubheit oder Abgestorbenheit in den großen Zehen, die sich auf den ganzen Fuß und die Sprunggelenke erstreckten; die Füße schienen vergrößert und schwer und konnten nur durch Bewegung der ganzen Beine bewegt werden; schlurfender Gang, wie wenn die Füße durch Heben der Beine vorwärts gezogen würden; leichte Taubheit in den Händen.

| Lähmung mit rascher Abmagerung, mit Erschlaffung der Sphinkteren.

Myelitis und Rückenmarkserweichung.

Zittern; Unsicherheit des ganzen Körpers.

|| Ruhelosigkeit; extreme Schwäche und Erschöpfung.

Kräfteverlust der willkürlichen Muskulatur.

|| Ohnmachtsanfälle durch Diarrhoe, um 3 Uhr.

|| Kollaps durch choleraähnliche Krankheiten usw., mit kalter Haut, trotzdem wird Wärme nicht ertragen.

SCHLAF – Häufiges Gähnen.

Schlafneigung; Schläfrigkeit; tiefer, schwerer Schlaf, Stupor.

Der Nachtschlaf wird durch schreckliche Träume gestört.

Ruhelos und schlaflos, durch quälende Träume gestört. Bin von Gefahren umgeben, versuchte dauernd vor Unglück zu fliehen. Manchmal war meine Familie todkrank, oder das Haus brannte; dann wieder goß ich Wasser von einem Kübel in den anderen, um ihn von Eidechsen und Reptilien zu leeren, die über die Ränder des Gefäßes krochen und meine Kinder in Gefahr brachten.

Nacht für Nacht hatte ich solche Träume. Ich wachte auf und mein Kopf war gequält, nicht von Schmerz, sondern von Bedrückung. Ich wendete mein Kissen und veränderte meine Lage, um die Träume zu vergessen, und pflegte dann auch nach einiger Zeit wieder einzuschlafen, aber nur um durch einen gleich unangenehmen Traum wieder aufzuwachen.

Dieser Zustand dauerte sieben Wochen an.

Zeit – Um 3 Uhr: Ohnmachtsanfälle.
Bei Tagesanbruch: Durchfall.
Morgens: häufige, kurze Entleerungen.
Tagsüber: Wärme auf der Zunge; ungewöhnliche Schläfrigkeit; Zehen dauernd nach oben gezogen.
Nachtsüber: Der Anus ist fest geschlossen; Wadenkrämpfe und Zucken der Glieder; träumte, sie stiege Treppen hinauf; Herzklopfen, Zehen gelegentlich aufwärts gezogen.
Zucken in den Gliedern; taumelt mit Chorea durchs Haus; Geschwüre <.

Temperatur und Wetter – Im Freien: Herzklopfen >.
Möchte an die frische Luft oder angefächelt werden: bei Diarrhoe.
Warme Anwendungen: Hornhauteiterung <; Geschwüre <.
Warme Getränke: Kälte des Magens <.
Möchte nicht zugedeckt sein: Diarrhoe, Uterusblutung.
Hitze: Kann sie nicht ertragen und wirft alle Decken ab, bei postdiphtherischer Lähmung; kann sich nicht in der Nähe aufhalten, bei Diarrhoe; Abneigung gegen, bei Cholera; innerer Schmerz stark <; Gangrän <.
Feuchte Umschläge: > Wehenschmerzen.
Kälte: Geschwüre >; Gangrän >.

Fieber – Unangenehmes Kältegefühl in Rücken, Bauch und Gliedern.
Haut kalt, mit Schaudern.
Kälte der Körperoberfläche, besonders der Extremitäten.
| Heftiger, aber nur kurz dauernder Frost; bald gefolgt von innerer brennender Hitze mit großem Durst.
| Frost mit Durst.
|| Heftiges Schütteln gefolgt von starker Hitze mit Angst, Delirium und fast unstillbarem Durst.
|| Starke Eiseskälte der Haut mit Schaudern; blasses, eingefallenes Gesicht.

| Kalte Glieder; kalter Schweiß, Schwäche.
Kältestadium nach vorhergehendem Erbrechen, gefolgt von mäßigem Schwitzen.
| Heftige und lang' dauernde trockene Hitze mit großer Ruhelosigkeit und heftigem Durst.
|| Hitze mit Durst und heißer Haut.
| Brennende Hitze, unterbrochen von Schüttelfrösten, dann innere brennende Hitze mit großem Durst.
| Schweiß: am ganzen Körper, außer am Gesicht; reichlich, kalt, kalte Glieder; vom Kopf bis zur Magengrube; besonders am Oberkörper, kalt, klamm am ganzen Körper; erschöpfend.
|| Erschöpfendes Schwitzen, begleitet von abendlichem Fieber und beunruhigendem Husten.
| Kalte Körperoberfläche; eingefallenes, blasses Gesicht und blaue Lippen; will nicht bedeckt sein; brennendes Jucken in den Gliedern; hält die Finger weit auseinandergespreizt; kalter, klammer Schweiß; Sprache schwach, Stottern. Wechselfieber.
|| Abneigung gegen Hitze oder Bedeckung des Körpers; obwohl er sich kalt fühlt, möchte er nicht zugedeckt werden.
| Große Neigung zu Typhoid. Intermittierend.
Nachts im Bett fröstelndes Gefühl durch die geringste Bewegung, keine Besserung durch Abdecken.
Frostig am ganzen Körper, besonders an Schultern und Rücken, jedoch kein Schaudern oder Schütteln.
Hält die Glieder fest an den Körper gezogen, weil sie zu kalt sind, um ausgestreckt zu liegen; sie tun weh, sind aber zu kalt, um ausgestreckt zu werden.
Die Glieder und der ganze Körper tun weh, wie vor Müdigkeit und Lahmheit, besonders die Hüften und Knie.
Wird gegen 5 Uhr warm, dann sind Hände, Brust und Rücken feucht vor Schweiß.
Drei Stunden dauernder Frost um 11 Uhr.

Fröste kriechen am Rücken zwischen den Schultern auf und ab, breiten sich nach unten und in die Glieder aus.

Fröste im Rücken die Wirbelsäule auf und ab.

Fieber, gefolgt von großer *Bedrückung* des Gesichtes und Kopfes.

Wünscht andauernd frische Luft, obwohl das Zurücklegen schon kurzer Strecken die Kopfschmerzen verschlimmert, besonders über den Augen und durch die Stirn.

Leichtes Fieber morgens; gegen 5 Uhr morgens sind Hände, Rücken und Brust feucht vor Schweiß.

Heftiger Frost von 4 Uhr bis 10 Uhr im Kreuz entlang des Rückgrates; im Frost schießende Schmerzen, hauptsächlich in Armen und Beinen; sehr durstig im Frost, wenig Durst im oder nach dem Fieber; leichter Schweiß; Mundtrockenheit; möchte dauernd trinken; heftige Übelkeit; Erbrechen großer Mengen von Galle; oberflächliche Blutstauung; die Venen der Gliedmaßen sind stark gefüllt.

Ein 67 Jahre alter Mann litt an Emphysem und Asthma; kardiale Komplikationen mit Hypertrophie und schwachem, schnellem und unregelmäßigem Puls; < durch Treppensteigen und Gehen. Seit zwei oder drei Jahren Anfälle von starker Kälte, die unregelmäßig kamen und zwei oder drei Tage lang von großer Müdigkeit gefolgt waren. Hände und Füße wurden blaß und kalt mit einem starken Müdigkeitsgefühl; Klopfen des Kopfes, der warm zu sein schien; nach einigen Stunden wurden die Glieder wieder warm, und es blieb nur die Müdigkeit zurück. Die Körpertemperatur war während der Anfälle normal; ohne Zweifel war eine Arteriosklerose für die Gefäßverengung und die daraus resultierende Anämie verantwortlich. Acon., ars., cedr., chin., sulph. brachten nur vorübergehende Besserung; Secale führte zur Heilung. – *Tessier.*

Anfälle, Periodizität – Plötzliche Anfälle: Diarrhoe.
Wechsel: von Hitze und Kälte an Händen und Füßen.
Fünf bis zehn Minuten nach der geringsten Nahrungsaufnahme heftige Kolik.
Alle zwei bis drei Stunden: Anfälle von Herzklopfen.
Mehrmals täglich: konvulsive Bewegungen der Glieder.
Mehrere Wochen lang: Ameisenlaufen in den Fingerspitzen.
Alle zwei Wochen: starker Menstruationsfluß; sieben bis neun Tage andauernd.
Zwei Wochen lang: reichlicher, ätzender Fußschweiß.
Vier Wochen lang: ununterbrochener Menstruationsfluß.
Im August: Diarrhoe.
Im Sommer: unaufhörliche Diarrhoe.
Mehrere Jahre lang: Wundschmerz der Halswirbelfortsätze.

Lokalisation und Richtung – Rechts: gestautes Ovar; eine bei Perkussion dumpfe Stelle an der Brust; krampfartige Schocks von der Brusthälfte zu den Armen und Beinen; Kälte der Hand, die Zehen werden aufwärts gezogen; Schwellung und livide Verfärbung des Fußes; Gangrän am großen Zeh; große Schwäche der Hand; Zittern von Hand und Arm.
Links: Halbseitenkopfschmerz; Verstopfung der Nase; Halsweh; Vorwölbung im Hypochondrium; der Daumen wird krampfartig gegen den Handrücken gezogen.

Empfindungen – Beim Entkleiden wie betrunken; als würden die Augen krampfartig verdreht; wie von einem festen Propf in der Nase; als sei die Zunge gelähmt; als sei beim Sprechen ein gewisser Widerstand zu überwinden; wie von einem schweren Gewicht im Magen; die Magengegend wie zusammengezogen; Anus wie verschlossen; als würden die Hoden zum Leistenring hochgezogen; Uterus wie verbrannt; als ob der Inhalt des

Uterus nach vorn fallen würde; als ob weiche Luft durch den Rücken kriecht; als ob das Kreuzbein herausgedrückt würde; als ob etwas Lebendiges unter der Haut kriecht; als wären die Finger eingeschlafen; als wären die Glieder lange Zeit in heißem Wasser gewesen; als ob Feuerfunken auf verschiedene Körperteile fielen; in der Lendengegend; als ob Mäuse unter der Haut kriechen.

Schmerz: im Hinterkopf; in den Augen; in der Magengrube; im Epigastrium; im Unterbauch; im Bauch; im Hypogastrium; in den Lenden; in den Ovarien und im Uterus; im Kreuzbein, den Oberschenkel hinunter und in den Unterbauch; über der vorderen Brust; im Kreuz; im Kreuzbein.

Quälende Schmerzen: in der Wirbelsäule.

Heftige Schmerzen: im Rücken, in den Fingerspitzen.

Spitzer, scharfer Schmerz: in der Lebergegend.

Heftige Schmerzen: im Magen, im Bauch und im Kreuz; in den Fußsohlen und Zehen.

Schneidend: im Bauch.

Reißend: in beiden Oberschenkeln, in den Füßen.

Klopfender, reißender Schmerz: in den Oberschenkeln.

Reißender, stechender Schmerz: in den Extremitäten.

Kneifende Schmerzen: im Bauch.

Treibender Schmerz: im Uterus.

Stiche: in den oberen Brustwirbeln.

Stechende Schmerzen: in den Augen; in den Beinen.

Stich: im Rücken.

Plötzliches Greifen: im Rücken.

Klopfen: in den Schläfen.

Krämpfe: in den Waden; in Füßen, Zehen, Händen und Fingern; in der Brust.

Krampfende Schmerzen: im Magen.

Krampfender Druck: im Magen.

Rheumatische Schmerzen: in den Gelenken.
Spannender Schmerz: in den Gliedern.
Ziehende Schmerzen: in den Waden.
Ziehen: in den Gliedern.
Zerren: heftiges, in den Samensträngen; im Bauch.
Sticheln: an der Brust.
Brennen: im Hals; der Zunge; an der Magengrube; in der Milz; im Bauch; im Uterus; in den Füßen; in den Händen.
Wundheit: des Halses; im Bauch.
Wundschmerz: des Epigastriums; der Fortsätze der unteren Hals- und oberen Brustwirbel.
Quälendes Gefühl: im Magen.
Schmerzhaftes Zusammenziehen: des Epigastriums.
Schmerzhaftes Zucken: in den Gliedern.
Zucken: unter der Haut.
Pulsieren: im Kopf.
Druck: in den Augäpfeln; in der Magengrube; im Hinterkopf; in der Uterusregion.
Schwere: des Kopfes; im Epigastrium.
Leichtigkeit: des Kopfes.
Eigenartig prickelndes Gefühl: in den Fingerspitzen.
Brennendes Jucken: im Gesicht; im Hals und in der Zunge; der Beine; an der Zunge; in den Gliedern; am ganzen Körper; im vierten und fünften Finger; im Rücken; in den Zehen.
Kribbeln: an der Zunge; in den Fingerspitzen; in den Gliedern; am ganzen Körper; zwischen Haut und Muskeln; in der Oberlippe; um den ganzen Mund herum.
Ameisenlaufen: im Gesicht; im Zahnfleisch; in den Extremitäten; in den Fingerspitzen; am ganzen Körper.
Sanft kriechendes Gefühl: im Rücken.
Beschwipstes Gefühl: in den Gliedern.
Trockenheit: des weichen Gaumens, des Halses und der Speiseröhre; des Mundes.

Taubheit: in den Gliedern; der Füße; der rechten Hand; der Fingerspitzen.

Kältegefühl: in Bauch und Rücken; in den Gliedern; des Körpers; der rechten Hand; im Magen.

GEWEBE – Es zerstört die Tätigkeit des Rückenmarkes; konvulsivische Zuckungen und Schocks, schmerzhafte Kontraktionen, tetanische Symptome; vollständige Lähmung mit verstärkten Reflexen; äußerst quälende Rückenmarksschmerzen, besonders in der Kreuzbeingegend; Lähmung von Blase und Rektum; Neigung zu Gangrän; schnelle Abmagerung.

Auflösung der Blutkörperchen; dünnes Blut; passive Blutungen.

Anämie, entweder durch erschöpfende Krankheiten oder künstlich; das Blut ist dünn und gerinnt nicht.

Thrombose der Bauchgefäße.

| Neuralgie durch Druck einer ausgedehnten Vene auf einen Nerven.

Drüsenschwellungen.

| Lymphatische Tumore.

|| Kollaps durch choleraartige Krankheiten.

| Schnelle Abmagerung gelähmter Körperteile.

Maligne Pusteln.

Emphysemartige Schwellungen.

Passive Blutung; dunkles und rotes Blut bei schwachen und kachektischen Patienten, begleitet von brennendem Jukken in den Gliedern und Schwäche; Verlangen nach frischer Luft; will keine Bedeckung; möchte die Glieder ausstrecken; Haut kalt.

Bei kachektischen Patienten gewöhnlich Rheumatismus mit Purpura (Purpura Schoenlein-Henoch); mit Gelenkbefall, besonders an den unteren Extremitäten; Thrombose der Bauchgefäße.

| Geschwüre: blutend; werden schwarz; Gefühl wie verbrannt; schmerzlos; prickelnd; mit Jucken; fauliger Eiter; < nachts, durch Berührung, durch äußere Wärme; > durch Kälte.

|| Gangrän: durch Anämie; durch äußere Verletzungen, durch Anwendung von Blutegeln oder Senfpflaster; > durch Kälte, < durch Hitze; trocken, bei alten Leuten.

| Trockene Gangrän der Extremitäten, die Stellen sind trokken, kalt, hart und unempfindlich, von einheitlich schwarzer Farbe und riechen nicht; große Ekchymosen, Blutbläschen an den Extremitäten, werden gangränös, schwarze Eiterbläschen; die Glieder werden kalt, blaß, faltig oder bleifarben, verlieren jede Sensibilität.

Berührung, passive Bewegung, Verletzungen – Berührung: Starke Empfindlichkeit der Magengrube; Empfindlichkeit des rechten Ovars gegen; Schmerzhaftigkeit des Uterus; Geschwüre <.

Druck: auf den Bauch > Wehenschmerzen; auf die Wirbel < Stiche.

Nach Heben schwerer Lasten: heftiger Schmerz in Magen, Bauch und Kreuz im sechsten Schwangerschaftsmonat.

Äußere Verletzungen; Gangrän.

Haut – Haut trocken und kühl.

Kalt und trocken, schmutzig, faltig, trocken und unempfindlich; schilfert ab.

|| Ameisenlaufen: mit Gefühl, wie wenn Mäuse unter der Haut kriechen; an Gesicht, Zahnfleisch und anderen Körperstellen; in den Extremitäten mit reißenden, stechenden Schmerzen, in den Fingerspitzen, mehrere Wochen lang andauernd, mit teilweisem Verlust der Sensibilität, am ganzen Körper.

| Kribbeln: am ganzen Körper; zwischen Haut und Muskeln; und Zucken unter der Haut.

Heftiges Kribbeln und Prickeln am ganzen Körper, besonders in der Oberlippe und manchmal um den ganzen Mund herum.

| Blutbläschen an den Extremitäten, werden gangränös.

|| Abszesse, klein, schmerzhaft, mit grünem Inhalt, reifen langsam und heilen auch langsam; äußerst schwächend.

| Karbunkel; ausgedehnte Ekchymosen.

| Petechien und milliarer Ausschlag.

|| Purpura hämorrhagica.

| Kachektische Frauen mit rauher Haut; Pusteln zeigen eine Neigung zu Gangrän.

| Variköse Geschwüre und vergrößerte Venen bei alten Leuten.

| Geschwüre werden schwarz, reichliches Erbrechen von dickem, schwarzem, pechartigem, galligem oder glänzendem Material.

| Indolentes Geschwür, jauchiger, übelriechender Eiter, > durch Kälte.

Allgemeine Hautabschilferung bei Scharlach.

| Unnormale Pockenbläschen, entweder mit blutigem Serum gefüllt oder zu rasch austrocknend.

Mehrere wunde, stecknadelkopfgroße Pickel, allmählich zur Größe einer Erbse oder noch größer anwachsend, im Gesicht, < rechts; zuletzt abszedierend, sehr rot, wund, geschwollen, schmerzhaft, an der rechten Wange in der Nähe des Ansatzes des Massetermuskels. Wegen schrecklicher Schmerzen mußte ich zu Bett; das ganze Gesicht war gestaut und geschwollen. Ausfluß von reichlichen *grünem Eiter,* am Ende wurde ein *grüner Kern* (hellgrün) abgestoßen, zurück blieb eine tiefe Narbe, die sehr langsam abheilte.

Am siebenten Tag mehrere halbdollargroße purpurrote Flecken um das Knie herum und unter dem Knie, die sich gequetscht fühlten; danach traten weiter unten am

Bein, oben am Fuß, drei oder vier ähnliche Stellen auf, die so wund waren, daß der Druck des Schuhes kaum auszuhalten war. Sie juckten heftig, waren aber so wund, daß ich nicht kratzen konnte, und wenn sie berührt wurden, ergriff mich ein Schwäche- und Krankheitsgefühl. Zuerst traten diese Flecken links, später dann auch drei oder vier am rechten Bein auf. Gleichzeitig erschien ein Ausschlag im Gesicht, der sich genauso wund und zerquetscht wie die Flecken an den Beinen anfühlte, nur etwas kleiner. Er begann ebenfalls in kleinen Punkten wie von einem Stecknadel- oder von einem Insektenstich und wurde dann allmählich zu einer erbsgroßen kleinen Pustel. Wenn die Pusteln verschwanden, blieb für mehrere Wochen, besonders an den Beinen, eine blaue Stelle (Ekchymosen) zurück. Unmittelbar danach traten die gleichen Flecken mit dem gleichen wunden, zerquetschten Gefühl, drei oder vier in einer Gruppe, an den Schultern auf. Sechs Wochen später, bei einer anderen Prüfung, zeigten sich ebenfalls diese charakteristischen Flecken, insgesamt 28; sie waren eigenartig empfindlich gegen Berührung und begleitet von Schwäche und Übelkeit. Einige entwickeln sich zu Pusteln.

Allgemeines – Häufig scharfe, wandernde Schmerzen an verschiedenen Körperstellen und Steifheit des Rückens und Nackens, als ob die Muskeln bis an den Hinterkopf geschwollen wären.

Syphilinum

Dr. Fellger sagte, es sei absurd zu behaupten, irgendeine Krankheit könne durch ihre Nosode geheilt werden, denn nach dem Potenzieren könne man nicht mehr sicher sein, daß sie in demselben Zustand ist, wie zu dem Zeitpunkt, als man sie der erkrankten Person entnahm. So setze sich das syphilitische Gift aus Molekülen und die Moleküle aus Atomen zusammen. Wenn das Gift potenziert werde, gehe der wesentliche Charakter der Moleküle zweifellos verloren, und man habe deshalb nicht mehr die gleiche Substanz vor sich. Es bestehe also keinerlei Gewißheit, daß es sich bei dem potenzierten Präparat um das gleiche Gift handelt.

Nehmen wir aber mal, nur theoretisch, an, die Moleküle des Giftes könnten ohne Veränderung ihres Charakters potenziert werden, so sind wir immer noch nicht aus dem Dilemma heraus, denn die primäre Syphilis kann sich bei zwei verschiedenen Patienten in unterschiedlichen Symptomen äußern. Es gibt unendlich viele Variationen. Wir müßten also Potenzen von jeder einzelnen dieser verschiedenen Arten von Syphilis herstellen, was unmöglich ist.

Mercurius bleibt immer unverändert; man könnte also erwarten, daß es bei den verschiedensten Menschen identische Symptome hervorruft. Seine Wirkung ist aber bei jedem verschieden. Noch viel mehr individuelle Variationen muß es folglich beim Syphilisgift geben, und wenn Mercurius so viele Mittel erfordert, um es zu antidotieren, wie viel mehr verschiedene Mittel erfordert dann erst die Syphilis, um sie zu heilen. Es ist also töricht, zu glauben, man könne Symptome einer bestimmten Krankheit mit ihrer eigenen Nosode behandeln, und diese Unsinnigkeit wird noch deutlicher, wenn wir uns klar machen, daß der Charakter der Nosode sich im Prozeß des Potenzierens wesentlich verändert. Die einzige Möglichkeit, eine Nosode anzuwenden, besteht, wie bei jedem anderen Mittel, darin, sie am Gesunden zu prüfen und ihre Symptome in der üblichen Weise zusammenzustellen.

Quellen – *Drs. S. Swan., I.C. Boardman, Tomas Wildes, E.A. Ballard, Wm. Eggert, Laura Morgan, H.I. Ostrom, Wm. Bradshaw, Thomas Skinner, B.M. Theobald, S. Morrison, D.W. Clauson, C.F. Nichols, E.W. Berridge, Francis Burritt, S.W. Jackson, R.N. Foster, E.B. Nash, Julius Schmidt, C.W. Boyce, W.A. Hawley, D.B. Morrow, J.R. Haynes, H.H. Carr, H.C. Allen, J.T. Kent.*

Dr. *Swans* Prüfer: Miß *Eva Spalding,* Miss *Hays,* Mrs. *Mary B. Pitts,* Mrs. *S.S.,* Mr. *Brown,* eine Dame, eine Frau, fünf Prüfer (Namen und Geschlecht unbekannt). Dr. *Morrisons* Prüfer: Mrs. – . Dr. *Beridges* Prüfer: Mrs. *W. Heitts.* Dr. *H.B. Carrs* Prüfer: Dr. –. Mrs. *Henry Hake,* Mrs. *Kelt. Copland's Dictionary.*

Charakteristika – Schmerzen von der Dunkelheit ab bis zum Beginn des Tageslichts; beginnt mit der Dämmerung und endet mit dem Tageslicht (Merc., phyt.).

Schmerzbeginn und -ende allmählich (Stann.); sie wandern und erfordern dauernden Wechsel der Lage.

Alle Symptome sind nachts schlimmer (Merc.); von Sonnenuntergang bis Sonnenaufgang.

Ausschläge: matte, rote, kupferfarbene Flecken, die in Kälte blau werden.

Extreme Abmagerung des ganzen Körpers (Abrot., iod.).

Herz: lanzinierende Schmerzen von der Basis zur Spitze, nachts (von der Spitze zur Basis, Med.); von der Basis zum Schlüsselbein oder zur Schulter (Spig.).

Gedächtnisverlust: erinnert sich nicht an Titel von Büchern, Personen oder Orte; Rechnen schwierig.

Empfindungen: als wäre er geisteskrank, als wäre er von einer Lähmung befallen, von Apathie und Gleichgültigkeit.

Schreckliche Furcht vor der Nacht wegen geistiger und körperlicher Erschöpfung beim Erwachen; sie ist so unerträglich, daß der Tod angenehmer ist.

Fürchtet die schrecklichen Beschwerden durch Erschöpfung beim Erwachen (Lach.).

Leukorrhoe: reichlich, *sickert durch die Vorlagen* und rinnt die Beine hinab bis zu den Füßen (Alum.).

Kopfschmerz, von neuralgischem Charakter, verursacht Schlaflosigkeit und nächtliches Delirium; Beginn um 16 Uhr; < von 22 bis 23 Uhr und aufhörend mit dem Tageslicht (hört um 23 Uhr oder 24 Uhr auf, Lyc.); Haarausfall.

Akute Blenorrhoe bei Neugeborenen; Lider sind geschwollen und verkleben während des Schlafes; starker Schmerz nachts, < von 2 Uhr bis 5 Uhr; reichlicher Eiter; > durch kaltes Baden.

Ptosis: Lähmung des M. obliquus superior; schläfriger Blick durch Hängen der Lider (Caust., graph.).

Doppeltsehen, die Bilder werden übereinander gesehen.

Zähne: Sie faulen am Rande vom Zahnfleisch und brechen ab; tonnenförmig; Ränder gezackt; klein, laufen oben zusammen (Staph.).

Sucht nach Alkohol *in jeder Form.* Erbliche Neigung zu Alkoholismus (Asar., psor., sul-ac., sulph., tub.,).

Jahrelange hartnäckige Verstopfung; das Rektum scheint von Strikturen zusammengeschnürt zu sein; nach einem Einlauf wehenartige, quälende Schmerzen beim Stuhlgang (Lac-d., tub.).

Fissuren an Anus und Rektum (Thuj.); Rektumprolaps; hartnäckige Fälle mit syphilitischer Vorgeschichte.

Rheumatismus des Schultergelenkes oder am Ansatz des M. deltoideus, < durch seitliches Heben des Armes (rechts: Sang., links: Rhus-t.).

Wenn bei syphilitischen Leiden das gut gewählte Mittel keine Besserung oder dauerhafte Heilung bringt.

Syphilitiker oder Patienten, bei denen das Geschwür örtlich behandelt wurde und die danach jahrelang an Hals- und Hautbeschwerden litten, profitieren im Beginn der Behandlung fast immer von diesem Mittel, gleichgültig ob ein anderes Mittel deutlich angezeigt ist.

Beziehungen – Antidote: Nux vomica bei überschießender Wirkung bei empfindlichen Personen oder zu häufiger Wiederholung des Mittels, besonders der höheren Potenzen.

Vergleichsmittel – Asaf., aur., kali-i., merc., nit-ac., phyt. bei Knochenkrankheiten und syphilitischen Leiden.

Echi., lac-c., med. bei Dysmenorrhoe.

Calc., tub. bei tief im Gehirn sitzenden Kopfschmerz.

Plat., stann. langsam zu- und abnehmende Schmerzen.

Alum., kali-bi., puls., psor., sep., teucr. retronasaler Katarrh oder Ozeana mit übelriechenden Batzen.

Hep., sil., psor. Neigung zu wiederkehrenden Abszessen (wiederkehrende Furunkel Anthr.).

Aur., jod. lac-c., lach., merc., syphilitische Stomatitis.

Calc-f., fl-ac., kali-bi., kali-i., mang., merc. syphilitsche Knoten.

Abrot., iod., tub. fortschreitende Abmagerung.

Med. lanzinierende Schmerzen am Herzen (von der Spitze zur Basis), Spig. (von der Basis zum Schlüsselbein oder zur Schulter), Syph. (von der Basis zur Spitze).

Lach. Furcht vor der Erschöpfung beim Erwachen.

Caust., gels., graph. Lähmung der Oberlider.

Asar., med., psor., sulph., tub. erbliche Neigung zu Alkoholismus.

Lac-d., tub. paralytische Schwäche des Rektums mit wehenartigen Schmerzen.

Nat-m., sanic., thuj. Analfissuren.

Kreos., merc. Zahnungsbeschwerden, besonders bei Verdacht auf erbliche Syphilis.

Phos., x-ray Folgen von Gewitter.

Verschlimmerung – Bewegung, Berührung, heiße oder kalte Sachen, warmes oder feuchtes Wetter, Seeküste, elektrische Stürme, Winter, seitliches Heben des Armes, nachts (gemeinsam mit allen anderen Antisyphilitika).

Besserung – Durch kaltes Baden, in den Bergen, Wärme, Gehen.

Gemüt – Gedächtnisverlust.

Verliert die Erinnerung an neue Ereignisse, Namen, Zeitpunkte usw., während längst vergangene Vorfälle vor Beginn der Krankheit fast mühelos und so deutlich wie immer erinnert werden.

Sehr nervös, weint ohne Grund.

|| Mürrisch, reizbar, verdrießlich.

Reizbar, erregt, geht einen Großteil der Zeit, will nicht besänftigt werden, heftig bei Widerspruch, Tremor, scheint am Rande von Konvulsionen zu sein, verwirrt, abwesend, wäscht dauernd die Hände.

Periodische, neuralgische Schmerzen im Kopf.

|| Sehr verzagt, glaubt nicht, daß es ihm jemals besser gehen wird.

Gefühl, als wäre er geisteskrank oder von einer Lähmung befallen.

Empfindung, als sei er weit entfernt, mit Apathie und Gleichgültigkeit gegen die Zukunft.

Säuglinge, die gleich nach der Geburt zu weinen beginnen.

Schwierigkeiten beim Rechnen.

|| Schreckliche Furcht vor der Nacht, nicht so sehr wegen des Hustens, als vielmehr wegen der seelischen und körperlichen Erschöpfung beim Erwachen; so unerträglich, daß sie den Tod vorzieht; sie fürchtet, sich für die Nacht zurecht zu machen, und ist deutlich in elendiglicher Furcht vor der Erschöpfung beim Erwachen; < durch Husten, aber ziemlich unabhängig vom Husten, weil sie in diesem schrecklichen Zustand erwacht; immer < wenn die Nacht

naht; verläßt sie in der Morgendämmerung, welche sie herbeifleht. Frühjahrshusten. 24 Stunden vorher eine Gabe Syphilinum CM; in der dritten Nacht kehrten Angst und Husten, allerdings viel schwächer, wieder. Eine weitere Gabe Syphilinum CM am folgenden Morgen beseitigte alle Symptome, einschließlich der Stimmlosigkeit und der Erschöpfung, in der sie immer nach Brandy verlangt hatte.

Große Schwierigkeit und manchmal Unmöglichkeit, die Gedanken auf bestimmte Dinge zu konzentrieren; gleichzeitig erinnert sie aber fast mühelos Ereignisse, deren Aufeinanderfolge und Einzelheiten, die 25 oder 30 Jahre zurückliegen.

Kann sich nicht an die Namen von Personen, Büchern oder Orten erinnern.

Kopf – Schwindel beim Schauen nach oben, scheint durch Hitze hervorgerufen zu sein.

| Kopfschmerzen: geradlinig, von einem Auge rückwärts; seitlich, in der Stirn; von Schläfe zu Schläfe; tief im Gehirn vom Scheitel aus; wie von einem Druck auf den Scheitel; in beiden Schläfen, erstreckt sich in ein Auge oder kommt von einem Auge, > durch Wärme; in den Schädelknochen; < durch Sonnenwärme; nach Sonnenstich.

Migräne, unerträgliche Schmerzen, die Kopfarterien sind voll und pulsieren heftig; hohes Fieber, häufiges Würgen beim Versuch zu erbrechen; Menses regelmäßig, aber sehr spärlich.

|| Lanzinierender Schmerz im Hinterkopf, < immer nachts, verhindert den Schlaf, hört aber immer bei Tagesanbruch auf.

Kopfschmerz und große Schwäche.

| Neuralgischer Kopfschmerz verhindert den Schlaf oder verursacht nächtliches Delirium, beginnt immer um 16 Uhr; < von 22 bis 23 Uhr, hört bei Tagesanbruch auf.

Berstendes Gefühl im Scheitel, wie bei einer schweren Erkältung.

Schmerz von den Augen durch den Kopf bis zum Hinterkopf mit der Empfindung, als zöge ein Gewicht im Hinterkopf den Kopf nach hinten; oder als werde der Kopf nach hinten gestoßen; die Augen tun weh und beißen.

Dauernder geradliniger Kopfschmerz, beginnt an beiden Stirnhöckern und erstreckt sich in Parallellinien nach hinten, geht einem epileptischen Anfall voraus.

Schwerer, quetschender, schneidender Schmerz an der Basis des Kleinhirns.

Schweres, umwölktes, dumpfes Gefühl in der Gehirnbasis.

| Kopfschmerz von Schläfe zu Schläfe, dann senkrecht aufwärts wie ein umgedrehtes T.

|| Ringförmiger Kopfschmerz.

| Kopfschmerz, begleitet von großer Ruhelosigkeit, Schlaflosigkeit und allgemeiner nervöser Reizbarkeit.

|| Viele Monate dauernder syphilitischer Kopfschmerz, durchbohrend, mit quälendem Druck über dem rechten Auge, erstreckt sich tief in das Gehirn; verliert den Gedankenzusammenhang und das Gedächtnis; macht wiederholt Fehler mit Zahlen.

Gesicht, Hals und Kopf fühlen sich voll und blutunterlaufen an, mit zahllosen, kleinen, vergrößerten Halsdrüsen.

Geschwür von 3,5 cm Durchmesser am Hinterhauptsknochen mit dickem, gelb-weißem Schorf belegt.

|| Schmutziger Aussschlag an der Kopfhaut.

Starker Haarausfall.

|| Wehe Schmerzen im Kopf, besonders im Hinterkopf und der Haut des Hinterkopfes, der Kopf fühlt sich schwer, wund und gestaut an, anschließend nervöse Fröste; auch etwa ein oder zwei Zentimeter breiter Stirnkopfschmerz quer über der Stirn unter den Augenbrauen; dauernde Schmerzen unterhalb der Gürtellinie in Becken und Ex-

tremitäten, besonders im Schienbein, das empfindlich gegen Berührung ist; die Schmerzen beginnen um 16 Uhr, erreichen gegen Mitternacht im Delirium ihren Höhepunkt und hören bei Tageslicht allmählich auf.

|| Syphilitischer Hinterhauptskopfschmerz, unerträglich, erstreckt sich zu den Nervenganglien des Nackens, verursacht Verhärtung der Nackenwülste; in unregelmäßigen Abständen Anfälle, besonders nach Aufregung.

Kopfschmerz in den Nerven der Kopfhaut, regelmäßig < nachts und > nach Tagesanbruch.

Augen – Roter, papulöser Ausschlag um den linken inneren Canthus mit einzelnen Pickeln an der Seite der Nase, der Wange und der Augenbraue; diese Pickel waren rot, mit eingedelltem Zentrum und umschriebenem Hof; wo sie am dichtesten standen, konfluierten sie; als sich Schorf ablöste, bluteten die Pickel; Verklebung der Augenlider.

Hitzeempfindung mit etwas Schmerz in der Außenhälfte der linken Lider.

Myopie.

Scharfer, pulsierender Schmerz, gelegentlich außen am oberen Orbitarand, offensichtlich im Periost.

| Schwellung der Oberlider.

| Ptosis: paralytisch; die Augen schauen schläfrig durch Herabhängen des Oberlides.

Doppeltsehen, ein Bild wird unter dem anderen gesehen.

Strabismus paralyticus, das Auge ist nach innen gedreht und kann nur bis zur Medianlinie auswärts bewegt werden.

| Chronisch rezidivierende Keratitis phlyctaenularis; nacheinander bilden sich Mengen von Phlyktänen und Erosionen des Hornhautepithels; starke Lichtscheu; reichlicher Tränenfluß; Rötung und Schmerz sind sehr ausgeprägt; schwächliche, skrofulöse Kinder, besonders wenn eine Spur erblicher Syphilis vorhanden ist.

|| Der linke Augapfel ist mit pilzartigem Wuchs bedeckt, starker Schmerz < nachts.

| Akute Ophthalmia neonatorum.

|| Rötung und Schwellung der äußeren Hälfte der Ränder beider unterer Lidknorpel.

|| Syphilitische Iritis, starker Schmerz, der Nacht für Nacht gleichmäßig zunimmt; < zwischen 2 Uhr und 5 Uhr, kommt und geht auf die Minute pünktlich.

|| Schmerz im rechten inneren Canthus, als ob sich dort Blut anstaute, ebenso in der rechten Schläfe.

|| Beide Augen sind morgens verklebt; die Konjunktiven injiziert; Lichtscheu, trägt dauernd einen Lichtschutz.

|| Augen stumpf.

Infantile Syphilis.

|| Augenschmerzen, < nachts, > durch kaltes Wasser.

|| Nur das rechte Auge ist befallen, Stauung der Konjunktiven und Skleren, mit leichter Chemosis; Entzündung der Lider, besonders am äußeren Canthus; Sandgefühl in den Augen; morgens Verklebung der Lider, starke Lichtscheu (erbliche Syphilis).

|| Jede Nacht Neuralgie, beginnend gegen 20 oder 21 Uhr, allmählich an Stärke zunehmend, bis sie gegen 3 Uhr oder 4 Uhr den Höhepunkt erreicht, nach zwei oder drei Stunden dann allmählich abnehmend, gegen 10 Uhr schließlich aufhörend, die Anfälle werden allmählich heftiger und dauern länger; Kältegefühl am ganzen Körper, fast Kälteschauer; danach Wundheit wie zerschlagen in der rechten Kopfhälfte, erstreckt sich am Scheitel etwas über die Mittellinie; nach etwa einer halben Stunde ätzender Tränenfluß aus dem rechten Auge mit nach hinten schießenden Schmerzen im Auge; das Auge ist sehr rot und geschlossen, mit Lichtscheu; nagende Schmerzen erstrecken sich die rechte Gesichtsseite und die ganze Nase hinunter; der Kopf ist am schlimmsten, wenn das Auge schlecht ist;

während eines Anfalls fühlt sich das rechte Auge an, als wären die Lider weit geöffnet und als striche kalte Luft über das nackte Auge; sie nimmt ein waagerechtes Band quer über der Pupille des rechten Auges wahr, das die Sicht behindert; diese Wahrnehmung stellte sich gleich nach Beginn des Anfalls ein; Auge > durch Taschentuch, das auf dem Kopf liegt und über die Augen herunterhängt, auch durch sanften Druck, stärkeren Druck erträgt sie allerdings nicht; das Auge ist schmerzhafter beim Liegen auf der rechten (befallenen) Seite, dann fühlt sich auch die rechte Kopfseite wund an; das rechte Auge ist rot, mit roten Gefäßen bedeckt, die auf die Iris zulaufen; die rechte Pupille ist queroval; die rechte Iris sieht stumpf aus, und um die Pupille herum besteht eine hellbraune Verfärbung; das linke Auge ist normal; die Anfälle scheinen durch einen kalten Luftzug hervorgerufen zu sein, sie war nämlich an einem offenen Fenster gesessen, das rechte Auge dem Fenster zugewandt.

| Die Lider verkleben im Schlaf; infantile Syphilis.

Lähmung des M. obliquus superior.

Keratitis interstitialis.

Lichtscheu, schwarze Flecken, Fetzen oder Schleier vor den Augen.

Jucken des linken inneren Canthus.

|| Die Augen sind sehr rot und entzündet.

Akute Ophthalmia neonatorum.

|| Syphilitische Ophthalmia, die Augen sind geschwollen und verschlossen, es läuft Eiter heraus.

|| Akute Konjunktivitis links mit beträchtlichen Schmerzen im Augapfel, Lichtscheu und Tränenfluß, gefolgt von Iritis; nächtliche Schmerzen im Augapfel, der Schmerz ist äußerst heftig von 2 Uhr bis 5 Uhr; das Sehen ist behindert.

Iritis mit Lichtscheu, Stauung der Konjunktiven und Skleren mit Schwellung der konjunktivalen Schleimhäute; Chemosis, Pupillenstarre, vermindertes Sehen, Supraorbitalschmerz.

|| Schmerz im rechten inneren Canthus, als ob dort das Blut zusammenströmt und nicht weiter kann, ebenso in der rechten Schläfe.

|| Um 13 Uhr ätzender Tränenfluß des rechten Auges mit Schießen im Auge, gefolgt von schießenden Schmerzen aus der Umgebung des Auges in das Auge hinein; das Auge ist rot und verschlossen; der Zustand dauerte ungefähr eine Stunde lang an; dann nahm er ab, und hörte um 15 Uhr auf; das Ganze wiederholte sich an zwei aufeinanderfolgenden Tagen und dann vier Tage lang in abgeschwächter Form, aber immer zur gleichen Zeit.

|| Beim Drehen der Augen nach links momentanes Kältegefühl in der inneren Hälte des rechten Auges.

|| Beim Erwachen Augenschleim im rechten Canthus.

|| Beim Gehen durchs Zimmer ist das rechte Auge empfindlich gegen Luft, bei Benutzung tut es weh.

|| Das linke Auge ist verschlossen, das Oberlid ist bis zu Walnußgröße angeschwollen; dunkelrot, nicht sehr schmerzhaft, es sickert fauliger Eiter zwischen den Lidern heraus.

Strabismus paralyticus, der M. rectus internus ist betroffen, das Auge ist nach außen gedreht.

Der linke Augapfel ist mit einem pilzartigen Wuchs bedeckt, intensiver Schmerz, < nachts.

Ohren – || Intensiver Ohrenschmerz rechts, scharfe Schmerzen schneiden ins Ohr hinein; fauliger, wässriger Ausfluß aus dem Ohr mit Schmerz.

|| Eiterung im linken Ohr mit Schmerz.

|| Eiterung im linken Ohr, Ausfluß großer Mengen von Eiter (erbliche Syphilis bei einem Kind).

|| Allmählich zunehmende Taubheit, bis sie kaum noch etwas hören kann.

|| Vollständige Taubheit; die Inspektion ergibt nichts Unnormales.

|| Katarrhalische oder nervöse Taubheit bei ausgeprägter Kachexie.

|| Kalkablagerungen auf dem Trommelfell.

|| Geringer, scharfer, wässriger Ausfluß aus den Ohren, gelegentlich, keine Taubheit (Ozeana).

Nase – Jucken innen am linken Nasenflügel.

Verstopfung und Brennen der Nase.

| Anfälle von Fließschnupfen.

|| Übelriechender, dicker, gelb-grüner Ausfluß; im Schlaf bildet sich trockener Schorf in beiden Nasenlöchern; nach Anwendung einer Salbe gegen wunde Augen; die linke Unterkieferdrüse, die geschwollen und verhärtet war, erweicht sich, es kommt zu Ausfluß, und nach 45 Tagen beginnt sie langsam zu heilen.

|| Ozaena syphilitica. (Syph. brachte einen geschwürigen Ausschlag mit feuerrotem Grund an der Nase über den Stirnsinus hervor.)

|| Die linke Hälfte der Nase ist innen und außen sehr wund, ebenso Lippen und Kinn; die wunden Stellen jucken und verschorfen; nach Syphilinum M ausgeprägte Besserung innerhalb von 12 Stunden, viele Stellen trocknen aus, der Schorf fällt ab und es bleiben stumpf-rötliche, kupferfarbene Flecken zurück.

| Jucken in den Nasenlöcher.

Gesicht – Das Gesicht ist auf eine Seite verzogen, Sprechen, Kauen und Blasen schwierig.

|| Krampfartiges Muskelzucken, besonders im Gesicht (Paralysis agitans) mit starker Melancholie und seelischer Depression.

|| Gesichtslähmung rechts, breiige Sprache, Hemikranie, Hin-und Herwerfen des rechten Auges und der rechten Lider.

Ein alter Herr hatte seit mehreren Jahren Krebs des rechten Backenknochens; Ruhelosigkeit, extrem quälende Agonie (Besserung).

|| Gesichtsblässe.

| Juckender, schorfiger, ekzemartiger Ausschlag einzeln oder in Gruppen stehend, sieht wie Herpes aus.

|| Nase und Wangen sind mit einem Ausschlag und geschichtetem Schorf bedeckt, der sich zuspitzt.

| Dunkelrote Streifen zwischen den Nasenflügeln und Wangen.

|| Lippen und Zähne sind mit blutigem Schleim bedeckt.

Geschwüre an Lippen und Kinn, besonders links, verschorfend.

|| Ein 20 Monate alter Knabe, mürrisch, griesgrämig, widerspenstig, weint, wirft sich im Schlaf herum, knirscht mit den Zähnen, das Gesicht ist mit Papeln gesprenkelt, die mit wässrigem, gelblichem Eiter gefüllt sind, am stärksten an den Lidrändern; unregelmäßige Zähne. Abmagerung von Armen und Beinen, sehr wackelig auf den Füßen, sehr nervös.

Zähne – Einzelne, kleine, halbmondförmige Spalten in den oberen Schneidezähnen (bleibendes Gebiß), die betroffenen Schneidezähne sind allgemein verkleinert und konvergieren zur Spitze hin; erbliche Syphilis.

Tonnenförmige Zähne bei Kindern.

Die Zähne verfaulen am Zahnfleischrand und brechen ab.

|| Gefühl, wie von einem Wurm im Zahn, konnte nicht angeben, in welchem Zahn.

Merkwürdiges Gefühl, als ob alle Zähne deplaziert sind und beim Schließen der Kiefer nicht richtig aufeinanderpassen.

Die mittleren, oberen Schneidezähne des Milchgebisses sind gezackt, die Zähne des Dauergebisses zeigen zueinander, die innere Seite ist konkav, die Ränder sind gezackt.

Schmerz im rechten Oberkiefer, wie von den Zähnen, mit Gesichtsschwellung.

Gelegentliches schmerzloses Flattern in den Zähnen, sehr eigenartig, wie von etwas Lebendigem, kann nicht feststellen, in welchem Zahn es ist.

Mund – Zunge rot und dick; zwei tiefe, in Längsrichtung verlaufende Risse; auf jeder Seite der Medianlinie einer.

|| Aphasie, Wortfindungsstörung; Debilität.

Die Zunge fühlt sich wie gelähmt an.

|| Übelriechender Atem.

| Zunge weiß belegt, Zahneindrücke an den Rändern.

Beim Hervorstrecken weicht die Zunge nach einer Seite ab; Schwierigkeiten beim Kauen, kann die Speisen mit der Zunge nicht so rasch von rechts nach links bewegen wie in umgekehrter Richtung.

|| Fauliger Mundgeschmack vor einem epileptischen Anfall.

|| Zunge sehr rot und dick; mit herpetischem Ausschlag bedeckt, zwei tiefe Längsrisse beidseits der Medianlinie, hierdurch ist das Schlucken erschwert.

Zunge dick belegt, schmutzig, Zahneindrücke an den Rändern.

|| 20 Geschwüre im Mund, jede Stelle ist befallen, Ober- und Unterseite der Zunge, Lippen, Wangen, Rachen und Nase. Zwei große Geschwüre beidseits der Zungenspitze, die sehr stark geschwollen sind, das rechte hat ein gangränöses Zentrum, die übrigen sind speckig auf leuchtend feuerrotem Grund, wie mit einem Messer abgeschnitten, sie fühlten sich hart an wie ein indurierter Schanker. Das Nasenseptum ist bedroht, beide Nasenflügel sind sehr schmerzhaft, beißend, mit Brennen wie von Feuer; Schmerzen und Brennen verhindern den Schlaf; hungrig, konnte aber nur Flüssigkeiten zu sich nehmen, weil das Kauen unmöglich war; Zunge dick weiß belegt, große Mengen eines faserigen, zähen Speichels laufen aus dem Mund, süßlicher Geschmack; ein fauliger, Übelkeit erregender Geruch erfüllt das ganze Haus; alle Symptome < gegen Nacht. Dieser Anfall war durch Aufenthalt im Regen hervorgerufen worden.

| Herpesausschlag im Mund, an Tonsillen, hartem Gaumen und Rachen bedeckt das Innere von Mund und Hals voll-

ständig, macht selbst das Schlucken von Flüssigkeiten schwierig.

|| Syphilitische Zerstörung des harten und weichen Gaumens.

Ein Schanker am harten Gaumen legt den Knochen frei.

Hals – || Chronische Tonsillenhypertrophie.

|| Ein schankerartiges Geschwür erstreckt sich quer über das Gaumensegel zum linken Gaumenbogen, der gestaut und verdickt war, behindert stark das Sprechen; heisere Stimmen.

| Akute Pharyngitis.

Halsweh.

Schluckschmerzen, besonders bei Flüssigkeiten.

Wundheit des Halses beim Schlucken.

Halsweh mit Granulationen.

Schankerartiges Geschwür im Rachen.

Appetit – || Appetit mäßig und wählerisch.

|| Monatelang völliger Appetitverlust, nichts oder nur wenig stellt ihn zufrieden; früher hatte er gewöhnlich Heißhunger.

|| Appetitverlust.

Durst.

Der Appetit ist wieder gut; Heißhunger auf Speisen, sogar nach einer Mahlzeit.

| Verlangen nach starken Getränken; Alkoholismus.

| Abneigung gegen Fleisch.

| Dyspepsie; Blähungen, Aufstoßen von Luft; nervöse Dyspepsie.

Magen – Übelkeit.

| Sodbrennen mit Schmerz und Roheit vom Magen bis zur Halsgrube, oft mit Husten.

|| Monate- oder wochenlanges Erbrechen durch oberflächliche, geschwürige Erosion der Eingeweideschleimhäute, herpetisch, syphilitischen Ursprungs.

ABDOMEN – Schmerz oder Qualen tief im Bauch, wie im Omentum.

Innerliches Hitzegefühl im Hypogastrium.

Schmerz in der rechten Leiste, gefolgt von Drüsenschwellungen.

|| Ein großer, schmerzloser Bubo in der rechten Leiste öffnet sich, reichlicher Ausfluß.

Leichter, lanzinierender Schmerz in einer Leiste, < nachts.

| Leistenbubo.

STUHL UND ANUS – || Wochenlang sind die Därme schlaff.

|| Viele Jahre lang hartnäckige Verstopfung; das Rektum scheint von Strikturen zusammengeschnürt zu sein, nach Injektionen qualvolle Stuhlpassage, wie beim Kinderkriegen.

| Chronische Verstopfung, mit fauligem Atem, erdige Hautfarbe, Magerkeit.

|| Stühle sehr dunkel und übelriechend.

|| Stühle zu hell.

|| Galliger Durchfall an der Seeküste, schmerzlos, treibt sie gegen 5 Uhr aus dem Bett; die Stühle dauern tagsüber an; später rufen sie Wundheit hervor; Gesicht rot, unangenehm heiß; daheim gelegentlich schmerzloser, weißlicher Durchfall, immer > durch Aufenthalt in den Bergen.

| Hartnäckige Fälle von Cholera infantum.

|| Fissuren an Anus und Rektum.

|| Zwei indurierte Geschwüre am Darmausgang, etwas wund; leichtes Jucken des Anus.

|| Der Endteil des Rektum hängt wie eine Krause heraus, schaut wie eine erblühte Rose von 8 cm Durchmesser aus und ist empfindlich; andauernd Gefühl von schwachem Zerren im Rektum, erstreckt sich bis zum Kreuzbein.

HARNORGANE – Jucken in der Harnröhrenmündung.

Morgens, als er urinieren will, Gefühl, als sei die Harnröhre etwa 2 cm von der Mündung entfernt verstopft.

Brennend heißer Urin.

|| Urinieren schwierig und sehr langsam; kein Schmerz, aber Mangel an Druck, so daß er sich anstrengen muß.

| Urinieren selten, nicht öfter als einmal in 24 Stunden, spärlich, von goldgelber Farbe; nach Syphilinum M wachte sie am nächsten Morgen mit starker Ausdehnung des Bauches und Schmerzen in den Nierengegenden auf; nach dem Aufstehen ließ sie eine große Menge normalgefärbten Urins, danach waren Ausdehnung und Schmerzen vermindert; am nächsten Tage war das Urinieren normal, wässrig.

|| Reichlicher Urin nach Frost; nachtsüber fast einen Nachttopf voll.

|| Kräftig zitronengelber, spärlicher Urin.

|| Die ganze Nacht über häufiger Drang zu urinieren, wenigstens von 19 Uhr bis 5 Uhr oder von Sonnenuntergang bis Sonnenaufgang.

MÄNNLICHE GESCHLECHTSORGANE – || Schanker an der Vorhaut.

| Bubone.

Brennender Schanker; an der Vorhaut oberhalb der Corona glandis Geschwür von der Größe einer getrockneten Erbse; Ränder erhaben, Grund mit einer fettigen Ablagerung bedeckt; ohne Schmerz oder Empfindung. Glans purpurfarben, links von einem Exsudat bedeckt.

| Schanker am Penis, der dritte in zwei Jahren, alle an derselben Stelle.

Schmerzen des Genitale, konnte über einen Monat lang nicht still sitzen.

|| Nach einem unterdrückten Schanker griff die Krankheit die Hoden und das Skrotum an, welche anschwollen und schmerzhaft wurden; diese Symptome wurden vermeintlich ausgeheilt; doch kam es seither alle paar Wochen bei feuchtem Wetter zu Schmerzen, die in den Nieren emp-

funden wurden, scheinbar die Harnleiter entlang wanderten, dann jedoch statt in die Blase zu wandern, den Samenstrang abwärts bis in die Leisten und in die Hoden sich erstreckten; quälender Schmerz, hauptsächlich im Samenstrang, beim letzten Anfall im rechten; Prickeln im Schanker, als würde mit Nadeln gestochen.

|| Ulcus molle, um sich fressend, rasch sich ausbreitend; Entwicklung von Bubonen in beiden Leisten.

| Entzündung und Verhärtung des Samenstranges.

|| Dauerschmerz vorn im rechten Oberschenkel, < im Stehen, die ganze Nacht über schmerzhaft, verhindert den Schlaf; taubeneigroßer Bubo in der linken Leiste, purpurfarben, fluktuierend; Nachtschweiße.

Bubo, purpurfarben, in der linken Leiste, taubeneigroß; begleitet von Nachtschweißen und Dauerschmerz vorn im rechten Oberschenkel, < nachts.

Weibliche Geschlechtsorgane – || Uterus und Umgebung lose, weich und schlaff; reichliche, dicke, gelbe Leukorrhoe; Dauerschmerz quer über dem Kreuz.

Geringe, weißliche Leukorrhoe.

| Gelbliche, übelriechende Leukorrhoe, wässrig oder auch nicht, so reichlich, daß sie jeden Tag durch die Vorlagen sickert und bis zu den Strumpffersen rinnt.

| Reichliche, gelbe Leukorrhoe, < nachts; bei kränklichen, nervösen Kindern.

|| Wundheit der Genitalien und muco-purulenter Ausfluß bei einem Kind.

|| Scharfer Ausfluß ruft heftiges Jucken und Entzündung der äußeren Genitalien hervor, < nachts durch die Bettwärme, die entzündeten Teile sind äußerst empfindlich; Jucken und Entzündung > während der Menses.

|| Schmerzen des rechten Ovar < nachts, verhindern den Schlaf.

|| Wundheit der rechten großen Schamlippen, erstreckt sich nach links.

Morgens beim Aufstehen heftiges Jucken der Vulva, dauert bis 10 Uhr an.

Menses schmerzhaft, zwei Wochen zu früh; rosarot, hell, reichlich, fließen einige Tage lang stark; die Vorlagen sind leicht auszuwaschen. Nach 28 Tagen treten die Menses wieder auf, schmerzlos.

|| Schmerzhafte Menstruation.

Die gewöhnlich schmerzhaften Menses mit allerlei Begleiterscheinungen waren diesmal leicht und die besten seit Jahren.

Empfindlichkeit des Muttermundes, während der Menses < bis zu unerträglichen Schmerzen, auch bei Einführung des Fingers oder des Penis; hierdurch häufig Abort.

Scharfe, im Zick-zack schießende Schmerzen in der Uterusgegend.

| Ovarien gestaut und entzündet; Neigung zu Ovarialtumoren.

Wundweh in der Gegend des linken Ovars, erstreckt sich zum rechten mit stechenden Schmerzen.

Das linke Ovar ist geschwollen, während des Koitus im Moment des Orgasmus ein scharfer, schneidender Schmerz wie von einem Messer, zweimal auch Beißen wie von einem Geschwür; das Ovar war so stark angeschwollen, daß man seine Größe und Gestalt leicht durch die Bauchdecke tasten konnte (hervorgerufen durch *Buboin*).

| Krankheiten des Uterus und der Ovarien mit ausgeprägten Nervenstörungen, besonders bei verheirateten Frauen.

Die Brüste sind empfindlich gegen Berührung, Wundheitsgefühl; während der Menses und auch zu anderen Zeiten.

Atmungsorgane – Heiserkeit, fast vollständiger Stimmverlust am Tag vor den Menses.

| Erkrankungen der Kehlkopfknorpel.

Schmerz und Bedrückung an der Bifurkation und dem Kehlkopf, das Atmen schmerzt.

|| Seit 25 Jahren Anfälle von krampfartigem Bronchialasthma; sie kommen nur nachts nach dem Hinlegen oder während eines Gewitters, bewirken stärkste nervöse Schlaflosigkeit und verhindern tage- und nächtelang völlig den Schlaf.

| Heftige Anfälle von Dyspnoe, Pfeifen und Schleimrasseln, von 1 Uhr bis 4 Uhr.

Husten – Harter Husten, < nachts, verhindert den Schlaf.

Harter, andauernder Husten mit dickem, gelbem, geschmacklosem Auswurf.

|| Trockener, zermürbender Husten mit dickem, eitrigem Auswurf, hervorgerufen durch eine Empfindung von Raspeln oder Kratzen im Hals, immer < nachts.

|| Keuchhusten mit schrecklichem Erbrechen.

|| Kann nicht auf der rechten Seite liegen, weil das einen trokkenen Husten hervorruft.

|| Schleimig-eitriger Auswurf, gräulich, grünlich, grünlichgelb, geschmacklos.

|| Auswurf ohne Husten, ziemlich klar, weiß, fühlt sich wie ein runder Ball an und schießt in den Mund.

Husten und Dyspnoe treten nach dem Mittagessen auf, sie muß nach Atem ringen und hat das Gefühl, sie sei am Ersticken; die Symptome dauern die ganze Nacht an; < bei Tagesanbruch (gebessert).

Auswurf von weißem Schleim.

|| Trockener, scharfer, abgehackter Husten ohne Auswurf, aber mit Roheit, Kratzen und Brennen vom Rachen bis zur Magengrube; mit einem Keuchen bei der Einatmung und einem Erstickungsgefühl vom Rachen bis zur Bifurkation, große seelische Qualen.

Harter Husten, < nachts, die ganze Nacht andauernd, verhindert den Schlaf; Auswurf von weißem Schleim.

Husten < beim Liegen auf der rechten Seite.

Heiserkeit, fast vollständiger Stimmverlust, am Tag vor den Menses; kein Katarrh oder Halsweh.

Brust – || Chronische Asthma; im Sommer, besonders bei warmem und feuchtem Wetter; meist abends, bei Tagesanbruch vergehend; Wundheit der Brust, mit starker, qualvoller Angst und Unfähigkeit, eine liegende Stellung einzunehmen; im Winter heftiger Bronchialhusten, gefolgt von Asthmaanfällen; es entwickelte sich ein regelmäßiger Wechsel von Frost und Fieber; schon seit vielen Jahren litt er hieran. Innerhalb von 24 Stunden nach Gabe von Syph. M veränderte sich der Charakter des Asthmas, nachtsüber verschwand es und in der Zeit, in der es sich vorher gebessert hatte, verschlimmerte es sich nun. Anfälle dauerten nur noch wenige Minuten an und wurden allmählich weniger heftig, mehrere Monate lang traten sie nicht mehr auf.

Eine derartige Bedrückung der Brust, daß es fast zum Atemstillstand kommt; Asthma, hervorgerufen durch die Empfindung, es werde das Brustbein allmählich zu den Brustwirbeln hingezogen; Ausdehnung der Brust schwierig; Verwirrung des Gemütes, als ob Bewußtlosigkeit eintreten könnte. Der Anfall dauerte ungefähr zehn Minuten, anschließend allgemeine Müdigkeit, die in wenigen Stunden verging.

|| Rasseln in Brust und Hals.

Beim Neigen des Kopfes nach hinten Schmerz in der Mitte der Brust, als wenn die Haut hochgezogen würde.

Schlafmangel ruft plötzliche Schwäche und sinkendes Gefühl in der Brust hervor; in einer einzigen Nacht folgten drei Anfälle aufeinander.

Druckgefühl unter dem oberen Teil des Brustbeins.

| Schmerz und Druck hinter dem Brustbein.

| Angina; Ptosis des linken Auges; Gesichtslähmung links, leichte Sprachstörung; Impotenz (gebessert).

| Ekzemartiger Herpesausschlag an der Brust.

Eine 78 Jahre alte Dame hatte seit 25 Jahren an Anfällen von Bronchialasthma (?) gelitten. Die Anfälle kamen gewöhnlich *nur nachts nach dem Hinlegen oder während eines Gewitters* und bewirkten für Tage und Nächte absolute Schlaflosigkeit. Unter allopathischer Behandlung brachten große Dosen Morphium für 24 Stunden Erleichterung. Ars., amb., bell., ip., nux-v., phos., sulph., op. und andere gut gewählte Mittel brachten keinerlei Wirkung. Syphilinum CM führt zur Heilung.

Herz – Nachts lanzinierender Schmerz im Herzen von der Basis zur Spitze. (Med. hat die umgekehrte Richtung).

Herzklappenerkrankung.

Nacken und Rücken – || Schwerer Schmerz und Steifheit unten vom Nacken aufwärts durch die Muskeln und Nackenstränge ins Gehirn.

|| Großer Schmerz im Rücken in der Gegend der Nieren, < nach dem Urinieren.

Schmerz im Kreuzbein am Übergang zum Steißbein, manchmal in den unteren Sakralwirbeln; < im Sitzen, mit der Empfindung, als sei das Steißbein geschwollen, was aber nicht der Fall ist. Die Schmerzen beginnen innerlich in der Kreuzbeingegend und ergreifen offensichtlich den Uterus.

|| Karies der Halswirbelsäule mit starker Vorwärtskrümmung, so daß der Hinterkopf sich im Niveau der Krümmung befindet und auf ihrem Scheitelpunkt aufliegt; oft entleert sich auf einmal fast ein Teelöffel voll kalkigen Eiters, beim Verdampfen bleibt eine Menge trockenen Puders zurück, das wie phosphorsaurer Kalk aussieht; der Schmerz in der Wirbelsäulenkrümmung verstärkt sich immer nachts (kein Anhalt für Syphilis).

Muskelstarre.

Ein schweres, zerrendes und dumpfes Gefühl in der Lendengegend mit Steifheit und Mangel an Elastizität.

|| Karies der Brustwirbel mit scharfer Krümmung, zahlreiche faulige Öffnungen, die mit dem erkrankten Knochen in Verbindung stehen, eine, größer als die übrigen, sondert einen jauchigen, übelriechenden Eiter ab und ist von wildem Fleisch umgeben; starke Verdickung und Verhärtung der Umgebung durch Lympherguß; Perkussion und Druck sind unerträglich; zwei Abszesse in den Leisten, der linke wurde vor einem Jahr, der rechte vor einem Monat eröffnet; die geringste Bewegung machte ihm tagsüber starke, nachtsüber schreckliche Schmerzen; seit fünf Monaten jede Nacht äußerst heftige neuralgische Schmerzen, im allgemeinen einsetzend zwischen 17 und 19 Uhr und nie vor Tagesanbruch oder gegen 5 Uhr aussetzend; Schmerzen in den Lendenmuskeln, im allgemeinen links, scharfe, schneidende Krämpfe, unerträglich schrecklich, verhindern den Schlaf, er muß aufschreien; < durch die geringste Bewegung und etwas > durch warme Umschläge.

|| Psoasabszeß erst links, dann rechts, der rechts sonderte bei Eröffnung ungefähr einen Liter übelriechenden, grünlichen Eiter ab; heftige nächtliche Schmerzen in der Gegend des oberen Kreuzbeins, der unteren Brustwirbel und des linken Halses und Gesichtes; allmählich zunehmend; sie traten zweimal auf, jedesmal 21 Tage nach Eröffnung des Psoasabszesses.

|| Vergrößerung der Halsdrüsen und eine Reihe gestielter, stecknadenkopfgroßer Warzen am Nacken, geheilt durch *Syko-Syphilinum.*

Drüsenvergrößerung an verschiedenen Körperstellen, besonders zahlreich in der Nackengegend; Drüsen verhärtet und leicht schmerzhaft, hierdurch Gefühl von unangenehmer Vollheit und Durchblutung in Gesicht, Hals und Kopf.

|| Schmerzen in Rücken, Hüften und Oberschenkeln, < nachts.

Starke Schwellung der Drüsen am oberen Nacken; kein Mittel bringt Besserung. Geheilt durch *Buboin syhilitica* CM.

Syphilitische Geschwüre am Rücken in der Nähe des Rückgrates auf der Hüfte.

Verhärtete Klumpen zwischen den Nackenmuskeln.

Wehe Schmerzen in den Gliedern, wie anwachsende Schmerzen.

Obere Extremitäten – || Rheumatismus des Schultergelenkes oder am Ansatz des Deltamuskels, < durch seitliches Heben des Armes.

Kann die Arme nur bis zum rechten Winkel anheben; beim Versuch, sie gewaltsam höher zu heben, werden die Muskeln plötzlich gelähmt und die Arme fallen schlaff herunter.

Lahmheit und Schmerz des Armes bei Bewegung, < beim Anheben der Arme nach vorn, wie wenn er nach etwas langen will; der Schmerz sitzt im oberen Drittel des Humerus in der Gegend des Ansatzes des Deltamuskels, kein Schmerz bei Druck.

|| Umlauf an Fingern und Daumen (kindliche Syphilis).

Wäscht sich dauernd die Hände.

|| Schlimme Geschwüre an den Handrücken.

|| Der zweite Finger rechts ist geschwollen und versteift.

Untere Extremitäten – Anschwellung der Beine von den Knien an abwärts, Fußsohlen beim Stehen schmerzhaft; morgens ist die Schwellung geringer, nachts kommt sie wieder.

Quälende Schmerzen in den unteren Extremitäten verhindern völlig den Schlaf; < durch heiße Umschläge; > für eine Stunde durch kalte Wassergüsse, danach kehren die Schmerzen zurück.

Kann nicht auf einem niedrigen Stuhl sitzen oder sich hinkauern, weil er dann die Kontrolle über die Knie und Hüftgelenke verliert.

Schmerzen in den langen Knochen der unteren Extremitäten, ebenso in den Gelenken.

Dumpfe Schmerzen über dem Fußrücken bis zu den Zehen, setzten gleich nach dem Zubettgehen ein und dauerten bis 4 oder 5 Uhr an.

|| Seit zwei oder drei Jahren im Winter starker Kälteschmerz in beiden Beinen, < links, setzte jede Nacht beim Hinlegen ein, dauerte die ganze Nacht an; > durch Aufstehen und Herumgehen, bei warmem Wetter.

Schmerz in drei Zehen des rechten Fußes wie ausgerenkt.

|| Leichte Kontraktion der Sehnen in der rechten Kniekehle.

Reißende Schmerzen in der Hüfte und den Oberschenkeln, < nachts, > gegen Tagesanbruch, < durch Gehen, vom Wetter unbeeinflußt (gebessert).

|| Zwischen den Zehen Röte und Rauheit mit schrecklichem Jucken.

|| Bubo an einer Stelle mitten an der Vorderseite des rechten Oberschenkels, schmerzhaft nur im Stehen und bei tiefem Druck, der die Stelle, die sich offensichtlich am Periost befand, zu berühren schien.

|| Am Oberschenkel oberhalb der Kniescheibe zwei Geschwüre, größer als eine Crown-Münze, schmutzig stinkend, verschorfend, mit gekerbelten, erhabenen Rändern, ein weiteres Geschwür am Tibiakopf, zwei große Knochenstücke lösten sich vom Tibiakopf ab.

|| Ein straußeneigroßes Osteosarkom in der Mitte der rechten Tibia mit quälenden, nächtlichen Schmerzen, unregelmäßig wachsend, teils spongiös, teils laminar, sehr hart.

| Zusammengezogenes, schmerzhaftes Gefühl in den Fußsohlen, als ob die Sehnen zu kurz wären.

Wehe Schmerzen in den Gliedern, wie zunehmende Schmerzen.

Knochenschmerzen in Knien und Füßen.

Allmähliche Starrheit aller Gelenke nach einem Ausschlag; die Beuger scheinen kontrahiert.

|| Rheumatische Schwellung des linken Handgelenkes und der linken Großzehe, bläulich rot, mit Schmerzen, als ob jemand mit einer stumpfen Säge die Knochen angesägt hätte; > durch Ofenhitze; < von Sonnenuntergang bis Sonnenaufgang; kein Appetit; zwei Wochen lang.

Taubheitsgefühl in Handflächen und Fußsohlen, manchmal Prickelgefühl, als ob die tauben Stellen von zahlreichen Nadeln gestochen würden.

| Quälende Arthritis; Schwellung, Hitze und starke Rötung.

| Rheumatismus, die Muskeln sind von harten Knoten oder Klumpen überzogen.

|| Heftige Anfälle von wehem Schmerz in den unteren Extremitäten.

|| Ein scharfer, rheumatischer, wie Feuer brennender Schmerz seitlich im linken Fußrücken und unterhalb des Innenknöchels verhindert jede Bewegung des Fußes, < wenn der Großzeh eingezogen wird; < abends, dauert die ganze Nacht über an, weckt sie alle zwei bis drei Stunden plötzlich auf, am schlimmsten von 1.30 Uhr bis 3.30 Uhr, < gegen Tagesanbruch (gebessert).

Ein älterer, hier niedergelassener Arzt hatte seit zwei bis drei Jahren jeden Winter an *starkem Kälteschmerz* in beiden Beinen gelitten, < links. Der Schmerz kam jede Nacht beim Hinlegen und dauerte die ganze Nacht an, Erleichterung brachte nur Aufstehen und Herumgehen. Nichts hatte ihm geholfen. Bei warmem Wetter hörten die Beschwerden auf. Eines Tages hörte ich zufällig, wie er von seinem Leiden sprach, und ich riet ihm, eine Dosis Syphilinum CMM zu nehmen. Bis zum nächsten Winter war er von seinem Leiden befreit, dann kehrte es in milder Form wieder, und er bekam eine zweite Gabe Syphilinum CMM. Seither hat er es nie mehr gehabt. Den ganzen Winter verbrachte er ohne Schmerzen. Er erzählte allerdings, daß nach der zweiten Gabe über einen Monat lang sein Genitale weh getan hätte, so daß er nicht hatte still sitzen können.

Haut – Pustulöser Ausschlag an verschiedenen Körperstellen; an bestimmten Stellen in Gruppen, besonders an Handgelenken und Schienbeinen, wo die Knochen dicht unter der Haut liegen, und isolierte große Pusteln an anderen Stellen, welche aufbrechen, ein oder zwei Tage lang eine jauchige Flüssigkeit absondern, dann abheilen und eine typische Pockennarbe hinterlassen; die in Gruppen angeordneten Pusteln brauchen länger zur Heilung und sondern die gleiche Flüssigkeit ab, bis der Heilungsprozeß einsetzt.

Nach Abheilung eines Schankers tritt ein frischer, pustulöser Ausschlag an verschiedenen Körperstellen auf, nach Absonderung einer jauchigen Flüssigkeit heilen die Pusteln ab und hinterlassen frische, kupferfarbene Pockennarben; Syph. beseitigte den Ausschlag dauerhaft, er wurde gelb-braun, an den Rändern trocken, schuppte sich ab, und es blieb gesunde Haut zurück.

|| Beißendes Gefühl an verschiedenen Körperstellen, wie von Insektenstichen, nur nachts.

|| Syphilitischer Hautausschlag, sehr ausgeprägt an Stirn, Kinn, Armen und vorn am Thorax, es schälten sich massenhaft feine Schuppen ab; ein großer, erhabener Fleck mitten an der Stirn, mit Flüssigkeit gefüllt, wie auch einige kleinere Flecken.

|| Syphilitische Blase mit reichlicher Absonderung an den Wangen, unter der Haut, hinten an den Schultern, an der Kopfhaut und an anderen Körperstellen (infantile Syphilis).

|| Macula; kupferfarben; vom Scheitel bis zu den Fußsohlen.

| Pemphigus, wie Pocken aussehend, oft konfluierend und ständig wiederkehrend. Haut bläulich.

|| Maculae an Rücken, Brust, Bauch, Armen und Beinen, nicht aber an den unbedeckten Körperstellen.

|| Verschiedene erhabene Flecken an den Armen, über dem Magen, an Beinen und Fingern; hat sie gewöhnlich im Gesicht, hauptsächlich an der linken Wange.

|| Eine Blutpocke am Arm: Ausbruch eines klumpigen, feurigen Hautausschlages im Gesicht.

|| Nicht erhabener Ausschlag am ganzen Körper, doch konnte man ihn beim Bestreichen mit der Hand deutlich fühlen; nach Syphilinum M kam der Ausschlag sofort an die Oberfläche; gleichzeitig entwickelte sich ein unerträglicher Geruch; der Ausschlag war rötlich-braun, wie Pokkenpusteln, nur ohne zentrale Eindellung; außer Skrotum und Penis war der ganze Körper mit ihm bedeckt; er nahm zu und bedeckte schließlich das Innere von Mund und Hals, so daß selbst das Schlucken von Flüssigkeiten schwierig war; auch die Augen waren bedeckt, so daß er nichts mehr sehen konnte; unerträglicher Körpergeruch; die Spitzen der Pickel füllten sich mit Eiter; < durch Bettwärme; übelriechender Atem; der Ausschlag bildete sich ständig weiter aus, eine große Menge Eiter, mit unerträglichem Jucken, er konnte aber nicht kratzen, weil er äußerst wund war; an der ganzen Körperhaut blieben stumpfe, rötliche, kupferfarbene Flecken zurück, die bei Kälte blau aussahen.

Schlaf – Nachts große Ruhelosigkeit, kann nicht längere Zeit in einer Lage verweilen.

| Absolute Schlaflosigkeit (kann ähnlich wie Sulph. einen ruhigen, erfrischenden Schlaf bewirken).

Wacht gleich nach Mitternacht auf und kann bis 6 Uhr nicht wieder einschlafen.

Kann während der gesamten 24 Stunden nur von 8 Uhr bis 10 Uhr schlafen.

Ununterbrochene totale Schlaflosigkeit während 22 Tagen und Nächten.

FIEBER – || Starke Schmerzen im Kopf, der Körper ist äußerst kalt und sieht blau aus; verlangte nach Zudecken, konnte nicht warm werden; kein Appetit; schlief fast dauernd, ließ sich nicht wecken.

|| Schmerzen im Kopf, besonders im Hinterkopf und der darüber liegenden Kopfhaut, anschließend nervöse Fröste; Schmerzen unter dem Handgelenk, in Becken, Beinen, besonders in der Tibia, die empfindlich gegen Berührung ist; die Därme sind träge; unwirsch, reizbar, mürrisch; die Schmerzen beginnen täglich um 16 Uhr, erreichen gegen Mitternacht den Höhepunkt und verschwinden bei Tagesanbruch.

Nach dem Zubettgehen setzte ein nervöser Frost im Anus ein und wanderte mit einem krampfartigen Gefühl die Beine abwärts; Stuhldrang; > durch reichliches Urinieren und durch Aufstoßen.

Fieber: trocken, heiß, gleich nach dem Zubettgehen; ausgetrocknete Lippen, starker Durst; intensive Hitze im Fieber, möchte alle Zudecken abwerfen, streckt die Füße aus dem Bett und hält sie gegen die Wand, um sie zu kühlen; mitten am Tag hohes Fieber, intensive Hitze, Gefühl, als ob er verbrennt; Durst auf große Mengen und oft, stark ausgeprägtes Gefühl von brennender, innerer Hitze; leichter Frost, dann Fieber gefolgt von Schweiß und großer Schwäche.

|| Schweiß: reichlich des Nachts, schlaflos und ruhelos; besonders zwischen den Schulterblättern und abwärts bis zur Taille, mit großer allgemeiner Schwäche.

|| Fieber täglich von elf Uhr bis 13 Uhr; wenn sie anfängt das Fieber zu überwinden, schwitzt sie; Rückenschmerz, < zwischen den Schultern, kein Verlangen, sich zu bewegen.

| Ausgeprägte allgemeine Schwäche und dauernde Nachtschweiße, am ausgeprägtesten zwischen den Schulterblättern und abwärts bis zur Taille.

Allgemeines – Morgens äußerste Erschöpfung und Schwäche.

Epilepsie.

Kleingeratene, faltige und alt aussehende Babys und Kinder.

Epileptische Konvulsionen nach den Menses.

|| Rumpf, Extremitäten und Gesicht sind mit Syphiliden bedeckt; jeden Abend zwischen 18 und 19 Uhr setzt eine stechende Wundheit im Hals ein, die die Nacht über zunimmt; äußerste Ruhelosigkeit bis 4 Uhr; dann ein wenige Stunden dauernder, ruheloser Schlaf; kann kaum schlukken; beim Schlucken Empfindung, als ob es den Hals in Stücke reißt; dauerndes Klopfen im Hals, < durch kalte und heiße Getränke, < durch Hinlegen; Klopfen in Schläfen und Ohren, Bohren in den Ohren, das sich in der Mitte des Gehirns trifft; Empfindung, als ob es den Scheitel abhebt; ziehende Schmerzen in den Augen, < durch Lampenlicht; Zahnschmerz beim Essen, auch durch heiße und kalte Speisen, Gefühl, als wären die Zähne lose, > durch Zusammenpressen der Zähne und Zusammendrücken des Halses mit den Händen; sehr starker Speichelfluß, der Speichel rinnt im Schlaf aus dem Mund, heftiger Schmerz im Nacken; Nackenschmerz > durch Rückwärtsbeugen des Kopfes; dauernder Schmerz in Schultern und Knien; reißende Schmerzen durch den ganzen Körper, > durch langsames Herumgehen; wollte, daß seine Frau seinen Revolver versteckt, weil er sich sonst in einem Verzweiflungsanfall vielleicht umbringen könnte, wonach es ihm wegen extremer Schmerzanfälle auch tatsächlich verlangte; um Erleichterung zu erlangen, schlägt er mit den Fäusten und mit dem Kopf gegen die Wand; Stühle hart,

trocken wie Schafkot; drei- oder viermal am Tag Stuhldrang, es gehen aber nur wenige, geruchlose Winde ab, hierdurch Erleichterung; Kopfschmerz > durch Sitzen auf dem Stuhl; ist leicht beleidigt, gerät in Verzweiflung, kann es nicht ertagen, allein zu sein, große Furcht, nicht wieder zu genesen; des Nachts behagt ihm keine Lage, wandert in der Wohnung herum oder geht auf die Straßen, bewegt sich langsam; die ganze Zeit schläfrig, kann aber nicht schlafen; Träume über seine Krankheit; < im Freien; häufiges Urinieren mit plötzlichem Drang; läßt große Mengen von schlammigem Urin.

Wandernde Schmerzen von rheumatischem Charakter erzwingen wiederholten Wechsel der Stellung und Lage.

Lanzinierende, rheumatische Schmerzen, manchmal etwas erleichtert durch Lagewechsel, manchmal erleichtert durch Bewegung.

Die Schmerzen beginnen um 14 Uhr, nehmen allmählich zu, bis sie um 21 Uhr ihren Höhepunkt erreichen, dauern in voller Stärke bis 3 oder 4 Uhr an und verschwinden mit Tagesanbruch.

Vier oder fünf Wochen lang sind die Schmerzen am stärksten in den Muskeln und Gelenken der unteren Extremitäten oder ausschließlich dort, dann schienen sie sich auf das Periost und die Knochen selbst zu verlagern und wurden infolgedessen tiefer und ausgeprägter.

Die Schmerzen bewirken zwei Empfindungen, eine äußerliche, die in den Muskeln und Gelenken zu sitzen scheint, und eine innere, die tiefer und viel unerträglicher ist, so daß sie durch ihren tiefsitzenden Charakter die äußerlichen Schmerzen zu kontrollieren und zum Verschwinden zu bringen scheint; die äußerliche Schmerzempfindung kehrt nachher verstärkt zurück.

Täglich nach Mitternacht in allen Gliedern Schwäche- und Ermüdungsschmerzen, die jeden Schlaf unmöglich machen, weil jede Stelle, auf der er liegt, schmerzt. Schmerzen < in den unteren Extremitäten, etwas Erleichterung durch reichliches Schwitzen.

Rheumatische, neuralgische Schmerzen in allen Muskeln, sogar im Cremaster, *nicht* in den Gelenken; stechende Schmerzen in unregelmäßigen Anfällen, die manchmal eine oder zwei Wochen andauern, die Schmerzen setzen allmählich ein und nehmen allmählich ab; sie sind schlimmer bei feuchtem, besonders bei frostigem Wetter; am stärksten werden sie zwischen 16 und 17 Uhr, erreichen den Höhepunkt um 2 oder 3 Uhr und hören gegen 8 Uhr auf. Hatte nie Syphilis, sehr große Besserung durch Syphilinum DM.

Rheumatismus mit Schwitzen der Hände, der Handgelenke, der Beine unterhalb der Knie und der Füße, mit starker Wundheit der Fußsohlen, < nachts.

Starke Abmagerung.

Kann kaum die Hand heben.

Fühlt sich morgens schlechter: morgens äußerste Erschöpfung und Schwäche.

Schwach, abgemagert.

War so zurückgeblieben und zwergwüchsig, daß er mit 17 Jahren wie 12 aussah; starke Abmagerung der Weichteile am ganzen Körper, dürres und hohles Aussehen; seit drei Jahren ans Bett gefesselt, seit einem Jahr fast nur auf dem Rücken.

Nach Verschwinden des Pustelausschlages setzte eine allmähliche Starre aller Gelenke ein und alle Beugemuskeln schienen sich zusammenzuziehen und zu verkürzen; hierdurch konnte er die Finger nicht um ein Messer, eine Gabel oder einen Löffel schließen und nur noch unter größten Schwierigkeiten mit Hilfe eines Stockes Schritt für Schritt Treppen steigen. (Anmerkung: Ähnliches passiert nicht, wenn der Pustelausschlag die Heilwirkung einer Hochpotenz von Syphilinum ist. – *Swan*).

Taubheitsgefühl in Handflächen und Fußsohlen, manchmal auch ein prickelndes Gefühl, als würden die tauben Stellen von vielen Nadeln gestochen.

Leichte Starre der Gelenke.

Rheumatische Schwellung des linken Handgelenkes und der linken Großzehe, welche bläulich-rot verfärbt ist, mit Schmerzen, als würden seine Knochen mit einer stumpfen Säge abgesägt; > durch Ofenhitze, < von Sonnenuntergang bis Sonnenaufgang; kein Appetit.

Thyreoidinum

Schilddrüsenextrakt. Eine Sarkode. Verreibung der frischen Schilddrüse vom Schaf oder Kalb. Verdünnung eines flüssigen Extraktes der Drüse.

GEMÜT – Akute Bewußtlosigkeit und Wechsel mit ruheloser Melancholie; manchmal konnte man sie nicht zum Sprechen veranlassen, sondern sie lag mit starren Gliedern auf dem Boden; dann wieder wollte sie weinen und sich ausziehen; mitunter war sie gefährlich und hatte mörderische Impulse, sie preßte ihre Arme so fest um den Hals anderer Patienten, daß sie sie fast erwürgte (in diesem Fall war die Geisteskrankheit primär und das Myxödem sekundär; beide Zustände wurden beseitigt). Gesteigerte Lebhaftigkeit drückte sich durch Streitereien mit anderen Patienten über banale Meinungsverschiedenheiten aus.

Depression.

Reizbarkeit und Verdrießlichkeit wurden durch Munterkeit und Lebhaftigkeit abgelöst.

„Alle fortgeschrittenen Fälle von Myxödem weisen eine gewisse seelische Abartigkeit auf, die zur Demenz tendiert, gewöhnlich mit Wahnideen verbunden, letztere nehmen die Form von Mißtrauen und Verfolgungswahn an. Gelegentlich ist eine akute Geisteskrankheit in Form von Manie und Irresein vorhanden."

Delirium mit Wahnidee von Verfolgung (drei Fälle, einer davon tödlich als Resultat einer Thyreoidineinnahme zur Gewichtsreduktion).

Plötzliche, akute Manie bei Myxödem, völlige geistige und körperliche Wiederherstellung unter Thyreoidin.

Geistesverwirrung drei Jahre vor Einsetzen des Myxödems, Anfälle von großer Heftigkeit mit Intervallen von Depression und Mißmut.

Idiotie, furchtvolle Alpträume.

Erregungszustand, der den restlichen Tag über andauerte, dauerndes Grunzen und ein Lachen, das ihr selbst fremd war.

Starke Erregung, anschließend beträchtliche Depression.

Ein mehrere Stunden andauernder Zustand, den man nur als Hysterie bezeichnen kann.

Tiefe Depression.

Reizbar und schlecht gelaunt.

Wurde ein Nörgler.

Zorn.

Litt unter Schreckzuständen.

Kopf – Schwindel.

Leichtigkeitsgefühl im Gehirn, das sich kaum einmal bis zu Schwindel steigert.

Starker Schwindel und Kopfschmerz über 24 Stunden.

Erwachte um 4 Uhr mit scharfem Kopfschmerz und intensiven Rücken- und Gliederschmerzen, welche drei Tage andauerten und ihn ans Bett fesselten.

Seit der ersten Einnahme von Thyreoidin hatte er ein sonderbares Gefühl im Kopf mit Schwindel und Herzklopfen beim Bücken.

Kopfschmerz mit Fiebersymptomen; verschwand nach Beendigung der Behandlung und kehrte sieben Tage nach deren Wiederaufnahme zurück.

Ringförmiger Stirnkopfschmerz nach Einnahme einer Tablette an vier aufeinanderfolgenden Tagen.

Dauernder Kopfschmerz in Hinterkopf und Scheitel.

Kopfschmerz in einem Fall von Akromegalie.

Kopfschmerz.

Kopf- und Bauchschmerz.

Frischer Haarwuchs (viele Fälle).

Schwarze Haare wachsen zwischen den grauen nach.

In einem Fall von Sklerodermie und einem von Myxödem dauernder Haarausfall.

In einem Fall von Myxödem verlor der Patient das gesamte Haar des Gesichtes und Kopfes und es kam zu dickem Haarwuchs an Armen und Brust; unter Thyreoidin wuchs das Haar auf dem Kopf und im Gesicht nach und fiel an Armen und Brust aus.

Augen – Hervortretende Augäpfel, exophtalmischer Kropf.

Neuritis des N. opticus bei fünf Patienten (vier davon Frauen, die wegen Fettsucht behandelt wurden; keine anderen Symptome von Thyreoidismus).

Akkommodative Asthenopie.

Ohren – Feuchte Flecken hinter den Ohren heilen ab (bei einem Fall von Psoriasis).

Hyperplastische Otitis media mit Sklerose und Bewegungsverlust der Gehörknöchelchen (rasche Besserung in mehreren Fällen).

Gesicht – Rötung: mit Übelkeit und Lendenschmerzen; mit Bewußtseinsverlust und tonischen Muskelkrämpfen; sofort; mit Temperaturerhöhung und Schmerzen am ganzen Körper; wurde plötzlich atemlos und livide.

Ohnmacht mit starker Rötung des gesamten oberen Körpers und Rückenschmerzen.

Schwellung von Gesicht und Beinen.

In einem Fall von Gesichtslupus verschwanden Straffheitsgefühl, Hitze und entzündliche Rötung.

Empfindung von Brennen an den Lippen mit reichlicher Abschilferung.

Mund – Die Zunge wurde dick belegt.

Fiebrig und durstig.

Starker Durst.

Ulzerierter Fleck innen an der linken Wange in der Nähe des Kieferwinkels.

Hals – Völlegefühl.

Kropf mit Exophtalmus, geheilt.

Größenabnahme des Kropfes.

MAGEN – Appetitverlust.

Verstärkter Appetit bei verbesserter Verdauung.

Aufstoßen.

Dyspeptische Beschwerden.

Übelkeit mit Gesichtsröte und Lendenschmerzen.

Übelkeit, etwas Erbrechen.

Leichte Übelkeit, kehrt zurück beim Darandenken.

Übelkeit bald nach der Einnahme.

Fünfmal erbrach die Patientin das Thyreoidin.

MAGEN – Nach den Injektionen jedesmal ein Übelkeitsgefühl.

Nach einigen Injektionen Schwächegefühl und Übelkeit.

Müdigkeits- und Übelkeitsgefühl.

Magen-Darm-Störungen und Durchfall.

ABDOMEN – Anfangs verstärkt Blähungen, später Besserung.

Kopfschmerz und Bauchschmerz.

STUHL – Durchfall, mit Magen-Darm-Störung.

Besserung der Obstipation.

Obstipation.

HARNORGANE – Vermehrter Urinfluß.

Verstärktes Urinieren; gewöhnlich eines klaren, blassen, gelben Urins.

Geringe Spuren von Eiweiß im Urin.

Albuminurie.

Diabetes mellitus; hervorgerufen und geheilt.

WEIBLICHE GESCHLECHTSORGANE – Verstärkter Sexualtrieb.

Sechs Tage nach Beginn der Behandlung setzte die Menstruation, die über ein Jahr lang ausgesetzt hatte, wieder ein und hielt reichlich an (in mehreren Fällen von Myxödem mit oder ohne Geisteskrankheit).

Menses reichlich, verlängert, häufiger; vorzeitige Amenorrhoe.

(Menses schmerzhaft und unregelmäßig.)

(Dauernder Schmerz im linken Ovar und große Empfindlichkeit.)

Sie sieht blaß aus und fühlt sich krank.

Schmerz im Unterbauch, Kopfschmerz und Übelkeit (16 Jahre altes Mädchen, bei dem wahrscheinlich durch Thyreoidin ein Ansatz zur Menstruation eingesetzt hatte, die Menses traten aber nicht auf).

Bei Milchmangel fördert es den Milchfluß; wenn der Mangel von einem Wiederauftreten der Menses begleitet ist, unterdrückt es letztere.

Geisteskrankheit im Wochenbett mit Fieber.

Wochenbetteklampsie.

Atmungsorgane – Leichte Anfälle von Haemoptysis, gefolgt von Husten und Anzeichen von Schwindsucht in der linken Lungenspitze.

Die Stimme wurde klar.

Inaktive Schwindsucht; Aufflackern der Krankheit in fünf Fällen.

Herz und Puls – Tod, mit allen Symptomen von Angina pectoris.

Plötzlicher Tod beim Bergaufgehen durch Herzversagen.

Als sie sich bückte, um die Schuhe anzuziehen, „fiel sie in Ohnmacht“ und starb im Verlaufe einer halben Stunde.

Einmal, nachdem sie sich mehr als gewöhnlich belastet hatte, „bekam sie plötzlich starke Atemnot, wurde blau und spürte, daß sie am Sterben war“; > durch Ruhe im Liegen und Stimulantien.

Zwei Ohnmachtsanfälle.

Häufige Ohnmachtsanfälle.

Gelegentlich klagte sie über Schwächegefühl, aber nicht in einem besonderen Zusammenhang mit den Injektionen.

Ein Patient zeigte nach der Injektion außerordentliche Symptome: Die Haut wurde so blau, daß sie fast blauschwarz war.

Degeneration des Herzmuskels bei Tieren.

Ein systolisches Herzgeräusch war nach der Behandlung leiser.

Schwächegefühl und Übelkeit.

Herzklopfen beim Bücken.

Schwäche der Herztätigkeit.

Tachykardie und schnelle Erregbarkeit des Herzens, die mehrere Tage nach Einnahme aufhörten.

Der Puls stieg auf 112 an.

Erschlaffung der Arteriolen.

Schneller Puls mit Unfähigkeit, sich im Bett flach zu legen.

Hüpfende Empfindung am Herzen.

Rücken – Hitzewelle, Übelkeit und Lendenschmerzen, die wenige Minuten andauern.

Stechende Schmerzen in der Lendengegend.

Drei Tage lang starker, weher Schmerz im Rücken und in den Gliedern.

Hitzewellen im Oberkörper und Rückenschmerzen.

Rückenschmerzen.

Obere Extremitäten – Nach der Injektion konnte sie zu einem Großteil ihre Hände nicht mehr benutzen; dies trat später noch einmal für wenige Stunden auf.

Fühlte sich sonderbar und konnte die Arme nicht heben (nach Injektion, anderer Fall).

Arme weniger steif und schmerzhaft (Psoriasis).

Untere Extremitäten – Brennendes Jucken in den Beinen.

Es trat ein Ödem der Beine auf, das anschließend wieder verging und einen Monat lang wieder auftrat und wieder verging.

Schmerz in den Beinen.

Unvollständige Paraplegie.

Schwellung von Gesicht und Beinen.

Häufig schälen sich die Füße in großen Schichten ab, zurück bleibt eine wunde Oberfläche.

Es kommt viel Flüssigkeit aus den Füßen (in einem Fall von Wassersucht, geheilt durch Thyreoidin).

Bebende Glieder; Tremor.

Starker, weher Schmerz in Rücken und Gliedern, drei Tage lang.

Schmerzen in Armen und Beinen mit Unwohlsein.

Abschilferung der Haut an Händen und Füßen.

Akromegalie, subjektive Symptome.

ALLGEMEINES – Unwohlsein > durch Bettruhe.

Herzklopfen durch Bücken.

Ausruhen im Liegen > starke Luftnot mit Zyanose, Sterbensgefühl.

Myxödematöse Patienten sind immer frostig; die Behandlung soll hierin eine Besserung bewirken.

Verlust des Bewußtseins und allgemeine tonische Muskelkrämpfe für wenige Sekunden.

Ohnmachtsanfälle (viele Fälle).

Tremor, Beben der Glieder, vollständige Bewußtlosigkeit.

Tetanie.

Epileptiformer Anfall, nachdem er eine Stunde lang bewußtlos war; am nächsten Tag fühlte er sich besser und wärmer.

So starkes Unwohlsein, daß sie sich weigerte, die Behandlung fortzusetzen.

Agitiertheit.

Unvollständige Paraplegie.

Hysterischer Anfall.

Hysterische Epilepsie mit Amenorrhoe.

Nervös und hysterisch, brauchte eine Krankenschwester zur Aufsicht.

Fühlt sich müde und krank.

Stechende Schmerzen.

Wehe Schmerzen (viele Fälle).

Wehe Schmerzen am ganzen Körper.

Diffuse Schmerzen.

Schmerzen am ganzen Körper.

Muskelschwellung an der Injektionsstelle, anschließend entwickelt sich langsam ein Abszeß.

Rückbildung des Myxödems (viele Fälle).

„Eine Reihe von Abszessen durch die Injektion; wahrscheinlich bildeten sie sich aber zufällig und unabhängig von den Injektionen."

Es bildete sich ein kleiner Abszeß.

Verstärkte Eiterung in einem Fall von Lupus.

Nahm 14 Pfund zu.

Starker Gewichtsverlust (viele Fälle von Myxödem).

Schnelle Zunahme von Gewicht und Kräften.

Anämie und Schwäche.

Schnelle Absorption der Infiltration (Psoriasis).

Patienten mit Hautkrankheiten können viel größere Dosen als Patienten mit Myxödem vertragen.

Akromegalie, Kopfschmerz und subjektive Symptome.

Brüche heilen nicht.

Eine eigenartige Kachexie, die gefährlicher als das Myxödem selbst war.

Syphilis, sekundär, tertiär.

Haut – Erröten der Haut.

Die Haut wurde so blau, daß sie fast blau-schwarz war.

Die Haut schilferte reichlich ab, aber ohne Schweiß oder Diurese.

Psoriasis: Der Ausschlag verstärkte sich und breitete sich aus.

Psoriasis: Röte und Jucken nahmen ab; der Ausschlag sonderte große Schuppen ab, der entzündliche Aspekt verschwand völlig.

Feuchte Stellen hinter den Ohren heilen ab.

Die Arme sind weniger steif und schmerzhaft; die Schwellung ging zurück.

Es sonderten sich Krusten ab, blaß-rote Haut blieb zurück; der Ausschlag war nicht annähernd so schmerzhaft.

Symmetrischer, serpiginöser Ausschlag; dunkelrot; Ränder erhaben und verdickt.

Lupus: straffes Gefühl, Hitze und entzündliche Rötung verschwanden; Eiterung verstärkt.

Ekzem: Hautreizung deutlich gemindert.

Verstreute Ekzempusteln reifen schnell oder verschwinden.

Zahnungsekzem.

Syphilitische Psoriasis.

Rupia.

Sklerodermie.

Abschälen der Haut, beginnend an den Beinen, erstreckt sich über den ganzen Körper; seither ist die Haut vergleichsweise weich und glatt.

Abschilfern der Haut an den Beinen, mit allmählicher Glättung (Ekzem).

Abschilfern der Haut an Händen und Füßen.

Schlaf – Dauernde Neigung zu schlafen.

Wachte gegen 4 Uhr mit scharfem Kopfschmerz auf.

Schreckliche Alpträume verschwanden.

Schlaflosigkeit.

Erregter Zustand; konnte nicht schlafen.

Fieber – Hitzewellen: mit Übelkeit; mit Bewußtseinsverlust.

Nach den Injektionen immer Hitze- und Krankheitsgefühl.

Fühlte sich besser und wärmer.

Hitzewellen im Oberkörper und Rückenschmerzen.

Die Körpertemperatur stieg nie über 37,2° C, trotzdem fühlte sie sich fiebrig und durstig.

Die Temperatur stieg auf 37,8° C und blieb mehrere Tage auf dieser Höhe; Puls 112.

Temperaturanstieg; Schweiß.

Reichliches Schwitzen bei geringster Anstrengung.

Tuberculinum

Tuberculinum Koch. Glycerinextrakt aus einer Reinkultur (menschlicher) Tuberkelbazillen. Flüssige Potenzierungen.

Charakteristika – Ich halte es für das Beste, den Namen *Tuberculinum* der Präparation von Koch vorzubehalten, weil es allgemein unter diesem Begriff bekannt ist. *Burnetts Bacillinum* ist jetzt als Name für die ursprüngliche homöopathische Präparation anerkannt, und obwohl sein Entdecker, *Swan*, es *Tuberculinum* genannt hatte, verdankt es *Burnett* seine gegenwärtige Stellung in der Therapie. So wird es den Sachverhalt vereinfachen, wenn wir den Begriff *Bacillinum* für die homöopatische Nosode und *Tuberculinum* für die Präparation von Koch verwenden. Ich finde keinen merklichen Unterschied zwischen der Wirkung von *Tub.* und der von *Bac.* Mein eigener Eindruck ist, daß die beiden praktisch identisch sind, und daß das eine auf die Indikationen des anderen anspricht.

Unter den eigentümlichen Empfindungen, die bei *Tub.* beobachtet wurden, sind: Als ob das Gehirn mit einem eisernen Ring gequetscht würde. Als ob die Zähne zusammengeklemmt seien und als ob es zu viele für den Mund wären. Empfindung von Schleim im Rachen; eines Tumors im Rachen. Druck im Magen, der sich zum Rachen erstreckt, als ob die Kleidung zu eng wäre. Als ob die Kleidung im Rücken feucht sei *(Bac.)*. Ermüdung, Mattigkeit, große Schwäche sind häufige Symptome. Große Schwäche in den Gliedern nach dem Essen, manchmal bis zur Lähmung. Die Zirkulation ist immer gestört, Frost und Hitzewellen abwechselnd.

„Schaudern zu Beginn des Schlafes“ ist ein eigentümliches und interessantes Symptom; ebenso „kalte Füße im Bett“, das allgemein bei Personen mit mangelnder Lebenswärme angetroffen wird. „Empfänglich für Musik" wurde bei einem von *Nebels* Patienten beobachtet; ein anderer hatte Schmerzen in der Appendixregion, was auf eine hilfreiche Wirkung bei Appendizitis hinweisen könnte. Die Symptome sind: < durch die geringste Anstrengung (ausgeprägte Ermüdung; Schweiß). Gehen: Schmerzen in den Lenden (Ermüdung).

Sich aufrichten: Herzklopfen. Jede Bewegung: Stechen in Brust und Rücken. Reiben: Jucken tritt woanders auf. < morgens (reichlich purulenter Auswurf; Übelkeit und Brechgefühl; Appetitverlust; Durst; Ermüdung). < von 22 Uhr bis 3 Uhr morgens (Stirnkopfschmerz). < abends (Hitze im Kopf; Husten, der vom Schlaf abhält; starke Schmerzen in der Mamma bei Beginn der Menses). < abends im Bett (Jucken; kalte Füße). < nachts (Schweiß; nach 3 Uhr Schlaf gestört). < bei Beginn des Schlafs (Schaudern). < nach dem Essen (Hitzewellen; Schläfrigkeit. Empfänglich für Musik.)

Burnett empfiehlt Tuberculinum in Hochpotenz zu geben, wenn bei dem betreffenden Fall ein starkes tuberkulöses Element vorhanden ist; wenn die tuberkulöse Ausprägung nur gering ist, sei die 30. Potenz besser.

Gemüt – Angst, düstere, melancholische Stimmung.

Verlor den melancholischen Gesichtsausdruck, den sie zuvor hatte.

Neigung zum Weinen und Klagen; Niedergeschlagenheit, Angst.

Sie ist sehr traurig.

Nervöse Reizbarkeit; zur Arbeit abgeneigt.

Gleichgültig.

Vergeßlich.

Abneigung gegen jede Arbeit, besonders geistige.

Empfänglich für Musik.

Möchte nicht von anderen Personen gestört werden; Zittern der Hände.

Fühlt sich vollkommen häßlich; persönliche Abneigungen steigern sich fast bis zur Manie.

Kleinigkeiten rufen starke Reizbarkeit hervor, und sie kann sich nicht davon lösen.

Sehr reizbar, kampflustig, zögert nicht, andere zu bewerfen, auch ohne Grund.

Gedächtnis schwach, kann nicht denken.

Konzentrationen und Verständnis beinahe unmöglich.

Große Angst vor der Zukunft, sonst bemerkenswerte Gleichgültigkeit.

Starke Schläfrigkeit und Müdigkeit; das ganze Muskelsystem ist erschlafft; möchte die ganze Zeit liegen.

Nervös; schlaff; reizbar.

Melancholisch, niedergeschlagen, ärgerlich, reizbar, bissig, mürrisch.

Launisch, streitsüchtig; liegt im Bett und jammert; von Natur aus ein sanftes Gemüt, jetzt an der Grenze zur Geisteskrankheit.

Ärgerlich, bissig, mürrisch, niedergeschlagen und melancholisch bis zur Geisteskrankheit.

Reizbar beim Aufwachen, nichts befriedigt ihn, nichts ist ihm recht.

Melancholie, mit ausgeprägtem hypochondrischem Delirium.

Alles im Zimmer erscheint fremd, als befände er sich an einem fremden Platz.

Starke Ruhelosigkeit; und innere Ruhelosigkeit.

|| Jammert und klagt bei den kleinsten Beschwerden; leicht erschreckt, besonders durch Hunde; schreit in Panik, wenn sich ihm ein Hund nähert.

Sehr ruhelos abends, wenn er geweckt wird.

Periodisch Angst und Schrecken.

Sie ist sehr traurig, niedergeschlagen und klagt dauernd.

Nervöse Reizbarkeit; Abneigung gegen körperliche oder geistige Arbeit.

Empfindungsvermögen abgestumpft; mit Kälte und Wehtun in Kopf, Rücken und Extremitäten.

Schläfrigkeit, Mangel an Lebenskraft; große körperliche Schwäche.

Möchte nicht gestört werden; Zittern der Hände und Füße.

Benommen, verwirrt, unfähig den rechten Weg zu finden; die Umgebung erscheint fremd.

Gedächtnis schwach oder verloren, unfähig, etwas zu denken oder zu verstehen.

Verständnis schwierig, muß einen Abschnitt mehrmals lesen, bevor er ihn verstehen kann.

Sopor, Schläfrigkeit; mit Dyspnoe.

Koma: tief, drei Tage lang andauernd, bei einer Temperatur von 41° C.

Delirium und ernste meningeale Symptome, nach einer Injektion von Tuberculinum.

Völlige Bewußtlosigkeit, Stupor und röchelnde Atmung.

Akute oder chronische Geisteskrankheit mit familiärer Anamnese von Tuberkulose.

Wenn das bestgewählte Mittel nicht zu einer Besserung oder dauerhaften Heilung führt bei ausgeprägter tuberkulöser Diathese, bei Tuberkulose in der Familienanamnese.

Verzweifelt, mutlos, Gefühl, als würde sie lieber sterben als leben.

|| Obwohl von Natur aus sanften Gemütes, wurde sie nun schweigsam, launisch, bissig, mürrisch, reizbar, ärgerlich, niedergeschlagen und melancholisch, ja sogar geisteskrank. – *Burnett.*

|| Mürrisch; schweigsam, reizbar, schreit im Schlaf, nachts sehr ruhelos, Obstipation; die Schwester starb an tuberkulöser Meningitis. – *Burnett.*

|| Ärgerlich und leidend, weint und jammert; überall sind verhärtete Drüsen zu tasten, das Kind ist heiß und schläfrig, der Urin ist rot und sandig; er wird durch vieles in Schrekken versetzt, besonders durch Hunde; war geimpft worden und hatte anschließend vier Monate lang einen schlimmen Arm gehabt; lachte überhaupt nicht, wimmerte wenn man ihn ansprach; Haut schmutzig; Hydrocephalus. – *Burnett.*

Kopf – Schwindel, besonders morgens, heftig, mit Verdunkelung des Sehens; muß sich an etwas anlehnen, beim Bücken, besonders beim Wiederaufrichten nach Bücken; mit Herzklopfen; mit Kopfschmerz; mit Übelkeit; mit Kopfschmerz morgens; nach dem Essen.

Große Hitze im Kopf; Hitzewellen nach dem Essen; abends Hitzegefühl im Kopf.

Kopfschmerz: tief in der Stirn; tief in den Schläfen; am Scheitel mit Hitzegefühl; vom Nacken zur Stirn; morgens, nachmittags vergehend.

Gefühl von Schwere auf dem Scheitel.

Kopfschmerz mit Verdunkelung des Sehens.

Kopfschmerz mit Schwindel.

Durchbohrender Kopfschmerz.

Durchbohrender Schmerz in der Stirn von 10 Uhr bis 15 Uhr.

Kopfschmerz abends; nachmittags.

Stirnkopfschmerz morgens.

Kopfschmerz mit Sausen in den Ohren.

Kopfschmerz morgens mit Nasenbluten.

Kopfschmerz vom Nacken zur Stirn; Brennen; durchbohrend.

Ungeheure Hyperämie der Pia mater und der Hirnsubstanz; extreme Verschlingung der Gefäße an der Oberfläche, innerlich düster rot; Tuberkel zeigten keine Verfallserscheinungen (Arachnitis).

Gefühl, als ob das Gehirn von einem eisernen Band gequetscht würde (*Bac.*).

Kopfschmerz < durch Bewegung.

Migräne, beginnend gegen 8 Uhr, tagsüber an Stärke zunehmend; sehr wechselhaft, Neigen des Kopfes auf eine Seite verstärkt den Schmerz auf dieser Seite.

Gefühl, das Gehirn sei lose und rolle von einer Seite zur anderen.

Schießende Schmerzen im Hinterkopf, erstrecken sich die Wirbelsäule abwärts.

Kopfschmerz beginnend um 10 Uhr, schlimmer werdend bis 15 oder 16 Uhr; Schmerzen wandernd, den Ort schnell wechselnd, zuerst an einer Stelle, dann woanders, in keiner Lage gebessert.

Kopfschmerz abends um 20 Uhr, neuralgisch, zunächst an einer Stelle und dann woanders; über dem einen Auge und dann über dem anderen, dann am Hinterkopf und die Wirbelsäule hinunter.

Kopfschmerz nachmittags, < durch Treppensteigen, > im Freien.

Schwere Kopfschmerzen mit Schwindel am Nachmittag; schwindelig, Magenverstimmung wie bei Seekrankheit.

Dumpfer Kopfschmerz beim Erwachen.

Ein merkwürdiges Gefühl im Kopf am Anfang beim Hinlegen, als ob irgendein leichtes Ding von über den Augen bis zum Scheitel rollt.

Schwere Kopfschmerzen, beginnend über dem linken Mastoid und sich dann über den Kopf bis zur anderen Seite erstreckend.

Große Schwere im Kopf und Schmerz in Hinterkopf und Nacken.

Heftiger Kopfschmerz, < am zweiten Tag, bis zum dritten Tag andauernd, von Zeit zu Zeit für viele Wochen wiederkehrend und Ruhigstellung erzwingend. – *Burnett.*

| Kopfschmerz, *mit häufigen, scharfen, schneidenden Schmerzen vom rechten Auge durch den Kopf hindurchziehend bis hinter das linke Ohr. – Rose.*

|| Kopfschmerzen von großer Intensität, denen Frostschauer vom Gehirn die Wirbelsäule hinab vorausgingen, mit dem Gefühl, der Kopf wäre oberhalb der Augen geschwollen; sie wurde ohnmächtig mit Schreien, riß sich an den Haaren, schlug ihren Kopf mit den Fäusten, oder versuchte, den Kopf gegen die Wand oder den Boden zu schlagen. – *Swan.*

|| Kopfschmerz seit 45 Jahren, die Schmerzen ziehen vom *rechten Stirnhöcker zur rechten Hinterhauptsregion.* – *Swan.*

|| Schreckliche Schmerzen im Kopf, als werde der Kopf von einem engen, eisernen Reif umgeben; Zittern der Hände, das quälende Gefühl feuchter Kleider auf der Wirbelsäule, beinahe vollständige Schlaflosigkeit, tiefgehende Schwäche; seine Freunde dachten, er sei am Rande der Geisteskrankheit; die meisten seiner Geschwister starben an Hirnödemen; die rechte Lunge verdichtet, wahrscheinlich durch ausgeheilte Kavernen, da er früher einmal an Lungenphthise litt. – *Burnett.*

|| Tuberkulöse Meningitis mit Erguß, Kopf stark vergrößert; nachts abwechselnd wach und delirant, redet in Intervallen den ganzen Tag Unsinn; nächtliche Halluzinationen, Furcht, Delirium, Fieberanfall; Ekzem, das nach zwei erfolglosen Impfungen fast verschwand und bald darauf von diesem Zustand gefolgt wurde, nach Verabreichung des Mittels zeigte sich ein pustulöser Ausschlag, dann erschienen Lepraflecken und ein Ekzem. – *Burnett.*

|| Basale Meningitis. – *Sinker.*

| Tuberkulöse Meningitis – *Sinker.*

|| Akute cerebrale Meningitis mit starkem Strabismus. – *Biegler.*

Weichselzopf: mehrere schlimme Fälle auf Dauer durch Tuberculinum geheilt. – *Jackson.*

Augen – Geschwollene Lider; Kopfschmerz mit geschwollenen Lidern, morgens.

Rechtes Auge stark geschwollen, Bindehaut entzündet.

Mattigkeit und Schwere der Augen, dunkel vor den Augen.

Verdunkelung des Sehens mit Schwindel.

Öffnet das rechte Auge (welches zuvor geschlossen war).

Aufbrechen der Narben alter Hornhautgeschwüre. – *Stoker.*

Klärung einer Hornhauttrübung, die von einer alten tuberkulösen Hornhautentzündung herrührte. – *Stoker.*

Tuberkulose der Augenlider, kleine graue und gelbe Knötchen in der Bindehaut der äußeren Lidanteile, an Größe zunehmend, zusammenfließend, plötzlich verschwindend.

Phlyktäne traten auf, wo zuvor keine vorhanden waren. – *Maschke.*

Bindehautentzündung; Herpes auf den Lidern.

Amblyopie mit Ungleichmäßigkeit und vollständiger Lähmung der Pupillen (bei einem Alkoholiker).

Gerstenkorn am rechten Oberlid. Lid geschwollen, intensiv schmerzend; nach vier Tagen sonderte sich grüner Eiter ab.

Am rechten Unterlid trat plötzlich ein Gerstenkorn auf und begann wie bei einem Bienenstich anzuschwellen. Öffnete sich innerhalb 48 Stunden, und es floß grüner Eiter heraus.

Ohren – Tinnitus.

Sausen in den Ohren bei schwerem Kopf.

Stechender Schmerz vom Rachen zu den Ohren.

Kopfschmerz mit Rauschen in den Ohren und Druck auf dem Scheitel.

Starkes Wehtun in Ohren und Zähnen.

Fall – Zwei Jahre alter Knabe; helle Haut.

25. Januar 1895. Auf der väterlichen Seite Schwindsucht. Seit dem letzten Februar hatte ein gelblicher Eiterausfluß aus den Ohren ohne spezielle Indikationen bestanden. Bis vor zwei oder drei Wochen durch einige Medikamente Erleichterung.

Jetzt besteht eine beträchtliche Schwellung der Drüsen um das Ohr herum und am Hals, am schlimmsten unter und hinter dem Ohr, mit leichtem Ausfluß gelblichen Eiters aus dem rechten Ohr. Kein Schmerz. Kein Appetit; nimmt nur Milch, wenn Tee darin ist. Nicht vom Fleisch gefallen, aber dünner als gewöhnlich. Verlangen nach frischer Luft und möchte im Freien sein. Nachts verdrießlich, was aber tagsüber besser zu sein scheint. Ungefähr einen Tag, bevor das Ohr zu laufen anfing, war er sehr fiebrig. Tuberculinum 50M eine Gabe.

7. Februar. Drei Tage lang nahm die Schwellung um das Ohr zu und sah aus, als würde sie nach außen durchbrechen. Von da ab ging sie zurück; gestern hörte das Ohr auf zu laufen. Der Ausfluß wurde dick und wollte nicht fließen; man spülte ihn mit warmem Seifenwasser heraus; allmählich wurde er weniger. Der Ausfluß roch kaum. Ein- oder zweimal täglich Stuhlgang. Appetit besser. Nachts etwas ruheloser. Begierig, nach draußen zu kommen, weinte dort aber und wollte wieder ins Haus zurück. Wenn er weint, scheint der Kopf weh zu tun. Stimmung besser, er ist nicht so mürrisch. Die Drüsenschwellungen sind fast verschwunden. Er scheint allmählich zu gesunden. Placebo.

26. Februar. In jeder Hinsicht besser. Keine Schwellung des Ohres und kein Ausfluß. Die Familie hält ihn für gesund. Als einziges scheint er morgens die erste Zeit nach dem Aufstehen ganz blaß und nervös, aber auch dies gibt sich bald. Er nimmt zu. Sac. lac. Der Fall erforderte kein weiteres Mittel und führte schnell zu einer Heilung.

NASE – Schnupfen.

Schleimabsonderung aus der Nase, dick, gelb-grün.

Verstärkte Schleimabsonderung bei Stirnkopfschmerz.

Wehtun der Ohren und Zähne mit Schnupfen abends, bei Kopfschmerz.

Nasenbluten.

Komedonen auf der Nase, umgeben von winzigen Pusteln.

Die Empfindung einer „heißen und brennenden“ Nase verlor sich.

Reichliche Absonderung von Blut vermischt mit Schleim aus den Nasenlöchern.

Bei jedem Wetterwechsel scheint eine neue Erkältung zu kommen, ständig blutiges Naseschneuzen, reichlicher Ausfluß blutigen Schleimes.

Kleiner Furunkel an der Nasenspitze und einer an der Oberlippe; klein, von dunkelroter Farbe und Eiter enthaltend, sehr langsam heilend.

Niesen, Brennen, wässriger Ausfluß, scheint dauernd eine frische Erkältung zu haben.

Fließschnupfen.

Ausfluß dicken, zähen, grau-gefärbten Schleimes.

Erwacht täglich um 5 Uhr, um Hals und Nase zu reinigen.

Rasseln von Schleim, der ausgeworfen werden muß, im Hals, unmittelbar nach dem Essen.

Wundheit im Inneren der Nase, beginnend als wässrige Pickel, die eitern und Schorf bilden; Nase und Lippen etwas geschwollen, leichtes Jucken. – *Rose.*

GESICHT – Ödematöses, blasses Gesicht.

Chronische Konvulsionen des M. orbicularis inferior, akut.

Konvulsionen der Gesichtsmuskeln, besonders des M. buccinator.

In einem Fall zeigte die Entzündung des Gesichtslupus ein ziemlich schweres, unzweifelhaftes Erysipel, und der Patient war für einige Zeit in Gefahr.

Wangenröte auf der gleichen Seite wie die betroffene Lunge, während der Reaktion. – *Borgherini.*

Oberlippe und Nase schwollen während der ersten zwei oder drei Reaktionen an, die Lippe sprang an der Innenseite auf.

Herpes auf Lippen und Augenlidern. – *Heilferich.*

Nach der zehnten Injektion wuchs die linke Hälfte des Schnurrbartes nicht mehr, der rasiert wurde, um Krustenbildung aufgrund der Eiterung zu vermeiden; jedes Haar fiel aus und einen Monat lang war die Oberlippe vollständig haarlos, sogar unter der Lupe betrachtet, die Haare begannen jedoch wieder gut zu wachsen, bevor er das Heim verließ. – *Hine.*

Leichte Schwellung und Jucken der Lippen. – *Rose.*

Zähne – Unbestimmte Zahnschmerzen.

Zähne fühlen sich locker an.

„Gefühl, als seien die Zähne zusammengeklemmt und zu viele für seinen Kopf."

Sordes.

Entzündung des Gaumens, skorbutähnlich.

Gaumen geschwollen, Schwellungsgefühl.

Mund – Zunge übelriechend, belegt.

Zunge dick belegt.

Belag auf weichem Gaumen und Zunge.

Geschmack salzig, eitrig.

Aphthen auf Zunge und Wangenschleimhaut.

Zunge trocken.

Trockenheit der Lippen.

Schwarze Bläschen auf den Lippen.

Gaumen: stark geschwollene und vaskularisierte Granulationen.

Übelriechender Atem.

Auswurf blutig gestreiften Schleimes aus Mund und Hals.

Ein bitterer, unangenehmer Geschmack; nichts schmeckt natürlich. Über drei Monate anhaltend.

Zunge hinten und in der Mitte weiß belegt.

Verbrühtes Gefühl an der Zunge, im Mund wie verbrannt; Zungenspitze wund.

Lippen trocken und rissig; der ganze Mund ist sehr trocken, aber kein Durst, morgens beim Aufstehen.

Erwacht mehrmals in der Nacht wegen Mundtrockenheit.

Hals – Wehtun in Rachen und Kehlkopf.

Kratzen im Rachen.

Kitzeln im Rachen löst Husten aus.

Empfindung von Schleim im Hals.

Empfindung eines Tumors im Rachen.

Trockenheit des Halses; Tonsillitis; allgemeiner Entzündungszustand der Rachenschleimhaut.

Retropharyngealabszeß.

Brennende Schmerzen im Hals.

Gefühl des Zusammenschnürens im Hals; im Kehlkopf.

Schwere und Gefühl von Rasseln im Hals.

Das Wehtun erstreckt sich vom Rachen zu den Ohren.

Verstärkte Schluckbeschwerden; später gemildert (bei Kehlkopfphthise).

Intensiver Schmerz im Naso-pharynx beim Schlucken.

Gefühl, als sei die rechte Seite des Halses geschwollen; Auswurf großer Schleimmengen vom Nasen-Rachenraum, schlimmer unmittelbar nach dem Essen.

Stechen wie von Nadeln in der linken Halsseite, < durch Schlucken.

Schmerzen schießen zum linken Ohr beim Schlucken; kann keine festen Sachen essen.

Trockenheit des Halses und der hinteren Nase mit einem trockenen Kitzelhusten nachts.

Appetit – Appetit gut; läßt sich das Essen schmecken. Alles ist in bester Ordnung, bis die Speisen die unteren Därme erreichen, dann setzt Stuhldrang ein. Der Stuhl ist meist unverdaut; Durchfall; Gewicht 112; zu Beginn der Prüfung 134.

Appetitverlust, besonders morgens.

Durst auf kleine Mengen Wasser.

Durst: extrem, Tag und Nacht; morgens brennend.

Hat früher viel Kaffee getrunken, kann jetzt aber nicht einmal dessen Geruch ertragen, weil er den Kopfschmerz verstärkt.

Starker Durst.

Großer Durst auf heißes Wasser, das den Durst nicht erleichtert.

Heißhunger nach Speisen, nach etwas Eßbarem, wird durchs Essen nicht gelindert.

Magen – Aufstoßen und Gefühl von Völle über dem Magen.

Übelkeit, Erbrechen.

Heftiges Erbrechen mit > der Kopfschmerzen.

Übelkeit und Erbrechen; Übelkeit und mühevolles Erbrechen mit Kolik und Durchfall.

Vorübergehende Übelkeit und Erbrechen nach dem Essen.

Erbrechen nach jeder Mahlzeit.

Übelkeit und Brechgefühl morgens mit Schweregefühl in der Magengegend.

Druck im Magen zum Hals sich erstreckend, als ob die Kleidung zu eng wäre.

Krampfartige Schmerzen im Magen.

Übelkeit mit Schmerzen in der Nabelgegend bei Diarrhoe.

Übelkeit mit zermürbendem und aufwühlendem Gefühl im Magen und verstärktem Durst.

Brechgefühl im Magen und Drücken.

Übelkeit morgens.

Stechende Schmerzen in der Magengegend.

Geschmackloses Aufstoßen.

Dauernde Übelkeit, kann aber nicht erbrechen.

Rülpsen mit brennendem Gefühl in der Speiseröhre vom Magen bis zum Mund.

Geschmackloses Aufstoßen mit viel Rülpsen.

Übelkeit und Ekel beim Anblick oder Geruch von Speisen.

Leeres, verdrehtes Gefühl im Epigastrium, gefolgt von erneutem Stuhlgang.

Viel drückender, anhaltender Schmerz im Epigastrium.

Gefühl, als wäre der Magen von einer Hand gepackt.

Leeres Gefühl nach dem Essen, als ob noch nicht gesättigt.

|| Blähungsdyspepsie mit Kneifen und Schmerzen unter den rechten Rippen in der Mammilarlinie. – *Burnett.*

Abdomen – Krampfartige Schmerzen im Magen und Bauch.

Gefühl von Zusammenschnüren im Bauch.

Kolik mit Durchfall und Schweregefühl im Magen.

Kolik mit starkem Durst.

Mattigkeit und Brechgefühl in der Magengegend und im Bauch; stechende Schmerzen tief in der Milz; heftige Schmerzen in der Lebergegend.

Stechendes Weh in der Gegend von Leber, Milz, Ovarien, Samenstränge, Hoden (besonders links), in den Hüftgelenken, im Rektum.

Schmerzen in der Gegend der Appendix.

Masse von vergrößerten Drüsen, in der rechten Fossa iliaca viel kleiner.

Sechs Pusteln an verschiedenen Stellen der Haut des Rükkens und des Bauches, nach Entleerung abgeheilt.

Einzeln stehender, papulöser Ausschlag an Brust und Bauch.

Perforierendes Geschwür im Darm.

Den ganzen Tag über aufgeblähtes Gefühl im Bauch.

Darmkollern, viel Klopfen und Rumpeln.

Gefühl, als ob von der linken Leiste her etwas aufwärts zu kriechen beginnt, mit dauerndem Kollern.

Dumpfer Schmerz und Kollern im Bauch, ständig die Seiten wechselnd.

Gefühl, der Bauch sei mächtig gebläht, Kleidung sehr beengend, besonders in der Taille, gezwungen das Korsett zu entfernen aus Angst zu ersticken.

Gefühl des Berstens im Bauch.

Leeres Gefühl im Bauch, gefolgt von Brennen von der Taille ausstrahlend bis in die Beine.

|| Fieber, Abmagerung, Schmerzen und Unbehagen im Bauch, nachts Ruhelosigkeit, Leistendrüsen beidseits vergrößert und verhärtet; schreit im Schlaf auf; Erdbeerzunge. – *Burnett.*

|| Tabes mesenterica; Schwellung auf der linken und auch auf der rechten Seite; klagt nach Laufen über einen Stich in der Seite; matt und nicht zum Reden aufgelegt; nervös und reizbar; spricht im Schlaf; knirscht mit den Zähnen; schlechter Appetit; blaue Hände; tastbare, verhärtete Drüsen überall im Bauch; Trommelbauch; die Milzregion wölbt sich hervor. – *Burnett.*

|| Leistendrüsten verhärtet und sichtbar; exzessiver Schweiß; chronische Diarrhoe.

Stuhl und Anus – Obstipation; Stuhl hart, trocken, mit Kolik und Windabgang.

Durchfall mit kneifenden und brennenden Schmerzen.

Drücken und Zusammenschnüren im Rektum.

Schmerz im Rektum.

Jucken im After.

Dauernder Stuhldrang; oft vergeblich.

Tenesmus, schmerzhaft, andauernd; im Liegen nicht so heftig, aber nicht > durch Hinlegen.

Vergeblicher Stuhldrang; keine Beziehung zum Stuhlgang; es scheint am Sphinktermuskel zu liegen.

Der Stuhl scheint oberhalb des Sphinkters ein Stück weit sich zu senken und kommt dann hauptsächlich in kleinen

Durchfalltröpfchen ohne Schmerz, bis der Sphinkter berührt wird. Tenesmen beginnen, sobald der Stuhl den unteren Teil des Rektums passiert.

Tenesmen und erfolgloser Drang Tag und Nacht; keine Ruhe, gestörter, unerfrischender Schlaf.

Gefühl beim Husten, als wäre das Rektum herausgerissen.

Wird ermüdet durch das Sitzen, fürchtet sich aber vor Bewegung, da diese die Tenesmen verschlimmern.

Durchfall früh morgens: dringend, wässrig, dunkelbraun und übelriechend, entweicht mit großem Druck, 5 Uhr. Acht Tage lang kommen diese Stühle pünktlich, früh am Morgen zwischen 5 Uhr und 6 Uhr.

In der Früh, dringend, vergeblich, mit Tenesmen.

Durchfall früh morgens; wässrig, schmerzlich, hellgelb, anschließend keine oder nur geringe Erschöpfung.

Mrs. S., 27 Jahre alt, Katarrh der Nase, des Halses und des Kehlkopfes; heftiger Husten, < durch Hinlegen, nach dem Hinlegen hustet sie zehn oder fünfzehn Minuten lang heftig, es löst sich etwas zäher Schleim, den sie aber weder hochbringen noch schlucken kann. Nachtschweiße; sie ist warm zugedeckt. Morgendlicher Durchfall: wässrig, reichlich, im Guß um 6.30 Uhr; die kleinste Bewegung, wie Umdrehen im Bett, zwingt eilig aufzustehen wegen einer Flut von Durchfall; Kollern und Gurgeln im Bauch, als ob literweise Wasser in Magen und Därmen wäre. Wenn sie mit dem Essen vorsichtig ist, kann der Rest des Tages ohne Durchfall verlaufen. Der Stuhlgang nach dem Mittagessen ist dann normal, der Morgendurchfall wird aber nicht beeinflußt. Morgens schwach, erschöpft. Nachmittags fühlt sie sich ziemlich wohl. Während der Menses äußerst nervös. Die letzten drei Menses waren zehn oder fünfzehn Tage zu spät und spärlicher als gewöhnlich. Während der Behandlung bei einem unserer besten Homöopathen hatte sie Aloe, Sulphur, Podophyllum, Gambogia und Rumex bekommen.

Drei- oder viermal täglich reichliche, wässrige Stühle.

Dauernder Stuhldrang. Ameisenlaufen.

Stuhlgang lose; leichte Tenesmen.

Dauernder vergeblicher Drang.

Loser, gelbgefärbter Stuhlgang, unter beträchtlicher Anstrengung; dreimal Stuhlgang nach 17 Uhr, verbunden mit starkem Durst und Darmkollern.

Grimmiger Schmerz mit Abwärtsdrängen im Unterbauch; etwas Erleichterung nach Stuhlgang.

Stuhl blaß, gelb.

Gefühl von Ziehen und Zusammenschnüren des Sphinkter.

Reichlicher, wässriger, wie alter Käse übelriechender Stuhl um 17 Uhr.

Plötzlicher Durchfall vor dem Frühstück mit Übelkeit.

Durchfall, heftiges Fieber, brennend heiße Haut, starke Hitze im Kopf, gerötetes Gesicht, Augen nach oben verdreht, bebend und rollend; eigenartig übler Körpergeruch. – *Burnett.*

|| Cholera infantum. – *Swan.*

|| Starke Darmblutung, Husten; Abmagerung; Phthise in der Familienanamnese.

Harnorgane – Harnfluß unterbrochen, hört auf und fließt wieder; fließt langsam; muß zum Stuhl pressen, um Wasser zu lassen.

Unfähig zum Wasserlassen, gleichgültig wie stark er preßt oder wie sehr die Blase gefüllt ist. Erst wenn der Krampf im Anus gelöst ist, fließt der Urin, hört auf und fließt wieder mehrere Male.

Harnmenge vermindert.

Muß sehr häufig urinieren, besonders während Wetterwechsel.

Ein Zehntel Albumin auf der Höhe der Reaktion; danach nicht mehr vorhanden.

Spezifisches Gewicht von 1016 auf 1023 erhöht mit reichlichen Uraten und klebrigem Schleim.

Peptonurie bei einem 33-jährigen Mann. – *Maregliano*.

Hämaturie mit Nierenschmerzen.

Reichliche Urate.

Reichlicher, klebriger Schleimabgang.

Urin häufig, reichlich, setzt gelblich-rötliche Wolke ab beim Stehen, überladen mit Uraten.

Urin riecht nach gekochten Bohnen.

Männliche Geschlechtsorgane – Schmerzen in den Hoden und im linken Samenstrang.

Mr. G. A. T., 28 Jahre alt, Geschäftsreisender, helles Aussehen, geistig beweglich, aktiv, drahtig, gut genährt. Der Vater und drei Onkel waren an Lungentuberkulose gestorben, er selbst das letzte männliche Mitglied der Familie; lebt streng gemäßigt, ohne Kaffee, Tee, Bier oder Tabak. Seit neun Jahren unwillkürlicher Samenabgang mit oder ohne Erektionen, mit oder ohne Träume, anschließend immer zwei Tage lang schwach und erschöpft; sechs- bis achtmal im Monat. Er hat einige der besten allopathischen und homöopathischen Ärzte der Stadt konsultiert, seit sechs Jahren ausschließlich in homöopathischer Behandlung, seit drei Jahren bei einem der besten Ärzte unserer Vereinigung.

Weibliche Geschlechtsorgane – Starke Schmerzen in den Brüsten abends bei Beginn der Menstruation.

Menstruation mit Schmerzen in der Lumbosakral- und Ovarregion.

Stechender Schmerz im Unterbauch; Schmerzen in der Lumbosakralgegend, < beim Gehen.

Schwäche in der Genitalgegend; schmerzhafte Menstruation.

Blut klumpig, Menses länger dauernd als gewöhnlich; Menses acht Tage zu früh.

Brennende Schmerzen in den äußeren Genitalien; scharfer Fluor; Schmerzen in der Sakral- und Ovarregion bis zu den Hüftgelenken.

Hitzegefühl in den äußeren Genitalien mit verstärktem Ausfluß.

Krämpfe in der Uterusregion mit Schmerzen in der Sakral- und Ovarregion.

Brennende Schmerzen in der Ovargegend.

Menstruation kehrt 14 Tage nach der Entbindung wieder.

Menses fünf Tage zu früh, übelriechend, spärlich, nur zwei Tage lang dunkel fließend; hörten einen Tag lang auf, kehrten am vierten Tag wieder. Der Vorgang erschien völlig unnatürlich.

Menses gewöhnlich ein oder zwei Tage zu spät und vier Tage andauernd.

Miss Mary E. A., 29 Jahre alt, Studentin an der Universität, ein Bruder lebt bei schlechter Gesundheit. Die Mutter, mehrere Tanten und der Rest der Familie starben vor dem 30. Lebensjahr an Tuberkulose. Mit elf Jahren hatte sie im Juli eine schwere Efeuvergiftung und leidet seither jedes Jahr an Anfällen im Sommer; Menarche mit 13 Jahren; Menses früh, spärlich, dunkel, verklumpt, erschöpfend, tröpfeln eine Woche lang; setzen jedes Jahr im Juni, Juli und August aus. Magen und Bauch gebläht, < im Sommer. Schwitzt nur an einzelnen Stellen. Hände und Füße ödematös. Oberer Nacken und Hinterkopf schwer; schmerzhaft. Geistige Arbeiten, wie ihr Studium, kann sie nur unter größten Anstrengungen verrichten. Ruheloser, traumreicher Schlaf, erfrischt nicht. Füße und Hände kalt und feucht. Die Sommerhitze erschöpft sie. Leukorrhoe: ätzend, reichlich, bräunlich-gelb, übelriechend, läuft in großen Mengen bis zu den Fersen hinunter. Keine Erleichterung durch Baden.

Brustkrebs, als solcher von den besten allopathischen Autoritäten in Boston diagnostiziert, weder Trauma noch

Kummer in der Vorgeschichte. Das auffallendste Symptom dabei waren tuberkulöse, kleine, harte Knoten in der Drüse, ein oberflächlicher Strang zog sich zur Axilla. Sie litt früher an starken Kopfschmerzen, die jedoch verschwanden, als das Tumorwachstum begann; die Warze war eingezogen. Wegen des tuberkulösen Charakters der Knoten und wegen der Kopfschmerzen, die den Tuberculinum-Kopfschmerzen ähnelten, in der Vorgeschichte, gab ich der Patientin eine Dosis Tuberculinum.

Nach 48 Stunden setzten brennende, lanzinierende Schmerzen in den Knoten ein; sie litt früher schon an brennenden, lanzinierenden Schmerzen, die durch Sedativa gelindert worden waren. Die brennenden, stechenden Schmerzen dauerten zwei oder drei Tage an, klangen dann allmählich ab. Die Brustwarze wurde weniger eingezogen, die Knoten wurden weicher, die Schmerzen verschwanden, und die allgemeine Gesundheit wurde prompt gebessert.

Atmungsorgane – Deutlicher Effekt bei Kehlkopfbefall, meist ein vorteilhafter.

Nach zehn Injektionen starker Befall des Kehlkopfes, entzündliche Schwellung und Geschwürsbildung.

Infiltration der Kehlkopfschleimhaut, hochrot, heller als normal.

Starke Schwellung der Aryknorpel.

Tuberkulöser Auswuchs.

Abschilferung am rechten Stimmband, es hat den Anschein eines Extravasates unter dem hinteren Teil.

Stimmbänder stark hyperämisch, bedeckt mit winzigen, ulzerierten Punkten.

Husten und Auswurf einige Monate anhaltend, nach Durchnässung (geheilt, keine Bazillen nachgewiesen).

Druckgefühl auf der Brust.

Husten und Auswurf.

Reizhusten, < nachts.

Nachts wenig Husten mit Wehtun der Seite und blutig tingiertem Sputum.

Heftiger Husten abends mit Schmerzen unterhalb der Mamma auf der rechten Seite.

Neigung zum Husten.

Starker Husten mit schleimig-eitriger Absonderung morgens.

Der Husten hält ihn am Abend vom Schlafen ab.

Husten, Absonderung von Schleim, besonders beim Gehen, mit stechenden Schmerzen in den Lungen und Herzklopfen.

Eine Art Keuchhusten.

Trockener Husten nachts.

Husten mit zähem Schleim.

Nach vielem Husten Gefühl von Schleim im Kehlkopf, Schleimabsonderung wird leicht ausgeworfen.

Auswurf vermindert. – *Heron.*

Herzklopfen und Rückenschmerzen beim Husten.

Knisterndes Röcheln an der rechten Schulter hinten.

Während der Reaktion wurde gewöhnlich ein reichlicher, wässriger Auswurf beobachtet. – *Wilson.*

Mit jeder Steigerung der Dosis litt er an Asthmaanfällen, drei bis sieben Stunden dauernd.

Extreme Schnelligkeit der Atmung ohne Dyspnoe, 60 bis 90mal in der Minute; wenn der Patient angesprochen wird, hört das schnelle Atmen sofort auf (wie bei einem Hund, der in der Sonne keucht).

Verlangt nach tiefer Einatmung; Dyspnoe.

Schwierigkeiten beim schnellen Atmen.

Ausgeprägtes Erstickungsgefühl.

|| Leichter, aber lästiger, abgehackter Husten, seit Monaten, bei einem Mädchen mit deutlich schwindsüchtigem Habitus. – *Burnett.*

|| Harter, trockener Husten, manchmal geringer, gewöhnlich aber gar kein Auswurf, leicht fiebrig. – *Boardman.*

|| Harter, trockener Husten, schüttelt den Patienten, < im Schlaf, weckt aber den Patienten nicht auf. – *Boardman.*

|| Auswurf von nicht zähem, sehr leicht sich ablösendem, dikkem Schleim aus den Luftwegen, nach ein oder zwei Tagen klingt die Stimme äußerst rein. – *Burnett.*

Trockener, abgehackter Husten mit Auswurf von gelbem, blutgestreiftem Schleim.

Husten früh morgens, blutgestreifter Auswurf.

Leichter, abgehackter Husten den ganzen Tag über, < beim Zubettgehen und Aufstehen; Dämpfung über der rechten Lungenspitze. – *Burnett.*

Brust – Druckgefühl in der Brust.

Hitze in der Brust.

Stechender Schmerz in der Brust, besonders in der linken Lungenspitze.

Gefühl des Zusammenschnürens in der Präkordialgegend.

Schmerzen in beiden Seiten der Brust, zum Rücken ausstrahlend.

Schmerzen in der linken Seite.

Stechen in der Seite.

Nächtliche Schmerzen auf der Brust.

Stechende Schmerzen: in den Lungen; in der linken Seite, zwischen den Schulterblättern.

Wehtun der Seite nachts.

Stechender Schmerz in der Brust, auf der rechten und linken Seite.

Stechender Schmerz in der linken Seite morgens und nachmittags.

Stechender Schmerz in den Lungen beim Lachen.

Schmerz in der Axilla, besonders beim Heben des Armes.

Stechender Schmerz in den Lungen mit Husten und Herzklopfen.

Druck in der Brust, stechender Schmerz zu beiden Seiten der Brust, im Rücken.

Herzklopfen, ausgelöst durch tiefe Atemzüge, Wehtun im Rücken mit Schmerzen unter den Rippen.

Schmerzen unter dem Schlüsselbein beim Husten.

Stechender Schmerz in der linken Lunge.

Schmerz erstreckt sich vom Schlüsselbein zum Hals.

Schmerz in der Lungenspitze ausstrahlend in Axilla und Arm.

Stechender Schmerz in Brust und Rücken, < durch jede Bewegung.

Schmerz von der linken Lunge zur Achselhöhle.

Schmerz auf der linken Seite erstreckt sich zum Rücken.

Schmerz in der linken Lungenspitze und in der Milzgegend.

Heftiger Schmerz in Rücken, Achselhöhle und Armen.

Schmerzen in der linken Seite, muß tief atmen.

Bronchialatmen über beiden Lungen.

Dämpfung der rechten Lungenspitze.

Plötzliche, reichliche Haemoptyse mit tödlichem Ausgang.

Es entwickelt sich eine Kaverne auf der dem Erstbefall gegenüberliegenden Seite.

Neue Absiedlung von Tuberkeln an der Pleura.

Die Oberfläche der alten Lungenkavernen zeigten eine ungewöhnlich starke Rötung der granulierten Schichten.

Hämorrhagische Infiltration der Wände.

Frische Blutungen in die Kavernen wurden beobachtet.

Todesfälle durch ulzerierende Phthise, besonders die Lungen und auch die Pleuren zeigten ausgeprägte und starke, frische Veränderungen. Pleuritis, meistens sehr stark, einfach und tuberkulös, häufig hämorrhagisch und nicht selten beidseitig.

Käsige Pneumonie oder käsige Hepatisation, die Lungen sehen aus wie gespickter Blutpudding (der Patient, ein 33-

jähriger Architekt, bekam sechs Injektionen in den letzten vier Wochen vor seinem Tod. Anfangs hatte er nur in einer Lungenspitze eine Verhärtung. Die Behandlung wurde wegen anhaltenden Fiebers und der Infiltration des Unterlappens unterbrochen).

Katarrhalische Pneumonie wurde gefunden, doch unterschied sie sich von den gewöhnlichen Formen, bei welcher die Alveolen wie Gelatine aussehen, wenn sie ausgedrückt werden, dadurch, daß der Inhalt der Alveolen sehr wässrig und trübe war – eine trübe Infiltration, ähnlich einem phlegmonösen Zustand.

Weiche Hepatisation, im Unterschied zur gewöhnlichen katarrhalischen Hepatisation, bei welcher sich in der Mitte der Flecke Erweichungsherde entwickeln; führte zum schnellen Zerfall und zur Exkavation.

Bildung frischer Tuberkel; kleine Tuberkel, welche der Anlaß für neue Ulcera waren, erschienen plötzlich, besonders in Pleura, Perikard und Peritoneum.

Mobilisierte metastasierende Bazillen.

Lungenabszesse.

Perforierende Abszesse in den Atmungsorganen.

Brennendes Gefühl in beiden Lungen, > in frischer Luft.

Heftig brennendes Gefühl in der rechten Lungenspitze unter der zweiten Rippe.

Brust wund, zuerst an einer Stelle, dann woanders.

Harter, trockener Husten mehrere Tage lang, mit Auswurf von gelbem Schleim, vermischt mit weißen Klumpen oder einer Menge von weißem, faserigem Zeug, das wie Dickmilch aussieht, mit Wundheit einer oder beider Lungen beim Husten oder tief Einatmen.

Starkes Angstgefühl in der Herzgegend, besonders schlimm beim Gehen.

Im ganzen Körper wird ein mit dem Herzschlag synchrones Pulsieren verspürt.

|| Ein 15jähriges Mädchen, groß für ihr Alter, hat vergrößerte Mandeln, einen chronischen Ausfluß aus der Nase, < morgens beim Aufstehen; belegte Sprache, Hühnerbrust; schwitzt viel über der Nase; sehr starkes Schwitzen auf der Brust, in den Achseln, auf der Nase und an den Füßen, fröstelt sehr; Milz ist geschwollen; deutlicher dumpfer Klopfschall über der rechten Lungenspitze; litt sehr unter einer Impfung, bekommt Frostbeulen. – *Burnett.*

|| Hektische Wangenröte; Kurzatmigkeit; leichter, abgehackter Husten; einige skrofulöse Narben am Hals; schwärzliche Haut, grobblasiges, feuchtes Rasselgeräusch in beiden Lungen; vermehrte Stimmresonanz in der rechten Lunge; amphorisches Atemgeräusch in der rechten Lunge; weiche, vergrößerte Lymphdrüsen an der linken Halsseite; deutliches Herzgeräusch, am lautesten über der Herzspitze im Systolikum. Iodoform, in einer Dosierung von dreimal vier Gran wurde im Verlauf von zwei Monaten gegeben, dies brachte eine Besserung, anschließend ab und zu Tuberculinum C. – *Burnett.*

|| Nächtliche Schweißausbrüche; gezackte Schneidezähne; überall verhärtete Drüsen, vergrößert und zahlreich; Trommelbauch, Zähneknirschen in der Nacht, starke Anfälligkeit für Erkältungen; Schwitzen stärker am Rücken, über den Lungen und am Kopf; großer Kopf mit vorgewölbter Stirn, anfällig für Fieber und Durchfall. – *Burnett.*

|| Beginnende Schwindsucht bei einem 7-jährigen Knaben; Substanzverlust; starker Erschöpfungszustand; krankhafte Schüchternheit; Drüsen in der Leiste und am Nacken beidseits stark vergrößert und verhärtet, vor allem die Drüsen über der rechten Lungenspitze; da er an einer Impfung sehr gelitten hatte, wurde zunächst Thuja 30 und Sabina 30 gegeben, anschließend Tuberculinum. – *Burnett.*

Beginnende Tuberkulose; nachts ruhelos; schlaflos; knirscht mit den Zähnen; Neigung zu Durchfällen; Appetitmangel; üble Atemluft; gezackte Zähne; Schmerzen nach Essen; Erbrechen von Speisen; verhärtete Drüsen; Erdbeerzunge; ungezogen; äußerst reizbare Stimmung; Kleinwuchs; sehr dünn; sechs Jahre altes Mädchen. – *Burnett.*

|| Seit sieben Wochen unangenehmer leichter Husten; viel Auswurf; Schmerzen in der rechten Lunge; abends Fieber; Leber und Milz vergrößert; Husten morgens nach dem Frühstück; leichter Kropf; ißt kaum etwas zum Frühstück. – *Burnett.*

|| Husten, < um 6 Uhr; gezackte Schneidezähne; dünn und schwach; Hals- und Leistendrüsen deutlich vergrößert und verhärtet; Erdbeerzunge; siebenjähriges Mädchen. – *Burnett.*

|| Kein Atemgeräusch über der rechten Lungenspitze, Stimmfremitus leicht vermehrt; Schmerz in der linken Seite; reichliches Schwitzen; 18 Jahre altes Mädchen. – *Burnett.*

|| Häufig Fieber, < abends; sehr unruhig und sehr gereizt; häufig deprimiert und fast ständig in Erregung; sehr rote Zunge, chronische Durchfälle; 14 Pfund in den letzten sechs Wochen abgenommen; appetitlos; Stuhl aus dem Darm entleert wie aus einem Luftgewehr. – *Burnett.*

|| Schlimmer Husten seit fast zwölf Monaten; Aushusten von Blut; eine Lungenspitze war hörbar befallen; hat Pneumonie gehabt; flacher Thorax; beschleunigte Atmung; wurde übermäßig braun in der Sonne. – *Burnett.*

Anämisch, kränklich, fahl; extreme Schwäche; Dyspnoe; unfähig, sich zu beeilen oder aufs Pferd zu steigen; Menses unregelmäßig. – *Burnett.*

|| 26-jährige Frau, in der ersten Phase der Schwindsucht; Atemnot und beschleunigter Atem; Substanzverlust; fettige, dunkle Haut. – *Burnett.*

|| Stämmiger Mann mit hellem, blühendem Aussehen; Mutter starb an Schwindsucht, Schwester leidet gerade an Schwindsucht; holt sich sehr oft eine Lungenentzündung bei kaltem Wetter; reist daher von Ort zu Ort, um Erkältungen zu vermeiden; hustet viel, bringt dabei viel Schleim hoch; schwitzt reichlich und trinkt mengenweise Flüssigkeit; qualvolle, schlaflose Nächte mit fast konstant bleibendem Fieber; stark vergrößerte Drüsen am Hals. – *Burnett.*

|| Klagt, daß sie seit vielen Jahren Schwindsucht habe; ist sehr dünn und schwindsüchtig, mit Fieber; Lungen sehr flach; Atmung fast nicht wahrnehmbar; Fieber; schlechter Appetit; Mattigkeit. – *Burnett.*

|| Kopfflechte; überall tastbare Lymphdrüsen; stark abgeflachte Rippen, Erdbeerzunge; schlimmer Husten, < bei Nacht; obwohl schon elf Jahre alt, hatte das Mädchen fast keine Zähne, sie waren rudimentär und nicht über das Niveau des Zahnfleiches hinausgewachsen. – *Burnett.*

|| Ausgeprägter schwindsüchtiger Habitus; schlimme Hämorrhoiden; Verstopfung; braune Hautbeteiligung am Bauch. – *Burnett.*

Im September 1905 wurde ich zu einem kleinen 10-jährigen Mädchen namens *Mary Gilbert* gerufen, das meiner Meinung nach an einem pneumonischen Anfall litt, mit 40° C Fieber, trockenem Husten und starken Schmerzen in der Brust. Ich behandelte sie mit den üblichen Mitteln, Belladonna, Bryonia usw.; diese brachten nur eine vermeintliche Erleichterung der Symptomatik. Das Kind aber verlor weiter an Substanz und schien ein Empyem zu entwickeln. Ungefähr in der dritten Woche trat ein überreichlicher Auswurf aus dem Mund auf, übelriechendes, eiterähnliches Zeug mit grünlicher Farbe.

Die Familie wurde durch ihr Hausmädchen gewarnt, daß das Kind sterben würde. Ein mitternächtliches Klopfen an der Tür, dreimal hintereinander, war die Warnung. Sie wurde mit Weihwasser versehen, und der beratende Arzt wurde gerufen. *Dr. Pugh,* der die Mutter vor einem Jahr bei der Pneumonie behandelt hatte, an der sie starb, kam, untersuchte das Kind sorgfältig und hinterließ mir folgende Notiz: „Ich glaube, sie haben vollkommen Recht. Sie hat etwas Empyem, nicht viel, an der rechten Seite, aber sie hat beidseits Lungentuberkulose. Ich bezweifle, daß das Krankenhaus von Nutzen sein würde. *Dr. Chas. E. Pugh.*"
Ich hatte überlegt, sie ins Krankenhaus einzuweisen, da die Pflege zu Hause sehr armselig war, aber der Arzt meinte, es sei zwecklos, nichts könne sie retten. Ich stimmte ihm zu, dachte aber noch an Tuberculinum. Hier war eine Möglichkeit, es zu probieren, es konnte sicher nicht schaden. Sie erhielt einige Dosen der 200. Potenz, später höhere Potenzen, bis CM erreicht wurde, mit zunehmender Besserung. Der Husten wurde weniger, die hektischen Flecken verschwanden nach einigen Wochen, und schon vor dem Frühling war sie ein molliges, rosiges Kind. All dies in einem besonders kalten, schlimmen Wetter, in einer höchst unhygienischen Umgebung. Das Kind hatte früher einmal etwas am Nackenansatz gehabt, was ich damals für tuberkulöse Abszesse der vergrößerten Halsdrüsen gehalten hatte.

Ich zögerte immer das Mittel als erstes zu geben, habe es aber oft gegeben, nachdem andere Mittel versagt hatten, und mit Erfolg, besonders, wenn eine Neigung zu Tuberkulose bestand. – *Scholes.*

Herz – Herzklopfen früh am Morgen.

Gefühl der Schwere und Druck über dem Herzen.

Herzklopfen bei Husten und stechenden Schmerzen in den Lungen.

Während tiefer Atemzüge heftiges Herzklopfen.

Wehtun am Herzen.

Herzklopfen nachts, < durch Aufsitzen.

Herzklopfen mit Rückenschmerzen.

Tod durch Herzlähmung. – *Libhertz.*

Nacken und Rücken – Drüsen und Narben am Hals geschwollen und sehr empfindlich, darum herum verschiedene Stellen von Lupus, die unter der Epidermis eine gelbe Flüssigkeit zeigen.

Narben am Hals werden weicher und flacher; jetzt keine Lupusknötchen mehr tastbar.

Drüsen können nicht mehr getastet werden, außer der größten, die nur noch die Größe einer Erbse hat.

Hautausschlag an beiden Seiten des Nackens.

Nackenlymphknoten viel kleiner.

Schmerzen wie von Nadelstichen im Rücken.

Prickelndes Gefühl auf der Rückenhaut.

Schwäche in der Lumbosakralgegend.

Stechende Schmerzen über beiden Schulterblättern; Schmerz in der Milzgegend; unbestimmte Schmerzen im Rücken und auch auf der Brust, mit Druckgefühl.

Stechen im Rücken.

Rückenschmerzen bei Herzklopfen.

Gefühl im Rücken, als seien die Kleider feucht(Bac.).

Drei rote Flecken auf der linken Seite des Rückens werden viel dunkler.

Heftige Reaktion, dabei starke Schmerzen in den Lenden; < durch Druck; ein Fall von Morbus Addison; zwei Injektionen wurden gegeben. – *Pick.*

Tuberkulose des Kreuzbeins stark gebessert. – *Kurz.*

Großer Nackenfurunkel, sehr schmerzhaft, Ausfluß von grünem Eiter, heilte zwei Monate nicht ab.

Klopfender, pulsierender Schmerz unterhalb des Unterwinkels des rechten Schulterblattes.

Heftiger Schmerz im linken M. trapezius vom oberen Nacken zum Hinterkopf.

Beim Aufwachen aus dem ersten Schlaf um 3 Uhr sind Nacken und Rücken steif und schmerzhaft, was im Laufe des Tages vergeht.

Unfähigkeit, den Kopf nach links zu drehen, beim Drehen nach rechts ist die linke Seite schmerzhaft.

Wachte um Mitternacht mit Zucken im Winkel des linken Schulterblattes auf; das Zucken zieht hinüber zum rechten Schulterblatt und entlang des rechten Armes, wie ein krampfhafter Tremor im Arm.

|| Verhärtete Halsdrüsen.

Ein walnußgroßer Klumpen im Nackenstrang, ist beweglich und juckt gelegentlich. – *Rose.*

Obere Extremitäten – Schmerzen in den Unterarmen; unbestimmte, stechende Schmerzen.

Abschwächung einer Entzündung über dem Ellenbogengelenk; ein Abszeß über dem Olecranon verschwand; an der radialen Krümmung reichliche Absonderung dicken Eiters.

Furunkel an der rechten Hand in der Nähe der Basis des Kleinfingers, die ganze Hand ist stark geschwollen, grüner Eiter.

Ein feiner, roter Ausschlag am rechten Handgelenk; zieht den Arm hoch, in Flecken, mit starkem Juckreiz.

Gefühl wie verrenkt mit heftigen Schmerzen im rechten Handgelenk, < durch Anstrengung, es zu bewegen; aufhörend in Ruhe.

Zittern der Hände.

Hände und Arme so schwach, daß er unfähig ist zu schreiben; muß das rechte Handgelenk mit der linken Hand unterstützen, um ein Glas zum Mund zu heben und einen Teller zu reichen.

Konnte mich wegen Schwäche der Arme nicht selber ankleiden.

Untere Extremitäten – Nächtlicher Schmerz, der im rechten Knie lokalisiert wird; rechtes Bein nach innen gedreht, im Hüft- und Kniegelenk leicht gebeugt; rechtes Hüftgelenk frei beweglich; um 13 Uhr ist die linke Hüfte schmerzhafter und empfindlicher, starrer, abgespreizt und nach außen gedreht (Hüfterkrankung bei einem fünfjährigen Mädchen).

Schmerzen in den Hüftgelenken.

Schmerzen im rechten Knie ohne Schwellung (*Heron,* ein nicht tuberkulöser Fall).

Das Knie wurde leicht beweglich und konnte rechtwinklig abgebeugt werden (tuberkulöser Befall des rechten Knies).

Empfindlichkeit und Schwellung beider Kniegelenke. – *Heron.*

Ameisenlaufen in Armen und Beinen.

Große Schwäche in den Gliedern nach dem Essen.

Gefühl von Ermüdung und Schwäche in allen Gliedern.

Gliederschmerzen, Ermüdung (drei bis vier Stunden nach Injektion).

Gliederschmerzen (zweiter Tag).

Schmerzen in N. ulnaris, Waden und Knien, linke große Zehe stark betroffen, wurde sehr rot und geschwollen.

Zittern der Glieder (bei einem Alkoholiker).

Zucken in den Gliedern.

Dumpfer Schmerz in den Knochen, schlimmer durch Laufen und sehr viel schlimmer jeden Nachmittag und Abend.

Linkes Bein schmerzhaft beim Laufen, muß es so viel wie möglich entlasten, obwohl der Schmerz im Sitzen schlimmer ist als beim Laufen und immer schlimmer ist nach Bewegung.

Wadenkrämpfe.

Drei Wochen lang lahme Füße, er lief und stand nur auf den Kanten, um die Füße ausruhen zu lassen.

|| Tuberkulöse Schwellung des Knies, intermittierende Schmerzanfälle im Knie; Aushusten von Blutgerinnsel, leidet unter erschöpfenden Schweißen; Schwindsucht in der Familie. – *Burnett.*

|| Tuberkulose des linken Knies; humpelte seit elf Monaten; Knie stark vergrößert und sehr empfindlich; Zähne schmutzig und kariös; Erdbeerzunge. – *Burnett.*

Haut – Erythematöser Ausschlag wie bei Masern oder Scharlach.

Erythem mit subkutanen, indurierten Knötchen.

Große bronzefarbene Flecken auf Stirn und Schläfen.

Bronzefarbene Fingerspitzen.

Fingerspitzen wie nach Einwirkung von Silbernitrat.

Jucken am ganzen Körper abends im Bett; tritt nach dem Kratzen an anderer Stelle wieder auf.

„Der Ausschlag auf Brust und Bauch ähnelt, wie der Patient sagt, dem Ausschlag, als die Krankheit zuerst auftrat“.

Ausschlag auf Bauch und Rücken, wird sehr rot; wird schnell bräunlich, ähnelt einem für sekundäre Syphilis typischen Hautausschlag.

Oberlippe ödematös.

Augenlider ödematös.

Nase geschwollen, gespannt, an einem Lupusfleck sieht die Haut erysipelartig aus und ist durch eine gelbe Flüssigkeit angehoben.

In zwei Fällen entzündeten sich, zumindest während der Fieberphase, alte Frostbeulen wieder.

Leichter Anflug von Gelbsucht (mehrere Fälle).

Die Injektionsstelle ist leicht schmerzhaft und gerötet (zweiter Tag).

Erythematöse Röte, begrenzt auf die Lupuspartien, die der Sitz von klopfenden Schmerzen sind.

Wiederholt wurden generalisierte erythematöse Hautausschläge hervorgerufen, und in einigen Fällen kam es zu knotigen Ergüssen in das Zellgewebe.

Ekzem: Jucken, Brennen, Beißen; in Flecken von fünf bis sieben Zentimeter Durchmesser an den Unterschenkeln, vom Knie bis zum Knöchel, schlimmer bei Wärme und durch Berührung, besser durch kaltes Wetter; die Flecken sind erhaben, es sickert eine wässrige Flüssigkeit durch, die beim Trocknen Schorf bildet; rot, so empfindlich, daß man weder reiben noch kratzen darf; schlimmer beim Darandenken, durch Bettwärme.

Ekzematöser Ausschlag; Jucken strahlt aus von Fleck zu Fleck; Brennen, Stechen, Kriechen; rötlich, heiß, geschwollen, mit Elektrisieren der Nerven am ganzen Körper; heftiges, brennendes Gefühl am ganzen Körper, obwohl keine Reizung vorliegt, > durch kalte Bäder oder Eisbeutel.

Der Juckreiz läuft über die Extremitäten durch den Körper, endet in unwillkürlichem Schauder, der unaufhörlich über den Körper kriecht; manchmal klopfen und brennen die Extremitäten; es gibt Perioden von einigen Stunden, manchmal ein bis zwei Tagen, in denen diese Anfälle aufhören, um dann mit erneuter Heftigkeit und ohne Pausen wieder einzusetzen.

Nachts gegen 22 Uhr oder später, nach Trinken von kaltem Wasser, trat ein saures Gefühl im Magen auf, wie Sodbrennen; Beine ab den Knien geschwollen, Aussehen, als wäre die Haut getrocknet; starke Reflexreizung am ganzen Körper; erträgt nicht die geringste Hitze, diese Empfindlichkeit gegen Hitze scheint zuzunehmen. Seit die Hautsymptome so übermäßig lästig wurden, verminderte sich das normale Vaginalsekret stark.

Feiner, rötlicher, schuppiger Ausschlag am ganzen Körper, in Flecken von 2 bis 3 cm Durchmesser, juckt intensiv, wenn die Haut mit Luft in Berührung kommt, besser durch Reiben oder Kratzen, jedoch dann von Wundsein gefolgt.

|| Sehr schlecht gelaunt; sehr stark pigmentiert durch Sonnenstrahlen; schmutzige, grünliche Zähne. – *Burnett.*

Ausschlag mit juckenden Flecken am ganzen Körper, ausgenommen Gesicht und Hände.

| Kopfflechte.

Schlaf – Starkes Schlafverlangen; Schläfrigkeit während des Tages; nach dem Essen.

Neigung zum Schlafen morgens.

Schaudern beim Beginn des Schlafes.

Kalte Füße im Bett.

Gestörter Schlaf; Schlaflosigkeit.

Schlaf gestört nach 3 Uhr morgens.

Schlaflosigkeit wegen anhaltendem Husten.

Viele Träume; gestörter Schlaf, unterbrochen durch ängstliche Träume; bedrückende Träume; Träume von Scham; schreit im Traum auf.

Starke Unruhe jede Nacht, mit quälenden Angstträumen, schlimmer gegen Früh.

Schläfrig während des Tages, könnte den ganzen Tag schlafen, aber der Schlaf erfrischt nicht.

Wacht zwischen 3 und 4 Uhr auf mit schrecklichen Träumen von Schlangen, die von hinten her auf seine Schwester kriechen; von dunkelgrünen, einen Meter langen Schlangen von 15 cm Durchmesser, sie sehen wie die Schlangen in seiner Heimat Columbia aus.

Wacht vor Angst weinend auf.

Ruhelos und wach nach 3 Uhr.

Wacht auf mit dem Gefühl der Furcht, daß seiner Familie ein Unheil droht.

Gequälter, gestörter Schlaf. – *Burnett.*

Fieber – Schaudern im Beginn des Schlafes; kalte Füße im Bett.

Frost und Hitze abwechselnd; monatelang Kälte und Hitze.

|| Fieber.

Heftiger Anfall von Schüttelfrost, beinah eine Stunde lang andauernd.

Frost im Rücken abends.

Den ganzen Tag über Frost.

Hitzegefühl abends im Bett.

Hitzewellen vom Rücken zum Kopf.

Fiebrig, Übelkeit, durstig, mit Kopfschmerz, kein Erbrechen. – *Heron.*

Hitzewellen nach dem Essen.

Hohe Körpertemperatur, sinkt innerhalb von 12 Stunden ab.

Absinken der Körpertemperatur nach jeder Injektion. – *Heron.*

Absinken der Körpertemperatur vor einem Anstieg. – *Heron.*

Sieben Stunden nach der Injektion Körpertemperatur 39,8° C, begleitet von Durst, Rigor, verstärktem Husten, Kopfschmerzen und Gelenkschmerzen. – *Heron.*

Nachtschweiß.

Reichlicher Schweiß, besonders am Kopf, nachts.

Reichlicher Schweiß nach leichter Anstrengung.

Ein kleiner Spaziergang und leichte Anstrengungen rufen Schweiß hervor.

Kurze Schweißausbrüche morgens, beim Erwachen.

Reichliche Schweiße bei leichter Anstrengung.

Frösteln den ganzen Tag, am schlimmsten die Wirbelsäule hinauf und hinunter, gefolgt von Fieber am Nachmittag und abends, Puls 104, Temperatur 38,9° C mit Durst und starker Ruhelosigkeit.

Starke Kälte in den Händen und Füßen, gezwungen eilig ins Bett zu gehen.

Wollte viele Decken und eine Wärmflasche an den Füßen; Hände kalt, als wären sie in Eiswasser getaucht; kalter Schweiß an den Handflächen.

Den ganzen Nachmittag und Abend Fieber.

Nerven – Sie wurde plötzlich ohnmächtig beim Nähen oder Reden, fing an zu schreien, ihre Haare auszureißen, schlug ihren Kopf mit den Fäusten oder versuchte, den Kopf gegen die Wand oder den Boden zu schlagen; einen Monat lang tägliche Anfälle, dann setzten Spasmen ein, mit Kopfrollen von Seite zu Seite und Stöhnen; diese dauerten fünf Wochen und wurden von den wiederauftretenden Ohnmachtsanfällen gefolgt, mindestens zweimal die Woche; einige Stunden vor einem Ohnmachtsanfall schien ein dem Frösteln ähnelndes Schaudern vom Gehirn zur Wirbelsäule hinabzuziehen; wenn sie zu den Anfällen befragt wurde, sagte sie, ihr Kopf schien plötzlich über den Augen anzuschwellen, der Schmerz würde „furchtbar" werden, und dann wüßte sie nichts mehr; zwischen den Anfällen war sie beschwerdefrei, bis auf Müdigkeit und einen immer vorhandenen Stirnkopfschmerz. – *Swan.*

Allgemeines – Starke Erschöpfung und Schwäche.

Schwächegefühl.

Unwohlsein, Niedergeschlagenheit, Kopfschmerz, Somnolenz, Bedrückung der Atmung, Strammheit der Brust, Übelkeit.

Allgemeine Schwäche morgens, besonders von den Knien bis zu den Füßen.

Furchtbar müde, so daß er kaum laufen kann.

Allgemeine, übermäßige Schwäche nach einem kurzen Spaziergang, so daß er sich an seine Begleitung anlehnen muß.

Abmagerung (verlor 6 Pfund in zwei Wochen, 20 Pfund in fünf Wochen).

Klopfende Schmerzen in den befallenen Stellen.

Leukozytose; Abnahme des Hämoglobins.

Ausgeprägter Substanzverlust bei Wohlbefinden.

Wirkt grundsätzlich durch sehr akute Reizung der betroffenen inneren Organe (genauso wie auf die äußeren Organe), ruft intensive Rötung und starke Schwellung hervor.

Es kommt zu richtigen Entzündungsvorgängen (nicht nur zu bloßen Hyperämien) und besonders zu aktiven Proliferationen: 1. an den Rändern vorhandener Geschwüre; 2. in den benachbarten Lymphdrüsen, besonders den Bronchial- und Mesenterialdrüsen.

Die Lymphdrüsen zeigen einen ganz ungewöhnlichen Grad von Vergrößerung; bemerkenswert ist die Art der Markschwellung, die charakteristisch für akute Reizzustände ist, hervorgerufen durch schnelle Proliferation der inneren Drüsenzellen.

Leukozytose: verschiedene Infiltrationen weißer Blutkörperchen über den befallenen Stellen, besonders um die Tuberkel selbst herum.

Gewaltige, gefährliche Anschwellung in der Umgebung von Geschwüren (auch wenn sich die Geschwürsoberfläche reinigt), hierdurch gefährliche Zusammenschnürung.

Phlegmonöse Anschwellung, die an ein erysipelatöses Oedem der Glottis und an Retropharyngealabszesse erinnert.

Wenn Tuberkel mit einer anderen spezifischen Krankheit verbunden sind, ist die Reaktion so schwach, daß man sie kaum erkennen kann. – *Heron.*

Syphilisfälle reagieren nicht. – *Heron.*

Kinder vertragen die Behandlung gut. – *Wendt.*

Ein typischer Tuberculinumfall: *Howard L.,* 28 Jahre alt, wohnhaft in Attleboro, Mass., erkrankte im Herbst 1898, er wurde von Heiserkeit und Magenbeschwerden geplagt.

Ein benachbarter Arzt, der seit Jahren die Familie des jungen Mannes behandelte, wurde hinzugezogen. Dieser Arzt begann im September 1898 Tuberculinum (Koch) zu injizieren; bis Dezember injizierte er das Toxin zweimal wöchentlich, anschließend einmal in zwei Wochen.
Das Ergebnis? Zu Beginn dieser Behandlung konnte *Mr. L.* arbeiten und richtig essen; bald aber rebellierte sein Magen gegen Speisen, und er wurde verstopft, die Heiserkeit nahm zu und wurde quälend, jeden Vormittag setzten Erstickungsanfälle ein, die ungefähr eine Stunde dauerten; während des ganzen übrigen Tages konnte er nicht richtig atmen.
Im Januar 1899 wurde ich eines Nachts alarmiert. Ich fand ihn nach Atem ringend vor, die Atemgeräusche waren bis auf die Straße hörbar. Seine ersten Worte waren: „Mein Gott, helfen sie mir, schaffen sie mir Erleichterung, Doktor, oder ich werde sterben." Der Auswurf war spärlich, dunkelgrün, klumpig, tuberkulöser Eiter. Bei der Untersuchung des Halses stellte ich fest, daß der Kehlkopf voll von tuberkulösen Knoten war. Ich sah, daß sein Ende nahe war, und bat seine Eltern, bei denen er lebte, sie sollten doch lieber ihren Hausarzt hinzuziehen. Weil sie aber darauf bestanden, daß ich den Fall übernehmen sollte, stellte ich etwas Medizin her, die ihm Erleichterung verschaffte. Am nächsten Morgen ging es ihm aber wieder schlechter, und von da an lag er durch die Anstrengung, Atem zu bekommen, in Agonie. Um ihm Erleichterung zu verschaffen, nahm ich zur Intubation durch den Mund Zuflucht, aber der Tubus blieb nicht drin. Er starb am Nachmittag, sein heftiger Todeskampf wurde nur erleichtert durch lokale Anwendung von Chloroform. Dieser Mann hatte in seiner Jugend ziemlich ungezügelt gelebt, hatte mehrere Male Gonorrhoe gehabt, und es hatte eine tuberkulöse Diathese bestanden. Ich fragte ihn, ob er diese Dinge seinem früheren Arzt erzählt hatte, er bejahte. Was die Anwendung von Tuberculinum durch Injektionen betrifft, ist dieser Fall ganz typisch. Ich könnte viele andere Fälle aufführen, die in unserer Gegend in den letzten zwei Jahren durch subkutane Injektionen von Tuberculin gestorben sind.

Ustilago

VERGLEICHSMITTEL: Med., meli., mez., psor., vinc. bei Milchschorf und anderen Leiden der Kopfhaut in der Kindheit.

Bry., ham., mill., phos. bei vikariierenden Menses.

Agar., murx., sep. bei Abwärtsdrängen und Uterusprolaps.

Helon., lyss., nat-h., sec. verzögerte Rückbildung.

Maland., sec. Krankheiten der Haare und Nägel.

Caul., cimic., sulph., thuj., vib-o. bei Schmerz des linken Ovars.

Bov., elaps., graph., ham. bei aussetzendem Menstruationsfluß.

Sang., urt-u. Schmerz und rheumatische Leiden der rechten Schulter.

Sang. Schmerz unterhalb der linken Brustdrüse, erstreckt sich zum Schulterblatt.

Kali-bi., lac-c., puls. wandernde rheumatische Schmerzen.

Sulph. Schwäche- und Vergehensgefühl um 11 Uhr.

Cob. Rückenschmerz und Samenergüsse.

Bov. Blutfluß in der Mitte der Periode.

Canth., pyrog., sec. zum Austreiben von Fremdkörpern aus dem Uterus.

GEMÜT – Nachmittags Niedergeschlagenheit.

|| Sehr traurig, weint häufig; äußerst geschwächt durch sexuelle Exzesse, Samenverlust; ruheloser Schlaf.

Mag niemanden sehen und mit niemanden sprechen.

Reizbarkeit, wenn man ihn etwas fragt oder ihn bittet, etwas zu wiederholen.

Der Tag schien wie ein Traum.

Melancholie; Depression; Bedrückung und Schwäche in einem warmen Zimmer, Abneigung gegen oder Verschlechterung durch Wärme im allgemeinen.

Teilweiser oder vollständiger Kontrollverlust über die Funktion des Sehens und des Schluckens.

Starke Reizbarkeit, geistige Schwäche und Niedergeschlagenheit.

KOPF – Anfallsweiser Schwindel, manchmal mit Doppeltsehen, manchmal verdunkeln weiße Flecken alles andere, später Schwindelanfälle mit innerlicher Hitze.

| Schwindel im Klimakterium mit zu häufiger und reichlicher Menstruation.

Kopfschmerz: den ganzen Morgen über; um 7 Uhr; abends, < Stirn; < durch Gehen.

| Nervöser Kopfschmerz durch Menstruationsunregelmäßigkeiten bei nervösen Frauen.

Stirnkopfschmerz; morgens, den Vormittag über, mit Beißen in den Augen; den ganzen Tag über, mit quälendem Wehtun in den Augäpfeln und Vollheit des Kopfes morgens; mit Schmerzen im Epigastrium.

Kopfhaut trocken, Kopf gestaut, mit Haarausfall.

Kopfschuppen, wässriges Serum sickert aus der Kopfhaut.

Prickeln in der linken Schläfe.

Haarausfall.

Berstendes Stauungsgefühl zum Kopf hin; und an verschiedenen Körperstellen.

Aufwärtswogen des Blutes mit Bersten im Kopf.

Hierdurch Schwindel, besonders im Klimakterium.

Völlegefühl mit dumpf drückendem Kopfschmerz, < durch Gehen.

Der Kopfschmerz und der Schwindel scheinen vom Zustand der Ovarien und des Uterus abzuhängen.

Stirnkopfschmerz, < durch Gehen.

Heftiger Stirnkopfschmerz, als ob die Stirn aufplatzen würde.

Scharfe, fliegende Schmerzen in der Stirn, Stauung des Gehirns.

Kopfschmerz am Scheitel und den Seiten; Klimakterium.

Ausfall der Haare und Nägel; vollständige Glatze, kein Haar mehr auf dem Kopf.

Schläfenkopfschmerz.

Augen – Anfälle von Zucken in den Augen, sie scheinen sich im Kreise zu drehen und von einem Gegenstand zum anderen zu fliegen.

Dauernder, wässriger Fluß aus Augen und Nase mit gelegentlichem Frösteln.

Krämpfe mit Verlust des Sehens, der Kopf scheint zu wirbeln.

Wehtun in den Augen und Tränenfluß.

Wehtun und Beißen in den Augäpfeln mit reichlichem Tränenfluß.

Hitzegefühl beim Schließen der Lider.

Schwäche der Augen.

Tränenfluß im Freien.

Morgens sind die Lider verklebt.

Hin- und hertanzende Flecken.

Die Gegenstände wirbeln vor den Augen, erscheinen doppelt; weiße Flecken kommen ins Gesichtsfeld und verdekken alles andere.

Dumpfer, weher Schmerz im rechten Augapfel.

Ohren und Hören – Dauernder dumpfer Schmerz im linken Ohr durch Ausdehnung der entzündeten Tonsillen.

Nase – Abszeß im rechten Nasenloch.

Vormittags Trockenheit der Nasenlöcher mit Trockenheitsgefühl der Haut.

Helles Nasenbluten, > durch Druck.

Rhinitis, bitterer Geschmack, übler Geruch, den der Patient selbst bemerkt.

Trockenheit in den Nasenlöchern wie bei einer Erkältung.

Schmerzen an der Nasenwurzel, erstrecken sich einwärts zu den Canthi und aufwärts und auswärts zu beiden Augenbrauen.

Gesicht – Plötzliche Gesichtsblässe beim Sitzen und abends.

Brennen des Gesichtes und der Kopfhaut durch Stauung.

Hitzewellen; Gesicht wird rot und heiß.

Zähne – Manchmal Lockerung der Zähne.

Den ganzen Tag über tun die verfaulten ersten und zweiten oberen Molaren weh, sie haben auch schon vorher geschmerzt.

Zahnausfall (bei Tieren).

Mund – Morgens ist die Zunge belegt.

Prickeln in der Zunge, mit der Empfindung, als ob etwas die Wurzel nach oben drückt, mit Trockenheit der Nasenlöcher.

Speichelfluß: dünn, bitter; reichlich.

Geschmack: kupfrig; morgens; schleimig, kupfrig.

Schleimig; mit brennenden Magenschmerzen.

Hals – Tonsillen gestaut, entzündet.

Linke Tonsille vergrößert, gestaut, dunkelrötlich, die rechte schmerzhaft beim Schlucken, um 14 Uhr; links schmerzhaft um 21 Uhr; am nächsten Morgen Stauung der linken Tonsille, erstreckt sich entlang der Tuba Eustachi und macht Ohrenschmerz.

Lanzinierende Schmerzen in der rechten Tonsille (der Rachen war etwas entzündet, als das Mittel eingenommen wurde), am nächsten Tag war der Rachen heiser und empfindlich gegen Bewegung.

Rauheit des Rachens.

Trockenheit des Rachens, mit brennender Trockenheit im Magen; Schlucken schwierig.

Trockenheit des Rachens mit Schluckbeschwerden, Kloßgefühl hinter dem Kehlkopf, später häufige Anstrengung zu schlucken, mit der Empfindung, als sei etwas im Rachen steckengeblieben, anschließend Reizung des Rachens und beim Schlucken Kloßgefühl im Kehlkopf.

Brennen im Ösophagus an der Kardia.

Appetit – Heißhunger; schlecht.

Nächtlicher Durst.

Appetitverlust, anschließend Heißhunger.

Magen – Aufstoßen: saurer Flüssigkeit; saurer Speisen.
Schneiden im Magen.

Magenschmerzen: häufig nachmittags; bei tiefer Einatmung.

Schmerz im Epigastrium mit ziehendem Schmerz in den Fingergelenken.

Brennen im Sternum und in der Kardia.

Vormittags Magenschmerzen; nachmittags, < durch das Abendessen.

Hämatemesis: passiv, venös, von Übelkeit begleitet, welche sich durch Erbrechen vermindert.

Schwäche-, Leere-, Vergehensgefühl im Magen.

Brennen in Speiseröhre und Magen; erstreckt sich zu den Ovarien, Herz, Gesicht und Kopfhaut.

Schwächegefühl im Epigastrium mit Schmerz in der Lebergegend und den Därmen.

Wiederholte spitze, scharfe, schneidende Schmerzen im Epigastrium.

Dauernde, quälende Schmerzen in der Magengegend.

Brennende, quälende Schmerzen in Brustbein und Magen, begleitet von spitzen, neuralgischen Schmerzen in derselben Gegend, jeweils ungefähr drei Minuten andauernd; mehrere Stunden lang kommen sie alle zehn oder 15 Minuten; scharfe, schneidende Schmerzen im Magen.

Abdomen – Periodisches Schneiden in der Gegend des Nabels und des Hypogastriums um 18 Uhr, < um 20 Uhr durch Stuhlverstopfung, anschließend rumpelnder Schmerz im ganzen Bauch.

(Schmerz, als seien die Därme verknotet.)

Schmerz: im rechten Leberlappen; im Nabel; im Nabel, vor einem normalen Stuhlgang; in der linken Leiste beim Gehen.

Den ganzen Tag über ziehender Schmerz im rechten Hypochondrium.

Quälender Schmerz in Nabel und rechtem Hypochondrium.

Den ganzen Nachmittag über rumpelnde Schmerzen im Bauch, anschließend trockener, harter Stuhl, den ganzen Tag über alle paar Minuten spitzer, schneidender, kolikartiger Schmerz, > durch harten, verstopften Stuhl, gefolgt von dumpfem, quälendem Schmerz in den Därmen.

Stuhl – Normaler Stuhlgang um 16 Uhr.

Loser Stuhlgang um 16 Uhr mit Schmerz und Rumpeln im Bauch.

Hell gefärbter Durchfall.

Weicher Stuhl, am nächsten Tag trockener, klumpiger, nach zwei Tagen schwarzer, trockener, klumpiger.

Obstipation: schwarze, trockene, klumpige Stühle.

Harnorgane – Tenesmus der Blase und Harninkontinenz.

Vermehrter Harndrang, Urin hell gefärbt.

Kein Drang, aber Unbehagen.

Urin: vermehrt; spärlich, rot; scharf, dunkel; spärlich und dunkel.

Häufiges Urinieren mit Schmerz an der Harnröhrenöffnung, wenn die letzten Tropfen abgehen.

Männliche Geschlechtsorgane – || Samenfluß nach Onanieren; jede Nacht Samenabgang, Gespräche über Frauen rufen Samenabgang hervor; große Traurigkeit; weint häufig; sagt, er kann seine schlechten Gewohnheiten nicht ablegen, hat keine Kontrolle über sich, wenn ihn die Leidenschaft packt; ist sich darüber im Klaren, daß es ihn schnell umbringen wird; kann nicht arbeiten, ist so erschöpft.

Erschlaffung der Genitalien.

Erektionen: beim Lesen um 16 Uhr; häufig tags- und nachtsüber.

Das Skrotum ist erschlafft und schwitzt kalt.

Schmerz in den Hoden, < rechts.

Schmerz in den Hoden, manchmal neuralgisch; in Anfällen, manchmal ein schwächliches Gefühl hervorrufend.

Triebstärke vermindert.

Chronische Orchitis, Hoden gereizt.

| Erotische Phantasien.

Samenabgänge und unwiderstehlicher Drang zu masturbieren.

Unwiderstehliche Neigung zu onanieren; häufige Samenabgänge; ist geschwächt, dumpf, mit Lendenschmerzen. Niedergeschlagen, reizbar.

Reizbare Schwäche und Erschlaffung der männlichen Geschlechtsorgane mit erotischen Phantasien und Samenabgängen.

Weibliche Geschlechtsorgane – Gelbe und übelriechende Leukorrhoe.

Wundschmerz des linken Ovars mit Schmerz und Schwellung.

Brennender, quälender Schmerz in den Ovarien.

|| Aussetzende Neuralgie des linken Ovars; vergrößert, sehr empfindlich gegen Berührung.

| Uterus: hypertrophiert; kollabiert; Cervix empfindlich, schwammig.

Menses: zu spärlich mit Reizung der Ovarien; zu reichlich und zu früh; Blut verklumpt; als ob alles herauskommen würde.

Zwischen den Menses dauernde Beschwerden unter der linken Brust am Rippenrand.

Das Gefäßsystem der Ovarien ist am stärksten betroffen, Stauung, Vergrößerung und starke Reizung, mit Schmerzen, Dysmenorrhoe und besonders Menorrhagie.

|| Dunkle Sickerblutung, stark geronnen, bildet gelegentlich längliche, schwarze, fadenziehende Klumpen.

|| Extreme Schmerzen während der Menses, sehr reichlicher Fluß, der bis zu den nächsten Menses nicht völlig aufhörte; die meiste Zeit ans Bett gefesselt.

Unterdrückung der Menses.

|| Vikariierende Menses aus Lungen und Därmen.

| Dauernder weher Schmerz am Muttermund.

Die gerade eben versiegten Menses kehrten hellrot wieder, vorher Wundheit und Abwärtsdrängen, welche teilweise mit dem Einsetzen wieder aufhörten.

Menses reichlich, hellrot, langsam gerinnend (bei einer Frau, die sich schon im Klimakterium wähnte, weil sie über ein Jahr lang keine Menses gehabt hatte), die Menses hörten so plötzlich auf, wie sie begonnen hatten, kein Schmerz, nur Schwäche und Verwirrungsgefühl im Kopf.

| Menorrhagie im Klimakterium; aktive Dauerblutung mit vielen Klumpen.

Milde Leukorrhoe.

Abort.

| Fehlende Wehenschmerzen; Muttermund weich, geschmeidig, dehnbar.

Dauerfluß.

Peritonitis im Kindbett.

|| Lochien zu reichlich, teils flüssig, teils verklumpt; verlängerte abwärtsdrängende Schmerzen; der Uterus fühlt sich zu einem Knoten zusammengezogen an.

| Hypertrophie und mangelhafte Rückbildung des Uterus mit großer Atonie.

Blutung: von gemischtem Charakter, teils flüssig, teils geronnen. Der Blutfluß ist passiv, langsam, zieht sich lange hin. Tonischer Zustand der Beckenorgane; fehlende Wehenschmerzen, bei dehnbarem Muttermund.

Metrorrhagie mit Schwindel im Klimakterium.

| Menorrhagie, bei Fehlstellung des Uterus.

Die Bänder des Uterus sind erschlafft; Vorfall mit Gefühl des Abwärtsdrängens, als würden alle Beckenorgane hinausgedrückt.

Schlaffer Zustand der Beckenorgane, tonischer Zustand des Uterus; Zustand von Schwäche, Erschlaffung und Atonie.

Hitzewellen und Kreislaufstörungen wie im Klimakterium oder durch vorzeitige Unterdrückung der Menses; Ovarien entzündet, reizbar, empfindlich und geschwollen; brennender Schmerz in beiden Ovarien.

Scharfe Schmerzen setzen in den Ovarien ein und wandern die Beine hinunter.

Weher Schmerz, der im Uterus empfunden wird.

| Metrorrhagie nach Fehlgeburt, Entbindung oder im Klimakterium.

Blutfluß beim geringsten Anlaß; nach digitaler oder mechanischer Untersuchung; Cervix geschwollen, leicht blutend bei Berührung.

Nach Fehlgeburt oder Entbindung bleibt der Uterus vergrößert; Rückbildung verzögert.

Blutung hellrot, häufiger aber dunkel, verklumpt und fadenziehend; nach der Geburt Sickerblutung aus dem schlaffen, atonischen Uterus.

Uterus hypertrophiert, schwer, fühlt sich weich und schwammig oder sumpfig an.

Beschwerden im Wochenbett; reichliche, schwächende Lochien.

Fehlender oder übelriechender Milchfluß; Stillen verstärkt den Lochienfluß.

Akute Schmerzen in den Ovarien, < links, mit Schwellung; die Schmerzen setzen aus; schnell in die Beine hinabschießend.

Ovariitis, Dauerschmerzen in den Ovarien, scharfe Schmerzen wandern schnell die Beine hinunter; Ovarien stark geschwollen und empfindlich, mit spärlichen Menses.

|| Ovariitis; erkältete sich nach den Menses; dumpfer Dauerschmerz in der rechten Leiste und im Rücken, drei- oder viermal eine Stunde lang; scharfe neuralgische Schmerzen in den Ovarien; Gehen schmerzhaft; Trägheit der Därme, große Mattigkeit.

|| Reizung der Ovarien, Dauerschmerz im linken Ovar, wandert zur Hüfte hinunter, humpelt beim Gehen; die Schmerzen sind scharf und wandern manchmal mit großer Geschwindigkeit das Bein hinunter; alle paar Tage ziemlich starke Anschwellung in der linken Leiste; kann keinen Druck über dem Ovar ertragen.

|| Täglich von 12 Uhr bis 16 Uhr Dauerschmerz vom linken Ovar zum Uterus; alle paar Minuten ist der Schmerz im Ovar intensiv, heftig, schneidend wie von einem Messer; Schmerz im rechten Ovar und im Hypogastrium, er geht aber vom linken Ovar aus; das Ovar kann deutlich hühnereigroß und sehr hart in der Leiste getastet werden; bei Druck intensiver Schmerz; sie glaubt jeden Tag, sie habe Fieber mit Schmerzanfällen, aber keinen Frost; leichte Leukorrhoe; Appetitverlust; Obstipation.

Fehlstellung des Uterus mit Menorrhagie; Schwellung der Cervix; blutet bei Berührung.

|| Uterus hypertrophiert, empfindlich, frisches hellrotes Blut ohne Koageln.

|| Subseröse oder interstitielle Bindegewebsgeschwulst des Uterus (zwei Fälle), Geschwulst stark verkleinert.

| Cervix geschwollen, blutet bei Berührung.

|| Tagelang dunkle Sickerblutung mit kleinen Koageln; Uterus vergrößert, Cervix geschwollen oder gedehnt.

| Chronische Uterusblutung und passive Stauung.

| Blut dunkel, aber so dünn, daß es den Finger kaum färbt.

|| Menses reichlich, zwischen 10 und 14 Tagen andauernd, anfangs sehr reichlich, dann allmählich weniger werdend; stets < durch Bewegung; dunkel und ziemlich schmerzlos.

|| Menses alle drei Wochen mit dunklen Koageln; reichlich, mit Güssen von hellrotem Blut beim Aufstehen von einem Stuhl oder nach Schreck oder Auffahren; zwei Tage vor den Menses schwerer Rückenschmerz mit scharfem Schmerz quer über den Bauch von Hüfte zu Hüfte, anschließend austreibende Schmerzen; nach Einsetzen der Blutung sind die Schmerzen vermindert und hören zusammen mit der Blutung auf; zwischen den Menses schwer zerrender Rückenschmerz bei Anstrengung; schießender Schmerz den Rücken hinauf von den Hüften zu den Schultern; Bauch wundschmerzhaft bei Berührung; sehr starkes Abwärtsdrängen; Druck im Kopf, Gefühl von Zusammenziehen im Scheitel und Empfindung, als hebe sich der Kopf ab; Schwindel; wundmachender, eiweißhaltiger Ausfluß, < vor den Menses; Heißhunger; extremes Müdigkeitsgefühl; Puls 80 und schwach; seelische Niedergeschlagenheit.

|| Hat reichliche Menses; kinderlos; groß, beleibt, schlaff, gebläht aussehend, sehr häßliche Hautfarbe, Neigung zu Ödemen (die sie auch früher schon hatte) durch starken Blutverlust; die Menses sind reichlich und schienen hauptsächlich aus Wasser und Klumpen zu bestehen; sie gibt an, wenn sie liege, fließe nichts nach außen, sondern Klumpen und Wasser kämen erst beim Aufstehen aus dem Uterus; sie empfindet den Uterus als so voll, daß sie aufstehen muß, um die Klumpen loszuwerden; nachtsüber furchterregender Blutfluß; sehr leise, kann kaum laut sprechen.

|| Seit 12 Jahren heftige Menorrhagie während jeder Periode, eine Woche oder zehn Tage andauernd, manchmal länger; blaß, dünn, schwach, sehr nervös.

|| Reichlicher Ausfluß dunklen, verklumpten Blutes von üblem Geruch, mit Schmerz und Empfindlichkeit eines Ovar oder auch beider.

| Dysmenorrhoe von Stauungscharakter mit starker Reizung der Ovarien; heftiger Schmerz in den Ovarien, in Uterus und Rücken alle paar Minuten; spärlicher, blasser Fluß mit Pseudomembranen; schlechter Appetit, dick belegte Zunge.

|| Hatte immer schon während der Menses, die mit 15 Jahren einsetzten, Kopfschmerzen; Kopfschmerz am stärksten am Scheitel; schlechter Appetit; Schmerz in der linken Brust mit etwas Husten; während der letzten 8 Monate vollständige Unterdrückung der Menses; heftiger Schmerz im Rücken, kann nicht in einem Wagen fahren; Schmerz in der Uterusgegend, besonders über den Ovarien, < links; täglich Erbrechen von Schleim und Blut; kein Schlaf; etwas Leukorrhoe; hysterisch; keine Fehlstellung des Uterus, aber starke Stauung in der Beckengegend.

| Unterdrückung der Menses ohne erkennbaren Grund; lästiger Husten; beträchtlicher Auswurf; manchmal auch trockener Husten; stechende Schmerzen in der Brust, besonders links; Nachtschweiße; Appetitverlust; Schmerz in den Ovarien, besonders links; allgemeine Schwäche, Kopfschmerz; Leukorrhoe; chlorotisch; anämisch, wie im ersten Stadium von Schwindsucht.

|| Menses seit 14 Monaten unterdrückt; sehr reizbar und niedergeschlagen; Unbehagen in der Magengegend; Schmerz in der Gegend der Ovarien, besonders links; Haut heiß und trocken; Obstipation, Stühle trocken und hart; kein Appetit; stechende Schmerzen in der Brust, < links; dau-

ernder, abgehackter Husten; beträchtlicher Auswurf; Nachtschweiße; allgemeine Erschöpfung; starkes Unbehagen in den unteren Extremitäten.

|| Milde Leukorrhoe.

| Klimakterium: Schwindel; häufige Hitzewellen; Metrorrhagie.

Schwangerschaft, Entbindung, Stillen – Abort: abwärtsdrängende Schmerzen, als ob alles herauskäme; bei schlaffer Konstitution; durch allgemeine Atonie des Uterus, mit oder ohne Blutung.

|| Hatte mehrere Aborte im dritten Monat; ist jetzt ungefähr drei Monate schwanger; die letzten zehn Tage über täglich mehr oder weniger starke Blutung, manchmal ziemlich stark; nachts nicht so stark; den ganzen Tag über mehrmals Blutung in dunklen Klumpen.

| Postpartale Blutungen durch schlaffen, atonischen Zustand des Uterus.

| Dauernder Fluß; alle paar Minuten Ausstoßen von hellroten Blutklumpen mit abwärtsdrängenden Schmerzen.

| Andauernde bräunliche Blutung bei fehlender Uteruskontraktion.

|| Eineinhalb Stunden nach der Entbindung begann sie heftig zu bluten.

| Passive Blutung nach Fehlgeburt, Blut klumpig, tage- und wochenlang.

|| Heftiger Fluß zwei Wochen nach der Entbindung; hellrote Klümpchen; kein Schmerz; sehr schwach.

Sehr reichlicher Lochienfluß, sehr dunkel, fast schwarz.

|| Keine Milch; chronische Entzündung und Verhärtung der Brüste.

Milchfluß.

|| Fördert die Austreibung von Fremdkörpern aus dem Uterus.

| Puerperale Peritonitis mit andauerndem Fluor; hohes Fieber; faulige Sekretion; Bauch äußerst wundschmerzhaft und tympanitisch.

|| Puerperale Peritonitis; ungefähr vor zwei Tagen Abort im dritten Monat; konstantes Fieber; Puls 120; im Bereich der gesamten Därme ist jeder Druck unerträglich; heute ungefähr sechsmal scharfe, schneidende Schmerzen im linken Ovar; seit zwei Tagen ununterbrochene Blutung; Blut dunkel, nicht reichlich und auch nicht mit abwärtsdrängenden Schmerzen verbunden; kann sich im Bett nicht bewegen; muß auf dem Rücken liegen; dauernder, dumpfer Stirnkopfschmerz; Appetitverlust, Zunge belegt.

|| Seit einem Jahr täglich Schwindel, seit einigen Tagen so schlimm, daß sie im Bett liegen muß; Menses alle drei Wochen im vergangenen Jahr; das letzte Mal zehn Tage lang und reichlich; wieder so starker Fluß wie zu der Zeit, als sie gesund war; dauernder, weher, quälender Schmerz unter der linken Brustdrüse; rheumatische Schmerzen in Schultern und Rücken; sehr schwach, kann nicht arbeiten.

| Bindegewebsgeschwülste und Verhärtung des Muttermundes.

|| Blutung aus dem Uterus, hellrot, teils flüssig, teils geronnen; passive Stauung des Uterus, so daß nach jeder Untersuchung eine leichte Sickerblutung einsetzt; das Gewebe des Uterus fühlt sich weich und schwammig an; Muttermund erweitert.

Ich gab *Mrs. X.* vier Gaben Ustilago M wegen weher Schmerzen und extremer Wundheit des Muttermundes. Nach 24 Stunden war sie geheilt, wies aber nun die folgenden Symptome auf, die sie niemals vorher gehabt hatte:

Kopfschmerz in den Schläfen.

Schmerzen an der Nasenwurzel, die sich nach innen zu den Canthi und nach oben und außen zu den Augenbrauen erstreckten.

Schmerzen hinten im Nacken.

Starke Schmerzen in sämtlichen Knochen, besonders in den Waden, die etwas verkrampft waren.

Schmerz in beiden Schultern, besonders beim Heben der Arme.

Steifheit in den Schultergelenken beim Herunterbringen der Arme beim Erwachen – im Schlaf hielt sie die Arme über den Kopf gestreckt.

Durst auf kalte Getränke.

Fühlte sich äußerlich frostig, nicht aber innerlich.

Häufiges Urinieren mit Schmerz in der Harnröhre beim Durchgang der letzten Tropfen.

Brust – Krampfartiges Reißen an der linken Spitze, wandert zur 6. oder 7. Rippe, um 15 Uhr, beim Stehen oder Lesen, < durch Atmen.

Am Morgen Schmerzen in der linken Infraclaviculargegend.

Ziehender Schmerz in der Gegend unterhalb der linken Brustdrüse, wachte hierdurch um 3 Uhr auf, > durch Drehen von der rechten Seite auf den Rücken.

Weher, brennender Schmerz im Brustbein und darunter im Magen mit neuralgischen Schmerzen.

Bedrückung entlang der Medianlinie.

Zusammenziehen mit Schmerz.

Hitze und Druck.

Herz – Plötzlicher wandernder Schmerz vom Herzen zum Magen, stoppt die Atmung.

Brennender Schmerz in der Herzgegend.

Atmungsorgane – Empfindung, als sei ein Klumpen hinter dem Kehlkopf, der eine dauernde Neigung zum Schlucken hervorruft.

Rücken – Schmerz im Rücken erstreckt sich bis zum äußersten Ende der Wirbelsäule.

Heftiger rheumatischer Schmerz in der Lendengegend, < durch Gehen; weher Schmerz im Kreuz.

Schmerz hinten im Nacken.

Schmerz in der Gegend der rechten Niere, < beim Stillsitzen; am nächsten Tag in der Gegend der linken Niere, > durch Umherbewegen, mit Hitze, Völle und Wundheit bei tiefem Druck (wodurch aber der Schmerz gemildert wird), mit Unbehagen im linken Oberschenkel, häufigem Drang zu urinieren, der Strahl ist dünn, am folgenden Tag erfordert es beträchtliche Willensanstrengung die Blase zu leeren, was sehr langsam geht, Schmerz und Wundheit in der linken Lende dauern an; Schwere in der Lendengegend, im Bett mit Unbehagen in der Gegend der Blase (kein Drang zu urinieren beim Zubettgehen), wachte früh am Morgen mit Ausdehnungsgefühl in der Blase auf, urinieren langsam und schwierig, Urin kaum gefärbt, Schmerz im Rücken, < die folgende Nacht, < beim Liegen auf dem Gesicht, > beim Liegen rechts.

Abwärtsdrängen in der Kreuzbeingegend wie bei Dysmenorrhoe, wandert zur Gegend des linken Ovars und erstreckt sich allmählich durch die Hüfte.

Obere Extremitäten – Schmerz in beiden Schultern, besonders beim Heben der Arme.

Schmerz in den Schultergelenken; rheumatisch, in den Muskeln der rechten Schulter, die ganze Nacht über.

Aussetzendes, taubes, brennendes, juckendes Gefühl im rechten Arm und der rechten Hand, täglich.

Morgens beim Erwachen Steifheit in den Schultergelenken beim Herabhängen der Arme, im Schlaf waren die Arme über den Kopf gestreckt.

Schmerz im rechten Ellbogen, < durch Bewegung.

Stiche entlang des Metacarpalknochens des rechten Zeigefingers.

Rheumatisch ziehende Schmerzen in den Fingergelenken, < im zweiten Gelenk des rechten Zeigefingers, den ganzen Nachmittag über.

| Hypertrophie oder Verlust der Nägel.

Rheumatische Schmerzen in Armen, Händen und Fingern.

Dumpfe, rheumatische Schmerzen im rechten Ellbogengelenk bei Bewegung.

Heftige, ziehende Schmerzen in allen Fingergelenken.

Scharfe, spießende Schmerzen entlang des Metacarpalknochens des rechten Zeigefingers, alle paar Sekunden.

Scharfe, schneidende Schmerzen entlang der Metacarpalknochen der rechten Hand.

UNTERE EXTREMITÄTEN – Schmerz im linken Knie beim Gehen, verstärkt sich bis zum Krampf, muß sich deshalb auf den Arm eines Freundes stützen; der Schmerz mit gelegentlichen Krämpfen dauerte den ganzen Abend über an, < beim Anheben des Fußes, so daß Druck auf die Zehen kam.

Krampfartige Steifheit im linken Bein, < durch Anheben des Fußes, so daß Druck auf die Zehen kam.

Füße morgens geschwollen.

Schneiden in den Knochen der rechten Hand und des rechten Fußes.

Häufige rheumatische Symptome in Armen, Fingern und Beinen.

Rheumatische Schmerzen in den Beinen.

Wandernde rheumatische Schmerzen in den Metatarsalknochen des rechten Fußes.

Starke Schmerzen in sämtlichen Knochen des Körpers, besonders in den Waden, welche leicht verkrampft sind.

Haut – Die Kopfhaut wurde zu einer einzigen filzigen Entzündungsmasse, zwei Drittel der Haare fielen aus, der Rest eiterte zusammen, es sickerte eine wässrige, samenartige Flüssigkeit von der Kopfhaut, rötelnartiger Ausschlag an Nacken und Brust, der sich allmählich bis zu den Füßen erstreckte, am dicksten an Brust und Gelenken, juckend, < nachts, überall wo gerieben wurde, brach der Ausschlag aus, an Gesicht und Nacken bestand er aus Flecken, wie bei einer Flechte, aber nicht bläschenartig.

Neigung zu kleinen Furunkeln.

Furunkel am oberen Nacken.

Gestautes Gefühl in der Haut.

Haut trocken und heiß; gestaut.

Schmerzhafte, destruierende Erkrankung der Nägel.

Parästhesie der Haut; Prickeln, Brennen, Jucken, ein ausgeprägtes Hauterythem an den unbedeckten Körperstellen, danach pergamentartige, dunkelbraune Haut mit Rhagaden, < durch Wärme.

Roullin beobachtete Ausfall von Haaren und manchmal auch von Zähnen sowohl bei Tieren wie auch bei Menschen; Maultiere, die mit dem Mittel gefüttert wurden, verloren oft ihre Hufe und Hühner legten Eier ohne Schalen; es rief Haarausfall bei Tieren hervor und heilte komplette Alopezie.

Pustulöse Geschwürsbildung der Haut, Kopfgrind und verschiedene Ekzemformen.

Kupferfarbene Flecken an der Haut; sekundäre Syphilis; Macula.

6 Jahre lang Urticaria bei einem Neger, die ganze Zeit über mehr oder weniger Beschwerden; jede Nacht Jucken; Kratzen ruft große, blasse Striemen an Körper, Armen und Beinen hervor.

Schlaf – Schwieriges Einschlafen und dann unangenehme Träume.

Ruhelose Nacht; mit Fieber; mit lästigen Träumen.

Sexuelle Träume; ohne Samenerguß; ekelhafte; erwacht dadurch, steht auf und uriniert unter Schwierigkeiten mit Tenesmus.

Fieber – Fröste laufen den Rücken hinauf und hinunter.

Nachts im Schlaf Hitze.

Innerliche Hitze; mit Schwindel; < Augen, welche entzündet und empfindlich gegen Licht sind, Augapfel wund bei Berührung; intermittierend; Puls normal.

Brennen im Gesicht und an der Kopfhaut.

Haut trocken und heiß, nachts.

Rückfallfieber; sehr reichlicher Schweiß; leichte Übelkeit; Bedrückung der Brust; cerebrale Störungen und große Reizbarkeit.

Durst auf kalte Getränke.

Äußerlich frostig, nicht aber innerlich.

Allgemeines – Neuralgische Schmerzen in Stirn, Händen und Füßen.

Rheumatische Schmerzen die ganze linke Seite hinauf und hinunter mit Schneiden im linken Knie und der linken Wade, wenn ich die Zehen belastete oder unter auch nur geringer Belastung das Knie beugte.

Rheumatische Schmerzen in den Muskeln von Armen, Händen, Fingern und im Kreuz, Kreuzschmerzen < beim Gehen.

Symptome einer Erkältung.

Krankheitsgefühl wie bei einer Erkältung; fühlte mich erkältet, dauernder wässriger Ausfluß aus Nase und Augen mit gelegentlichen Frösten.

Mattigkeit: tagsüber mit Kopfschmerz, < mittags, mit brennendem Stirnkopfschmerz um 21 Uhr; morgens beim Aufstehen; um 14 Uhr.

Schwächegefühl um 11 Uhr in einem warmen Vorlesungszimmer.

Schwächeanfälle, die im Epigastrium beginnen, mit kleinen Schmerzen im Hypochondrium und den Därmen.

Vergleiche:

Secale	Ustilago
Brennen; in allen Körperteilen, als ob Feuerfunken auf den Patienten fielen.	Brennen; in Speiseröhre, Magen, Ovarien, Herz, Gesicht, Kopfhaut; weniger an der Haut.
< durch Wärme, Bedekken der betroffenen Stellen; < durch Hitze, alle Erkrankungen.	Schwäche und Bedrükkung in einem warmen Zimmer; < durch Wärme weniger ausgeprägt.
Für dünne, magere, schwächliche, kachektische Frauen; reizbare, nervöse, blasse, eingesunkene Miene.	Für schwache, erschlaffte, atonische Patienten; reizbar, niedergeschlagen, seelisch matt.
Blutungen; reichlich, dünn, schwarz, wässrig, zersetzt, blutig; hämorrhagische Diathese; die kleinste Wunde kann wochenlang bluten; defibriniert.	Blutungen; passiv, sikkernd, dunkel, geronnen, blutig, lange, schwarze und fadenziehende Klumpen bildend; teils dunkel, teils geronnen und fadenziehend oder dünn und wässrig.

Vaccinum

Gemüt – Weinen.

Schlecht gelaunt, ruheloser Schlaf.

Nervöse Niedergeschlagenheit, Ungeduld, Reizbarkeit; Neigung, sich von Dingen beunruhigen zu lassen.

Krankhafte Furcht, Pocken zu bekommen.

Verwirrung, sie kann sich nicht zu der Zeit an etwas erinnern, wenn sie es möchte.

Kopf – Stirnkopfschmerz.

Die Stirn fühlte sich an, als würde sie sich von der Nasenwurzel bis zum Scheitel entlang der Medianlinie in zwei Hälften spalten.

Stiche in der rechten Schläfe.

Ausschlag wie Milchschorf.

Weh und Hitze im ganzen Kopf, besonders in der Stirn.

Stechen in beiden Schläfen.

Weh in der Stirn, den ganzen Vormittag über.

Wachte mitten in der Nacht auf durch Schmerz in Stirn und Augen, wie Bersten und Stiche in beiden Schläfen.

Heftiger Kopfschmerz über dem ganzen Kopf.

Prickeln in der linken Schläfe, wie wenn sie einschliefe.

Augen – Tinea tarsi und Konjunktivitis bei einer 28jährigen Frau als Überbleibsel kindlicher Pocken, die Bindehäute sind schmerzhaft empfindlich.

Augen schwach; Herausfallen in der Stirn, als sei sie gespalten.

Entzündete Augenlider.

Röte der Augen und des Gesichtes mit kleinen Pickeln an Gesicht und Händen.

Keratitis nach Impfung.

Schmerz in Stirn und Augen, wie gespalten.

Morgens wie Gaze vor den Augen, kann nicht gut sehen.

Aufgequollenes, rotes Gesicht und rote Augen mit kleinen Pickeln an Gesicht und Händen.

Wundheit im inneren linken Augenwinkel.

Eigenartig dumpfes Gefühl am Unterlid.

NASE – Dumpfes Gefühl des Kopfes mit Laufen der Nase.

Nasenbluten, vorher ein Gefühl von Zusammenziehen über und zwischen den Augenbrauen, bald nach Essen von Fleisch; Menses ziemlich reichlich und zu häufig; geheilt durch Wiederholungsimpfung.

NACKEN – Schwellung des Nackens unterhalb des rechten Ohres (Speicheldrüse), mit dem Gefühl, wie wenn er geschnitten wird.

Kälte vorn am Hals das Brustbein hinunter, innen und äußerlich.

GESICHT – Röte und Ausdehnung des Gesichtes, Fröste laufen den Rücken hinunter, bis zum Nachmittag.

Angeschwollenes, rotes Gesicht und rote Augen mit kleinen Pickeln an Gesicht und Händen.

MUND – Zunge gelb belegt, trocken, die Papillen schauen durch den Belag hervor.

Mund und Zunge trocken.

APPETIT – Appetit fehlt, Ekel bei Geschmack, Geruch und Anblick der Speisen.

Kaffee schmeckt sauer.

Guter Appetit.

MAGEN – Weh in der Magengrube mit kurzem Atem.

Bauchweh.

ABDOMEN – Ein Stich in der Lebergegend am Rande der untersten Rippe in der Axillarlinie.

Stich in der Milzgegend.

Ausgedehnt durch Blähungen.

Harnorgane – Nephritis mit Albuminurie, Hämaturie und Wassersucht, entwickelte sich elf Tage nach Impfung; das Kind genas.

Atmungsorgane – Kurzatmigkeit mit Weh in der Magengrube und Druck in der Herzgegend.

Keuchhusten.

Brust – Stich in der linken Brustseite vorn unterhalb der kurzen Rippen.

Stiche vorn in der rechten Seite unterhalb der kurzen Rippen von rechts nach links, dann an der entsprechenden Stelle der linken Seite, aber von links nach rechts, fünf Minuten andauernd, wird in Milz und Leber gespürt.

Ziehen, die linke Brustseite und den Rücken hinunter.

Herz – Fieberhafte Tätigkeit von Herz und Arterien.

Weh am Herzen.

Rücken – Rückenschmerzen.

Weher Schmerz im Rücken, < in der Lendengegend, erstreckt sich um die Taille herum.

Drehende Schmerzen im unteren Rücken.

Plötzlich einsetzende Schwäche im Kreuz, < durch Hinlegen.

Obere Extremitäten – Heftige Schmerzen im linken Oberarm an der Impfnarbe, konnte morgens den Arm nicht heben.

Rheumatische Schmerzen in Handgelenken und Händen.

Hitzeempfindung, wie von Dampf, die vom Handrücken ausgeht.

Keloid an den Narben der Auffrischimpfung.

Der linke Oberarm fühlt sich steif an und zittert etwas.

Röte des linken Oberarmes.

Leichtes Reißen vom linken Handgelenk zum distalen Teil des vorderen Radius.

Prickeln im vierten Finger links, als würde er einschlafen; auch im linken Mittelfinger.

Weh des vierten Fingers links.

Ziehen am linken Ellenbogen den Arm hinauf.

Die linke Hand fühlt sich heiß an.

Brennen des vierten Fingers links; durch den linken Arm strömt Wärme.

Untere Extremitäten – Reißen im linken Oberschenkel abwärts.

Wundheit der unteren Extremitäten, wie erhitzt oder überanstrengt.

Die Beine tun unmäßig weh, kann kaum herumgehen, wie bei einem Knochenbruch, Empfindung, als zersplitterten die Knochen.

Drehende Schmerzen in beiden Knien.

Haut – Haut heiß und trocken.

Generalisierter Ausschlag wie bei Kuhpocken.

An der Stelle, wo mit der vierten Verdünnung geimpft worden war, entwickeln sich kleine Pickel.

Rote Pickel oder Flecken an verschiedenen Stellen, am deutlichsten in der Wärme.

Pustelausschlag auf einem dunkelroten Grund mit einer rötlichen oder länglichen Erhebung, mit grünlich-gelbem Eiter gefüllt, an der linken Seite des Rumpfes, zwischen den Schultern, an der linken Schulter, hinter dem rechten Ohr, erinnern an Varioloid, manche erbsgroß, manche kleiner, ohne Delle im Zentrum, anfangs rundes, hartes Gefühl in der Haut (wie bei einer Injektion), stark juckend.

Juckendes Brennen in der Haut des ganzen Körpers, am stärksten in der Stirn und im vorderen unteren Teil des behaarten Kopfes, welche Stellen scharlachblau verfärbt sind; oder Ausschlag, wie er unmittelbar dem Pockenausschlag vorausgeht.

Vaccinum 6, in Wasser gelöst, einen Tag mit strenger Diät, acht Tage lang wiederholt, wirkte in 600 Fällen als Prophylaktikum.

In den vergangenen 18 Jahren behandelte ich sehr viele Fälle von Variola und Varioloid, von denen einige schon sehr verzweifelt aussahen, und ich verlor keinen einzigen Fall, wenn ich das Vaccinevirus als Mittel einsetzte; darüber hinaus bekam keiner dieser so behandelten Patienten Blutungen, Delirium, sekundäres Fieber oder nach überstandener Krankheit entstellende Narben.

Vaccinum 200 besserte rasch schwere Pockensymptome bei einem sechs Monate alten Kind; zwei Tage vor Auftreten des Ausschlages war es nach acht Tagen zum zweiten Mal neben der rechten Brustwarze geimpft worden; Schlucken schwierig durch Befall der Zunge und des Rachens; über Kopfhaut, Gesicht, Rumpf und Glieder sind Pusteln, viele davon groß, verstreut.

Ausschlag kleiner, roter Bläschen, die nach wenigen Tagen abtrocknen, an linkem Oberarm und Brust.

An der linken Schulter eitergefüllte Pustel mit einer Delle im Zentrum und rotem Rand.

Die Pusteln zeigen plötzlich eine starke Delle.

Pustelausschlag am ganzen Körper, einige mit zentraler Eindellung, einige braun.

SCHLAF – Wachte mitten in der Nacht durch Schmerz, wie zersplittert, in Stirn und Augen und durch Stechen in den Schläfen auf.

Ruheloser Schlaf.

FIEBER – Fieber mit Hitze, Durst, Umherwerfen, heftige Abneigung gegen Speisen.

Frost mit Schütteln. In der nächsten Nacht konnte sie kaum warm werden.

Nach dem Hinlegen starker Schweißausbruch, danach verschwanden Frost, Röte und die Pickel.

ALLGEMEINES – Ruhelosigkeit.

Allgemeines Krankheitsgefühl.

Schwäche, Mattigkeit.

Müde am ganzen Körper mit Strecken, Gähngefühl; unnatürliche Schwäche.

Das Kind möchte getragen werden.

Viele Patienten fallen in Ohnmacht, wenn sie geimpft werden.

Schwäche.

Variolinum

Berichte über Variolinum gibt es von *Dr. Fellger.* Er gab hunderten von Menschen Variolinum und keiner von ihnen erkrankte jemals an Pocken. In einer Familie, wo der Vater konfluierende Pocken hatte, gab er den anderen Mitgliedern, die alle nicht geimpft worden waren, Variolinum als Prophylaktikum, und keiner von ihnen zog sich die Krankheit zu.

Er berichtet den Fall eines Pfandleihers aus Philadelphia, der überall mit Pockennarben bedeckt war; als Kind war er geimpft und anschließend idiotisch geworden. Mit 16 Jahren hatte er einen heftigen Anfall von Pocken, danach gewann er seinen Verstand wieder.

Variolinum ist bei Pocken angezeigt, wenn wenig Schmerz besteht; der Patient kann sogar ziemlich gut essen; zwischen den Pusteln sieht die Haut normal aus; die Augäpfel sind weiß und sehen normal aus; die milden, unkompliziert verlaufenden Pockenfälle verlangen nach Variolinum.

Gemüt – Delirium bei Fieberausbruch.

Todesangst; wilde Erregung, bettelt darum, zu erfahren, ob er im Sterben liege, bevor er den Satz aber vollendet, fällt er in schweren Schlaf mit lautem Atmen.

Kopf – Schwindel.

Ohnmacht beim Versuch aufzustehen.

Stirn sehr heiß, Gesicht rot und angeschwollen, heftig pulsierende Karotiden.

Kopfschmerz: im Frost oder anschließend; über den ganzen Kopf; besonders in der Stirn; heftig im Scheitel; als ob ein Band den Kopf fest umspannt; heftig lanzinierend, klopfend; < mit jedem Pulsschlag.

Unerträglicher Schmerz im Hinterkopf.

Irres Gefühl durch das Gehirn, schwer zu beschreiben.

Augen – Keratitis bei Pocken und nach Impfung.

|| Chronische Ophthalmie mit Sehverlust.

|| Kontrahierte Pupillen.

Ohren – Taubheit.

Gesicht – Die Haut von Gesicht und Nacken ist tief dunkelblau verfärbt.

Im Schlaf fällt der Kiefer herunter, mit Zittern, wenn er aufgeweckt wird.

Einmal hatte ich mit Variolinum einen wunderschönen Heilerfolg bei einem äußerst schwierig zu behandelnden Fall von Akne. Ich kam auf das Mittel, weil das Gesicht des Mannes so von Narben entstellt war, als ob er Pocken durchgemacht hätte. – *W. J. Guernsey.*

Zähne – Die Zähne sind mit dickem, braunem Schleim belegt.

Mund – Die Zunge ist dick und schmutzig-gelb belegt.

|| Im Schlaf ist die Zunge aus dem Mund herausgestreckt, sie ist schwarz belegt; wenn er aufgeweckt wird, kann er sie nur mit Schwierigkeiten zurückziehen; sie sieht wie eine Masse faulen Fleisches aus.

| Zunge weiß belegt, wie weißer Sand, bei Pocken, mit Kopfschmerz, Rückenschmerz und hohem Fieber.

Hals – Hals sehr wund, Rachen gerötet.

|| Pharynx und Rachen tief purpurfarbenen, karmesinrot, gangränöses Aussehen; Atem äußerst übelriechend.

Schlucken schmerzhaft.

Empfindung, als sei der Hals zu.

Kloßgefühl rechts im Hals.

Diphtherie mit schrecklichem Foetor ex ore.

Appetit – Speisen, besonders Wasser, schmecken krankhaft süß.

Magen – Wundheit in der Magengrube und quer über dem Epigastrium.

Heftiger Schmerz in der Präkordialgegend, häufig Übelkeit und Erbrechen von galligem und blutigem Zeug.

|| Häufiges galliges Erbrechen.

Sobald er Milch trinkt, erbricht er sie wieder.

Stuhl – Dünne, blutige Stühle.

Mehrere braune, grüne, zuletzt grasgrüne Stühle, schmerzlos, lose, von unerträglich üblem Geruch; kein Durst; der letzte Stuhl schleimig mit geringen Mengen von Blut.

|| Dysenterie.

Obstipation.

Harnorgane – Urin: dunkel wie Brandy; trüb und übelriechend; macht rosa-teefarbene Flecken, die schwer zu entfernen sind.

Männliche Geschlechtsorgane – Vergrößerung der Hoden.

Harte Schwellung des linken Hodens nach einer Kontusion.

Atmungsorgane – Bedrückte Atmung.

|| Asthma.

Lästiger Husten mit serösem und manchmal blutigem Auswurf.

Nacken und Rücken – Nackensteife mit festem Ziehen in den Muskeln, < bei Bewegung.

Schmerz an der Gehirnbasis und im Nacken.

Frost wie Ströme von Eiswasser laufen von der Gegend zwischen den Schulterblättern abwärts bis zur Kreuzbeingegend.

Unerträgliche wehe Schmerzen in der Lenden- und Kreuzbeingegend.

Muskelschmerzen im Rücken wie bei Rheumatismus, < durch Bewegung.

Obere Extremitäten – Eiskalte Hände bei einem Anfall.

Anschwellung des Armes, der halb gelähmt war.

UNTERE EXTREMITÄTEN – Muskelrheumatismus; < bei Bewegung.

Petechienartiger Ausschlag, erythematös am Unterbauch; dreieckförmig, die Spitze am Schambein, die Basis quer über dem Bauch in der Nabelgegend; auch an der seitlichen Oberfläche des Rumpfes bis zur Achsel, übergreifend auf die Achselfalten und die anliegenden Teile des Armes und des M. pectoralis major.

Schreckliche Schmerzen im Rücken an der rechten Seite des Rückgrates und ober- und unterhalb des Schulterblattes; Muskeln wund bei Berührung, Übelkeit, überall Schmerzen, besonders in den Beinen; Zunge sauber; Puls 120; Variolinum CM; der Körper ist vollständig mit großen Pusteln bedeckt, das Gesicht eine einzige Masse konfluierender Pusteln, Puls immer noch hoch, dauernder Auswurf zähen Schleimes, Mund und Rachen sind von Pusteln ausgekleidet, selbst die Zunge ist mit ihnen bedeckt; Verstopfung, zeitweilig wildes Delirium; acht Tage später Temperatur 40,3° C; Puls 120, sehr schwach und immer wieder aussetzend; starke Todesangst; bettelt darum, zu erfahren, ob er sterben muß; bevor er den Satz beendet, fällt er in tiefen Schlaf mit röchelnder Atmung, der Kiefer sinkt auf die Brust, die Pupillen sind kontrahiert, die Zähne mit dickem, braunem Schleim bedeckt, Mitte der Zunge völlig schwarz, die Schleimhaut des Mundes und Rachens ist von tief purpurfarbenem Karmesinrot, sieht gangränös aus, äußerst übelriechender Atem, die Haut des Gesichtes und Nackens ist tief dunkelpurpur verfärbt; übler Körpergeruch; geringe Kontrolle über Zunge oder Kiefer, letzterer hängt herab und im Schlaf kommt die Zunge wie eine Masse verfaulter Leber aus dem Mund heraus; als er aufgeweckt wird, verursacht die Anstrengung zu sprechen heftiges Zittern des Kiefers und der Zunge, die er nur unter Schwierigkeiten in den

Mund zurückziehen konnte, und die steif war, aber wie eine Masse fauligen Fleisches aussah; Urin dunkel, während des ganzen Anfalles frei abgehend; bis dahin hatte er weiter die CM bekommen; erhielt nun eine Gabe CMM, trocken auf die Zunge; am nächsten Tag schon fast wieder genesen; er erholte sich gut, es blieben nur wenige Pockennarben zurück.

Heftiger Frost gefolgt von hohem Fieber; heftiger Schmerz im Rücken, wie gebrochen; Schmerz über den ganzen Kopf, sehr heftig und andauernd im Hinterkopf; häufiges Galleerbrechen; dicker, schmutziger gelblicher Zungenbelag; wildes Delirium und Krämpfe; in der Nacht bevor der Ausschlag erschien, hartnäckige Verstopfung; am dritten Tag sehr dicker Ausschlag von Pockenpusteln, der schnell konfluierende Form annahm, Variolinum CMM.

|| Pocken; eigenartiger Geruch verursacht starke Übelkeit im Magen; Stauung zum Kopf, Herzklopfen; zwei Stunden nach einer Gabe Variolinum 30; eine Stunde später Kribbeln im Rücken und Kältegefühl in den unteren Extremitäten; kalte Füße; lahmes, schweres Gefühl im linken Arm; kein Appetit; Schlaf durch Hitze gestört; gegen Morgen leichter Schweiß am Rumpf; am folgenden Tag pressender Dauerkopfschmerz, besonders im Hinterkopf; Puls etwas gereizt; Abneigung gegen geistige Arbeit; beim Lesen Hitze in Kopf und Stirn; Schwäche beim Gehen; Schmerzen in den Gelenken der oberen und unteren Extremitäten, wie lahm; gegen Abend wieder fiebrig; pressender Schmerz im Kreuz bis zum Kreuzbein hinunter (Glon. 3 erleichtert den Kopfschmerz), im Bett Ziehen im Oberkiefer und den Zähnen; traumreicher Schlaf; gegen Morgen wieder Schweiß; Urin riecht ammoniakalisch; am vierten Tag rote Pickel am linken Handrücken, sie bleiben mehrere Tage, ohne sich mit Eiter zu füllen; geistige Arbeit macht immer noch Hitze in der Stirn und Druck im Kopf; ein Ausbruch der Pocken wurde verhindert.

Am dritten Tag des Ausschlages, als sich die Pusteln gefüllt hatten und im Gesicht konfluierten, intensives Jukken; Variolinum M in Wasser, alle zwei Stunden; am zweiten Tag war das Jucken fast verschwunden, die Pusteln schrumpften; am dritten Tage trockneten sie; am fünften Tag fielen die Krusten im Gesicht ab; am siebenten Tag fielen die übrigen Krusten ab, und die Zunge war wieder sauber.

Ich selbst habe Variolinum angewendet und seine Anwendung in vielen, schweren Fällen beobachtet; durch die 200. Potenz wird die Krankheit ungefähr auf die Hälfte verkürzt, das Leiden der Patienten stark gemildert, das sekundäre Fieber fehlt entweder völlig oder ist viel leichter, die Pusteln platzen nicht auf, sondern schwinden oder vertrocknen und fallen ab, das Eiterstadium wird immens beschleunigt und verkürzt, es bleiben keine Pockennarben zurück.

Mrs. X und *Miss Y* bekamen am 22. und 23. November eine Gabe Variolinum M *(Fincke)*. Am 24. erschien ein Bläschen an der linken Nackenseite, das wund wurde und heftig juckte, als die Spitze aufbrach. Es war rot und entzündet mit einem scharf begrenzten Saum von ca. 2 1/2 cm Durchmesser; von dem entzündeten Grund lösten sich hellgelbe, schimmernde Schuppen, wie bei Psoriasis, ab. In ungefähr zwei Wochen durchlief es alle Stadien. Mehrere ähnliche Flecken traten an verschiedenen Stellen des Rumpfes auf, zeitweilig mit intensivem Jukken, aber ohne systemische Symptome. Charakter und Entwicklung des Ausschlages waren bei beiden ähnlich. Beide waren vor Jahren geimpft worden, aber ohne daß sich irgendein Ausschlag gezeigt hätte.

Haut – Exanthem von spitzen, gewöhnlich kleinen Pickeln; selten groß und eiternd, trocken, umgeben von einem schmalen roten Saum, häufig vermischt mit roten Flekken, manchmal heftig juckend.

Petechiale Ausschläge.

Variolinum 30 verhinderte einen Pockenanfall, nach starker Übelkeit im Magen, hervorgerufen durch den Geruch eines Pockenfalles.

Variolinum M in Wasser gelöst, alle zwei Stunden, am dritten Tag des Ausschlages, welcher konfluiert war, gegeben, verkürzte den Anfall.

Fieber – Sehr heftiger Frost gefolgt von heißem Fieber.

Starkes Fieber, beginnend mit Frösten, die wie Ströme kalten Wassers den Rücken hinablaufen und Schauer und Zähneklappern hervorrufen.

Fieber mit intensiv strahlender Hitze, brennende Hitze bei Berührung.

Heißes Fieber, keinen Durst.

Sehr reichlicher, übelriechender Schweiß.

X-RAY
(Röntgenstrahlung)

Hätte *Constantin Hering* der Homöopathie nichts Anderes hinterlassen als die bewundernswerte Pathogenese von Lachesis, die homöopathische Welt würde allein deshalb schon für alle Zeiten seiner in Dankbarkeit gedenken.

Hätte *Bernhardt Fincke* der Homöopathie nichts Anderes als die Prüfung der Röntgenstrahlen geschenkt, seinen Namen würde die Nachwelt allein aus diesem Grunde schon in dankbarer Erinnerung behalten. Die Möglichkeiten dieses Mittels bei der Heilung vieler der hartnäckigsten chronischen Krankheiten scheinen nämlich fast grenzenlos zu sein.

Dr. John B. Campbell, einem der ersten Prüfer, verdanken wir die Entdeckung dieses äußerst wertvollen, dynamischen Mittels, das sowohl geistig, als auch physisch die Lebenskraft des Systems zur Reaktion anregt und so bei Patienten, die unter kombinierten Dyskrasien, den Miasmen Hahnemanns, leiden, unterdrückte Symptome wieder an die Oberfläche bringt. Dies gilt besonders für tiefsitzende, sykotische konstitutionelle Beschwerden, die so oft in bösartige Krankheiten, besonders Krebs, münden.

Wenn das Sykosis- oder Syphilisvirus auf eine psorische oder tuberkulöse Diathese aufgepropft ist, wenn so wenig wahlanzeigende Symptome vorhanden sind, daß es fast unmöglich ist, das vorherrschende Miasma zu bestimmen, und wenn deshalb die am besten gewählten Antipsorika, Calcarea, Medorrhinum, Psorinum, Sepia, Sulphur, Syphilinum oder Tuberculinum keine Besserung bringen und es nicht schaffen, die überwältigte Lebenskraft soweit anzuregen, daß das dominierende Toxin an die Oberfläche gebracht oder ausgetrieben wird, dann ist X-ray unser am meisten versprechendes Mittel.

Jeder Arzt, der auch nur ein wenig Erfahrung hat in der Behandlung der toxischen Wirkungen von Röntgenstrahlen auf Knochen oder weiche Gewebe, braucht keinen Beweis mehr für deren tiefgehende Wirksamkeit und die extremen Schwierigkeiten, durch irgendeine Behandlung die überwältigte Lebenskraft zu wecken und eine Heilung zu bewirken. Eine Verbrennung durch Röntgenstrahlen, sei es des Knochens oder der Haut, ist fast nicht zu heilen und geht trotz der größten Anstrengungen unserer fähigsten Praktiker, trotz der besten Behandlung der modernen Medizin oft tödlich aus.

Hier eröffnet sich für das potenzierte, dynamisierte Mittel ein vielversprechendes, konkurrenzloses Wirkungsfeld, denn es gibt kein anderes bekanntes homöopathische Mittel, das in seiner ersten Wirkung derartig tief- und langwirkende Ergebnisse bringt. Ebenso allerdings gibt es kein bekanntes Mittel, das so sicher unterdrückt und viele chronische Fälle unheilbar macht wie dieses, und keines, das besser das folgende Zitat von *Alexander Popes* illustriert:

„Nur Toren stürmen los, wo Engel furchtsam schreiten".

In der Praxis gibt es kein Mittel, das so oft heilt, und keines, das so oft versagt, wo wir meinen, es müsse heilen. Weil es aber in vielen Fällen die schlummernde Lebenskraft erweckt und unterdrückte Symptome wieder hervorgebracht hat, die wir dann genau beobachten und interpretieren und für die wir das Similinum finden konnten, verspricht das Mittel viel für die Zukunft.

Wie *Hahnemann, Hering, Fincke* und die Arbeiten der österreichischen Prüfervereinigungen gezeigt haben, ist das dynamisierte, potenzierte Mittel der Hauptfaktor sowohl bei der Prüfung wie auch bei der Heilung. Wie Magnetis Polus Australis und andere Imponderabilien, können auch Elektrizität und die Röntgenstrahlen potenziert werden, und das potenzierte, dynamisierte Mittel ist der „Urtinktur" ebenso überlegen wie im Falle von Aurum, Lycopodium, Silicea oder Sulphur.

Eine sehr gute Beschreibung der Entdeckung der Röntgenstrahlen durch Professor *Röntgen* gab *Dr. Walter M. James* in *Homeopathic Physician* (März 1896). Sie schließt mit den Worten: „Warum sollte die Homöopathie nicht versuchen, die Wirkungen der Röntgenstrahlen auf den menschlichen Organismus zu prüfen? Hier ist ein weites Feld für die Experimentatoren unserer Schule eröffnet. Es möge bald bearbeitet werden!"

27. März 1897. Ein mit absolutem Alkohol gefülltes Reagenzglas wurde eine halbe Stunde lang der Bestrahlung durch eine Röntgenröhre ausgesetzt und dann bis zur sechsten Zentesimale hochpotenziert. Mit dieser Flüssigkeit wurden kleinste Globuli befeuchtet. Fläschchen mit diesen Globuli wurden den Mitgliedern der *Brooklyn Hahnemannian Union*, die sich am gleichen Abend zu einer ihrer regelmäßigen Sitzungen versammelte, vorgestellt.

Natürlich war jedermann neugierig, das neue Mittel auszuprobieren, und viele nahmen sofort einige Globuli auf die Zunge; und, siehe da! das Mittel begann seine Wirksamkeit sofort zu zeigen; noch innerhalb der zweistündigen Sitzung wurde eine Reihe von Symptomen beobachtet, die sofort bekanntgegeben und von unserem Schriftführer aufgezeichnet wurden. Einige Mitglieder sind seither ernsthaft krank und weigern sich, unter welchen Umständen auch immer, diese geheimnisvolle Kraft ein weiteres Mal zu testen.

Wenn manche auch annehmen, Glas sei undurchlässig für Röntgenstrahlen, in unserem Fall war es nicht so, denn der Alkohol in dem Reagenzglas war mit Sicherheit durch die Strahlung beeinflußt, wie das Ergebnis der Prüfungen zeigt. Wie die Röntgenstrahlen gewisse Körpergewebe durchdringen und den Zustand der röntgendichten Organe im Inneren des Körpers, wie Knochen und Fremdkörper, sichtbar machen, so können sie auch in das unsichtbare Innere des menschlichen Wesens eindringen, das unter der Herrschaft der Lebenskraft steht. Im folgenden ist die Wirkung des Mittels auf mehrere Prüfer wiedergegeben, die bis zu der Prüfung, welche zwei Monate dauerte, völlig gesund waren. Es traten nicht nur neue Symptome auf, sondern auch viele alte wurden aufgestört.

1. *Dr. B. L. B. B.*, nach einer Gabe von X-ray C6.

Eine magnetische Erregung in der rechten Hand erstreckt sich den Unterarm hinauf, sofort.

Am folgenden Tag keine besonderen Symptome.

Am nächsten Morgen wachte ich früher als gewöhnlich mit einem dumpfen, wehen Schmerz in der linken Seite des Hinterkopfes auf und sofort in der linken Sakroiliakalgegend; dann ein dumpfer, weher Schmerz hinten am linken Oberschenkel und der linken Wade. Diese Schmerzen erstreckten sich von oben nach unten, waren nicht heftig, dauerten 15 Minuten.

Nachmittags plötzlich auf einer kleinen Fläche ein scharfer, weher Schmerz in der linken Seite des Hinterkopfes, er trat zwei- oder dreimal, unregelmäßig in Abständen von einigen Stunden auf.

Danach über zwei oder drei Tage Beschwerden, die ich schon einmal gehabt hatte, eine katarrhalische Entzündung des Rektum mit Abgang von Schleim, leicht blutig, nach dem Stuhlgang.

Hühneraugen an den Fußsohlen sind empfindlicher als vorher, sie bestehen aus einer Verdickung der Hornhaut und zeigen manchmal eine kleine stecknadelgroße Delle, nicht schuppend.

2. *Dr. Alice B. C.,* nach einer Gabe X-ray.

„*Dr. Fincke* zeigte jedem von uns eine Flasche der X-ray-Präperation und sagte: „Sie können eine Gabe nehmen." Jeder von uns nahm eine Gabe. Ich dachte, es sei eine so niedrige Potenz, daß sie keinerlei Effekt haben würde, und nur aus dem Grund nahm ich sie überhaupt. Wir wußten nicht, was sie bewirken würde. Ich nahm nur diese eine Gabe. Ich war bei bester körperlicher und geistiger Gesundheit; außer während der Schwangerschaft hatte ich nie einen Arzt gebraucht."

Eine Empfindung im äußeren Orbitarand, vielleicht wie ein Wehtun, sofort.

Summen im rechten Ohr mit Druck, der sich zu den Schläfen erstreckt.

Abwärtsdrängen der Augenlider.

Wachte am nächsten Morgen mit Kopfschmerzen auf, die mit Unterbrechungen den ganzen Tag andauerten.

Ein Pressen quer über der Stirn mit einem allgemeinen Krankheitsgefühl, als ob ich krank würde.

Schläfrig mit Kopfschmerz.

Blutiger Schleim aus der Nase.

Kein Appetit, höchstens auf süßen Pudding oder Kuchen.

Abneigung gegen Fleisch.

Schwere und Völle im Unterbauch nach dem Essen ganz geringer Mengen.

In Abständen unbehagliches Gefühl im Unterbauch wie von feuchtwarmen Wickeln, als ob Durchfall einsetzen würde.

Die stärksten Beschwerden nach dem Mittag- und Abendessen.

Bauch ausgedehnt mit Völlegefühl.

(Pulsatilla, das ein Jahr zuvor bei einer Gruppe von Symptomen monatelang gut geholfen hatte, zeigte nur sehr leichte Wirkung.)

Ziehendes Nagen in der Appendixgegend, als ob eine Entzündung beginnt.

Empfindung im rechten Unterbauch, als ob sich dort Blasen bilden, die gleich platzen (durch Taraxacum 24 Stunden lang gebessert).

Blähsucht mit vergeblichem Stuhldrang.

Nach sieben Tagen trieb mich um 4 Uhr Stuhldrang aus dem Bett, es erfolgte ein vollständiger Abgang großer Mengen Stuhl, anschließend Übelkeit und Erbrechen; reichlicher Schweiß.

Kolikartiger Schmerz im rechten Unterbauch, der sich manchmal hinter die Hüfte erstreckt, Harnverhaltung.

Tenesmus der Blase, 12 Stunden andauernd, bis 16 Uhr, dann lief der Urin freier.

Das Erbrechen hörte auf, obwohl die Kolikschmerzen 12 Tage lang andauerten.

Bewegung verschlimmerte die Schmerzen, besonders auf der rechten Bauchseite, die Därme schienen an der Bauchwand zu haften, Gefühl, als seien sie abgerissen. Ich mußte ein großes Kissen zwischen Bauch und Oberschenkel legen, um den Bauch zu unterstützen und so die quälenden Schmerzen zu verhindern. Ich aß drei Tage lang nichts.

Durst auf kalte Getränke, obwohl nichts gut schmeckt.

Zunge dick belegt.

Übler Atem.

In diesen zwölf Tagen schlief ich nur kurze Augenblicke, anschließend war ich immer schrecklich niedergeschlagen, wollte keine Fragen beantworten, niemanden sehen und mit niemanden sprechen, Misanthropie.

Sobald der Schlaf einsetzen wollte, liefen Fröste den Rükken hinauf, der Schlaf wurde hierdurch verhindert.

Quälende Träume. Ein Traum, der mich vor vier Jahren belästigt hatte, kehrte wieder. Vor über 20 Jahren hatte sich dieser Traum in großen Abständen wiederholt. Jetzt trat er jede Nacht fünfmal auf.

Sieben Tage nach Beginn des Anfalls Wiederauftreten einer Nierenkolik mit Erbrechen, andauernder Übelkeit, kaltem Schweiß und Harnverhaltung der linken Seite. Ein krallender Schmerz von der Niere zur Blase, der vier Stunden lang nicht nachließ und ein wildes Aussehen von Agonie bewirkte, ein grausiges Gesicht, blaue Ringe um die eingesunkenen Augen, heftiges Beben, schreckhafte Ruhelosigkeit, kalten Schweiß, Harnverhaltung in den Harnleitern, ein vollständiges Bild von Tabacum, das auch alle Symptome besserte. Sobald die Schmerzen im Harnleiter nachließen, schien der Urin die Blase zu füllen und ging dann auch schmerzlos ab. Leichte Krämpfe blieben, sie wurden durch Cantharis in fünf Minuten beseitigt. (Etwas Ähnliches hatte sie schon einmal vor ungefähr einem Jahr gehabt, damals war es aber keinesfalls so heftig, sondern nur ein schmerzhafter Harndrang.)

Varizen innen an den Knien und Beinen mit Schwellung und Wundheit (Wiederauftreten nach Jahren).

Die Handflächen, die rauh und schuppig waren und manchmal bluteten, wurden während der Prüfung völlig glatt. Heilwirkung. Später fielen die Hände wieder in den alten Zustand zurück, während sich der allgemeine Gesundheitszustand verbesserte.

Für lange Zeit Kraftlosigkeit.

Während der Wirkung von X-ray litt sie so stark, daß sie eine gewisse Zeit lang Mittel einnehmen mußte. All diese Symptome sind nach außen getrieben worden.

3. *Dr. John B. C.,* 28. März 1897. X-ray C6, drei Gaben als Kügelchen, in zehnminütigen Abständen.

Fünf Minuten nach der zweiten Gabe Völlegefühl im Kopf mit leichtem Völlegefühl in beiden Ohren, < im rechten Ohr.

Gefühl in Kopf und Nase wie bei Beginn eines Schnupfens, mit leichtem Drang zu niesen.

Pressendes Völlegefühl, das vom hinteren Scheitelhöcker ausgeht und sich in gerader Linie zum Nasenrücken erstreckt, anschließend Völle im gesamten Scheitel, die sich zum Nasenrücken erstrecken.

Brennendes Jucken in beiden Armen wie von einem elektrischen Strom, oder wie eingeschlafen.

Aussetzender, leicht brennender, rheumatischer Schmerz im rechten Karpometakarpalgelenk, erstreckt sich vom Zeigefinger aus aufwärts zur Rückseite des Unterarmes.

Verschlimmerung des Völlegefühls über dem Scheitel, < entlang der Nase, < beim Bücken.

Dumpfer Schmerz im rechten Ischiasnerv, < beim Gehen.

Wandernde Schmerzen in der Brust, spießend, < rechts.

Spießende Schmerzen an verschiedenen Stellen des Kopfes und des Gesichtes.

Rheumatische Schmerzen an verschiedenen Stellen des Kopfes und des Gesichtes.

Rheumatische Schmerzen vorn am rechten Oberschenkel.

29. März. Vormittags schlechter Geschmack.

Den ganzen Morgen über unerträgliche Vollheit des Kopfes mit mildem Schnupfen und Verstopfung der Nase.

Allgemeine Müdigkeit und Krankheitsgefühl.

Nach dem Mittag nehmen die Symptome allmählich an Stärke zu.

Kopfschmerz erstreckt sich allmählich zur Stirngegend, < in der Mitte der Stirn.

Druckgefühl in der Mitte der Stirn.

Morgens dumpfer Kopfschmerz, < beim Bücken und nach dem Aufrichten.

Alle Symptome haben intermittierenden Charakter, sie sind alle wieder aufgetreten.

Empfindung von Schwefeldampf in der Nase mit viel Niesen.

Weher Schmerz quer über den Scheitel an der Sutura coronalis beim Naseschneuzen und danach.

Schmerz in der Rückengegend.

Empfindung von Schwefeldampf in Hals und Nase.

Aussetzendes Geräusch wie von einer tiefen Dampfpfeife im linken Ohr und Klingeln im Kopf.

Die geistigen Vorgänge sind nicht klar; verwendet in Briefen falsche Worte.

Stechender Schmerz in der rechten oberen Brust, erstreckt sich zum oberen Teil des Schulterblattes.

Rheumatischer Schmerz im linken Handgelenk und Unterarm.

Rücken lahm und steif.

Die gesamte Länge der Wirbelsäule tut weh.

Beim Entkleiden im warmen Zimmer Frösteln.

30. März. Dauerschmerz im Scheitel, < beim Erwachen, auch beim Husten, Niesen, bei Bewegung oder bei Tieflage des Kopfes.

Vormittags kurzzeitig rheumatisches Zwicken in den beiden Endgliedern des Zeige- und Mittelfingers.

Appetit vermindert.

Nase verstopft, < links.

Halsschmerz beim Schlucken.

Gefühl von einem schmerzhaften Klumpen in der Gegend der linken Tonsille, < beim Schlucken.

Sehr lebhafte, unzüchtige Träume wiederholen sich Nacht für Nacht; Träume von Streit, von Geschäften.

Der Schlaf erfrischt nicht, obwohl er offensichtlich die ganze Nacht über träumt.

Anmerkung des Prüfers. Das Mittel weckt alte Beschwerden, die lange latent waren, wieder, und Mittel, die früher wenig oder gar keine Wirkung hatten, zeigen nun Wirkung gegen die wiederaufgetretenen Beschwerden. Bei fünf Prüfern wurden alte Symptome wieder ans Licht gebracht. Die Symptome hatten 1 Jahr, 6, 12 oder sogar 30 Jahre geschlummert.

24. Mai. Kein Appetit auf das Frühstück (ein altes Symptom, das jahrelang verschwunden war).

Wiederauftreten eines alten, leicht pickeligen Ausschlages an der linken Stirnseite.

Andauernde Erschöpfung und Mattigkeit; deutlich ausgeprägt, keine Frühjahrsmüdigkeit.

Wiederauftreten eines leichten Ausschlages an der Außenseite der Unterschenkel, beim Kratzen brennend, < nach dem Kratzen (war monatelang weg gewesen).

Beobachtung des Prüfers. Das Mittel scheint man in dreierlei Weise einsetzen zu können: 1. Um alte Beschwerden oder solche, die aus irgend einem Grund, zum Beispiel auch durch Unterdrückung, latent geworden sind, wieder herauszubringen. 2. Um schon vorhandene akute Symptome zu entwickeln, wie auch gegen seine eigenen pathogenetischen Symptome. 3. Als Antipsorikum, etwa wie Sulphur.

4. Dr. C., 27. März , 21 Uhr, eine Gabe X-ray.

Ein unbeschreibliches Gefühl in der Speiseröhre, sofort.

Schmerz in der rechten Kopfseite über der Schläfe.

Herzklopfen den ganzen Abend über, ruft Husten hervor.

Heftiges und ausgebreitetes Pulsieren, ruft einen Aufschrei hervor, der aber unterdrückt wurde, begleitet vom Drang, im Freien zu gehen, vergeht gänzlich durch Hinlegen.

Vor dem Schlafengehen dumpfer Schmerz im rechten Oberkiefer.

Kratzender Schmerz im seitlichen Schneidezahn, < durch Geräusche und Verkehrslärm.

28. März. Am folgenden Morgen Aufwachen bei Tagesanbruch mit der Empfindung, als sei die Brustwirbelsäule nach vorn gewölbt und werde weit nach vorn gezogen, nur eine Minute andauernd, anschließend ein sehr unangenehmes Gefühl in dieser Gegend, das viel länger andauert.

Am Morgen nach dem Aufstehen vor dem Essen ein Husten, hervorgerufen durch einen Reiz im Kehlkopf, begleitet von einem Schmerz in der rechten Seite direkt oberhalb des Dammbeinkammes; Husten > durch Essen, doch fühlte sich die Seite zerschlagen an beim Beugen, durch Erschütterung oder bei Druck.

Roter, glatter Ausschlag in der rechten Gesichtshälfte.

Wunder Schmerz im linken Ohrknorpel, bei Druck zu spüren, später im rechten Ohr.

29. März. Aufwärtsschießender Schmerz in der Gegend des linken Ovars, beim Sitzen, Gehen oder Stehen.

31. März. Nach dem Mittagessen Gefühl eines länglichen und schmalen Fremdkörpers im Rachen, der durch Schlucken nicht bewegt wird, < durch Schlucken. Als dieses Gefühl verging, fühlte sich der Rachen beim Schlucken hohl und wund an.

Scharfer Schmerz an der Herzspitze, > durch Liegen auf der linken Seite.

Litt im Frühjahr stets an Hitze und Schwellung der Füße, was jetzt besser ist. Heilwirkung.

5. *Dr. St. C.,* nach einer Gabe X-ray C6.

Bedrohlicher Kopfschmerz, Druck durch die Schläfen, sofort.

Weher Schmerz der Streckmuskeln des Unterarmes, wandert aufwärts zur Schulter.

6. *Mrs. E. C.,* nach einer Gabe X-ray C6.

Ziehendes, wehes Unbehagen im rechten Oberschenkel von der Hüfte abwärts durchs Knie bis zu den Zehen, sofort.

Ischiasschmerz in der rechten Hüfte.

Herzklopfen.

Nach weniger als einer Woche setzte ein Husten ein mit reißendem Gefühl in den Bronchien, Heiserkeit, Herzklopfen.

Frösteln bei Bewegung und Zugluft.

Die Augäpfel sind wund.

Am ganzen Körper lahm und wund.

Wellenartige Empfindung wie bei Schweißausbruch.

Stühle grün bei normaler Konsistenz.

Zähne mit grau-grüner Ablagerung bedeckt.

Einen Tag lang sind die Menses dunkelgrün.

Am zweiten Tag der Menses heftige Migräne, pulsierender Auswärtsdruck der Stirn, wie berstend, Erbrechen, Schmerz > durch feuchtheiße Umschläge.

Grünlicher Schleim verursacht Husten.

7. Dr. L. M. L., nach einer Gabe X-ray C6.

Ziehen in den Brauen und quer über den Augenbrauen, wandert zur Nase und setzt sich dort fest.

Weniger Klingeln in den Ohren und weniger dumpfes Hören als in den vergangenen Jahren. Heilwirkung.

Rheumatische Schmerzen im rechten Handgelenk und rechten Arm.

Kopfschmerz quer über den Augenbrauen und ein anderer Schmerz in den Schläfen.

Die Augenlider fühlen sich schwer und schläfrig an.

Brennendes Jucken wie von Nadeln in der linken Hand.

Die Besserung des Hörens hält an.

8. Dr. F. H. L., nach einer Gabe X-ray C6.

Brennendes Jucken in der rechten Hand, sofort.

Schmerz quer über den Augenbrauen oberhalb des Nasenrückens.

9. Dr. R. Nach einer Gabe X-ray C7.

Beide Beine sind im unteren Teil eingeschlafen, brennendes Jucken, wie von einer elektrischen Batterie, < rechts, sofort.

Empfindung, als streiche jemand unangenehm langsam mit eisigen Händen über den Oberschenkel abwärts. (Wiederkehr eines alten Symptoms, das zum ersten Mal vor 12 Jahren nach einem Nervenschock, in den vergangenen fünf Jahren aber nicht mehr aufgetreten war.).

Vor drei Jahren prüfte ich Uranium nitricum. Bis dahin hatte ich immer eine regelmäßige Menstruation gehabt, seither ist sie unregelmäßig. Vor der Einnahme von X-ray hatte ich sechs Monate keine Menses, nach der Einnahme waren sie so stark, daß sie mich fast schwächten.

Drei- oder vier Tage lang vorher, von der Taille an abwärts Gefühl des Zerberstens und Verlangen, mich aufrecht zu halten, mit Ausdehnung des Bauches und Gewicht im Bauch, > durch heftigen, reichlichen, schmerzlosen Fluß. Er dauerte sieben Tage an.

Aufgeregter Seelenzustand, Gefühl, als würde sie am liebsten jemanden umbringen.

Schwerer Druck auf dem Scheitel wie von einer Hand (altes, ein Jahr lang verschwunden gewesenes Symptom).

10. Mr. Davis S. nahm am 28. März 1897 eine Gabe X-ray C6.

Am nächsten Tag seelische Reizbarkeit.

Beben am ganzen Körper.

Körperlich müde und erschöpft.

Schmerz an der rechten Kopfseite, wandert um die Gehirnbasis herum zum linken Ohr, anschließend paralytisches Taubheitsgefühl.

Nervosität.

Kraftlosigkeit der Glieder.

Leichte Übelkeit des Magens.

Empfindung von Hyperästhesie oder nervösen Zusammenziehens im Nasenrücken.

Wundgefühl quer über den Lenden wie nach einer schweren Erkältung.

Völlegefühl in den Ohren, < rechts, < durch Einführen des Fingers.

Auswärtsdrücken in den Ohren.

Empfindung, als wandere ein kalter Schweißtropfen links neben dem Rückgrat abwärts.

Gefühl von Zusammenziehen über der mittleren Brust.

Fröste wandern den Rücken hinunter, anschließend Lähmungsgefühl in der rechten Wange.

Die Muskeln fühlen sich subjektiv weich an.

Die Zunge fühlt sich trocken, rauh, wund und zerkratzt an.

Wundheit im Kreuz.

Einige Stunden nach dem Zubettgehen schläfrig, aber unfähig zu schlafen.

Auswurf beträchtlicher Mengen weißen Schleimes morgens beim Aufstehen.

Allgemein < durch frische Luft.

Dünner Ausfluß aus der Nase.

Seelische Reizbarkeit.

Kopfschmerz und Wundheit < gegen Nachmittag.

Die Verschlimmerung geistiger und körperlicher Symptome ist gegen Abend am ausgeprägtesten.

Bitterer Geschmack.

Schmerz in der linken Schläfe, < um 20 Uhr.

Nachts Zusammenziehen der Brust, > durch Aufstoßen.

Empfindung eines schwachen elektrischen Stromes in der linken Seite der Zunge und des Gesichtes, wandert um 20.25 Uhr zur linken Seite hinüber und verschwindet dann.

Reichlicher Auswurf zäher Klumpen, so groß wie ein Fingerendglied, weißlich wie Gelatine, wird leicht hochgebracht.

Anfangs Verlangen nach Süßem.

Die Schlaflosigkeit, die allmählich dauerhaft und lästig wurde, schien durch eine Flasche Malzextrakt völlig beseitigt.

1. Mai: nachts schläfrig beim Aufsitzen.

Die Schläfrigkeit vergeht im Moment, wenn er sich hinlegt, so daß er nicht schlafen kann.

Wiedererscheinen vieler Symptome, die vor 25 Jahren im Rahmen eines Anfalls von entzündlichem Rheumatismus aufgetreten waren.

Schmerzhafte Ausbuchtung der linken Brust über der Herzgegend.

Empfindung im rechten Auge, als ob es anschwillt.

Das rechte Auge ist wund bei Berührung.

Beim Schließen der Augen im Dunkeln sieht er häßliche Gesichter von alten Männern und Frauen.

Ein Lähmungsgefühl erstreckt sich von der Wirbelsäule abwärts das linke Bein hinunter.

Innerliches Zucken in verschiedenen Körperteilen.

Alle Symptome < gegen Abend und nachts.

Innen am linken Knie an verschiedenen Stellen schmerzhaftes Gefühl, als würden Haare ausgezogen, < beim Gehen, > durch Reiben und Kratzen.

Verlust des Sexualtriebes.

Hochbringen von gallertartigem Schleim, < vormittags, zäh und klebrig.

Gräulicher Ausfluß.

Beim Liegen auf der linken Seite wecken ihn Herzgeräusche auf.

Schläft in rechter Seitenlage ein, wacht aber in Linkslage auf.

Kurzzeitige Besserung der Symptome durch Bell. oder Acon., > durch Bier, wodurch er einschläft.

Tagsüber schläfrig.

Wacht des Nachts häufig ohne erkennbaren Grund auf.

Anfall von Fiebrigkeit, Schweiß und Schwäche.

Beim Pressen zum Stuhl Wundheitsgefühl in den Gesäßbakken.

Rheumaartiges Fieber im Rumpf, der Schmerz ist gleichmäßig und dumpf, er wandert stetig vom Rumpf zu den Beinen und schließlich zu den Fersen, < im linken Knie, < beim Gehen auf den Fersen, an der Unterseite.

Der Kopf fühlt sich leer an, wie ausgekratzt, < nachts im Bett.

Kann nichts in der linken Hand halten, weil sie kraftlos oder unbeholfen ist.

Alle Symptome < im Bett.

3. Tag. Leichtes Nasenbluten links um 16.30 Uhr.

Tags- und nachtsüber manchmal Empfindung von Ohnmächtigwerden, Sterbensgefühl.

Rheumatische Schmerzen in den Gliedern (Wiederauftreten eines alten Symptoms, sogar eine alte Wundheit in den Fersen ist wieder da.)

Wundheit < in Beinen und Armen und in der Herzgegend, dumpf und andauernd.

Kein Hunger, geht bis zu Schwächegefühl, kann viel essen, genießt es aber nicht.

Häufiges Urinieren, < nach dem Zubettgehen.

Hoden erschlafft, Impotenzgefühl.

Druck im Kreuz, wie durch Stauung in der Nierengegend.

Scharfer, stechender Schmerz in der linken Schläfe, der ihn ins Taumeln bringt, anschließend Aufhellung der geistigen Funktionen – dieser Impuls wird sofort am Herzen gespürt.

Vorwölbung an der linken Brust (wie die Herzvergrößerung bei einem alten Rheumatismus vor 25 Jahren).

Empfindung der linken Seite, als ob Finger die Knorpel eindrückten, anschließend Gefühl als sei innen etwas gebrochen, mit zeitweiliger Erleichterung.

Empfindung, als rieselten Wassertropfen innen an der Brust hinunter.

Blähung um das Herz herum, Flatus, als ob ein Durchfall einsetzt.

Ungewöhnlich lüsterne oder ekelige Träume, mehrere Nächte, oder mehrmals in einer Nacht.

Vergleichsmittel: Calc., caust., hep., med., nat-m., psor., puls., sil., sulph., thuj., tub. alte oder unterdrückte Symptome und Zustände werden wieder hervorgetrieben.

Cimic., lac-c., lil., plat., pyrog., sep. nervöse Reflexe und neuralgische Zustände durch Reizung der Ovarien.

Agar., cur., tarent., zinc. bei Reizung des Rückenmarks, der spinalen Reflexe, Neurasthenie.

Agar., med., nat-c., phos., rhod., sep., syph., thuj. elektrische Stürme, Gewitter.

Antidote – Nux-v., sulph. und die dynamisierte und potenzierte Form des Mittels.

Verschlimmerung – Im Bett; gegen Abend und nachts (körperlich und seelisch); im Freien; nachmittags.

Gemüt und Disposition – Seelische Reizbarkeit.

Aufhellung der geistigen Funktionen nach scharfem, stechendem Schmerz in der linken Schläfe, der ihn ins Taumeln bringt, dieser Impuls wird unmittelbar am Herzen gespürt.

Seelische Niedergeschlagenheit nach kurzen Momenten des Schlafens, 12 Tage lang.

Die geistigen Vorgänge sind nicht klar, verwendet in Briefen falsche Worte.

Aufgeregter geistiger Zustand während reichlicher Menses, würde am liebsten jemanden umbringen.

Misanthrophie während einer Nierenkolik, wollte keine Fragen beantworten, niemanden sehen und mit niemandem sprechen, völlige Erschöpfung.

Kopf – Am äußeren rechten Orbitarand Gefühl wie ein weher Schmerz, sofort (das erste beobachtete Symptom).

Ein pressender Schmerz quer über der Stirn mit allgemeinem Krankheitsgefühl, als würde er krank.

Wachte am folgenden Morgen mit Kopfschmerzen auf, die mit Pausen den ganzen Tag über andauerten.

Schläfrig mit Kopfschmerz.

Kopfschmerz erstreckt sich allmählich zur Stirngegend, < in der Mitte der Stirn.

Druckgefühl in der Mitte der Stirn.

Morgens dumpfer Kopfschmerz, < beim Bücken und nach dem Aufstehen.

Kopfschmerz und Wundheit, < gegen Nachmittag.

Der Kopf fühlt sich leer an, wie ausgekratzt, < nachts im Bett.

Völlegefühl des Kopfes mit leichtem Völlegefühl in den Ohren, < im rechten Ohr.

Schmerz in der rechten Kopfseite oberhalb der Schläfe.

Bedrohlicher Kopfschmerz, Druck durch die Schläfen.

Kopfschmerz quer über den Augenbrauen und ein anderer Schmerz in den Schläfen.

Schmerz in der rechten Kopfseite, wandert um die Gehirnbasis herum zum rechten Ohr, anschließend paralytisches Taubheitsgefühl.

Schmerz in der linken Schläfe, < um 20 Uhr.

Scharfes Stechen in der linken Schläfe, anschließend Aufhellung der geistigen Funktionen, dieser Impuls wird unmittelbar am Herzen gespürt.

Gefühl in Kopf und Nase, als würde ein Schnupfen einsetzen, mit leichtem Drang zu niesen.

Drückendes Völlegefühl, das vom hinteren Scheitelhöcker in gerader Linie zum Nasenrücken zieht, anschließend Vollheit im gesamten Scheitel, erstreckt sich zum Nasenrücken.

Verschlimmerung des Völlegefühls über dem Scheitel, < von der Mitte bis zur Nase und beim Vorbeugen.

Den ganzen Morgen unangenehmes Völlegefühl des Kopfes mit mildem Schnupfen und Verstopfung der Nase.

Weher Schmerz am Scheitel entlang der Sutura coronalis beim Naseschneuzen und danach.

Dauernder weher Schmerz im Scheitel, < beim Erwachen, auch beim Husten, Niesen oder bei Tieflage des Kopfes.

Ziehen in und über den Augenbrauen, wandert zur Nase und setzt sich dort fest, sofort.

Schmerz quer über den Augenbrauen oberhalb des Nasenrückens.

Schwerer Druck am Scheitel, wie von einer Hand (altes Symptom, seit einem Jahr weg).

Stechende Schmerzen an verschiedenen Stellen des Kopfes und Gesichtes.

Übelkeiterregendes Knirschen zwischen den Knochen der Halswirbelsäule bei Drehen des Kopfes.

Der Schmerz ist stetig, manchmal aber tritt er in scharfen Krämpfen auf, dann wieder in Streifen, die dem Nervenverlauf folgen, < durch Drehen des Kopfes oder des Nakkens; Bewegen des Kopfes auf dem Kissen des Nachts ist eine Qual; > durch völlige Ruhe; manchmal durch sanfte Bewegung.

Schmerz in der linken Kopf- und Nackenseite, stark und andauernd, manchmal Anfälle von Krampfschmerz im Nackenstrang von der linken Schulter zu Kopf, Rücken und über das linke Ohr. Die Nackenstränge fühlen sich zu kurz an.

Kann nicht die leichteste Berührung ertragen, obwohl harter Druck für einen Moment bessert; > durch Gehen.

Schmerz > durch Liegen auf der linken Seite des Gesichtes und Körpers.

Kann den Kopf nur mit Hilfe der Hände vom Kissen heben und dann auch nur in einer langsamen Kreisbewegung.

Schmerz hinten im Kopf, > manchmal durch leichte Massage, auch durch Wärme.

Manchmal scheint der Hinterkopf völlig in Ordnung zu sein, im nächsten Moment aber kann ich nicht die leichteste Berührung ertragen oder den Kopf vom Kissen heben, ohne daß ich starke Schmerzen in beiden Seiten und in den Nackenmuskeln habe.

Morgens erwachte ich früher als gewöhnlich mit dumpfem Weh im linken Hinterkopf und gleich darauf in der linken Sakroiliakalgegend, es dauerte 15 Minuten an.

Plötzliches, scharfes Weh an einer kleinen Stelle des Hinterkopfes, es kehrte zwei- oder dreimal in unregelmäßigen Abständen von einigen Stunden wieder.

Heftige Migräne am zweiten Tag der Menses, pulsierendes Auswärtsdrücken in der Stirn, als ob sie zerplatzt, Erbrechen, Schmerz > durch Anwendung von heißem Wasser.

Neuralgische Schmerzen.

Nacken – Nackensteife links beim Umdrehen im Bett.

Nackensteife rechts, mit starken Schmerzen nachts; tagsüber in Anfällen, etwas > durch heiße Anwendungen.

Ein Schiefhals befiel plötzlich die eine Seite, dann die andere, < durch Kaltwerden; Drehen des Kopfes ruft fast Konvulsionen hervor. Hinter den Ohren, am Prozessus mastoideus, ist der Schmerz am stärksten.

Wehe Schmerzen in der linken Nackenseite.

Krallende, schießende, wehe Schmerzen hinter dem linken Ohr und in den Muskeln der linken Nackenseite, beim Aufsitzen mehr als 20 Minuten lang andauernd; > durch Liegen auf der linken Seite.

Schmerz auf beiden Seiten und in den Nackenmuskeln beim Heben des Kopfes vom Kissen.

Schmerz > durch völlige Ruhe; manchmal durch sanfte Bewegung.

Stechender, zusammenziehender Schmerz.

Augen – Abwärtsdrängen der Augenlider.

Die Augäpfel sind wund.

Empfindung im rechten Auge, als ob es anschwillt.

Das rechte Auge ist wund bei Berührung.

Vormittags Stauung der Augen, < beim Aufstehen.

Beim Schließen der Augen im Dunkeln sieht er häßliche Gesichter von alten Männern und Frauen.

Die Augenlider sind schwer und schläfrig.

OHREN – Wundschmerz im Knorpel des linken Ohres, wenn man darauf drückt, später im rechten Ohr.

Auswärtsdruck in den Ohren.

Summen im rechten Ohr mit Druck, der sich zu den Schläfen erstreckt.

Völle in den Ohren, < rechts, < durch Einführen des Fingers.

Völle in den Ohren, < rechts, und Vollheit im Kopf.

Aussetzendes Geräusch wie von einer tiefen Dampfpfeife im linken Ohr und Klingeln im Kopf.

Seit Jahren war das Klingeln in den Ohren und das dumpfe Hören nicht so gering, eine Besserung, die bis heute andauert. Heilwirkung.

NASE – Blutiger Schleim aus der Nase.

Empfindung von Schwefeldampf in der Nase mit vielem Niesen.

Empfindung von Schwefeldampf in Hals und Nase.

Stauungsgefühl in Kopf und Nase, wie vor einem Schnupfen.

Nase links verstopft.

Beim Naseschneuzen und danach weher Schmerz quer über dem Scheitel entlang der Sutura coronalis.

Empfindung von Hyperästhesie oder nervösem Zusammenziehen im Nasenrücken.

Dünner Ausfluß.

Fließschnupfen mit Verstopfung der Nase und Völlegefühl im Kopf, vormittags.

GESICHT – Dumpfer Schmerz im rechten Oberkiefer.

Lähmungsgefühl in der rechten Wange, vorher laufen Fröste den Rücken hinunter.

Empfindung eines schwachen elektrischen Stromes in der linken Seite der Zunge und des Gesichtes, wandert hinüber zur rechten Gesichtsseite und verschwindet dann.

Roter, glatter Ausschlag an der rechten Gesichtshälfte.

Stechende Schmerzen an verschiedenen Stellen des Gesichtes und Kopfes.

Mund – Zunge trocken, rauh, wund und zerkratzt.

Kratzender Schmerz im seitlichen Schneidezahn, < durch Geräusche und Verkehrslärm.

Die Zähne sind mit einer grau-grünen Ablagerung bedeckt.

Zunge leicht belegt.

Hals – Empfindung von Schwefeldampf in Nase und Hals.

Halsschmerz beim Schlucken.

Empfindung eines schmerzhaften Klumpens in der Gegend der linken Tonsille, < beim Schlucken.

Unbeschreibliches Gefühl im Oesophagus, sofort.

Übler Atem.

Nach dem Mittagessen Empfindung eines langen und schmalen Fremdkörpers im Rachen, der durch Schlucken nicht bewegt wird, < durch Schlucken. Als diese Empfindung verschwunden war, fühlte sich der Rachen beim Schlucken hohl und wund an.

Appetit – Hat auf nichts Appetit, außer auf süßen Pudding oder Gebäck.

Abneigung gegen Fleisch.

Nahm drei Tage lang nichts zu sich.

Kein Appetit aufs Frühstück (altes Symptom, das zwei Jahre lang weg war).

Appetit vermindert.

Verlangen nach Süßigkeiten.

Die meisten Beschwerden nach dem Mittag- und Abendessen.

Kein Hunger, bis er sich schwach fühlt.

Kann viel essen, genießt es aber nicht.

Mehr Durst als gewöhnlich.

Durst auf kalte Getränke, obwohl nichts gut schmeckt.

Schlechter Geschmack vormittags.

Bitterer Geschmack.

Übelkeit, Erbrechen – Übelkeit und Erbrechen mit reichlichem Schweiß nach immensem Stuhlgang um 16 Uhr, am siebten Tag.

Leichte Übelkeit im Magen.

Das Erbrechen hörte auf, obwohl die Kolikschmerzen im Unterbauch zwölf Tage lang blieben.

Abdomen – Ausdehnung des Abdomens mit Völlegefühl. (Pulsatilla, das vor einem Jahr eine ganze Reihe von Symptomen monatelang beseitigt hatte, brachte nur eine leichte Wirkung.)

Blähungen mit vergeblichem Stuhldrang.

Schwere und Völle im Unterbauch nach dem Essen kleiner Mengen.

In Abständen unbehagliches Gefühl im Unterbauch wie von feuchtwarmen Wickeln, als ob Durchfall einsetzen würde.

Ziehendes Nagen in der Appendixgegend, als ob eine Entzündung einsetzt.

Empfindung im rechten Unterbauch, als ob sich dort Blasen bilden, die gleich platzen (durch Taraxacum 24 Stunden lang gebessert).

Blähungen mit vergeblichem Stuhldrang.

Kolikartige Schmerzen im rechten Unterbauch, die sich manchmal hinter die rechte Hüfte erstrecken, Harnverhaltung.

Bewegung verschlimmert die Kolikschmerzen, besonders auf der rechten Bauchseite, die Därme scheinen an der Bauchwand zu haften, Gefühl, als seien sie abgerissen. Mußte ein großes Kissen zwischen Bauch und Oberschenkel legen, um den Bauch zu unterstützen und so die quälenden Schmerzen zu verhindern.

Schmerz in der rechten Seite direkt über dem Darmbeinkamm, mit einem Reiz im Kehlkopf, der morgens nach dem Aufstehen und vor dem Essen Husten hervorruft; Husten > durch Essen, aber Zerschlagenheitsgefühl der Seite durch Beugen, Erschütterung oder Druck.

Stuhl – Katarrhalische Entzündung des Rektum mit Abgang von leicht blutigem Schleim nach dem Stuhlgang, zwei oder drei Tage (ein Symptom, das er früher schon einmal hatte).

Sieben Tage nach Einnahme, trieb ihn um 4 Uhr Stuhldrang aus dem Bett, es erfolgte eine vollständige Leerung immenser Mengen, dann Übelkeit und Erbrechen, reichlicher Schweiß, Schmerz im rechten Unterbauch, Urinverhaltung, und zwölf Stunden lang bis 16 Uhr ein Tenesmus der Blase, dann lief der Urin besser und das Erbrechen hörte auf; die Kolikschmerzen blieben zwölf Tage lang.

Stühle grün, aber von normaler Konsistenz.

Vergeblicher Stuhldrang, mit Blähsucht.

Harnorgane – Harnverhaltung, Blasentenesmus nach gewaltigem Stuhlgang, zwölf Stunden lang bis 16 Uhr Erbrechen.

Sieben Tage nach Beginn des Anfalls Wiederauftreten einer Nierenkolik mit Erbrechen, andauernder Übelkeit, kaltem Schweiß und Harnverhaltung der linken Seite. Ein krallender Schmerz von der Niere zur Blase, der vier Stunden lang nicht nachließ und ein wildes Aussehen von Agonie bewirkte, ein grausiges Gesicht, blaue Ringe um die eingesunkenen Augen, heftiges Beben, schreckhafte Ruhelosigkeit, kalten Schweiß, Harnverhaltung auch in den Harnleitern, ein vollständiges Bild von Tabacum, das auch alle Symptome besserte. Sobald die Schmerzen im Harnleiter nachließen, schien der Urin die Blase zu füllen und ging dann auch schmerzlos ab. Leichte Krämpfe blieben, sie wurden durch Cantharis in fünf Minuten beseitigt. Etwas Ähnliches hatte sie schon vor ungefähr einem

Jahr gehabt, damals war es aber keinesfalls so heftig, sondern nur ein schmerzhafter Harndrang.

Nach diesem Anfall große Schwäche.

Häufiges Urinieren, schlimmer nach dem Zubettgehen.

Druck wie von einer Stauung in der Nierengegend.

MÄNNLICHE GESCHLECHTSORGANE – Verlust des sexuellen Triebes.

Hoden schlaff, Gefühl von Impotenz.

Mehrere Nächte lang unnatürliche oder eklige, lüsterne Träume, oder mehrmals in einer Nacht.

WEIBLICHE GESCHLECHTSORGANE – Einen Tag lang sind die Menses dunkelgrün.

Aufwärtsschießender Schmerz in der Gegend des linken Ovar beim Sitzen, Gehen oder Stehen.

Am zweiten Tag der Menses heftige Migräne, pulsierender Auswärtsdruck der Stirn, wie berstend, Erbrechen, Schmerz > durch feuchtheiße Umschläge.

Sechs Monate nach Aufhören der Menstruation setzte sie wieder ein, heftig, reichlich, ohne Schmerz, aber schwächend, sieben Tage dauernd.

Drei oder vier Tage lang vor den Menses von der Taille an abwärts Gefühl des Zerberstens und Verlangen, mich aufrecht zu halten, mit Ausdehnung des Bauches und Gewicht im Bauch, > durch heftigen, reichlichen, schmerzlosen Fluß. Er dauerte sieben Tage an. Aufgeregter Seelenzustand, Gefühl, als würde sie am liebsten jemanden umbringen. (Vor drei Jahren hatte sie Uranium nitricum geprüft. Bis dahin hatte sie immer eine regelmäßige Menstruation gehabt, seither aber war sie unregelmäßig.)

Hitzewellen, > nachmittags und abends.

LUFTWEGE – Husten durch Herzklopfen am Abend.

Morgens nach dem Aufstehen und vor dem Essen Husten durch Reizung im Kehlkopf, begleitet von einem Schmerz in der rechten Seite direkt oberhalb des Darmbeinkammes; Husten > durch Essen, doch fühlte sich die Seite zerschlagen an beim Beugen, durch Erschütterung oder bei Druck.

Nach weniger als einer Woche setzte ein Husten ein mit reißendem Gefühl in den Bronchien, Heiserkeit, Herzklopfen.

Grünlicher Schleim verursacht Husten.

Morgens beim Aufstehen Auswurf beträchtlicher Mengen weißen Schleimes.

Reichlicher Auswurf zäher Klumpen, so groß wie ein Fingerendglied, weißlich wie Gelatine, wird leicht hochgebracht.

Hochbringen von gallertartigem Schleim, < vormittags, zäh und klebrig.

Gräulicher Auswurf.

In zwei hartnäckigen Fällen von Gonorrhoe, denen wahrscheinlich wegen einer tiefsitzenden sykotischen Diathese Symptome fehlten, aufgrund derer man eine präzise Mittelwahl hätte treffen können, entwickelte X-ray nicht nur alle akuten Symptome des ursprünglichen Anfalls, sondern zeigte auch das Mittel (Merc-c.), das zu einer raschen und dauerhaften Heilung nicht nur dieser Krankheit, sondern auch einer alten katarrhalischen Taubheit führte.

Bei zwei anderen Fällen, die sich monatelang gegen die beste Behandlung resistent gezeigt hatten, entwickelte das Mittel zahlreiche sykotische Auswüchse an den Drüsen. Symptome, die nach dem Similinum riefen, waren deutlich ausgeprägt, und dieses heilte dann auch dauerhaft. Der körperliche und seelische Druck, der das Leben des Patienten seit Monaten zu einer Last gemacht hatte, verschwand sofort bei Wiederauftreten der Kondylome, die nach einer Unterdrückung durch Injektionen aufgetreten und anschließend durch Kauterisieren entfernt worden waren.

Brust – Wandernde, spießende Schmerzen in der Brust, < rechts.

Stechende Schmerzen in der rechten oberen Brust, sie gehen hindurch bis zum oberen Teil des Schulterblattes.

Empfindung von Zusammenziehen quer über der mittleren Brust.

Nachts Zusammenziehen der Brust, erleichtert durch Aufstoßen.

Vorwölbung an der linken Brust (wie die Herzvergrößerung bei einem alten Rheumatismus vor 25 Jahren).

Empfindung, als rieselten Wassertropfen innen an der Brust hinunter.

Empfindung an der linken Seite, als ob Finger die Knorpel eindrückten, anschließend Gefühl, als sei innen etwas gebrochen, mit zeitweiliger Erleichterung.

Herz – Herzklopfen den Abend über ruft Husten hervor.

Heftiges und ausgebreitetes Pulsieren ruft einen Aufschrei hervor, der aber unterdrückt wurde, begleitet von Drang, im Freien zu gehen, vergeht gänzlich durch Hinlegen.

Scharfer Schmerz an der Herzspitze, > durch Liegen links.

Herzklopfen mit einem Husten, mit reißendem Gefühl in den Bronchien und Heiserkeit.

Schmerzhafte Vorwölbung der linken Brust über der Herzgegend (altes Symptom eines entzündlichen Rheumatismus von vor 25 Jahren).

Die Herzgeräusche halten ihn wach, solange er auf der linken Seite liegt.

Dumpfe und dauernde Wundheit in der Herzgegend und schlimmer noch in Beinen und Armen.

Blähung um das Herz; Flatus und Blähsucht; als ob ein Durchfall einsetzen würde.

Rücken – Wachte früher als gewöhnlich mit einem dumpfen, wehen Schmerz in der linken Seite des Hinterkopfes auf und sofort in der linken Ileosakralgegend; dann ein dumpfer, weher Schmerz hinten am linken Oberschenkel und der linken Wade, 15 Minuten lang.

Schmerz in der Rückengegend.

Rücken lahm und steif.

Das ganze Rückgrat tut weh.

Am folgenden Morgen Aufwachen bei Tagesanbruch mit der Empfindung, als sei die Brustwirbelsäule nach vorn gewölbt und werde weit nach vorn gezogen, nur eine Minute andauernd, anschließend ein sehr unangenehmes Gefühl in dieser Gegend, das viel länger andauert.

Wundheitsgefühl quer über den Lenden wie nach einer schweren Erkältung.

Empfindung, als ob ein kalter Schweißtropfen links vom Rückgrat herunterläuft.

Wundheit im Kreuz.

Ein Lähmungsgefühl erstreckt sich vom Rückgrat das linke Bein hinunter.

Rheumaartiges Fieber im Stamm, ein stetiger dumpfer Schmerz wandert gleichmäßig vom Stamm zu den Beinen und schließlich zu den Fersen, < im linken Knie, < beim Gehen auf den Fersen an der Unterseite der Ferse (altes Symptom eines entzündlichen Rheumatismus von vor 25 Jahren).

Druck im Kreuz wie von einer Stauung in der Nierengegend.

Obere Extremitäten – Eine magnetische Erregung in der rechten Hand erstreckt sich den Unterarm hinauf.

Brennendes Jucken in beiden Armen wie von einem elektrischen Strom oder wie eingeschlafen.

Aussetzender, leicht brennender, rheumaartiger Schmerz im rechten Karpometakarpalgelenk, erstreckt sich vom Zeigefinger aus aufwärts zur Rückseite des Unterarmes.

Rheumatischer Schmerz im linken Handgelenk und Unterarm.

Vormittags kurzzeitig rheumatisches Zwicken in den beiden Endgliedern des Zeige- und Mittelfingers.

In fast allen Gelenken, besonders in den Schultergelenken, kann man ein Knirschen hören.

Die Streckmuskeln des rechten Unterarms tun bis zur Schulter hinauf weh.

Rheumatischer Schmerz im rechten Handgelenk und Arm.

Brennendes Jucken wie von Nadeln in der linken Hand.

Brennendes Jucken in der rechten Hand.

Kann mit der linken Hand nichts festhalten, kraftlos oder ungeschickt.

Die Handflächen, die rauh und schuppig waren und manchmal bluteten, wurden glatt und gesund während der Prüfung. Heilwirkung. (Später fielen sie wieder in den ursprünglichen Zustand zurück, als sich die allgemeine Gesundheit verbesserte.)

Untere Extremitäten – Der untere Teil beider Beine ist eingeschlafen, brennendes Jucken wie von einer elektrischen Batterie, < rechts, sofort.

Ischiasschmerz in der rechten Hüfte.

Rheumatische Schmerzen in den Gliedern.

Morgens dumpfer, weher Schmerz hinten am rechten Oberschenkel und an der rechten Wade von oben nach unten.

Schmerz im rechten Ischiasnerv beim Gehen.

Rheumatische Schmerzen vorn am rechten Oberschenkel.

Unangenehmes ziehendes, wehes Gefühl im rechten Oberschenkel durch die Hüfte und das Knie abwärts zu den Zehen, sofort.

Empfindung, als streiche jemand unangenehm langsam mit eisigen Händen über den Oberschenkel abwärts (Wiederkehr eines alten Symptoms, das zum ersten Mal vor zwölf Jahren nach einem Nervenschock, in den vergangenen fünf Jahren aber nicht mehr aufgetreten war).

Varizen innen an den Knien und Beinen mit Schwellung und Wundheit (Wiederauftreten nach Jahren).

Hatte jedes Jahr im Frühjahr Hitze und Schwellung der Füße, was diesmal besser ist, obwohl es Frühling ist. Heilwirkung.

Innen am linken Knie an verschiedenen Stellen schmerzhaftes Gefühl, als würden Haare ausgezogen, < beim Gehen, > durch Reiben und Kratzen.

Rheumaartiges Fieber im Rumpf, der Schmerz ist gleichmäßig und dumpf, er wandert stetig vom Rumpf zu den Beinen und schließlich zu den Fersen, < im linken Knie, < beim Gehen auf den Fersen, an der Unterseite (altes Symptom eines entzündlichen Rheumatismus von vor 25 Jahren).

FIEBER – Fröste, sobald der Schlaf einsetzt, laufen den Rükken hinauf, verhindern den Schlaf.

Frostig beim Entkleiden im warmen Zimmer.

Frösteln bei Bewegung oder durch Luftzug.

Frost wandert den Rücken hinunter, anschließend Lähmungsgefühl in der rechten Wange.

Wellenartige Empfindung als ob gleich ein Schweißausbruch erfolgt.

Reichliches Schwitzen beim Zubettgehen, hält ihn wach.

Anfälle von Fiebrigkeit, Schweiß und Schwäche.

SCHLAF – Wurde beim Liegen auf der linken Seite durch die Herzgeräusche wach gehalten.

Schläfrig mit Kopfschmerz.

Schlief nur kurze Augenblicke in diesen zwölf Tagen, anschließend immer niedergeschlagen, während Nierenleiden.

Sobald sie in Schlaf fällt, laufen Fröste den Rücken hinauf und verhindern den Schlaf.

Schläfrig, kann aber mehrere Stunden nach dem Zubettgehen nicht schlafen.

Dauernde, lästige Schlaflosigkeit (dauerhaft gebessert durch eine Flasche Malzextrakt).

Die ganze Nacht über schläfrig, während sie aufsitzt.

Die Schläfrigkeit verläßt sie sofort, wenn sie sich hinlegt, so daß sie nicht schlafen kann.

Schläft auf der rechten Seite ein, wacht auf der linken auf.

Symptome < beim Zubettgehen, < nach Sonnenuntergang.

Reichliches Schwitzen beim Zubettgehen, kann hierdurch nicht schlafen.

Tagsüber schläfrig.

Wacht des Nachts ohne erkennbaren Grund häufig auf.

Alle Symptome < im Bett.

Häufiges Urinieren, < nach dem Zubettgehen.

(Symptome kurzzeitig besser nach Bell. oder Acon.; > durch Bier, durch das er einschläft.)

Quälende Träume.

Der Schlaf erfrischt nicht, obwohl er offensichtlich die ganze Nacht träumt.

Wacht mit einem Kopfschmerz auf, der den ganzen Tag andauert.

Wiederauftreten eines Traumes, der sie vor vielen Jahren zu belästigen pflegte. (Vor über 20 Jahren wiederholte sich der Traum in größeren Abständen; jetzt kam er jede Nacht fünfmal.)

Träumt von Streit, von Geschäften.

Sehr lebhafte, lüsterne Träume, Nacht für Nacht wiederholt.

Unnatürlich lüsterne und ekelige Träume, in mehreren Nächten und mehrmals in einer Nacht.

Allgemeines – Allgemeine Müdigkeit und Krankheitsgefühl.

Dauernde Erschöpfung und Schwäche, keine Frühjahrsmüdigkeit.

Lahm und wund am ganzen Körper.

Zittern am ganzen Körper.

Haut – Wiederauftreten eines alten, leichten, pickeligen Ausschlages an der linken Stirnseite.

Wiederauftreten eines leichten Ausschlages an der Außenseite der Unterschenkel, beim Kratzen brennend, < nach Kratzen.

Am 28. August nahm ich einige Kügelchen X-ray 45M wegen Miktionsbeschwerden, die auch gebessert wurden, ohne aber ganz zu vergehen. Am 13. September spürte ich beim Sitzen am Mittagstisch ein Stechen und Beißen an einer Stelle hinter dem linken Hüftgelenk. Im Verlaufe des Nachmittags verschwand dieses Symptom und trat genau an der entsprechenden Stelle rechts auf. Gegen Abend brannte sie wie Feuer, und als ich nachsah, fand ich am rechten Gesäß eine silberdollargroße, rote und harte Stelle, wie von einer Hautabschürfung. Beim Zubettgehen war dort eine hikorynußgroße Blase, nicht unähnlich einer Fischblase, von der aus sich in einer Kurve kleinere Bläschen abwärts ausbreiteten. Die rote und harte Stelle hatte sich nun auf einen Durchmesser von ungefähr 7,5 cm vergrößert. In Ruhe schmerzte die Stelle nicht, bei der geringsten Bewegung oder Reibung aber brannte sie wie Feuer oder wie eine schwere Verbrennung. In der Nacht öffnete sich die Blase, und gegenüber der ersten bildete sich eine kastaniengroße weitere Blase. Die Schmerzen bei Bewegungen, Berührung oder Reibung dauerten an, wie bei einer echten Verbrennung. In einem Umkreis von 10 cm war die Haut rot, hart und entzündet wie rohes Fleisch, nach unten erstreckten sich kleine Bläschen von unterschiedlicher Größe. Die große Blase entleerte sich allmählich, und es bildete sich ein Schorf, der schließlich abfiel, wobei die Schmerzen aufhörten, so daß die Haut gegen Ende September wieder so gesund wie vorher war.

Dies erinnert mich an einen ähnlichen Fall, wo durch wiederholte Röntgenbestrahlung der Haut die Tibia auf einer Strecke von 15 cm bloßgelegt war, nämlich genau in dem Bereich, der den Strahlen ausgesetzt gewesen war. Die Bestrahlung war wegen eines nicht heilenden Geschwüres nach einer Verletzung durchgeführt worden.

„Auf der roten, erythemartigen Hautoberfläche beginnen sich Erhebungen verschiedener Größe zu entwickeln, die spitz oder papulös sein können. Im Frühstadium sind sie kaum sichtbar und erinnern an gewöhnliche Stauungspapeln. Wenn man sie aber mit einer Nadel oberflächlich ankratzt, tritt eine gelbe, seröse, leicht opaque Flüssigkeit aus, und die Papel verschwindet. Obwohl diese Erhebungen sehr klein sind, sind sie in Wirklichkeit Bläschen. Sie sind in Gruppen angeordnet oder über die Hautoberfläche verstreut und entwickeln sich schließlich zu großen Blasen oder zu Pusteln, die wie ein gewöhnlicher Ausschlag aussehen."
„Bei nässendem Ekzem hört die Exsudation nach ein bis vier Bestrahlungen auf und kehrt nicht wieder."

„Bei trockenen Ekzemen ist die Wirkung der Bestrahlung am ausgeprägtesten. Eine einzige Bestrahlung reicht häufig aus. Gerade für die hartnäckigsten, chronischen und rezidivierenden Fälle sind die Strahlen am nützlichsten."

Die folgenden Zitate stammen von *Dr. Hall-Edwards:*

„Gewöhnlich beginnt die Krankheit in Form eines milden Erythems um die Nagelwurzel herum. Die Nägel beginnen sich zu verdicken, ihre Substanz degeneriert, bis sie eine formlose Masse sind. Die Haut wird gleichmäßig rot, später erscheinen kleine, wässrige Auswüchse. Diese nehmen allmählich an Größe und Zahl zu, während die Haut im allgemeinen trocken und faltig wird. In diesem Stadium hat der Patient außer den Entstellungen keine Beschwerden. Die wässrigen Auswüchse nehmen weiter an Größe zu und die Haut verliert ihre Elastizität bis zu einem solchen Ausmaß, daß sie bei der geringsten Belastung einreißt. Diese Risse sind sehr schmerzhaft und schwer zu heilen. Es tritt ein fast unbeschreiblicher Schmerz auf, der von den Knochen zu kommen scheint und durch Hängenlassen der Füße gemildert wird. Auch ein Kräfteverlust der Armmuskeln kommt vor. In diesem Stadium zeigt die Haut zwischen den warzigen Auswüchsen ausgeprägte Teleangiektasien, sie ist beträchtlich verdickt und haftet fest an den unterliegenden Gewebsschichten. Dauernd ist eine Empfindung von Brennen und extremem Jucken vorhanden, so daß es nicht wenig Selbstbeherrschung erfordert, nicht zu kratzen. Einige der größeren Warzen entzünden sich an der Basis, und die verdickte Masse kann abfallen, wodurch dann ein Geschwür zurückbleibt, das monatelang nicht ausheilt. Diese Geschwüre sind so empfindlich und schmerzhaft, daß man in Worten das Leiden dieser Patienten gar nicht beschreiben kann. Manchmal heilen sie überhaupt nicht aus, werden allmählich immer größer und können sogar bösartigen Charakter annehmen, so daß man operieren muß."

Dr. J. T. Pitkin beschreibt sehr anschaulich die Qualen dieser schrecklichen Krankheit in einem Vortrag, den er 1903 vor der *„American Roentgen Ray Society"* gehalten hat:

„Die Schmerzen und Leiden, die Hyperästhesie und Parästhesien lassen sich weder in Hochsprache, noch in Vulgärsprache wirklich wiedergeben. Verglichen damit sind ein Bienenstich oder der Abgang eines Nierensteins, die doch wirklich schmerzhaft genug sind, das reine Vergnügen; sie treten nämlich nur anfallsweise auf und sind zeitlich begrenzt. Extreme Empfindlichkeit bei der leichtesten Berührung, Hitze- und Kältewellen, Empfindung von Wärme, brennendem Jucken, Prickeln, Klopfen, Stechen, Krallen, Bohren und Spießen, das Gefühl, als stünden einzelne Teile unter Feuer und enthielten Käfer oder andere kleine Tierchen, das Gefühl, als würden anatomische Strukturen von einer Stelle zur anderen verlagert: All diese Empfindungen sind proportional zur Tiefe des Entzündungsprozesses."

Allgemeines – Allgemeine Müdigkeit und Krankheitsgefühl.

Andauernde Erschöpfung und Mattigkeit, keine Frühjahrsmüdigkeit.

Lahm und wund am ganzen Körper.

Beben am ganzen Körper.

Körper müde und erschöpft.

Nervöse Kraftlosigkeit der Glieder.

Tag und Nacht mitunter Gefühl des In-Ohnmacht-Fallens, Sterbensgefühl.

Lange Zeit kraftlos.

Alle Symptome < im Bett.

Alle Symptome < gegen Abend und Nacht.

Körper- und Gemütssymptome verschlimmern sich deutlich gegen Abend.

Die Symptome haben intermittierenden Charakter, die zuerst beobachteten Symptome kehrten alle in unregelmäßigen Abständen wieder.

Die Muskeln fühlen sich objektiv weich an.

Im allgemeinen < im Freien.

Innerliches Zucken an verschiedenen Stellen.

Nach Mittag nehmen die Symptome allmählich an Heftigkeit zu.

Eine Fallgeschichte von Dr. John B. Campbell: Ein Patient leidet seit drei Jahren an Gicht. Sie ist das Endergebnis mehrmaliger Unterdrückung von Frösten. Er bekam X -ray

C30, was ihm etwas zu helfen schien. Die seit Wochen bestehende Anschwellung der Beine und Knie verschwand. Einige der Schmerzen ließen nach. Am 20. März 1897 um 14.30 Uhr bekam er X-ray C30, eine Gabe; um 17 Uhr die zweite Gabe – keine Reaktion; um 19 Uhr die dritte Gabe, die leichtes Jucken hervorrief. Um 22 Uhr nahm er ein heißes Bad, das etwas Erleichterung brachte, und um 23 Uhr bekam er die vierte Gabe, auch die 30. Zentesimalpotenz. Danach ausgeprägte glühende Hitze am ganzen Körper mit leichtem Jucken.

Leichter Ausschlag an beiden Beinen mit ausgeprägtem Prickeln an beiden Beinen von den Knien bis zu den Zehen. Eine Stunde lang Schmerz in der Milzgegend, der dann im Bett verging, in dieser Zeit kein Zucken oder Rucken der Muskeln, konnte beide Beine bequem ausstrecken.

Die Nacht über sehr guter Schlaf.

30. März, 7 Uhr, leichtes Schwitzen an den Beinen von den Knien bis zu den Zehen.

Am 31. März nahm er den Rest des Mittels ein.

Leichtes Jucken am linken Schulterblatt und am linken Arm, von der Schulter bis zum Ellenbogen, mit beträchtlicher Zunahme des Schmerzes in den Ellenbogen und Händen und Hitzegefühl am ganzen Körper, jedoch kein Fieber.

Steife des Rückens und Nackens, muß den ganzen Körper in Bewegung setzen, um seinen Kopf zu drehen.

Leichter Ausschlag am linken Bein oberhalb des Knies.

Im Bett leichtes Jucken der Arme und der Brust, besonders wenn er anfängt, warm zu werden.

In den ersten beiden Tagen nach Einnahme des Mittels konnte er etwas besser gehen.

Stärkerer Durst als gewöhnlich.

Seit dem 21. März heute das erste Mal wieder leichter Frost von 14 bis 16 Uhr; kein Schweiß, kein Durst.

Appetit und Stuhlgang äußerst gut.

Etwas Jucken und prickelnde Schmerzen oberhalb der Knie.

Die Schwellung der Beine und Füße ist beträchtlich zurückgegangen, obwohl der Schmerz nicht nachgelassen hat.

Eine Fallgeschichte: 24. November 1906. Eine 56 Jahre alte Dame mit Krebs in der Familienanamnese; die Mutter starb mit 52 Jahren an Krebs. Wegen einer Brustverletzung rechts, die einen Tumor zur Folge hatte, der sich mit größter Wahrscheinlichkeit zu Krebs entwickelt hätte, wurden monatelang Röntgenstrahlen angewandt, wodurch die Tumorgröße abnahm und die Schmerzen völlig beseitigt wurden. Einige Zeit danach trat eine Nackensteife der linken Seite auf, die man aber nur wenig beachtete.

Eines Morgens wechselte diese plötzlich auf die rechte Seite, unter starkem Schmerz, den ich seither auch nicht für einen Augenblick wieder losgeworden bin. Jede Nacht ist der Schmerz heftig, tagsüber tritt er in Anfällen auf. Der Schiefhals befällt plötzlich die eine Seite, dann die andere, < durch Kaltwerden; Drehen des Kopfes ruft fast Konvulsionen hervor. Hinter den Ohren, am Processus mastoideus, ist der Schmerz heftiger. Beim Drehen des Kopfes hört man zwischen den Knochen der Halswirbelsäule ein Übelkeit erregendes Knirschen. Die Haut hinter den Ohren ist rot und wund bei Berührung.

In fast allen Gelenken, besonders in den Schultergelenken, kann man dieses Knirschen hören und tasten; die Zehenschmerzen dauern an, manchmal aber tritt der Schmerz in scharfen Krämpfen auf, dann wieder in Streifen, die dem Verlauf der Nerven folgen, < durch Bewegen des Kopfes nachts auf dem Kissen, was eine Qual ist. Manchmal bessert sich der Schmerz durch absolutes Stilliegen, dann wieder durch sanftes Bewegen.

Ich habe alle Symptome der Nackensteife bei *Lippe, Hering, Raue, T. F. Allen* und anderen studiert; das angezeigte Mittel hat auch nicht die geringste Besserung gebracht.

1. Dezember 1906. Seit drei Tagen starker und andauernder Schmerz der linken Kopf- und Nackenseite, manchmal Anfälle von Krampfschmerz im Nackenstrang von der linken Schulter zum Kopf und scharf schießender Schmerz in Kopf, Rücken und über dem linken Ohr. Die Nackenstränge fühlen sich zu kurz an. Nur Gehen bringt Erleichterung. Die Haut ist so wund, daß ich nicht die leichteste Berührung ertrage, obwohl harter Druck für einen Moment bessert. Ich werde fast wahnsinnig vor Schmerz. (*Dr. G.* sagte in den vergangenen Monaten des öfteren, er befürchte, ich hätte zuviel Röntgenstrahlen abbekommen; ich glaubte nicht daran, obwohl ich es für sehr merkwürdig hielt, daß ich die Schmerzen nicht loswerden konnte.)

9. Januar 1907. Seit dem 23. November habe ich keine Strahlenbehandlung mehr bekommen. Seit sechs Wochen war ich nicht mehr außer Haus. Seit vier Wochen leide ich bei jeder Bewegung des Kopfes, Nackens oder der Schulter Qualen. Die neuralgischen Schmerzen folterten mich, und die am besten gewählten Mittel hatten wenig oder keine Wirkung. Spigelia linderte die Schmerzen zeitweise, doch traten sie auf der rechten Kopf- und Nackenseite auf, ohne die linke Seite für einen Moment zu verlassen. Atropin besserte die rechtsseitigen Schmerzen 24 Stunden lang, doch Nacken und Schulter sind immer noch lahm. Wenn ich still auf der linken Körper- und Gesichtsseite liege, habe ich jetzt keine starken Schmerzen, ich kann aber den Kopf nicht vom Kissen erheben, ohne meine Hände zu Hilfe zu nehmen, und dann auch nur in einer langsamen Kreisbewegung.

Für 15 oder 30 Minuten kann ich aufsitzen oder aufstehen, dann setzen krallende, schießende, wehe Schmerzen hinter dem linken Ohr und in den Muskeln der linken Nackenseite ein, und ich muß mich auf die linke Seite niederlegen, wodurch ich dann nach wenigen Minuten wieder schmerzfrei

bin. Das Stechen und Zusammenziehen der Muskeln ist besser, der Schmerz im Hinterkopf ist aber noch dauernd vorhanden. Manchmal haben Massagen eine leichte Besserung gebracht, dann aber ist die leichteste Berührung wieder so schmerzhaft, daß ich sie gar nicht aushalte. Hitze lindert die Schmerzen manchmal, Arsen bringt keine Erleichterung.
14. Januar 1907 eine gewisse Besserung; gestern konnte ich auf einem viel dickeren Kissen liegen, das erste Mal seit sechs Wochen. Ich könnte die Schmerzen schon ertragen, wenn nur der spießende, wehe, krallende Schmerz im Knochen hinter dem linken Ohr, der jedesmal auftritt, wenn ich 20 Minuten lang aufbin, nachließe. Der stechende, zusammenziehende Schmerz ist besser, und trotz der wochenlangen Leiden sehe ich nicht aus, als sei ich krank gewesen; die Hautfarbe ist gut, und ich nehme an Gewicht zu.

Der Brusttumor wird weicher und kleiner.

Die Röntgenbehandlung erfolgte immer mit der kleinstmöglichen Dosis und es trat nie eine Hautrötung auf, obwohl die Haut stark gebräunt wurde. Anfangs wurde nur eine Woche lang bestrahlt; weil die Wirkung aber so gut war, bestrahlten wir jeden dritten oder vierten Tag. Der erste Schmerz war eine leichte Nackensteife links. Im März spürte ich ihn nachts beim Umdrehen im Bett; bis zum ersten November nahm er stetig und leicht zu; einen heftigen Schmerzanfall an der rechten Nackenseite hatte ich allerdings schon im Mai, er verging ohne Wärmeanwendung, die mir auch jetzt noch manchmal Erleichterung verschafft. Wenn ich meinen Nacken von der prallen Sonne bestrahlen lasse, bringt das eine gewisse Erleichterung. Neuerdings leide ich stark unter Hitzewellen, wie ich sie in den Wechseljahren hatte; > nachmittags und abends. Manchmal scheint der Hinterkopf wieder ganz in Ordnung zu sein, im nächsten Moment aber kann ich nicht die leiseste Berührung vertragen oder meinen Kopf vom Kissen erheben ohne stärkste Schmerzen in den Nackenmuskeln beider Seiten.

„Vor sechs Jahren zog ich mir eine heftige Verbrennung durch Röntgenstrahlen an der linken Hand zu. 18 Monate später traten dort Warzen auf; besonders ein verdächtiger, alter Riß am zweiten Gelenk des Zeigefingers machte mir Sorgen. Ich probierte verschiedene Mittel aus. Vor fünf Monaten begann die Sache mir äußerst lästig zu werden, ich nahm mir sorgfältig die Materia Medica vor, und in Kürze war ich sicher, das richtige Mittel gefunden zu haben. Ich nahm Causticum 200 und nach einer Weile eine Gabe CM. Ich arbeitete gewöhnlich nur mit Hochpotenzen. Das Ergebnis war eine Heilung. Danach erst erinnerte ich mich an einen Artikel von *Dr. W.P. Wesselhoeft* in der Oktoberausgabe der *Medical Advance* von 1906. Wäre mir sein Artikel früher in den Sinn gekommen, hätte ich die häßlichen Warzen längst loswerden können. Eines Tages werde ich den Fall für die *Medical Advance* niederschreiben. Er könnte manchem helfen, diese so häufig durch Röntgenstrahlen hervorgerufenen Warzen wieder loszuwerden.“ –
J. W. King, M.D.

Kienböck stellt folgendes Axiom auf: „Je stärker die Strahlendosis in einer Sitzung ist, desto kürzer dauert die Latenzperiode, desto schärfer ist die Reaktion und desto länger dauert sie an.

Das erste Stadium ist gekennzeichnet durch Hyperämie und Infiltration der Haut, begleitet durch Abschilferung winziger Schuppen und beträchtliches Jucken. Atrophie der Hautanhangsgebilde (Drüsen, Haare und Nägel) kann folgen.

Das zweite Stadium der Dermatitis ist charakterisiert durch das Vorkommen von Bläschen und Phlyktänen. Heftige Entzündungszeichen sind vorhanden, die Spanung ist beträchtlich und der Schmerz stark. Unter den Phlyktänen ist rotes und nässendes Fleisch.

Das dritte Stadium ist durch totale Zerstörung und Verschorfung der bestrahlten Gewebe charakterisiert. Es lassen sich die üblichen Anzeichen einer trockenen Gangrän beobachten; der Schorf trennt sich langsam und hinterläßt ein sehr torpides Geschwür, das manchmal jahrelang nicht ausheilt.

Bei der Radiotherapie sollten wir versuchen, genau die exakte Strahlenmenge anzuwenden, die nötig ist, um ein bestimmtes Ergebnis zu erzielen. Bei der Anwendung anderer therapeutischer Mittel sind wir oft gezwungen, die Dosis zu variieren. Eine bestimmte Droge kann bei kleiner Dosis eine tonische Wirkung, eine emetische Wirkung bei mittlerer und eine Giftwirkung bei großer Dosierung haben. Gleiches gilt für die Röntgenstrahlen. Betrachten wir z.B. ihre Wirkung auf die behaarte Kopfhaut: In kleinen Einzeldosen haben sie einen stimulierenden Effekt auf das Haarwachstum, während sie in großen Dosen Haarausfall und in noch größeren Dosen Bläschen und Geschwürsbildung und Verschorfung hervorrufen.

Auf den ersten Blick mag es widersprüchlich scheinen, daß derselbe Einfluß sowohl Haarausfall, wie auch Förderung des Wachstums bewirken kann. Dieser Widerspruch ist aber nur scheinbar, weil das Ergebnis von der Strahlenmenge, die von den Haarpapillen absorbiert wird, und der folgenden Entzündungsreaktion abhängt. Es leuchtet ein, daß sich die Wirkungen ändern, wenn man diesen Faktor ändert."

Einige kleinere Nosoden

Bacillinum testium

Nosode aus tuberkulösem Hoden.

KLINIK – Krankheiten der Leistendrüsen, der Mesenterialdrüsen.

Phthise, Hodentuberkulose.

CHARAKTERISTIKA – Diese Nosode wurde von *Burnett* eingesetzt, sie soll eine engere Beziehung zur unteren Körperhälfte haben als das pulmonale *Bacillinum*. Meine eigenen Erfahrungen bestätigen die Richtigkeit dieser Annahme; man darf aber nicht davon ausgehen, daß *Bac-t.* nicht auch bei Lungenbefall wirkt, oder umgekehrt.

Coqueluchinum
(Pertussinum)

Nosode des Keuchhustens.

Klinik – Anfallsweiser Husten. Keuchhusten.

Charakteristika – Bei Keuchhusten, auch in Verdachtsfällen, gebe ich routinemäßig alle vier Stunden das Mittel in der 30. Potenz und bekomme gewöhnlich den Fall dadurch in den Griff. Nach meinen Erfahrungen harmoniert es mit allen anderen Keuchhustenmitteln; wenn deren spezifische Indikation sichtbar wird, gebe ich das betreffende Mittel auch im Wechsel oder allein.

Beziehungen – **Vergleichsmittel** – Bell., dros. etc.

Nase – Schnupfen mit abgehacktem Husten.

Gesicht – Starkes Erröten beim Husten.

Mund – Nachts beim Hinlegen Jucken des Gaumens.

Hals – Husten durch starkes Kitzeln im Hals.

Magen – Husten endet in Erbrechen oder Übelkeit.

Atmungsorgane – Dyspnoe mit Husten.

Japsen oder Seufzen am Ende des Hustens.

Erstickungsgefühl mit Husten beim Erwachen.

Husten durch starkes Kitzeln im Hals, im Rachen oder in der Luftröhre.

Abgehackter Husten; mit Schnupfen.

Tiefklingender, kruppartiger Husten.

Krampfartiger, würgender Husten.

Krampfartiger Husten mit intensiver Gesichtsröte.

Husten in häufig sich wiederholenden Anfällen.

Brust – Stechender Schmerz in oder an der Brust beim Husten.

Carcinosinum

Carcinomin. Nosode des Karzinoms.

Klinik – Krebs. Melancholie. Würmer.

Charakteristika – Es ist eine der hauptsächlichen Krebsnosoden und wurde von *Dr. Burnett* hergestellt. Ich verwende es häufiger als irgendein anderes Diathesemittel. *Burnett* hatte eine ganze Reihe verschiedener Krebspräparationen zur Verfügung. Bei ihrer Auswahl und Anwendung ließ er sich größtenteils von seinem Instinkt leiten. Zusätzlich zu *Scirrhinum,* hatte er eine Präparation, der er den Namen *Durum* gegeben hat (eine latinisierte Form von *Scirrhinum*, wie ich annehme). Er setzte sie in der Behandlung vererbter Depravation bei Kindern ein, z. B. bei kindlicher Onanie, und zwar mit großen Erfolgen, die ich bestätigen konnte. Bei mehreren Krebspatienten habe ich eine Suizidtendenz vorgefunden, so daß die Krebsnosoden auch bei vielen geistigen Störungen angezeigt sein könnten, besonders wenn sie durch die Familienanamnese angezeigt sind.

Beziehungen – Vergleiche *Scirrhinum.*

Epihysterinum

Epihysterin. Nosode.

Klinik – Fibrom. Menorrhagie. Metrorrhagie.

Charakteristika – Auch diese Nosode stammt von *Dr. Burnett*. Er verwendete sie bei Blutungen und stellte sie, wie ich annehme, aus dem Blut einer Patientin her, die an einem fibrösen Tumor, der möglicherweise maligne war, litt. Jedenfalls war sie mir sehr nützlich bei der Beherrschung von Uterusblutungen, gleichgültig ob diese mit einem Fibrom verbunden waren oder nicht. Ich gebe die 30. und höhere Potenzen, gewöhnlich eine oder zwei Gaben wöchentlich.

Beziehungen – *Vergleiche:* Die Krebsnosoden; bei Fibromen und Uterusblutungen Frax., hydr., thlaspi.

Ergotinum

Ergotin. Das Alkaloid von Secale cornutum.
Mutterkorn. Zerreibung.

Klinik – Stuhlinkontinenz. Gangrän. Blutungen. Herzlähmung. Sphincterlähmung.

Charakteristika – *Ergotin* ist durch seine physioloische Anwendung als Hämostyptikum bei Uterus- und Lungenblutungen bekannt. Es wirkt durch Kontrahierung der Arteriolen, und seine Wirkung setzt unmittelbar ein, wenn es subkutan injiziert wird. In der Homöopathie wird es fast genauso wie Secale gegeben, doch hat Ergotin auch dann, wenn Secale versagt, noch manchmal Erfolg. Secale hat wie Phos. den „weit offenen Anus" in seiner Symptomatologie.

Hippozaenium

Mallein, Glanderin, Farcin. Nosode der Rotzkrankheit.
(Die Krankheit wird im Englischen „Glanders“ genannt, wenn die katarrhalischen Symptome überwiegen, „Farcy“, wenn diese Symptome nicht vorhanden sind, sondern vorwiegend die Haut befallen ist und Ablagerungen in der Lunge vorhanden sind. Homöopathische Präparationen wurden von beiden Krankheiten hergestellt. Die von Farcy hergestellten sind durch den Buchstaben F. gekennzeichnet). Verreibungen von mit dem Virus gesättigtem Milchzucker.

Klinik – Aszesse. Bronchitis. Chronischer Katarrh. Chronische Erkältungen. Dekubitus. Diphtherie. Elephantiasis. Erysipel. Furunkel. Karbunkel. Karies. Krebs. Rotz.
Drüsenentzündung. Hüftleiden. Lebervergrößerung. Lupus excedens. Geschwüre der Nasenknorpel. Ödem. Ozaena. Parotitis. Phlegmasia alba dolens. Phlegmone. Fäulnisfieber. Geschwüre. Keuchhusten. Konfluierende Pocken. Pest. Pusteln. Pyaemie. Skrofeln. Syphilis. Tuberkulose.

Charakteristika – In den letzten Jahren hat *Mallein,* ein aus Rotz hergestelltes Toxin, große Bedeutung in der veterinärmedizinischen Praxis der alten Schule bekommen. Reagiert das Pferd, schließt man auf das Vorhandensein der Krankheit. In vielen Fällen, wo das Tier auf die erste Injektion reagierte, fällt eine Wiederholung des Testes negativ aus, wodurch bewiesen wird, daß Mallein neben seiner diagnostischen Bedeutung auch eine Heilwirkung hat (*H. W.,* XXXV, 149).
Die Nosode wurde auf Vorschlag von *Garth Wilkinson* von Homöopathen nach den Krankheitssymptomen als Indikatoren eingesetzt und in vielen Fällen von abgeschwächter Eiterung und Katarrh, bösartigen Geschwüren und Schwellungen, Abszessen und Drüsenvergröße-

rungen, ebenso bei ähnlichen Krankheitszuständen, die nur weniger heftig waren. Ich habe es mit außerordentlichem Erfolg in Fällen von hartnäckigem Nasenkatarrh und Drüsenvergrößerungen eingesetzt. Die Nasenleiden können bis zu Ozaena und zu Geschwürsbildung der Nasenknorpel und -knochen gehen. Bei Pferden befällt Rotz die Lungen genauso wie den oberen Respirationstrakt und verursacht Husten und disseminierte Geschwürsbildungen und Ablagerungen in der ganzen Lunge. Es hat Papeln und Geschwüre in den Stirnhöhlen, dem Rachen, dem Kehlkopf und der Trachea geheilt, Heiserkeit, Fälle von alter Bronchitis, besonders bei alten Patienten, die durch exzessive Schleimsekretion schon bedrohlich erschienen. Bronchialasthma, Keuchhusten. Ein Husten, der um Weihnachten herum begann und bis Juni andauerte, wurde durch das Mittel geheilt.

BEZIEHUNGEN – *Vergleiche:* Avi., bac., syph., vario., die Schlangengifte, aur., cadm-s., hep., kali-bi., psor..

KOPF – Ohnmacht abwechselnd mit Kopfschmerz. – Entzündungen der Hirnhäute. – Eiteransammlungen zwischen Schädelknochen und Dura mater. – Verstreute Gehirnabszesse. – Im Periost des Schädels, in der Dura mater, im Plexus choroideus können Tuberkel auftreten. – Eine diffuse Myelitis malleosa, durch Infiltration. – Nekrosen der Schädel- und Gesichtsknochen (besonders der Stirnknochen). – Das Haar verliert seinen Glanz.

AUGEN – Die Augen sind voller Tränen und Schleim. – Pupillenerweiterung mit Kollaps. – Papeln an der Aderhaut.

OHREN – Klingelnde Ohrgeräusche. – Heiser und taub, tödlicher Krankheitsverlauf. – Entzündung der Parotisdrüse.

NASE – Schwellung und Rötung der Nase und der angrenzenden Stellen mit heftigem Schmerz. – Katarrh: Entzündung der Nase mit dickem, verfärbtem Ausfluß; Schwellung der Tonsillen, Zerklüftung des Rachens. – Hartnäckiger Katarrh. – Ausfluß: oft einseitig, eiweißhaltig, zäh, klebrig, verfärbt, grau, grünlich, auch blutig und übelriechend scharf, ätzend. – Chronische Ozaena. – Geschwüre in Nase und Mund. – Die Nasenknorpel sind freigelegt und nekrotisieren, Septum, Vomer und knöcherner Gaumen sind aufgelöst. – Karies der Nasenknochen. – Beseitigt Erkältungsneigung.

Gesicht – Die Oberkieferdrüse ist geschwollen, haftet fest am Oberkiefer, zerklüftet, höckerig, meist schmerzlos, nur manchmal brennend. – Die Unterkiefer- und Unterzungendrüsen sind geschwollen und manchmal schmerzhaft; es bilden sich Abszesse, die sich nach außen öffnen.

Zähne und Zahnfleisch – Das Zahnfleisch zeigt eine Blutungsneigung. – Das Zahnfleisch ist mit einer schwarzen, rußigen Ablagerung bedeckt.

Mund – Das Sprechen ist schwierig. – Zunge trocken und dick mit schwarzen, rußigen Ablagerungen bedeckt. – Geschwüre im Mund. – Der Mund ist mit zäher Lymphe und Schleim gefüllt. – Üble Atemluft. – Skrofulöse Schwellung der linken Glandula parotis bei einem Kind.

Hals – Geschwüre am Gaumensegel; geschwollene Tonsillen, die den Rachen verschließen. – Ekchymosen, Rötung, Schwellung, Ausschläge und faulende Geschwüre an der Rachenschleinhaut.

Appetit und Magen – Extremer Durst, besonders bei Durchfall. – Magen-Darm-Katarrh; Appetitverlust, Verdauungsstörung, Obstipation; in späteren Stadien Diarrhoe.

Abdomen – Starke Lebervergrößerung, oft mit Anzeichen fettiger Degeneration. – Hepatitis mit gangränöser und geschwüriger Entzündung der Gallenwege. – Milzvergrößerung mit Blutfülle; Milz erweicht und verflüssigt, von gräulicher oder dunkler Verfärbung; keilförmiger Milzabszeß. – Schwellung der Leistendrüsen.

Stuhl – Erschöpfender Durchfall mit allgemeiner Kachexie und Erschöpfung, tödlicher Krankheitsverlauf. – Obstipation.

Harnorgane – Tuberkel und Abszesse in den Nieren. – Im Urin Eiweiß, auch Leucin und Tyrosin.

Männliche Geschlechtsorgane – Tuberkel und Abszesse; der Glans penis; der Hoden; in den Nieren.

Weibliche Geschlechtsorgane – Schleimiger Ausfluß aus der Scheide. – Uterine Venenentzündung. – Abort.

Atmungsorgane – Papeln und Geschwüre in Stirnhöhlen, Rachen, Kehlkopf und Trachea. – Heiserkeit durch die Veränderungen des Kehlkopfes. – Bronchitis: schwerste Formen; besonders bei älteren Patienten; drohende Erstickung durch exzessive Schleimsekretion. – Geräuschvolle Atmung; laut schnarchende Atmung vor dem Exitus; übelriechender Atem. – Husten und behinderte Atmung durch narbige Verziehungen der Nasen- und Kehlkopfschleimhaut; seit elf Jahren; der Patient bot das Bild einer ausgeprägten Kachexie. – Anfangs ist die Atmung teilweise behindert. – Der Husten begann um Weihnachten herum und dauerte bis Juni. – Keuchhusten. – Die Patienten husten heftig und werfen reichlich Schleim aus, der gewöhnlich stark an den Ausfluß aus der Nase erinnert. – Hirsekorn- bis erbsgroße Tuberkel von grauer, gelblicher oder rötlicher Farbe. – Bei Phthise vermindert es den Auswurf, mildert die ständig wiederaufflackernde Entzündung und beseitigt die Neigung zu Katarrhen. – Lungenkrankheit bei Rindern (F.).

Puls – Puls sehr schnell und klein, 110 bis 120; in manchen Fällen verlangsamt.

Glieder – Dumpfer Schmerz in den Gliedern, am stärksten in Muskeln und Gelenken.

Obere Extremitäten – Wunde Finger, Armschwellung, Phlegmone und Erysipel mit Pusteln und Geschwüren.

Untere Extremitäten – Hüftkrankheit. – Psoas- und Lumbalabszesse (F.). – Alte, bösartige Geschwüre. – Anasarka (F.).

Allgemeines – Schwäche, Müdigkeit, allgemeines Unwohlsein, die Arbeit wird aufgegeben. – Allgemeine Erschöpfung mit starker Abmagerung. – Gewebe: zahlreiche Ekchymosen in den inneren Organen; Entzündung der Lymphgefäße und Schwellung der Drüsen; Phlegmasia alba dolens.

Haut – Erytheme, Erysipele, Phlegmone, Abszesse, Pusteln und Geschwüre sind so stark über die Haut verbreitet, daß kaum eine Stelle frei bleibt. – Maligne Erysipele, besonders wenn sie mit starker Eiterbildung und Einschmelzung verbunden sind. – Konfluierende Pocken. – Geschwüre von lividem Aussehen, die keine Heilungstendenz zeigen.

Schlaf – Schlaflosigkeit und große Ruhelosigkeit. – Nächtliches Delirium.

Fieber – Häufiges Frösteln. – Fröste und Fieber bei Abszessen und Geschwüren. – Kaltwerdende Haut bei Kollaps. – Fieber, wenn eine Reihe von Abszessen rasch aufeinander folgt. – Fäulnisfieber. – Pest. – Kann versuchsweise bei Scharlach gegeben werden, wenn die Atemluft übel riecht, der Mund mit zäher Lymphe und Schleim gefüllt ist und die Tonsillen stark geschwollen sind.

Influenzinum

Nosoden von Influenza.

Klinik – Katarrh. Erkältungen. Influenza.

Charakteristika – Die Influenza-Nosode hat bei vielen Praktikern *Baptisia* als das Routinemittel bei Epidemien vom ersten Platz verdrängt. Es kann als Tinktur, Pillen oder Tabletten in der 12. oder 30. Potenz gegeben werden. Wenn in einer Familie „Erkältungen“ auftreten, sollten alle gesunden Familienmitglieder *Ars.* dreimal täglich bekommen, die Erkrankten alle zwei oder drei Stunden *Influ.* 30. Dies verhindert im allgemeinen die Ausbreitung und stoppt die „Erkältungen“, gleichgültig ob es sich um echte Influenza handelt oder nicht. Influenza hat die Eigenschaft, alte Beschwerden hervorzubringen, und kann deshalb bei verschiedenen Patienten ein ganz unterschiedliches Erscheinungsbild annehmen, so daß man nicht erwarten darf, daß es, ungezielt gegeben, alle Fälle heilt oder auf jeden Fall paßt.

Beziehungen – Ich finde Influ. vergleichbar mit Ars., bell., bry., cimic., hep., merc. und vielen anderen Mitteln.

Melitagrinum

Nosode des Kopfekzems. Zentesimalpotenzen von *Skinner.*

Klinik – Milchschorf. Kopfekzem.

Charakteristika – *Dr. Skinner* hat eine kurze Einführung dieser von ihm eingeführten Nosode in *H. W.,* XVII. 89 gegeben. Er hat es aus der Lymphe und dem Blut eines Patienten mit Kopfekzem hergestellt. Sehr schwere Fälle wurden mit *Melit.* CM (F.C.) geheilt. Es wurden Einzelgaben in beträchtlichen Abständen gegeben. In einem Fall kam es zu einer Erstverschlimmerung.

Morbillinum

Morbillin. Nosode der Masern.

Klinik – Katarrh. Schnupfen. Husten. Ohrleiden. Augenleiden. Masern. Hautleiden.

Charakteristika – Die bekannten Masernsymptome können alle für seine homöopathische Anwendung als Anzeige benutzt werden. Es wurde bisher hauptsächlich als Prophylaktikum gegen die Ansteckung und zur Behandlung und Nachwirkungen der Krankheit gegeben. Weil das Maserngift eine große Affinität zu den Schleimhäuten, den Augen, den Ohren und den Schleimhäuten des Respirationstraktes hat, kann *Morb.* bei Erkrankungen dieser Organe wie jedes andere Mittel, wenn die Symptome passen, gegeben werden.

Dosierung: – Acht oder 10 Globuli der 30. Potenz werden in 2 1/2 Liter Wasser gelöst, alle zwei Stunden einen Teelöffel voll; als Prophylaktikum zwei- oder dreimal täglich eine Gabe.

Beziehungen – *Komplementär:* Bell. *Vergleichsmittel:* Hep., merc., puls., sulph..

Nectrianinum

Nosoden des Baumkrebses (Nectria ditissima). Verdünnung. Verreibung des Parasiten.

Klinik – Karzinom. Epitheliom.

Charakteristika – Nectrianinum ist eine klare Flüssigkeit von gelblich-brauner Farbe. Sie wurde von *Bra* and *Chaussé* hergestellt (*Med. Rev. of Rev.,* April 1900, zitiert in *H.M.* XXXV. 533). Wird es gesunden Tieren in Dosen von 5 cm^3 mehrmals täglich eine Woche lang injiziert, kann man keinerlei Wirkung beobachten. Bei krebskranken Menschen und Tieren bewirken die Injektionen aber innerhalb von zwei bis vier Stunden ein Anstieg der Körpertemperatur von 1° C bis 3° C. Wird die Dosis verstärkt, ist das Fieber von Frost, Kältegefühl, Pulsbeschleunigung, Herzklopfen, Kopfschmerz und Durst begleitet. Nach einigen Stunden endet die Krise in Polyurie und Tiefschlaf. Bei weit fortgeschrittenen Krebsfällen kann die Reaktion ausbleiben. Die Autoren fassen die Wirkungen von *Nectrianinum* folgendermaßen zusammen: „Abschwächung oder Stillung von Blutungen; Unterdrückung stinkender Absonderungen; manchmal Tendenz zur Überhäutung des Tumors mit entsprechendem deutlichem Wachstumsstillstand." Die Patienten verschlechterten sich, wenn die Behandlung unterbrochen wurde, und verbesserten sich, wenn sie wieder aufgenommen wurde. Die Dosis von 4 cm^3 pro Tag wurde nie überschritten.

Beziehungen – *Vergleichsmittel:* Scir., Epitheliomin.

Parotidinum

Mumps-Nosode.

Klinik – Drüsenkrankheiten. Meningitis. Mumps. Orchitis. Speichelfluß.

Charakteristika – *Parotidinum* wurde als Prophylaktikum gegen die Ansteckung mit Mumps verwendet. In solchen Fällen wird es gewöhnlich zwei- oder dreimal täglich in der 6. oder 30. Potenz gegeben. Nach Ausbruch der Krankheit kann es alle vier Stunden gegeben werden, entweder allein oder im Wechsel mit einem anderen angezeigten Mittel. Auch die bekannten Komplikationen von Mumps, Enzephalitis und Orchitis, sind möglicherweise Anzeichen für das Mittel.

Beziehungen – *Vergleichsmittel:* Merc.

Pestinum

Pestnosode. Verreibung des Virus.

Klinik – Bubo. Pest. Typhus.

Charakteristika – Die Praxis der Schulmedizin, zur Prophylaxe und Behandlung der Pest den mehr oder weniger modifizierten Virus zu injizieren, berechtigt zu der Annahme, daß die Pestnosode, wie andere Nosoden auch, zur Behandlung der Krankheit, aus der sie hergestellt ist, verwendet werden kann.

Scarlatinum

Nosode des Scharlach oder des Scharlachfiebers.

Klinik – Albuminurie. Nephritis. Scharlachfieber. Hautleiden. Halsweh.

Charakteristika – Scarlatin wurde, wie andere Nosoden auch, zur Vorbeugung und Behandlung der Krankheit aus der sie hergestellt wird, benutzt. Seine bekannte Affinität zu Haut, Hals und Nieren legt aber seine Anwendbarkeit bei Krankheiten dieser Organe nahe.

Beziehungen – Bell. steht ihm am nächsten und sollte als Antidot gegeben werden; dann folgen die verschiedenen Quecksilbermittel. *Vergleiche ebenfalls:* Apis, ars., diph., morb., rhus-t..

Scirrhinum

Carcinominum. Nosode des zirrhösen Krebses. Verreibung.

Klinik – Brustkrebs. Krebs. Kanzeröse Diathese. Drüsenvergrößerung. Blutungen. Varikosis. Würmer.

Charakteristika – Das Wissen über diese Nosode stützt sich auf *Burnett*. Er prüfte sie an sich selbst und beschrieb „ein fürchterliches Sinken in der Nabelgegend“, das er als Keynote für das Mittel betrachtet. *Burnett* hat mit *Scirr.* viele Brusttumore geheilt. Er heilte einen Mann mit verhärteten Drüsen, die an der linken Halsseite aufgetreten waren, nachdem zuvor andere Drüsen von dem Bruder des Patienten, einem Chirurgen, entfernt worden waren. Auch Blutungen und Varizen der Beine und Füße mit purpurfarbenen Pünktchen wurden von *Burnett* mit *Scirr.* geheilt. Ein Patient, dem *Burnett Scirr.* gegeben hatte, erzählte ihm, daß nach Einnahme des Mittels massenhaft Fadenwürmer abgegangen seien. Daraufhin gab es *Burnett* mit großem Erfolg in vielen Fällen dieser lästigen Krankheit; ich selbst konnte diese Erfahrungen bestätigen. In hartnäckigen Fällen, bei denen *Cina* und *Teucr.* nur geringe Besserung brachten, bewirkte *Scirr.* einen gewaltigen Umschwung. Die Zeiten der Verschlechterung sind 17 Uhr bis 18 Uhr und unregelmäßige Zeiten während der ganzen Nacht.